Untersuchungen
zur arithmetischen Theorie der Körper.

(Die Theorie der Teilbarkeit in allgemeinen Körpern.)

Teil I.

Inhaltsverzeichnis*).

---

*) Das Inhaltsverzeichnis und die Einleitung beziehen sich auf alle drei Teile der Abhandlung. Die Teile II und III erscheinen im nächsten Heft.

Corrigendum

Alexander Ostrowski
Collected Mathematical Papers
Vol. 2

Pages 350 and 402 were interchanged by mistake.
The present corrigendum pages bear the correct page
numbers (Part I, page 350 — Part II and III,
page 402) and can be pasted on the corresponding
pages or inserted correspondingly.

Untersuchungen zur arithmetischen Theorie der Körper.

(Die Theorie der Teilbarkeit in allgemeinen Körpern.)
Teil II und III.

Teil II.

Struktur bewerteter Körper und Zerlegung von Primdivisoren in algebraischen Erweiterungen.

§ 6.

Restklassenkörper, Verzweigungsindex und Verzweigungsgrad algebraischer Erweiterungen.

28. Restklassenkörper. Halbbewertete Körper. Ist K' ein bewerteter Körper, und faßt man die in diesem Körper einander kongruenten Größen als identisch auf, so gelangt man zum sogenannten *Restklassenkörper* $\mathfrak{K}$ des bewerteten Körpers K' oder des zugehörigen Primdivisors p. Wir werden den Restklassenkörper und die zugehörigen Größen in der Regel mit gotischen Buchstaben bezeichnen. Entspricht einem Element a von K' ein Element $\mathfrak{a}$ von $\mathfrak{K}$, so sagen wir a und $\mathfrak{a}$ seien *kongruent* — eine offenbar transitive Beziehung.

Bewertet man z. B. den Körper der rationalen Zahlen so, daß einer festen Primzahl p als Bewertung $1/e$ zugeordnet wird, während alle anderen Primzahlen die Bewertung 1 erhalten, so ist dabei der Restklassenkörper der endliche Körper aller Restklassen mod p.

Enthält ein bewerteter Körper K' einen Unterkörper, dessen sämtliche Elemente, bis auf 0, die Bewertung 1 haben, so nennen wir diesen Unterkörper *halbbewertet.*

I. *Ist eine Größe α eines bewerteten Körpers K' algebraisch in bezug auf einen halbbewerteten Unterkörper K_0, so ist auch der in K' liegende Körper $K_0(\alpha)$ halbbewertet.* —

Denn genügt eine Größe β von $K_0(\alpha)$, $\beta \neq 0$, einer in K_0 irreduziblen Gleichung

$$f(x) = x^n + a_1 x^{n-1} + \ldots + a_n = 0,$$

wo $\|a_n\| = 1$ ist, so ist das Newtonsche Diagramm des Polynoms $f(x)$ eine Strecke auf der ν-Achse. Daher besitzen auch alle im derivierten

Corrigendum

Alexander Ostrowski
Collected Mathematical Papers
Vol. 2

Pages 350 and 402 were interchanged by mistake.
The present corrigendum pages bear the correct page
numbers (Part I, page 350 — Part II and III,
page 402) and can be pasted on the corresponding
pages or inserted correspondingly.

Alexander Ostrowski
Collected Mathematical Papers

Alexander Ostrowski

Collected Mathematical Papers

Vol. 4

X Real Function Theory
XI Differential Equations
XII Differential Transformations

1984

Birkhäuser Verlag
Basel · Boston · Stuttgart

Library of Congress Cataloging in Publication Data
(Revised for volume 4)

Ostrowski, A. M. (Alexander M.), 1893–
  Collected mathematical papers.
  English, French, German, and Italian.
  Includes bibliographies.
  Contents: v. 1. Determinants. Linear algebra. Algebraic
equations — v. 2. Multivariate algebra. Formal algebra —
v. 3. Number Theory. Geometry. Topology. Convergence.
— — v. 4. Real function theory. Differential equa-
tions. Differential transformations.
  1. Mathematics—Collected works. I. Title.
QA3.084   1983   510   83-8823
ISBN 3-7643-1512-1 (set)

CIP-Kurztitelaufnahme der Deutschen Bibliothek

Ostrowski, Alexander:
Collected mathematical papers / Alexander
Ostrowski. – Basel ; Boston ; Stuttgart :
Birkhäuser
  ISBN 3-7643-1512-1
NE: Ostrowski, Alexander: [Sammlung]
Vol. 4 (1984).
  Enth. u.a.: 10. Real function theory. 11.
  Differential equations
  ISBN 3-7643-1509-1

©1984 Birkhäuser Verlag Basel
Portraitzeichnung: Peter Birkhäuser
Umschlaggestaltung: Albert Gomm
Printed in Switzerland
ISBN 3-7643-1509-1
ISBN 0-8176-1509-1

Ostrowski, Collected Mathematical Papers
ISBN 3-7643-1512-1 (Gesamtausgabe)
        3-7643-1506-7 (Vol. 1)
        3-7643-1507-5 (Vol. 2)
        3-7643-1508-3 (Vol. 3)
        3-7643-1509-1 (Vol. 4)
        3-7643-1510-5 (Vol. 5)
        3-7643-1511-3 (Vol. 6)

Dedicated to the Memory of my Wife

Preface

This publication was made possible through a bequest from my beloved late wife.

United together in this present collection are those works by the author which have not previously appeared in book form. The following are excepted: Vorlesungen über Differential und Integralrechnung (Lectures on Differential and Integral Calculus) Vols 1–3, Birkhäuser Verlag, Basel (1965–1968); Aufgabensammlung zur Infinitesimalrechnung (Exercises in Infinitesimal Calculus) Vols 1, 2a, 2b, and 3, Birkhäuser Verlag, Basel (1967–1977); two issues from Mémorial des Sciences on Conformal Mapping (written together with C. Gattegno), Gauthier-Villars, Paris (1949); Solution of Equations in Euclidean and Banach Spaces, Academic Press, New York (1973); and Studien über den Schottkyschen Satz (Studies on Schottky's Theorem), Wepf & Co., Basel (1931).

Where corrections have had to be implemented in the text of certain papers, references to these are made at the conclusion of each paper. In the few instances where this system does not, for technical reasons, seem appropriate, an asterisk in the page margin indicates wherever a correction is necessary and this is then given at the end of the paper. (There is one exception: the corrections to the paper on page 561 are presented on page 722.

The works are published in 6 volumes and are arranged under 16 topic headings. Within each heading, the papers are ordered chronologically according to the date of original publication.

I would like to express my sincerest thanks to Dr. E. Selldorf who assisted me greatly in the arduous task of preparing the index, and to Mr. C. Einsele, Chairman of Birkhäuser Verlag, for the care he took in arranging this edition.

Contents

XI   Differential Equations

X Real Function Theory

Über ein Analogon der Wronskischen Determinante bei Funktionen mehrerer Veränderlicher.

Hängen m hinreichend oft differentiierbare Funktionen

$$(1) \qquad f_1(x), f_2(x), \ldots, f_m(x)$$

nur von einer Variabel x ab, so besteht bekanntlich die notwendige und hinreichende Bedingung für die lineare Unabhängigkeit des Funktionensystems (1) im allgemeinen darin, daß die Wronskische Determinante

$$\begin{vmatrix} f_1 & f_2 \cdots f_m \\ f_1' & f_2' \cdots f_m' \\ \vdots & \vdots \quad \vdots \\ f_1^{(m-1)} & f_2^{(m-1)} \; f_m^{(m-1)} \end{vmatrix}$$

nicht identisch verschwindet. Es scheint aber noch nicht bemerkt worden zu sein, daß auch im Falle, wo die Funktionen (1) von mehreren Variablen

$$x_1, x_2, \ldots, x_n$$

abhängen, ganz analoge Determinanten gebildet werden können, in denen noch gewisse Unbestimmten vorkommen, und die dann für das Funktionensystem (1) dieselbe Bedeutung besitzen, wie die Wronskische Determinante für den Fall einer Variabel. Für den Fall einer Variabel gehen auch unsere Determinanten direkt in die Wronskische über.

Es seien $\alpha_1, \alpha_2, \ldots, \alpha_n$ n ganze nicht negative von einander verschiedene Zahlen und man setze allgemein $x_k = u_{\alpha_k}$. Ist i eine von den Zahlen $\alpha_1, \alpha_2, \ldots, \alpha_n$ verschiedene ganze nicht negative Zahl, so soll unter u_i eine neue Unbestimmte verstanden werden, so daß wir unendlich viele Variabeln haben

$$u_0, u_1, \ldots$$

von denen n, abgesehen von der Reihenfolge, mit $x_1, \ldots, x_n$ überein-
stimmen. Wir betrachten nun den Differentiationsprozeß

$$\Pi = \frac{\partial}{\partial u_0} + u_2 \frac{\partial}{\partial u_1} + u_3 \frac{\partial}{\partial u_2} + u_4 \frac{\partial}{\partial u_3} + \ldots = \frac{\partial}{\partial u_0} + \sum_{i=1}^{i=\infty} u_{i+1} \frac{\partial}{\partial u_i},$$

wo natürlich bei der Anwendung auf bestimmte Funktionen stets nur
endlich viele Glieder in Betracht kommen. Ersetzen wir in den Funktionen $f(x)$ die Variabeln x_k durch die entsprechenden Variabeln u_{α_k} und
bezeichnen die so entstehenden Funktionen durch $f_i(u)$, so lautet unsere
Determinante

$$\Delta(f_i(u)) = \begin{vmatrix} f_1(u) & f_2(u) & \ldots & f_m(u) \\ \Pi f_1(u) & \Pi f_2(u) & & \Pi f_m(u) \\ \vdots & \vdots & & \vdots \\ \Pi^{m-1} f_1(u) & \Pi^{m-1} f_2(u) & \ldots & \Pi^{m-1} f_m(u) \end{vmatrix}$$

Es besteht nun der Satz, daß für die Existenz einer identischen
linearen Relation mit konstanten Koeffizienten zwischen den Funktionen (1)
das identische Verschwinden der obigen Determinante in allen u_k *notwendig* und, für den Fall analytischer Funktionen, auch *hinreichend* ist.
Für nicht analytische Funktionen bedarf der Satz, ebenso wie im Falle einer
Variabel für die Wronskische Determinante, noch weiterer Präzisierung.

Alle Unbestimmten u_i, die nicht in den Funktionen $f_i(u)$ vorkommen,
kommen in der Determinante $\Delta(f_i(u))$ ganz rational vor. Entwickelt man
nach Potenzprodukten dieser Unbestimmten, so zerfällt die Bedingung des
identischen Verschwindens von $\Delta(f_i(u))$ in mehrere Bedingungen, die sich
auf die in $f(u)$ vorkommenden u_i, d. h., auf die Variabeln x_i beziehen.
Es ist jedoch bequemer, mit der Determinante $\Delta(f_i(u))$ in der unent-
wickelten Form zu operieren, da sich dann die ergänzenden Bedingungen im
Falle nicht analytischer Funktionen besonders prägnant aussprechen lassen.

Wählt man die Zahlen $\alpha_1, \ldots, \alpha_n$ auf verschiedene Weisen aus, so
entstehen dabei unendlich viele verschiedene Determinanten $\Delta(f_i(u))$.
Doch es ergeben sich dabei, wie man sofort einsieht, nur endlich viele
verschiedene Systeme von Bedingungsgleichungen in den ursprünglichen
Variabeln $x_1, \ldots, x_n$. Betrachten wir z. B. ein System von zwei Funktionen f_1, f_2. Hängen sie von zwei Variabeln x_1, x_2 ab, so sei etwa
$x_1 = u_0$, $x_2 = u_1$. Dann entsteht

$$\Pi = \frac{\partial}{\partial u_0} + u_2 \frac{\partial}{\partial u_1} + \ldots; \quad \Delta(f_i(u)) = \begin{vmatrix} f_1(u) & f_2(u) \\ \dfrac{\partial f_1(u)}{\partial u_0} + u_2 \dfrac{\partial f_1(u)}{\partial u_1} & \dfrac{\partial f_2(u)}{\partial u_0} + u_2 \dfrac{\partial f_2(u)}{\partial u_1} \end{vmatrix}$$

$$= \begin{vmatrix} f_1(u) & f_2(u) \\ \dfrac{\partial f_1(u)}{\partial u_0} & \dfrac{\partial f_2(u)}{\partial u_0} \end{vmatrix} + u_2 \begin{vmatrix} f_1(u) & f_2(u) \\ \dfrac{\partial f_1(u)}{\partial u_1} & \dfrac{\partial f_2(u)}{\partial u_1} \end{vmatrix}$$

Wir erhalten daher als Bedingungsgleichungen

$$\begin{vmatrix} f_1(x) & f_2(x) \\ \dfrac{\partial f_1(x)}{\partial x_1} & \dfrac{\partial f_2(x)}{\partial x_1} \end{vmatrix} = 0, \qquad \begin{vmatrix} f_1(x) & f_2(x) \\ \dfrac{\partial f_1(x)}{\partial x_2} & \dfrac{\partial f_2(x)}{\partial x_2} \end{vmatrix} = 0,$$

d. h. die Wronskischen Determinanten in bezug auf x_1 bzw. x_2 müssen verschwinden. Und auf diese Bedingungen kommt man bei jeder Wahl der Zahlen α_1, α_2.

Nehmen wir an, daß die Funktionen f_1, f_2 von drei Variabeln x_1, x_2, x_3 abhängen. Setzt man dann $x_1 = u_0$, $x_2 = u_1$, $x_3 = u_3$, so kommen wir wieder auf die Wronskischen Determinanten in bezug auf x_1 bzw. x_2 bzw. x_3, also auf drei Bedingungen. Setzen wir aber $x_1 = u_0$, $x_2 = u_1$, $x_3 = u_2$, so erhalten wir für Π: $\Pi = \dfrac{\partial}{\partial u_0} + u_2 \dfrac{\partial}{\partial u_1} + u_3 \dfrac{\partial}{\partial u_2} + \cdots$, oder, wenn wir lieber u_0, u_1, u_2 wieder durch x_1, x_2, x_3 ersetzen,

$$\Pi = \frac{\partial}{\partial x_1} + x_3 \frac{\partial}{\partial x_2} + u_3 \frac{\partial}{\partial x_3}.$$

Für Δ entsteht dann

$$\begin{vmatrix} f_1 & f_2 \\ \dfrac{\partial f_1}{\partial x_1} + x_3 \dfrac{\partial f_1}{\partial x_2} + u_3 \dfrac{\partial f_1}{\partial x_3} & \dfrac{\partial f_2}{\partial x_1} + x_3 \dfrac{\partial f_2}{\partial x_2} + u_3 \dfrac{\partial f_2}{\partial x_3} \end{vmatrix},$$

und daraus, da u_3 eine Unbestimmte ist, die folgenden Bedingungen

$$\begin{vmatrix} f_1 & f_2 \\ \dfrac{\partial f_1}{\partial x_3} & \dfrac{\partial f_2}{\partial x_3} \end{vmatrix} = 0, \qquad \begin{vmatrix} f_1 & f_2 \\ \dfrac{\partial f_1}{\partial x_1} + x_3 \dfrac{\partial f_1}{\partial x_2} & \dfrac{\partial f_2}{\partial x_1} + x_3 \dfrac{\partial f_2}{\partial x_2} \end{vmatrix} = 0.$$

Bezeichnen wir die Wronskischen Determinanten von f_1, f_2 in bezug auf x_1, x_2, x_3 bzw. durch W_1, W_2, W_3, so lauten die letzten Bedingungen

$$W_3 = 0, \qquad W_1 + x_3 W_2 = 0.$$

Setzen wir $x_1 = u_1$, $x_2 = u_2$, $x_3 = u_3$, so erhalten wir für unseren Prozeß in den x geschrieben

$$\overline{\Pi} = x_2 \frac{\partial}{\partial x_1} + x_3 \frac{\partial}{\partial x_2} + u_4 \frac{\partial}{\partial x_3}.$$

Und daraus folgt weiter für Δ

$$\begin{vmatrix} f_1 & f_2 \\ x_2 \dfrac{\partial f_1}{\partial x_1} + x_3 \dfrac{\partial f_1}{\partial x_2} + u_4 \dfrac{\partial f_1}{\partial x_3} & x_2 \dfrac{\partial f_2}{\partial x_1} + x_3 \dfrac{\partial f_2}{\partial x_2} + u_4 \dfrac{\partial f_2}{\partial x_3} \end{vmatrix} = x_2 W_1 + x_3 W_2 + u_4 W_3.$$

Und so entstehen die Bedingungen

$$x_2 W_1 + x_3 W_2 = 0, \qquad W_3 = 0.$$

Nehmen wir nun an, daß f_1, f_2 von n Variabeln x_1, x_2, ..., x_n abhängen, und bezeichnen wir die Wronskischen Determinanten in bezug auf x_1, x_2, ..., x_n bzw. durch W_1, W_2, ..., W_n, so erhalten wir aus unserem Satz, wenn wir z. B.

$$x_1 = u_1, \quad x_2 = u_3, \quad x_3 = u_5, \ldots$$

setzen, die n Bedingungen

$$(2) \qquad W_1 = 0, \quad W_2 = 0, \ldots, W_n = 0.$$

Setzen wir aber z. B.

$$x_1 = u_1, \quad x_2 = u_2, \ldots, x_n = u_n,$$

so entstehen die zwei Bedingungen

$$(3) \qquad x_2\, W_1 + x_3\, W_2 + \ldots + x_n\, W_{n-1} = 0, \quad W_n = 0.$$

Es ist nicht schwer, aus den Bedingungen (3) die Bedingungen (2) auch direkt abzuleiten, allerdings unter Heranziehung der Integrale der entsprechenden Differentialgleichungen. Man kann z. B. so schließen (wir beschränken uns der Kürze wegen auf analytische Funktionen):

Aus $W_n = 0$ folgt die Darstellung von f_1, f_2 in der Form

$$f_1 = \psi(x_1, \ldots, x_n)\, \varphi_1(x_1, \ldots, x_{n-1}), \quad f_2 = \psi(x_1, \ldots, x_n)\, \varphi_2(x_1, \ldots, x_{n-1}).$$

Bezeichnen wir die Wronskischen Determinanten der Funktionen $\varphi_1(x_1, \ldots, x_{n-1})$, $\varphi_2(x_1, \ldots, x_{n-1})$ bzw. durch W_1', ..., W_{n-1}', so folgt aus der ersten der Gleichungen (3) einer bekannten Eigenschaft der Wronskischen Determinanten $(W_1 = \psi^2\, W_1', \ldots, W_{n-1} = \psi^2\, W_{n-1}')$ zufolge

$$x_2\, W_1' + x_3\, W_2' + \ldots + x_n\, W_{n-1}' = 0.$$

Da hier aber W_i' von x_n unabhängig sind, folgt $W_{n-1}' = 0$, daher auch $W_{n-1} = 0$, und so kann man weiter schließen.

Betrachten wir noch als ein anderes Beispiel den Fall von drei Funktionen f_1, f_2, f_3 von zwei Variabeln x_1, x_2. Setzen wir $x_1 = u_0$, $x_2 = u_1$, so entstehen aus $\varDelta$, wenn man nach Potenzprodukten der Unbestimmten u_2, u_3 entwickelt, fünf Bedingungsgleichungen, nämlich, in leicht verständlicher Bezeichnung:

$$1.\ \left(\frac{\dfrac{\partial^1}{\partial x_1}}{\dfrac{\partial^2}{\partial x_1^2}}\right) = 0, \quad 2.\ 2\left(\frac{\dfrac{\partial^1}{\partial x_1}}{\dfrac{\partial^2}{\partial x_1\,\partial x_2}}\right) + \left(\frac{\dfrac{\partial^1}{\partial x_2}}{\dfrac{\partial^2}{\partial x_1^2}}\right) = 0, \quad 3.\ \left(\frac{\dfrac{\partial^1}{\partial x}}{\dfrac{\partial}{\partial y}}\right) = 0$$

und die zwei weiteren, die aus 1. und 2. entstehen, wenn man in ihnen die Rollen von x_1 und x_2 vertauscht.

Genau dieselben Bedingungen ergeben sich, wenn man $x_1 = u_0$, $x_2 = u_1$ setzt. —

Um unsere Behauptungen über Δ zu beweisen, stellen wir vor Allem die folgende Tatsache auf:

Es sei Ω ein Gebiet, das in den Definitionsbereichen aller Funktionen f_i enthalten ist und von der Eigenschaft, daß mit jedem Punkt von Ω auch eine gewisse n-dimensionale Umgebung dieses Punktes in Ω liegt. Von den Funktionen f_i nehmen wir nur an, daß sie $(m-1)$-mal differentiierbar sind. Es sei nun Δ identisch gleich 0, solange (x_i) oder, was dasselbe ist, (u_{α_i}) das Gebiet Ω beschreibt, dagegen sei die Determinante

$$\Delta^{(m)} = \begin{vmatrix} f_1(u) & f_2(u) \dots & f_{m-1}(u) \\ \Pi f_1(u) & \Pi f_2(u) \dots & \Pi f_{m-1}(u) \\ \vdots & \vdots & \vdots \\ \Pi^{m-2} f_1(u) & \Pi^{m-2} f_2(u) & \Pi^{m-2} f_{m-1}(u) \end{vmatrix}$$

in keinem Punkte des Gebietes Ω identisch in den neu eingeführten von den u_{α_i} verschiedenen Unbestimmten u_i gleich 0. Dann besteht zwischen den Funktionen $f_i(x)$ eine lineare Relation mit konstanten Koeffizienten, die nicht sämtlich verschwinden:

$$c_1 f_1 + c_2 f_2 + \dots + c_m f_m = 0,$$

und zwar identisch im ganzen Gebiet Ω.

Da $\Delta^{(m)}$ nirgends in Ω verschwindet, so besitzt das Gleichungssystem

$$(4) \quad \begin{cases} C_1 f_1 + C_2 f_2 + \dots + C_{m-1} f_{m-1} = f_m, \\ C_1 \Pi f_1 + C_2 \Pi f_2 + \dots + C_{m-1} \Pi f_{m-1} = \Pi f_m, \\ \dots \dots \dots \dots \dots \dots \dots \dots \dots \dots \\ C_1 \Pi^{m-2} f_1 + C_2 \Pi^{m-2} f_2 + \dots + C_{m-1} \Pi^{m-2} f_{m-1} = \Pi^{m-2} f_m \end{cases}$$

in jedem Punkte von Ω eine eindeutig bestimmte Lösung

$$C_1(u), C_2(u), \dots, C_{m-1}(u).$$

Die Funktionen $C_i(u)$ sind jedenfalls differentiierbar. In jedem Punkt von Ω werden sie zu vollständig bestimmten Funktionen der *neu eingeführten* Unbestimmten u. Aus $\Delta = 0$, $\Delta^{(m)} \neq 0$ folgt weiter

$$(5) \quad C_1 \Pi^{m-1} f_1 + C_2 \Pi^{m-1} f_2 + \dots + C_{m-1} \Pi^{m-1} f_{m-1} = \Pi^{m-1} f_m.$$

Wenden wir nun auf die Gleichungen (4) den Prozeß Π an, so folgt unter Benutzung von (4) und (5):

$$(6) \quad \begin{cases} (\Pi C_1) f_1 + (\Pi C_2) f_2 + \dots + (\Pi C_{m-1}) f_{m-1} = 0, \\ (\Pi C_1) \Pi f_1 + (\Pi C_2) \Pi f_2 + \dots + (\Pi C_{m-1}) \Pi f_{m-1} = 0, \\ \vdots \qquad \vdots \qquad \vdots \\ (\Pi C_1) \Pi^{m-2} f_1 + (\Pi C_2) \Pi^{m-2} f_2 + \dots + (\Pi C_{m-1}) \Pi^{m-2} f_{m-1} = 0. \end{cases}$$

16

Da aber $\varDelta^{(n)}$ in jedem Punkte von $\varOmega$ von 0 verschieden ist, so folgt hieraus

$$\varPi C_1 = 0, \quad \varPi C_2 = 0, \ldots, \varPi C_{m-1} = 0.$$

Hieraus *folgt aber, daß alle C_i konstante Zahlen sind.* Denn es sei etwa u_k eine Variable, deren Index k möglichst groß ist, und von der irgend ein C, etwa C_i wirklich abhängt. Aus der Gleichung

$$\frac{\partial C_i}{\partial u_0} + u_2 \frac{\partial C_i}{\partial u_0} + \cdots + u_{k+1} \frac{\partial C_i}{\partial u_k} = 0$$

folgt aber für $k > 0$, da in ihr u_{k+1} nur im Gliede $u_{k+1} \dfrac{\partial C_i}{\partial u_k}$ und nur linear vorkommt, daß $\dfrac{\partial C_i}{\partial u_k} = 0$ ist, entgegen der Annahme. Und wenn $k = 0$ wäre, würde sich $\varPi C_i$ nur auf $\dfrac{\partial C_i}{\partial u_0}$ reduzieren, was wiederum der Annahme widerspricht.

Aus der hiermit bewiesenen Tatsache folgern wir weiter:

Verschwindet $\varDelta$ in $\varOmega$ identisch, so gibt es in $\varOmega$ wenigstens einen Punkt, in dessen Umgebung zwischen den f_i eine lineare Relation mit konstanten nicht sämtlich verschwindenden Koeffizienten besteht.

Ist $m = 1$, so ist die Behauptung selbstverständlich. Wir nehmen sie für alle kleineren m als bewiesen an. Dann können wir annehmen, daß $\varDelta^{(m)}$ in $\varOmega$ nicht identisch verschwindet, da sonst bereits zwischen $f_1, \ldots, f_{m-1}$ eine lineare Relation aufgestellt werden könnte. Dann aber gibt es in $\varOmega$ wenigstens einen Punkt (x_i^0), in dem $\varDelta^{(m)}$ nicht verschwindet. Da $\varDelta^{(m)}$ stetig (weil differentiierbar) ist, so ist $\varDelta^{(m)}$ auch in einer gewissen Umgebung von (x_i^0) von 0 verschieden, und die vorhin bewiesene Tatsache ist anwendbar.

Sind daher $f_1, \ldots, f_m$ analytische Funktionen, so folgt aus dem identischen Verschwinden von $\varDelta$ stets die lineare Abhängigkeit der f_i.

Für nicht analytische Funktionen braucht dieser Satz aber nicht unter allen Umständen richtig zu sein, ebenso wie im Falle der Funktionen einer Variabel. Für den Fall einer Variabel sind jedoch von Peano, M. Bôcher und D. R. Curtiss[1]) verschiedene ergänzende Bedingungen aufgestellt, unter denen man aus dem identischen Verschwinden der Wronskischen Determinante in einem Intervall auf die lineare Abhängigkeit der Funktionen in diesem Intervall schließen kann. Viele dieser Bedingungen lassen sich ohne weiteres auch auf unseren Fall übertragen, wenn man nur jede Differentiation durch die Anwendung des $\varPi$-Prozesses ersetzt. So gilt z. B. der Satz, daß die Bedingung $\varDelta \equiv 0$ hinreichend ist, wenn in keinem Punkt

---

[1]) Vgl. die Literaturangaben in der Abhandlung von Curtiss, Math. Ann. Bd. 65 (1908), S. 282.

von Ω alle m Determinanten $\varDelta^{(i)}$ zugleich verschwinden. — Unter $\varDelta^{(i)}$ verstehen wir eine ganz analog wie $\varDelta$, aber für $f_1, \ldots, f_{i-1}, f_{i+1}, \ldots, f_m$ gebildete Determinante. $=$ Über Ω müssen wir dabei voraussetzen, daß mit jedem Punkte von Ω auch seine gewisse Umgebung zu Ω gehört und daß zwei beliebige Punkte von Ω durch einen Polygonzug mit endlich vielen Ecken verbunden werden können, dessen sämtliche Punkte wiederum in Ω liegen.

Daß aber das identische Verschwinden von $\varDelta$ für die Existenz einer identischen linearen Relation mit konstanten nicht sämtlich verschwindenden Koeffizienten

$$c_1 f_1 + \ldots + c_m f_m = 0$$

notwendig ist, ist klar. Denn ist etwa $c_1 \neq 0$, so multiplizieren wir die erste Spalte in $\varDelta$ mit c_1 und addieren zu ihr die resp. mit $c_2, \ldots, c_m$ multiplizierten weiteren Spalten von $\varDelta$. Dann ergibt sich, da $\varPi$ ein linearer additiver Prozeß ist, daß alle Elemente der ersten Spalte in $c_1 \varDelta$ identisch verschwinden. —

Unser Beweis beruht hauptsächlich auf der Eigenschaft des Prozesses $\varPi$, daß die Anwendung dieses Prozesses auf irgendeine Funktion dann und nur dann identisch 0 ergibt, wenn diese Funktion eine Konstante (in bezug auf die Variabeln u_i) ist. — Aus dieser Eigenschaft folgt z. B., daß man die notwendige und hinreichende Bedingung dafür, daß eine differentiierbare Funktion $f(x_1, \ldots, x_n)$ eine Konstante ist, in zwei folgenden Bedingungsgleichungen zusammenfassen kann:

$$(7) \qquad x_2 \frac{\partial f}{\partial x_1} + x_3 \frac{\partial f}{\partial x_2} + \ldots + x_n \frac{\partial}{\partial x_{n-1}} = 0, \qquad \frac{\partial f}{\partial x_n} = 0,$$

die also mit den Gleichungen

$$(7') \qquad \frac{\partial f}{\partial x_1} = 0, \quad \frac{\partial f}{\partial x_2} = 0, \ldots, \quad \frac{\partial f}{\partial x_n} = 0$$

äquivalent sind. Man kann diese Äquivalenz auch wie folgt direkt zeigen: Man wende auf die erste der Gleichungen (7) den Prozeß $\frac{\partial}{\partial x_n}$, auf die zweite den Prozeß

$$(8) \qquad x_2 \frac{\partial}{\partial x_1} + x_3 \frac{\partial}{\partial x_2} + \ldots + x_n \frac{\partial}{\partial x_{n-1}}$$

und subtrahiere die Resultate voneinander. Dann entsteht

$$\frac{\partial f}{\partial x_{n-1}} = 0.$$

Man wende nun auf diese letzte Gleichung den Prozeß (8) und subtrahiere von der nach x_{n-1} differentiierten ersten Gleichung (7). Dann folgt

$$\frac{\partial f}{\partial x_{n-2}} = 0.$$

Und so kann man weiter schließen.

Nun kann man den Prozeß II auf sehr viele Weisen abändern, so daß er die hier für uns in Betracht kommende Eigenschaft behält. Sind z. B. $c_1, c_2, c_3, \ldots$ unendlich viele von 0 verschiedene Konstanten, so hat auch der Prozeß

$$(9) \qquad c_1\, u_1\, \frac{\partial}{\partial u_0} + c_2\, u_2\, \frac{\partial}{\partial u_1} + c_3\, u_3\, \frac{\partial}{\partial u_2} + \cdots$$

die Eigenschaft, daß seine Anwendung auf irgendeine Funktion dann und nur dann 0 ergibt, wenn diese Funktion konstant in bezug auf die u ist. Und dieselbe Eigenschaft besitzt der allgemeinere Prozeß:

$$(10) \qquad \varphi_1(u_1)\, \frac{\partial}{\partial u_0} + \varphi_2(u_2)\, \frac{\partial}{\partial u_2} + \varphi_3(u_3)\, \frac{\partial}{\partial u_3} + \cdots,$$

wo $\varphi_1(u_1)$, $\varphi_2(u_2)$, $\ldots$ beliebige hinreichend oft differentiierbare Funktionen sind, von denen keine in irgendeinem Intervall konstant ist. Daher können wir in unserer Determinante $\varDelta$ den Prozeß II durch irgendeinen Prozeß von der Form (9) oder allgemeiner von der Form (10) ersetzen, und unsere Sätze bleiben, wie eine kleine Modifikation des Beweises zeigt, gültig. So können wir durch geeignete Wahl der Funktionen $\varphi(u)$ unseren Bedingungen immer neue und neue Formen geben.

Zum Schlusse sei noch kurz erwähnt, daß unsere obige Bemerkung über die Äquivalenz der Bedingungen (7) und (7′) dazu angewandt werden kann, die Bedingungen für den Rang der Funktionalmatrix in eine kleinere Anzahl von Bedingungen zusammenzufassen. Es seien z. B. $\varphi(x_1, \ldots, x_n)$, $\psi(x_1, \ldots, x_n)$ zwei differentiierbare Funktionen und es sei z. B. wenigstens eine der Ableitungen $\frac{\partial \varphi}{\partial x_1}$, $\frac{\partial \psi}{\partial x_1}$ in der Umgebung eines Punktes P von 0 verschieden. Dann lassen sich die Bedingungen dafür, daß der Rang der Matrix

$$\begin{pmatrix} \dfrac{\partial \varphi}{\partial x_1}, & \dfrac{\partial \varphi}{\partial x_2}, & \cdots, & \dfrac{\partial \varphi}{\partial x_n} \\[2mm] \dfrac{\partial \psi}{\partial x_1}, & \dfrac{\partial \psi}{\partial x_2}, & \cdots, & \dfrac{\partial \psi}{\partial x_n} \end{pmatrix}$$

in der Umgebung von P gleich 1 ist, einfach wie folgt schreiben:

$$\begin{vmatrix} \dfrac{\partial \varphi}{\partial x_1} & \dfrac{\partial \varphi}{\partial x_n} \\[2mm] \dfrac{\partial \psi}{\partial x_1} & \dfrac{\partial \psi}{\partial x_n} \end{vmatrix} = 0, \quad x_3 \begin{vmatrix} \dfrac{\partial \varphi}{\partial x_1} & \dfrac{\partial \varphi}{\partial x_2} \\[2mm] \dfrac{\partial \psi}{\partial x_1} & \dfrac{\partial \psi}{\partial x_2} \end{vmatrix} + x_4 \begin{vmatrix} \dfrac{\partial \varphi}{\partial x_1} & \dfrac{\partial \varphi}{\partial x_3} \\[2mm] \dfrac{\partial \psi}{\partial x_1} & \dfrac{\partial \psi}{\partial x_3} \end{vmatrix} + \cdots + x_n \begin{vmatrix} \dfrac{\partial \varphi}{\partial x_1} & \dfrac{\partial \varphi}{\partial x_{n-1}} \\[2mm] \dfrac{\partial \psi}{\partial x_1} & \dfrac{\partial \psi}{\partial x_{n-1}} \end{vmatrix} = 0.$$

Und ganz analog lassen sich die Bedingungen im Falle beliebig vieler Funktionen und beliebigen Ranges zusammenfassen.

(Eingegangen am 24. Dezember 1918.)

22

Über die Reihe $\sum\limits_{n=0}^{\infty} q^{n^2} x^n$.

(Aus einem an Herrn G. Pólya in Zürich gerichteten Briefe.)

... Die Frage, für welche Werte des Parameters q die Funktion von x

$$F(q, x) = \sum_{n=0}^{\infty} q^{n^2} x^n \qquad\qquad |q| \leqq 1$$

einer algebraischen Differentialgleichung genügt, läßt sich, wie Sie vermuteten, vollständig erledigen mit Hilfe Ihrer Funktionalgleichung

$$(1) \qquad q\,x\,F(q, q^2 x) = F(q, x) - 1 .$$

Es ergibt sich das Resultat: *Dann und nur dann genügt $F(q, x)$ als Funktion von x keiner algebraischen Differentialgleichung, wenn q von 0 verschieden und keine Einheitswurzel ist.* — Daß $F(q, x)$ für von 0 verschiedene *rationale* echt gebrochene q keiner algebraischen Differentialgleichung genügt, haben Sie ja aus allgemeineren funktionentheoretischen Entwickelungen als Korollar folgern können[1]).

Ist zunächst q gleich Null oder einer Einheitswurzel, so ist $F(q, x)$ *rational* in x. Denn ist etwa $q^m = 1$, so gilt offenbar

$$F(q, x) = \left(\sum_{n=0}^{m-1} q^{n^2} x^n\right)\left(\sum_{n=0}^{n=\infty} x^{m n}\right) = \frac{\sum\limits_{0}^{m-1} q^{n^2} x^n}{1 - x^m} .$$

Es sei also $q \neq 0$ und keine Einheitswurzel, und wir nehmen an, daß $F(q, x)$ der algebraischen Differentialgleichung genügt:

$$(2) \qquad \sum A(x)\, y^{n_0}\, y'^{n_1}\, y''^{n_2} \ldots = 0,$$

---

[1]) *Über das Anwachsen von ganzen Funktionen, die einer Differentialgleichung genügen.* Vierteljahrsschrift Naturf. Ges. Zürich, **61** (1916), S. 531—545.

23

wo $A(x)$ *Polynome* in x sind. Verstehen wir unter der *Dimension* eines Ausdrucks

$$A(x)\, y^{n_0} y'^{n_1} y''^{n_2} \ldots$$

die Zahl $n_0 + n_1 + n_2 + \ldots$, unter seinem *Gewicht* die Zahl $n_1 + 2n_2 + 3n_3 + \ldots$, so kann ich allgemein von den zwei „Gliedern"

$$A(x)\, y^{n_0} y'^{n_1} y''^{n_2} \ldots \qquad \text{und} \qquad \overline{A}(x)\, y^{\bar{n}_0} y'^{\bar{n}_1} y''^{\bar{n}_2} \ldots$$

das erste höher nennen als das zweite, falls die *letzte* von Null verschiedene Differenz $n_i - \bar{n}_i$ positiv ist. Unter dem *Hauptglied* eines Ausdrucks wie die linke Seite von (2) verstehe ich dasjenige Glied, dessen Dimension möglichst groß ist, dessen Gewicht nicht kleiner ist als das Gewicht aller übrigen Glieder derselben Dimension und welches höher ist als alle übrigen Glieder derselben Dimension und desselben Gewichts. — Unter allen Differentialgleichungen von der Form (2), denen $F(q, x)$ genügt, greife ich diejenigen mit dem Hauptglied von möglichst kleiner Dimension d heraus, unter den herausgegriffenen diejenigen mit möglichst „schwerem" Hauptglied vom Gewicht g, unter den letzteren diejenigen mit möglichst *hohem* Hauptglied. Ist das Hauptglied einer so gewählten Differentialgleichung

$$(3) \qquad f(y; x) = f(y, y', y'', \ldots, x) = 0$$

etwa gleich

$$(4) \qquad A(x)\, y^{n_0} y'^{n_1} y''^{n_2} \ldots,$$

und nehmen wir den Grad von $A(x)$ möglichst klein an und den Koeffizienten der höchsten Potenz von x gleich 1, so geht die linke Seite jeder anderen Differentialgleichung von der Form (2) mit dem Hauptglied $\overline{A}(x)\, y^{n_0} y'^{n_1} y''^{n_2} \ldots$, der $F(q, x)$ genügt, aus $f(y; x)$ durch Multiplikation mit $\dfrac{\overline{A}(x)}{A(x)}$ hervor, und $\dfrac{\overline{A}(x)}{A(x)}$ ist ganz in x.

Setze ich nun in (3) für $y(x)$ den Ausdruck $qx\, y(q^2 x) + 1$ ein und führe sodann nach ausgeführten Differentiationen $q^2 x$ als neue unabhängige Variable ein, so läßt sich das Hauptglied der so entstehenden neuen Differentialgleichung $f^*(y; x) = 0$ für $F(q, x)$ sofort berechnen. Es ist gleich

$$A\!\left(\frac{x}{q^2}\right)\left(\frac{x}{q}\right)^{d} q^{2g}\, y^{n_0} y'^{n_1} y''^{n_2} \ldots.$$

Daher muß $A\!\left(\dfrac{x}{q^2}\right) x^d$ durch $A(x)$ teilbar sein. Da aber q keine Einheitswurzel ist, muß dann $A(x)$ einer Potenz x^m von x gleich sein. Infolgedessen besteht identisch in $x, y, y', y'', \ldots$ die Gleichung

$$(5) \qquad f^*(y; x) = q^{2g-2m-d}\, x^d\, f(y; x).$$

Es sei ν der *kleinste* von Null verschiedene Index, für den n_ν von Null verschieden ist, falls es einen solchen gibt; das höchste Glied unter den aus dem Hauptglied (4) durch die obigen Substitutionen entstehenden Gliedern d-ter Dimension und $(g-1)$-ten Gewichts ist offenbar gleich

$$\nu\, n_\nu \left(\frac{x}{q^2}\right)^m \left(\frac{x}{q}\right)^{d-1} q^{2g-1} \frac{y^{(\nu-1)}}{y^{(\nu)}}\, y^{n_0} y'^{n_1} y''^{n_2} \ldots$$

Es sei das in $f(y;x)$ vorkommende ähnliche Glied gleich

$$(6) \qquad\qquad K(x)\, \frac{y^{(\nu-1)}}{y^{(\nu)}}\, y^{n_0} y'^{n_1} y''^{n_2} \ldots$$

— Das Polynom $K(x)$ kann auch identisch verschwinden. — Ein ähnliches Glied in $f^*(y;x)$ kann nur aus dem Hauptgliede (4) und aus dem Gliede (6) entstehen. Wir erhalten daher wegen (5):

$$\nu\, n_\nu\, q^{2g-2m-d}\, x^{m+d-1} \frac{y^{(\nu-1)}}{y^{(\nu)}} y^{n_0} y'^{n_1} y''^{n_2} \ldots + K\left(\frac{x}{q^2}\right)\left(\frac{x}{q}\right)^d q^{2g-2} \frac{y^{(\nu-1)}}{y^{(\nu)}} y^{n_0} y'^{n_1} y''^{n_2} \ldots =$$

$$= q^{2g-2m-d}\, x^d\, K(x)\, \frac{y^{(\nu-1)}}{y^{(\nu)}}\, y^{n_0} y'^{n_1} y''^{n_2} \ldots$$

oder

$$\nu\, n_\nu\, x^{m-1} + K\left(\frac{x}{q^2}\right) q^{2m-2} = K(x).$$

Hier hat aber für $m > 0$ die linke Seite einen um $\nu\, n_\nu$ größeren Koeffizienten bei x^{m-1} als die rechte, für $m = 0$ wird aber die linke Seite für $x = 0$ unendlich, falls $\nu\, n_\nu \neq 0$ ist, während die rechte endlich bleibt. Daher müßte $\nu\, n_\nu = 0$ sein, und das Hauptglied (4) kann also keine Ableitungen von y enthalten, ist also gleich $x^m y^d$. Mit diesem Gliede sind dann alle Glieder d-ter Dimension von $f(y;x)$ erschöpft, da das Gewicht dieses Gliedes am größten sein sollte.

Ich beweise nun, daß $f(y;x)$ überhaupt keine Ableitungen von y enthält. Denn es sei

$$(7) \qquad\qquad S(x)\, y^{\bar{n}_0} y'^{\bar{n}_1} \ldots$$

ein Glied von $f(y;x)$, in dem Ableitungen von y wirklich vorkommen, von möglichst hoher Dimension δ, und es möge das Aggregat der Glieder von $f(y;x)$ von höherer als δ-ter Dimension durch $\varphi(y;x)$ bezeichnet werden. Wir können dann (7) als das *Hauptglied* von $f(y;x) - \varphi(y;x)$ annehmen. Als das Hauptglied des aus $f(y;x) - \varphi(y;x)$ durch unsere Substitutionen entstehenden Ausdruckes ergibt sich

$$(8) \qquad\qquad S\left(\frac{x}{q^2}\right)\left(\frac{x}{q}\right)^\delta q^{2\Sigma i \bar{n}_i} y^{\bar{n}_0} y'^{\bar{n}_1} \ldots$$

Da nun alle Glieder von $\varphi(y; x)$ keine Ableitungen von y enthalten und daher keinen Beitrag zu (8) liefern, so folgt aus (5)

$$S\left(\frac{x}{q^2}\right)\left(\frac{x}{q}\right)^{\delta} q^{2\,\Sigma\, i\,\bar{n}_i}\, y^{\bar{n}_0}\, y'^{\bar{n}_1} \ldots = q^{2g-2m-d}\, x^d\, S(x)\, y^{\bar{n}_0}\, y'^{\bar{n}_1} \ldots .$$

Hier ist aber die rechte Seite in bezug auf x vom höheren Grade als die linke. Daher muß (3) eine *algebraische* Gleichung für $F(q, x)$ sein. Für $0 < |q| < 1$ ist aber $F(q, x)$ eine ganze transzendente Funktion. Und für $|q| = 1$ hat sie, wenn q keine Einheitswurzel ist, den Einheitskreis zur natürlichen Grenze. Denn ist ξ eine singuläre Stelle von $F(q, x)$ auf dem Einheitskreise, so sind auch die Stellen $q^{-2}\xi, q^{-4}\xi, q^{-6}\xi, \ldots$ nach (1) singulär, und diese Stellen liegen nach einem bekannten Satz über Diophantische Approximationen überall dicht auf dem Einheitskreis.

Der Grund, warum der Beweis durch so einfache, eigentlich rein algebraische Schlüsse gelingt, liegt vor allem in der Normierung der Differentialgleichung (3), bei der die Koeffizienten als *Polynome* in x angenommen werden.

(Eingegangen am 10. 2. 1920.)

Mathematische Miszellen. II.

Über eine Reduktion der Integrabilitätsbedingungen für vollständige Differentiale.

Kronecker hat bemerkt (Crelles Journal Bd. 59, S. 311—312 (1861)) daß eine lineare Differentialform

$$(1) \qquad d\sigma = \sum_{k=1}^{n} X_k \, dx_k$$

eine besonders symmetrische Gestalt annimmt, wenn für die x_k gewisse zyklisch invariante Verbindungen von neuen Variabeln $z_1, \ldots, z_n$ eingeführt werden, nämlich:

$$(2) \qquad x_k = \Big(\sum_{m=1}^{n} \omega^{mk} z_m\Big)^n, \qquad \omega = e^{\frac{2\pi i}{n}}.$$

Dann ergibt sich

$$(3) \quad d\sigma = \varphi(z_1, z_2, \ldots, z_n)\, dz_1$$
$$+ \varphi(z_2, z_3, \ldots, z_1)\, dz_2 + \cdots + \varphi(z_n, z_1, \ldots, z_{n-1})\, dz_n,$$

wie Kronecker unter Beschränkung auf den Fall rationaler X_k durch direkte Rechnung nachweist. Für die neue Gestalt von $d\sigma$ reduzieren sich aber, wie Kronecker bemerkt, die $\dfrac{n(n-1)}{2}$ Bedingungen für das vollständige Differential

$$\frac{\partial X_i}{\partial x_k} = \frac{\partial X_k}{\partial x_i}$$

auf $\dfrac{n}{2}$ bzw. $\dfrac{n-1}{2}$, da aus dem identischen Verschwinden jeder Differenz

$$\frac{\partial \varphi(z_r, z_{r+1}, \ldots, z_{r-1})}{\partial z_s} - \frac{\partial \varphi(z_s, z_{s+1}, \ldots, z_{s-1})}{\partial z_r}$$

zugleich das identische Verschwinden aller daraus durch zyklische Permutation entstehender Ausdrücke folgt.

Daß $d\sigma$ in den z_k ausgedrückt die Gestalt (3) haben muß, folgt übrigens auch unmittelbar daraus, daß $d\sigma$ nach der Substitution (2) zyklisch invariant wird. Dabei muß allerdings natürlich vorausgesetzt werden, daß X_i etwa in der Umgebung der Stelle $x_1 = 0, \ldots, x_n = 0$ analytisch vom Charakter einer rationalen Funktion sind.

Jedenfalls legt diese Bemerkung nahe, die Reduktion noch weiter zu treiben, indem man anstatt der Substitution (2) eine zu einer wesentlich größeren Gruppe von Automorphien von $d\sigma$ führende Substitution benutzt. Zu diesem Zwecke setzen wir, unter $s_1, s_2, \ldots, s_n$ die elementaren symmetrischen Funktionen der $z_1, z_2, \ldots, z_n$ verstanden,

$$x_1 = s_1(z_\nu), \quad x_2 = s_2(z_\nu), \quad \ldots, \quad x_n = s_n(z_\nu).$$

Dann muß das transformierte Linienelement

$$d\sigma = Z_1(z_1, \ldots, z_n)\, dz_1 + Z_2(z_1, \ldots, z_n)\, dz_2 + \cdots + Z_n(z_1, \ldots, z_n)\, dz_n$$

symmetrisch in den z_ν sein, so daß allgemein Z_i aus Z_k durch Vertauschung von z_i mit z_k hervorgeht, und jedes Z_i in allen z_ν bis auf z_i symmetrisch ist. Auch diesmal stellen also die Z_i bis auf die Bezeichnung der Variabeln nur *eine* Funktion dar, die aber jetzt in $n-1$ Variabeln symmetrisch ist. Die Integrabilitätsbedingungen reduzieren sich aber wesentlich. In der Tat entsteht

$$(4) \qquad\qquad \frac{\partial Z_i}{\partial z_k} - \frac{\partial Z_k}{\partial z_i} \qquad\qquad i \gtrless k$$

aus

$$(5) \qquad \frac{\partial Z_1}{\partial z_2} - \frac{\partial Z_2}{\partial z_1} = \frac{\partial Z_1(z_1, z_2, \ldots, z_n)}{\partial z_2} - \frac{\partial Z_1(z_2, z_1, \ldots, z_n)}{\partial z_1},$$

indem in $\dfrac{\partial Z_1}{\partial z_2} - \dfrac{\partial Z_2}{\partial z_1}$ erstens z_1 mit z_i, zweitens z_2 mit z_k vertauscht wird. Verschwindet also (5) identisch, so gilt dasselbe für alle Ausdrücke (4). *Unsere Substitution gestattet uns also, die Integrabilitätsbedingungen für ein vollständiges Differential auf eine einzige Gleichung*

$$\frac{\partial Z_1(z_1, z_2, z_3, \ldots, z_n)}{\partial z_2} - \frac{\partial Z_1(z_2, z_1, z_3, \ldots, z_n)}{\partial z_1} = 0$$

zu reduzieren.

(Eingegangen am 24. 6. 24.)

Zum Hölderschen Satz über $\Gamma(x)$.

In den folgenden Zeilen gebe ich eine wesentlich kürzere und einfachere Fassung meines Beweises[1]) des bekannten Hölderschen Satzes, daß $\Gamma(x)$ keiner Differentialgleichung genügt, deren linke Seite ein Polynom in der unbekannten Funktion und deren Ableitungen nach x mit algebraischen Funktionen von x als Koeffizienten ist. Wir können uns auf die Betrachtung solcher Differentialausdrücke beschränken, deren Koeffizienten speziell Polynome in x sind, und nur an solche denken wir, wenn

---

[1]) *Neuer Beweis des Hölderschen Satzes, daß die Gammafunktion keiner algebraischen Differentialgleichung genügt.* Math. Ann. **79** (1919), S. 286—288. Durch eine liebenswürdige Mitteilung von Herrn Hausdorff bin ich auf ein Versehen aufmerksam gemacht worden, das sich in diese Note eingeschlichen hat, sich aber, worauf mich auch Herr Hausdorff hingewiesen hat, leicht berichtigen läßt. Am einfachsten geschieht dies wie folgt: die Zeilen 11 v. u. bis 9 v. u. auf Seite 287 („Insbesondere kann ...“) sind zu streichen, auf Seite 288 sind aber die vier letzten Zeilen durch folgendes zu ersetzen:
„Da dies nach (3) durch $D(x) = x^d$ teilbar ist, $x^{d-1} f_{d,g,g-1}(y;x)$ aber in x höchstens vom Grade $d-1$ ist (weil $f_{d,g,g-1}(y;x)$ von x unabhängig ist), muß $f_{d,g,g-1}(y;x)$ identisch verschwinden. Dann folgt aus (3): $f_{d,g-1}(y;x+1) = f_{d,g-1}(y;x)$ so daß auch $f_{d,g-1}$ von x unabhängig ist. Genau ebenso weiter schließend, sehen wir, daß *alle* $f_{d,g-t}$ von x unabhängig sind, so daß x in $f(y,y',y'',\ldots;x)$ explizite nicht vorkommt. Dann aber ist die Identität (3):

$$f(xy, xy'+y, xy''+2y', \ldots) = x^d f(y, y', y'', \ldots)$$

unmöglich, da für $x=0$ ihre rechte Seite identisch in $y, y', y'', \ldots$ verschwindet, während die linke Seite in $f(0, y, 2y', \ldots)$ übergeht, und daher nicht identisch in $y, y', y'', \ldots$ verschwinden kann, da sonst f durch x teilbar, also reduzibel sein würde“. — Ferner heißt es S. 288, 8. Z. v. o. statt $(a_1 > a_2 > a_3 \ldots)$: $(\Re a_1 \geqq \Re a_2 \geqq \Re a_3 \geqq \ldots)$; 13. Z. v. o. statt $(x-(a_3-1))$: $(x-(a_3-1))^{e_3}$ und 21. Z. v. o. statt $D(x)$: $\overline{D}(x)$. Indessen dürfte heute dieser Beweis neben der im Texte gegebenen Fassung, zu deren Auffindung mich die durch die Mitteilung von Herrn Hausdorff veranlaßte Wiederaufnahme der Frage geführt hat, kaum noch Interesse verdienen.

wir im folgenden von Differentialausdrücken oder Differentialgleichungen sprechen.

Wir bezeichnen die unbekannte Funktion mit y und deren Ableitungen y', y'', $\ldots$, $y^{(\nu)}$, $\ldots$ bzw. mit y_1, y_2, $\ldots$, y_ν, $\ldots$ Dann heißt von zwei verschiedenen Potenzprodukten in y, y_1, y_2, $\ldots$,

$$A(x)\,y^{n_0}\,y_1^{n_1}\,y_2^{n_2}\ldots, \qquad \bar{A}(x)\,y^{\bar{n}_0}\,y_1^{\bar{n}_1}\,y_2^{\bar{n}_2}\ldots,$$

das erste höher als das zweite, wenn die *letzte* nicht verschwindende unter den Differenzen $n_0 - \bar{n}_0$, $n_1 - \bar{n}_1$, $\ldots$ positiv ist. Die dadurch definierte Anordnung der Glieder eines Differentialausdrucks ist offenbar transitiv (d. h. wenn ein Glied höher als ein anderes und dieses höher als ein drittes ist, so ist das erste auch höher als das dritte), so daß man vom höchsten Glied eines Differentialausdrucks sprechen kann.

Unter allen Differentialgleichungen, denen $\Gamma(x)$ genügt, greifen wir diejenigen heraus, deren höchstes Glied am niedrigsten ist[2]). Ist das höchste Glied einer solchen Differentialgleichung

$$f(y, y_1, y_2, \ldots; x) = 0$$

etwa gleich

$$A(x)\,y^{n_0}\,y_1^{n_1}\,y_2^{n_2}\ldots,$$

so können wir außerdem annehmen, daß der Grad von $A(x)$ so klein wie möglich ist und daß $A(x)$ den höchsten Koeffizienten 1 hat. Dann ist f sicher weder durch y noch durch einen Linearfaktor $x - \alpha$ teilbar. Hat eine andere Differentialgleichung $\bar{f} = 0$, der $\Gamma(x)$ genügt, das höchste Glied $\bar{A}(x)\,y^{n_0}\,y_1^{n_1}\ldots$, so ist $A(x)$ ein Teiler von $\bar{A}(x)$ und es gilt

$$\bar{f} \equiv \frac{\bar{A}(x)}{A(x)}\,f. \quad {}^{3})$$

Wegen der Funktionalgleichung $\Gamma(x+1) = x\,\Gamma(x)$ genügt $\Gamma(x)$ auch der Differentialgleichung $f(x\,\Gamma(x)),\ (x\,\Gamma(x))',\ (x\,\Gamma(x))'',\ldots; x+1) = 0$, d. h.

$$f(xy,\ xy_1 + y,\ xy_2 + 2y_1,\ \ldots;\ x+1) = 0,$$

deren linke Seite aus $f(y, y_1, y_2, \ldots; x)$ hervorgeht, indem für y, y_1, $\ldots$; x bzw. gesetzt wird:

$$(1) \qquad \bar{y} = xy,\quad \bar{y}_1 = xy_1 + y,\quad \bar{y}_2 = xy_2 + 2y_1,\ \ldots;\quad \bar{x} = x + 1.$$

---

[2]) Sie sind also von niedrigster Ordnung, unter denjenigen von niedrigster Ordnung von niedrigstem Grade in bezug auf die höchste vorkommende Ableitung usw.

[3]) Denn ist $\bar{A}(x) = Q\,A(x) + P$, wo Q und P Polynome sind und der Grad von P niedriger als der von $A(x)$ ist, so hat der Differentialausdruck $\bar{f} - Qf$ ein niedrigeres höchstes Glied als f, oder aber der Grad des höchsten Gliedes von $\bar{f} - Qf$ in bezug auf x ist kleiner als der Grad von $A(x)$ — sofern $\bar{f} - Qf$ nicht identisch verschwindet.

Wir werden diese Substitution mit S bezeichnen und das Resultat ihrer Anwendung auf $g(y, y_1, y_2, \ldots; x)$ mit Sg. Ist $B(x) y^{m_0} y_1^{m_1} \ldots$ irgendein Potenzprodukt in $y, y_1, y_2, \ldots$, so ist offenbar das höchste Glied von $SB(x) y^{m_0} y_1^{m_1} \ldots$ gleich $x^m B(x+1) y^{m_0} y_1^{m_1} \ldots$ $(m = m_0 + m_1 + \ldots)$. Daher ist das höchste Glied von Sf gleich $x^n A(x+1) y^{n_0} y_1^{n_1} \ldots$, unter n die Summe $n_0 + n_1 + \ldots$ verstanden. Folglich muß nach dem oben Bemerkten $\dfrac{x^n A(x+1)}{A(x)}$ ein Polynom $D(x) = x^n + \ldots$ sein, und es gilt dann

$$(2) \qquad\qquad Sf \equiv D(x) f.$$

Um aus Sf wieder f zu gewinnen, hat man offenbar $x, y, \ldots, y_\nu, \ldots$ resp. zu ersetzen durch

$$x - 1, \quad \frac{y}{x-1}, \quad \ldots, \quad \frac{g_\nu(y, y_1, \ldots; x)}{(x-1)^{n_\nu}}, \quad \ldots,$$

wo g_ν Polynome in $y, y_1, \ldots, x$ und n_ν ganze Zahlen sind[4]). Führt man (2) diese Substitution aus und multipliziert beide Seiten mit einer geeigneten Potenz von $x - 1$, so ergibt sich für ein ganzes $a > 0$

$$(x-1)^a f(y, y_1, \ldots; x) \equiv D(x-1) g(y, y_1, \ldots; x),$$

wo g ein Polynom in $y, y_1, \ldots, x$ ist. Daraus folgt, daß $D(x-1)$ keine von 1 verschiedene Wurzel α haben kann, da sonst f für $x = \alpha$ identisch in $y, y_1, \ldots$ verschwinden und daher durch $x - \alpha$ teilbar sein müßte. Daher ist $D(x) = x^n$ und

$$(3) \qquad f(xy, xy_1 + y, xy_2 + 2y_1, \ldots; x+1) \equiv x^n f(y, y_1, y_2, \ldots; x).$$

Wir setzen hier $y = 0$ und vergleichen in der entstehenden Identität

$$f(0, xy_1, xy_2 + 2y_1, \ldots; x+1) \equiv x^n f(0, y_1, y_2, \ldots; x)$$

die höchsten Glieder auf beiden Seiten. Ist das höchste Glied von $f(0, y_1, y_2, \ldots; x)$ etwa $C(x) y_1^{l_1} y_2^{l_2} \ldots$, so folgt

$$x^{l_1 + l_2 + \cdots} C(x+1) y_1^{l_1} y_2^{l_2} \ldots \equiv x^n C(x) y_1^{l_1} y_2^{l_2} \ldots$$

und daher, wenn wir auf beiden Seiten die Gradzahlen in bezug auf x vergleichen, $l_1 + l_2 + \ldots = n$, $C(x+1) = C(x)$, so daß $C(x)$ eine (von 0 verschiedene) Konstante C ist[5]). Daher ist $f(0, y_1, y_2, \ldots; x)$ sicher

---

[4]) Man beachte, daß bei sukzessiver Auflösung der Gleichungen (1) nach $y, y_1, \ldots$ jedesmal durch $x = \bar{x} - 1$ zu dividieren ist.

[5]) Weil nämlich $C(x)$ für alle ganzzahligen Werte von x denselben Wert $C(0)$ haben muß.

nicht durch $x-1$ teilbar, und $f(0, y_1, y_2, \ldots; 1)$ verschwindet nicht identisch. Setzen wir aber in (3) $x = 0$, so folgt

$$f(0, y, 2y_1, 3y_2, \ldots; 1) \equiv 0,$$

oder, wenn wir in dieser Identität $y, 2y_1, 3y_2, \ldots$ bzw. mit $y_1, y_2, y_3, \ldots$ bezeichnen,

$$f(0, y_1, y_2, \ldots; 1) \equiv 0$$

im Widerspruch zum eben Gezeigten. Damit ist der Höldersche Satz bewiesen.

Göttingen, Dezember 1924.

(Eingegangen am 10. 12. 1924.)

Mathematische Miszellen. IV.

Bemerkung über Differenzierbarkeit unendlicher Funktionenfolgen.

Konvergiert eine Folge $f_n(x)$ von in einem Intervall J i-mal differenzierbaren Funktionen gegen eine in J gleichfalls i-mal differenzierbare Funktion $F(x)$, so folgt daraus bekanntlich noch nicht die Konvergenz der Folge $f_n^{(i)}(x)$ gegen $F^{(i)}(x)$. Vielmehr müssen gewisse ziemlich weitgehende Annahmen über die Folge $f_n^{(i)}(x)$ gemacht werden.[1] Der folgende Satz bietet nun unter Umständen einen gewissen Ersatz für die gliedweise Differenzierbarkeit:

Satz: *Es sei* ... $f_n(x)$ ... *eine in einem Intervall J konvergente Folge von i-mal differenzierbaren Funktionen, und die i-mal differenzierbare Funktion $F(x)$ sei der Limes dieser Folge. Dann gibt es zu jedem x aus J eine gegen x konvergierende Folge von Werten x_n aus J, für die*

$$\lim_{n \to \infty} f_n^{(i)}(x_n) = F^{(i)}(x)$$

---

[1] Vgl. E. Landau, Arch. d. M. u. Ph. (3) 26 (1917), S. 69.

33

ist. Dabei können x_n sämtlich größer als x gewählt werden, wenn x vom Endpunkt von J verschieden ist, bzw. kleiner als x, wenn x vom Anfangspunkt von J verschieden ist.

Der Beweis beruht auf dem folgenden (bekannten) *Lemma. Es seien $A_{l,n}$, B_l, C beliebige Zahlen, und es sei*

$$(1) \qquad \lim_{n \to \infty} A_{l,n} = B_l, \qquad \lim_{l \to \infty} B_l = C.$$

Dann gibt es eine Folge von ganzen positiven mit n ins Unendliche wachsenden Zahlen l_n, für die

$$\lim_{n \to \infty} A_{l_n,n} = C \qquad \text{ist.}$$

Zum Beweise des Lemmas bemerken wir, daß es auch so formuliert werden kann: *Unter den Bedingungen* (1) *gehört zu jedem Paar positiver Zahlen ε, M eine solche Zahl N, daß für jedes $n > N$ für ein geeignetes $l > M \,|\, A_{l,n} - C\,| < \varepsilon$ ist.* — Wäre dies aber falsch, so würde es ein Paar positiver Zahlen ε, M geben, zu denen eine unendliche Folge ganzer positiver Zahlen $n_1 < n_2 < \cdots$ mit der folgenden Eigenschaft gehörte: Für jedes n_k und $l > M$ ist $|\, A_{l,n_k} - C\,| \geqq \varepsilon$. Wegen $\lim_{n \to \infty} A_{l,n} = B_l$ würde hieraus $|\, B_l - C\,| \geqq \varepsilon$ für jedes $l > M$ folgen. Und dies widerspricht der Annahme, daß $\lim_{l \to \infty} B_l = C$ ist.

Beim Beweise unseres Satzes genügt es, x vom Endpunkt J verschieden anzunehmen und die Existenz einer Folge x_n mit $x_n > x$ nachzuweisen, da die Transformation $x' = -x$ den zweiten Teil unserer Behauptung auf diesen zurückführt. Es sei h_n eine gegen 0 konvergierende Folge positiver Zahlen. Versteht man unter $\varDelta_h^{(i)} \varphi(x)$ den Ausdruck

$$\varDelta_h^{(i)} \varphi(x) = \varphi(x + ih) - \binom{i}{1} \varphi(x + (i-1)h) + \cdots + (-1)^i \varphi(x),$$

so gilt die folgende Verallgemeinerung des Mittelwertsatzes der Differentialrechnung[1]) (wenn $\varphi(x)$ im Intervall $(x \cdots x + ih)$ i-mal differenzierbar ist):

$$(2) \qquad \frac{\varDelta_h^{(i)} \varphi(x)}{h^i} = \varphi^{(i)}(x + \vartheta ih), \qquad 0 < \vartheta < 1.$$

---

1) Da man (2) für kleinere i als bewiesen annehmen kann, folgt aus $\varDelta_h^{(i)} \varphi(x) = \varDelta_h^{(i-1)} \varDelta_h^{(1)} \varphi(x)$:

$$\varDelta_h^{(i)} \varphi(x) = \varDelta_h^{(1)} \varphi^{(i-1)}(x + \vartheta_1 (i-1)h) = \varphi^{(i)}(x + \vartheta_1 (i-1)h + \vartheta_2 h),$$

wo ϑ_1 und ϑ_2 zwischen 0 und 1 liegen, womit (2) bewiesen ist.

Andererseits gilt offenbar nach der Definition der Ableitung[1])

$$(3) \qquad \underset{l \to \infty}{\mathrm{Lim}} \; \frac{\varDelta_{h_l}^{(i)} F(x)}{h_l^i} = F^{(i)}(x),$$

sobald l so groß ist $(> l_0)$, daß auch $x + ih_l$ in J liegt. Wenden wir nun (2) für $l > l_0$ auf $\varphi \equiv f_n(x)$ und $h = h_l$ an, so ergibt sich

$$(4) \qquad \frac{\varDelta_{h_l}^{(i)} f_n(x)}{h_l^i} = f_n^{(i)}(x_n^{(l)}), \qquad x < x_n^{(l)} < x + ih_l.$$

Ferner folgt aus unseren Annahmen für ein beliebiges aber festes l

$$(5) \qquad \frac{\varDelta_{h_l}^{(i)} f_n(x)}{h^i} \longrightarrow \frac{\varDelta_{h_l}^{(i)} F(x)}{h_l^i} \; .$$

Setzen wir nun $f_n^{(i)}(x_n^{(l)}) = A_{l,n}$, $\dfrac{\varDelta_{h_l}^{(i)} F(x)}{h_l^i} = B_l$, $F^{(i)}(x) = C$, so ist wegen (3), (4) und (5) unser Lemma anwendbar, und es folgt die Existenz einer Folge ganzer positiver l_n mit $l_n \longrightarrow 0$, so daß

$$\underset{n \to \infty}{\mathrm{Lim}} \, f_n^{(i)} (x_n^{(l_n)}) = F^{(i)}(x)$$

ist. Setzen wir endlich $x_n^{(l_n)} = x_n$, so ist damit wegen $h_{l_n} \longrightarrow 0$ unser Satz bewiesen.

(Eingegangen am 9. 3. 25.)

---

1) Vgl. a. B. A. Harnack, Math. Ann. 23 (1884), S. 282.

Mathematische Miszellen. VIII.

Funktionaldeterminanten und Abhängigkeit von Funktionen.

In einer unlängst erschienenen Arbeit[1]) beweisen die Herren
K. Knopp und R. Schmidt den bekannten Satz von der Bedeutung
des Verschwindens der Funktionaldeterminante in einer gegenüber den
bisher üblichen Darstellungen verschärften Fassung. Diese Verschärfung läßt sich kurz dahin charakterisieren, daß während bisher aus dem
Verschwinden der Funktionaldeterminante nur die Existenz einer Relation im kleinen gefolgert wurde, sie daraus die Existenz einer Relation
im Großen erschließen. Genauer läßt sich das Ergebnis der Herren
K. Knopp und R. Schmidt wie folgt formulieren:

*Zwei in einem beschränkten abgeschlossenen Bereich B der (x, y)-
Ebene und in einer gewissen Umgebung von B definierte und mit stetigen*

---

1) K. Knopp und R. Schmidt, Funktionaldeterminanten und Abhängigkeit
von Funktionen. Math. Zeitschr. 25 (1926), S. 373—381. Wir zitieren diese Arbeit
weiter unten mit K. und S.

*partiellen Ableitungen erster Ordnung versehene Funktionen u, v sind dann
und nur dann in B abhängig, wenn ihre Funktionaldeterminante durchweg auf B und in einer gewissen Umgebung von B verschwindet.*

*Dabei heißen zwei Funktionen $u(x, y)$, $v(x, y)$ in B abhängig, wenn
es eine in der ganzen (u, v)-Ebene definierte stetige Funktion $F(u, v)$
gibt, die in keinem Teilgebiete der (u, v)-Ebene durchweg verschwindet,
während $F(u(x, y), v(x, y))$ in B durchweg verschwindet, und wenn außerdem $F(u, v)$ durchweg stetige partielle Ableitungen erster Ordnung besitzt.*

Und sowohl der obige Satz als auch diese Definition lassen sich,
wie die Verfasser hervorheben, unverändert auf den Fall von beliebig
vielen Variablen übertragen.

Man kann nun den obigen Satz mit Hilfe der Entwicklungen von
K. und S. insofern weiter verschärfen, als bereits aus der Existenz einer
Relation $F(u(x, y), v(x, y)) = 0$ mit stetiger, aber nicht notwendig diffe-
rentierbarer Funktion $F(u, v)$ das Verschwinden von $\Delta = \dfrac{\partial(u, v)}{\partial(x, y)}$ folgt,
und andererseits aus dem Verschwinden von Δ die Existenz einer Rela-
tion $F(u(x, y), v(x, y)) = 0$ mit unbeschränkt oft differentierbarer Abhängigkeitsfunktion $F(u, v)$ erschlossen werden kann.

Im folgenden handelt es sich aber vor allem darum, den Satz von
K. und S. unter schärferen Voraussetzungen zu beweisen, die man wohl
heute als den Fragen dieser Art besonders angemessene ansehen kann,
nämlich unter der Annahme, daß $u(x, y)$ und $v(x, y)$ in B durchweg
totale Differentiale im Sinne von Stolz haben. Dabei sagt man, daß
eine Funktion (x, y) im Punkte (x_0, y_0) ein totales Differential im Sinne
von Stolz hat, oder, wie wir sagen wollen, *differentiabel* ist, wenn $f(x, y)$
in einer Umgebung von (x_0, y_0) definiert ist, und

$$f(x, y) - f(x_0, y_0) = f_x(x_0, y_0)(x - x_0) + f_y(x_0, y_0)(y - y_0)$$
$$+ \varepsilon(x, y, x_0, y_0)(|x - x_0| + |y - y_0|)$$

für hinreichend kleine $|x - x_0|$, $|y - y_0|$ ist, wobei $\varepsilon(x, y, x_0, y_0) \to 0$
mit $|x - x_0| + |y - y_0| \to 0$ gilt. — Mit der Annahme, daß $f(x, y)$
differentiabel ist, wird viel weniger verlangt, als die Stetigkeit von
$f_x(x, y)$ und $f_y(x, y)$, da für die Existenz eines totalen Differentials z. B.
bereits die Existenz von $f_x(x, y)$ und $f_y(x, y)$ und die Stetigkeit *einer*
dieser Ableitungen ausreicht.

Der Beweis des obigen Satzes für differentiable Funktionen muß
allerdings etwas tiefer schöpfen. Wir benutzen dabei einen Hilfssatz
aus dem Ideenkreis des Vitalischen Überdeckungssatzes.

Ich stelle zunächst die im folgenden benötigten Hilfssätze zusammen.

Hilfssatz 1. *Es sei M eine in der (u, v)-Ebene gelegene, nirgends-
dichte Punktmenge. Dann gibt es eine in der ganzen (u, v)-Ebene defi-*

nierte und mit stetigen partiellen Ableitungen aller Ordnungen versehene Funktion $F(u, v)$, die in keinem Gebiet durchweg verschwindet, dagegen in allen Punkten von M den Wert 0 hat.

Für den Beweis vgl. man K. und S., S. 374—376, namentlich S. 376, Mitte. Er beruht auf der Exaustion der Restmenge von M durch Quadrate eines immer feiner werdenden Quadratnetzes mit der Seitenlänge 2^{-n}, indem $F(u, v)$ in jedem der von Punkten von M freien und noch nicht verbrauchten Quadrate mit Hilfe der Funktion

$$\frac{1}{n^n}\, e^{-(\sin 2^n \pi u \, \sin 2^n \pi v)^{-2}}$$

definiert wird, die an den Seiten des betreffenden Quadrats verschwindende Ableitungen aller Ordnungen hat.

Definition. *Es seien $u(x, y)$, $v(x, y)$ zwei in einem beschränkten abgeschlossenen Bereich B der (x, y)-Ebene definierte Funktionen, es sei ferner $F(u, v)$ eine in der ganzen (u, v)-Ebene definierte stetige Funktion, die in keinem Gebiet der (u, v)-Ebene durchweg verschwindet, während $F(u(x, y), v(x, y))$ durchweg in B verschwindet. Dann heißen $u(x, y)$, $v(x, y)$ in B abhängig, und die Funktion $F(u, v)$ heißt die Abhängigkeitsfunktion.*

Hilfssatz 2. *Sind die in einem beschränkten abgeschlossenen Bereich B definierten Funktionen $u(x, y)$, $v(x, y)$ dort abhängig, so ist das durch sie vermittelte Bild B' in der (u, v)-Ebene nirgends dicht.*

Denn wäre B' in einem Gebiet G der (u, v)-Ebene überall dicht, so müßte die Abhängigkeitsfunktion $F(u, v)$, entgegen der Annahme, in G durchweg verschwinden, da $F(u, v)$ stetig ist und auf B' verschwindet.

Hilfssatz 3. *Sind $u(x, y)$, $v(x, y)$ in einem beschränkten abgeschlossenen Bereich B definiert, und ist das durch sie vermittelte Bild B' in der (u, v)-Ebene nirgends dicht, so sind $u(x, y)$, $v(x, y)$ in B abhängig und die Abhängigkeitsfunktion $F(u, v)$ läßt sich so wählen, daß sie partielle Ableitungen aller Ordnungen besitzt.*

Zum Beweis genügt es, nach dem Hilfssatz 1 die zur Menge $B' = M$ gehörende Funktion $F(u, v)$ zu konstruieren.[1])

Hilfssatz 4. *Es seien $u(x, y)$, $v(x, y)$ in der Umgebung eines Punktes $P = (x_0, y_0)$ definiert und differentiabel. Ist die Funktionaldeterminante im Punkte P:* $\begin{vmatrix} u_x(x_0, y_0) & v_x(x_0, y_0) \\ u_y(x_0, y_0) & v_y(x_0, y_0) \end{vmatrix}$ *von 0 verschieden, so überdeckt das Bild einer Umgebung des Punktes P eine volle Umgebung des Punktes $P' = (u(x_0, y_0), v(x_0, y_0)) = (u_0, v_0)$.*

---

1) Zu den Hilfssätzen 2 und 3 vgl. man den Satz 2 aus K. und S.

Dieser Hilfssatz ist eine unmittelbare Folge aus einem Satze von W. H. Young[1] über implizite Funktionen. Da nämlich die beiden Funktionen in den vier Variabeln u, v, x, y: $u - u(x, y)$, $v - v(x, y)$ an der Stelle (u_0, v_0, x_0, y_0) gleich 0 und in einer Umgebung dieser Stelle durchweg differentiabel sind, sind damit die Youngschen Bedingungen für die stetige Auflösbarkeit der Gleichungen $u = u(x, y)$, $v = v(x, y)$ nach x, y erfüllt.

Hilfssatz 5. *Es sei B ein beschränkter abgeschlossener Bereich mit dem Flächeninhalt M. Jedem Punkt P von B sei eine Folge von Quadraten mit dem Mittelpunkt in P und gegen 0 konvergierenden Diagonalen zugeordnet. Dann läßt sich B mit abzählbar vielen dieser Quadrate derart vollständig überdecken, daß die Summe der Flächeninhalte dieser Quadrate kleiner als $C(M + \varepsilon)$ wird, wo ε eine beliebige positive Zahl ist und C eine gewisse absolute Konstante ist, z. B. 120.*

Dieser Hilfssatz gehört dem Ideenkreis des Vitalischen Satzes an, ist aber wesentlich elementarer. Mit Hilfe des Vitalischen Satzes läßt sich zeigen, daß C gleich 1 angenommen werden kann. In der obigen Fassung findet sich der obige Hilfssatz sehr einfach bewiesen bei H. Rademacher, Eineindeutige Abbildungen und Meßbarkeit (Inauguraldissertation, Göttingen 1917, S. 8)[2], aber mit Kreisen statt mit Quadraten und mit $C = 60$. Der Rademachersche Beweis überträgt sich ohne weiteres auf den Fall von Quadraten, im übrigen aber genügt es, die Schar der den Quadraten eingeschriebenen Kreise zu betrachten, um die obige Fassung auf die Rademachersche zurückzuführen.

Wir beweisen nunmehr den

Hauptsatz. *α. Es seien $u(x, y)$, $v(x, y)$ im Innern eines beschränkten abgeschlossenen Bereiches B definiert, stetig und differentiabel.*

Sind u, v in B abhängig, so verschwindet ihre Funktionaldeterminante

$$\frac{\partial(u, v)}{\partial(x, y)} = \begin{vmatrix} u_x & v_x \\ u_y & v_y \end{vmatrix}$$

durchweg im Innern von B.

β. Es seien $u(x, y)$, $v(x, y)$ in jedem Punkte eines beschränkten abgeschlossenen Bereiches B definiert, stetig und differentiabel, wobei in den Randpunkten von B die Differentiabilität nur relativ zu B vorausgesetzt zu werden braucht. Verschwindet die Funktionaldeterminante

$$\frac{\partial(u, v)}{\partial(x, y)}$$

1) Vgl. dessen Monographie: The fundamental theorems of Differential Calculus (Cambridge Tracts), Cambridge 1910, sowie die Darstellung in de la Vallée Poussin's Cours d'analyse infinitésimal, Vol. I (3ème éd.), pp. **167—170**.

2) Abgedruckt in den Wiener Monatsheften XXVII.

in jedem Punkte von B, so sind u, v abhängig in B mit einer unbegrenzt oft differenzierbaren Abhängigkeitsfunktion.[1])

Beweis von α. Wäre die Behauptung falsch, so gäbe es innerhalb B einen Punkt P, in dem $\frac{\partial(u,v)}{\partial(x,y)} \neq 0$ wäre. Nach dem Hilfssatz 4 überdeckt aber dann das Bild einer Umgebung von P in der (u,v)-Ebene bei der Abbildung durch

$$(1) \qquad u = u(x,y), \quad v = v(x,y)$$

eine volle Umgebung des Bildpunktes von P. Daher ist die Bildmenge von B sicher nicht nirgendsdicht, so daß u und v nach dem Hilfssatz 2 nicht in B abhängig sein könnten.

Beweis von β. Es genügt zu beweisen, daß die Bildmenge B' von B bei der Abbildung (1) nirgendsdicht ist. Da B' abgeschlossen ist, genügt es zu beweisen, daß B' keine volle Kreisscheibe enthält, und dies wird daraus folgen, daß B', wie wir zeigen werden, durch abzählbar viele Parallelogramme mit beliebig kleiner Summe der Flächeninhalte vollständig überdeckt werden kann.

Es sei ε eine beliebig kleine positive Zahl, $P = (x_0, y_0)$ ein beliebiger Punkt von B, Q ein abgeschlossenes achsenparalleles Quadrat mit P als Mittelpunkt und mit der Seitenlänge a. Wir zeigen zunächst, daß sobald $a < \alpha(\varepsilon, P)$ ist, wo $\alpha(\varepsilon, P)$ eine geeignet gewählte positive Zahl ist, die Bildmenge der in Q liegenden Punkte von B innerhalb eines Parallelogramms mit dem Flächeninhalt εa^2 enthalten ist. In der Tat folgt aus dem Verschwinden der Funktionaldeterminante in P, daß es eine endliche Zahl l gibt, so daß in naheliegender Bezeichnung

$$v_x(P) = l u_x(P), \quad v_y(P) = l u_y(P)$$

ist, sofern $u_x(P)$, $u_y(P)$ nicht beide verschwinden. Wir wenden nun auf die (u,v)-Ebene die lineare Transformation

$$u^* = u, \quad v^* = v - lu,$$

wenn $u_x(P)$, $u_y(P)$ nicht beide 0 sind, sonst aber die Transformation

$$u^* = v, \quad v^* = u.$$

In jedem Falle bleiben die Flächeninhalte erhalten. Andererseits gilt für die neuen Funktionen $u^*(x,y)$, $v^*(x,y)$:

$$u^*(x,y) - u^*(P) = u_x^*(P)(x - x_0) + u_y^*(P)(y - y_0)$$
$$+ \varepsilon_1(P, x, y)(|x - x_0| + |y - y_0|),$$
$$v^*(x,y) - v^*(P) = \varepsilon_2(P, x, y)(|x - x_0| + |y - y_0|),$$

---

1) Die Formulierung von β. geht offenbar auch insofern über die Formulierung des Knopp-Schmidtschen Satzes hinaus, als in β. die Voraussetzungen sich nur auf die Punkte des Bereiches B beziehen, dagegen nichts über das Verhalten der Funktionen in einer Umgebung von B vorausgesetzt wird.

wobei (x, y) nur die Punkte von B zu durchlaufen braucht. ε_1 und ε_2 werden hier kleiner als 1 bzw. $\dfrac{\varepsilon}{(|u_x^*(P)| + |u_y^*(P)| + 2)}$, sobald a kleiner als $\alpha(\varepsilon, P)$ wird. Daraus folgt, daß die Punkte (u^*, v^*), die den Punkten von B in Q entsprechen, innerhalb eines Rechtecks mit den Seiten

$$(|u_x^*(P)| + |u_y^*(P)| + 2)\, a, \quad \frac{\varepsilon}{(|u_x^*(P)| + |u_y^*(P)| + 2)}\, a,$$

dessen Flächeninhalt also gleich εa^2 ist, liegen, sobald $a < \alpha(\varepsilon, P)$ ist. Gehen wir zurück zur (u, v)-Ebene, so folgt, daß die Bildmenge der Punkte von B aus Q innerhalb eines Parallelogramms mit dem Flächeninhalt εa^2 liegt, wie behauptet wurde.

Nunmehr folgt aus dem Hilfssatz 5: Ist ε eine beliebig kleine positive Zahl, so gibt es abzählbar viele Recktecke $Q_1, Q_2 \ldots$, mit den Mittelpunkten $P_1, P_2 \ldots$ und den Seitenlängen $a_1, a_2 \ldots$, für die $a_n < \alpha(\varepsilon, P_n)$ ist, so daß B durch die Vereinigungsmenge aller Q_n vollständig überdeckt wird und die Summe der Flächeninhalte der $Q_n : \sum\limits_{n=1}^{\infty} a_n^2$ kleiner ist, als $120\,(M + \varepsilon)$, wenn M das äußere Maß von B ist. Die Bildpunkte der Punkte von B aus Q_n sind in einem Parallelogramm Π_n mit dem Flächeninhalt εa_n^2 enthalten. Daher wird die ganze Bildmenge B' durch eine abzählbare Folge von Parallelogrammen Π_n überdeckt, deren Inhaltssumme $\varepsilon \sum\limits_{1}^{\infty} a_n^2 \leqq 120\,\varepsilon\,(M + \varepsilon)$ beliebig klein gemacht werden kann. Daraus folgt aber, wie oben bereits hervorgehoben wurde, daß B' nirgendsdicht ist, womit der Teil β. des Hauptsatzes bewiesen ist.

Der damit bewiesene Hauptsatz und sein Beweis übertragen sich offenbar ohne weiteres auf den Fall von beliebig vielen Variablen.

(Eingegangen am 10. 11. 26.)

41

Mathematische Miszellen. X.
Über das Poissonsche Integral und fast stetige Funktionen.

1. Der Schwarzsche Satz über das Poissonsche Integral

$$P(z) = P(r, \vartheta) = \frac{1}{2\pi} \int_0^{2\pi} \mu(\alpha) \frac{1 - r^2}{1 + r^2 - 2r\cos(\vartheta - \alpha)}\, d\alpha$$

$$= \frac{1}{2\pi} \int_0^{2\pi} \mu(\alpha)\, \Re\, \frac{e^{i\alpha} + z}{e^{i\alpha} - z}\, d\alpha, \qquad z = re^{i\vartheta}, \qquad r < 1$$

besagt, daß $P(r, \vartheta) \to \mu(\alpha_0)$ für $\vartheta = \alpha_0$, $r \to 1$, wenn $\mu(\vartheta)$ für $\vartheta = \alpha_0$, stetig ist. Im folgenden gebe ich dafür zunächst eine Beweisanordnung, die mir etwas einfacher zu sein scheint als die gewöhnlich gegebenen.

Ich benutze die Tatsache, daß (für $\mu \equiv 1$)

$$(1) \qquad 1 \equiv \frac{1}{2\pi} \int_0^{2\pi} \frac{1 - r^2}{1 + r^2 - 2r\cos(\vartheta - \alpha)}\, d\alpha$$

gilt, was sich bei der funktionentheoretischen Herleitung des Poissonschen Integrals für Potentiale, die für $r \leq 1$ regulär sind, natürlich mitergibt, übrigens auch direkt, z. B. durch Reihenentwicklung, sofort zu verifizieren ist. — Über $\mu(\alpha)$ genügt es, vorauszusetzen, daß es nach Lebesgue integrabel ist.

Wir beweisen die etwas allgemeinere Formulierung:

I. Hat $\mu(\alpha)$ für $\alpha \to \alpha_0$ die Unbestimmtheitsgrenzen μ_1, μ_2, so sind die Unbestimmtheitsgrenzen von $P(z)$ für $z \to e^{i\alpha_0}$ (wobei z sich irgendwie, aus dem Innern des Einheitskreises kommend, dem Punkte $e^{i\alpha}$ nähert) zwischen μ_1, μ_2 enthalten.

Es genügt hierbei offenbar nur

$$(\mathrm{Ia}) \qquad \varlimsup_{z\,\to\,e^{i\alpha_0}} P(z) \leq \varlimsup_{\alpha\,\to\,\alpha_0} \mu(\alpha)$$

zu beweisen, da die entsprechende Tatsache für $\varliminf$ aus (Ia) sofort folgt, wenn (Ia) auf $-\mu(\alpha)$ angewandt wird. (Ia) folgt aber sofort aus der Tatsache:

(Ib) Ist für $\alpha_0 - \delta < \alpha < \alpha_0 + \delta$ $\mu(\alpha) \leq c$, so ist auch $\varlimsup_{z\,\to\,e^{i\alpha_0}} P(z) \leq c$.

Denn nehmen wir (Ib) als bewiesen an, so folgt für jedes $c > \overline{\lim\limits_{\alpha \to \alpha_0}} \, \mu(\alpha)$

$$(2) \qquad\qquad \overline{\lim_{z \to e^{i\alpha_0}}} \, P(z) \leqq c,$$

da zu jedem solchen c stets ein δ gehört, derart, daß für $\alpha_0 - \delta < \alpha < \alpha_0 + \delta$ $\mu(\alpha) < c$ ist. Und da (2) für jedes $c > \overline{\lim\limits_{\alpha \to \alpha_0}} \, \mu(\alpha)$ gilt, folgt (Ia).

Beim Beweise von (Ib) dürfen wir nun $c = 0$ annehmen. Denn zieht man von $\mu(\alpha)$ eine Konstante ab, so wird nach (1) der Wert des Integrals um dieselbe Konstante vermindert. Für $c = 0$ aber folgt, solange $\alpha_0 - \dfrac{\delta}{2} \leqq \vartheta \leqq \alpha_0 + \dfrac{\delta}{2}$ bleibt, für $r \to 1$

$$P(z) \leqq \frac{1}{2\pi} \int\limits_{\alpha_0 + \delta}^{2\pi + \alpha_0 - \delta} \mu(\alpha) \, \frac{(1 - r^2)\,d\alpha}{1 + r^2 - 2r\cos(\vartheta - \alpha)}$$

$$\leqq \frac{1 - r^2}{2\pi\left(1 + r^2 - 2r\cos\dfrac{\delta}{2}\right)} \int\limits_{0}^{2\pi} |\mu(\alpha)| \, d\alpha \to 0,$$

so daß in der Tat $\overline{\lim\limits_{z \to e^{i\alpha_0}}} \, P(z)$ nicht positiv sein kann, womit alles bewiesen ist.

2. Aus I. ergibt sich der Satz über die Randwerte in einem Stetigkeitspunkt von $\mu(\alpha)$ in etwas schärferer Fassung, die wir nun besonders formulieren wollen, um an sie weitere Betrachtungen zu knüpfen:

Wir sagen, $P(z)$ besitze $\mu(\alpha_0)$ als *allseitigen Randwert* in $e^{i\alpha_0}$, wenn $P(z)$ auf dem durch $e^{i\alpha_0}$ ergänzten Innern des Einheitskreises stetig wird, falls der Wert von $P(z)$ im Punkte $e^{i\alpha_0}$ als $\mu(\alpha_0)$ festgesetzt wird; — mit anderen Worten, wenn zu jedem $\varepsilon > 0$ ein $\delta > 0$ gehört, so daß $|P(z) - \mu(\alpha_0)| < \varepsilon$ ist, sobald z zugleich innerhalb der beiden Kreise $|z| < 1$ und $|z - e^{i\alpha_0}| < \delta$ liegt. Dann lautet unser Resultat:

II. $P(z)$ besitzt $\mu(\alpha_0)$ als allseitigen Randwert in jedem Stetigkeitspunkt von $\mu(\alpha)$.[1]

Denn wäre dies in einem Stetigkeitspunkt $e^{i\alpha_0}$ falsch, so gäbe es eine Folge $z_\nu \to e^{i\alpha_0}$, mit $|z_\nu| < 1$, so daß $P(z)$ einen von $\mu(\alpha_0)$ verschiedenen Häufungswert hätte, entgegen I.

---

1) Ein anscheinend äquivalenter Wortlaut findet sich bei W. Groß, Math. Zeitschr. 2 (1918), S. 273. Doch wird dabei nur auf die bekannte Abhandlung von Schwarz Bezug genommen, in der die Belegung als stückweise stetig angenommen wird.

Die Formulierung II. ist wesentlich schärfer, als die gewöhnlich angegebenen, auf die radiale bzw. Dreiecksannäherung bezüglichen. Vor allem ist aber unsere Formulierung aus zwei Gründen von Interesse.

A) Erstens kann man aus II. direkt, ohne auf den Beweis noch einmal zurückzugreifen, folgern, daß $P(z)$ sich auf jedem Stetigkeitsbogen $\alpha_1 \leqq \alpha \leqq \alpha_2$ gleichmäßig den Werten $\mu(\alpha)$ anschließt. Denn sonst gäbe es ein $\varepsilon > 0$, so daß für eine Folge $\alpha^{(\nu)}$ mit $\alpha_1 \leqq \alpha^{(\nu)} \leqq \alpha_2$ und eine Folge z_ν mit $|z_\nu| < 1$ zugleich

$$z_\nu - e^{i\alpha^{(\nu)}} \longrightarrow 0 \quad \text{und} \quad |P(z_\nu) - \mu(\alpha^{(\nu)})| \geqq \varepsilon$$

wäre. $\alpha^{(\nu)}$ enthält eine konvergente Teilfolge mit einem Grenzwert α^*, und wir dürfen annehmen, daß bereits $\alpha^{(\nu)} \longrightarrow \alpha^*$. Dann gilt aber

$$z_\nu \longrightarrow e^{i\alpha^*}, \qquad \varliminf |P(z_\nu) - \mu(\alpha^*)| \geqq \varepsilon,$$

entgegen II. Wir haben also in II. eine rein qualitative Formulierung für das Verhalten von $P(z)$ in den einzelnen Randpunkten, die Schlüsse auf die *Gleichmäßigkeit* gestattet, was weder für die radiale, noch für die Dreiecksannäherung möglich ist. — Übrigens läßt auch das allgemeinere Resultat I. analoge Folgerungen zu, z. B. in dem Sinne, daß (Ia) gleichmäßig für alle α gilt, d. h., daß jedem $\varepsilon > 0$ ein $\delta > 0$ entspricht, so daß, sobald $|z - e^{i\alpha_0}| < \delta$ ist, $P(z) \leqq \varlimsup_{\alpha \to \alpha_0} \mu(\alpha) + \varepsilon$ gilt.

B) Zweitens läßt sich der Satz II. *umkehren*, wenn man allerdings von den allgemeinen Resultaten von Fatou Gebrauch macht.

Offenbar bleibt der Satz II. richtig, wenn die Stetigkeit von $\mu(\alpha)$ in α_0 nur unter Außerachtlassung einer Nullmenge vorausgesetzt wird. Ist $\mu(\alpha)$ in α_0 stetig unter Außerachtlassung einer Nullmenge, so sagen wir, $\mu(\alpha)$ sei in α_0 *fast stetig.*[1]) Wir behaupten nun

III. *Dann und nur dann besitzt $P(z)$ in $e^{i\alpha_0}$ den Wert $\mu(\alpha_0)$ als allseitigen Randwert, wenn $\mu(\alpha)$ in α_0 fast stetig ist.*

Denn ist $\mu(\alpha_0)$ in $e^{i\alpha_0}$ der allseitige Randwert von $P(z)$, so gehört zu jedem $\varepsilon > 0$ ein $\delta > 0$, derart, daß $|P(z) - \mu(\alpha_0)| \leqq \varepsilon$ wird, sobald $|z - e^{i\alpha_0}| < \delta$, $|z| < 1$ ist. In allen Punkten $e^{i\alpha}$ mit $|e^{i\alpha} - e^{i\alpha_0}| < \delta$, in denen $P(z)$ den Wert $\mu(\alpha)$ als radialen Randwert besitzt, muß dieser Randwert gleichfalls der Ungleichung genügen: $|\mu(\alpha) - \mu(\alpha_0)| \leqq \varepsilon$. Sieht man also von der Nullmenge der α ab, auf der $\mu(\alpha)$ kein radialer Randwert von $P(z)$ ist, so ist $\mu(\alpha)$ auf der Restmenge in α_0 stetig, wie behauptet war. Zugleich liefert dieser Beweis die folgende, auch an sich interessante Tatsache:

---

1) Man verwechsle den Begriff einer in P fast stetigen Funktion nicht mit demjenigen einer in P *asymptotisch* stetigen Funktion, die in P stetig wird, wenn von einer Punktmenge von der *Dichte* 0 *in* P abgesehen wird.

Ist $f(z)$ eine über ein lineares Intervall I integrable Funktion, und ist $\mathfrak{M}$ die Menge der Punkte von I, in denen f fast stetig ist, so gibt es eine feste Nullmenge A (die also für alle Punkte von $\mathfrak{M}$ die gleiche ist), so daß f in jedem Punkte von $\mathfrak{M}$ relativ zu $I - A$ stetig ist.

3. Wir beweisen nun eine allgemeinere Tatsache. Wir nennen eine auf einer n-dimensionalen *volldichten*[1]) Punktmenge M meßbare Funktion *fast stetig relativ zu M in einem Punkte P von M*, wenn es eine Nullmenge $N(P)$ gibt, derart, daß f in P stetig relativ zu $M - N(P)$ ist. Wir behaupten nun, daß $N(P)$ sich gleichmäßig für alle derartigen Punkte von M wählen läßt. Schärfer:

IV. *Ist f auf M meßbar, so enthält M eine Nullmenge N, derart, daß nach einer geeigneten Abänderung der Werte von f auf N f in allen Punkten stetig relativ zu M wird, in denen es vorher fast stetig relativ zu M war — f* ist einer in allen solchen Punkten relativ zu M stetigen Funktion äquivalent.

Wir bezeichnen die Menge der Punkte, in denen f fast stetig relativ zu M ist, mit $\mathfrak{M}$. *Wir nehmen zunächst an, daß die Werte von f auf M beschränkt sind.* Es sei dann für beliebige n-dimensionale meßbare Menge U endlichen Maßes $F(U)$ das („unbestimmte") Integral von f über UM, als Mengenfunktion in U betrachtet. Dann ist bekanntlich die Ableitung von F in jedem Punkt von M bis auf eine Nullmenge A vorhanden und gleich f. Offenbar gehört jeder Punkt, in dem f fast stetig relativ zu M ist, der Menge $M - A$ an. Denn da in der ε-Umgebung eines solchen Punktes P die Werte von f um beliebig wenig von $f(P)$ abweichen (bis auf eine Nullmenge), weichen auch die Integralmittelwerte von f auf den Teilmengen von M, die dieser ε-Umgebung angehören, gleichfalls beliebig wenig von f ab. — Man setze nun f in jedem Punkte P von A gleich dem arithmetischen Mittel von $\overline{\lim_{Q \to P}} f(Q)$ und $\underline{\lim_{Q \to P}} f(Q)$, wo Q nur Punkte von $M - A$ durchläuft. Ist dann P ein Punkt von $\mathfrak{M}$, so weichen die Werte von $f(Q)$ in den Punkten Q von $M - A$, die einer ε-Umgebung von P angehören, von $f(P)$ um weniger als δ ab, wo δ mit ε gegen 0 geht. Dann weichen aber auch die Unbestimmtheitsgrenzeu der Werte von f auf $M - A$ bei Annäherung an die einer ε-Umgebung von P angehörenden Punkte von A gleichfalls höchstens um δ von $f(P)$ ab; daher gilt dasselbe für ihre Mittelwerte, so daß nach der Abänderung f in P relativ zu M stetig wird.

---

1) Als *volldicht* bezeichnen wir eine Punktmenge, die in jedem ihrer Punkte die Dichte 1 hat. Bekanntlich besitzt jede meßbare Menge eine volldichte maßgleiche Untermenge.

Wir lassen nun die Voraussetzung fallen, daß f auf M beschränkt ist. Ersetzt man f für ein ganzes $n > 0$ in allen Punkten, wo es $> n$ ist, durch n, und in allen Punkten, wo es $< -n$ ist, durch $-n$, so ist die entstehende Funktion f_n in allen Punkten von $\mathfrak{M}$ relativ zu M fast stetig. Wir bilden wie oben die zu f_n gehörende Punktmenge A, die jetzt mit dem Index n zu versehen ist. Die Menge $\sum_{n=1}^{\infty} A_n = N$ ist wieder eine Nullmenge und punktfremd zu $\mathfrak{M}$. Ist nun P ein Punkt von $\mathfrak{M}$ und ist $|f(P)| < n$ für ein ganzes $n > 0$, so ist f_n stetig in P relativ zu $M - A_n$, um so mehr also relativ zu $M - N$. In einer ε-Umgebung $U_\varepsilon(P)$ von P weichen also die Werte von f_n auf $M - N$ von $f(P)$ um weniger als $n - |f(P)|$ ab, daher ist auch f in P relativ zu $M - N$ stetig. Man ersetze nun f in jedem Punkte P von N durch das arithmetische Mittel von $\overline{\lim_{Q \to P}} f(Q)$ und $\underline{\lim_{Q \to P}} f(Q)$, wo Q auf $M - N$ bleibt, falls diese limites beide endlich sind, — sonst setze man f in einem solchen Punkt von N gleich 0. Da in einer hinreichend kleinen Umgebung eines Punktes P von $\mathfrak{M}$ f auf $M - N$ beschränkt sein muß, können in einer solchen Umgebung unendliche Werte von $\overline{\lim_{Q \to P}} f(Q)$ und $\underline{\lim_{Q \to P}} f(Q)$ nicht auftreten, so daß die abgeänderte Funktion in jedem Punkte von $\mathfrak{M}$ stetig ist, w. z. b. w.

(Eingegangen am 1. 7 27.)

Mathematische Miszellen. XI.
Über den Lerchschen Satz.

Für den Satz von Lerch, wonach aus dem Verschwinden von

$$(1) \qquad \int_0^1 x^n f(x)\, dx \qquad\qquad n = 0, 1, \ldots$$

für alle ganzen $n \geqq 0$ das identische Verschwinden der als reell und stetig vorausgesetzten Funktion $f(x)$ folgt, gibt es mehrere Beweise, die entweder auf dem Weierstraßschen Satz von der Approximation einer stetigen Funktion durch Polynome oder auf dem Gebrauch geeigneter Diskontinuitätsfaktoren beruhen.[1]) Im folgenden gebe ich einen besonders einfachen und elementaren Beweis des Lerchschen Satzes.

Es sei $f \not\equiv 0$. Dann gibt es ein Intervall $J(a \leqq x \leqq b)$, $0 \leqq a < b \leqq 1$, in dem $f(x)$ konstantes Vorzeichen behält, und wir dürfen annehmen, daß dieses Vorzeichen positiv ist. Für $0 < \varepsilon < \dfrac{b-a}{3}$ sei J_ε das Intervall $a + \varepsilon \leqq x \leqq b - \varepsilon$. Das Polynom

$$P(x) = 1 - (x - a)(x - b)$$

ist innerhalb des Intervalls J größer als 1, innerhalb J_ε größer als $1 + \varepsilon^2$, und hat im übrigen Teil des Intervalls $0 \leqq x \leqq 1$ zwischen 0 und 1 liegende Werte. Für jedes ganze $m \geqq 0$ folgt aus dem Verschwinden von (1) offenbar

$$\int_0^1 P^m(x) f(x)\, dx = 0, \qquad\qquad \text{daher}$$

$$\int_{a+\varepsilon}^{b-\varepsilon} P^m(x) f(x)\, dx \leqq \int_a^b P^m(x) f(x)\, dx = -\int_0^a - \int_b^1 \leqq \int_0^1 |f(x)|\, dx.$$

---

1) Der Lerchsche Beweis (Rospravy české Akademie. II. Kl., Bd. 1 (1892), Nr. 33, S. 6—7; Acta math., Bd. XXVII (1903), S. 339—351) beruht auf dem Weierstraßschen Satze. Stieltjes deutet in einem Briefe an Hermite vom 12. 9. 1893 (Correspondance d'Hermite et de Stieltjes, Bd. II (Paris 1905), S. 337—339) einen Beweis an, der den Diskontinuitätsfaktor $(1 - (x - \xi)^2)^n$ benutzt, und gibt einen zweiten Beweis, der auf der komplexen Funktionentheorie beruht. Den Stieltjesschen Diskontinuitätsfaktor hat später Landau zum Beweis des Weierstraßschen Satzes herangezogen (Pal. Rend., t. XXV (1908), S. 1—9). Endlich ist noch ein Beweis von Phragmén zu erwähnen, der sich auf einen transzendenten Diskontinuitätsfaktor von H. von Koch stützt (Acta math., Bd. XXVIII (1904), S. 361—363)

Wegen
$$\int_{a+\varepsilon}^{b-\varepsilon} P^m(x)\,f(x)\,dx \geqq (1+\varepsilon^2)^m \int_{a+\varepsilon}^{b-\varepsilon} f(x)\,dx$$

folgt hieraus
$$\int_{a+\varepsilon}^{b-\varepsilon} f(x)\,dx \leqq \frac{\displaystyle\int_{0}^{1} |f(x)|\,dx}{(1+\varepsilon^2)^m}\,,$$

d. h., für $m \to \infty$
$$\int_{a+\varepsilon}^{b-\varepsilon} f(x)\,dx = 0,$$

was der Positivität von $f(x)$ in J_ε widerspricht.

Wenn $f(x)$ nur als (reell und) nach Lebesgue integrabel vorausgesetzt wird, versagt unsere Schlußweise. In diesem Falle gelangt man aber leicht folgendermaßen zum Ergebnis, daß $f(x)$ bis auf eine Nullmenge verschwindet, indem man den oben erwähnten Weierstraßschen Satz heranzieht.[1])

Für $0 \leqq y < 1$ und $0 < \varepsilon < 1 - y$ sei $\varphi_\varepsilon(x)$ die stetige Funktion, die für $0 \leqq x \leqq y$ gleich 1, für $y + \varepsilon \leqq x \leqq 1$ gleich 0 und für $y \leqq x \leqq y + \varepsilon$ linear ist. Approximiert man $\varphi_\varepsilon(x)$ durch Polynome $P_1(x)$, $P_2(x)$, ..., die gleichmäßig in $0 \leqq x \leqq 1$ gegen $\varphi_\varepsilon(x)$ konvergieren, so folgt aus $\int_0^1 P_m(x)\,f(x)\,dx = 0$, daß auch $\int_0^1 \varphi_\varepsilon(x)\,f(x)\,dx = 0$ ist. Daher

$$\left| \int_0^y f(x)\,dx \right| = \left| \int_y^{y+\varepsilon} \varphi_\varepsilon(x)\,f(x)\,dx \right| \leqq \int_y^{y+\varepsilon} |f(x)|\,dx.$$

Für $\varepsilon \to 0$ folgt dann
$$\int_0^y f(x)\,dx = 0$$

für jedes y mit $0 \leqq y < 1$. Und da nach Lebesgue die Ableitung unseres Integrals nach der oberen Grenze y für fast alle y gleich $f(x)$ ist, folgt die Behauptung.

---

1) Diese Formulierung findet sich ohne Beweis bei H. Hamburger, Math. Z. Bd. 10 (1919), S. 198, Fußnote.

(Eingegangen am 25. 8. 27.)

Mathematische Miszellen. XIV.

Über die Funktionalgleichung der Exponentialfunktion und verwandte Funktionalgleichungen.

I.

Die formelmäßige Festlegung der Gesetze des exponentiellen Anwachsens und der exponentiellen Abnahme geschieht gewöhnlich durch einen Grenzübergang, dessen Darstellung wegen der Vermengung der praktischen und theoretischen Daten selten erfreulich ist. Es ist daher vielleicht von Interesse, eine sehr elementare und für Vorlesungszwecke wohl geeignete Herleitung an Hand einer einfachen Funktionalgleichung anzugeben, die ich in den mir bekannten Lehrbüchern nicht gefunden habe. Wir machen folgende Annahmen: Die zu untersuchende Größe ist in einem Intervalle I: $\langle \alpha, \beta \rangle$ gegeben und gehorcht dem Gesetz, daß für $x_2 > x_1$ $\frac{f(x_2)}{f(x_1)}$ *nur* von der Differenz $x_2 - x_1$ abhängt, nicht aber von x_1; wenn also x als die Zeit aufgefaßt wird, so ist das Änderungsverhältnis $\frac{f(x_2)}{f(x_1)}$ nur vom verflossenen *Zeitintervall* abhängig, so z. B. beim radioaktiven Zerfall, beim Anwachsen des Kapitals bei kontinuierlicher Verzinsung usw. Dieser *ersten* Voraussetzung entspricht die Funktionalgleichung, zunächst für $h \geqq 0$:

$$(1) \qquad f(x + h) = f(x) \cdot \varphi(h).$$

Wir machen *zweitens* die Voraussetzung, daß $f(x)$ für kein x aus unserem Intervalle I verschwindet.[1]) Dann ist auch $\varphi(h) \neq 0$, und aus $f(x) = f(x + h) \frac{1}{\varphi(h)}$ folgt, daß wenn $\varphi(-h) = \frac{1}{\varphi(h)}$ für $h > 0$ definiert wird, allgemein $f(x + h) = f(x) \cdot \varphi(h)$ gilt, sofern x und $x + h$ dem Intervall I angehören. $\varphi(h)$ ist dann definiert für alle h aus $\langle -(\beta - \alpha), (\beta - \alpha) \rangle$. Die Integration der obigen Funktionalgleichung gelingt am einfachsten, wenn man *drittens* die Voraussetzung macht, daß $f(x)$ wenigstens an einer Stelle x_0, $(\alpha < x_0 < \beta)$ differenzierbar ist. Denn daraus folgt, daß mit $h \rightarrow 0$

$$\frac{f(x_0 + h) - f(x_0)}{h} = f(x_0) \frac{\varphi(h) - 1}{h} \rightarrow \lambda,$$

$$\frac{\varphi(h) - 1}{h} \rightarrow \frac{\lambda}{f(x_0)}$$

---

1) Es genügt übrigens vorauszusetzen, daß $f(x)$ für wenigstens *ein* x, $(\alpha < x < \beta)$ nicht verschwindet, da daraus mit Hilfe von (1) leicht folgt, daß $f(x)$ für *kein* x verschwinden kann.

gilt. Ist aber dann x ein beliebiger Wert aus I, so folgt, solange $x + h$ in I bleibt,

$$\frac{f(x+h) - f(x)}{h} = f(x)\,\frac{\varphi(h) - 1}{h} \to \frac{f(x)}{f(x_0)}\,\lambda,$$

d. h. $\qquad\qquad f'(x) = \dfrac{\lambda}{f(x_0)}\,f(x).$ $\qquad\qquad$ Hieraus folgt

$$\frac{f'(x)}{f(x)} = \frac{\lambda}{f(x_0)}, \quad \frac{d\,\log f(x)}{d\,x} = \frac{\lambda}{f(x_0)}, \quad \log f(x) = \frac{\lambda\,x}{f(x_0)} + c.$$

$$f(x) = e^{\frac{\lambda}{f(x_0)}\,x + c} = c_1 e^{c_2 x}.$$

Die dritte oben gemachte Voraussetzung, diejenige der Differenzierbarkeit in wenigstens einem Punkte, erscheint natürlich nicht ohne weiteres als sachlich gerechtfertigt. Am plausibelsten dürfte hier die Annahme sein, daß $\varphi(h)$ monoton oder stetig ist. Auch in diesen Fällen gibt es elementare, wenn auch weniger zum Vortrag in einer Anfängervorlesung geeignete Herleitungen, die man von der Theorie der Funktionalgleichung

$$(2) \qquad\qquad \psi(x + y) = \psi(x) + \psi(y)$$

her kennt. In der Tat ist auch die obige Funktionalgleichung (1) ohne weiteres auf die Gleichung (2) zurückführbar, wenn man $f(x) \neq 0$ voraussetzt. Denn aus (1) folgt für

$$0 \leqq x \leqq \frac{\beta - \alpha}{2}, \quad 0 \leqq y \leqq \frac{\beta - \alpha}{2}$$

$$f(\alpha + x + y) = f(\alpha)\,\varphi(x + y) = f(\alpha + x) \cdot \varphi(y) = f(\alpha)\,\varphi(x)\,\varphi(y),$$

$$\varphi(x + y) = \varphi(x) \cdot \varphi(y)$$

und daher, $\log \varphi(x) = \psi(x)$ gesetzt,

$$\psi(x + y) = \psi(x) + \psi(y) \quad \begin{cases} 0 \leqq x \leqq \dfrac{\beta - \alpha}{2} \\[2mm] 0 \leqq y \leqq \dfrac{\beta - \alpha}{2}. \end{cases}$$

Nunmehr dehne man das Definitionsintervall der Funktion $\psi(x)$ vermöge der allgemeinen Funktionalgleichung über die ganze Zahlengerade aus, und man erhält eine für alle reellen x bestimmte endliche Funktion, die der Funktionalgleichung (2) genügt. Hat man von $\psi(x)$ bewiesen, daß es die Form $\psi(x) = a\,x$ hat, so folgt alsdann ohne weiteres für $f(x)$

$$f(x) = f(\alpha)\,\varphi(x - \alpha) = f(\alpha)\,e^{a(x - \alpha)}.$$

Unter welchen Annahmen können wir nun beweisen, daß eine Lösung von (2) die Form $a\,x$ hat?

II.

In der Literatur finden sich im wesentlichen über die fast triviale Voraussetzung der Stetigkeit von $\psi(x)$ hinaus, soweit mir bekannt ist, vier verschiedene Bedingungen für $\psi(x)$. Wir besprechen zuerst die drei ersten Bedingungen.

1. $\psi(x)$ ist auf wenigstens einem Intervalle gleichmäßig einseitig beschränkt (Darboux)[1],

2. $\psi(x)$ ist meßbar (Frechet, Banach)[2],

und als Verallgemeinerung von 2.,

3. $\psi(x)$ hat eine meßbare Majorante (Sierpinski).[3]

Keine der Bedingungen 1. und 3. ist in der andern enthalten. Man kann nun eine sehr einfache und prägnante Bedingung formulieren, die schwächer ist als jede der Bedingungen 1. und 3. Es gilt nämlich:

Es sei eine Lösung $\psi(x)$ von (2) auf einer Menge positiven Maßes einseitig beschränkt, d. h. es gebe eine Zahl A derart, daß auf einer Menge positiven Maßes durchweg $\psi(x) \geqq A$ oder $\psi(x) \leqq A$ ist. Dann hat $\psi(x)$ die Form $\psi(1)\, x$.

Diese Formulierung scheint neu zu sein, läßt sich aber sehr einfach den Betrachtungen entnehmen, die Herr Sierpinski zur Begründung der obigen Formulierung 3. anstellt. Wir wollen nun einen Beweis unserer Formulierung erbringen, indem wir beweisen, daß unter unserer Annahme $\psi(x)$ stetig sein muß, woraus ja $\psi(x) = \psi(1)\, x$ ohne weiteres folgt. Und zwar beweisen wir zugleich einen allgemeineren Satz über sogenannte konvexe Funktionen, zu denen auch die Lösungen von (2) gehören.

Unter einer konvexen Funktion im Intervall I: (α, β) versteht man eine in diesem Intervall definierte endliche Funktion $\varphi(x)$, die der Ungleichung

$$(3) \qquad \varphi\left(\frac{x_1 + x_2}{2}\right) \leqq \frac{\varphi(x_1) + \varphi(x_2)}{2}$$

genügt, wenn x_1 und x_2 zu I gehören. Bereits von Herrn J. L. W. V. Jensen (1905)[4] ist gezeigt worden, daß eine in I beschränkte konvexe Funktion in (α, β) *stetig* ist. Herr Sierpinski (1920)[5] hat

1) G. Darboux, Math. Ann. Bd. 17, S. 56—57.

2) M. Frechet, L'enseign. math. Bd. XV, S. 390—393; S. Banach, **Fund. math.** Bd. I, S. 123—124.

3) W. Sierpinski, Fund. math. Bd. V, S. 334—336.

4) J. L. W. V. Jensen, Acta math. 30, S. 189.

5) W. Sierpinski, Fund. math. Bd. I, S. 125—129.

dasselbe unter der Annahme bewiesen, daß $\varphi(x)$ meßbar ist. Wir wollen nun zeigen, daß wenn $\varphi(x)$ bereits auf einer Menge positiven Maßes kleiner als eine Konstante c ist, die Stetigkeit von $\varphi(x)$ in (α, β) folgt. Da mit einer Lösung $\psi(x)$ von (2) auch $-\psi(x)$ eine Lösung von (2) und daher von (3) ist, folgt durch die Anwendung dieses Resultates auf $\psi(x)$ oder $-\psi(x)$ die Stetigkeit von $\psi(x)$.

III.

Es sei also $\varphi(x)$ in I: (α, β) endlich und genüge dort der Funktional-gleichung

$$(3) \qquad \varphi\left(\frac{x_1 + x_2}{2}\right) \leqq \frac{\varphi(x_1) + \varphi(x_2)}{2}.$$

Es sei ferner auf einer Menge $\mathfrak{M}$ aus I mit $m(\mathfrak{M}) = d > 0$ $\varphi(x) < c$. Da mit φ auch $\varphi - c$ der Relation (3) genügt, so können wir voraussetzen, daß $\varphi(x) < 0$ für alle x auf $\mathfrak{M}$ ist. Wir werden zeigen, daß $\varphi(x)$ dann in (α, β) stetig ist. Es genügt, die folgende Teilbehauptung zu beweisen:

A. *Es gibt ein Teilintervall von* I, *auf dem* $\varphi(x)$ *gleichmäßig nach oben beschränkt ist.*

Denn aus der Beschränktheit von $\varphi(x)$ nach oben in einem Teilintervall von I folgt nach einem Satz von F. Bernstein und G. Doetsch[1]) die Beschränktheit von $\varphi(x)$ nach oben in jedem Teilintervall und daraus folgt nach dem Satz von Jensen die Stetigkeit von $\varphi(x)$ in (α, β).

Nach Definition des Maßes läßt sich $\mathfrak{M}$ in eine Folge von Intervallen $\sum\limits_{\nu=1}^{\infty}\delta_\nu$ einschließen, die sich nicht überdecken und deren Längensumme zwischen d und $\frac{4}{3}d$ liegt. Daher gibt es wenigstens ein Intervall δ_ν — es sei mit δ bezeichnet — dessen Länge $|\delta|$ der Bedingung genügt

$$m(\mathfrak{M}\delta) \leqq |\delta| \leqq \tfrac{4}{3}m(\mathfrak{M}\delta),$$

wo $\mathfrak{M}\delta$ der Durchschnitt von $\mathfrak{M}$ und δ ist. Es sei ξ der Mittelpunkt von δ. Gibt es ein Intervall um ξ, in dem $\varphi(x)$ nach oben gleichmäßig beschränkt ist, so ist A. richtig. Sonst gibt es in beliebiger Nähe von ξ Punkte x, in denen $\varphi(x) > 1$ ist. Es sei x_0 ein derartiger Punkt, dessen Distanz von ξ kleiner als $\dfrac{m(\mathfrak{M}\delta)}{3}$ ist. Man betrachte zu jedem Punkt x von $\mathfrak{M}\delta$ den Punkt $x' = 2x_0 - x$. Wegen $\varphi(x_0) \leqq \dfrac{\varphi(x) + \varphi(x')}{2}$ folgt $\varphi(x') > 2$, so daß x' nicht zu $\mathfrak{M}$ gehören kann. Man bezeichne die Menge

---

1) F. Bernstein und G. Doetsch, Math. Ann. Bd. 76, S. 518—519.

dieser Punkte x' mit $\mathfrak{N}$. Das Maß von $\mathfrak{N}$ ist wieder gleich $m(\mathfrak{M}\delta)$. Nun kann die Menge $\mathfrak{N}$ aus δ nur nach einer Seite und nur um weniger als $\frac{2}{3}\,m(\mathfrak{M}\delta)$ hinausragen. Daher ist das Maß von $\mathfrak{N}\delta$ größer als $m(\mathfrak{M}\delta) - \frac{2}{3}\,m(\mathfrak{M}\delta) = \frac{1}{3}\,m(\mathfrak{M}\delta)$, und folglich ist das Maß der Vereinigungsmenge der punktfremden Mengen $\mathfrak{M}\delta$ und $\mathfrak{N}\delta$ größer als $\frac{4}{3}\,m(\mathfrak{M}\delta)$. Und dies widerspricht der Annahme, daß diese Vereinigungsmenge im Intervall δ liegt, dessen Länge $\frac{4}{3}\,m(\mathfrak{M}\delta)$ nicht überschreitet. Damit ist unsere Behauptung bewiesen.

IV.

Die vierte der oben erwähnten Bedingungen wird durch den folgenden Satz von G. Hamel[1]) geliefert:

Eine unstetige Lösung $\psi(x)$ von (2) *nimmt auf jedem Intervall der x-Achse Werte an, die auf der ψ-Achse überall dicht liegen.* Demnach muß eine Lösung von (2), deren Werte auf einem Intervall der x-Achse in ein Intervall der ψ-Achse nicht eindringen, stetig sein. Diese Bedingung, die als eine weitere Verallgemeinerung von 1. aufgefaßt werden kann, läßt sich zur folgenden Bedingung verallgemeinern, die zugleich die Bedingungen 2. und 3. enthält:

Es sei eine Lösung $\psi(x)$ von (2) *so beschaffen, daß auf einer Menge $\mathfrak{M}$ positiven Maßes die von ihr angenommenen Werte in ein Intervall $\langle \psi_1, \psi_2 \rangle$ der ψ-Achse nicht eindringen. Dann ist $\psi(x)$ überall stetig und hat daher die Form $\psi(x) = a\,x$.*

Beweis: Es sei $\psi_2 - \psi_1 \geqq l > 0$. Es sei ξ ein Punkt von $\mathfrak{M}$, in dem $\mathfrak{M}$ die Dichte 1 hat, d. h. für den, wenn $U_d(\xi)$ das Intervall von der Länge $2d$ um ξ als Mittelpunkt ist, der Quotient $\dfrac{m\,\mathfrak{M}\,U_d(\xi)}{2d}$ mit $d \downarrow 0$[2]) gegen 1 konvergiert. Offenbar gilt $\psi(0) = 0$. Wenn $\psi(1) \neq 0$ ist, ziehen wir von $\psi(x)$ die stetige Lösung $\psi(1) \cdot x$ von (2) ab und erhalten eine neue Lösung $\psi_1(x)$ von (2). Man betrachte nun den Teil $\mathfrak{M}'$ der Menge $\mathfrak{M}$, dessen Punkte von ξ höchstens den Abstand $\lambda = \dfrac{l}{3\,|\psi(1)|}$ haben. Das Maß von $\mathfrak{M}'$ ist nach der Voraussetzung über ξ positiv. Da die Werte von $\psi_1(x)$ über $\mathfrak{M}'$ aus den Werten von $\psi(x)$ über $\mathfrak{M}'$ durch Subtraktion von $\psi(1)\xi + \Theta\psi(1) \cdot \lambda$ entstehen, wo $-1 \leqq \Theta \leqq 1$ ist, wird $\psi_1(x)$ über $\mathfrak{M}'$ jedenfalls das Intervall

$$(\psi_1 - \psi(1)\xi + |\psi(1)|\,\lambda,\ \psi_2 - \psi(1)\xi - |\psi(1)|\,\lambda)$$

---

1) G. Hamel, Eine Basis aller Zahlen und die unstetigen Lösungen der Funktionalgleichung: $f(x + y) = f(x) + f(y)$, Math. Ann. Bd. 60 (1905), S. 459 ff.

2) Mit $\downarrow$ 0 deuten wir das monotone Abnehmen gegen 0 an.

auslassen, d. h. ein Intervall von der Länge $l - 2 \mid \psi(\mathrm{I}) \mid \dfrac{l}{3 \mid \psi(\mathrm{I}) \mid} = \dfrac{l}{3}$.
Und $\psi_1(\mathrm{I})$ ist nunmehr gleich o.

Wir können also von vornherein annehmen, daß $\psi(\mathrm{I}) = \mathrm{o}$ ist. Dann aber gilt wegen $\psi\left(\dfrac{m}{n}\right) = \dfrac{m}{n}\,\psi(\mathrm{I})$ für ganze m und n auch $\psi\left(\dfrac{m}{n}\right) = \mathrm{o}$. Ist dann irgendeine r rationale Zahl, so folgt aus $\psi(r + x) = \psi(r) + \psi(x) = \psi(x)$, daß $\psi(x)$ die Werte aus dem Intervall $\langle \psi_1, \psi_2 \rangle$ auch über jeder der Mengen $r + \mathfrak{M}$ ausläßt, die aus $\mathfrak{M}$ durch Verschiebung um eine beliebige rationale Zahl r hervorgeht.

Wir schalten nun den Beweis des folgenden Hilfssatzes über meßbare Mengen positiven Maßes ein: *Ist $\mathfrak{M}$ eine lineare meßbare Menge positiven Maßes und bildet man die Vereinigungsmenge M aller Mengen $(\mathfrak{M} + r)$, die aus $\mathfrak{M}$ durch Translationen um beliebige rationale Zahlen r hervorgehen, so hat die Menge der in M nicht enthaltenen Punkte das Maß* o. Die Menge M ist also in jedem Punkte von der Dichte I, d. h. sie ist überall „volldicht" (hat überall „epaisseur pleine" nach Denjoy). — Denn ist die Dichte von $\mathfrak{M}$ in einem Punkt ξ gleich I, so gibt es zu einem beliebig kleinen positiven ε ein $d > \mathrm{o}$ derart, daß $\dfrac{m\,\mathfrak{M}\,U_d(\xi)}{2\,d} \geqq \mathrm{I} - \varepsilon$ ist, wo $U_d(\xi)$ das Intervall um den Mittelpunkt ξ von der Länge $2\,d$ bezeichnet. Und dabei kann d als eine Zahl von der Form $\dfrac{\mathrm{I}}{k}$ gewählt werden, wo k ganz und ungerade ist. Verschieben wir nunmehr die Menge $\mathfrak{M}\,U_d(\xi)$ nach beiden Seiten um $2\,d$, $4\,d$, $6\,d$, $8\,d$ usw., so wird ein Intervall I_N um den Mittelpunkt ξ von der Länge $2\,N$ für ein ganzes ungerades $N > \mathrm{o}$ überdeckt, und wir sehen, daß das Maß von $M\,I_N$ nicht kleiner als $2\,(\mathrm{I} - \varepsilon)\,N$ ist und daher das Maß der zu M in bezug auf I_N komplementären Menge höchstens gleich $2\,\varepsilon\,N$ ist. Und wegen der Willkür von ε folgt hieraus, daß das Maß der zu M in bezug auf I_N komplementären Menge gleich o ist, so daß, wegen der Willkür von N, die zu M komplementäre Menge eine Nullmenge ist, w. z. b. w.

Aus unserm Hilfssatz folgt nun, daß $\psi(x)$ Werte aus dem Intervall $\langle \psi_1, \psi_2 \rangle$ nur aus einer Nullmenge $\mathfrak{M}_0$ annehmen kann. Wir können annehmen, eventuell nach der Multiplikation von $\psi(x)$ mit $-\mathrm{I}$ und einer Verkleinerung des Intervalls $\langle \psi_1, \psi_2 \rangle$, daß $\psi_2 = q\psi_1 > \psi_1 > \mathrm{o}$ ist, wo q rational ist. Aus der wegen der Rationalität von q geltenden Relation $\psi(q\,x) = q\psi(x)$ folgt aber offenbar, daß $\psi(x)$ Werte aus dem Intervall $\langle \psi_1 q, \psi_1 q^2 \rangle$ nur auf der Nullmenge $\mathfrak{M}_1 = q\mathfrak{M}_0$ annehmen kann. Allgemein folgt für ein ganzes positives ν, daß $\psi(x)$ Werte aus dem Intervall $\langle \psi_1 q^\nu, \psi_1 q^{\nu+1} \rangle$ nur auf der Nullmenge $\mathfrak{M}_\nu = \mathfrak{M}_0 q^\nu$

annehmen kann. Da aber die Intervalle $\langle \psi_1, \psi_1 q \rangle$, $\langle \psi_1 q, \psi_1 q^2 \rangle$, $\langle \psi_1 q^2, \psi_1 q^3 \rangle$, ... sich zum unendlichen Intervall $\langle \psi_1, \infty \rangle$ zusammenfügen, so folgt, daß $\psi(x)$ Werte, die größer als ψ_1 sind, nur auf der Nullmenge $\mathfrak{M}_0 + \mathfrak{M}_1 + \cdots$ annehmen kann und daher auf einer Menge positiven Maßes beschränkt ist, woraus sich nach dem in III. Bewiesenen unsere Behauptung ergibt.

V.

Es liegt nun die Frage nahe, ob sich der in IV. bewiesene Satz dahin verschärfen läßt, daß auch das Intervall $\langle \psi_1, \psi_2 \rangle$ durch eine beliebige Menge positiven Maßes ersetzt werden kann. *Dies ist aber nicht mehr richtig.* Der Aufstellung eines Gegenbeispiels schicken wir einige allgemeine Bemerkungen voraus, die insofern von Interesse sind, als sie eine Klassifikation der unstetigen Lösungen von (2) unter dem oben hervorgehobenen Gesichtspunkt nahelegen und eine weitere Diskussion verschiedener Klassen solcher Lösungen anbahnen.

Es sei $\psi(x)$ eine unstetige Lösung von (2). Nimmt sie auf jeder Menge positiven Maßes $\mathfrak{M}_x$ Werte aus jeder Menge positiven Maßes $\mathfrak{M}_\psi$ an, so sagen wir, $\psi(x)$ besitzt *die Eigenschaft A*. Ist es andererseits möglich, die ganze Zahlengerade der x-Werte in eine Nullmenge $\mathfrak{N}^*$ und eine überall volldichte Menge $\mathfrak{M}^*$ derart zu spalten, daß der Wertevorrat $\psi(x)$ auf $\mathfrak{M}^*$ eine Nullmenge $N_\psi{}^*$ bildet, so sagen wir, $\psi(x)$ besitze *die Eigenschaft B*. Offenbar schließen sich die Eigenschaften A und B gegenseitig aus.

Es sei nun $\psi(x)$ insbesondere eine solche unstetige Lösung von (2), die wenigstens einen Wert für zwei verschiedene Argumente x_1 und x_2 annimmt, die also dann auch eine von 0 verschiedene Wurzel $x_2 - x_1$ besitzt. Wir behaupten, daß eine solche Lösung von (2) entweder die Eigenschaft A oder die Eigenschaft B besitzen muß, und daß beide Fälle wirklich vorkommen können.

Denn ist $\psi(\gamma) = 0$ für $\gamma \neq 0$, so können wir annehmen, daß $\gamma = 1$ ist, indem wir eventuell $\psi(x)$ durch die Funktion $\psi_1(x) = \psi(\gamma x)$ ersetzen. Es genügt dann offenbar, den Satz für $\psi_1(x)$ zu beweisen. Aus $\psi(1) = 0$ folgt aber $\psi(r) = 0$ für jedes rationale r. Besitzt nun $\psi(x)$ die Eigenschaft A nicht, so gibt es zwei Mengen M_x und $\mathfrak{M}_\psi$ positiven Maßes, derart, daß $\psi(x)$ auf $\mathfrak{M}_x$ keinen Wert aus $\mathfrak{M}_\psi$ annimmt. Wegen $\psi(x + r) = \psi(x)$ nimmt dann $\psi(x)$ auch auf keiner der Mengen $\mathfrak{M}_x + r$ Werte aus $\mathfrak{M}_\psi$ an. Nach dem Hilfssatz von IV. ist aber die Vereinigungsmenge $\sum_r (\mathfrak{M}_x + r)$ aller $\mathfrak{M}_x + r$ eine Menge $\mathfrak{M}_x{}'$, die überall volldicht ist. Und wir sehen also, daß die Werte aus $\mathfrak{M}_\psi$ nur auf der zu $M_x{}'$

55

komplementären Nullmenge $\mathfrak{N}_x{}'$ angenommen werden können. Wegen $\psi(rx) = r\psi(x)$ für rationale r folgt, daß für ein rationales $r \neq 0$ Werte aus $r\mathfrak{M}_\psi$ nur auf der Nullmenge $r\mathfrak{N}_x{}'$ angenommen werden können. Bezeichnen wir also die Nullmenge, die sich als die Vereinigungsmenge aller $r\mathfrak{N}_x{}'$ ergibt, mit $\mathfrak{N}_x{}^*$, so werden Werte aus der Vereinigungsmenge $\mathfrak{M}_\psi{}^*$ der $r\mathfrak{M}_\psi$ höchstens auf $\mathfrak{N}_x{}^*$ angenommen. Wir behaupten nun, daß $\mathfrak{M}_\psi{}^*$ *überall volldicht ist*, d. h., daß die zu ihr komplementäre Menge $\mathfrak{N}_\psi{}^*$ eine Nullmenge ist. Denn es sei $\psi_0 \neq 0$ ein Punkt der Menge $\mathfrak{M}_\psi$, in dem $\mathfrak{M}_\psi$ die Dichte 1 hat, und es sei etwa $\psi_0 > 0$. Es sei dann $I_\varepsilon = \langle \psi_1, \psi_2 \rangle$ ein Intervall um ψ_0, mit $\psi_2 = (1 + \varepsilon)\psi_1 > \psi_1 > 0$, wo für ein beliebiges $\delta > 0$ $\dfrac{m\,\mathfrak{M}_\psi I_\varepsilon}{m\,I_\varepsilon} > 1 - \delta$ und $\varepsilon = \varepsilon(\delta)$ rational ist.

Es sei ferner N eine beliebige feste positive Zahl > 1, und $n(\varepsilon)$ sei die größte ganze Zahl, für die $(1 + \varepsilon)^{n(\varepsilon)} \leq N$ ist. Dann ist das Maß der Teilmenge von $\mathfrak{M}^*$, die im Intervall $\langle 0, N \rangle$ liegt, größer als

$$(1 - \delta)(1 + \varepsilon)^{n(\varepsilon)} = (1 - \delta)N - (1 - \delta)\left(N - (1 + \varepsilon)^{n(\varepsilon)}\right)$$
$$> (1 - \delta)N - \left((1 + \varepsilon)^{n(\varepsilon)+1} - (1 + \varepsilon)^{n(\varepsilon)}\right) = (1 - \delta)N - \varepsilon(1 + \varepsilon)^{n(\varepsilon)}$$
$$\geq (1 - \delta - \varepsilon)N.$$

Läßt man nun ε und δ gegen 0 gehen, so folgt, daß die zu $\mathfrak{M}_\psi{}^*$ in bezug auf $\langle 0, N \rangle$ komplementäre Menge eine Nullmenge ist, d. h. wegen der Willkür von N, daß $\mathfrak{M}_\psi{}^*$ überall im Intervall $\langle 0, \infty \rangle$ volldicht ist. Und da mit einem Punkt ψ in $\mathfrak{M}_\psi{}^*$ auch $-\psi$ in $\mathfrak{M}_\psi{}^*$ liegt, gilt dasselbe für die ganze Zahlengerade. Ist aber $\psi_0 < 0$, so brauchen wir nur $\mathfrak{M}_\psi$ durch die Menge $-\mathfrak{M}_\psi$ zu ersetzen. Damit ist unsere Behauptung bewiesen.

Wir sehen also, daß $\psi(x)$ auf einer überall volldichten Menge $\mathfrak{M}_x{}^*$ nur Werte aus einer Nullmenge $\mathfrak{N}_\psi{}^*$ annimmt, d. h., die Eigenschaft B besitzt.

VI.

Nach einem bekannten Satz von Hamel gibt es eine *Basis aller Zahlen*, d. h. eine Menge H reeller von 0 verschiedener Zahlen derart, daß jede endliche Teilmenge aus H linear unabhängig ist und zu jeder von 0 verschiedenen reellen Zahl x eine (eindeutig bestimmte) endliche Teilmenge $a_1, \ldots, a_n$ von H gehört, durch die sich x linear in der Form $x = \sum_{v=1}^{n} \alpha_v a_v$ mit von 0 verschiedenen (eindeutig bestimmten) rationalen Koeffizienten α_v darstellen läßt. H kann insbesondere so gewählt werden, daß es 1 enthält. Es sei nun zu einer solchen, 1 enthaltenden Hamelschen Basis H die Gesamtheit M aller reellen

Zahlen gebildet, bei deren Darstellung durch die Basis die Basiszahl 1 nicht benutzt wird. Die Menge M mit 0 bildet offenbar einen Modul. Dann läßt sich jede reelle Zahl $x \neq 0$ eindeutig in eine Summe spalten $x = r(x) + m(x)$, wo $r(x)$ eine rationale Zahl und $m(x)$ eine Zahl aus M oder 0 ist. Offenbar gilt

$$r(x + y) = r(x) + r(y), \quad r(1) = 1, \quad m(x + y) = m(x) + m(y).$$

Setzen wir noch $r(0) = m(0) = 0$, so haben wir also in den Funktionen $r(x)$ und $m(x)$ zwei Lösungen von (2).

Die erste Lösung $r(x)$ hat nur einen abzählbaren Wertevorrat und besitzt daher erst recht die Eigenschaft B.

Die zweite Lösung $\psi(x) \equiv m(x)$ verschwindet für alle rationalen x, ohne identisch zu verschwinden, ist also unstetig, so daß die Menge M überall dicht ist. Wir beweisen, daß $m(x)$ die Eigenschaft B nicht besitzt, so daß dafür die Eigenschaft A zutreffen muß, da $m(1) = 0$ ist. Zu dem Zwecke bemerken wir, daß M sicher keine Nullmenge ist. Denn sonst wäre ja auch die Vereinigungsmenge aller Mengen $(M + r)$ für alle rationalen r eine Nullmenge, während sie die ganze Zahlengerade überdeckt. Hätte aber $m(x)$ die Eigenschaft B und wären $\mathfrak{M}_x{}^*$ und $\mathfrak{N}_\psi{}^*$ die in der Definition der Eigenschaft B postulierten Mengen, so würde sich M von ihrem Durchschnitt $M\mathfrak{M}_x{}^*$ mit $\mathfrak{M}_x{}^*$ nur um eine Nullmenge unterscheiden. Und da für jedes x aus M $m(x) = x$ ist, wäre $M\mathfrak{M}_x{}^*$ in $\mathfrak{N}_\psi{}^*$ enthalten, also eine Nullmenge, so daß auch M eine Nullmenge sein müßte. Damit haben wir also zwei Lösungen von (2) konstruiert, die die Eigenschaften A bzw. B besitzen.

Zum Schluß sei bemerkt, daß auch im Falle konvexer Funktionen eine der Hamelschen analoge Eigenschaft von F. Bernstein und G. Doetsch[1]) bewiesen wurde. Auch diese Eigenschaft läßt sich in der Richtung unseres in IV. bewiesenen Satzes weiter verschärfen, worauf hier indessen nicht weiter eingegangen werden soll.[2])

---

1) Math. Ann. Bd. 76 (1915), S. 514—526.
2) Vgl. eine Note des Verfassers in den Comment. math. helv., Bd. 1 (1929).

(Eingegangen am 16. 3. 1929.)

Zur Theorie der konvexen Funktionen.

I.

Der bekannte Satz von Jensen [1]), wonach eine im Intervall (a, b) [2]) konvexe (d. h. dort der Ungleichung $\varphi\left(\dfrac{x+y}{2}\right) \leqq \dfrac{\varphi(x) + \varphi(y)}{2}$ genügende) Funktion $\varphi(x)$ in (a, b) stetig ist, wenn sie dort eine obere Grenze besitzt, ist seitdem in zwei Richtungen verallgemeinert worden. *Einerseits* haben Bernstein und Doetsch [3]) bewiesen, daß $\varphi(x)$ in (a, b) bereits dann stetig ist, wenn sie in einem *Teilintervall* eine obere Schranke besitzt. In einer an anderer Stelle erscheinenden Note [4]) habe ich diese Behauptung dahin verallgemeinert, daß es bereits genügt, die Existenz einer oberen Schranke für $\varphi(x)$ auf einer *Teilmenge positiven Masses* von (a, b) vorauszusetzen. — *Zweitens* haben in der oben zitierten Arbeit Bernstein und Doetsch die folgende Eigenschaft der in (a, b) unstetigen konvexen Funktionen bewiesen: Ist $\varphi(x)$ nicht stetig, so liegt die Menge M der Punkte $(x, \varphi(x))$ entweder in dem ganzen Streifen S $(a < x < b$, $-\infty < y < +\infty)$ überall dicht oder aber es gibt eine über dem Intervall (a, b) verlaufende stetige konvexe Kurve, *die Grenzkurve von* $\varphi(x)$, derart, dass die Menge M in dem nicht unterhalb dieser Kurve liegenden Teil des Streifens liegt und diesen Teil überall dicht erfüllt. — Insbesondere folgt aus diesem Satz von Bernstein und Doetsch, daß wenn $\varphi(x)$ in (a, b) einen Wert φ_0 annimmt, die Werte von $\varphi(x)$ in (a, b) in jedes Intervall $< \varphi_1, \varphi_2 >$ eindringen, für das $\varphi_0 < \varphi_1 < \varphi_2$ ist. Weiß man also, daß $\varphi(x)$ in (a, b) einen Wert φ_0 annimmt, dagegen keinen Wert aus einem Intervall $< \varphi_1, \varphi_2 >$ $(\varphi_0 < \varphi_1 < \varphi_2)$, so folgt bereits hieraus, daß $\varphi(x)$ in (a, b) stetig ist. Dieser Satz läßt sich nun dahin verallgemeinern, daß *eine in (a, b) konvexe Funktion $\varphi(x)$ stetig sein muss, wenn die Werte aus einem oberhalb eines φ — Wertes $\varphi_0 = \varphi(x_0)$ liegenden Intervalles $< \varphi_1, \varphi_2 >$ nur auf einer Nullmenge angenommen werden.* Daraus folgt offenbar: Ist k eine beliebige Kreis-

---

[1]) J. L. W. V. Jensen, Sur les fonctions convexes et les inégalités entre leurs valeurs moyennes, Acta math. Bd. 30 (1905), pp. 175 ff.

[2]) Mit (a, b) bezeichnen wir, wie üblich, das offene Intervall $a < x < b$, mit $< a, b >$ dagegen das abgeschlossene Intervall $a \leqq x \leqq b$.

[3]) F. Bernstein und G. Doetsch, Zur Theorie der konvexen Funktionen, Math. Ann. Bd. 76 (1915), pp. 514 ff.

[4]) A. Ostrowski, Math. Miszellen XIV, Ueber die Funktionalgleichung der Exponentialfunktion und verwandte Funktionalgleichungen, Jahresbericht d. D. M. V. Bd. 38 (1929), pp. 34 ff.

157

scheibe, die in den von Bernstein und Doetsch unterschiedenen Unstetigkeitsfällen im Streifen S bezw. oberhalb der Grenzkurve im Streifen S liegt, so hat die Projektion der in k liegenden Teilmenge von M auf die x-Axe positives äußeres Maß.

II.

Der Beweis des in I. ausgesprochenen Satzes benutzt einen von F. Bernstein herrührenden Hilfssatz [5]): *Sind α, β zwei Punkte aus dem Intervall (a, b), so gibt es eine (eindeutig bestimmte) stetige konvexe Funktion $\psi_{\alpha\beta}(x)$ derart, dass die zu ihr gehörende stetige konvexe Kurve $C_{\alpha\beta}$ jeden Punkt $((1-t)\,\alpha + t\,\beta,\, \varphi\,((1-t)\,\alpha + t\,\beta))$ für rationale t aus dem Intervall $\tau < 0,\ 1 >$ enthält.* Wir bezeichnen die Kurve $C_{\alpha\beta}$ als die die Punkte $(\alpha, \varphi(\alpha))$ und $(\beta, \varphi(\beta))$ verbindende *Teilkurve*. — Wir können annehmen, daß sowohl x_0 als auch $\varphi_0 = \varphi(x_0)$ gleich 0 sind, da man dies sofort durch Koordinatenverschiebungen erreichen kann. Es sei nun die Menge $\mathfrak{M}_0$ der Punkte aus $(0, b)$, für die $\varphi(x)$ in $< \varphi_1, \varphi_2 >$ liegt, eine Nullmenge. Dann zerfällt die zu $\mathfrak{M}_0$ in Bezug auf $(0, b)$ komplementäre Menge $C\,\mathfrak{M}_0$ in zwei Teilmengen $\mathfrak{M}_1$ und $\mathfrak{M}_2$, wo auf $\mathfrak{M}_1$ $\varphi(x) < \varphi_1$, auf $\mathfrak{M}_2$ $\varphi(x) > \varphi_2$ ist. Ist das äußere Maß von $\mathfrak{M}_2$ kleiner als b, so ist das innere Maß von $\mathfrak{M}_1$ positiv, $\mathfrak{M}_1$ enthält also eine Punktmenge positiven Maßes, auf der $\varphi(x) < \varphi_1$, also beschränkt ist, daher ist dann $\varphi(x)$ nach dem in I angegebenen Satz stetig in (a, b). Es sei nun das äußere Maß von $\mathfrak{M}_2 = b > 0$. Jedem Punkt ξ aus $\mathfrak{M}_2$ entspricht eine Teilkurve C_ξ, die den Nullpunkt mit $P_\xi : (\xi, \varphi(\xi))$ verbindet, daher also auch den Streifen $\varphi_1 < y < \varphi_2$ durchsetzt. Die Projektion des in diesem Streifen verlaufenden Teilbogens von C_ξ auf die x-Axe erfüllt ein gewisses Intervall zwischen 0 und ξ, da ja die Funktion $\psi_{0\xi}(x)$ stetig ist. Die rationalen t aus $\tau = < 0, 1 >$, für die $t\,\xi$ in dieses Intervall fällt, für die also $\varphi(t\,\xi)$ zwischen φ_1 und φ_2 liegt, erfüllen ein t-Intervall J_ξ überall dicht. Die Länge von J_ξ sei mit $l(\xi)$ bezeichnet. Wir betrachten nun für jedes ganze $\nu \geq 1$ die Teilmenge $\mathfrak{M}^{(\nu)}$ von $\mathfrak{M}_2$, die durch diejenigen ξ gebildet ist, für die $\dfrac{1}{\nu} \geq l(\xi) > \dfrac{1}{\nu+1}$ ist. Jeder Punkt von $\mathfrak{M}_2$ gehört einer dieser Mengen $\mathfrak{M}^{(\nu)}$ an, und es gilt $\mathfrak{M}_2 = \displaystyle\sum_{\nu=1}^{\infty} \mathfrak{M}^{(\nu)}$. Wären alle $\mathfrak{M}^{(\nu)}$ Nullmengen, so müßte dies auch für $\mathfrak{M}_2$

---

[5]) F. Bernstein, Ueber das Gauß'sche Fehlergesetz, Math. Ann. Bd. 64 (1907), pp. 430 ff. Der Hilfssatz ergibt sich, wenn man die Formulierung und den Beweis des dortigen Satzes 7 auf das in (a, b) liegende abgeschlossene Intervall $< \alpha, \beta >$ anwendet.

158

zutreffen, entgegen der Annahme. Es gibt also ein $\mathfrak{M}^{(\nu)}$ mit positivem äußerem Maß. Es gibt also ein ganzes $n > 0$ derart, daß für alle ξ aus einer Teilmenge $\mathfrak{M}_3$ von $\mathfrak{M}_2$ mit positivem äußerem Maß stets $l(\xi) > \dfrac{1}{n}$ bleibt. Man betrachte nun die Punkte $t = \dfrac{1}{n+1}, \dfrac{2}{n+1}, \ldots,$ $\dfrac{n}{n+1}$ aus τ; offenbar muß jedes zu einem ξ aus $\mathfrak{M}_3$ gehörende Intervall J_ξ wenigstens einen dieser Punkte im Innern enthalten, da ja seine Länge $> \dfrac{1}{n}$ ist. Die Menge $\mathfrak{M}_3$ zerfällt nun in n Teilmengen $K_1, K_2, \ldots, K_n$, wobei zu K_ν diejenigen Punkte ξ von $\mathfrak{M}_3$ gezählt werden, für die J_ξ $\dfrac{\nu}{n+1}$ enthält, dagegen keinen der Punkte $\dfrac{1}{n+1}, \ldots, \dfrac{\nu-1}{n+1}$. Dann gilt wiederum $\mathfrak{M}_3 = \sum\limits_{\nu=1}^{n} K_\nu$, wo nicht alle K_ν Nullmengen sein können, da $\mathfrak{M}_3$ keine Nullmenge ist. Ist nun ein K_{ν_0} keine Nullmenge, so haben wir in ihm eine Teilmenge K von $\mathfrak{M}_2$ mit positivem äußerem Maß gefunden, für die alle zugehörigen Intervalle J_ξ einen festen Punkt $t_0 > 0$ enthalten. Dann muß aber für jedes ξ aus $K \varphi(t_0 \xi)$ im Intervall $< \varphi_1, \varphi_2 >$ liegen, und die Menge $t_0 K$ hat offenbar auch positives äußeres Maß und liegt im Intervall $(0, b)$. Dies widerspricht aber der Voraussetzung, daß die Werte aus $< \varphi_1, \varphi_2 >$ in (a, b) nur auf einer Nullmenge angenommen werden. Daher muß $\varphi(x)$ stetig sein, w. z. b. w.

(Eingegangen den 16. März 1929).

159

SUR LES MULTIPLICITÉS DES ZÉROS DES FONCTIONS INDÉFINIMENT DÉRIVABLES DE DEUX VARIABLES;

Dans les recherches concernant l'allure des courbes définies par une équation

$$(1) \qquad \Phi(x, y) = 0$$

il y a une certaine tendance d'admettre que l'existence d'un nombre suffisamment élevé des dérivées partielles de $\Phi(x, y)$ suffise pour assurer une allure « régulière » de ces courbes.

Le résultat principal de la présente communication est que cette admission n'est pas fondée, même si la fonction $\Phi(x, y)$ est *indéfiniment dérivable*. Nous allons démontrer (théorème II, n°s 14-15) qu'un ensemble fermé quelconque peut être envisagé comme multiplicité totale des points satisfaisant à une équation convenable (1) avec $\Phi(x, y)$ indéfiniment dérivable dans tout le plan.

La démonstration de la proposition énoncée fait usage d'une autre proposition (théorème I, n°s 5-10) suivant laquelle dans un ensemble quelconque ouvert M on peut définir une fonction $f(x, y)$ positive et indéfiniment dérivable qui tend avec toutes ses dérivées partielles vers zéro, lorsque le point (x, y) converge vers la frontière de M.

La démonstration du théorème I utilise la fonction $e^{-\frac{1}{x^2}}$ de Cauchy et une exhaustion convenable du domaine M par des carrés à côtés décroissant vers zéro.

Pour passer du théorème I au théorème II nous faisons usage d'un lemme sur la dérivabilité d'une fonction d'une variable (n°s 11-13), dont la démonstration repose en partie sur la notion d'intégrale due à M. Lebesgue.

Il nous a paru avoir un certain intérêt à ne pas nous borner aux points finis du plan (x, y). Nous avons donc préféré d'adjoindre au plan fini de (x, y) un *seul point à l'infini*, comme on le fait dans la théorie de fonctions et dans la théorie de transformations par inversion. Les ensembles fermés et ouverts, dont nous aurons à parler dans ce qui suit, seront donc situés sur la sphère de Riemann et pourrons très bien contenir le point à l'infini à l'intérieur.

Enfin, si nous avons à considérer une fonction $f(x, y)$ définie dans un domaine D contenant le point à l'infini, nous dirons que $f(x, y)$ est indéfiniment dérivable à l'infini, si la fonction

$$f\left(\frac{x}{x^2 + y^2}, \frac{y}{x^2 + y^2} \right)$$

est indéfiniment dérivable à l'origine.

Les résultats et les démonstrations de cette communication se généralisent immédiatement à un nombre $n \geq 3$ quelconque fini de variables.

1. **Lemme I.** — *Soit $f(x, y)$ une fonction finie et indéfiniment dérivable pour tous les points (x, y) à distance finie et suffisamment grande de l'origine. Supposons que, lorsque (x, y) tend à l'infini, la fonction $f(x, y)$ tende vers une valeur finie et toutes les expressions*

$$(2) \qquad (x^2 + y^2)^n \frac{\partial^{\mu+\nu} f(x, y)}{\partial x^\mu \partial y^\nu} \qquad (n \geq 0,\ \mu \geq 0,\ \nu \geq 0,\ \mu + \nu \geq 1)$$

tendent vers zéro.

Alors $f(x, y)$ est indéfiniment dérivable à l'infini.

2. **Démonstration.** — Posons :

$$(3) \qquad x = \frac{\xi}{\xi^2 + \eta^2}, \qquad y = \frac{\eta}{\xi^2 + \eta^2}.$$

Nous avons à démontrer que la fonction

$$f(x, y) = \varphi(\xi, \eta)$$

est indéfiniment dérivable à l'origine. Montrons d'abord que toutes les dérivées de $\varphi(\xi, \eta)$ au voisinage de l'origine tendent vers zéro, lorsque (ξ, η) tend vers l'origine.

Nous partons des formules suivantes qu'on déduit immédiatement de (3) :

$$(4) \qquad \begin{cases} \dfrac{\partial}{\partial \xi} = (y^2 - x^2)\dfrac{\partial}{\partial x} - 2xy\dfrac{\partial}{\partial y}, \\[2mm] \dfrac{\partial}{\partial \eta} = (x^2 - y^2)\dfrac{\partial}{\partial y} - 2xy\dfrac{\partial}{\partial x}. \end{cases}$$

Il résulte des formules (4) par induction que l'on a pour chaque couple des nombres entiers μ, ν avec $\mu \geq 0$, $\nu \geq 0$, $\mu + \nu > 0$,

$$(5) \qquad \frac{\partial^{\mu+\nu}}{\partial \xi^\mu \, \partial \eta^\nu} = \sum_{\alpha+\beta \leq \mu+\nu} p_{\alpha,\beta}(x, y) \frac{\partial^{\alpha+\beta}}{\partial x^\alpha \, \partial y^\beta},$$

où chaque coefficient $p_{\alpha,\beta}(x, y)$ est un polynome homogène de x, y de dimension $\alpha + \beta + \mu + \nu$.

Donc, d'après l'hypothèse du lemme sur les expressions (2), chacune des dérivées $\dfrac{\partial^{\mu+\nu} \varphi(\xi, \eta)}{\partial \xi^\mu \, \partial \eta^\nu}$ converge vers zéro, lorsque (ξ, η) tend vers l'origine.

3. Appliquons maintenant à la fonction $\varphi(\xi, \eta)$ considérée comme fonction de ξ la formule des accroissements finis. On a

$$(6) \qquad \frac{\varphi(\xi, 0) - \varphi(0, 0)}{\xi} = \frac{\partial \varphi(\theta \xi, 0)}{\partial \xi} \qquad (0 < \theta < 1).$$

En effet, $\varphi(\xi, 0)$ étant continu sur l'intervalle fermé entre 0 et ξ et la dérivée $\dfrac{\partial \varphi}{\partial \xi}$ existant à l'intérieur au sens étroit de cet intervalle, la formule (6) est applicable. Faisons tendre ξ vers zéro; on voit que la dérivée $\dfrac{\partial \varphi(\xi, \eta)}{\partial \xi}$ existe à l'origine et est égale à 0.

Pour achever la démonstration de notre lemme il suffit de répéter le même raisonnement en l'appliquant alternativement à ξ et à η.

4. Soient M un ensemble ouvert dans le plan de (x, y) et R la frontière de M, que nous supposerons contenant au moins un point. Nous dirons qu'une fonction $f(x, y)$ définie à M est une fonction C par rapport à M, si : 1° elle est indéfiniment dérivable

dans M et $2°$ elle tend avec toutes ses dérivées partielles vers zéro, lorsque (x, y) converge vers R.

5. Théorème I. — *Soient* M *un domaine ouvert dans le plan de* (x, y) *et* R *sa frontière qui contient au moins un point. Il existe une fonction* $f(x, y)$*, qui est une fonction* C *par rapport à* M *et reste positive à l'intérieur de* M. *De plus :*
Si le point à l'infini est contenu dans R*, toutes les expressions*

$$e^{x^2+y^2} \frac{\partial^{\mu+\nu} f(x, y)}{\partial x^\mu \, \partial y^\nu}$$

tendent vers zéro, lorsque le point (x, y) *tend à l'infini en restant à l'intérieur de* M*, et cela d'une manière indépendante de* M*, c'est-à-dire uniformément pour tous les domaines* M *possédant le point à l'infini comme un point frontière.*

6. Démonstration. — *Formation des fonctions* F. — Soit Q_0 le carré (ouvert) aux coins $(o, o), (o, 1), (1, o), (1, 1)$. La fonction

$$F_0(x, y) = e^{-\frac{1}{x^2} - \frac{1}{y^2} - \frac{1}{(1-x)^2} - \frac{1}{(1-y)^2}}$$

est une fonction C par rapport à Q_0 et y est positive. Pour chaque nombre entier $\nu \geqq o$ soit m_ν une borne des valeurs absolues de toutes les dérivées partielles d'ordre ν de F_0 à Q_0.

Pour $a \geqq 1$, $b \geqq 1$, α et β réels, la fonction

$$F_Q(x, y) = F_0\left(\frac{x}{a} + \alpha, \frac{y}{b} + \beta\right)$$

est une fonction C par rapport à un rectangle Q à côtés de longueur a resp. b, parallèles aux axes. Les valeurs absolues des dérivées partielles d'ordre ν de F_Q à Q sont au plus égales à

$$(7) \qquad \left(\frac{1}{a} + \frac{1}{b}\right)^\nu m_\nu.$$

Joignons les milieux de deux côtés opposés de Q par un segment s et soit ρ la distance de s de deux autres côtés parallèles de Q. Nous désignons alors Q par $Q_{s,\rho}$ et $F_Q(x, y)$ par $F_{s,\rho}(x, y)$. Enfin désignons par $Q_{P,\rho}$ le carré à côtés de longueur 2ρ parallèles aux axes avec le centre p, et par $F_{p,\rho}(x, y)$ la fonction F correspondante.

7. Exhaustion de M par les carrés de remplissage. — Pour chaque nombre entier $n \geq 0$ les droites

$$(8) \qquad x = \frac{\nu}{2^n}, \qquad y = \frac{\mu}{2^n} \qquad (\nu, \mu = 0, \pm 1, \pm 2, \ldots)$$

décomposent le plan en carrés fermés à côtés de longueur $\frac{1}{2^n}$ parallèles aux axes, que nous appellerons des carrés d'ordre n.

Envisageons en particulier ceux des carrés d'ordre n, qui sont contenus à l'intérieur de M *avec les huit carrés d'ordre n immédiatement voisins.* Les carrés jouissant de cette propriété forment un ensemble des points Q_n. En particulier, les carrés d'ordre n, contenus dans Q_n, qui ne sont pas encore contenus dans Q_{n-1} et dont tous les points sont situés à distance $\leq n + 1$ de l'origine, forment un ensemble de carrés que nous appellerons M_n. Nous appellerons ces carrés *les carrés de remplissage d'ordre n.*

8. Formation de φ_0. — Définissons $\varphi_0(x, y)$ à l'intérieur de chaque carré de remplissage Q d'ordre n, $n = 0, 1, \ldots$, en posant

$$\varphi_0(x, y) = e^{-n^3} F_Q(x, y).$$

$\varphi_0(x, y)$ est non négatif à l'intérieur des carrés de remplissage mais disparaît sur leurs côtés. $\varphi_0(x, y)$ est une fonction C par rapport à M. En effet, si un point (x, y) tend vers R, il parcourt des carrés de remplissage d'ordre n tendant à l'infini. Mais alors les bornes pour les dérivées partielles d'ordre ν de $\varphi_0(x, y)$, qu'on déduit de l'expression (7),

$$e^{-n^3} 2^{(n+1)\nu} m_\nu,$$

convergent vers zéro. Et ce résultat subsiste, le point (x, y) tendant à l'infini, si le point à l'infini est contenu à l'intérieur de M. De plus on voit, que si le point à l'infini est contenu dans R, $\varphi_0(x, y)$ et les produits de ses dérivées partielles avec $e^{x^2+y^2} \leq e^{(n+1)^2}$ tendent vers zéro *uniformément* par rapport à tous les domaines M.

9. Formation des φ_1, φ_2, φ_3. — Considérons les côtés s des carrés de remplissage d'ordre $n(n = 0, 1, 2, \ldots)$, le long desquels ces carrés sont contigus à d'autres carrés de remplissage d'ordre *non supérieur* à n. Pour chaque s parallèle à OX formons le rectangle $Q_{s,2^{-n-2}}$ et la fonction correspondante $F_{s,2^{-n-2}}$. Les rectangles $Q_{s,2^{-n-2}}$ n'empiètent pas les uns sur les autres. Soit $\varphi_1(x, y)$ égale à $e^{-n^3}F_{s,2^{-n-2}}$ à l'intérieur de chaque rectangle $Q_{s,2^{-n-2}}$ et égale à o partout ailleurs. $\varphi_1(x, y)$ est une fonction C par rapport à M et en particulier positive à l'intérieur du segment s parallèle à OX. La démonstration est exactement la même que dans le cas de $\varphi_0(x, y)$.

Soit $\varphi_2(x, y)$ la fonction analogue correspondant à OY.

Considérons maintenant les coins p des carrés de remplissage. Chaque p appartient au plus à quatre carrés de remplissage. Si n est l'ordre maximal de ces carrés contenant p, les carrés $Q_{p,2^{-n-2}}$ formés pour tous les points p n'empiètent pas les uns sur les autres.

Soit $\varphi_3(x, y)$ égale à $e^{-n^3}F_{p,2^{-n-2}}$ à l'intérieur de chaque carré $Q_{p,2^{-n-2}}$ et égale à o partout ailleurs.

La somme $\varphi_0 + \varphi_1 + \varphi_2 + \varphi_3$ est déja une fonction C par rapport à M, positive à tout point fini de M, mais elle disparaît à l'infini, si ce point est situé à l'intérieur de **M**.

10. Formation de φ_4. — Si le point à l'infini est contenu à l'intérieur de M, soit $\varepsilon > 0$ tel que tous les points à distance $\geq \dfrac{1}{2\varepsilon}$ de l'origine sont contenus à l'intérieur de **M**.

Soit $\varphi^*(x, y)$ égale à $F_{0,\varepsilon}(x, y)$ à l'intérieur de $Q_{0,\varepsilon}$ et égale à o partout ailleurs. La fonction

$$(9) \qquad \varphi_4(x, y) = \varphi^*\left(\frac{x}{x^2+y^2}, \frac{y}{x^2+y^2}\right)$$

est une fonction C par rapport à M_1, non négative à M et positive à l'infini. (Ses dérivées partielles tendent vers zéro, si le point (x, y) converge vers l'infini.) La somme $\varphi_0 + \varphi_1 + \varphi_2 + \varphi_3 + \varphi_4$ est donc une fonction C par rapport à M, positive partout à l'intérieur de M,

C. Q. F. D.

11. Lemme II. — *Soit $f(x)$ continu dans l'intervalle J $(a \leq x \leq b)$. Soit N un ensemble fermé contenu dans J. Supposons que $f(x)$ soit égale à o dans chaque point de N et que $f'(x)$ existe et soit* *continu dans chaque point de* J — N *et tende vers zéro, si* x *tend vers un point quelonque de* N. *Alors* $f'(x)$ *existe et est égale à* o *dans chaque point de* N.

12. Démonstration. — Soit $\varphi(x)$ égale à $f'(x)$ dans l'ensemble J — N et égale à o dans N. $\varphi(x)$ est une fonction continue dans J. Soit x_0 le point de N situé le plus à gauche. Formons l'intégrale

$$\Phi(x) = \int_{x_0}^{x} \varphi(x)\,dx.$$

Il suffit de démontrer qu'on a

(10) $$f(x) = \Phi(x).$$

Montrons d'abord que $\Phi(x)$ est égale à o, donc à $f(x)$, dans chaque point x_1 de N. En effet, $\varphi(x)$ étant continu dans J, l'intégrale $\int_{x_0}^{x_1} \varphi(x)\,dx$ peut être considérée comme une intégrale de Lebesgue, et comme $\varphi(x)$ disparaît dans tout point de N, cette intégrale est égale à la somme des intégrales

$$\int_{\delta_\nu} \varphi(x)\,dx$$

étendues sur les intervalles ouverts, dans lesquelles l'intervalle $(x_0,\ x_1)$ est décomposé par N. Or, soit $\delta_\nu = (x',\ x'')$, ou x et x'' appartiennent à N. Alors on a

$$\int_{x'}^{x''} \varphi(x)\,dx = \int_{x'}^{x''} f'(x)\,dx = \lim_{\varepsilon \downarrow 0} \int_{x'+\varepsilon}^{x''-\varepsilon} f'(x)\,dx$$
$$= \lim_{\varepsilon \downarrow 0} [f(x''-\varepsilon) - f(x'+\varepsilon)] = \text{o}.$$

13. Soit maintenant ξ un point de l'ensemble J — N. ξ est contenu à l'intérieur d'un intervalle $\delta : x' < x < x''$ contigu à l'ensemble N, où x' et x'' appartiennent à N. La fonction

$$f(x) - \Phi(x)$$

est continue dans l'intervalle fermé $x' \leq x \leq \xi$ et dérivable dans l'intervalle ouvert $x' < x < \xi$. Donc il résulte du théorème des accroissements finis appliqué à l'intervalle $< x', \xi >$,

$$f(\xi) - \Phi(\xi) - f(x') + \Phi(x') = (\xi - x')\,[f'(\eta) - \varphi(\eta)],$$

où η est compris au sens étroit entre x' et ξ. Donc on a $\varphi(\eta) = f'(\eta)$, et comme on a d'autre part $f(x') = \Phi(x') = 0$, notre lemme est démontré.

14. Soit $f(x, y)$ continu dans un domaine fermé Ω. Alors l'ensemble N des zéros de $f(x, y)$ contenus dans Ω est fermé. Montrons qu'on ne peut pas dire davantage de N, même si l'on suppose $f(x, y)$ indéfiniment dérivable dans Ω.

Théorème II. — *Soit* N *un ensemble fermé. Il existe une fonction* $\Phi(x, y)$ *indéfiniment dérivable dans tout le plan, qui disparaît dans chaque point de* N *et reste positive partout ailleurs.*

15. Démonstration. — On peut supposer que N contient au moins un point. L'ensemble N décompose le plan de (x, y) en des domaines ouverts D, dont les frontières consistent des points de N.

On peut former en vertu du théorème I pour chacun des domaines D une fonction $f_D(x, y)$, positive à l'intérieur de D, qui est une fonction C par rapport à D. Soit $\Phi(x, y)$ égale à 0 sur N et égale à $f_D(x, y)$ à l'intérieur de chacun des domaines D.

La fonction $\Phi(x, y)$ est indéfiniment dérivable et positive partout sauf les points de N, où elle disparaît avec toutes ses dérivées. Mais maintenant il résulte du lemme 2, appliqué successivement à la fonction $\Phi(x, y)$ et à ses dérivées considérées alternativement comme fonctions de x et de y, que $\Phi(x, y)$ est indéfiniment dérivable dans tout point fini du plan de x, y. Et il résulte du lemme I que $\Phi(x, y)$ est indéfiniment dérivable au point à l'infini. Notre proposition est donc établie.

ADDITION A LA NOTE « SUR LES MULTIPLICITÉS DES ZÉROS DES FONCTIONS INDÉFINIMENT DÉRIVABLES DE DEUX VARIABLES »;

(Ce *Bulletin*, t. LVIII, février 1934, p. 64-72)

Dans la Note citée je fais usage du lemme suivant, dont la démonstration utilise la notion de l'intégrale due à M. Lebesgue :

LEMME II. *Soit $f(x)$ continu dans l'intervalle* $J(a \leqq x \leqq b)$. *Soit* N *un ensemble fermé contenu dans* J. *Supposons que* $f(x)$ *soit égale à zéro dans chaque point de* N *et que* $f'(x)$ *existe et soit continu dans chaque point de* J — N *et tende vers zéro, si* x *tend vers un point de* N. *Alors* $f'(x)$ *existe et est égale à zéro dans chaque point de* N.

Or, il n'est peut-être pas sans intérêt d'en indiquer une démonstration entièrement élémentaire qui suit :

Soit x_0 un point quelconque de N. Il suffit de montrer que $\dfrac{f(x)-f(x_0)}{x-x_0} \to 0$ si $x \to x_0$, ce qui est immédiat, si x appartient à N. Soit x un point de J — N. Alors x est contenu dans un intervalle J_x de l'ensemble ouvert J — N, dont un bout x', *situé entre* x_0 *et* x, appartient à N. Donc on a, comme $f(x_0) = f(x') = 0$,

$$\left| \frac{f(x)-f(x_0)}{x-x_0} \right| = \left| \frac{x-x'}{x-x_0} \right| \left| \frac{f(x)-f(x')}{x-x'} \right| \leqq \left| \frac{f(x)-f(x')}{x-x'} \right|.$$

Or, en appliquant la formule des accroissements finis à l'intervalle ouvert (x', x), on a

$$\frac{f(x)-f(x')}{x-x'} = f'(x''),$$

où x'' est situé entre x et x' et tend vers x_0 avec x. Donc, on a $f'(x'') \to 0$,

$$\frac{f(x)-f(x_0)}{x-x_0} \to 0. \qquad \text{C. Q. F. D.}$$

ANALYSE MATHÉMATIQUE. — *Sur une transformation de la série de Liouville-Neumann.* Note ([1]) de M. **ALEXANDRE OSTROWSKI**.

1. Pour la résolution de l'équation intégrale

$$\varphi(x) - \int K(x, y)\,\varphi(y)\,dy = f(x),$$

on utilise la formule

$$\varphi(x) = f(x) + \int K^{\star}(x, y)\,f(y)\,dy,$$

où le noyau résolvant $K^{\star}$ est donné par le développement de Liouville-Neumann

$$(1) \quad \begin{cases} 1 + K^{\star}(x, y) = \displaystyle\sum_{\nu=0}^{\infty} K_{\nu}(x, y), \\[2mm] K_0 = 1, \quad K_1 = K, \quad \ldots, \quad K_{\nu}(x, y) = \displaystyle\int K(x, t)\,K_{\nu-1}(t, y)\,dt, \quad \ldots, \end{cases}$$

si ce développement est convergeant, ce qui est toujours le cas pour les équations de M. Volterra. Or, même dans le cas de convergence, la convergence de la série (1) est en général trop faible pour le calcul pratique; elle est seulement *linéaire*, c'est-à-dire que le nombre des chiffres exacts est proportionnel au nombre des intégrations effectuées.

2. Nous nous proposons ici de transformer la série (1) de manière à rendre la convergence *quadratique* c'est-à-dire telle que le nombre de chiffres exacts est doublé à chaque étape du calcul. Notre solution est applicable au cas général d'une équation fonctionnelle de type

$$(2) \qquad \varphi(x) - \Phi\varphi(x) = f(x),$$

où Φ est une opération linéaire, si la série symbolique

$$(3) \qquad (1 + \Phi + \Phi^2 + \ldots + \Phi^{\nu} + \ldots)\,f(x)$$

converge. Cette solution peut être interprétée comme une application du

---

([1]) Séance du 18 août 1936.

développement d'Euler :

$$1 + \Phi + \Phi^2 + \ldots = (1 + \Phi)(1 + \Phi^2)(1 + \Phi^4)\ldots$$

En effet, posons

$$(4) \qquad \sigma_n = 1 + \Phi + \ldots + \Phi^{2^n-1} = \frac{1 - \Phi^{2^n}}{1 - \Phi}.$$

Il suffit évidemment de calculer la suite

$$(5) \qquad \sigma_1 f, \quad \sigma_2 f, \quad \ldots, \quad \sigma_n f, \quad \ldots$$

Or on a

$$(6) \qquad \sigma_{n+1} = (1 + \Phi^{2^n})\sigma_n.$$

Il suffit donc pour le calcul des σ, de calculer successivement

$$(7) \qquad \Phi^2, \quad \Phi^4, \quad \Phi^8, \quad \ldots$$

On peut aussi utiliser la relation récurrente suivante, dont l'emploi présente parfois quelques avantages :

$$(8) \qquad \sigma_{n+1} = 2\sigma_n - (1 - \Phi)\sigma_n^2 = \sigma_n[2 - (1 - \Phi)\sigma_n].$$

3. Dans le cas particulier de la série (1) on obtient les procédés récurrents suivants :

Posons

$$(9) \qquad \sum_{\nu=0}^{2^n-1} K_\nu(x, y) = S_n(x, y), \qquad K_{2^n}(x, y) = k_n(x, y).$$

Alors on a

$$(10) \qquad \begin{cases} S_1(x, y) = 1 + K(x, y), \\ S_{n+1}(x, y) = S_n(x, y) + \int S_n(x, t)k_n(t, y)\, dt \qquad (n = 1, 2, \ldots), \end{cases}$$

$$(11) \quad k_0(x, y) = K(x, y), \quad \ldots, \quad k_{n+1} = \int k_n(x, t)k_n(t, y)\, dt, \quad \ldots, \quad (n = 1, 2, \ldots)$$

Ce procédé correspond à (6). En appliquant (8) on obtient pour $n = 1$, 2, …

$$(12) \qquad S_1(x, y) = 1 + K(x, y), \qquad S_{n+1}(x, y) = \int S_n(x, t)T_n(t, y)\, dt$$

ou

$$(13) \qquad T_n(x, y) = 2 - S_n(x, y) + \int K(x, t)S_n(t, y)\, dt.$$

En appliquant un de nos procédés au calcul de S_n on n'a à effectuer que $2(n-1)$ intégrations tandis que le procédé usuel exige $2^{n-1}-1$ intégrations.

4. Les principes qui nous ont conduit aux solutions de notre problème exposées plus haut permettent de trouver un procédé de convergence quadratique pour les solutions réelles de l'équation différentielle $y^{(n)} = f(y^{(n-1)}, \ldots, y', x)$ aux valeurs initiales de $y^{(\nu)}$, $\nu = 0, 1, \ldots, n-1$, données en un point x_0. Ce procédé présente aussi l'avantage que son champ de convergence s'étend automatiquement de manière à embrasser toutes les valeurs de x auxquelles on peut parvenir, en partant de x_0 sans rencontrer des points singuliers.

D'autre part ce procédé est nécessairement plus compliqué que celui des approximations successives dû à M. Picard. D'ailleurs il n'est applicable que dans le cas où les dérivées partielles $f'_{y^{(\nu)}}$, $\nu = 0, 1, \ldots, n-1$, restent continues.

Pour $n = 1$ on obtient un procédé qui s'adapte particulièrement bien au calcul numérique.

ANALYSE MATHÉMATIQUE. — *Sur quelques transformations de la série de Liouville-Neumann.* Note ([1]) de M. **Alexandre Ostrowski**.

1. Le résolvant de l'équation intégrale $\varphi(x) - \int \mathcal{K}(x, y)\varphi(y)\,dy = f(x)$ est donné par le développement de Liouville-Neumann

$$(1) \qquad \mathcal{K}^{\star}(x, y) = \sum_{\nu=0}^{\infty} \mathcal{K}_{\nu}(x, y),$$

où $\mathcal{K}_0 \equiv 1$ et $\mathcal{K}_{\nu}(\nu = 1, 2, \ldots)$ désignent le noyau itéré d'ordre ν, si (1) converge uniformément. Dans ce qui suit nous écrirons les expressions $T(x, y) = \sum_{\nu=0}^{n} a_{\nu}\mathcal{K}_{\nu}(x, y)$ comme les polynomes symboliques $t(z) = \sum_{\nu=0}^{n} a_{\nu}z^{\nu}$.

Si le polynome symbolique $t_1(z) = \sum_{\nu=0}^{m} a'_{\nu} z^{\nu}$ correspond à

$$T_1(x, y) = \sum_{\nu=0}^{m} a'_{\nu}\mathcal{K}_{\nu}(x, y),$$

le produit $t(z) t_1(z) = \sum_{\mu=0}^{m} \sum_{\nu=0}^{n} a_{\nu} a'_{\mu} z^{\nu+\mu}$ correspond à l'expression

$$\int T(x, z) T_1(z, y)\,dz.$$

Nous désignons le polynome $1 + z + \ldots + z^{n-1}$ par $s_n(z)$.

Le calcul direct de la somme $s_n(z)$ des n premiers membres de (1) nécessite $n - 2$ intégrations. Dans notre Note du 18 août 1936 ([2]) nous

---

([1]) Séance du 2 mai 1938.

([2]) *Comptes rendus*, **203**, 1936, p. 602. Après la publication de cette Note nous avons trouvé dans une communication de M. Günther Schulz (*Iterative Berechnung der reziproken Matrix*, n° 9 des *Kleine Mitteilungen aus dem Institut für angewandte Mathematik der Universität Berlin; Zeitschrift für angewandte Mathematik und Mechanik*, **13**, 1933, p. 57-59) un procédé très intéressant du calcul du réciproque d'une matrice, qui présente le caractère de convergence *quadratique* et qui, suffisamment développé, conduirait à un résultat analogue au nôtre.

avons réduit considérablement le nombre d'intégrations nécessaires pour le calcul d'une suite particulière des $s_n(z)$, savoir $s_{2^\nu}(z)$ ($\nu = 1, 2, \ldots$).

2. Depuis, nous avons trouvé une transformation de (1), convergeant plus rapidement. A cet effet nous utilisons la formule

$$(2) \qquad s_3^\nu(z) = \prod_{\nu=0}^{n-1} (1 + z^{2^\nu} + z^{2.3^\nu}).$$

En utilisant (2) on calcule successivement les $2n - 1$ puissances symboliques z^{3^ν} ($\nu = 1, 2, \ldots, n-1$), $z^{2.3^\nu}$ ($\nu = 0, 1, 2, \ldots, n-1$) et les expressions $s^{3^\nu}(z)$ ($\nu = 1, 2, \ldots, n$), ce qui nécessite $3n - 2$ intégrations. Par trois intégrations en plus on passe de $s_{3^n}(z)$ à $s_{3^{n+1}}(z)$.

Or, en calculant successivement $s_{2^\nu}(z)$ et en effectuant $6k - 2$ intégrations on obtient $s_{2^{3k}}(z) = s_{8^k}(z)$, tandis qu'en appliquant la formule (2) on parvient par le même nombre d'intégrations à $s_{3^{2k}}\ z) = s_{9^k}(z)$.

3. Si l'on a à effectuer un nombre h d'intégrations *fixé d'avance*, on peut améliorer notre procédé. Nous partons de l'identité

$$s_{nm}(z) = s_n(z)\, s_m(z^n) = s_m(z)\, s_n(z^m).$$

On peut représenter cette décomposition des s_{nm} en s_n et s_m comme une multiplication symbolique des symboles s_ν : $s_{nm} = s_n s_m$, qui est commutative et associative. Donc généralement

$$(3) \qquad (s_3)^\alpha (s_2)^\beta = s_{3^\alpha 2^\beta}.$$

Or je dis :

1° *Qu'en effectuant* $2\beta + 3\alpha - 2$ *intégrations on obtient l'expression* (3) *indépendamment de l'ordre dans lequel les facteurs de* (3) *sont multipliés;*

2° *Qu'en effectuant une intégration de plus on obtient* $z^{2^\beta 3^\alpha}$.

Cela est exact pour $\alpha + \beta = 1$. On peut donc supposer que nos assertions sont vérifiées pour les valeurs moindres de $\alpha + \beta$. Alors, si le dernier facteur parmi les facteurs de (3) est s_3, on a, en posant $2^\beta 3^{\alpha-1} = \gamma$ et en effectuant $2\beta + 3\alpha - 4$ intégrations, les expressions $s_\gamma(z)$ et z^γ. Par une intégration en plus on obtient $z^{2\gamma}$ et par une dernière intégration $s_\gamma(1 + z^\gamma + z^{2\gamma}) = s_{2^\beta 3^\alpha}$. Donc on a obtenu $s_{3^\beta 2^\alpha}$ par $2\beta + 3\alpha - 2$ intégrations. Une intégration de plus donne $z^\gamma z^{2\gamma} = z^{3\gamma}$. Le raisonnement étant analogue si le dernier facteur en (3) est s_2, nos assertions sont démontrées.

Il suffit évidemment de considérer $\beta = 0, 1, 2$. On obtient la règle :

Si l'on ne cherche qu'à effectuer h *intégrations* ($h \geq 0$)*, on représente* h *dans* *la forme* $h = 3\alpha + 2\beta - 2$ $(\beta = 0, 1, 2)$, *ce qui est toujours possible d'une seule façon, et l'on parvient par h intégrations à* $s_{3\alpha 2\beta}(z) = (s_3)^\alpha (s_2)^\beta$.

4. On peut améliorer encore l'approximation donnée par la règle énoncée, en utilisant les représentations suivantes :

$$(4) \qquad s_5(z) = \left(1 + \frac{\sqrt{5}+1}{2} z + z^2 \right) \left(1 - \frac{\sqrt{5}-1}{2} z + z^2 \right),$$

$$(5) \quad s_7(z) = \left(1 - 2\cos\frac{2\pi}{7} z + z^2 \right) \left(1 - 2\cos\frac{\pi}{7} z + z^2 \right) \left(1 - 2\cos\frac{3\pi}{7} z + z^2 \right)$$

qui impliquent 2 resp. 3 intégrations. Donc, si (3) finit par les facteurs s_2^2, $s_2 s_3$, s_3^2, on les remplacera resp. par s_5, s_7, $s_2 s_5$.

Nous avons calculé les valeurs numériques des coefficients des formules (4), (5) avec 14 décimales exactes. On a

$$s_5(z) = (z^2 + 1,61803398874989 z + 1)(z^2 - 0,61803398874989 z + 1)$$

et les trois facteurs de la représentation (5) de $s_7(z)$ sont

$$(z^2 - 1,24697960371747 z + 1),$$
$$(z^2 + 1,80193773580484 z + 1); \quad (z^2 + 0,44504186791263 z + 1).$$

5. Nos considérations s'appliquent au cas de l'équation fonctionnelle du type $\varphi(z) - \Phi\,\varphi(x) = f(x)$ si la convergence pour les polynomes symboliques en Φ est définie convenablement.

Über die Absolutabweichung einer differentiierbaren Funktion von ihrem Integralmittelwert

Von Alexander Ostrowski, Basel

Ist die Funktion $h(x)$ im Intervall $<a, b>$ stetig, so kann ihre Abweichung von ihrem Integralmittelwert $\dfrac{1}{b-a}\int_a^b h(x)\,dx$ dennoch beliebig nah an die Differenz zwischen ihrem Maximum und Minimum heranreichen.

Dies wird nun anders, wenn man die beschränkte Differentiierbarkeit von $h(x)$ voraussetzt. Ist etwa in unserm Intervall $|h'(x)| \leqq m$, so kann die Differenz zwischen dem Maximum und dem Minimum von $h(x)$ den Wert $(b-a)\,m$ nicht übersteigen, kann aber diesen Wert sehr wohl erreichen.

Die Absolutabweichung von $h(x)$ von ihrem Integralmittelwert überschreitet aber in diesem Falle $\frac{1}{2}(b-a)\,m$ nicht, ja, im Mittelpunkt des Intervalls gilt sogar für die Absolutabweichung die Schranke $\frac{1}{4}(b-a)\,m$.

Genauer gilt folgendes:

Es sei $h(x)$ im Intervall $J: a < x < b$ stetig und differentiierbar, und es sei in J durchweg

$$|h'(x)| \leqq m, \quad m > 0 .\tag{1}$$

Dann gilt für jedes x aus J :

$$\left| h(x) - \frac{1}{b-a}\int_a^b h(x)\,dx \right| \leqq \left(\frac{1}{4} + \frac{\left(x - \frac{a+b}{2}\right)^2}{(b-a)^2} \right)(b-a)\,m .\tag{2}$$

Offenbar nimmt hier der erste Faktor rechts in der Mitte von J den Wert $\frac{1}{4}$ an und steigt sodann monoton gegen den Wert $\frac{1}{2}$, den er in den beiden Endpunkten von J annimmt.

Beim Beweis der obigen Behauptung darf offenbar angenommen werden, daß der Integralmittelwert von $h(x)$ verschwindet, da man sonst nur $h(x)$ um diesen Mittelwert zu verkleinern braucht. Ferner darf $m = 1$ angenommen werden, da man sonst $h(x)$ durch $\dfrac{h(x)}{m}$ ersetzen kann, und endlich darf das Intervall J als das Intervall $(0, 1)$ vorausgesetzt werden, da man sonst $h(x)$ durch $\dfrac{h(a + x(b-a))}{b-a}$ ersetzen kann.

226

Wir dürfen daher unsere Annahmen über $h(x)$ durch

$$\int_0^1 h(x)\,dx = 0\,, \quad |h'(x)| \leqq 1\,, \quad (0 < x < 1) \tag{3}$$

ersetzen, und die zu beweisende Behauptung reduziert sich auf

$$|h(x)| \leqq \frac{1}{4} + \left(x - \frac{1}{2}\right)^2\,. \tag{4}$$

Um nun eine Schranke für $|h(x)|$ in einem Punkte x_0 von J herzuleiten, darf man offenbar unbeschadet der Allgemeinheit $h(x_0) \geqq 0$ voraussetzen, da man sonst $-h(x)$ anstatt $h(x)$ betrachten kann. Dann gilt aber wegen (3)

$$h(x) \geqq h(x_0) - |x - x_0|\,.$$

Integriert man dies zwischen 0 und 1, so ergibt sich wegen (3)

$$0 = \int_0^1 h(x)\,dx \geqq h(x_0) - \int_0^1 |x - x_0|\,dx\,,$$

$$h(x_0) \leqq \int_0^1 |x - x_0|\,dx = \tfrac{1}{4} + (x_0 - \tfrac{1}{2})^2\,,$$

womit (4) bewiesen ist.

Zugleich sieht man, daß das Gleichheitszeichen in (4) nur gilt, wenn $\pm h(y) = \tfrac{1}{4} + (x - \tfrac{1}{2})^2 - |y - x|$ ist.

Analoge Betrachtungen führen natürlich auch bei endlichen Summen zu solchen Ungleichungen. Gilt z. B. für reelle a_ν

$$\sum_{\nu=1}^{n} a_\nu = 0\,, \quad |a_{\nu+1} - a_\nu| \leqq d\,, \quad (\nu = 1, \ldots, n-1)\,, \tag{5}$$

so gilt für jedes feste $k = 1, 2, \ldots, n$, wenn $a_k > 0$ ist,

$$a_\nu \geqq a_k - d\,|\nu - k|\,, \qquad \nu = 1, \ldots, n$$

und daher, wenn man über ν summiert,

$$n\,a_k \leqq d \sum_{\nu=1}^{n} |\nu - k| = \left[\frac{(n-k)^2 + k^2}{2} + \left(\frac{n}{2} - k\right)\right] d$$

oder

$$\left|\frac{a_k}{n\,d}\right| \leqq \left(\frac{k}{n} - \frac{1}{2} - \frac{1}{2n}\right)^2 + \frac{1}{4}\left(1 - \frac{1}{n^2}\right)\,. \tag{6}$$

Ist aber a_k negativ, so kann man die gleichen Betrachtungen auf die Zahlenfolge $-a_\nu$ anwenden, so daß in jedem Falle die Ungleichung (6) für jedes $k = 1, \ldots, n$ aus den Annahmen (5) folgt.

(Eingegangen den 18. Januar 1938.)

227

Notiz über die Funktionaldeterminante von zwei Funktionen mit zwei gemeinsamen Nullstellen

1. Als Analogon zum Rolleschen Satze könnte man erwarten, daß, wenn zwei reelle Funktionen $f(x, y)$ und $g(x, y)$ in zwei verschiedenen Punkten eines zusammenhängenden Bereichs verschwinden, ihre Funktionaldeterminante $\Delta(f, g)$ irgendwo in diesem Bereich verschwindet. Eine solche Fassung ist indessen sogar dann falsch, wenn der Bereich die ganze Ebene ist. Während z. B. die reellen Funktionen

$$\Re(e^{x+iy} - 1) , \qquad \Im(e^{x+iy} - 1)$$

in unendlich vielen Punkten der Ebene gleichzeitig verschwinden, hat ihre Funktionaldeterminante den Wert e^{2x}, ist also niemals gleich 0.

Man kann trotzdem erwarten, daß ein gewisser Rest dieser Tatsache noch erhalten bleibt, in dem Sinne, daß die Funktionaldeterminante wenigstens sehr kleine Werte annehmen muß, wenn die beiden gemeinsamen Nullstellen von f und g sehr nahe zusammenrücken und das Gebiet etwa als konvex angenommen wird.

Auch in dieser Fassung braucht aber der Satz nicht einmal dann zu gelten, wenn man feste Schranken für $|f'_x|$, $|f'_y|$, $|g'_x|$, $|g'_y|$ einführt. So verschwinden z. B. die beiden Funktionen

$$f(x, y) = \varepsilon(e^{\frac{y}{\varepsilon}} \cos \frac{x}{\varepsilon} - 1) , \quad g(x, y) = \varepsilon\, e^{\frac{y}{\varepsilon}} \sin \frac{x}{\varepsilon}$$

für jedes noch so kleine positive ε in den beiden Punkten der x-Achse: $x = 0$, $x = 2\,\varepsilon\pi$ zugleich, ihre ersten Ableitungen sind auf der Strecke $0, 2\,\varepsilon\pi$ der x-Achse absolut ≤ 1, während die Funktionaldeterminante auf dieser Strecke durchweg den Wert -1 besitzt.

Anders wird dies aber, wenn man auch die Beschränktheit der zweiten Ableitungen für wenigstens eine der beiden Funktionen annimmt. In diesem Falle ergibt sich in der Tat eine obere Schranke für das Minimum des absoluten Betrages von $\Delta(f, g)$, die mit der Distanz der beiden gemeinsamen Nullstellen gegen 0 konvergiert.

Der Satz läßt sich genauer wie folgt formulieren:

I. *Es seien in einem konvexen Gebiet G mit dem Durchmesser d der x, y-Ebene die Funktionen f(x, y) und g(x, y) stetig und je einmal nach x*

228

und y differentiierbar, und es mögen für $g(x, y)$ auch die drei partiellen Ableitungen zweiter Ordnung existieren. Es sei im ganzen Gebiete G

$$|f'_x|\,,\,|f'_y| \leqq M\;;\quad |g''_{xx}|\,,\,|g''_{xy}|\,,\,|g''_{yy}| \leqq \mathfrak{M}\,.$$

Besitzen dann f und g zwei gemeinsame Nullstellen in G, so gibt es einen Punkt in G, in dem der absolute Betrag der Funktionaldeterminante $\varDelta\,(f, g)$ von f und g unterhalb der Schranke $\sqrt{2}\,d\,M\,\mathfrak{M}$ bleibt.

Dieser Satz läßt sich etwas schärfer formulieren, wenn man anstatt der Schranken M, $\mathfrak{M}$, die ja von der Orientierung des Koordinatensystems abhängig sein können, andere Größen M_0, $\mathfrak{M}_0$ einführt. M_0 ist die obere Schranke für den absoluten Betrag der ersten Ableitung von f in jedem Punkt von G und *in jeder Richtung* — d. h. also, eine obere Schranke für den absoluten Betrag des Gradienten der Funktion $f(x, y)$. Analog ist $\mathfrak{M}_0$ eine obere Schranke für den absoluten Betrag der zweiten Ableitung von $g(x, y)$ in jedem Punkte von G und *in jeder Richtung*. Dann gilt:

II. *Sind die Voraussetzungen von I erfüllt, und haben M_0 und $\mathfrak{M}_0$ die oben angegebene Bedeutung, so gibt es einen Punkt in G mit*

$$|\,\varDelta\,(f, g)\,| \leqq \frac{d}{2}\,M_0\,\mathfrak{M}_0\,. \tag{1}$$

Es ist leicht zu sehen, daß der Satz I ein Korollar zu II ist. Es gilt nämlich

$$M_0 \leqq \sqrt{M^2 + M^2} = \sqrt{2}\,M\,,$$

$$\mathfrak{M}_0 = \mathrm{Max}\,|\,g''_{xx}\cos^2\varphi + 2\,g''_{xy}\cos\varphi\sin\varphi + g''_{yy}\sin^2\varphi\,|\,,$$

wo φ alle Werte von 0 bis $2\,\pi$ und der Punkt (x, y) alle Punkte von G durchläuft. Die rechte Seite ist aber offenbar höchstens gleich

$$\mathfrak{M}(\cos^2\varphi + 2\,|\cos\varphi\sin\varphi| + \sin^2\varphi) = \mathfrak{M}\,(|\cos\varphi| + |\sin\varphi|)^2 \leqq 2\,\mathfrak{M}\,.$$

Ersetzt man aber nun in (1) M_0, $\mathfrak{M}_0$ respektive durch $\sqrt{2}\,M$, $2\,\mathfrak{M}$, so ergibt sich aus (1) die Schranke des Satzes I.

2. Beim Beweis von II kann man offenbar das Koordinatensystem so legen, daß die beiden vorausgesetzten gemeinsamen Nullstellen von f und g auf der x-Achse in den Punkten a, b liegen, wobei $a < b < a + d$ ist. Dann bleibt $|f'_y| \leqq M_0$ und es gilt zugleich $|g''_{xx}| \leqq \mathfrak{M}_0$. Daher wird die Behauptung des Satzes II aus dem folgenden Hilfssatz folgen:

229

III. *Es seien $f(x, y)$ und $g(x, y)$ auf der Strecke J der x-Achse: $a \leq x \leq b$ und in einer Umgebung der inneren Punkte dieser Strecke stetig. Es sei f in den innern Punkten von J nach x und y differentiierbar, und es sei in J durchweg*

$$|f'_y| \leq M_0 \, . \qquad (2,1)$$

Es sei ferner g in den innern Punkten von J einmal nach y und zweimal stückweise stetig nach x differentiierbar, und es sei in J

$$|g''_{xx}| \leq \mathfrak{M}_0 , \quad \mathfrak{M}_0 > 0 \, . \qquad (2,2)$$

Verschwinden die Funktionen f und g in den beiden Endpunkten von J, so gibt es einen Punkt ξ von J, in dem der absolute Betrag der Funktionaldeterminante von f und g unterhalb der Schranke

$$\frac{b-a}{2} M_0 \mathfrak{M}_0 \qquad (2,3)$$

bleibt.

Beweis: Nach dem Rolleschen Satz gibt es einen innern Punkt ξ von J, in dem $f'_x(\xi, 0) = 0$ ist. Dann erhält man für den absoluten Betrag der Funktionaldeterminante von f und g im Punkte $(\xi, 0)$:

$$|f'_x(\xi, 0) \, g'_y(\xi, 0) - f'_y(\xi, 0) \, g'_x(\xi, 0)| = |f'_y(\xi, 0)||g'_x(\xi, 0)| \, .$$

Dieses ist aber wegen $(2,1)$ höchstens gleich $M_0|g'_x(\xi, 0)|$. Wir haben daher nur noch die Relation zu beweisen:

$$|g'_x(\xi, 0)| < \frac{b-a}{2} \mathfrak{M}_0 \, . \qquad (2,4)$$

Setzt man aber

$$g'_x(\xi, 0) = h(x) \, ,$$

so gelten für $h(x)$ die Voraussetzungen

$$\int_a^b h(x) \, dx = 0 \, , \qquad |h'(x)| \leq \mathfrak{M}_0 \, .$$

Daher ergibt sich $(2, 4)$ ohne weiteres aus der Behauptung (2) der vorstehenden Arbeit[1]).

Damit ist III bewiesen.

---

[1]) *A. Ostrowski*, Über die Absolutabweichung einer differentiierbaren Funktion von ihrem Integralmittelwert. Comm. Math. Helv., Bd. 10 (1938) pp.

230

3. Es sei noch bemerkt, daß die Konstante $\frac{1}{2}$ in der Gleichung (2, 3) des Satzes III die „beste" ist, wie man ohne Schwierigkeit zeigen kann. Dagegen sind die Konstanten $\sqrt{2}$ bezw. $\frac{1}{2}$ in den Sätzen I bezw. II nicht die „besten" und dürften sich noch nicht unwesentlich verbessern lassen.

Läßt man insbesondere im Satze I das Gebiet G mit dem Quadrat $(\Re_0)$:

$$|x - x_0| \leqq 2\,d_0\,, \qquad |y - y_0| \leqq 2\,d_0$$

zusammenfallen, so ergibt sich, da hier dann $d = 4\,\sqrt{2}\,d_0$ ist, für das Minimum der Funktionaldeterminante in $\Re_0$ die Schranke $8\,M\,\mathfrak{M}\,d_0$.

Für dieses spezielle Gebiet habe ich diese Tatsache in einer kürzlich veröffentlichten Abhandlung[2]) bereits benützt. Der dort S. 91 gegebene Beweis reicht indessen zur Herleitung dieser Schranke noch nicht aus, sondern liefert eine doppelt so große Schranke. Daher sind die Betrachtungen a. a. O. auf S. 91 oben durch den in dieser Notiz gegebenen Beweis zu ersetzen[3]).

(Eingegangen den 18. Januar 1938.)

---

[2]) A. *Ostrowski*, Konvergenzdiskussion und Fehlerabschätzung für die Newtonsche Methode bei Gleichungssystemen. Comm. Math. Helv., Bd. 9 (1937), S. 79—103.

[3]) Es sei bei dieser Gelegenheit noch eine zweite Berichtigung zur soeben zitierten Arbeit vermerkt, die auf S. 80, Z. 16 v. o. anzubringen ist. Es sind dort die Worte; „der Punkt $P_0(x_0, y_0)$ in $\Re'$ liegt" zu ersetzen durch; „der Punkt $P_0(x_0, y_0)$ im Mittelpunkt von $\Re'$ liegt".

Ich verdanke den Hinweis auf die beiden vermerkten Versehen einer freundlichen Mitteilung von Herrn K. Bußmann in Bonn.

231

Sur un théorème fondamental de la théorie des équations linéaires aux dérivées partielles

1. Soient $A_\nu(x_1, \ldots, x_n)$, $B_\nu(x_1, \ldots, x_n)$, $\nu = 1, \ldots, n$, $2n$ fonctions des $x_1, \ldots, x_n$, continues et douées des dérivées continues du premier ordre au voisinage d'un point $P_0(a_1, \ldots, a_n)$.

Si une fonction $z(x_1, \ldots, x_n)$ continue et douée des dérivées continues du premier et du second ordre au voisinage de P_0, satisfait dans ce voisinage aux deux équations

$$X(z) \equiv \sum_{\nu=1}^{n} A_\nu \frac{\partial z}{\partial x_\nu} = 0 \ , \quad Y(z) \equiv \sum_{\nu=1}^{n} B_\nu \frac{\partial z}{\partial x_\nu} = 0 \ , \tag{1}$$

elle satisfait aussi au voisinage de P_0 à l'équation

$$Z(z) \equiv \sum_{\nu=1}^{n} C_\nu \frac{\partial z}{\partial x_\nu} = 0 \ , \quad C_\nu = X(B_\nu) - Y(A_\nu) \ , \quad \nu = 1, \ldots, n \ . \tag{2}$$

Ceci résulte évidemment de l'identité

$$Z(u) = X(Y(u)) - Y(X(u)) \tag{3}$$

qu'on vérifie immédiatement au voisinage de P_0 pour chaque fonction $u(x_1, \ldots, x_n)$ dont les dérivées premières et secondes restent continues dans ce voisinage.

Ce n'est que tout récemment (1939) que M. *E. Schmidt*[1]) a réussi à démontrer que (2) est encore une conséquence de (1), si l'on suppose seulement que z possède des dérivées continues du *premier* ordre dans le voisinage de P_0 . La démonstration de M. *Schmidt* repose sur une transformation assez délicate des intégrales n-ples et permet aussi une extension de la relation (3) au cas où $X(u)$, $Y(u)$ possèdent les dérivées continues du premier ordre.

Une autre démonstration donnée peu de temps après (1940) par M. *O. Perron*[2]) est plus ,,algébrique‘‘, mais encore assez compliquée.

---

[1]) *E. Schmidt*, Bemerkungen zum Fundamentalsatz der Theorie der Systeme linearer partieller Differentialgleichungen erster Ordnung. Wiener Monatshefte für Mathematik und Physik, Bd. 48 (1940), pp. 426—432.

[2]) *O. Perron*, Das Verschwinden der Klammersymbole in der Theorie der linearen partiellen Differentialgleichungssysteme. Math. Annalen, Bd. 117 (1940/41), pp. 686—693.

217

Dans ce qui suit, nous donnons une démonstration très simple et très élémentaire d'un théorème un peu plus général que celui de M. *Schmidt*. Cette démonstration n'emploie que les notions élémentaires du calcul différentiel, en particulier celle de la différentielle totale.

2. On dit qu'une fonction $f(x_1, \ldots, x_n)$ possède une *différentielle totale*[3]) à l'origine $P_0(0, \ldots, 0)$ si l'on a au voisinage de P_0

$$f(x_1, \ldots, x_n) - f(0, \ldots, 0) = \sum_{\nu=1}^{n} \alpha_\nu x_\nu + o(r) \quad , \quad r = \sum_{\nu=1}^{n} |x_\nu| \quad , \quad (4)$$

pour $r \to 0$, où $\alpha_\nu = f'_{x_\nu}(0, \ldots, 0)$ sont des constantes.

Nous aurons besoin de quelques lemmes sur les différentielles totales:

a) *Par une homographie régulière*

$$x_\nu = \sum_{\mu=1}^{n} a_{\nu\mu} y_\mu \, , \, y_\nu = \sum_{\mu=1}^{n} a'_{\nu\mu} x_\mu \, , \quad \nu = 1, \ldots, n \, , \quad (5)$$

une fonction $f(x_1, \ldots, x_n)$ *douée d'une différentielle totale en* P_0 *se transforme en une fonction* $g(y_1, \ldots, y_n)$ *y possédant une différentielle totale, et l'on a en* P_0

$$\left[\frac{\partial g}{\partial y_\nu}\right]_{P_0} = \sum_{\mu=1}^{n} a_{\mu\nu} \left[\frac{\partial f}{\partial x_\mu}\right]_{P_0} \cdot \quad (6)$$

On démontre a) en remplaçant les x_ν dans (4) par

$$\sum_{\mu=1}^{n} a_{\nu\mu} y_\mu \cdot$$

b) *Si* $f(x_1, \ldots, x_n)$ *s'annule en* P_0 *et y possède une différentielle totale, et si* $g(x_1, \ldots, x_n)$ *est une fonction continue en* P_0, *fg possède une différentielle totale en* P_0, *et l'on a*

$$\left[\frac{\partial (fg)}{\partial x_\nu}\right]_{P_0} = g_0 \left[\frac{\partial f}{\partial x_\nu}\right]_{P_0} \, , \, g_0 = g(0, \ldots, 0) \cdot \quad (7)$$

En effet, en posant $g(x_1, \ldots, x_n) = g_0 + \sigma(x_1, \ldots, x_n)$, où $\sigma(x_1, \ldots, x_n) \to 0$ avec $r = \sum_{\nu=1}^{n} |x_\nu|$, on obtient, en multipliant (4) par g

---

[3]) Cf. par exemple: *De la Vallée Poussin*, Cours d'Analyse Infinitésimal, t. 1, 3ème éd., 1914, pp. 140—146. — *I. W. Hobson*, The Theory of Functions of a Real Variable and the Theory of Fourier Series, vol. 1, 3rd ed. (1927), p. 419. — *O. Haupt* und *G. Aumann*, Differential- und Integralrechnung, Bd. 2 (1938), pp. 111—125.

218

$$fg = \sum_{\nu=1}^{n} g_0 \, \alpha_\nu \, x_\nu + o(r) \; . \tag{8}$$

c) *Soit $f(x_1, \ldots, x_n)$ continue au voisinage de P_0. Si $\dfrac{\partial f}{\partial x_\lambda}$, $\dfrac{\partial f}{\partial x_\kappa}$, $(\kappa \neq \lambda)$ existent au voisinage de P_0 et possèdent des différentielles totales en P_0, on a en P_0*

$$\frac{\partial}{\partial x_\kappa} \left(\frac{\partial f}{\partial x_\lambda} \right) = \frac{\partial}{\partial x_\lambda} \left(\frac{\partial f}{\partial x_\kappa} \right) \; . \tag{9}$$

On trouve une démonstration, d'ailleurs très simple, de ce théorème dû à M. *W. H. Young*, dans les traités d'analyse[4]).

3. Voici l'énoncé exact de notre résultat:

Théorème. Soient A_ν, B_ν, $\nu = 1, \ldots, n$, $2n$ fonctions de $x_1, \ldots, x_n$, continues dans le voisinage d'un point P_0 $(a_1, \ldots, a_n)$ et douées des différentielles totales en P_0. Soit u une fonction de $x_1, \ldots, x_n$ continue et douée des dérivées continues du premier ordre au voisinage de P_0. Alors, si les expressions

$$X(u) = \sum_{\nu=1}^{n} A_\nu \frac{\partial u}{\partial x_\nu} \; , \quad Y(u) = \sum_{\nu=1}^{n} B_\nu \frac{\partial u}{\partial x_\nu} \tag{10}$$

possèdent au point P_0 des différentielles totales, on a en P_0

$$Z(u) = X(Y(u)) - Y(X(u)) \; , \tag{11}$$

où $Z(u)$ est donné par

$$Z(u) = \sum_{\nu=1}^{n} C_\nu \frac{\partial u}{\partial x_\nu} \; , \quad C_\nu = X(B_\nu) - Y(A_\nu) \; . \tag{12}$$

Dans la démonstration, on peut supposer que $a_1 = a_2 = \cdots = a_n = 0$.

4. *Démonstration du théorème.* Posons

$$\left. \begin{aligned} A_\nu^0 &= A_\nu(0, \ldots, 0) \; , & B_\nu^0 &= B_\nu(0, \ldots, 0) \\ A_\nu^* &= A_\nu - A_\nu^0 \; , & B_\nu^* &= B_\nu - B_\nu^0 \end{aligned} \right\} \; \nu = 1, \ldots, n \; . \tag{13}$$

D'après l'hypothèse du théorème et le lemme b) du numéro 2, les expressions

---

[4]) Cf. *De la Vallée Poussin*, l. c., pp. 145—146. — *Hobson*, l. c. pp. 427—428. — *Haupt* und *Aumann*, l. c., p. 125. Nous donnons un résultat plus général dans une communication: N o t e s u r l'i n t e r v e r s i o n d e s d é r i v a t i o n s e t l e s d i f f é r e n t i e l l e s t o t a l e s, qui paraît dans ce volume p. 222.

219

$$\sum_{\nu=1}^{n} A_\nu^* \frac{\partial u}{\partial x_\nu} \quad , \qquad \sum_{\nu=1}^{n} B_\nu^* \frac{\partial u}{\partial x_\nu} \tag{14}$$

possèdent des différentielles totales en P_0 et l'on a dans ce point

$$X\left[\sum_{\nu=1}^{n} B_\nu^* \frac{\partial u}{\partial x_\nu} \right] = \sum_{\mu=1}^{n} A_\mu^0 \frac{\partial}{\partial x_\mu} \sum_{\nu=1}^{n} B_\nu^* \frac{\partial u}{\partial x_\nu} =$$

$$= \sum_{\mu=1}^{n} A_\mu^0 \sum_{\nu=1}^{n} \frac{\partial u}{\partial x_\nu} \frac{\partial B_\nu^*}{\partial x_\mu} = \sum_{\nu=1}^{n} \left[\sum_{\mu=1}^{n} A_\mu^0 \frac{\partial B_\nu}{\partial x_\mu} \right] \frac{\partial u}{\partial x_\nu} = \sum_{\nu=1}^{n} X(B_\nu) \frac{\partial u}{\partial x_\nu} \cdot$$

De même, on a en P_0

$$Y\left(\sum_{\nu=1}^{n} A_\nu^* \frac{\partial u}{\partial x_\nu} \right) = \sum_{\nu=1}^{n} Y(A_\nu) \frac{\partial u}{\partial x_\nu} \cdot$$

Donc, on obtient, en retranchant et en utilisant (12), en P_0

$$X\left(\sum_{\nu=1}^{n} B_\nu^* \frac{\partial u}{\partial x_\nu} \right) - Y\left(\sum_{\nu=1}^{n} A_\nu^* \frac{\partial u}{\partial x_\nu} \right) = \sum_{\nu=1}^{n} C_\nu \frac{\partial u}{\partial x_\nu} \cdot \tag{15}$$

De l'autre côté, puisque les expressions (10) et (14) possèdent en P_0 des différentielles totales, il en est de même, d'après (13), des expressions

$$\sum_{\nu=1}^{n} A_\nu^0 \frac{\partial u}{\partial x_\nu} \quad , \qquad \sum_{\nu=1}^{n} B_\nu^0 \frac{\partial u}{\partial x_\nu} \cdot \tag{16}$$

Il suffit maintenant de démontrer que l'on ait, en P_0, la relation

$$\sum_{\nu=1}^{n} A_\nu^0 \frac{\partial}{\partial x_\nu} \sum_{\mu=1}^{n} B_\mu^0 \frac{\partial u}{\partial x_\mu} - \sum_{\nu=1}^{n} B_\nu^0 \frac{\partial}{\partial x_\nu} \sum_{\mu=1}^{n} A_\mu^0 \frac{\partial u}{\partial x_\mu} = 0 \ , \tag{17}$$

pour en déduire, en y ajoutant (15), la relation (11).

5. Or, si les deux systèmes A_ν^0, B_ν^0 sont proportionnels, (17) est évident. Si ces deux systèmes ne sont pas proportionnels, posons pour $\nu = 1, \ldots, n$:

$$x_\nu = A_\nu^0 y_1 + B_\nu^0 y_2 + \sum_{\mu=3}^{n} a_{\nu\mu} y_\mu \ , \tag{18}$$

en choisissant les constantes $a_{\nu\mu}$ de façon que la transformation (18) soit une homographie non-singulière.

220

On obtient alors par la relation (6) du lemme a) du numéro 2, en désignant par v la transformée de u :

$$\frac{\partial v}{\partial y_1} = \sum_{\nu=1}^{n} A_\nu^0 \frac{\partial u}{\partial x_\nu} \quad , \quad \frac{\partial v}{\partial y_2} = \sum_{\nu=1}^{n} B_\nu^0 \frac{\partial u}{\partial x_\nu} \quad ,$$

et ces deux expressions possèdent avec les expressions (16) des différentielles totales en P_0. On a donc en P_0, en appliquant (6) à $\frac{\partial v}{\partial y_2}$ et à $\frac{\partial v}{\partial y_1}$

$$\sum_{\nu=1}^{n} A_\nu^0 \frac{\partial}{\partial x_\nu} \left(\frac{\partial v}{\partial y_2} \right) = \frac{\partial}{\partial y_1} \left(\frac{\partial v}{\partial y_2} \right) \quad , \quad \sum_{\nu=1}^{n} B_\nu^0 \frac{\partial}{\partial x_\nu} \left(\frac{\partial v}{\partial y_1} \right) = \frac{\partial}{\partial y_2} \left(\frac{\partial v}{\partial y_1} \right) ,$$

et la relation (17) devient

$$\frac{\partial}{\partial y_1} \left(\frac{\partial v}{\partial y_2} \right) = \frac{\partial}{\partial y_2} \left(\frac{\partial v}{\partial y_1} \right) \tag{19}$$

et résulte immédiatement du lemme c) du numéro 2, [5]   C. Q. F. D.

---

[5] Pendant la revision des épreuves j'apprends que M. *Gillis*, Bull. Soc. R. Sc. Liège, Déc. 1940, pp. 197—212, a trouvé indépendamment le théorème de M. *Schmidt*. La démonstration de M. *Gillis* repose sur les mêmes principes que celle de M. *Schmidt*.

(Reçu le 28 juillet 1942.)

Note sur l'interversion
des dérivations et les différentielles totales

Par Alexandre Ostrowski, Bâle

1. On connaît deux systèmes de conditions essentiellement différents assurant l'interversibilité des dérivations:

$$\frac{\partial}{\partial x_1}\,\frac{\partial y}{\partial x_2} = \frac{\partial}{\partial x_2}\,\frac{\partial y}{\partial x_1}\;. \tag{1}$$

Le premier, dû à *Schwarz*, suppose que l'une des dérivées mixtes existe dans tout un voisinage du point P_0 considéré [1]. Le second, dû à M. *W. H. Young*, ne fait d'hypothèses sur les dérivées mixtes qu'au point P_0 même, mais suppose en revanche l'existence des dérivées secondes $y''_{x_1 x_1}$ et $y''_{x_2 x_2}$ qui n'ont rien à faire avec le problème [2].

Dans ce qui suit nous donnons un troisième système de conditions qui ne porte que sur les dérivées mixtes au point P_0.

Nous introduisons à cet effet la notion d'une *dérivée uniforme dans un point*, une notion qui permet aussi de pousser l'analyse de la notion d'une différentielle totale plus loin qu'il n'était possible auparavant.

2. Rappelons d'abord la notion de la différentielle totale [3]. On dit que la fonction $f(x_1,\ldots,x_n)$ possède une *différentielle totale au point* $P_0(a_1,\ldots,a_n)$, si l'on a

$$f(x_1,\ldots,x_n) = f(a_1,\ldots,a_n) + \sum_{\nu=1}^{n}\alpha_\nu(x_\nu-a_\nu) + o(r)\,,\quad r = \sum_{\nu=1}^{n}|x_\nu-a_\nu| \to 0, \tag{2}$$

où les constantes α_ν sont les dérivées partielles f'_{x_ν} de f en P_0.

De l'autre côté nous dirons que $f(x_1,\ldots,x_n)$ est *dérivable* par rapport à x_1 *uniformément* en $P_0(a_1,\ldots,a_n)$, si l'expression

$$\frac{f(x_1,x_2,\ldots,x_n) - f(a_1,x_2,\ldots,x_n)}{x_1-a_1} \tag{3}$$

tend vers une limite déterminée $f'_{x_1}(a_1,\ldots,a_n)$ avec

---

[1] Cf. par exemple: *De la Vallée Poussin*, Cours d'Analyse Infinitésimale, t. 1, 3ème éd. (1914), pp. 146—147. — *I. W. Hobson*, The Theory of Functions of a Real Variable and the Theory of Fourier Series, vol. 1, 3rd ed. (1927), pp. 425—426. — *O. Haupt* und *G. Aumann*, Differential- und Integralrechnung, Bd. 2 (1938), pp. 125—126.

[2] Cf. par exemple: *De la Vallée Poussin*, l. c., pp. 145—146. — *I. W. Hobson*, l. c., pp. 427—428. — *Haupt* und *Aumann*, l. c., pp. 125—126.

[3] Cf. par exemple: *De la Vallée Poussin*, l. c., pp. 140—141. — *I. W. Hobson*, l. c., pp. 419—421. — *Haupt* und *Aumann*, l. c., pp. 111—121.

222

$$x_1 - a_1 \to 0 \, , \quad |x_\nu - a_\nu| \leqq |x_1 - a_1| \, , \quad \nu = 2, \ldots, n \, . \tag{4}$$

En permutant les variables, on obtient la définition de la dérivabilité par rapport à x_ν, uniforme en P_0.

3. *Théorème I. Pour que $f(x_1, \ldots, x_n)$ possède une différentie totalelle en $P_0(a_1, \ldots, a_n)$, il est nécessaire et suffisant que f soit dérivable par rapport à chaque x_ν, uniformément en P_0.*

Démonstration : Supposons que $f(x_1, \ldots, x_n)$ possède une différentielle totale en P_0, alors on tire de (2) dans les hypothèses (4):

$$f(x_1, x_2, \ldots, x_n) - f(a_1, x_2, \ldots, x_n) = \alpha_1(x_1 - a_1) + o(x_1 - a_1) \, .$$

Donc l'expression (3) tend vers α_1 dans les hypothèses (4). Et, en permutant les variables, on obtient, uniformément en P_0, la dérivée par rapport à chacune des variables x_ν [4]).

Supposons inversement que $f(x_1, \ldots, x_n)$ soit dérivable par rapport à chacune des variables x_ν, uniformément en P_0. Si les $x_\nu - a_\nu$ tendent vers 0, il y a $n!$ cas à considérer, suivant les grandeurs relatives des $|x_\nu - a_\nu|$. Supposons par exemple que l'on ait

$$|x_1 - a_1| \geqq |x_2 - a_2| \geqq \cdots \geqq |x_n - a_n| \, . \tag{5}$$

Alors on a pour $|x_1 - a_1| \to 0$, en posant, pour fixer les idées, $n = 3$, par l'hypothèse:

$$f(x_1, x_2, x_3) - f(a_1, x_2, x_3) = \alpha_1(x_1 - a_1) + \varepsilon_1(x_1 - a_1) \, ,$$
$$f(a_1, x_2, x_3) - f(a_1, a_2, x_3) = \alpha_2(x_2 - a_2) + \varepsilon_2(x_2 - a_2) \, ,$$
$$f(a_1, a_2, x_3) - f(a_1, a_2, a_3) = \alpha_3(x_3 - a_3) + \varepsilon_3(x_3 - a_3) \, ,$$

où les constantes α_ν sont les dérivées correspondantes de f, en P_0 et où les ε_ν tendent vers 0 avec $|x_1 - a_1|$. Donc, en ajoutant:

$$f(x_1, x_2, x_3) - f(a_1, a_2, a_3) = \sum_{\nu=1}^{3} \alpha_\nu(x_\nu - a_\nu) + \sum_{\nu=1}^{3} \varepsilon_\nu(x_\nu - a_\nu) \, , \tag{6}$$

où le dernier membre est évidemment $o(r)$ avec $r \to 0$.

Dans les $n! - 1$ autres cas on obtient, en permutant les variables, la même relation (6), et le théorème est démontré.

---

[4]) Comme on voit, dans le cas d'une différentielle totale l'expression (3) tend vers $f'_{x_1}(a_1, \ldots, a_n)$ avec $x_1 \to a_1$, même si les $x_2, \ldots, x_2$ sont restreintes au domaine
$$|x_\mu - a_\mu| \leqq C |x_1 - a_1| \, , \quad \mu = 2, \ldots, n$$
pour un C arbitraire, mais fixe.

223

4. Théorème II. *Si* $f(x_1, x_2)$ *possède dans le voisinage de* $P_0(a_1, a_2)$ *les dérivées partielles* f'_{x_1}, f'_{x_2}, *et si les deux dérivées partielles* $\dfrac{\partial f'_{x_1}}{dx_2}$, $\dfrac{\partial f'_{x_2}}{dx_1}$ *existent uniformément en* P_0, *on a en* P_0

$$\frac{\partial f'_{x_1}}{\partial x_2} = \frac{\partial f'_{x_2}}{\partial x_1} \ . \tag{7}$$

Démonstration. Considérons l'expression

$$\Delta = f(a_1 + h, a_2 + k) - f(a_1 + h, a_2) - f(a_1, a_2 + k) + f(a_1, a_2) \ .$$

Appliquons à la fonction de x_1 : $f(x_1, a_2 + k) - f(x_1, a_2)$, le théorème des accroissements finis, on obtient

$$(f(a_1 + h, a_2 + k) - f(a_1 + h, a_2)) - (f(a_1, a_2 + k) - f(a_1, a_2)) =$$
$$= h[f'_{x_1}(a_1 + \vartheta_1 h, a_2 + k) - f'_{x_1}(a_1 + \vartheta_1 h, a_2)], \quad 0 \leqq \vartheta_1 \leqq 1 \ .$$

Donc, en posant $h = k$:

$$\frac{\Delta}{h^2} = \frac{f'_{x_1}(a_1 + \vartheta_1 h, a_2 + h) - f'_{x_1}(a_1 + \vartheta_1 h, a_2)}{h} \ . \tag{8}$$

Mais, puisque $\dfrac{\partial}{\partial x_2}(f'_{x_1})$ existe, uniformément en P_0, il résulte de (8) :

$$\lim_{h \to 0} \frac{\Delta}{h^2} = \frac{\partial}{\partial x_2}(f'_{x_1}) \ . \tag{9}$$

Or, l'expression Δ est formée symétriquement par rapport à x_1 et x_2, on a donc aussi au point P_0

$$\lim_{h \to 0} \frac{\Delta}{h^2} = \frac{\partial}{\partial x_1}(f'_{x_2}) \ ,$$

et le théorème II est démontré.

5. On pourrait se demander, si le théorème II reste en vigueur, quand on définit la dérivabilité uniforme en P_0, en exigeant seulement que l'expression (3) tend vers une limite déterminée pour

$$x_1 - a_1 \to 0 \ , \quad |x_\nu - a_\nu| \leqq (1 - \varepsilon)|x_1 - a_1| \ , \quad \nu = 2, \ldots, n \ , \tag{10}$$

avec un ε fixe et positif.

Or, l'exemple suivant montre, que le théorème II cesse alors d'être valable :

Soit $\qquad h = (x^2 + y^2)^{-1} \ , \quad h'_x = -2xh^2 \ ,$

$$f(x, y) = xy \frac{|x|^h - |y|^h}{|x|^h + |y|^h} , \ (x^2 + y^2 > 0), \ f(0,0) = 0 \ . \tag{11}$$

224

On a, en dérivant [5]) par rapport à x :

$$f'_x(x,y) = y \frac{|x|^h - |y|^h}{|x|^h + |y|^h} + 2hy \frac{|x|^h \, |y|^h}{(\,|x|^h + |y|^h)^2} \left(1 - 2x^2 h \lg \left| \frac{x}{y} \right| \right) , \quad (12)$$

autant que $x^2 + y^2 > 0$. Pour $x = y = 0$, on a évidemment $f'_x(0,0) = 0$.

L'expression (12) *est continue.* Pour $|x| > 0, |y| > 0$ c'est évident. Si $x \to 0, |y| > 0$, le premier membre tend vers $-y$ et les deux derniers termes tendent vers 0 . Si $y \to 0, |x| > 0$, tous les termes tendent vers 0 . Enfin, pour $x \to 0$, $y \to 0$ l'expression (12) tend vers 0 .

Or, je dis que la dérivée $\dfrac{\partial}{\partial y} \dfrac{\partial f}{\partial x}$ existe à l'origine et est $= -1$, et qu'en plus, l'expression

$$\frac{f'_x(x,y) - f'_x(x,0)}{y} \quad (13)$$

tend vers -1, si pour un ε fixe positif

$$y \to 0, \quad |x| < (1 - \varepsilon)|y| . \quad (14)$$

En effet, $f'_x(x,0)$ s'annule. On a donc à considérer la limite, sous les conditions (14), de l'expression suivante, où l'on a posé $z = \left| \dfrac{x}{y} \right|$:

$$\frac{z^h - 1}{z^h + 1} + h \frac{z^h}{(z^h + 1)^2} \left(2 - 4 \frac{z^2}{z^2 + 1} \lg z \right) . \quad (15)$$

Or, h tendant vers ∞, le premier membre de (15) tend vers -1 sous l'hypothèse (14). Le facteur devant la parenthèse du second membre de (15) est majoré par

$$h(1 - \varepsilon)^h$$

et tend par conséquent vers 0 pour (14).

Enfin, l'expression entre parenthèse du second membre de (15) est, pour $0 \leqq z < 1$, positive et bornée, $< 2 + 2e^{-1}$. Donc, on a en effet

$$\left(\frac{\partial}{\partial y} f'_x(x,y)\right)_{x=y=0} = -1 .$$

Mais alors, puisque $f(y,x) = -f(x,y)$, la dérivée $\dfrac{\partial}{\partial x} \dfrac{\partial f}{\partial y}$ existe, elle aussi, à l'origine, dans les conditions analogues, et est égal à $+1$, de sorte que l'interversion des dérivations n'est plus permise.

---

[5]) On dérive une puissance $|x|^a$, en l'écrivant dans la forme $(x^2)^{\frac{a}{2}}$.

225

Sur les conditions de validité
d'une classe de relations entre les expressions
différentielles linéaires

§ 1. Introduction

1. Il s'agit dans ce mémoire d'une classe de relations auxquelles conduit surtout la formation des ,,conditions d'intégrabilité`` dans la théorie des équations différentielles aux dérivées partielles.

Si l'on pose par exemple

$$X(z) = \sum_{\nu=1}^{n} A_\nu \, \frac{\partial z}{\partial x_\nu} \, , \quad Y(z) = \sum_{\nu=1}^{n} B_\nu \, \frac{\partial z}{\partial x_\nu} \, , \tag{1}$$

on a

$$X(Y(z)) - Y(X(z)) = Z(z) \equiv \sum_{\nu=1}^{n} (X(B_\nu) - Y(A_\nu)) \, \frac{\partial z}{\partial x_\nu} \, , \tag{2}$$

où, comme on voit, les dérivées secondes se détruisent. Pour que ceci soit possible, il paraît au premier abord indispensable que ces dérivées secondes existent. Or, on sait depuis quelques années[1]) que la relation (2) subsiste, même si z ne possède que les dérivées continues du premier ordre, pourvu que les expressions (1) soient douées, elles aussi, des dérivées continues du premier ordre.

Les questions analogues se présentent dans beaucoup d'autres cas, et nous allons traiter, dans ce qui suit, une classe très étendue de relations de cette sorte.

---

[1]) Cf. *E. Schmidt*, Bemerkungen zum Fundamentalsatz der Theorie der Systeme linearer partieller Differentialgleichungen erster Ordnung. Wiener Monatshefte für Mathematik und Physik, Bd. 48 (1940), pp. 426—432. — *O. Perron*, Das Verschwinden der Klammersymbole in der Theorie der linearen partiellen Differentialgleichungssysteme. Math. Annalen, Bd. 117 (1940/41), pp. 687—693. — *P. Gillis*, Bull. Soc. R. Sc. Liège (1940), pp. 197—212. — *A. Ostrowski*, Sur un théorème fondamental de la théorie des équations linéaires aux dérivées partielles. Com. Math. Helv., vol. 15 (1943), pp. 217—221.

265

2. Nous considérons une relation de la forme

$$\sum_{\kappa=1}^{k} \sum_{\nu=1}^{n} Q_{\kappa\nu} \frac{\partial}{\partial x_\nu} \sum_{\lambda=1}^{l} \sum_{\mu=1}^{n} A_{\nu\mu}^{(\lambda\kappa)} \frac{\partial z_\lambda}{\partial x_\mu} = \sum_{\kappa=1}^{k} \sum_{\nu=1}^{n} \sum_{\lambda=1}^{l} \sum_{\mu=1}^{n} Q_{\kappa\nu} \frac{\partial A_{\nu\mu}^{(\lambda\kappa)}}{\partial x_\nu} \frac{\partial z_\lambda}{\partial x_\mu} . \tag{3}$$

Pour que cette relation soit possible, c'est-à-dire pour que les dérivées secondes, si elles existent, s'y détruisent, il est nécessaire qu'on ait

$$\sum_{\kappa=1}^{k} Q_{\kappa\nu} A_{\nu\mu}^{(\lambda\kappa)} = - \sum_{\kappa=1}^{k} Q_{\kappa\mu} A_{\mu\nu}^{(\lambda\kappa)} ; \quad \mu , \nu = 1 , \ldots, n ; \quad \lambda = 1 , \ldots, l . \tag{4}$$

De l'autre côté, on peut former l'expression de gauche en (3) dès que les expressions

$$\sum_{\lambda=1}^{l} \sum_{\mu=1}^{n} A_{\nu\mu}^{(\lambda\kappa)} \frac{\partial z_\lambda}{\partial x_\mu} , \quad \nu = 1 , \ldots, n , \quad \kappa = 1 , \ldots, k , \tag{5}$$

sont dérivables par rapport aux variables x_ν correspondantes.

De même, on peut former les expressions de droite en (3), dès que les $A_{\nu\mu}^{(\lambda\kappa)}$ sont dérivables.

Toutefois il est clair que ces conditions de dérivabilité ne suffisent pas, à elles seules, pour assurer la validité de (3). En effet, la relation (3) comprend comme un cas spécial la relation

$$\frac{\partial}{\partial x_2}\left(\frac{\partial z}{\partial x_1} \right) - \frac{\partial}{\partial x_1}\left(\frac{\partial z}{\partial x_2} \right) = 0 , \tag{6}$$

et l'on sait que l'existence des dérivées qui y figurent n'est pas encore suffisante pour que (6) soit exacte.

3. Si l'on veut se borner aux conditions pour la validité de (6) dans lesquelles l'existence des dérivées secondes n'est supposée que dans le point considéré et pas dans un voisinage de ce point, on connaît deux systèmes de conditions, assurant la validité de (6) dans un point P_0.

Le premier de ces systèmes, dû à M. *W. H. Young*[2]), exige que les dérivées $\dfrac{\partial z}{\partial x_1}$ et $\dfrac{\partial z}{\partial x_2}$ existent au voisinage de P_0 et possèdent au point P_0 des *différentielles totales*.

---

[2]) Cf. par exemple: *De la Vallée Poussin*, Cours d'Analyse infinitésimale, t. 1, 3me éd. (1914), pp. 140—146. — *E. W. Hobson*, The Theory of Functions of a Real Variable and the Theory of Fourier Series, vol. 1, 3rd ed. (1927), p. 427. — *O. Haupt* und *G. Aumann*, Differential- und Integralrechnung, Bd. 2 (1938), pp. 111—125.

266

Rappelons qu'on dit qu'*une fonction* $f(x_1, \ldots, x_n)$ *possède une diffé-rentielle totale au point* $P_0(a_1, \ldots, a_n)$, *si l'on a*

$$f(x_1, \ldots, x_n) = f(a_1, \ldots, a_n) + \sum_{\nu=1}^{n} \alpha_\nu (x_\nu - a_\nu) + o(r) , \tag{7}$$

$$r = \sum_{\nu=1}^{n} |x_\nu - a_\nu| \to 0 ,$$

où les constantes α_ν sont les dérivées partielles f'_{x_ν} de f en P_0.

4. Dans une communication parue récemment dans ce recueil[3]), nous avons introduit un autre système de conditions pour la validité de (6), utilisant la notion d'une *dérivée uniforme dans un point*.

Nous disons que f soit *dérivable par rapport à* x_1, *uniformément en* $P_0(a_1, \ldots, a_n)$, si l'expression

$$\frac{f(x_1, x_2, \ldots, x_n) - f(a_1, x_2, \ldots, x_n)}{x_1 - a_1} \tag{8}$$

tend vers une limite déterminée $f'_{x_1}(a_1, \ldots, a_n)$ avec

$$(x_1 - a_1) \to 0 , \ |x_\nu - a_\nu| \leq |x_1 - a_1| , \ \nu = 2, \ldots, n ; \tag{9}$$

et l'on obtient la définition de la dérivabilité par rapport à x_ν, uniformément en P_0, en permutant x_1 et x_ν.

En employant cette notion, nous avons démontré la relation (6) en P_0 sous les conditions que $\dfrac{\partial z}{\partial x_1}$ et $\dfrac{\partial z}{\partial x_2}$ existent au voisinage de P_0 et sont dérivables en P_0, la première par rapport à x_2 et la seconde par rapport à x_1, toutes les deux uniformément en P_0.

Ce résultat contient le théorème de M. *Young*. Ceci résulte du fait, démontré dans la note citée que *la condition nécessaire et suffisante pour que f possède une différentielle totale en* $P_0(a_1, \ldots, a_n)$ *est que f soit déri-vable par rapport à chacune des variables* $x_1, \ldots, x_n$, *uniformément en* P_0.

Rappelons enfin que nous avons montré dans la note citée sur un exemple que la relation (6) n'est plus assurée, si l'on définit la dériva-bilité uniforme en exigeant seulement que l'expression (8) tend vers f'_{x_1} pour

$$(x_1 - a_1) \to 0, \ |x_\nu - a_\nu| \leq |x_1 - a_1| (1 - \varepsilon), \ \nu = 2, \ldots, n, \tag{10}$$

pour un ε fixe et positif.

---

[3]) *A. Ostrowski*, Note sur l'interversion des dérivations et les différen-tielles totales. Com. Math. Helv., vol. 15 (1943), pp. 222—226.

267

5. En utilisant ces notions, on peut énoncer notre résultat principal comme il suit:

Théorème I. Soient $A_{\nu\mu}^{(\lambda\kappa)}$; $\nu, \mu = 1, \ldots, n$; $\lambda = 1, \ldots, l$; $\kappa = 1, \ldots, k$, lkn^2 fonctions définies au voisinage d'un point $P_0(a_1, \ldots, a_n)$, continues en P_0 et douées au point P_0 des différentielles totales.

Soient $Q_{\kappa\nu}$; $\kappa = 1, \ldots, k$; $\nu = 1, \ldots, n$, nk fonctions des $x_1, \ldots, x_n$, finies en P_0 et telles que les relations (4) soient satisfaites en P_0.

Alors la relation (3) a lieu en P_0, si les z_λ sont des fonctions des $x_1, \ldots, x_n$, continues et possédant des dérivées partielles du premier ordre au voisinage de P_0 et telles que leurs dérivées partielles du premier ordre soient continues en P_0 et, pour chaque ν, $\nu = 1, \ldots, n$, les expressions (5) correspondant à l'indice ν soient dérivables par rapport à x_ν, uniformément en P_0.

Un exemple d'une relation du type (3) est la relation suivante:

$$\frac{\partial}{\partial x} \sum_{\nu=1}^{n} u_\nu \frac{\partial v_\nu}{\partial y} - \frac{\partial}{\partial y} \sum_{\nu=1}^{n} u_\nu \frac{\partial v_\nu}{\partial x} = \sum_{\nu=1}^{n} \left(\frac{\partial u_\nu}{\partial x} \frac{\partial v_\nu}{\partial y} - \frac{\partial v_\nu}{\partial x} \frac{\partial u_\nu}{\partial y} \right) \quad (11)$$

qui joue un rôle fondamental dans la théorie des transformations de contact [4]).

6. Dans la démonstration du théorème I on peut évidemment supposer que les $Q_{\kappa\nu}$ soient des constantes. Dans le cas où les fonctions $A_{\nu\mu}^{(\lambda\kappa)}$ sont des constantes, elles aussi, les relations (4) se réduisent aux relations

$$\alpha_{\nu\mu}^{(\lambda)} = -\alpha_{\mu\nu}^{(\lambda)} \; ; \; \nu, \mu = 1, \ldots, n \; ; \; \lambda = 1, \ldots, l \; , \quad (12)$$

en posant

$$\alpha_{\nu\mu}^{(\lambda)} = \sum_{\kappa=1}^{k} Q_{\kappa\nu} A_{\nu\mu}^{(\lambda\kappa)} \; , \quad (13)$$

tandis que (3) devient

$$\sum_{\nu=1}^{n} \frac{\partial}{\partial x_\nu} \sum_{\lambda=1}^{l} \sum_{\mu=1}^{n} \alpha_{\nu\mu}^{(\lambda)} \frac{\partial z_\lambda}{\partial x_\mu} = 0 \; . \quad (14)$$

Dans notre démonstration le cas général sera réduit au cas spécial où les $A_{\nu\mu}^{(\lambda\kappa)}$ sont des constantes, c'est-à-dire, d'après ce que nous venons de dire, au

Théorème II. Soient $\alpha_{\nu\mu}^{(\lambda)}$; $\nu, \mu = 1, \ldots, n$; $\lambda = 1, \ldots, l$, l systèmes de constantes, d'ordre n, alternés, c'est-à-dire satisfaisant à (12).

---

[4]) C'est la discussion de la relation (11) qui a été le point de départ de nos recherches, commencées lors de 1936, encore avant la publication de la note citée de M. *Schmidt*.

268

Soient z_λ des fonctions des $x_1, \ldots, x_n$, continues et possédant des dérivées du premier ordre au voisinage d'un point P_0 et telles que leurs dérivées partielles du premier ordre soient continues en P_0 et les n expressions

$$s_\nu \equiv \sum_{\lambda=1}^{l} \sum_{\mu=1}^{n} \alpha_{\nu\mu}^{(\lambda)} \frac{\partial z_\lambda}{\partial x_\mu} , \quad \nu = 1, \ldots, n , \qquad (15)$$

soient dérivables, chaque s_ν par rapport à x_ν, uniformément en P_0. Alors on a la relation (14) au point P_0.

7. Notre démonstration du théorème II utilise l'approximation de fonctions continues par les intégrales singulières

$$A_\beta(f) = \int_E f \, K_\beta \, d\tau$$

pour $\beta \to \infty$. On peut former les noyaux K_β de telles intégrales singulières pour l'espace à n dimensions, en formant les produits de noyaux des intégrales singulières à une variable. Toutefois la difficulté dans notre cas consiste surtout en le choix de l'intégrale singulière de sorte qu'une dérivée partielle de $A_\beta(f)$ tende vers la dérivée correspondante de f, là où cette dérivée existe :

$$\lim_{\beta \to \infty} \frac{\partial A_\beta(f)}{\partial x_\nu} = f'_{x_\nu} . \qquad (16)$$

Dans le cas d'une variable, la plupart des intégrales singulières qu'on emploie dans l'analyse possède la propriété analogue.

Il en est tout à fait différent dans le cas de plusieurs variables. Tout d'abord on voit facilement qu'on ne peut s'attendre que (16) soit valable sans conditions additionnelles puisqu'on en pourrait déduire par la méthode du § 5 la relation (6). On ne peut même pas déduire la relation (16), si la dérivée f'_{x_ν} est la limite de l'expression (8) dans les conditions (10).

De l'autre côté, il est en effet possible de trouver une intégrale singulière pour laquelle la relation (16) a lieu dès que f'_{x_ν} existe, uniformément au point considéré, au sens de notre définition du numéro 4.

Toutefois, les produits des noyaux d'intégrales singulières à une variable qu'on a considérées jusqu'aujourd'hui[5] paraissent de ne pas posséder cette propriété.

---

[5] Ce sont, d'après la classification de *H. Hahn*, Über die Darstellung gegebener Funktionen durch singuläre Integrale, Denkschriften der Wiener Akademie, Mathematisch-Naturwissenschaftliche Klasse, Bd. 93 (1917), pp. 585—692, les noyaux du type de *Stieltjes*, $C_\beta [\varphi(x - \xi)]^\beta$, du type de *Poisson*, $\dfrac{C_\beta}{1 + \beta \, \varphi(x - \xi)}$, et du type de *Weierstrass*, $C_\beta \, \varphi [\beta(x - \xi)]$. Cf. l. c., pp. 623—655.

269

C'est l'intégrale de la forme

$$A_\beta(f) = \Lambda_\beta \int\limits_E f(x_1, \ldots, x_n)\, e^{-\sum\limits_{\nu=1}^{n} [\beta(x_\nu - \xi_\nu)]^\beta}\, d\tau\, , \qquad (17)$$

dont nous nous servons dans la démonstration du théorème II. Les calculs, conduisant à la démonstration de la relation (16) pour l'intégrale (17) (théorème III au § 4), sont un peu longs sans être très difficiles. Il est donc d'intérêt de remarquer que, si l'on remplace dans les théorèmes I et II la condition de la dérivabilité uniforme des expressions (5) et (15) par la condition que ces expressions possèdent des différentielles totales au point considéré, on peut se servir d'une intégrale singulière plus simple, par exemple de celle de *Weierstrass*

$$\Lambda_\beta \int\limits_E f(x_1, \ldots, x_n)\, e^{-\beta^2 \sum\limits_{\nu=1}^{n} (x_\nu - \xi_\nu)^2}\, d\tau$$

pour laquelle la relation (16) est valable dès que f possède une différentielle totale au point considéré[6]).

8. Nous déduisons au § 2 le théorème I du théorème II. Au § 3 sont évaluées quelques intégrales dont nous nous servons au § 4 pour étudier les propriétés de l'intégrale (17). Dans cette étude nous sommes allés un peu plus loin qu'il n'était nécessaire pour notre but immédiat. Les lecteurs qui ne s'intéressent qu'aux théorèmes I et II pourraient se borner dans les démonstrations des lemmes V—VIII aux cas $q \leqq 1, p \leqq 1,$ $q_1 + \cdots + q_n \leqq 1, p_1 + \cdots + p_n \leqq 1$. De même, il suffit de définir la propriété Ω du numéro 19, en se rapportant aux dérivées partielles du premier ordre seulement, et on peut se dispenser des lemmes XV et XVIII.

D'ailleurs ces types ont déjà été considérés plus ou moins explicitement par *H. Lebesgue*, dans son mémoire classique: S u r l e s i n t é g r a l e s s i n g u l i è r e s, Annales de la faculté des sciences de l'Université de Toulouse (3), t. 1 (1909), pp. 25—117.

Il y a lieu de citer ici le mémoire de M. *Th. Radakovič*, Ü b e r d i e I n t e r p o l a t i o n v o n F u n k t i o n e n m e h r e r e r V e r ä n d e r l i c h e r, Sitzungsberichte der Wiener Akademie, Mathematisch-Naturwissenschaftliche Klasse, Abt. II a, Bd. 136 (1927), pp. 87—113, dans lequel la relation (16) est étudiée pour le cas d'une dérivée continue au voisinage du point considéré.

[6]) D'ailleurs, l'intégrale singulière de *Stieltjes-Landau-De la Vallée Poussin-Tonelli* possède, comme l'a montré M. *Aumann*, la même propriété. Cf. *O. Haupt* und *G. Aumann* l. c. Bd. 3, p. 164.

270

§ 2. Réduction du théorème I au théorème II

9. Nos considérations utilisent essentiellement le lemme[7]) suivant:

Lemme I. Si $f(x_1, \ldots, x_n)$ s'annule en $P_0(0, \ldots, 0)$ et y possède une différentielle totale, et si $g(x_1, \ldots, x_n)$ est une fonction continue en P_0, fg possède une différentielle totale en P_0, et l'on a

$$\left(\frac{\partial (fg)}{\partial x_\nu} \right)_{P_0} = g_0 \left(\frac{\partial f}{\partial x_\nu} \right)_{P_0} , \quad g_0 = g(0, \ldots, 0) . \tag{18}$$

En effet, en posant

$$g(x_1, \ldots, x_n) = g_0 + \delta(x_1, \ldots, x_n) ,$$

où $\delta(x_1, \ldots, x_n) \to 0$ avec $r = \sum_{\nu=1}^{n} |x_\nu|$, on obtient, en multipliant (7) par g et en y posant $a_1 = a_2 = \cdots = a_n = 0$:

$$fg = \sum_{\nu=1}^{n} g_0 \, \alpha_\nu \, x_\nu + o(r) .$$

Dans ce qui suit, nous désignerons généralement la valeur d'une fonction $D(x_1, \ldots, x_n)$ au point P_0 par le symbol $[D(x_1, \ldots, x_n)]_0$.

10. Posons

$$A_{\nu\mu}^{(\lambda\kappa)} = A_{\nu\mu}^{*(\lambda\kappa)} + [A_{\nu\mu}^{(\lambda\kappa)}]_0 \tag{19}$$

où les expressions $A_{\nu\mu}^{*(\lambda\kappa)}$ s'annulent en P_0 et y possèdent des différentielles totales. Il résulte donc du lemme I que les expressions

$$\sum_{\lambda=1}^{l} \sum_{\mu=1}^{n} A_{\nu\mu}^{*(\lambda\kappa)} \frac{\partial z_\lambda}{\partial x_\mu} \tag{20}$$

possèdent en P_0 des différentielles totales et qu'en particulier on a dans ce point

$$\frac{\partial}{\partial x_\nu} \sum_{\lambda=1}^{l} \sum_{\mu=1}^{n} A_{\nu\mu}^{*(\lambda\kappa)} \frac{\partial z_\lambda}{\partial x_\mu} = \sum_{\lambda=1}^{l} \sum_{\mu=1}^{n} \frac{\partial z_\lambda}{\partial x_\mu} \frac{\partial A_{\nu\mu}^{*(\lambda\kappa)}}{\partial x_\nu} , \tag{21}$$

la dérivabilité étant uniforme en P_0 .

Or, on a évidemment par (19)

$$\left[\frac{\partial A_{\nu\mu}^{*(\lambda\kappa)}}{\partial x_\nu} \right]_0 = \left[\frac{\partial A_{\nu\mu}^{(\lambda\kappa)}}{\partial x_\nu} \right]_0 .$$

---

[7]) Cf. notre communication, citée dans la note [1]).

271

Donc, on peut écrire (21)

$$\frac{\partial}{\partial x_\nu} \sum_{\lambda=1}^{l} \sum_{\mu=1}^{n} A_{\nu\mu}^{*(\lambda\kappa)} \frac{\partial z_\lambda}{\partial x_\mu} = \sum_{\lambda=1}^{l} \sum_{\mu=1}^{n} \frac{\partial z_\lambda}{\partial x_\mu} \frac{\partial A_{\nu\mu}^{(\lambda\kappa)}}{\partial x_\nu} \; .$$

En multipliant par $Q_{\kappa\nu}$ et en sommant par rapport à κ et ν, on obtient

$$\sum_{\kappa=1}^{k} \sum_{\nu=1}^{n} Q_{\kappa\nu} \frac{\partial}{\partial x_\nu} \sum_{\lambda=1}^{l} \sum_{\mu=1}^{n} A_{\nu\mu}^{*(\lambda\kappa)} \frac{\partial z_\lambda}{\partial x_\mu} = \sum_{\mu=1}^{n} \left[\sum_{\lambda=1}^{l} \sum_{\nu=1}^{n} \sum_{\kappa=1}^{k} Q_{\kappa\nu} \frac{\partial A_{\nu\mu}^{(\lambda\kappa)}}{\partial x_\nu} \right] \frac{\partial z_\lambda}{\partial x_\mu} \; . \; (22)$$

11. De l'autre côté, il résulte de (19)

$$\sum_{\lambda=1}^{l} \sum_{\mu=1}^{n} \left[A_{\nu\mu}^{(\lambda\kappa)} \right]_0 \frac{\partial z_\lambda}{\partial x_\mu} = \sum_{\lambda=1}^{l} \sum_{\mu=1}^{n} A_{\nu\mu}^{(\lambda\kappa)} \frac{\partial z_\lambda}{\partial x_\mu} - \sum_{\lambda=1}^{l} \sum_{\mu=1}^{n} A_{\nu\mu}^{*(\lambda\kappa)} \frac{\partial z_\lambda}{\partial x_\mu} \; ,$$

donc, puisque les deux expressions de droite sont dérivables par rapport à x_ν, uniformément en P_0 — la première par l'hypothèse du théorème, la seconde d'après la conclusion que nous avons tirée du lemme I — il en est de même de l'expression de gauche. C'est-à-dire, que si l'on remplace dans l'expression de gauche en (3) les coefficients $A_{\nu\mu}^{(\lambda\kappa)}$ par leurs valeurs en P_0, l'hypothèse de ce théorème, portant sur les expressions (5), reste valable. On a donc affaire au cas qui se réduit directement au théorème II. Il en résulte qu'au point P_0

$$\sum_{\kappa=1}^{k} \sum_{\nu=1}^{n} Q_{\kappa\nu} \frac{\partial}{\partial x_\nu} \sum_{\lambda=1}^{l} \sum_{\mu=1}^{n} \left[A_{\nu\mu}^{(\lambda\kappa)} \right]_0 \frac{\partial z_\lambda}{\partial x_\mu} = 0 \; . \qquad (23)$$

En ajoutant les équations (22) et (23) terme à terme, on obtient (3), et le théorème I est démontré.

§ 3. Evaluation de quelques intégrales

12. Dans ce qui suit, β sera un entier *pair* et positif tendant vers ∞, et les signes de limite se rapportent toujours à $\beta \to \infty$.

Lemme II. On a pour $m > 0$, $k > 0$

$$\int_0^\infty e^{-kx^m} dx = \frac{1}{\sqrt[m]{k}} \frac{1}{m} \Gamma\left(\frac{1}{m}\right) \; . \qquad (24)$$

272

En effet, en posant $x = \left(\dfrac{t}{k}\right)^{\frac{1}{m}}$, l'intégrale en (24) devient

$$\frac{1}{m \sqrt[m]{k}} \int_0^\infty e^{-t}\, t^{\frac{1}{m}-1}\, dt \ .$$

Lemme III. *On a*

$$\frac{1}{\beta}\, \Gamma\!\left(\frac{1}{\beta}\right) \to 1 \ . \tag{25}$$

Il suffit de poser $t = \dfrac{1}{\beta}$ dans la relation $z\,\Gamma(z) = \Gamma(z+1)$. Alors (25) résulte de $\Gamma(1) = 1$.

13. Posons

$$k_\beta(x) = e^{-\beta^\beta\, x^\beta} \ , \quad K_\beta(x_1,\ldots,x_n) = k_\beta(x_1)\ldots k_\beta(x_n) \ , \tag{26}$$

$$\lambda_\beta = \int_{-\infty}^\infty k_\beta(x)\, dx \ , \quad \Lambda_\beta = \lambda_\beta^{-n} \ .$$

Les fonctions k_β et K_β sont évidemment paires, β ne parcourant que la suite des entiers pairs.

Lemme IV. *On a*

$$\lambda_\beta = \frac{2}{\beta^2}\, \Gamma\!\left(\frac{1}{\beta}\right) \sim \frac{2}{\beta} \ , \quad \Lambda_\beta = \left[\frac{2}{\beta^2}\, \Gamma\!\left(\frac{1}{\beta}\right)\right]^{-n} \sim \frac{\beta^n}{2^n} \ . \tag{27}$$

En effet, on a pour l'intégrale en (26) par les lemmes II et III

$$\int_{-\infty}^{+\infty} e^{-\beta^\beta\, x^\beta}\, dx = \frac{1}{\beta}\int_{-\infty}^\infty e^{-x^\beta}\, dx = \frac{2}{\beta}\,\frac{1}{\beta}\,\Gamma\!\left(\frac{1}{\beta}\right) \sim \frac{2}{\beta} \ .$$

Nous désignerons l'espace des $x_1,\ldots,x_n$ par E et le produit des différentielles $dx_1 \cdots dx_n$ par $d\tau$, de sorte qu'une intégrale n-ple, étendue sur un domaine E' dans l'espace E, sera désignée par $\displaystyle\int_{E'} \cdots d\tau$.

On a par exemple en vertu des définitions (26)

$$\Lambda_\beta \int_E K_\beta\, d\tau = 1 \ .$$

273

14. *Lemme V. Pour un entier fixe $q \geqq 1$ on a*

$$\int_{-\infty}^{\infty} \left| \frac{d^q}{dx^q} \, k_\beta(x) \right| dx \leq C(q) \, \beta^{2q-2} \ . \tag{28}$$

En effet, en introduisant βx comme nouvelle variable d'intégration, (28) devient

$$2\beta^{q-1} \int_{0}^{\infty} \left| \frac{d^q}{dx^q} \, e^{-x^\beta} \right| dx \ . \tag{29}$$

Ici la dérivée sous le signe d'intégration est la somme d'un nombre fini de termes de la forme

$$c \, x^{a\beta} \, \frac{\beta - \alpha_1}{x} \cdots \frac{\beta - \alpha_q}{x} \, e^{-x^\beta} \tag{30}$$

où c est une constante, a un entier *positif* $\leqq q$, $\alpha_1, \ldots, \alpha_q$ des entiers non négatifs.

Donc l'expression (29) est majorée par

$$2\beta^{q-1} \sum_{a=1}^{q} \gamma_a \int_{0}^{\infty} \beta^q \, x^{a\beta-q} \, e^{-x^\beta} \, dx \tag{31}$$

avec des constantes positives γ_α qui ne dépendent que de q. Or, ici l'intégrale correspondant à une valeur quelconque de a est

$$= 2\beta^{q-1} \int_{0}^{\infty} t^{a - \frac{q}{\beta} + \frac{1}{\beta} - 1} \, e^{-t} \, dt \ .$$

Elle est donc $\sim 2\,\Gamma(a)\,\beta^{q-1}$, et (31) est majorée par $C(q)\beta^{2q-2}$. Le lemme V est démontré.

15. *Lemme VI. Soient ε un nombre fixe et positif, p, q deux entiers fixes non négatifs. Alors on a, à partir d'un β :*

$$\int_{\varepsilon}^{\infty} x^p \left| \frac{d^q}{dx^q} \, k_\beta(x) \right| dx < C_1(p, q) \, \beta^{2q} \, e^{-\frac{1}{2}(\varepsilon\beta)^\beta} \ . \tag{32}$$

En effet, pour $q \geqq 1$, en introduisant βx comme nouvelle variable d'intégration, l'intégrale de (32) devient

$$\beta^{q-p-1} \int\limits_{\varepsilon\beta}^{\infty} x^p \left| \frac{d^q}{dx^q} e^{-x^\beta} \right| dx \ ,$$

et ceci est majoré par une somme de la forme

$$\beta^{q-p-1} \sum_{a=1}^{q} \gamma_a \int\limits_{\varepsilon\beta}^{\infty} \beta^q \, x^{a\beta+p-q} \, e^{-x^\beta} \, dx$$

où les γ_a sont les mêmes constantes que dans la majorante (31) de (29).

Or, pour $\beta > \dfrac{1}{\varepsilon}$, $\beta > p$, ceci est majoré par

$$\beta^{2q-p-1} \, C_1 \int\limits_{\varepsilon\beta}^{\infty} x^{q\beta} \, x^{\beta-1} \, e^{-x^\beta} \, dx \ ,$$

où C_1 ne dépend que de q. Cette dernière expression devient, en introduisant x^β comme nouvelle variable d'intégration:

$$C_1 \, \beta^{2q-p-2} \int\limits_{(\beta\varepsilon)^\beta}^{\infty} x^q \, e^{-x} \, dx < C_1 \, \beta^{2q} \, e^{-\frac{1}{2}(\beta\varepsilon)^\beta} \int\limits_{0}^{\infty} x^q \, e^{-\frac{x}{2}} \, dx = C(q) \, \beta^{2q} \, e^{-\frac{1}{2}(\varepsilon\beta)^\beta} \ .$$

Et quant au cas $q = 0$, on a, en introduisant $t = (\beta x)^\beta$ comme nouvelle variable d'intégration, pour $\beta > \dfrac{2}{\varepsilon}$, $\beta > p+1$:

$$\int\limits_{\varepsilon}^{\infty} x^p \, e^{-(\beta x)^\beta} \, dx = \frac{1}{\beta^{p+2}} \int\limits_{(\varepsilon\beta)^\beta}^{\infty} t^{\frac{p+1}{\beta}-1} \, e^{-t} \, dt <$$

$$< \frac{1}{\beta^{p+2}} \, e^{-\frac{1}{2}(\varepsilon\beta)^\beta} \int\limits_{2}^{\infty} t^{\frac{p+1}{\beta}-1} \, e^{-\frac{t}{2}} \, dt < 2 \, e^{-\frac{1}{2}(\varepsilon\beta)^\beta} \ ,$$

et le lemme VI est démontré.

16. *Lemme VII. Soient ε un nombre positif fixe, $p_1, \ldots, p_n$; $q_1, \ldots, q_n$ des entiers non négatifs. Alors on a*

$$\Lambda_\beta \int\limits_{\varepsilon}^{\infty} \cdots \int\limits_{\varepsilon}^{\infty} x_1^{p_1} \ldots x_n^{p_n} \left| \frac{\partial^{q_1 + \cdots + q_n}}{\partial x_1^{q_1} \ldots \partial x_n^{q_n}} K_\beta(x_1, \ldots, x_n) \right| d\tau \to 0 \ . \tag{33}$$

En effet, l'expression de gauche en (33) est

$$\prod_{\nu=1}^{n} \frac{1}{\lambda_\beta} \int\limits_{\varepsilon}^{\infty} x^{p_\nu} \left| \frac{d^{q_\nu}}{dx^{q_\nu}} k_\beta(x) \right| dx \; ,$$

et, par le lemme VI, chacun des facteurs de ce produit tend vers 0 avec $\beta \to \infty$.

Lemme VIII. Soit $\delta > 0$, $q_1, \ldots, q_n$ des entiers fixes non négatifs. Alors l'expression

$$\Lambda_\beta \int\limits_{-\infty}^{\infty} \cdots \int\limits_{-\infty}^{\infty} \left| \frac{\partial^{q_1 + \cdots + q_n}}{\partial x_1^{q_1} \ldots \partial x_n^{q_n}} K_\beta(\xi, x_2, \ldots, x_n) \right| dx_2 \ldots dx_n \qquad (34)$$

converge vers 0 uniformément pour $|\xi| \geqq \delta$.

En effet, l'expression (34) peut être écrite dans la forme

$$\frac{1}{\lambda_\beta} \left| \frac{d^{q_1} k_\beta(\xi)}{d\xi^{q_1}} \right| \prod_{\nu=2}^{n} \frac{1}{\lambda_\beta} \int\limits_{-\infty}^{\infty} \left| \frac{d^{q_\nu} k_\beta(x)}{dx^{q_\nu}} \right| dx \qquad (35)$$

et ceci est par les lemmes IV et V

$$\leqq C \, \beta^{1 + 2q_2 + \cdots + 2q_n} \left| \frac{d^{q_1}}{d\xi^{q_1}} e^{-(\beta\xi)^\beta} \right| = C \, \beta^{1 + q_1 + 2q_2 + \cdots + 2q_n} \left| \frac{d^{q_1} e^{-x^\beta}}{dx^{q_1}} \right|_{x=\beta\xi} .$$

Or, ici la dérivée consiste en un nombre fini de termes de la forme (30), il est donc clair que (35) converge vers 0 avec $\beta \to \infty$, uniformément pour $|\xi| \geqq \delta$.

Remarque. Il est évident que le lemme VIII reste en vigueur, si l'on permute en (34) x_1 avec x_ν, c'est-à-dire si les variables d'intégration sont $x_1, \ldots, x_{\nu-1}, x_{\nu+1}, \ldots, x_n$ et $x_\nu = \xi, |\xi| \geqq \delta$.

17. Lemme IX. On a

$$\frac{1}{\lambda_\beta} \int\limits_{-\infty}^{\infty} \left| x \frac{dk_\beta(x)}{dx} \right| dx \to 1 \; . \qquad (36)$$

En effet, l'expression de gauche en (36) devient, en introduisant $(\beta x)^\beta = t$ comme nouvelle variable d'intégration, par le lemme IV.

$$\frac{2}{\lambda_\beta} \int\limits_{0}^{\infty} x^\beta \, \beta^{\beta+1} \, e^{-(\beta x)^\beta} \, dx = \frac{2}{\beta\lambda_\beta} \int\limits_{0}^{\infty} t^{\frac{1}{\beta}} \, e^{-t} \, dt = \frac{2\Gamma\left(\frac{1}{\beta} + 1\right)}{\beta\lambda_\beta} \to 1 \; .$$

276

Lemme X. On a

$$\frac{1}{\lambda_\beta^2} \int\limits_0^\infty k_\beta(y) \int\limits_0^y \left| \frac{dk_\beta(x)}{dx} \right| dx \; dy \to \frac{1}{4} \, lg \, 2 \; . \tag{37}$$

En effet, l'expression de gauche en (37) devient, en introduisant $(\beta x)^\beta = t$ comme nouvelle variable d'intégration,

$$\frac{1}{\lambda_\beta^2} \int\limits_0^\infty e^{-\beta^\beta \, v^\beta} \int\limits_0^y \beta^{\beta+1} \, x^{\beta-1} \, e^{-\beta^\beta \, x^\beta} \, dx \; dy = \frac{1}{\lambda_\beta^2} \int\limits_0^\infty e^{-\beta^\beta \, v^\beta} \int\limits_0^{(\beta y)^\beta} e^{-t} \, dt \; dy \; .$$

Ceci devient, en évaluant la seconde intégrale et en introduisant βy comme nouvelle variable d'intégration, d'après les lemmes II et IV

$$\frac{1}{\beta \, \lambda_\beta^2} \int\limits_0^\infty e^{-v^\beta} (1 - e^{-v^\beta}) \, dy = \frac{\beta^3}{4 \, \Gamma\left(\frac{1}{\beta}\right)^2} \left[\frac{1}{\beta} \, \Gamma\left(\frac{1}{\beta}\right) - \frac{1}{\beta \, 2^{\frac{1}{\beta}}} \, \Gamma\left(\frac{1}{\beta}\right) \right] =$$

$$= \frac{\beta^2}{4 \, \Gamma\left(\frac{1}{\beta}\right)} \left[1 - \left(\frac{1}{2}\right)^{\frac{1}{\beta}} \right]$$

et ceci converge par le lemme III vers $\dfrac{1}{4}$ lg 2.

18. Dans ce qui, suit nous désignons pour un κ, choisi parmi les nombres $2, 3, \ldots, n$, par $E^{(\kappa)}$ l'ensemble des points de E dans lesquels $|x_1| \leqq |x_\kappa|$. De l'autre côté, nous désignons par W^* l'ensemble des points de E dans lesquels on a

$$|x_\nu| \leqq |x_1|, \quad \nu = 2, \ldots, n \; .$$

Alors, en désignant par

$$E^* = E - W^*$$

l'ensemble de tout les points de E, extérieurs à W^*, il est clair que chaque point de E^* est contenu dans un, au moins, des ensembles $E^{(2)}, \ldots, E^{(\kappa)}$:

$$E^* \prec \sum_{\kappa=2}^n E^{(\kappa)} \; . \tag{38}$$

Lemme XI. On a

$$\Lambda_\beta \int\limits_{W^*} \left| x_1 \frac{\partial K_\beta}{\partial x_1} \right| d\tau \leq \Lambda_\beta \int\limits_E \left| x_1 \frac{\partial K_\beta}{\partial x_1} \right| d\tau \to 1 \; . \tag{39}$$

277

En effet, on a par le lemme IX et par (26)

$$\Lambda_\beta \int\limits_E \left| x_1 \frac{\partial K_\beta}{\partial x_1} \right| d\tau = \frac{1}{\lambda_\beta} \int\limits_{-\infty}^{\infty} \left| x \frac{dk_\beta(x)}{dx} \right| dx \left[\frac{1}{\lambda_\beta} \int\limits_{-\infty}^{\infty} k_\beta(x)\, dx \right]^{n-1} \to 1 \; .$$

Lemme XII. On a

$$\Lambda_\beta \int\limits_{E^{(\kappa)}} \left| \frac{\partial K_\beta}{\partial x_1} \right| d\tau \to \lg 2 \; , \quad \kappa = 2, \ldots, n \; . \tag{40}$$

En effet, en désignant x_1 par x et x_κ par y, l'expression de gauche
en (40) est par le lemme X

$$\frac{4}{\lambda_\beta^2} \int\limits_0^{\infty} k_\beta(y) \int\limits_0^{y} \left| \frac{\partial k_\beta(x)}{\partial x} \right| dx \; dy \left[\frac{1}{\lambda_\beta} \int\limits_{-\infty}^{\infty} k_\beta(x)\, dx \right]^{n-2} \to \lg 2 \; .$$

Lemme XIII. On a

$$\overline{\lim} \; \Lambda_\beta \int\limits_{E^*} \left| \frac{\partial K_\beta}{\partial x_1} \right| d\tau \leq (n-1) \; \lg 2 \; . \tag{41}$$

Ceci résulte immédiatement de (38) et du lemme XII.

§ 4. Discussion de l'intégrale singulière $\int\limits_E f K_\beta\, d\tau$

19. Soit $f(x_1, \ldots, x_n)$ une fonction mesurable et uniformément bor-née[8]) en E :

$$|f| \leq B \; . \tag{42}$$

Formons l'expression

$$A_\beta(f) = \Lambda_\beta \int\limits_{-\infty}^{\infty} \cdots \int\limits_{-\infty}^{\infty} f(x_1, \ldots, x_n) \; K_\beta(x_1 - \xi_1, \ldots, x_n - \xi_n)\, d\tau \; . \tag{43}$$

Cette expression est une fonction des $\xi_1, \ldots, \xi_n$, définie dans tout l'espace E.

Dans ce qui suit, nous dirons qu'une suite de fonctions $Q_\beta(x_1, \ldots, x_n)$
jouit de la propriété Ω dans un domaine ouvert Δ, si les fonctions Q_β
possèdent des dérivées partielles de tout ordre en Δ et si chacune des
suites

---

[8]) Les résultats de cette section restent d'ailleurs en vigueur, si l'on suppose que l'inté-

grale $\int\limits_E |f| e^{-\sum\limits_{\nu=1}^{n} |x_\nu|^N} d\tau$ converge pour un N suffisamment grand.

278

$$\frac{\partial^{q_1+\cdots+q_n}}{\partial x_1^{q_1}\ldots\partial x_n^{q_n}}\,Q_\beta\,,\quad q_1,\ldots,q_n\geqq 0\,,$$

tend vers 0, uniformément dans un voisinage de chaque point de $\varDelta$.

Pour un $\varepsilon>0$, nous désignons par W_ε le domaine $|x_\nu|<\varepsilon$, $\nu=1,\ldots,n$, et par E_ε la partie de E , extérieure au domaine W_ε .

20. *Lemme XIV. L'expression*

$$\varLambda_\beta\int\limits_{E_\varepsilon} f(x_1,\ldots,x_n)\;K_\beta(x_1-\xi_1,\ldots,x_n-\xi_n)\;d\tau \qquad (44)$$

jouit de la propriété Ω dans le domaine $W_{\frac{\varepsilon}{2}}$.

En effet, la dérivée $\dfrac{\partial^{q_1+\cdots+q_n}}{\partial\xi_1^{q_1}\ldots\partial\xi_n^{q_n}}$ de (44) est évidemment majorée, pour une constante B , par

$$B\,\varLambda_\beta\int\limits_{E_\beta}\left|\frac{\partial^{q_1+\cdots+q_n}}{\partial x_1^{q_1}\ldots\partial x_n^{q_n}}\,K_\beta(x_1-\xi_1,\ldots,x_n-\xi_n)\right|\varepsilon\,d\tau \;. \qquad (45)$$

D'après les hypothèses du lemme, les modules des différences $|x_\nu-\xi_\nu|$ restent $\geqq\dfrac{\varepsilon}{2}$. Donc (45) est majoré par

$$B\,\varLambda_\beta\int\limits_{E_{\frac{\varepsilon}{2}}}\left|\frac{\partial^{q_1+\cdots+q_n}}{\partial x_1^{q_1}\ldots\partial x_n^{q_n}}\,K_\beta(x_1,\ldots,x_n)\,d\tau\right. ,$$

et ceci tend, d'après le lemme VII, vers 0 avec $\beta\to\infty$. Le lemme XIV est démontré.

Il résulte évidemment du lemme XIV que le comportement infinitaire de $A_\beta(f)$ et de ses dérivées en $W_{\frac{\varepsilon}{2}}$ n'est point influencé, si l'on change d'une manière arbitraire les valeurs de f dans E_ε, tant que ces valeurs restent bornées en E .

21. *Lemme XV. Si $f(x_1,\ldots,x_n)$ est continue au point $P_0(a_1,\ldots,a_n)$, on a*

$$A_\beta(f)\to f(a_1,\ldots,a_n)\,,$$

si le point $P_1(\xi_1,\ldots,\xi_n)$ tend vers P_0 .

279

On peut supposer $a_1 = a_2 = \cdots = a_n = 0$. Si $f(0, \ldots, 0) = a$, on a évidemment

$$f = a + \varepsilon(x_1, \ldots, x_n) ,$$

où $\varepsilon(x_1, \ldots, x_n)$ tend vers 0, si le point $(x_1, \ldots, x_n)$ tend vers P_0 . Alors on a d'après (26)

$$A_\beta(f) = A_\beta(a) + A_\beta(\varepsilon) = a + A_\beta(\varepsilon) ,$$

et nous n'avons qu'à démontrer que $A_\beta(\varepsilon) \to 0$.

Or, pour un $\eta > 0$, soit δ choisi de la sorte qu'en W_δ

$$| \varepsilon(x_1, \ldots, x_n) | \leqq \eta .$$

D'après le lemme XIV on a

$$A_\beta(\varepsilon) = \Lambda_\beta \int\limits_{W_\delta} \varepsilon K_\beta \, d\tau + Q_{\beta} = \vartheta_\beta \, \eta + Q_\beta ,$$

où les ϑ_β satisfont à la relation $| \vartheta_\beta | \leqq 1$, et la suite des fonctions Q_β jouit de la propriété Ω en $W_{\frac{\delta}{2}}$. Donc, pour tous les points $\xi_1, \ldots, \xi_n$, à l'intérieur de $W_{\frac{\delta}{2}}$, on a, à partir d'un β :

$$| A_\beta(\varepsilon) | \leqq 2\eta .$$

Donc, η étant arbitraire, le lemme XV est démontré.

22. *Lemme XVI. Supposons qu'une des dérivées partielles $f'_{x_{\nu_1}}$ est bornée en W_ε et sur la frontière de W_ε . Alors on a en $W_{\frac{\varepsilon}{2}}$*

$$\frac{\partial}{\partial \xi_{\nu_1}} A_\beta(f) = A_\beta(f'_{x_{\nu_1}}) + Q_\beta , \tag{46}$$

où la suite Q_β jouit de la propriété Ω en $W_{\frac{\varepsilon}{2}}$, si les valeurs de $f'_{x_{\nu_1}}$ dans E_ε sont remplacées par des valeurs quelquonques, mais telles que la fonction modifiée reste dans E mesurable et uniformément bornée.

Démonstration. On peut supposer que $x_{\nu_1} = x_1$. Alors on a

$$\frac{\partial}{\partial \xi_1} A_\beta(f) = -\Lambda_\beta \int\limits_{E} f \frac{\partial}{\partial x_1} K_\beta(x_1 - \xi_1, \ldots, x_n - \xi_n) \, d\tau .$$

280

D'après le lemme XIV on peut remplacer ici le domaine d'intégration par W_ε, à condition d'ajouter une suite de fonctions jouissant de la propriété Ω dans $W_{\frac{\varepsilon}{2}}$. De l'autre côté on a

$$\Lambda_\beta \int\limits_{W_\varepsilon} f \frac{\partial}{\partial x_1} K_\beta(x_1 - \xi_1, \ldots, x_n - \xi_n)\, d\tau =$$

$$= \Lambda_\beta \int\limits_{-\varepsilon}^{\varepsilon} \frac{\partial k_\beta(x_1 - \xi_1)}{\partial x_1}\, dx_1 \int\limits_{-\varepsilon}^{\varepsilon} \cdots \int\limits_{-\varepsilon}^{\varepsilon} f(x_1, \ldots, x_n) \prod_{\nu=2}^{n} k_\beta(x_\nu - \xi_\nu)\, dx_2 \ldots dx_n$$

et ceci devient, en intégrant par partie [9] :

$$-\Lambda_\beta \int\limits_{W_\varepsilon} f'_{x_1}(x_1, \ldots, x_n)\, K_\beta(x_1 - \xi_1, \ldots, x_n - \xi_n)\, d\tau - T_\beta + R_\beta \ , \qquad (47)$$

$$T_\beta = \Lambda_\beta\, k_\beta(-\varepsilon - \xi_1) \int\limits_{-\varepsilon}^{\varepsilon} \cdots \int\limits_{-\varepsilon}^{\varepsilon} f(-\varepsilon, x_2, \ldots, x_n) \prod_{\nu=2}^{n} k_\beta(x_\nu - \xi_\nu)\, dx_2 \ldots dx_n\, ,$$

$$R_\beta = \Lambda_\beta\, k_\beta(+\varepsilon - \xi_1) \int\limits_{-\varepsilon}^{\varepsilon} \cdots \int\limits_{-\varepsilon}^{\varepsilon} f(+\varepsilon, x_2, \ldots, x_n) \prod_{\nu=2}^{n} k_\beta(x_\nu - \xi_\nu)\, dx_2 \ldots dx_n\, .$$

Or, le premier terme en (47), d'après le lemme XIV, ne diffère de $-A_\beta(f'_{x_1})$ que par une suite des fonctions, jouissant de la propriété Ω dans $W_{\frac{\varepsilon}{2}}$. Quant aux expressions T_β et R_β, leurs dérivées

$$\frac{\partial^{q_2 + \cdots + q_n} T_\beta}{\partial \xi_2^{q_2} \ldots \partial \xi_n^{q_n}} \quad , \quad \frac{\partial^{q_2 + \cdots + q_n} R_\beta}{\partial \xi_2^{q_2} \ldots \partial \xi_n^{q_n}}$$

sont évidemment majorées par

$$B \Lambda_\beta \int\limits_{-\infty}^{\infty} \cdots \int\limits_{-\infty}^{\infty} \left| \frac{\partial^{q_2 + \cdots + q_n}}{\partial x_2^{q_2} \ldots \partial x_n^{q_n}} K_\beta(\pm\varepsilon, x_2 - \xi_2, \ldots, x_n - \xi_n) \right| dx_2 \ldots dx_n =$$

$$= B \Lambda_\beta \int\limits_{-\infty}^{\infty} \cdots \int\limits_{-\infty}^{\infty} \left| \frac{\partial^{q_2 + \cdots + q_n}}{\partial x_2^{q_2} \ldots \partial x_n^{q_n}} K_\beta(\pm\varepsilon, x_2, \ldots, x_n) \right| dx_2 \ldots dx_n\, ,$$

---

[9] Cf. quant à l'intégration par partie pour les intégrales de Lebesgue: *De la Vallée Poussin*, l. c. t. 1, pp. 279—280, quant à la dérivation sous le signe d'intégrale: *De la Vallée Poussin*, l. c., t. 2, 2de éd. (1912), pp. 123—124, pour les intégrales simples, et *Haupt und Aumann*, l. c., Bd. 3, pp. 118—119, pour les intégrales n-ples.

281

et ceci tend par le lemme VIII vers 0 . Donc, les suites T_β et R_β jouissent de la propriété Ω dans $W_{\frac{\varepsilon}{2}}$, et le lemme XVI est démontré.

Une conséquence immédiate du lemme XVI est le

Lemme XVII. Si f est en W_ε égale à $a + \sum\limits_{\nu=1}^{n} \alpha_\nu\, x_\nu$, on a au point $\xi_1 = \ldots = \xi_n = 0$

$$\frac{\partial}{\partial \xi_\nu}\, A_\beta(f) \to \alpha_\nu \ , \ \nu = 1,\ldots, n \ . \tag{48}$$

En effet, par le lemme XVI, la suite en (48) peut être remplacée, à l'origine, par la suite

$$\alpha_\nu\, \Lambda_\beta \int_E K_\beta\, d\tau \equiv \alpha_\nu \ .$$

23. *Lemme XVIII. Si f possède une différentielle totale en $P_0(0,\ldots,0)$, on a en P_0*

$$\frac{\partial}{\partial \xi_\nu}\, A_\beta(f) \to f'_{x_\nu}(0,\ldots,0) \ , \ \nu = 1,\ldots, n \ . \tag{49}$$

On peut supposer $\nu = 1$. Soit

$$a = f(0,\ldots,0) \ , \quad \alpha_\nu = f'_{x_\nu}(0,\ldots,0) \ .$$

D'après l'hypothèse on a

$$f = a + \sum_{\nu=1}^{n} \alpha_\nu\, x_\nu + \varepsilon(x_1,\ldots,x_n) \sum_{\nu=1}^{n} |\, x_\nu\,|$$

où $\varepsilon(x_1,\ldots,x_n)$ est sommable, s'annule en P_0 et y est continu. D'après le lemme XVII il suffit de démontrer (49) pour le cas $a = \alpha_1 = \cdots = \alpha_n = 0$.

Nous avons donc à montrer que

$$\Lambda_\beta \int_E \varepsilon \sum_{\nu=1}^{n} |\, x_\nu\,| \, \frac{\partial}{\partial \xi_1}\, K_\beta(x_1 - \xi_1,\ldots,x_n - \xi_n)\, d\tau \to 0$$

pour $\xi_1 = \cdots = \xi_n = 0$. Et pour cela, il suffit de montrer que

$$P_\beta^{(\nu)} \equiv \Lambda_\beta \int_E \varepsilon\, |\, x_\nu\,| \left| \frac{\partial}{\partial x_1}\, K_\beta(x_1,\ldots,x_n) \right| d\tau \to 0 \ , \ \nu = 1,\ldots, n \ . \tag{50}$$

282

Or, pour un $\eta > 0$ soit $\delta > 0$ choisi de la sorte qu'en W_δ on ait
$\cdot | \varepsilon(x_1, \ldots, x_n) | \leq \eta$. D'après le lemme XIV, on a

$$\overline{\lim} \, | P_\beta^{(\nu)} | = \overline{\lim} \, \Lambda_\beta \int\limits_{W\delta} | \varepsilon | \; | x_\nu | \; \left| \frac{\partial}{\partial x_1} K_\beta(x_1, \ldots, x_n) \right| \, d\tau \leq$$

$$\leq \overline{\lim} \, \eta \Lambda_\beta \int\limits_{W\delta} | x_\nu | \; \left| \frac{\partial}{\partial x_1} K_\beta \right| \, d\tau \leq \overline{\lim} \, \eta \Lambda_\beta \int\limits_{E} | x_\nu | \; \left| \frac{\partial}{\partial x_1} K_\beta \right| \, d\tau \to \eta \; ,$$

par le lemme XI. Il en résulte que $\overline{\lim} \, | P_\beta^{(\nu)} | \leq \eta$, donc, η étant arbitraire, $P_\beta^{(\nu)} \to 0$, et le lemme XVIII est démontré.

Ce lemme est d'ailleurs un corollaire du théorème suivant:

24. *Théorème III. Soient K_β et Λ_β définis par (26). Soit $f(x_1, \ldots, x_n)$ mesurable et bornée dans l'espace E des $x_1, \ldots, x_n$. Supposons que f est continue au point $P_0(a_1, \ldots, a_n)$ et que la dérivée de f par rapport à x_ν existe uniformément en P_0 .*

Alors, en définissant $A_\beta(f)$ par (43), on a, l'entier pair β croissant à l'infini,

$$\left[\frac{\partial A_\beta(f)}{\partial \xi_\nu} \right]_{P_0} \to \frac{\partial f(a_1, \ldots, a_n)}{\partial a_\nu} \; .$$

Nous pouvons supposer, sans restreindre la généralité, $\nu = 1$ et $a_1 = \cdots = a_n = 0$. Posons

$$f(0, \ldots, 0) = a \quad \text{et} \quad f'_{x_1}(a_1, \ldots, a_n) = \alpha_1 \; .$$

Il suffit, d'après le lemme XVII, de démontrer notre théorème pour la fonction égale à $f - \alpha_1 x_1 - a$ en W_1 et à f en E_1 , c'est-à-dire qu'on peut supposer que

$$f(0, \ldots, 0) = f'_{x_1}(0, \ldots, 0) = 0 \; .$$

D'après la définition de la dérivée uniforme en P_0, on a

$$f(x_1, \ldots, x_n) = f(0, x_2, \ldots, x_n) + \varepsilon(x_1, \ldots, x_n) x_1 \; , \qquad (51)$$

où ε est borné dans le domaine W^* du No 18, s'annule en P_0 et y est continu relativement à W^*.

Nous avons maintenant à démontrer que

$$- \Lambda_\beta \int\limits_{E} f \left[\frac{\partial}{\partial \xi_1} K_\beta(x_1 - \xi_1, \ldots, x_n - \xi_n) \right]_{\xi_1 = \ldots = \xi_n = 0} d\tau = \Lambda_\beta \int\limits_{E} f \, \frac{\partial K_\beta}{\partial x_1} \, d\tau \to 0 \; .$$

283

Or, la dernière expression peut être décomposée comme il suit

$$\Lambda_\beta \int\limits_{E^*} f \frac{\partial K_\beta}{\partial x_1} \, d\tau + \Lambda_\beta \int\limits_{W^*} f \frac{\partial K_\beta}{\partial x_1} \, d\tau \; , \tag{52}$$

et il suffit de démontrer que chacun de ces termes tend vers 0 .

25. Considérons d'abord le premier. Soit $\eta > 0$ et $\delta > 0$ choisi de la
sorte qu'on ait en W_δ

$$| f | \leqq \eta \; , \tag{53}$$

ce qui est possible, f s'annulant à l'origine et y étant continue. D'après
le lemme XIV

$$\overline{\lim} \, \Lambda_\beta \left| \int\limits_{E^*} f \frac{\partial K_\beta}{\partial x_1} \, d\tau \right| \tag{54}$$

ne change pas, si l'on restreint l'intégration sur la partie de E^*, inté-
rieure à W_δ . Mais alors il résulte de (53) que (54) est

$$\leqq \eta \, \overline{\lim} \, \Lambda_\beta \int\limits_{E^*} \left| \frac{\partial K_\beta}{\partial x_1} \right| \, d\tau \; .$$

Donc, d'après le lemme XIII, (54) est $\leqq (n - 1)\, \eta \, \lg 2$, et, η étant arbitraire, (54) est $= 0$.

Le seconde terme de (52) peut être écrit d'après (51) dans la forme

$$\Lambda_\beta \int\limits_{W^*} f(0 , x_2 , \ldots, x_n) \frac{\partial}{\partial x_1} K_\beta \, d\tau + \Lambda_\beta \int\limits_{W^*} \varepsilon (x_1 , \ldots, x_n) \, x_1 \frac{\partial}{\partial x_1} K_\beta \, d\tau. \tag{55}$$

Or, ici le premier membre s'annule, puisque, K_β étant une fonction paire
de x_1, la fonction sous le signe d'intégration est impaire par rapport
à x_1, tandis que le domaine d'intégration W^* reste le même, si l'on
change x_1 en $- x_1$.

Considérons le second membre en (55). Pour un $\eta > 0$ soit δ choisi de
la sorte que dans la partie W_δ^* de W^*, appartenant à W_δ, on ait

$$| \varepsilon (x_1 , \ldots, x_n) | \leqq \eta \; .$$

Alors il résulte du lemme XIV:

$$\overline{\lim}\, \Lambda_\beta \left| \int\limits_{W_*} \varepsilon\, x_1 \frac{\partial}{\partial x_1} K_\beta\, d\tau \right| \leqq \eta\, \overline{\lim}\, \Lambda_\beta \left| \int\limits_{W_j^*} x_1 \frac{\partial}{\partial x_1} K_\beta\, d\tau \right| \leqq$$

$$\leqq \eta\, \overline{\lim}\, \Lambda_\beta \int\limits_{W_*} |\, x_1\, | \left| \frac{\partial}{\partial x_1} K_\beta \right| d\tau\ .$$

Mais ici, par le lemme XI, l'expression de droite est égale à η. Donc, η étant arbitraire, le seconde membre de (55) tend vers 0, lui aussi, et le théorème III est démontré.

§ 5. Démonstration du théorème II

26. On peut supposer, sans restreindre la généralité, le point P_0 situé à l'origine. Soit $\varepsilon > 0$ choisi de la sorte que les fonctions $z_\lambda(x_1, \ldots, x_n)$ et leurs dérivées partielles du premier ordre soient bornées à l'intérieur de W_ε[10]). En définissant les z_λ comme $= 0$ dans E_ε, formons les intégrales

$$Z_{\lambda\beta}(\xi_1, \ldots, \xi_n) = \Lambda_\beta \int\limits_E z_\lambda(x_1, \ldots, x_n)\, K_\beta(x_1 - \xi_1, \ldots, x_n - \xi_n)\, d\tau\ .$$

Alors on a, d'après le lemme XVI, dans $W_{\frac{\varepsilon}{2}}$:

$$\frac{\partial Z_{\lambda\beta}}{\partial \xi_\mu} = \Lambda_\beta \int\limits_E \frac{\partial z_\lambda}{\partial x_\mu}\, K_\beta(x_1 - \xi_1, \ldots, x_n - \xi_n)\, d\tau + Q_\beta,\ \mu = 1, \ldots, n\ ,$$

où la suite Q_β jouit de la propriété Ω en $W_{\frac{\varepsilon}{2}}$. En multipliant par $\alpha_{\nu\mu}^{(\lambda)}$ et en sommant, on a par (15)

$$S_{\nu\beta} \equiv \sum_{\lambda=1}^{l} \sum_{\mu=1}^{n} \alpha_{\nu\mu}^{(\lambda)} \frac{\partial Z_{\lambda\beta}}{\partial \xi_\mu} = \Lambda_\beta \int\limits_E s_\nu K_\beta(x_1 - \xi_1, \ldots, x_n - \xi_n)\, d\tau + Q_\beta^{(\nu)}\ .$$

$$(56)$$

où les suites $Q_\beta^{(\nu)}$ jouissent de la propriété Ω en $W_{\frac{\varepsilon}{2}}$.

---

[10]) Ceci est possible, les z_λ et leurs dérivées étant supposées continues en P_0 .

27. En dérivant les expressions $S_{\nu\beta}$ par rapport à ξ_ν et en sommant, on obtient évidemment

$$\sum_{\nu=1}^{n} \frac{\partial S_{\nu\beta}}{\partial \xi_\nu} = \sum_{\lambda=1}^{l} \sum_{\mu=1}^{n} \sum_{\nu=1}^{n} \alpha_{\nu\mu}^{(\lambda)} \frac{\partial^2 Z_{\lambda\beta}}{\partial \xi_\nu \, \partial \xi_\mu} = 0 \; ,$$

en raison des relations (12). Il en résulte que

$$\sum_{\nu=1}^{n} \frac{\partial}{\partial \xi_\nu} \left[\Lambda_\beta \int_E s_\nu \, K_\beta \, (x_1 - \xi_1 , \ldots, x_n - \xi_n) \, d\tau \right] \tag{57}$$

jouit de la propriété Ω à l'origine. Donc, (57) tend vers 0 .

Mais maintenant, par le théorème III, les termes de (57) d'indice ν tendent vers

$$\left[\frac{\partial s_\nu}{\partial x_\nu} \right]_0 ,$$

et l'on obtient

$$\sum_{\nu=1}^{n} \left[\frac{\partial s_\nu}{\partial x_\nu} \right]_0 = 0 \; , \quad C.Q.F.D.$$

(Reçu le 28 octobre 1942.)

Corrections au mémoire 109

Sur la page 100: la limite inférieure $-\infty$ des intégrales (29), (31) et sur la ligne 8 d'enbas, a été remplacé par 0; dans les mêmes intégrales a été ajouté le facteur 2 avant β^{q-1}; dans la ligne 10 d'enbas γ_A a été remplacé par γ_a; dans la ligne 3 d'enbas l'expression $C(p,q)$ a été remplacée par $C_1(q)$.
Sur la page 101: dans la ligne 9 d'enbas $C(q)$ a été remplacé par $C_0(q)$.

Über algebraische Relationen
zwischen unbestimmten Integralen

Bekanntlich sind die Integrale

$$\int \frac{dx}{x} \, , \qquad \int \frac{dx}{\sqrt{1-x^2}}$$

keine algebraischen Funktionen von x und müssen daher in die Analysis als neue Transzendente ($\log x$, $\arcsin x$) eingeführt werden. Es ist nun natürlich, zu fragen, inwiefern durch Hinzunahme dieser Integrale die Integrationsmöglichkeiten erweitert werden. Um diese Fragestellung allgemein zu fassen, betrachten wir n Integrale algebraischer Funktionen $p_\nu(x)$:

$$w_\nu = \int p_\nu(x) \, dx \, . \qquad (\nu = 1, \ldots, n) \, . \tag{1}$$

Unter welchen Umständen läßt sich dann ein weiteres Integral

$$w_0 = \int p_0(x) \, dx \, , \tag{2}$$

wo $p_0(x)$ algebraisch in x ist, durch $w_1, w_2, \ldots, w_n$ und algebraische Funktionen von x darstellen?

Dies ist offenbar sicher dann der Fall, wenn

$$p_0(x) = \sum_{\nu=1}^{n} c_\nu \, p_\nu(x) + a'(x)$$

ist, wo c_ν numerische Konstanten sind und $a(x)$ eine algebraische Funktion ist; denn dann ist

$$w_0 = \sum_{\nu=1}^{n} c_\nu w_\nu + a(x) + \text{const} \, . \tag{3}$$

Dies ist aber auch die *einzige Möglichkeit,* neue Integrale auszudrücken. *Denn es gilt der Satz:*

*Es sei $F(w_0, w_1, \ldots, w_n; x)$ ein nicht identisch ver-
schwindendes Polynom in $w_0, \ldots, w_n$, dessen Koeffizienten algebraisch in x sind; besteht zwischen den $n+1$
Integralen (1) und (2) die identische Relation:*

$$F(w_0, \ldots, w_n; x) = 0, \tag{4}$$

so besteht zwischen den w_ν eine lineare Relation

$$\sum_{\nu=0}^{n} \alpha_\nu w_\nu = a(x), \tag{5}$$

*wo die α_ν numerische Konstanten sind und nicht alle ver-
schwinden, während $a(x)$ algebraisch in x ist.*

Dieser Satz läßt sich noch insofern verallgemeinern,
als der Bereich der algebraischen Funktionen von x,
welcher der obigen Formulierung zugrunde liegt, sich
durch wesentlich allgemeinere Bereiche ersetzen läßt.
In diesem Zusammenhang erweist sich der Begriff eines
LIOUVILLEschen *Körpers* besonders nützlich.

Unter einem LIOUVILLESchen Körper in einem Gebiet D der *x-Ebene* verstehen wir eine Gesamtheit R
von Funktionen, die in diesem Gebiet eindeutig und,
bis auf isolierte Singularitäten, regulär sind, wenn mit
α und $\beta \neq 0$ diese Gesamtheit R auch $\alpha \pm \beta$, $\alpha \cdot \beta$, $\dfrac{\alpha}{\beta}$,
α', β' gleichfalls enthält. Ferner sollen in R alle kom-
plexen Zahlen enthalten sein.

Sind dann $p_0(x)$, $p_1(x)$, $\ldots$, $p_n(x)$ $n+1$-Funktionen
aus R und besteht zwischen den zugehörigen Integralen
(1) und (2) eine Relation vom Typus (4), wo F ein
Polynom in $w_0, w_1, \ldots, w_n$ mit Koeffizienten aus R ist,
so besteht zwischen den w_ν eine Relation (5), wo die α_ν
numerische nicht sämtlich verschwindende Konstanten
sind und $a(x)$ eine Größe aus R ist.

Der Beweis des obigen Satzes ist relativ einfach und
läßt sich mit Hilfe von im wesentlichen rein algebraischen Betrachtungen führen.

A. OSTROWSKI

Mathematisches Seminar der Universität Basel, den
6. Juni 1945.

Ein Unabhängigkeitssatz für irreduzible
Integrale

Es ist durch J. LIOUVILLE bewiesen worden, daß
Integrale verschiedener Funktionen, wie z. B.

$$w = \int \frac{dx}{\lg x},\tag{1}$$

nicht durch elementare Funktionen darstellbar sind[1],
daß also die üblichen Integrationskunstgriffe bei ihnen
versagen *müssen*. Nennt man eine Funktion, die sich aus

$$\lg x,\ e^x,\ \sin x,\ \ldots,\ \operatorname{ctg} x,$$
$$\arcsin x,\ \ldots,\ \operatorname{arcctg} x,\ \text{algebr. Funkt.}\tag{2}$$

durch endlich oftmaliges Ineinandersetzen und beliebige
rationale Operationen bilden läßt, allgemein eine
elementare Funktion, so kann man also sagen, daß (1)
nicht elementar ist.

Es bleibt noch die Frage übrig, ob nicht ein Integral,
wie (1) z. B., sich «implizite» durch Lösung einer
Gleichung

$$F(w, x) = 0\tag{3}$$

bestimmen läßt, wo F eine sogenannte *elementare
Funktion von zwei Variablen* w, x ist, also durch endlich
oftmalige Benutzung der elementaren Funktionen (2)
gebildet werden kann. Diese Frage hat J. F. RITT[2]
verneint, indem er zeigte, daß, wenn ein Integral einer
elementaren Funktion einer Gleichung vom Typus (3)
genügt, dieses Integral selbst elementar ist.

Nicht elementare Integrale elementarer Funktionen
wollen wir *irreduzible* Integrale nennen. Man wird nun
fragen, in welchem Maße die Benutzung von *gegebenen*

[1] LIOUVILLE, J., J. f. d. r. u. a. Math. *13*, 93—118 (1835).
[2] RITT, J. F. , Trans. Am. Math. Soc. *25*, 211—222 (1923).

irreduziblen Integralen als neue Transzendente das Integrationsgeschäft erleichtert, ob also, wenn z. B.

$$\psi_\nu(x) = \int \varphi_\nu(x)\,dx \qquad (\nu = 1, \ldots, n) \qquad (4)$$

irreduzible Integrale sind, man mit ihrer Hilfe und mit Hilfe beliebiger elementarer Funktionen weitere irreduzible Integrale darstellen kann.

Man kann nun beweisen, daß dies auf jeden Fall im folgenden Sinne unmöglich ist: Wenn ein irreduzibles Integral

$$\psi(x) = \int \varphi(x)\,dx$$

durch die Funktionen (4) und elementare Funktionen darstellbar ist, kann ψ *linear* aus (4) zusammengesetzt werden, so daß für geeignete numerische Konstanten α_ν die Relation

$$\psi(x) = \alpha_1 \psi_1 + \ldots + \alpha_n \psi_n = \int (\alpha_1 \varphi_1 + \ldots + \alpha_n \varphi_n)\,dx \qquad (5)$$

gilt. — Dies folgt aus dem folgenden Satz, den wir als den *Unabhängigkeitssatz für irreduzible Integrale* bezeichnen:

Gilt für $n > 1$ irreduzible Integrale (4)

$$F(\psi_1, \ldots, \psi_n, x) = 0, \qquad (6)$$

wo $F(w_1, \ldots, w_n, x)$ eine elementare Funktion der $n + 1$ Variablen $w_1, \ldots, w_n, x$ ist, so ist dann für geeignete numerische, nicht sämtlich verschwindende Konstanten $\alpha_1, \ldots, \alpha_n$ die Summe (5) *elementar*[1].

Dabei wird vorausgesetzt, daß F für

$$w_1 = \psi_1(x), \ldots, w_n = \psi_n(x), x \qquad (7)$$

in der Umgebung eines x-Wertes nicht nur selbst regulär ist, sondern auch, wie wir sagen, *regulär aufgebaut* ist, — dies bedeutet, daß die zum Aufbau von F als Durchgangsstufen benutzten Funktionen gleichfalls an den Stellen (7) regulär sind. — Die obige Formulierung des Unabhängigkeitsatzes läßt sich noch in verschiedenen Richtungen erweitern.

A. Ostrowski

Mathematisches Seminar der Universität Basel, den 18. Juli 1945.

---

[1] Hierin ist insbesondere der oben erwähnte Rittsche Satz als Spezialfall enthalten.

Summary

Let $\varphi_\nu(x)$ $(\nu = 1, \ldots, n)$ be n elementary functions, such that the integrals $\psi_\nu(x) = \int \varphi_\nu \, dx$ are not elementary. Then, if there exists a relation $F(\psi_1, \ldots, \psi_n, x) = 0$ with an elementary function $F(W_1, \ldots, W_n, x)$ of its $n+1$ variables, there exists also a *linear* relation $\sum_{\nu=1}^{n} \alpha_\nu \psi_\nu(x) = \psi(x)$ where α_ν are constants and $\psi(x)$ is an elementary function.

SUR LES RELATIONS ALGÉBRIQUES ENTRE LES INTÉGRALES INDÉFINIES.

1. Le théorème démontré dans cette note se ramène à ceci: les *relations algébriques* entre les intégrales indéfinies se réduisent toujours à des *relations linéaires*.

Pour pouvoir donner un énoncé précis de ce théorème nous allons introduire la notion de corps L de fonctions d'une variable z.

Un ensemble R des fonctions de z sera appelé un *corps L* dans un domaine (ouvert) D du plan des z, s'il jouit des trois propriétés suivantes:

A) Chaque fonction de R est *uniforme* et holomorphe dans D, sauf au plus dans un ensemble dénombrable de singularités isolées.

B) Si $f(z)$ est une fonction de R, sa dérivée $f'(z)$ appartient aussi à R.

C) L'ensemble R contient toutes les constantes complexes et est un *corps*, c'est à dire que si α et $\beta \neq 0$ sont deux grandeurs de R, les grandeurs $\alpha + \beta$, $\alpha - \beta$, $\alpha\beta$, $\dfrac{\alpha}{\beta}$ appartiennent aussi à R.

2. Alors on a le théorème suivant:

Soit R un corps L dans le domaine D du plan des z et soient

$$(2, 1) \qquad\qquad \varphi_\nu(z) \qquad (\nu = 1, \ldots, n)$$

n grandeurs de R et

$$(2, 2) \qquad\qquad \psi_\nu(z) = \int \varphi_\nu(z)\, dz \qquad (\nu = 1, \ldots, n)$$

leurs intégrales indéfinies. Soit

$$(2, 3) \qquad\qquad F(w_1, \ldots, w_n; z)$$

un polynôme en $w_1, \ldots, w_n$ qui ne s'annule pas identiquement et dont les coefficients sont des fonctions de z du corps R.

Alors, s'il existe une relation identique

$$(2, 4) \qquad\qquad F(\psi_1(z), \ldots, \psi_n(z); z) \equiv 0,$$

il existe aussi une relation identique linéaire

$$(2, 5) \qquad\qquad \sum_{v=1}^{n} \alpha_v \psi_v(z) \equiv \gamma(z),$$

où $\gamma(z)$ est une fonction de R et où $\alpha_1, \ldots, \alpha_n$ sont des grandeurs indépendantes de z, dont l'une au moins ne s'annule pas.

3. Démonstration. Nous désignons par $P(z)$ le point de l'espace des $n + 1$ variables complexes $w_1, \ldots, w_n, z$, donné par

$$(3, 1) \qquad\qquad w_1 = \psi_1(z), \ldots, w_n = \psi_n(z), z.$$

Désignons par $\overline{F}$ l'ensemble de termes de $(2, 3)$ en $w_1, \ldots, w_n$ dont les dimensions sont *maximum*. $\overline{F}$ est un polynôme homogène en $w_1, \ldots, w_n$ de dimension d. Nous pouvons évidemment supposer que F soit choisi de manière que d soit aussi petit que possible. Ordonnons les termes de $\overline{F}$ d'après le *principe lexicographique* et désignons alors *le plus haut terme* de $\overline{F}$ par

$$(3, 2) \qquad\qquad f(z)\, w_1^{v_1} \ldots w_n^{v_n}.$$

Cela veut dire que les exposants de w_1 dans chaque terme de $\overline{F}$ sont $\leqq v_1$; dans chaque terme de $\overline{F}$ contenant $w_1^{v_1}$, l'exposant de w_2 est $\leqq v_2$ etc. On peut évidemment diviser F par $f(z)$ de sorte que le premier terme de $\overline{F}$ peut être supposé dès le début de la forme

$$(3, 3) \qquad\qquad w_1^{v_1} \ldots w_n^{v_n}, \qquad v_1 + \cdots + v_n = d.$$

Nous pouvons de plus supposer que parmi les plus hauts termes de $\overline{F}$ pour les différents polynômes F satisfaisant à nos conditions, $(3, 2)$ est *le plus bas*.

En différentiant la relation $(2, 4)$ on voit que l'expression

$$(3, 4) \qquad\qquad \varphi_1(z)\frac{\partial F}{\partial w_1} + \cdots + \varphi_n(z)\frac{\partial F}{\partial w_n} + \frac{\partial F}{\partial z}$$

s'annule en chaque point $P(z)$, $z \prec D$, où elle est régulière.

D'autre part, dans le polynôme $(3, 4)$ en $w_1, \ldots, w_n$ les termes de la dimension maximum d sont tous contenus dans $\dfrac{\partial F}{\partial z}$. Et puisque la dérivée partielle de $(3, 3)$ par rapport à z est identiquement nulle, le plus haut parmi les termes de dimension d en $(3, 4)$ écrits dans l'ordre lexicographique, doit être plus bas que $(3, 3)$. Donc, l'expression $(3, 4)$ *s'annule identiquement* en $w_1, \ldots, w_n, z$, et nous voyons que notre fonction F satisfait à l'équation différentielle

$$(3, 5) \qquad \varphi_1(z)\frac{\partial F}{\partial w_1} + \cdots + \varphi_n(z)\frac{\partial F}{\partial w_n} + \frac{\partial F}{\partial z} = 0.$$

4. Or, les n expressions $\varphi_\nu\dfrac{\partial F}{\partial w_\nu}$ ne contiennent pas de termes de dimension d en $w_1, \ldots, w_n$. Donc, les termes de dimension d en $\dfrac{\partial F}{\partial z}$ doivent se détruire, ce qui n'est possible que si les coefficients de ces termes sont *indépendants* de z. Donc $\overline{F}$ est un polynôme en $w_1, \ldots, w_n$ à *coefficients constants*.

Soit ν_k le premier des n exposants $\nu_1, \nu_2, \ldots, \nu_n$, qui est > 0. Dans ce cas $\overline{F}$ ne dépend que de $w_k, w_{k+1}, \ldots, w_n$. Rassemblons dans l'expression $(3, 4)$ les coefficients de

$$(4, 1) \qquad P = w_k^{\nu_k-1} w_{k+1}^{\nu_{k+1}} \cdots w_n^{\nu_n}.$$

Désignons par $-\gamma(z)$ le coefficient de $(4, 1)$ en F et soient

$$1, \ \beta_{k+1}, \ \beta_{k+2}, \ \ldots, \ \beta_n$$

les coefficients (constants) des autres termes de F:

$$w_k P, \ w_{k+1} P, \ w_{k+2} P, \ \ldots, \ w_n P,$$

qui engendrent $(4, 1)$ par différentiation.

Alors le coefficient total de P dans $(3, 4)$ est évidemment égal à

$$(4, 2) \qquad \nu_k \varphi_k + (\nu_{k+1} + 1)\beta_{k+1} \varphi_{k+1} + \cdots + (\nu_n + 1)\beta_n \varphi_n - \gamma'(z).$$

D'autre part, d'après $(3, 5)$, la somme $(4, 2)$ s'annule identiquement. Il résulte, en intégrant, la relation

$$(4, 3) \qquad \nu_k \psi_k + (\nu_{k+1} + 1)\beta_{k+1} \psi_{k+1} + \cdots + (\nu_n + 1)\beta_n \psi_n = \gamma(z) + \text{const.}$$

Or, ici γ est l'un des coefficients de F, donc une grandeur de R. En outre, les coefficients de la relation $(4, 3)$ ne sont pas tous $= 0$, puisque ν_k est positif.

Notre théorème est démontré.

Ce théorème peut d'ailleurs être considérablement généralisé.

En reserrant un peu les hypothèses portant sur les intégrales $(2, 2)$ on peut démontrer que l'existence d'une relation $(2, 4)$ a pour conséquence l'existence d'une relation linéaire *non seulement quand F est un polynôme*, mais aussi si F s'obtient à partir des variables $w_1, \ldots, w_n$ et des grandeurs de R en combinant les signes des fonctions algébriques, du logarithme et de la fonction exponentielle. On peut même admettre, à côté du logarithme et de la fonction exponentielle, les intégrales des fonctions algébriques et leurs fonctions inverses.[1]

La démonstration de ce résultat exige toutefois des développements assez étendus qui sortent du cadre de cette note.

---

[1] Ce résultat généralise, en le précisant, un énoncé de M. J. F. Ritt (Trans. Am. Math. Soc., **25**, 211—222, 1923) d'après lequel une intégrale indéfinie w d'une fonction élémentaire de z au sens de Liouville est elle-même élémentaire au sens de Liouville si elle satisfait à une équation $F(w, z) = 0$, où $F(w, z)$ est une fonction élémentaire au sens de Liouville, c'est-à-dire formée au moyen des signes de fonctions algébriques, du logarithme et de la fonction exponentielle.

Bâle, le 25 juin 1945.

Sur l'intégrabilité élémentaire
de quelques classes d'expressions

Introduction

Les recherches que nous allons exposer dans la présente communication partent du problème de l'intégration « élémentaire » d'une fonction

$$F(\lg z, z) \ , \tag{1}$$

rationnelle en $\lg z$ et z. Nous avons complètement résolu cette question de sorte que l'on peut maintenant à l'aide de calculs purement algébriques reconnaître si l'intégrale de (1) est une fonction élémentaire ou non.

Nous appliquons notre méthode directement au cas plus général où (1) est une fonction rationnelle en $\lg z$ à coefficients appartenant à un corps R de fonctions de z, en supposant que R ne contient que des fonctions holomorphes dans un certain domaine et que la dérivée de chaque fonction de R est contenue en R.

Un tel corps de fonctions sera appelé un corps L (corps liouvillien).

Dans ce cas général, on peut encore reconnaître si l'intégrale de (1) est une fonction élémentaire par rapport à R ou non.

On peut même aller plus loin. Soit

$$w = \int p(z)\,dz$$

l'intégrale d'une fonction $p(z)$ de R, qui n'est pas elle-même élémentaire par rapport au corps R. Nous nous posons le problème de reconnaître si l'intégrale

$$\int F(w, z)\,dz \tag{2}$$

est élémentaire par rapport au corps $R(w)$, c'est-à-dire exprimable par w et les grandeurs de R au moyen des fonctions algébriques, des logarithmes et des exponentielles, itérés un nombre fini de fois.

Ce problème est complètement résolu dans la seconde partie de ce mémoire, dans l'hypothèse que les problèmes d'intégration des grandeurs du corps R que l'on rencontre au cours de cette analyse puissent être résolus.

Notre discussion repose essentiellement sur l'énoncé que j'appelle le *principe de Laplace-Liouville*. C'est *Laplace* qui, dans sa Théorie Ana-

283

lytique des Probabilités[1]), a indiqué quelle forme générale devait avoir l'intégrale d'une fonction élémentaire, en disant:

«. . . la différentiation laissant subsister les quantités exponentielles et radicales, et ne faisant disparaître les quantités logarithmiques qu'autant qu'elles sont multipliées par des constantes, on doit en conclure que l'intégrale d'une fonction différentielle ne peut contenir d'autres quantités exponentielles et radicales que celles qui sont contenues dans cette fonction . . .»

Toutefois ce n'est que *Liouville* qui est parvenu à démontrer d'une manière exacte l'essentiel de cette observation de Laplace.

Liouville a démontré[2]) que si l'intégrale d'une fonction algébrique $y(z)$ de z est exprimable au moyen des fonctions algébriques, logarithmique et exponentielle, elle peut être mise sous la forme

$$\sum_{\nu=1}^{n} \alpha_\nu \lg p_\nu(z) + p_0(z) \tag{3}$$

où les $p_\nu(z)$ $(\nu = 0, \ldots, n)$ sont des fonctions rationnelles en $y(z)$ et z, et où les α_ν sont des constantes numériques.

Dans un autre mémoire[3]) *Liouville* a étendu ce théorème au cas où la fonction $y(z)$ est une fonction algébrique de z et d'un nombre fini de grandeurs

$$u_\kappa(z) \qquad (\kappa = 1, \ldots, k)$$

satisfaisant à un système de k équations différentielles algébriques simultanées:

$$u'_\kappa = f_\kappa(u_1, \ldots, u_k, z) \qquad (\kappa = 1, \ldots, k) \tag{4}$$

Dans ce cas, si l'intégrale de $y(z)$ est exprimable par $z, u_1, \ldots, u_k$ au moyen des fonctions algébriques, logarithmique et exponentielle, cette intégrale peut encore être écrite sous la forme (3), où les $p(z)$ sont algébriques en $z, u_1(z), \ldots, u_k(z)$; si en particulier $y(z)$ est une *fonction rationnelle en $z, u_1, \ldots, u_k$* et s'il en est de même des fonctions f_κ en (4), les fonctions $p_\nu(z)$ en (3) peuvent être choisies comme *fonctions rationnelles en $z, u_1, \ldots, u_k$* .

Pourtant, la démonstration de *Liouville*, bien que complètement rigoureuse, est loin d'être simple.

---

[1]) Paris (1820), 3e édition, p. 7.
[2]) J. Ec. Pol., Cahier **23** (1834) pp. 42—63.
[3]) J. de Crelle **13** (1835) pp. 98—108.

284

C'est la notion de corps liouvillien mentionnée plus haut, qui permet de donner un énoncé très précis et très général du théorème en question et d'en simplifier la démonstration:

Si $y(z)$ est une fonction d'un corps liouvillien R et si l'intégrale de $y(z)$ peut être exprimée par les éléments de R au moyen des fonctions algébriques, logarithmique et exponentielle, cette intégrale peut toujours être mise sous la forme (3), où les fonctions $p_\nu(z)$ $(\nu = 0, \ldots, n)$ appartiennent à R.

Cet énoncé que nous appelons le *principe de Laplace-Liouville* est démontré dans le § 3 de cette communication. Au § 2, on trouve un lemme qui résume et généralise les points essentiels des raisonnements de *Liouville*. Les notions de corps L et de ses différentes extensions sont étudiées au § 1.

Quant aux intégrales (2), nous étudions le cas où F est une *fonction linéaire en w* (§ 4), *un polynôme* d'un degré quelconque (§ 5) et *une fonction rationnelle en w* (§ 6).

Les résultats démontrés dans ce mémoire peuvent encore être considérablement généralisés. On peut introduire, en plus de lg z, des intégrales de fonctions algébriques de z, et en plus de e^z, les fonctions inverses des intégrales de fonctions algébriques de z. Alors, la plus grande partie de nos résultats reste encore valable. Toutefois, les démonstrations exigent des considérations plus étendues qui seront développées ailleurs.

§ 1. Les corps L de fonctions et leurs extensions

1. Soit D un domaine (*ouvert*) du plan des z. Nous considérons dans ce qui suit un ensemble R de fonctions de z jouissant des propriétés suivantes:

A) Chaque fonction de R est *uniforme* et holomorphe dans D, sauf au plus dans un ensemble dénombrable de singularités isolées.

B) Si $f(z)$ est une fonction de R, sa dérivée $f'(z)$ appartient aussi à R.

C) L'ensemble R contient toutes les constantes complexes et est un *corps*, c'est-à-dire que si α et $\beta \neq 0$ sont deux éléments de R, les grandeurs $\alpha + \beta$, $\alpha - \beta$, $\alpha\beta$, $\dfrac{\alpha}{\beta}$ appartiennent aussi à R.

Un tel ensemble R sera appelé un corps L (*un corps liouvillien*) dans D.

L'exemple le plus simple d'un corps L est donné par l'ensemble Ω de toutes les fonctions rationnelles de z. Le domaine D correspondant est le plan des z.

285

2. Soit $t(z)$ une fonction de z holomorphe et uniforme dans D et satisfaisant à une équation algébrique

$$a_0\, t^n + a_1\, t^{n-1} + \cdots + a_n = 0 \tag{2.1}$$

où $a_0, \ldots, a_n$ appartiennent à R et ne s'annulent pas tous identiquement. Alors t est une grandeur *algébrique par rapport* à R.

Supposons que $n > 1$ est le degré minimum d'une équation du type (2.1) satisfaite par t. En adjoignant t à R on obtient évidemment un nouveau corps L que nous appelons une *extension algébrique de degré n* de R; en effet, en différentiant (2.1) par rapport à z on exprime immédiatement $\dfrac{dt}{dz}$ par t et les éléments du corps L.

D'après cette définition l'adjonction à R d'une grandeur algébrique t ne donne lieu à un corps L que si t est *uniforme* en D. Mais il est clair que l'on peut toujours restreindre le domaine D de sorte que t y devienne uniforme — en traçant par exemple des coupures convenables. En effectuant un nombre fini d'adjonctions de grandeurs algébriques par rapport à R on obtient, comme on sait, toujours une extension algébrique de R qui peut être aussi obtenue *en adjoignant une seule grandeur* algébrique. C'est, par définition, *l'extension algébrique finie de R* la plus générale; elle sera aussi un corps L si l'on restreint convenablement D. Une extension algébrique finie L de R sera en général désignée par le symbole $\overline{R}$.

Rappelons enfin les définitions suivantes:

Un polynôme en $u_1, \ldots, u_m$ par rapport à un corps R est un polynôme en $u_1, \ldots, u_m$, dont les coefficients appartiennent à R.

Une fonction rationnelle en $u_1, \ldots, u_m$ par rapport à R est un quotient de deux polynômes en $u_1, \ldots, u_m$ par rapport à R.

Une fonction algébrique en $u_1, \ldots, u_m$ par rapport à R est une fonction satisfaisant à une équation algébrique (2.1), où $a_0, \ldots, a_n$ sont des polynômes en $u_1, \ldots, u_m$ par rapport à R.

Un polynôme *primitif* en w est un polynôme en w, dans lequel le coefficient de la plus haute puissance de w est *un*.

3. Soit $\Theta(z)$ une fonction uniforme et holomorphe en D, sauf au plus dans un ensemble dénombrable de singularités isolées. Si la fonction $\Theta(z)$ n'est pas algébrique par rapport à R, elle est *transcendante* par rapport à R et l'on obtient en adjoignant $\Theta(z)$ au corps R une extension *transcendante simple* de R, qui sera désignée par $R(\Theta)$.

La condition nécessaire et suffisante pour qu'on obtienne un corps L en adjoignant à R une fonction Θ uniforme et régulière en D sauf dans un en-

semble dénombrable de singularités isolées, est que $\Theta(z)$ satisfasse à une équation différentielle.

$$\Theta'_z = W(\Theta) \tag{3.1}$$

où $W(\Theta)$ est une fonction rationnelle en Θ par rapport à R.

En effet, en vertu de (3.1) la dérivée de $\Theta(z)$ est contenue dans $R(\Theta)$. Mais alors il en est de même pour chaque grandeur $T(\Theta)$ rationnelle en Θ par rapport à R.

On peut obtenir des corps L encore dans des cas plus généraux.

En adjoignant à R une grandeur Θ transcendante par rapport à R, on obtient un corps $R(\Theta)$ qui n'est pas nécessairement un corps L. Mais alors il peut arriver qu'une extension algébrique $\overline{R(\Theta)}$ de $R(\Theta)$ devienne un corps L. C'est le cas si Θ, sans satisfaire à une équation (3.1), satisfait à une équation différentielle de la forme

$$\Theta'(z) = F\big(\Theta(z), z\big) \tag{3.2}$$

où $F(u, z)$ est algébrique en u par rapport à R.

Dans ce cas une extension finie algébrique $\overline{R(\Theta)}$ de $R(\Theta)$, contenant $\Theta'(z)$ sera encore appelée une *extension transcendante simple L de R*.

En effectuant n extensions L transcendantes simples consécutives, on obtient une extension liouvillienne R^* de R qui sera appelée une extension L transcendante *de rang n* de R, si n est le nombre minimum des extensions L transcendantes simples, nécessaire pour obtenir R^*.

Une extension L finie algébrique de R sera dite *de rang* 0 par rapport à R.

4. Considérons quelques cas particuliers. Si l'on a

$$\Theta = \lg u(z)$$

où $u(z)$ est une grandeur de R, tandis que Θ n'est pas algébrique par rapport à R,

$$\Theta' = \frac{u'(z)}{u(z)}$$

appartient à R. Dans ce cas une extension liouvillienne $\overline{R(\lg u)}$ sera appelée une *extension logarithmique simple de R en D*.

Si l'on a

$$\Theta = e^{u(z)}$$

où $u(z)$ appartient à R, tandis que Θ n'est pas algébrique par rapport à R,

$$\Theta'(z) = u'(z)\,\Theta(z)$$

287

appartient au corps $R(\Theta)$. Dans ce cas une extension liouvillienne $\overline{R(e^{u(z)})}$ sera appelée *une extension exponentielle simple de R dans D.*

Les extensions simples logarithmiques et exponentielles seront appelées des *extensions élémentaires simples.* En effectuant, en partant de R, n extensions élémentaires simples successives, on obtient, par définition, une *extension élémentaire R^* de R.*

Une grandeur α contenue dans une extension élémentaire de rang n de R sera appelée une *grandeur élémentaire* par rapport à R, et en particulier *de rang n* par rapport à R si elle n'est contenue dans aucune extension élémentaire de R de rang $n-1$. Une grandeur α élémentaire par rapport au corps Ω des fonctions rationnelles de z, sera appelée simplement une *grandeur élémentaire.*

§ 2. Un lemme

5. *Soit R un corps L dans un domaine (ouvert) D du plan des z. Soit $\Theta(z, \alpha)$ une fonction de z et de α, qui pour les valeurs du paramètre α parcourant un ensemble E, reste uniforme et holomorphe en z pour $z \prec D$ et satisfait l'équation différentielle*

$$\frac{d\Theta}{dz} = h(z, \Theta) \tag{5.1}$$

où $h(z, w)$ est indépendant de α et est algébrique en w par rapport à R.

Soit $W(z, t)$ une fonction de z et de t, dont les dérivées W'_z et W'_t sont algébriques en t par rapport à R.

Supposons enfin qu'il existe un $\alpha_0 \prec E$ jouissant de la propriété suivante :

La fonction

$$\theta(z) = \Theta(z, \alpha_0)$$

n'est pas algébrique par rapport à R, satisfait à la relation

$$W\big(z, \theta(z)\big) = 0 \qquad (z \prec D) \tag{5.2}$$

et l'on a

$$\left(\frac{\partial \Theta(z, \alpha)}{\partial \alpha}\right)_{\alpha = \alpha_0} = K(z, \theta(z)) \tag{5.3}$$

où $K(z, t)$ ne s'annule pas identiquement en z et t, et est algébrique en t par rapport à R.

Dans ces hypothèses on a pour une grandeur c indépendante de z et t :

$$W(z, t) = c \int_{\theta(z)}^{t} \frac{dt}{K(z, t)} \ . \tag{5.4}$$

288

6. *Démonstration.* En prenant la dérivée totale de (5.2) on obtient en vertu de (5.1)

$$W_z' + \theta_z' W_\theta' = 0 \ ,$$
$$W_z' + h(z, \theta) W_\theta' = 0 \ . \tag{6.1}$$

Or, d'après nos hypothèses, l'expression

$$W_z'(z, t) + h(z, t) W_t'(z, t)$$

est algébrique en t par rapport à R. Et puisque θ n'est pas algébrique par rapport à R, la relation (6.1) doit être une *identité*, de sorte que l'on a:

$$W_z'(z, t) + h(z, t) W_t'(z, t) \equiv 0 \ .$$

En remplaçant ici t par $\Theta(z, \alpha)$ on obtient donc

$$W_z'\big(z, \Theta(z, \alpha)\big) + h\big(z, \Theta(z, \alpha)\big) W_\theta'\big(z, \Theta(z, \alpha)\big) \equiv 0 \ ,$$

c'est-à-dire d'après (5.1)

$$W_z'\big(z, \Theta(z, \alpha)\big) + \frac{\partial \Theta(z, \alpha)}{\partial z} W_\theta'\big(z, \Theta(z, \alpha)\big) = 0 \ ,$$

$$\frac{d}{dz} W\big(z, \Theta(z, \alpha)\big) = 0 \ ,$$

de sorte que $W\big(z, \Theta(z, \alpha)\big)$ est *indépendant de z*:

$$W\big(z, \Theta(z, \alpha)\big) = C(\alpha) \ . \tag{6.2}$$

7. Or, d'après nos hypothèses, l'expression de gauche est dérivable par rapport à α, pour $\alpha = \alpha_0$. $C'(\alpha_0) = c$ existe donc et l'on obtient en dérivant (6.2) par rapport à α, pour $\alpha = \alpha_0$: $W_\theta'(z, \theta)\Theta_\alpha'(z, \alpha_0) = c$, donc, d'après (5.3)

$$W_\theta'(z, \theta) K(z, \theta) = c \ . \tag{7.1}$$

D'après nos hypothèses, l'expression $W_t'(z, t) K(z, t)$ est algébrique par rapport à R. Donc, θ n'étant pas algébrique par rapport à R, (7.1) est une identité de même que

$$W_t'(z, t) = \frac{c}{K(z, t)} \ . \tag{7.2}$$

En intégrant (7.2) par rapport à t de θ à t, on obtient enfin, en vertu de (5.2), la relation (5.4), et notre proposition est démontrée.

289

8. Deux cas spéciaux sont particulièrement importants:

α) Soit
$$\Theta(z, \alpha) = \alpha \, e^{p(z)} \, , \qquad p(z) \prec R \, .$$

Ici l'équation (5.1) se réduit à $\Theta'_z = p'_z \Theta$. Pour $\alpha = \alpha_0 = 1$ on a

$$\frac{\partial \Theta(z, 1)}{\partial \alpha} = e^{p(z)} = \theta(z) \, ,$$

donc
$$K(z, t) \equiv t \, .$$

Par (5.4) il résulte

$$W(z, t) = c\big(\lg t - \lg \theta(z)\big) \, , \qquad \big(\theta(z) = e^{p(z)}\big) \, . \tag{8.1}$$

β) Soit
$$\Theta(z, \alpha) = \lg p(z) + \alpha \, , \qquad p(z) \prec R \, .$$

Ici on a

$$\Theta'_z = \frac{p'(z)}{p(z)} \, , \quad \alpha = \alpha_0 = 0 \, , \quad \theta(z) = \lg p(z)$$

et
$$K(z, t) \equiv 1 \, ,$$

donc par (5.4)
$$W(z, t) = c(t - \theta) \, , \qquad (\theta = \lg p) \, . \tag{8.2}$$

§ 3. Le principe de Laplace-Liouville

9. *Soit R un corps L dans un domaine (ouvert) du plan des z. Soit $\varphi(z)$ une fonction de R dont l'intégrale indéfinie:*

$$\psi(z) = \int \varphi(z) dz \tag{9.1}$$

est contenue dans une extension L élémentaire R_r de R de rang r. Alors la fonction $\psi(z)$ peut être mise sous la forme

$$\int \varphi(z) \, dz = \sum_{\varrho=1}^{r} \alpha_\varrho \lg u_\varrho(z) + u_0(z) \tag{9.2}$$

où $\alpha_1, \ldots, \alpha_r$ ne dépendent pas de z, tandis que les fonctions

$$u_0(z), u_1(z), \ldots, u_r(z)$$

sont contenues dans R.

10. Avant d'aborder la démonstration de notre théorème, nous allons établir un lemme qui revient en partie essentielle à *Abel*.

290

Soit R un corps L dans un domaine D du plan des z. Supposons qu'on ait pour une fonction $\varphi(z)$ de R la relation

$$\int \varphi(z)\,dz = \sum_{\varrho=1}^{r} \alpha_\varrho \lg u_\varrho(z) + u_0(z) \tag{10.1}$$

où $\alpha_1, \ldots, \alpha_r$ ne dépendent pas de z, tandis que les fonctions $u_0(z)$, $u_1(z), \ldots,$ $u_r(z)$ sont algébriques par rapport à R. Alors il existe une relation analogue, où les $r+1$ fonctions $u_\varrho(z)$ sont contenues dans R.

Démonstration du lemme. Il existe d'après l'hypothèse une fonction λ de z, algébrique par rapport à R et telle que les $r+1$ fonctions u_ϱ ($\varrho = 0,1,\ldots,r$) s'écrivent:

$$u_\varrho = A_\varrho(\lambda, z) = \sum_{\kappa=0}^{k-1} a_{\varrho\kappa}\,\lambda^\kappa \qquad (\varrho = 0,\ldots,r) \tag{10.2}$$

où les coefficients $a_{\varrho\kappa}$ appartiennent à R, tandis que λ satisfait à une équation

$$\lambda^k + a_1\,\lambda^{k-1} + \cdots + a_k = 0 \tag{10.3}$$

dont les coefficients a_κ sont des éléments de R. Et nous pouvons supposer en outre que le degré k de cette équation est *minimum*, de sorte que (10.3) soit *irréductible* dans le corps R.

En dérivant (10.3) on peut, comme on sait, mettre $\dfrac{d\lambda}{dz}$ sous la forme

$$\frac{d\lambda}{dz} = \Lambda(\lambda, z) = \sum_{\kappa=0}^{k-1} b_\kappa\,\lambda^\kappa\,. \tag{10.4}$$

En dérivant les deux membres de (10.1), on obtient en vertu de (10.2) et de (10.4)

$$\varphi(z) = \sum_{\varrho=1}^{r} \frac{\alpha_\varrho}{A_\varrho(\lambda, z)} \left(\frac{\partial A_\varrho(\lambda, z)}{\partial\lambda}\,\Lambda(\lambda, z) + \frac{\partial A_\varrho(\lambda, z)}{\partial z} \right) +$$
$$+ \left(\frac{\partial A_0(\lambda, z)}{\partial\lambda}\,\Lambda(\lambda, z) + \frac{\partial A_0(\lambda, z)}{\partial z} \right)\,. \tag{10.5}$$

11. Désignons par

$$\lambda_1,\lambda_2,\ldots,\lambda_k$$

les k racines de (10.3). Les relations (10.4) et (10.5) doivent rester valables si l'on y remplace λ par une quelconque des λ_κ, l'équation (10.3) étant irréductible par rapport à R.

291

En faisant $\lambda = \lambda_1 , \lambda_2 , \ldots, \lambda_k$ dans (10.4) et (10.5) et en ajoutant membre à membre, on obtient

$$k\,\varphi(z) = \sum_{\kappa=1}^{k} \left[\sum_{\varrho=1}^{r} \frac{\alpha_\varrho}{A_\varrho(\lambda_\kappa, z)} \left(\frac{\partial A_\varrho(\lambda_\kappa, z)}{\partial \lambda} \cdot \frac{d\lambda_\kappa}{dz} + \frac{\partial A_\varrho(\lambda_\kappa, z)}{\partial z} \right) + \frac{\partial A_0(\lambda_\kappa, z)}{\partial \lambda} \cdot \frac{d\lambda_\kappa}{dz} + \frac{\partial A_0(\lambda_\kappa, z)}{\partial z} \right],$$

donc en intégrant:

$$k \int \varphi(z)\, dz = \sum_{\kappa=1}^{k} \left[\sum_{\varrho=1}^{r} \alpha_\varrho \lg A_\varrho(\lambda_\kappa, z) + A_0(\lambda_\kappa, z) \right] =$$
$$= \sum_{\varrho=1}^{r} \alpha_\varrho \lg \prod_{\kappa=1}^{k} A_\varrho(\lambda_\kappa, z) + \sum_{\kappa=1}^{k} A_0(\lambda_\kappa, z) \; . \tag{11.1}$$

Or, les expressions

$$v_0 = \frac{1}{k} \sum_{\kappa=1}^{k} A_0(\lambda_\kappa, z) \; , \quad v_\varrho = \prod_{\kappa=1}^{k} A_\varrho(\lambda_\kappa, z) \quad (\varrho = 1, \ldots, r)$$

étant symétriques en $\lambda_1 , \ldots, \lambda_k$, elles appartiennent à R et l'on peut écrire (11.1):

$$\int \varphi(z)\, dz = \sum_{\varrho=1}^{r} \frac{\alpha_\varrho}{k} \lg v_\varrho(z) + v_0(z) \; .$$

Notre lemme est démontré.

12. *Démonstration du principe de Laplace-Liouville.* Pour $r = 0$, $\psi(z)$ est par hypothèse algébrique par rapport à R et il résulte du lemme du No. 10 que $\psi(z)$ est contenue dans R. Dans ce cas notre théorème est donc démontré.

Nous allons maintenant l'établir pour $r > 0$ *par induction*, en supposant que ce théorème est déjà démontré pour les valeurs plus petites de r. Soit

$$R_0 = \overline{R}, \quad R_1 = \overline{R_0(\Theta_1)}, \quad R_2 = \overline{R_1(\Theta_2)} , \ldots, R_r = \overline{R_{r-1}(\Theta_r)} \tag{12.1}$$

la chaîne de r extensions L simples transcendantes, menant à R_r. Soit $r' \leq r$ le nombre des extensions *logarithmiques* parmi ces extensions. r' est *le rang logarithmique* de la chaîne (12.1). Alors nous établirons *la relation (9.2) sous une forme plus précise, en y remplaçant r par r'.*

292

R_r est une extension de R_1 de rang $r-1$. Le rang logarithmique r_0' de la chaîne partielle de (12.1), conduisant de R_1 à R_r est $r'-1$ ou r', suivant que Θ_1 est une grandeur logarithmique ou exponentielle par rapport à R_0.

Appliquons donc notre théorème au corps R_1; on a:

$$\psi(z) = \sum_{\varrho=1}^{r_0'} \beta_\varrho \lg u_\varrho + u_0 \qquad (12.2)$$

où les r_0' coefficients β_ϱ ne dépendent pas de z, et où les $r_0'+1$ fonctions $u_0, u_1, \ldots u_{r_0'}$ sont contenues dans $R_1 = \overline{R_0(\Theta_1)}$. Or, $\varphi(z)$ appartient à $R_0(\Theta_1)$. Donc, d'après le résultat du No. 10, on peut choisir $u_0, \ldots, u_{r_0'}$ dans le corps $R_0(\Theta_1)$ et les exprimer par des fonctions rationnelles de Θ_1 par rapport à R_0:

$$u_\varrho = s_\varrho(\Theta_1) \qquad (\varrho = 0, \ldots, r_0') \ . \qquad (12.3)$$

13. Considérons maintenant la fonction

$$W(z,t) = \sum_{\varrho=1}^{r_0'} \beta_\varrho \lg s_\varrho(t) + s_0(t) - \psi(z) \ . \qquad (13.1)$$

Le lemme du § 2 est applicable à $W(z,t)$ avec $R = R_0$ et $\Theta_1 = \theta$ dans un des cas du No. 8.

Pour une *extension exponentielle* on a $r_0' = r'$ et

$$\Theta_1 = e^{p(z)}, \qquad p(z) \prec R_0 \ .$$

Il résulte de (8.1)

$$W(z,t) = c \lg t - c\, p(z) \ .$$

En remplaçant ici t par une constante numérique convenable γ, on tire de (13.1)

$$\sum_{\varrho=1}^{r'} \beta_\varrho \lg s_\varrho(\gamma) + s_0(\gamma) - \psi(z) = c \lg \gamma - c\, p(z) \ ,$$

donc

$$\psi(z) = \sum_{\varrho=1}^{r'} \beta_\varrho \lg s_\varrho(\gamma) + \big(s_0(\gamma) + c\, p(z) - c \lg \gamma\big) \ ;$$

mais ici les r' expressions $s_1(\gamma), \ldots, s_{r'}(\gamma)$ et $s_0(\gamma) + c\,p(z) - c \lg \gamma$ appartiennent à R_0, et notre théorème résulte dans ce cas du lemme du No. 10.

293

D'autre part, s'il s'agit d'une *extension logarithmique*, $\Theta_1 = \lg p(z)$, $p(z) \prec R_0$, $r'_0 = r' - 1$, on a par (8.2)

$$W(z,t) = c\big(t - \lg p(z)\big) \ .$$

En comparant cette expression avec (13.1), on obtient *identiquement en* t:

$$\psi(z) = \sum_{\varrho=1}^{r'-1} \beta_\varrho \lg s_\varrho(t) + c \lg p(z) + (s_0(t) - ct) \ .$$

En y remplaçant t par une valeur numérique convenable, on obtient une relation du type (9.2), dans laquelle u_0, u_1, ..., u_r appartiennent à $R_0 = \overline{R}$, donc, d'après le lemme du No. 10 à R.

Notre proposition est donc démontrée.

Rappelons enfin que nous avons démontré l'énoncé un peu plus précis du principe de Laplace-Liouville que celui du No. 9, à savoir que *dans les hypothèses du No. 9 on peut remplacer r dans l'expression* (9.2) *par le rang logarithmique* r' *d'une chaîne* (12.1), *menant de* R_0 *à* R_r.

§ 4. Intégration des expressions de la forme $A_0\,w + A_1$, w étant une intégrale définie

14. Soit R un corps L dans un domaine D du plan des z et $p(z)$ une fonction de R telle que l'intégrale

$$w = \int p(z)\,dz \tag{14.1}$$

n'est pas algébrique par rapport à R.

Considérons l'extension liouvillienne intégrale $R(w)$ de R obtenue en adjoignant w à R et en traçant dans D des coupures convenables, de sorte que w y devienne uniforme.

Soit

$$f(w,z) \tag{14.2}$$

un élément de $R(w)$, donc une fonction rationnelle en w par rapport à R. Si l'intégrale de (14.2) est élémentaire par rapport à $R(w)$, on a d'après le principe de Laplace-Liouville

$$\int f(w,z)\,dz = F(w,z) \tag{14.3}$$

où

$$F(w,z) = \sum_{\nu=1}^{n} \alpha_\nu \lg f_\nu(w,z) + f_0(w,z) \tag{14.4}$$

294

et où les

$$f_\nu(w,z) \qquad (\nu = 0 , \ldots, n) \tag{14.5}$$

sont rationnelles en w par rapport à R.

Notons que les dérivées partielles F'_w, F'_z de $F(w,z)$ sont rationnelles en w par rapport à R.

En différentiant (totalement) par rapport à z la relation (14.3), on a en vertu de (14.1)

$$f(w,z) = F'_w(w,z)p(z) + F'_z(w,z) \ . \tag{14.6}$$

Or, les deux membres de (14.6) sont rationnels en w par rapport à R. Donc, puisque w est *transcendant* par rapport à R, la relation (14.6) doit être valable *identiquement* en w.

Remplaçons dans (14.6) w par $w+\gamma$, γ étant une indéterminée, et intégrons par rapport à z; on obtient pour une constante c_0 indépendante de γ:

$$\int\limits_{c_0}^{z} f(w + \gamma,z)\, dz = F(w + \gamma,z) + C(\gamma) \ . \tag{14.7}$$

En différentiant k fois (14.7) par rapport à γ, on obtient

$$\int\limits_{c_0}^{z} f^{(k)}_{wk}(w + \gamma , z)\, dz = F^{(k)}_{wk}(w + \gamma , z) + C^{(k)}(\gamma) \ . \tag{14.8}$$

15. Considérons maintenant le cas où f a la forme

$$f(w, z) = A_0(z)w + A_1(z) \ , \qquad A_0(z), A_1(z) \prec R \ . \tag{15.1}$$

Dans ce cas on a par (14.8), pour $k = 1$:

$$\int A_0(z)\, dz = F'_w(w + \gamma,z) + C'(\gamma) \ . \tag{15.2}$$

Posons

$$F'_w(w,z) = G(w, z) \ . \tag{15.3}$$

Puisque l'intégrale de gauche de (15.2) ne dépend pas de γ, il en résulte qu'on a

$$G(w + \gamma , z) = G(w, z) + c(\gamma) \ ,$$

où $c(\gamma)$ est indépendant de z (et de w).

295

Différentions cette relation par rapport à γ; on obtient

$$G'(w + \gamma, z) = c'(\gamma)$$

et l'on voit que la dérivée partielle $G'_w(w,z)$ a une valeur c *indépendante de z et w.* On a donc

$$F'_w = cw + a(z) \ , \tag{15.4}$$

où c est une constante et $a(z)$ appartient à R.

En différentiant (15.2) on obtient maintenant

$$A_0(z) = c\,p(z) + a'(z) \tag{15.5}$$

et c est complètement déterminé par (15.5) si $a(z)$ doit être un élément de R.

16. Introduisons cette valeur de A_0 dans (15.1), on a

$$\int (A_0 w + A_1)\,dz = c \int p(z)w\,dz + \int a'(z)w\,dz + \int A_1(z)\,dz = \tag{16.1}$$

$$= \frac{c}{2}\,w^2 + a(z)\,w + \int \big(A_1(z) - a(z)\,p(z)\big)\,dz \ ,$$

où l'intégrale de droite doit donc aussi être élémentaire par rapport au corps $R(w)$.

En posant
$$A_1(z) - a(z)\,p(z) = \overline{A_1(z)} \ ,$$

on a donc

$$\int \overline{A_1}(z)\,dz = H(w,\,z) \equiv \sum_{\mu=1}^{m} \beta_\mu \lg h_\mu(w,\,z) + h_0(w,\,z) \tag{16.2}$$

où les $h_\mu(w,z)$, $(\mu = 0, \ldots, m)$ sont rationnelles en w par rapport à R et les β_μ ne dépendent pas de z.

En appliquant à (16.2) la relation (14.8) pour $k = 1$, on a, puisque $\overline{A_1}(z)$ ne dépend pas de w:

$$H'_w \equiv c_1$$

où c_1 est indépendant de z et de w.

Il en résulte que la dérivée de la fonction

$$H(w,\,z) - c_1\,w$$

par rapport à w s'annule. Donc, puisque cette dérivée est rationnelle
en w par rapport à R, elle doit s'annuler identiquement en w. La
fonction

$$H'(u,z) - c_1 u$$

de l'indéterminée u et de z est indépendante de u, et l'on a pour une
constante numérique convenable u_0:

$$H(w,z) = c_1 w + \sum_{\mu=1}^{m} \beta_\mu \lg h_\mu(u_0, z) + h_0(u_0, z) =$$

$$= c_1 w + A(z) \; , \tag{16.3}$$

avec:

$$A(z) = \sum_{\mu=1}^{m} \beta_\mu \lg h_\mu(u_0, z) + h_0(u_0, z) \tag{16.4}$$

où les $h_\mu(u_0, z)$, $(\mu = 0, \ldots, m)$ sont des fonctions appartenant à R et
$A(z)$ une fonction élémentaire par rapport à R. Donc, l'intégrale (16.2)
est élémentaire par rapport à R.

17. Si en particulier l'intégrale de (15.1) est non seulement élémentaire par rapport à $R(w)$, mais contenue dans $R(w)$, il résulte de (16.1)
qu'il en est de même de l'intégrale (16.2), de sorte que les termes logarithmiques dans l'expression de $H(w,z)$ s'annulent et que $H(w,z)$ est
rationnelle en w par rapport à R. Mais alors il résulte de (16.4) que $A(z)$
est non seulement élémentaire par rapport à R, mais est même un élément de R.

D'autre part, on conclut de (16.1) que nos conditions sont aussi *suffisantes* pour que l'intégrale de (15.1) soit élémentaire par rapport à
$R(w)$ ou bien soit contenue dans $R(w)$. Nous avons en définitive le
théorème:

*Soit R un corps L dans un domaine D du plan des z, $p(z)$ un élément de R
et w son intégrale (14.1) transcendante par rapport à R.*

*Si les fonctions $A_0(z)$, $A_1(z)$ appartiennent à R, la condition nécessaire
et suffisante pour que l'intégrale*

$$\int \big(A_0(z)w + A_1(w)\big)\,dz \tag{17.1}$$

soit élémentaire par rapport au corps $R(w)$ est, que l'on ait premièrement

$$A_0(z) = c\,p(z) + a'(z) \tag{17.2}$$

297

où c ne dépend pas de z et $a(z)$ est une fonction de R, et secondement

$$A_1(z) - a(z)p(z) = c_1 p(z) + A'(z) \qquad (17.3)$$

où c_1 ne dépend pas de z et $A(z)$ est une fonction élémentaire par rapport à R. Alors on a

$$\int \big(A_0(z)\, w + A_1(z)\big)\, dz = \frac{c}{2}\, w^2 + \big(a(z) + c_1\big)\, w + A(z) \ . \qquad (17.4)$$

Pour que l'intégrale (17.1) soit en particulier une grandeur du corps $R(w)$, il est en outre nécessaire et suffisant que c_1 et $A(z)$ dans (17.3) puissent être choisis de sorte que $A(z)$ soit une fonction de R.

18. Pour appliquer le théorème précédent à quelques cas importants dans la théorie élémentaire de l'intégration, supposons d'abord que R soit le corps Ω des fonctions rationnelles de z. Posons:

$$p(z) = \frac{1}{z}\,, \quad w = \lg z \ . \qquad (18.1)$$

Alors, si $A_0(z)$, $A_1(z)$ sont rationnels, les conditions du théorème précédent pour que l'intégrale

$$\int \big(A_0(z)\lg z + A_1(z)\big)\, dz \qquad (18.2)$$

soit élémentaire se réduisent à la condition (17.2), puisque la condition (17.3) est toujours satisfaite. Donc:

La condition nécessaire et suffisante pour que l'intégrale (18.2) soit élémentaire, est:

$$A_0(z) = \frac{c}{z} + a'(z) \,, \qquad (18.3)$$

c étant une constante et $a(z)$ une fonction rationnelle. Autrement dit, les résidus de $A_0(z)$ doivent s'annuler en chaque point fini, sauf peut-être pour $z = 0$.

Posons d'autre part

$$p(z) = \frac{1}{z^2 + 1} \,, \quad w = \operatorname{arctg} z \ . \qquad (18.4)$$

Dans ce cas, si $A_0(z)$, $A_1(z)$ sont des fonctions rationnelles en z, *la condition nécessaire et suffisante pour que l'intégrale*

$$\int \big(A_0(z)\operatorname{arctg} z + A_1(z)\big)\, dz \qquad (18.5)$$

298

soit élémentaire, se réduit à

$$A_0(z) = \frac{c}{1+z^2} + a'(z) \;, \tag{18.6}$$

où c est une constante et $a(z)$ une fonction rationnelle en z, — puisque la condition (17.3) est toujours satisfaite dans ce cas aussi.

Soit enfin R le corps $\Omega\left(\sqrt{1-z^2}\right)$ obtenu à partir de Ω par l'adjonction de $\sqrt{1-z^2}$, et

$$p(z) = \frac{1}{\sqrt{1-z^2}} \;, \quad w = \arcsin z \;. \tag{18.7}$$

On sait que dans ce cas l'intégrale de toute fonction de R est élémentaire, de sorte que la condition (17.3) est toujours satisfaite dans ce cas aussi.

Donc, si $A_0(z)$, $A_1(z)$ sont des expressions de la forme

$$b(z) + c(z)\sqrt{1-z^2} \tag{18.8}$$

avec $b(z)$ et $c(z)$ rationnels, *la condition nécessaire et suffisante pour que l'intégrale*

$$\int \left(A_0(z) \arcsin z + A_1(z) \right) dz \tag{18.9}$$

soit élémentaire, se réduit à

$$A_0(z) = \frac{c}{\sqrt{1-z^2}} + a'(z) \tag{18.10}$$

où c est une constante et $a(z)$ une fonction de R, c'est-à-dire une expression de la forme (18.8), b et c étant rationnels.

Autrement dit, pour que (18.9) soit élémentaire, il est nécessaire et suffisant que dans l'intégrale

$$\int A_0(z)\, dz$$

les termes logarithmiques se réduisent à $c \arcsin z$.

§ 5. Intégration d'un polynôme en w, w étant une intégrale indéfinie

19. En généralisant l'analyse des Nos. 14 à 17, nous allons maintenant considérer le cas où $f(w,z)$ est *un polynôme en w par rapport à R de degré $n > 1$* :

$$f(w,z) = \sum_{\nu=0}^{n} \binom{n}{\nu} A_\nu w^{n-\nu} = A_0 w^n + n A_1 w^{n-1} + \cdots + A_n \;. \tag{19.1}$$

299

Dans ce cas, si l'intégrale

$$\int f(w, z)\, dz$$

est élémentaire, on a

$$\int f(w, z)\, dz = F(w, z)\ , \tag{19.2}$$

où

$$G(w, z) \equiv F'_w(w, z) \tag{19.3}$$

est rationnel en w par rapport à R.

Appliquons alors (14.8) pour $k = n-1$ et $\gamma = 0$. On a par (19.3)

$$n!\int (A_0 w + A_1)\, dz = G^{(n-2)}_{w^{n-2}}(w, z)\ .$$

Donc, puisque l'expression de droite est *rationnelle en w par rapport à R*, la formule (17.4) est applicable, et l'on a

$$G^{(n-2)}_{w^{n-2}}(w, z) \equiv c_0 w^2 + b_1 w + b_2\ ,$$

où c_0 est une constante et b_1, b_2 sont des grandeurs de R. Donc, en intégrant par rapport à w, on voit que $G(w,z)$ est un polynôme de degré n en w; et puisque $G(w,z)$ est rationnel en w par rapport à R, les coefficients de ce polynôme en w appartiennent à R. On peut donc écrire

$$G(w, z) = \sum_{\nu=0}^{n} \binom{n}{\nu} B_\nu(z)\, w^{n-\nu} \tag{19.4}$$

où $B_0, \ldots, B_n$ appartiennent à R.

Posons

$$F_0(u, z) = \frac{1}{n+1} \sum_{\nu=0}^{n} B_\nu \binom{n+1}{\nu} u^{n+1-\nu}\ , \tag{19.5}$$

u étant une indéterminée. On a évidemment

$$\frac{\partial}{\partial u}\, F_0(u, z) = G(u, z)\ .$$

Donc, la dérivée partielle de

$$F(u,z) - F_0(u,z)$$

par rapport à u s'annule identiquement en u, et cette différence ne dépend pas de u. Pour une valeur numérique convenable u_0 de u on a donc

$$F(u,z) = F_0(u,z) + \frac{1}{n+1}\, B_{n+1}\ ,\quad \frac{1}{n+1}\, B_{n+1} = F(u_0, z) - F_0(u_0, z)\ .$$

300

Or, il résulte des relations (14.4) et (19.5) que B_{n+1} est une grandeur élémentaire par rapport à R, et nous voyons que, *si (19.2) est élémentaire par rapport à $R(w)$*, on a:

$$F(w,z) = \frac{1}{n+1} \sum_{\nu=0}^{n+1} \binom{n+1}{\nu} B_\nu(z)\, w^{n+1-\nu} , \qquad (19.6)$$

où $B_0,\ldots,B_n$ *appartiennent à R, tandis que B_{n+1} est élémentaire par rapport à R*. D'ailleurs, si l'intégrale (19.2) appartient à $R(w)$, $B_{n+1}(z)$ est en outre un élément de R.

20. Remplaçons dans la relation (19.2) les fonctions f et F par leurs expressions (19.1) et (19.6) et prenons la dérivée totale par rapport à z. On obtient la relation

$$\sum_{\nu=0}^{n} \binom{n}{\nu} A_\nu w^{n-\nu} = p \sum_{\nu=0}^{n} \binom{n}{\nu} B_\nu w^{n-\nu} + \frac{1}{n+1} \sum_{\nu=0}^{n+1} \binom{n+1}{\nu} B'_\nu w^{n+1-\nu} .$$

Donc, puisque cette relation doit avoir lieu *identiquement en w*, on obtient

$$B'_0 = 0 , \quad A_\nu = p B_\nu + \frac{1}{\nu+1} B'_{\nu+1} , \quad (\nu = 0,1,\ldots,n) \qquad (20.1)$$

et B_0 est une constante:

$$B_0 = c_0 . \qquad (20.2)$$

Il résulte alors des relations (20.1):

$$
\left.
\begin{aligned}
A_0 &= c_0\, p + B'_1 \\
A_1 &= B_1\, p + \tfrac{1}{2} B'_2 \\
&\cdots\cdots\cdots\cdots\cdots\cdots \\
&\cdots\cdots\cdots\cdots\cdots\cdots \\
A_{n-1} &= B_{n-1}\, p + \frac{1}{n} B'_n , \\
A_n &= B_n\, p + \frac{1}{n+1} B'_{n+1} ,
\end{aligned}
\right\} \qquad (20.3)
$$

formules qui permettent de déterminer successivement les fonctions $B_1,\ldots,B_n, B_{n+1}$. *Pour que l'intégrale (19.2) soit élémentaire par rapport à $R(w)$, il est nécessaire et suffisant que les grandeurs $B_1,\ldots,B_n$ ainsi obtenues soient des éléments de R et que B_{n+1} soit élémentaire par rapport à R. Pour que l'intégrale (19.2) soit* en particulier *contenue dans $R(w)$, il est de plus nécessaire et suffisant que B_{n+1} soit aussi un élément*

301

de R. w n'étant pas un élément de R, il est évident que c_0 est complètement déterminé par la première des relations (20.3) si B_1 doit être un élément de R.

Dans le cas où R est le corps Ω, la théorie élémentaire de l'intégration permettra toujours de résoudre la question de l'intégrabilité de (19.2) par les calculs élémentaires.

Appliquons notre résultat au cas

$$f = A(z)\, w^n\,, \quad p = \frac{1}{z}\,, \quad w = \log z\,, \tag{20.4}$$

$A(z)$ étant rationnel en z; les formules (20.3) se réduisent ici aux relations suivantes

$$A = \frac{c_0}{z} + B_1'\,, \qquad \frac{1}{z} B_1 = -\tfrac{1}{2} B_2'\,,$$

$$\frac{1}{z} B_{n-1} = -\frac{1}{n} B_n'\,, \qquad \frac{1}{z} B_n = -\frac{1}{n+1} B_{n+1}'\,.$$

Or, on peut évidemment toujours choisir univoquement c_0 et les constantes d'intégration intervenant en B_1, B_2,..., B_n de sorte que les résidus, pour $z = 0$, de

$$A - \frac{c_0}{z}\,, \quad \frac{B_1}{z}\,, \ldots, \frac{B_n}{z}$$

s'annulent. Nos conditions se réduisent donc à ceci qu'alors pour chaque pôle $\beta \neq 0$ de A, les résidus des

$$A\,, \quad \frac{B_1}{z}\,, \ldots, \frac{B_n}{z}$$

s'annulent en tout point à distance finie, distinct de 0.

§ 6. Intégration d'une expression rationnelle en w, w étant une intégrale indéfinie

21. Considérons maintenant le cas plus général où (14.2) est une fonction *rationnelle en w par rapport à R:*

$$f(w, z) = \frac{N(w, z)}{D(w, z)}\,, \tag{21.1}$$

N, D étant des polynômes en w par rapport à R, sans diviseur commun.

302

Supposons que l'intégrale (14.3) soit élémentaire par rapport à $R(w)$. Soit

$$F(w,z) = \frac{N_1(w,z)}{D_1(w,z)} + \sum_{\mu=1}^{m_1} \alpha_\mu \, \lg f_\mu(w,z) \; , \qquad (21.2)$$

N_1, D_1 étant des polynômes en w par rapport à R, sans diviseur commun, et $f_\mu(w,z)$ des fonctions rationnelles en w par rapport à R.

Nous pouvons évidemment supposer que D et D_1 sont des polynômes primitifs en w.

Soient

$$D(w,z) = P_1(w,z)^{s_1} \cdot \;\ldots\ldots\; \cdot P_k(w,z)^{s_k} \qquad (21.3)$$

$$D_1(w,z) = Q_1^{t_1} \cdot \;\ldots\ldots\ldots\; \cdot Q_n^{t_n} \; , \qquad (21.4)$$

où les polynômes P_κ et Q_ν en w sont primitifs et *irréductibles par rapport à* R. Nous pouvons supposer que les polynômes P_κ sont tous différents entre eux, ainsi que les polynômes Q_ν .

Alors f et $\dfrac{N_1}{D_1}$ peuvent être décomposés de la façon suivante:

$$f = P + \sum_{\kappa=1}^{k} \sum_{\sigma=1}^{s_\kappa} \frac{M_{\kappa,\sigma}}{P_\kappa^\sigma} \; , \qquad (21.5)$$

$$\frac{N_1}{D_1} = Q + \sum_{\nu=1}^{n} \sum_{\sigma=1}^{t_\nu} \frac{N_{\nu,\sigma}}{Q_\nu^\sigma} \; , \qquad (21.6)$$

où P, Q, $N_{\nu,\sigma}$, $M_{\kappa,\sigma}$ sont des polynômes en w par rapport à R. On peut supposer que le degré de chaque $M_{\kappa,\sigma}$, $N_{\nu,\sigma}$ est inférieur à celui du P_κ ou Q_ν correspondant. Les décompositions (21.5) et (21.6) sont alors *univoquement déterminées*.

On peut d'autre part supposer que

$$f_1(w,z) \, ,\ldots, f_{m_1}(w,z) \qquad (21.7)$$

sont des polynômes en w par rapport à R. En les décomposant en facteurs irréductibles et regroupant les termes logarithmiques de (21.2), on peut supposer qu'une partie des fonctions (21.7) sont des polynômes primitifs et irréductibles en w par rapport à R, les autres étant des éléments de R (donc indépendantes de w).

Parmi les fonctions (21.7), désignons par a_λ ($\lambda = 1\,,\,2\,,\ldots l$) celles qui sont indépendantes de w, et par $S_1\,,\ldots, S_m$ les différents polynômes

303

en w distincts de Q_ν. Alors on peut, en changeant les notations, écrire $F(w,z)$ sous la forme

$$F(w,z) = \sum_{\nu=1}^{n} \alpha_\nu \lg Q_\nu + \sum_{\mu=1}^{m} \beta_\mu \lg S_\mu + \sum_{\lambda=1}^{l} \gamma_\lambda \lg a_\lambda + \sum_{\nu=1}^{n} \sum_{\sigma=1}^{t_\nu} \frac{N_{\nu,\sigma}}{Q_\nu^\sigma} + Q ,$$

$$(21.8)$$

où les α_ν, β_μ, γ_λ sont des constantes; certains des α_ν peuvent éventuellement s'annuler. Q et $N_{\nu,\sigma}$ sont des polynômes en w par rapport à R. Le degré de chaque $N_{\nu,\sigma}$ est inférieur à celui du Q_ν correspondant.

22. En dérivant maintenant la relation (14.3) et en utilisant (21.5) et (21.8), on a

$$P + \sum_{\kappa=1}^{k} \sum_{\sigma=1}^{s_\kappa} \frac{M_{\kappa,\sigma}}{P_\kappa^\sigma} = Q' + \sum_{\lambda=1}^{l} \gamma_\lambda \frac{a_\lambda'}{a_\lambda} + \sum_{\mu=1}^{m} \beta_\mu \frac{S_\mu'}{S_\mu} + \sum_{\nu=1}^{n} \left(\alpha_\nu \frac{Q_\nu'}{Q_\nu} + \sum_{\sigma=1}^{t_\nu} \left(\frac{N_{\nu,\sigma}}{Q_\nu^\sigma} \right)' \right),$$

$$(22.1)$$

où l'accent désigne la *dérivée totale par rapport à z*, de sorte qu'on a, par exemple,

$$Q_\nu' = p \frac{\partial Q_\nu}{\partial w} + \frac{\partial Q_\nu}{\partial z} .$$

Or, dans l'expression de droite de (22.1) pour chaque ν le terme contenant la plus haute puissance de $\dfrac{1}{Q_\nu}$ est $\quad - t_\nu \dfrac{N_{\nu,t_\nu} Q_\nu'}{Q_\nu^{t_\nu+1}} .$

Mais ici, le degré de Q_ν' est inférieur à celui de Q_ν. Et Q_ν' ne s'annule pas identiquement, car, dans le cas contraire, Q_ν aurait une valeur numérique et w serait algébrique par rapport à R. Enfin N_{ν,t_ν} ne s'annule pas non plus et n'est pas divisible par Q_ν. Donc $N_{\nu,t_\nu} Q_\nu'$ n'est pas divisible par Q_ν et le terme en $Q_\nu^{-t_\nu-1}$ ne peut pas disparaître. Il en résulte que chacun des polynômes Q_ν est aussi un des P_κ, tandis que les polynômes P_κ, qui sont différents de Q_ν, sont identiques aux polynômes S_μ . Donc, en changeant les notations, on peut poser

$$Q_\nu = P_\nu , \quad t_\nu + 1 = s_\nu > 1 \quad (\nu = 1,\ldots,n) ,$$
$$P_{n+\mu} = S_\mu \quad (\mu = 1,\ldots,m) , \quad n + m = k .$$

304

Mais alors la décomposition (21.5) peut s'écrire

$$f(w,z) = P + \sum_{\nu=1}^{n} \sum_{\sigma=1}^{s_\nu} \frac{M_{\nu,\sigma}}{P_\nu^{\sigma}} + \sum_{\mu=1}^{m} \frac{M_\mu}{S_\mu} \; , \qquad (22.2)$$

et l'on voit que les S_μ sont ceux des polynômes P_κ pour lesquels les exposants s_κ ont la valeur *un*.

23. La relation (22.1) peut être maintenant écrite:

$$\left(P - Q' - \sum_{\lambda=1}^{l} \gamma \frac{a'_\lambda}{a_\lambda} \right) + \sum_{\mu=1}^{m} \frac{M_\mu - \beta_\mu S'_\mu}{S_\mu} -$$

$$- \sum_{\nu=1}^{n} \left[\frac{\alpha_\nu P'_\nu + N'_{\nu,1}}{P_\nu} + \sum_{\sigma=2}^{s_\nu-1} \frac{N'_{\nu,\sigma} - (\sigma-1) N_{\nu,\sigma-1} P'_\nu}{P_\nu^{\sigma}} - \right.$$

$$\left. - (s_\nu - 1) \frac{N_{\nu,s_\nu-1} P'_\nu}{P_\nu^{s_\nu}} - \sum_{\sigma=1}^{s_\nu} \frac{M_{\nu,\sigma}}{P_\nu^{\sigma}} \right] = 0 \; . \qquad (23.1)$$

Dans les fractions entre crochets, le degré du numérateur correspondant au dénominateur P_ν^{σ} est en général supérieur à celui de P_ν . Mais en divisant ce numérateur par P_ν, on obtient, à côté d'un reste qui peut être nul, un polynôme de degré inférieur à celui de P_ν comme quotient. D'autre part, le numérateur correspondant au dénominateur P_ν a déjà dès le début un degré inférieur à celui de P_ν.

Donc, en regroupant les termes de l'expression entre crochets de sorte que le degré de chaque numérateur soit plus petit que celui du P_ν correspondant, on n'aura pas de terme polynomial. Il en résulte que la relation (23.1) se décompose en:

$$M_\mu = \beta_\mu S'_\mu \quad (\mu = 1, 2, \ldots, m) \qquad (23.2)$$

$$P = Q' + \left(\sum_{\lambda=1}^{l} \gamma_\lambda \lg a_\lambda \right)' \qquad (23.3)$$

$$\sum_{\sigma=1}^{s_\nu} \frac{M_{\nu,\sigma}}{P_\nu^{\sigma}} = \frac{\alpha_\nu P'_\nu + N'_{\nu,1}}{P_\nu} + \sum_{\sigma=2}^{s_\nu-1} \frac{N'_{\nu,\sigma} - (\sigma-1) N_{\nu,\sigma-1} P'_\nu}{P_\nu^{\sigma}} -$$

$$- (s_\nu - 1) \frac{N_{\nu,s_\nu-1} P'_\nu}{P_\nu^{s_\nu}} \quad (\nu = 1, \ldots, n) \; . \qquad (23.4)$$

305

Les relations (23.2)—(23.4) montrent évidemment que si l'intégrale de (21.5) est élémentaire par rapport à R, il en est de même pour P et pour chacune des sommes $\displaystyle\sum_{\sigma=1}^{s_\nu} \frac{M_{\nu,\sigma}}{P_\nu^\sigma}$.

La relation (23.2) exige que M_μ soit égal à S_μ' multiplié par une constante numérique.

Quant à la relation (23.3), elle est équivalente à

$$\int P(w,z)\,dz = Q(w,z) + \sum_{\lambda=1}^{l} \gamma_\lambda \lg a_\lambda$$

et nous avons montré au § 4 comment on peut déduire les conditions nécessaires et suffisantes pour qu'une telle relation soit possible et comment on peut alors déterminer Q.

24. Nous allons maintenant étudier les relations (23.4). Ces n relations étant indépendantes entre elles, il suffit d'étudier une relation de la forme (23.4) en y supprimant l'indice ν. Alors, on obtient

$$\sum_{\sigma=1}^{s} \frac{M_\sigma}{P^\sigma} = \frac{\alpha P' + N_1'}{P} + \sum_{\sigma=2}^{s-1} \frac{N_\sigma' - (\sigma-1)\,N_{\sigma-1}P'}{P^\sigma} - (s-1)\frac{N_{s-1}P'}{P^s} .$$

$$(24.1)$$

En comparant les coefficients des différentes puissances $\dfrac{1}{P^\sigma}$ dans (24.1), on peut calculer successivement les polynômes:

$$N_{s-1} ,\ N_{s-2} ,\ldots, N_1 \qquad\qquad (24.2)$$

et obtenir la condition portant sur les N_σ, qui est nécessaire et suffisante pour que (24.1) soit possible.

Toutefois on ne peut pas comparer *directement* les deux membres de (24.1), puisque le théorème d'unicité suppose que le degré de chaque numérateur est inférieur à t, degré de P en w.

D'autre part, en déterminant les polynômes (24.2), il faudra résoudre des congruences *modulo P*. Nous allons donc procéder comme suit:

En appliquant à P et à P' l'algorithme d'Euclide, on peut trouver deux polynômes U, V en w par rapport à R, tels qu'on ait

$$U P' + V P = 1 . \qquad\qquad (24.3)$$

306

En effet, puisque dans P le coefficient de la plus haute puissance de w est *un*, le degré de P' est $\leq t - 1$. Mais alors P et P' sont premiers entre eux, et l'algorithme d'Euclide conduit en effet à une relation (24.3).

En outre, on peut supposer, comme on sait, que dans cette relation le degré de U en w est $< t$ et celui de V est $< t - 1$.

25. En multipliant (24.1) par U et en éliminant dans la somme de droite UP' au moyen de la relation (24.3), on obtient

$$\sum_{\sigma=1}^{s} \frac{UM_\sigma}{P^\sigma} = \frac{\alpha UP' + UN_1' + VN_1}{P} +$$

$$+ \sum_{\sigma=2}^{s-1} \frac{UN_\sigma' + \sigma VN_\sigma - (\sigma - 1) N_{\sigma-1}}{P^\sigma} - (s - 1) \frac{N_{s-1}}{P^s} \,,$$

$$\sum_{\sigma=1}^{s-1} \frac{\sigma N_\sigma}{P^{\sigma+1}} = \frac{\alpha UP'}{P} + \sum_{\sigma=1}^{s-1} \frac{UN_\sigma' + \sigma VN_\sigma - UM_\sigma}{P^\sigma} \quad \frac{UM_s}{P^s} . \tag{25.1}$$

Or ici l'on a

$$(s - 1) N_{s-1} \equiv - UM_s \quad (\text{mod. } P) \,,$$

et N_{s-1} est déterminé comme reste de la division de $\dfrac{-1}{s-1} UM_s$ par P.

En soustrayant le terme $\dfrac{(s - 1) N_{s-1}}{P^s}$ des deux membres de (25.1) et en posant

$$\frac{- (s - 1) N_{s-1} - UM_s}{P} = A_{s-1} \,,$$

il vient

$$\sum_{\sigma=1}^{s-2} \frac{\sigma N_\sigma}{P^{\sigma+1}} = \alpha \frac{UP'}{P} + \sum_{\sigma=1}^{s-2} \frac{UN_\sigma' + \sigma VN_\sigma - UM_\sigma}{P^\sigma} +$$

$$+ \frac{UN_{s-1}' + (s - 1) VN_{s-1} - UM_{s-1} + A_{s-1}}{P^{s-1}} \,.$$

Comparons ici les coefficients de $\dfrac{1}{P^{s-1}}$. On obtient la congruence

$$(s - 2) N_{s-2} \equiv UN_{s-1}' + (s - 1) VN_{s-1} - UM_{s-1} + A_{s-1} \quad (\text{mod. } P)$$

qui permet de calculer N_{s-2} par division.

307

En procédant de la même façon et en comparant successivement les coefficients de $\dfrac{1}{P^s}$, $\dfrac{1}{P^{s-1}}$, ..., $\dfrac{1}{P^2}$, on obtient les $s-1$ grandeurs (24.2). En introduisant ces valeurs dans l'expression de droite de (25.1), on obtient une dernière relation de la forme

$$\frac{A}{P} = \alpha \, \frac{UP'}{P}$$

qui exige que le polynôme $A(w,z)$ en w par rapport à R soit égal à UP' multiplié par une constante numérique. Cette condition est donc nécessaire et suffisante pour que la relation (24.1) soit possible.

En résumé, notre méthode permet de résoudre le problème de l'intégrabilité élémentaire de (14.2) chaque fois que $f(w,z)$ est rationnel en w par rapport à R.

(Reçu le 1er septembre 1945.)

ON SOME GENERALIZATIONS OF THE CAUCHY-FRULLANI INTEGRAL*

By A. M. Ostrowski

University of Basle, Switzerland; U. S. National Bureau of Standards; and
University of California at Los Angeles

Communicated by E. U. Condon, July 28, 1949

1. A beautiful result attributed often to Frullani is contained in the general formula

$$\int_0^\infty \frac{f(at) - f(bt)}{t}\, dt = (f(\infty) - f(0)) \log \frac{a}{b} \ (a,\, b > 0), \qquad (1)$$

where $f(0) = \lim\limits_{x \downarrow 0} f(x)$, $f(\infty) = \lim\limits_{x \to \infty} f(x)$ and $f(x)$ is assumed L-integrable over any interval $0 < A \leq x \leq B < \infty$.[1]

2. Suppose that the integral

$$\int_0^A \frac{f(t)}{t}\, dt \qquad (2)$$

exists for any $A > 0$. Then the above formula can be replaced by

$$\int_0^\infty \frac{f(at) - f(bt)}{t}\, dt = f(\infty) \log \frac{a}{b} \ (a,\, b > 0) \qquad (3)$$

if $f(\infty) = \lim\limits_{x \to \infty} f(x)$ exists. It can be expected that this formula remains valid if $f(\infty)$ is replaced by appropriate *mean values*.

Suppose, for instance, that $f(x)$ is *periodic with period p* and the integral (2) exists for any $A > 0$. Then $f(\infty)$ can be replaced by $\dfrac{1}{p}\displaystyle\int_u^{u+p} f(x)dx$ and we get the following very useful formula

$$\int_0^\infty \frac{f(at) - f(bt)}{t}\, dt = \frac{1}{p}\int_0^{u+p} f(x)dx \, \log \frac{a}{b}. \qquad (4)$$

3. Thus we obtain from

$$\int_0^\pi |\tan x|^\alpha dx = \frac{\pi}{\cos \dfrac{\alpha\pi}{2}} \quad (0 < \alpha < 1),$$

the formula

$$\int_0^\infty (|\tan ax|^\alpha - |\tan bx|^\alpha)\frac{dx}{x} = \frac{1}{\cos \dfrac{\alpha\pi}{2}} \log \frac{a}{b} \quad (0 < \alpha < 1;\ a, b > 0).$$

$$(5)$$

Similarly, it follows from

$$\int_0^\pi \log |\cos x| dx = \pi \log {}^1\!/_2$$

that

$$\int_0^\infty \log \left|\frac{\cos ax}{\cos bx}\right| \frac{dx}{x} = \log {}^1\!/_2 \log \frac{a}{b} \quad (a, b > 0). \qquad (6)$$

4.   The condition of the periodicity of $f(t)$ can be replaced by an essentially more general one, that of the existence of the mean value

$$M(f) = \lim_{x \to \infty} \frac{1}{x}\int_0^x f(t)dt \qquad (7)$$

and we obtain the following general theorem:

If the integral (2) exists for any $A > 0$ and the mean value (7) exists, we have for all positive a and b

$$\int_0^\infty \frac{f(at) - f(bt)}{t}\, dt = M(f) \log \frac{a}{b}. \qquad (8)$$

5.   To prove (8) we use the fact that

$$F(x) = \frac{1}{x}\int_0^x f(t)dt \qquad (x > 0)$$

is continuous for all $x > 0$ and tends to $M(f)$ as $x \to \infty$.   We have on integrating by parts

$$\int_{bA}^{aA} \frac{f(t)}{t}\, dt = \int_{bA}^{aA} \frac{(tF(t))'}{t}\, dt = F(aA) - F(bA) +$$

$$\int_{bA}^{aA} \frac{F(t)}{t}\, dt = F(aA) - F(bA) + F(\zeta) \log \frac{a}{b}$$

where $bA < \zeta < aA$.   It follows

$$\lim_{A \to \infty} \int_{bA}^{aA} \frac{f(t)}{t}\, dt = M(f) \log \frac{a}{b}.$$

On the other hand we have

$$\int_0^{aA} \frac{f(t)}{t}\, dt - \int_0^{bA} \frac{f(t)}{t}\, dt = \int_0^A \frac{f(at)}{t}\, dt - \int_0^A \frac{f(bt)}{t}\, dt =$$

$$\int_0^A \frac{f(at) - f(bt)}{t}\, dt$$

and our theorem is proved.

6. The assumption of the existence of (2) can be decomposed into two parts: (1) $f(t)$ is L-integrable over any interval $0 < \epsilon \le t \le A < \infty$; (2) $\frac{f(t)}{t}$ is L-integrable over any interval $0 \le t \le \epsilon$. The second part can be replaced by the assumption that $\lim\limits_{\epsilon \downarrow 0} \int_\epsilon^A \frac{f(t)}{t}\, dt$ exists or by the hypothesis that $f(0) = \lim\limits_{\epsilon \downarrow 0} f(t)$ exists and has the value 0. Both hypotheses are only special cases of a more general one which is obtained from the assumption about the behavior of $f(t)$ at $t = \infty$ by the transformation $t = \frac{1}{\tau}$. We come thus to the assumption

$$\epsilon \int_\epsilon^1 \frac{f(t)}{t^2}\, dt \to 0 \qquad (\epsilon \downarrow 0).$$

More generally if we assume that together with (7)

$$m(f) = \lim_{\epsilon \downarrow 0} \epsilon \int_\epsilon^1 \frac{f(t)}{t^2}\, dt \tag{9}$$

exists, we have

$$\int_0^\infty \frac{f(at) - f(bt)}{t}\, dt = (M(f) - m(f)) \log \frac{a}{b}. \tag{10}$$

7. The result obtained in (10) is in a certain sense the best result obtainable. It can be shown that if the integral at the left in (10) exists for some pairs of positive values a, b such that $\frac{b}{a}$ runs through a set of positive measure, then both limits $M(f)$, $m(f)$ exist and we have (10). However, the proof of this result is difficult and will be given in another publication.

Since finding the formula (10) I have discovered that the problem of convergence of the integral at the left in (10) has already been investigated and solved by K. S. K. Iyengar.[7] The necessary and sufficient conditions given by Iyengar consist in the existence of the four following limits:

$$\lim_{x \to \infty} \int_1^x \frac{f(t)}{t^2}\, dt, \qquad \lim_{x \to \infty} x \int_x^\infty \frac{f(t)}{t^2}\, dt \tag{11}$$

$$\lim_{x \downarrow 0} \int_x^1 f(t)dt, \qquad \lim_{x \downarrow 0} \frac{1}{x}\int_0^x f(t)dt. \tag{12}$$

It can be directly proved that both conditions (11) are equivalent to the existence of $M(f)$. Similarly, both conditions (12) are equivalent to the existence of $m(f)$. Iyengar's proof of his theorem and the simplified proof of it given by Agnew[2] are, however, still difficult since in both proofs certain theorems about non-uniform convergence are used which, although usually proved only in the case of convergent *sequences*, have to be used in the case of *continuous approximation*. Our proof of the necessity of the existence of $M(f)$ and $m(f)$ makes use of the theorem of Osgood, but exactly in the form proved by Osgood, that is for the case of *sequences* of functions.

8. Formula (1) can be considerably generalized by replacing at and bt by functions of t which to a certain extent are arbitrary. In this way we obtain a "three-function formula" giving the value of definite integrals containing three "arbitrary" functions.

This general formula cannot be directly reduced to (1) by substituting a new variable of integration. However, the interval of integration and the range of values of two of the functions can be reduced by such a transformation to the interval $(0, \infty)$. We obtain thus the canonical form of our formula

$$\int_0^\infty (\psi' g(\psi) - \varphi' g(\varphi))dx =$$

$$M(xg(x)) \log \left(\frac{\psi}{\varphi}\right)_{x=\infty} - m(xg(x)) \log \left(\frac{\psi}{\varphi}\right)_{x=0}. \tag{13}$$

The functions $\varphi(x)$ and $\psi(x)$ are supposed in (13) to be positive and absolutely continuous for $0 < x < \infty$ and to tend to 0 with $x \downarrow 0$ and to ∞ with $x \to \infty$. We assume further that with $x \downarrow 0$ and $x \to \infty$ the limits of $\dfrac{\varphi(x)}{\psi(x)}$ exist and are positive. The function $g(x)$ is assumed to be integrable over any closed interval of the positive x-axis and such that $M(xg(x))$ and $m(xg(x))$ exist.

9. Three special cases of (13) have been previously given. In 1823 Cauchy[3] gave the formula

$$\int_0^1 \left(\frac{\psi' f(\psi)}{1 - \psi} - \frac{\varphi' f(\varphi)}{1 - \varphi}\right) dx = f(1) \log \frac{\varphi'(1)}{\psi'(1)}. \tag{14}$$

Here $f(x)$ is continuous in the closed interval $< 0, 1 >$; φ and ψ are differentiable in $< 0, 1 >$ with positive derivatives and it is assumed that $\varphi(0) = \psi(0) = 0, \varphi(1) = \psi(1) = 1$. In 1841 Cauchy[4] published another formula

$$\int_0^\infty \left(\psi' \frac{f(\psi)}{\psi} - \varphi' \frac{f(\varphi)}{\varphi} \right) dx = f(0) \log \frac{\varphi'(0)}{\psi'(0)}. \qquad (15)$$

In this formula φ and ψ are positive in $(0, \infty)$ and have continuous derivatives which are positive at 0. Further we assume that $\varphi(0) = \psi(0) = 0$ and that as $x \to \infty$ $\varphi(x)$ and $\psi(x)$ tend to ∞. About $f(x)$ Cauchy assumes continuity for all $x \geq 0$. However, about the behavior of $f(x)$ for $x \to \infty$ Cauchy erroneously gives the condition $f(x) \to 0$. This condition is not sufficient for the validity of the above formula but Cauchy's argument remains valid if the existence of $\displaystyle\int_1^\infty \frac{f(x)}{x} dx$ is assumed.

Finally, 1891, M. Lerch[6] gave the formula

$$\int_a^b (g(x) - \varphi'g(\varphi(x)))dx =$$
$$((x - a)g(x))_{x=a} \log \varphi'(a) - ((x - b)g(x))_{x=b} \log \varphi'(b) \qquad (16)$$

that is obtained from (13) by obvious specializations and transformations.

Some of the results given in this note have been discovered independently by Professor Tricomi of the California Institute of Technology in his work on the Bateman manuscript project and are going to be published in the *Bulletin of the American Mathematical Society*. Professor Tricomi discovered our formula (4); further, a case of our formula (8), namely the case in which

$$\int_0^x f(x)dx - xM(f)$$

is $O(1)$—while in our theorem it is assumed that this difference is $o(x)$; as to the three-function formula, he finds the special case in which $g(x)$ has finite limits at 0 and ∞, respectively, and $xg(x)$ is periodic.

* The preparation of this paper was sponsored (in part) by the Office of Naval Research.

[1] This formula was first published by Cauchy in 1823,[3] and more completely 1827[3a] with a beautiful proof which is used as standard in all textbooks today. About 1829 Frullani[5] published the same formula and mentioned that he had communicated it to plana in 1821. However, Frullani's proof is completely illusory.

[2] Agnew, R. P., "Limits of Integrals," *Duke Math. J.*, **9**, 10–19 (1942).

[3] Cauchy, A., *J. École Polytech. (Paris)*, **12** (1823); *Oeuvres compl.* (2), **I**, 335–339.

[3a] Cauchy, A., *Exercises de Mathematiques*, 1827; *Oeuvres compl.* (2), **VII**, 157.

[4] Cauchy, A., *Exercises Analyse*, 2 (1841); *Oeuvres compl.* (2), **XII**, 416–417.

[5] Frullani, G., "Sopra Gli Integrali Definiti (Ricevuta adi 21 Novembre (1829)," *Memorie della Societa Italiana delle Socienze*, **20**, 448–467 (1828).

[6] Lerch, M., "Sur une extension de la formule de Frullani," *Verhandl. Prager Akad., math.-phys. Klasse I₂*, 123–131 (1891).

[7] Iyengar, K. S. K., "On Frullani Integrals," *J. Indian Math. Soc.* (2), **4**, 145–150 (1940); reprinted in *Proc. Cambridge Phil. Soc.*, **37**, 9–13 (1941).

ANALYSE MATHÉMATIQUE. — *Un théorème d'existence pour les systèmes d'équations.* Note (*) de M. **Alexandre Ostrowski**, présentée par M. Jacques Hadamard.

1. En calculant une solution d'un système d'équations, on ne garde généralement qu'un nombre fixe de décimales et les calculs sont terminés quand un certain nombre de décimales dans les valeurs des inconnues ne changent plus. Toutefois, si la convergence est lente, il reste évidemment une certaine incertitude, surtout si l'existence des solutions en question n'est pas assurée. Cette incertitude peut être levée dans la plupart des cas par le théorème suivant :

2. I. *Supposons que dans le voisinage fermé sphérique* U *de rayon* ρ *d'un point* $P_0(a_1, \ldots, a_n)$ *les fonctions*

$$(1) \qquad y_\nu = f_\nu(x_1, \ldots, x_n) \qquad (\nu = 1, \ldots, n)$$

soient continues avec leurs premières dérivées et que leur Jacobien soit $\neq 0$ *dans* U. *Désignons la matrice inverse de la matrice Jacobienne des* f_ν *par* $(\partial x_\nu / \partial f_\mu)$ *et posons, pour un point général* P *de* U,

$$(2) \qquad \Delta(P) = \sqrt{\sum_{\mu,\,\nu=1}^{n} \left(\frac{\partial x_\nu}{\partial f_\mu}\right)^2}, \qquad \Delta = \underset{P \,\prec\, U}{\mathrm{Max}} \Delta(P).$$

Alors les équations $f_\nu = 0 \,(\nu = 1, \ldots, n)$ *possèdent une solution dans le voisinage sphérique fermé* U_0 *de* P_0 *de rayon* $\Delta \sqrt{\sum\limits_{\nu=1}^{n} f_\nu(P_0)^2}$, *si l'on a*

$$(3) \qquad \Delta \sqrt{\sum_{\nu=1}^{n} f_\nu(P_0)^2} \leq \rho.$$

Le théorème I est équivalent à l'énoncé suivant :

II. *Dans les hypothèses de* I, *abstraction faite de* (3), *l'image de* U *par* (1) *contient un voisinage sphérique fermé du point* $[f_\nu(P_0)]$ *de rayon* ρ/Δ.

(*) Séance du 6 novembre 1950.

3. *Démonstration de* I. — Considérons, t variant de 0 à 1, les équations

$$(4) \qquad f_\nu(x_1, \ldots, x_n) = (1 - t) f_\nu(\mathrm{P}_0) \qquad (\nu = 1, \ldots, n).$$

(4) a d'après le théorème classique d'existence pour $t > 0$ suffisamment petit des solutions P_t formant un arc continu C de courbe partant de P_0. Ce théorème est applicable tant que C ne sort pas de U. Or, on a, s étant la longueur d'arc de C, comptée à partir de P_0 et croissant avec t, d'après l'inégalité de Cauchy-Schwarz

$$\left(\frac{ds}{dt}\right)^2 = \sum_{\nu=1}^{n}\left(\frac{dx_\nu}{dt}\right)^2 = \sum_{\nu=1}^{n}\left(\sum_{\mu=1}^{n}\frac{\partial x_\nu}{\partial f_\mu}f_\mu(\mathrm{P}_0)\right)^2$$

$$\leq \sum_{\nu=1}^{n}\sum_{\mu=1}^{n}\left(\frac{\partial x_\nu}{\partial f_\mu}\right)^2\sum_{\mu=1}^{n}f_\mu(\mathrm{P}_0)^2 \leq \Delta^2\sum_{\mu=1}^{n}f_\mu(\mathrm{P}_0)^2 \leq \rho^2,$$

tant que P_t reste dans U. Mais alors on a $s \leq \rho t$, et P_t ne peut atteindre la frontière de U que pour $t = 1$. Or, s'il existait un $\tau^\star \leq 1$ tel que pour tout $t < \tau^\star$, P_t est atteint le long de C, il résulte du théorème sur l'existence d'un point-limite que $\mathrm{P}_{\tau^\star}$ est aussi atteint, et même, pour $\tau^\star < 1$, que C peut être prolongé au delà de $\mathrm{P}_{\tau^\star}$. Alors la démonstration s'achève immédiatement.

4. $\Delta(\mathrm{P})$ défini par (2) est un invariant orthogonal aussi bien dans l'espace des x_ν que dans celui des f_ν, et tel que $1/\Delta(\mathrm{P})$ est analogue au module de la dérivée première et s'y réduit pour $n = 1$. Un invariant analogue remplaçant le module de la dérivée seconde et s'y réduisant pour $n = 1$ est défini par

$$\Delta^\star(\mathrm{P}) = \sqrt{\sum_{\nu, \mu, \varkappa}\left[\frac{\partial^2 f_\varkappa(\mathrm{P})}{\partial x_\nu \partial x_\mu}\right]^2}$$

Alors, *le module du gradient de* $1/\Delta(\mathrm{P})$ *est majoré par* $\Delta^\star(\mathrm{P})$.

En utilisant $\Delta^\star(\mathrm{P})$ on peut donner l'énoncé suivant, assurant *l'unicité* des solutions pour les équations en question :

III. *Si l'on a* $f_\nu(\mathrm{P}) = f_\nu(\mathrm{Q})$ $(\nu = 1, \ldots, n)$ *pour deux points différents* P, Q; *si les dérivées secondes des* f_ν *sont continues sur le segment de droite* S *joignant* P *à* Q *et de longueur* σ *et si le Jacobien des* f_ν *est* $\neq 0$ *dans* P, *on a pour un certain point* P* *et un point arbitraire* P_0 *de* S :

$$\sigma\,\Delta(\mathrm{P}_0)\,\Delta^\star(\mathrm{P}^\star) \geq 2.$$

Ici la constante 2 peut être remplacée par 4, si P_0 est pris au milieu de S. Les valeurs de ces deux constantes ne peuvent être améliorées pour aucune valeur de n.

5. On peut généraliser le théorème I en remplaçant, dans (2), (3), l'exposant 2 respectivement par p, q, où $p \geqq 1$, $q \geqq 1$, $(1/p) + (1/q) = 1$, et l'on peut étendre III dans la même direction. Le cas $p = \infty$ est particulièrement important.

L'analogie de $1/\Delta(P)$ et $\Delta^\star(P)$ avec les dérivées premières et secondes se confirme aussi dans le procédé de Newton-Raphson.

Les résultats indiqués seront développés dans un autre recueil.

GAUTHIER-VILLARS, IMPRIMEUR-LIBRAIRE DES COMPTES RENDUS DES SÉANCES DE L'ACADÉMIE DES SCIENCES

138164-50 Paris. — Quai des Grands-Augustins, 55.

GENERALIZATION OF A THEOREM OF OSGOOD TO THE CASE OF CONTINUOUS APPROXIMATION[1]

A. M. OSTROWSKI

In the historical development of the theory of convergence the following theorem of Osgood[2] has played a very important role: *Suppose that the functions $f_\nu(x)$ are continuous in the interval (a, b) and with $\nu \to \infty$ converge to a limit $f(x)$ which is also continuous in (a, b); then to any $\epsilon > 0$ there exists a subinterval (a', b') of (a, b) and an integer n_0 such that*

$$\left| f_\nu(x) - f(x) \right| < \epsilon$$

is valid in (a', b') for all $\nu > n_0$.

Although since 1897 a great number of results in this direction have been found, Osgood's theorem has not been as yet completely superseded and provides sometimes a useful means in dealing with convergent sequences. In what follows I prove an analogous theorem for the case of *continuous* convergence.

THEOREM. *Let $f(t, x)$ be a continuous function of the point (t, x) for $a < x < b$ and $t \geq T$ and suppose that we have*

$$\lim_{t \to \infty} f(t, x) = f(x)$$

where $f(x)$ is also continuous in (a, b); then for any $\epsilon > 0$ there exists a subinterval J of (a, b) and a number T_0 such that we have for $x < J$, $t \geq T_0$:

$$(1) \qquad \left| f(t, x) - f(x) \right| < \epsilon \qquad (t \geq T_0,\ x < J).$$

The proof of our theorem follows easily from the following

LEMMA. *If $f(t, x)$ is a continuous function of the point (t, x) for $t \geq T$ and $a'' < x < b''$, where T is a positive integer, then a sequence of positive numbers t_ν tending to ∞ can be found such that to each $t \geq T$ there corresponds a t_ν tending to ∞ with t, for which we have*

$$\left| f(t, x) - f(t_\nu, x) \right| \leq 1/t.$$

PROOF OF THE LEMMA. Since $f(t, x)$ is *uniformly* continuous in any

---

Received by the editors July 1, 1949.

[1] The preparation of this paper was sponsored by the Office of Naval Research.

[2] W. F. Osgood, *Non-uniform convergence and the integration of series term by term,* Amer. J. Math. vol. 19 (1897) p. 161, the "Fundamental Theorem."

rectangle $a'' \leq x \leq b''$, $n \leq t \leq n+1$, for $n \geq T$, there corresponds to any integer $n \geq T$ a positive integer N_n such that we have

$$(2) \qquad \left| f(t,\, x) - f(t_0,\, x) \right| \leq \frac{1}{n+1}$$

if t and t_0 lie between n and $n+1$ and $\left| t - t_0 \right| \leq 1/N_n$, $a'' \leq x \leq b''$. We subdivide all intervals $\langle n,\, n+1 \rangle$ with $n \geq T$ in N_n equal parts and denote the division points from $t_1 = T$ on by $t_1,\ t_2,\ \cdots$. Then for each $t \geq T$ there exists a t_ν from the interval between $[t]$ and $[t]+1$ such that $t_\nu \leq t < t_{\nu+1}$ and therefore by (2) for all x in $\langle a'',\, b'' \rangle$

$$\left| f(t,\, x) - f(t_\nu,\, x) \right| \leq \frac{1}{[t_\nu] + 1} \leq \frac{1}{t}\,.$$

Our lemma is proved.

PROOF OF THE THEOREM. Without loss of generality T in the theorem can be supposed a positive integer. Apply the lemma to a closed interval $\langle a'',\, b'' \rangle$ contained in $(a,\, b)$ and form for this closed interval and the function $f(t,\, x)$ the sequence t_ν of the lemma. In applying Osgood's theorem to the sequence of functions $f(t_\nu,\, x)$, to a given $\epsilon > 0$ we find a subinterval J of $\langle a'',\, b'' \rangle$ and an integer n_0 such that

$$(3) \qquad \left| f(t_\nu,\, x) - f(x) \right| \leq \epsilon/2 \qquad\qquad (\nu \geq n_0,\ x < J).$$

Take then T_0 such that $1/T_0 < \epsilon/2$ and such that for each $t \geq T_0$, a t_ν corresponding to t by the lemma has an index $\geq n_0$. Then we have

$$(4) \qquad \left| f(t,\, x) - f(t_\nu,\, x) \right| \leq 1/t \leq 1/T_0 < \epsilon/2$$

for all x from $\langle a'',\, b'' \rangle$ and the assertion (1) follows from the inequalities (3) and (4). Our theorem is proved.

Both the theorem and the lemma proved remain valid if t goes to ∞ through a set M which has a closed intersection with any finite interval. The necessary modifications in the proof are obvious. The case of a finite limiting point for t is reduced to the case treated above by a linear transformation.

NATIONAL BUREAU OF STANDARDS AND
UNIVERSITY OF BASLE

ANALYSE MATHÉMATIQUE. — *Un nouveau théorème d'existence pour les systèmes d'équations.* Note (*) de **M. Alexandre Ostrowski**, présentée par M. Jacques Hadamard.

Perfectionnement d'un résultat communiqué antérieurement ([1]) sur les conditions de résolubilité d'un système d'équations dans un espace vectoriel.

1. Le théorème d'existence donné dans une Note précédente ([1]) peut être considérablement étendu en utilisant la « distance généralisée » de Minkowski. Dans un espace réel linéaire R^n à n dimensions, on fait correspondre à chaque vecteur ξ, de coordonnées $x_1, \ldots, x_n$, une fonction

$$(1) \qquad \varphi(\xi) = \varphi(x_1, \ldots, x_n),$$

sa « longueur généralisée », satisfaisant aux conditions suivantes :

$$1^o \qquad \varphi(\xi) \geqq 0, \qquad \varphi(\xi) = 0 \text{ seulement pour } \xi \equiv 0;$$
$$2^o \qquad \varphi(t\xi) = t\varphi(\xi), \qquad t \geqq 0;$$
$$3^o \qquad \varphi(\xi_1 + \xi_2) \leqq \varphi(\xi_1) + \varphi(\xi_2);$$
$$4^o \qquad \varphi(\xi) \text{ est une fonction continue de } \xi.$$

On définit alors la distance de P à Q comme la longueur généralisée du vecteur $\overrightarrow{PQ}$.

2. Soit d'autre part $\chi(\xi) = \chi(x_1, \ldots, x_n)$ une fonction du vecteur ξ jouissant des deux propriétés 1° et 2° et telle qu'on a, pour une constante positive c et pour chaque vecteur η de longueur euclidienne 1 :

$$(2) \qquad \chi(\eta) \geqq c > 0, \qquad |\eta| = 1.$$

Alors nous poserons, pour une matrice quadratique A d'ordre n

$$(3) \qquad \Lambda_{\varphi,\chi}(A) = \underset{\eta}{\mathrm{Sup}} \, \frac{\varphi(A\eta)}{\chi(\eta)}.$$

On montre facilement que $\Lambda_{\varphi,\chi}(A)$ est une distance généralisée au sens de Minkowski dans l'espace des matrices réelles quadratiques A d'ordre n :

(*) Séance du 19 février 1951.
([1]) *Comptes rendus*, **231**, 1950, p. 1114-1116.

158

3. Théorème. — *Soient*

$$(4) \qquad y_\nu = f_\nu(\mathrm{P}) = f_\nu(x_1, \ldots, x_n) \qquad (\nu = 1, \ldots, n)$$

n fonctions de P variant dans un voisinage U d'un point $\mathrm{P}_0(a_1, \ldots, a_n)$, et supposons que $\mathrm{U} = \mathrm{U}_\rho(\mathrm{P}_0)$ soit défini par

$$(5) \qquad \varphi(\overrightarrow{\mathrm{P}_0\mathrm{P}}) \leqq \rho \qquad [\mathrm{U}_\rho(\mathrm{P}_0)].$$

Supposons que les dérivées partielles des fonctions (4) existent en U et que le Jacobien des f_ν par rapport aux x_μ reste $\neq 0$ en U.

En désignant par $\mathrm{J}(\mathrm{P})$ la matrice Jacobienne des f_ν par rapport aux x_μ, supposons que l'expression $\Lambda_{\varphi,\chi}[\mathrm{J}^{-1}(\mathrm{P})]$ possède une borne supérieure finie en U, et désignons la borne exacte de cette expression par δ.

Posons maintenant

$$(6) \qquad \chi[-f_1(\mathrm{P}_0), \ldots, -f_n(\mathrm{P}_0)] = \sigma.$$

Alors si l'on a $\delta\sigma \leqq \rho$, le système d'équations $f_\nu = 0 (\nu = 1, \ldots, n)$ possède au moins une solution dans U.

4. Désignons, pour une matrice quadratique A d'ordre n, les racines carrées de la plus grande et de la plus petite racine fondamentale de AA' respectivement par $\Lambda(\mathrm{A})$ et $\lambda(\mathrm{A})$. Alors, dans le cas spécial où les fonctions $\varphi(\xi)$, $\chi(\xi)$ sont toutes les deux les *longueurs euclidiennes* de ξ, on a

$$(7) \qquad \Lambda_{\varphi,\chi}(\mathrm{A}) = \Lambda(\mathrm{A}), \qquad \Lambda_{\varphi,\chi}(\mathrm{A}^{-1}) = \frac{1}{\lambda(\mathrm{A})}.$$

L'emploi de $\Lambda[\mathrm{J}^{-1}(\mathrm{P})]$ permet parfois de resserrer considérablement les bornes données dans notre Note [1]. D'autre part on obtient, pour les variations des expressions $\Lambda(\mathrm{A})$, $\lambda(\mathrm{A})$, des évaluations en termes de $\Lambda(\delta\mathrm{A})$ complètement analogues à celle donnée dans une Note précédente [2].

5. On peut donner, dans un cas suffisamment général, une borne très commode pour $\Lambda_{\varphi,\chi}(\mathrm{A})$. Supposons que $\varphi(\xi)$ satisfasse, outre les propriétés 1° — 4° du n° 1, à la condition

5° $\qquad \varphi(x_1, \ldots, x_n) = \varphi(|x_1|, \ldots, |x_n|),$

et possède des dérivées continues du premier ordre.

Quant à $\chi(\xi)$, nous supposerons qu'elle soit la « fonction conjuguée » de $\varphi(\xi)$ [3], c'est-à-dire qu'elle soit donnée par

$$(8) \qquad \chi(\xi) = \max_\eta \xi\eta \qquad [\varphi(\eta) = 1].$$

---

[2] *Comptes rendus*, **231**, 1950, p. 1019-1021.

[3] H. Minkowski, *Gesammelte Werke*, Bd, **2**, p. 144-147.

6. Désignons alors dans une matrice quadratique A d'ordre n par α_μ ($\mu = 1, \ldots, n$) le vecteur formé par les éléments de la $\mu^{\text{ième}}$ ligne de A, et posons

(9) $$K_\varphi(A) = \varphi[\varphi(\alpha_1), \ldots, \varphi(\alpha_n)],$$

(10) $$S_\varphi(A) = \max[K_\varphi(A), K_\varphi(A')].$$

Alors on a

(11) $$\Lambda_{\varphi,\chi}(A) \leqq K_\varphi(A) \leqq S_\varphi(A).$$

D'autre part, on a, en désignant par le symbole δ la différentiation unilatérale par rapport à un paramètre quelconque dans le cas où $\delta(A)$ existe, l'inégalité très générale

(12) $$\left| \delta \frac{1}{S_\varphi(A^{-1})} \right| \leqq S_\chi(\delta A),$$

qui embrasse, en les généralisant considérablement, les résultats donnés dans ([2]).

NOTE ON AN INFINITE INTEGRAL

In this note we prove (Theorem II), that from the convergence of an integral

$$\int_p^\infty \frac{f(ax) - f(bx)}{x^{\alpha+1}}\, dx \qquad\qquad (p,\, a,\, b,\, \alpha > 0)$$

follows the convergence of the integral $\int_p^\infty f(x) x^{-(\alpha+1)}\, dx$. That this is no longer true for $\alpha = 0$ is well known and is the essential point behind the so-called Frullani theorem.

This result appears to be new while our Theorem I, the relation

$$\int_0^\infty \frac{f'(x)}{x^\alpha}\, dx = \alpha \int_0^\infty \frac{f(x) - f(+0)}{x^{\alpha+1}}\, dx \qquad\qquad (\alpha > 0),$$

is, in the case $\alpha = 1$, more or less old, since a formula by Winckler,

$$\text{(W)} \qquad \int_0^\infty \frac{f(bx) - f(ax)}{x^2}\, dx = (b - a) \int_0^\infty \frac{f'(x)}{x}\, dx$$

is an immediate corollary of our formula for $\alpha = 1$. (The integral on the left in (W) has been considered by J. Bertrand [1; 225] and G. Frullani [2; 462]. However, the results given by both authors are not correct.) I have been unable to find in the literature the Theorem I as I prove it.

LEMMA I. *Let for a positive p and a positive α the integral*

$$\text{(1)} \qquad \int_0^p \frac{\varphi(t)}{t^\alpha}\, dt = \lim_{\epsilon \downarrow 0} \int_\epsilon^p \frac{\varphi(t)}{t^\alpha}\, dt$$

exist. Then the integral

$$\text{(2)} \qquad \int_0^p \varphi(t)\, dt = \lim_{\epsilon \downarrow 0} \int_\epsilon^p \varphi(t)\, dt$$

exists, and we have

$$\text{(3)} \qquad \left(\frac{1}{x}\right)^\alpha \int_0^x \varphi(t)\, dt \to 0 \qquad\qquad (x \downarrow 0).$$

(In (1), (2), (5), (9) and (13), the right-hand integral is to be understood as a Lebesgue integral.)

Proof. For $0 < x_0 < x < p$ we have by the second mean value theorem (for this theorem in the case of Lebesgue integrals, see [3; 231]) the relation

$$\text{(4)} \qquad \int_{x_0}^x \varphi(t)\, dt = x_0^\alpha \int_{x_0}^\xi \frac{\varphi(t)}{t^\alpha}\, dt + x^\alpha \int_\xi^x \frac{\varphi(t)}{t^\alpha}\, dt,$$

Received July 21, 1949. The preparation of this paper was sponsored in part by the Office of Naval Research.

where ξ is a suitable number between x_0 and x. From this it follows that, with $x \downarrow 0$ and $x_0 \downarrow 0$, also

$$\int_{x_0}^{x} \varphi(t)\, dt \to 0,$$

and this is the general condition for the convergence of (2). Putting now $x_0 = 1/v$, $v = n_0$, $n_0 + 1$, $\cdots$, in (4) we have

$$\left(\frac{1}{x}\right)^{\alpha} \int_{1/v}^{x} \varphi(t)\, dt = \left(\frac{1}{vx}\right)^{\alpha} \int_{1/v}^{\xi_v} \frac{\varphi(t)}{t^{\alpha}}\, dt + \int_{\xi_v}^{x} \frac{\varphi(t)}{t^{\alpha}}\, dt \qquad \left(\frac{1}{v} < \xi_v < x\right),$$

and if we let v go to ∞ through a partial sequence for which $\lim \xi_v = \xi$ exists, we obtain

$$\left(\frac{1}{x}\right)^{\alpha} \int_{0}^{x} \varphi(t)\, dt = \int_{\xi}^{x} \frac{\varphi(t)}{t^{\alpha}}\, dt \qquad (0 \leq \xi \leq x),$$

and (3) follows now for $x \downarrow 0$.

LEMMA II. *Let the integral*

$$(5) \qquad \int_{p}^{\infty} \frac{\varphi(t)}{t^{\alpha}}\, dt = \gamma = \lim_{A \to \infty} \int_{p}^{A} \frac{\varphi(t)}{t^{\alpha}}\, dt$$

exist for a $p > 0$ and an $\alpha > 0$. Then we have

$$(6) \qquad \left(\frac{1}{x}\right)^{\alpha} \int_{p}^{x} \varphi(t)\, dt \to 0 \qquad\qquad (x \to \infty).$$

Proof. Put for an $x > p$

$$(7) \qquad F(x) = \int_{p}^{x} \varphi(t)\, dt.$$

The for $x \geq p$

$$(8) \qquad \int_{p}^{x} \frac{\varphi(t)}{t^{\alpha}}\, dt = \int_{p}^{x} \frac{F'(t)}{t^{\alpha}}\, dt = \frac{F(x)}{x^{\alpha}} + \alpha \int_{p}^{x} \frac{F(t)}{t^{\alpha+1}}\, dt \to \gamma.$$

(With respect to (8) and (12), for the integration by parts in the case of Lebesgue integrals, see [3; 220].) Consider the expression

$$\alpha \int_{p}^{x} \frac{F(t)}{t^{\alpha+1}}\, dt = \left(\alpha x^{\alpha} \int_{p}^{x} \frac{F(t)}{t^{\alpha+1}}\, dt\right) / x^{\alpha}.$$

Since with $x \to \infty$, the denominator $x^{\alpha} \to \infty$, the limit of this quotient with $x \to \infty$ can be calculated by the Bernoulli-L'Hospital rule. (Under the corresponding assumptions, it is proved in [4; 137, Satz 195].) The quotient of the derivatives is

$$\left(\alpha x^{\alpha-1} \int_{p}^{x} \frac{F(t)}{t^{\alpha+1}}\, dt + \frac{F(x)}{x}\right) / x^{\alpha-1} = \frac{F(x)}{x^{\alpha}} + \alpha \int_{p}^{x} \frac{F(t)}{t^{\alpha+1}}\, dt$$

and tends by (8) to γ. We have

$$\alpha \int_p^x \frac{F(t)}{t^{\alpha+1}}\, dt \to \gamma,$$

and it follows at once, again by (8), that $F(x)x^{-\alpha} \to 0$, that is, (6).

THEOREM I. *Let $f(x)$ be absolutely continuous for $0 < x < \infty$ and for an $\alpha > 0$ let*

$$(9) \qquad \int_0^\infty \frac{f'(x)}{x^\alpha}\, dx = \lim \int_\epsilon^A \frac{f'(x)}{x^\alpha}\, dx \qquad (\epsilon \downarrow 0,\, A \to \infty)$$

converge. Then $f(+0) = \lim_{x \downarrow 0} f(x)$ exists and we have

$$(10) \qquad \int_0^\infty \frac{f'(x)}{x^\alpha}\, dx = \alpha \int_0^\infty \frac{f(x) - f(+0)}{x^{\alpha+1}}\, dx.$$

Proof. In the relation

$$f(x) - f(x_0) = \int_{x_0}^x f'(t)\, dt,$$

the right-hand integral converges to 0 with $x \downarrow 0$, $x_0 \downarrow 0$, since by Lemma I, $\int_0^1 f'(t)\, dt$ converges. Therefore we have $f(x) - f(x_0) \to 0$; $x \downarrow 0$, $x_0 \downarrow 0$, and this is sufficient for the existence of the limit $f(+0)$. We have therefore

$$(11) \qquad \int_0^x f'(t)\, dt = f(x) - f(+0).$$

Consider now for $0 < \epsilon < A$ the relation

$$(12) \qquad \int_\epsilon^A \frac{f'(x)}{x^\alpha}\, dx = \left(\frac{1}{A}\right)^\alpha \int_0^A f'(t)\, dt - \left(\frac{1}{\epsilon}\right)^\alpha \int_0^\epsilon f'(t)\, dt$$
$$+ \alpha \int_\epsilon^A \frac{f(x) - f(+0)}{x^{\alpha+1}}\, dx.$$

The two first terms on the right tend with $\epsilon \downarrow 0$, $A \to \infty$, to 0 by Lemmas I and II, and (10) follows at once.

THEOREM II. *For positive p, α, a and b let the integral*

$$(13) \qquad \int_p^\infty \frac{f(ax) - f(bx)}{x^{\alpha+1}}\, dx = \lim_{A \to \infty} \int_p^A \frac{f(ax) - f(bx)}{x^{\alpha+1}}\, dx$$

converge, where $f(x)$ is such that $\int_p^x f(x)\, dx$ exists for any $x \geq p$. Then the integral

$$(14) \qquad \int_p^\infty \frac{f(x)}{x^{\alpha+1}}\, dx$$

is convergent.

Proof. Without loss of generality we can assume $b = 1$, $a = q > 1$. Put

$$(15) \qquad F(x) = \int_p^x \frac{f(t)}{t^{\alpha+1}} \, dt \qquad (x \geq p).$$

Then we have at once for $p \leq A < A'$,

$$(16) \qquad \int_A^{A'} \frac{f(qx) - f(x)}{x^{\alpha+1}} \, dx = q^\alpha (F(qA') - F(qA)) - (F(A') - F(A)),$$

$$\int_A^{A'} \frac{f(qx) - f(x)}{x^{\alpha+1}} \, dx = q^\alpha [(F(qA') - F(A')) - (F(qA) - F(A))]$$
$$(17)$$
$$+ (q^\alpha - 1)[F(A') - F(A)].$$

Put in (16), $A = A_0 q^\nu$, $A' = A_0 q^{\nu+1}$ for $A_0 \geq p$, $\nu \geq 0$ and multiply both sides by $q^{\alpha(\nu-n)}$. Then we obtain

$$q^{\alpha(\nu-n)} \int_{A_0 q^\nu}^{A_0 q^{\nu+1}} \frac{f(qx) - f(x)}{x^{\alpha+1}} \, dx = q^{\alpha(\nu+1-n)}(F(q^{\nu+2}A_0) - F(q^{\nu+1}A_0))$$

$$- q^{\alpha(\nu-n)}(F(q^{\nu+1}A_0) - F(q^\nu A_0)).$$

For a positive integer n, if ν runs through $0, 1, \cdots, n-1$, we have by summation

$$\sum_{\nu=0}^{n-1} q^{\alpha(\nu-n)} \int_{A_0 q^\nu}^{A_0 q^{\nu+1}} \frac{f(qx) - f(x)}{x^{\alpha+1}} \, dx = (F(q^{n+1}A_0) - F(q^n A_0))$$

$$- q^{-\alpha n}(F(A_0 q) - F(A_0)),$$

$$F(q^{n+1}A_0) - F(q^n A_0) = q^{-\alpha n}(F(qA_0) - F(A_0))$$
$$(18)$$
$$+ \sum_{\nu=0}^{n-1} q^{\alpha(\nu-n)} \int_{A_0 q^\nu}^{A_0 q^{\nu+1}} \frac{f(qx) - f(x)}{x^{\alpha+1}} \, dx.$$

Put for $A \geq p$

$$(19) \qquad \epsilon(A) = \operatorname*{Sup}_{B \geq A} \left| \int_B^{Bq} \frac{f(qx) - f(x)}{x^{\alpha+1}} \, dx \right|;$$

then $\epsilon(A)$ tends monotonically to 0 with $A \to \infty$ and we obtain for the sum on the right in (18)

$$\left| \sum_{\nu=0}^{n-1} q^{\alpha(\nu-n)} \int_{A_0 q^\nu}^{A_0 q^{\nu+1}} \frac{f(qx) - f(x)}{x^{\alpha+1}} \, dx \right| \leq \sum_{\nu=0}^{n-1} q^{\alpha(\nu-n)} \epsilon(A_0 q^\nu),$$

and this is, if $m = [\tfrac{1}{2}n]$; $m \le \tfrac{1}{2}n$, $n - m \ge m$,

$$\le \epsilon(A_0) \sum_{\nu=0}^{m-1} q^{\alpha(\nu-n)} + \epsilon(q^m A_0) \sum_{\nu=m}^{n-1} q^{\alpha(\nu-n)}$$

$$\le \epsilon(p) \frac{q^{-\alpha m}}{q^\alpha - 1} + \epsilon(pq^m) \frac{1}{q^\alpha - 1} \;.$$

(18) can now be written in the form

$$F(q^{n+1}A_0) - F(q^n A_0) = q^{-\alpha n}(F(qA_0) - F(A_0))$$

(20)
$$+ \frac{\theta}{q^\alpha - 1} (\epsilon(pq^m) + \epsilon(p)q^{-\alpha m}) \qquad (\mid \theta \mid \le 1).$$

Let now $A > qp$ and the integer n chosen in such a way that $p \le Aq^{-n} = A_0 < qp$. We have then $A = q^n A_0$, $n \ge 1$, and it follows from (20) that

$$(21) \quad F(qA) - F(A) = q^{-\alpha n}(F(qA_0) - F(A_0)) + \frac{\theta}{q^\alpha - 1}(\epsilon(pq^m) + \epsilon(p)q^{-\alpha m}),$$

where

$$\mid F(qA_0) - F(A_0) \mid \le \left| \int_{A_0}^{qA_0} \frac{f(x)}{x^{\alpha+1}}\, dx \right| \le \int_p^{pq^2} \frac{\mid f(x) \mid}{x^{\alpha+1}}\, dx.$$

With $A \to \infty$ we have also $n \to \infty$ and $m \to \infty$, and the right-hand side of (21) tends to 0. We obtain

$$(22) \qquad\qquad F(qA) - F(A) \to 0 \qquad\qquad (A \to \infty).$$

Consider now (17) and let A and A' tend to ∞. Then the integral on the left tends by hypothesis to 0 and the first term on the right tends also to 0 by (22). It follows that

$$F(A') - F(A) \to 0 \qquad\qquad (A' \to \infty,\ A \to \infty),$$

$$\lim_{x \to \infty} F(x) = \int_p^\infty \frac{f(x)}{x^{\alpha+1}}\, dx \qquad \text{exists.}$$

Our theorem is proven.

REFERENCES

1. J. BERTRAND, *Traité de Calcul Différentiel et de Calcul Intégral*, vol. 2, Paris, 1870.
2. G. FRULLANI, *Sopra gli integrali definiti*, Memorie della Societa Italiana delle Scienze, vol. 20(1828), pp. 448–467.
3. L. M. GRAVES, *The Theory of Functions of Real Variables*, New York, 1946.
4. E. LANDAU, *Einführung in die Differentialrechnung und Integralrechnung*, Groningen, 1934.
5. A. WINCKLER, *Ueber einige zur Theorie der bestimmten Integrale gehörige Formeln und Methoden*, Wiener Berichte, vol. 60(1869), pp. 857–917.

UNIVERSITY OF BASLE, SWITZERLAND
AND
NATIONAL BUREAU OF STANDARDS.

Sur quelques applications des fonctions convexes et concaves
au sens de I. Schur;

1. Dans plusieurs travaux, M. Montel ([1]) a mis en relief l'intérêt que présentent les fonctions sousharmoniques comme une généralisation naturelle des fonctions convexes d'une variable. Toutefois, pour certaines questions spéciales, d'autres généralisations des fonctions convexes au cas de plusieurs variables présentent un certain intérêt. Parmi ces généralisations celle due à I. Schur ([2]) est peut-être la moins connue et la plus importante.

Cependant la notion introduite par Schur peut être encore généralisée, puisque Schur s'est borné aux fonctions des variables *positives*, une condition qui devient trop restrictive dans certaines applications. D'autre part les critères établis par Schur pour les fonctions qu'il a introduites sont un peu incomplètes, puisque sa condition suffisante suppose l'existence des dérivées secondes.

2. Schur a appliqué sa théorie au problème suggéré par le célèbre théorème d'Hadamard. Soient

$$(1) \qquad H(X) = \sum_{\mu,\nu=1}^{n} h_{\mu\nu} \bar{x}_\mu x_\nu, \qquad X = (x_1, \ldots, x_n)$$

([1]) *Cf.* par exemple [12]. (Les numéros entre crochets se rapportent à la bibliographie à la fin du Mémoire.)

([2]) *Cf.* I. Schur [18].

une forme hermitique des coordonnées $x_1, \ldots, x_n$ d'un vecteur X et $\omega_1, \ldots, \omega_n$ les racines fondamentales de la matrice $H = (h_{\mu\nu})$, que nous supposons ordonnées en croissant

$$(2) \qquad \omega_1 \leqq \omega_2 \leqq \ldots \leqq \omega_n.$$

Alors l'inégalité d'Hadamard se réduit à l'inégalité (^{3})

$$(3) \qquad h_{11} h_{22} \ldots h_{nn} \geqq \omega_1 \omega_2 \ldots \omega_n,$$

valable pour chaque forme hermitique *positive*; et le résultat principal de Schur consiste en ce qu'une fonction $G(x_1, \ldots, x_n)$ *concave* dans le sens qu'il définit, satisfait toujours l'inégalité

$$G(h_{11}, h_{22}, \ldots, h_{nn}) \geqq G(\omega_1, \omega_2, \ldots, \omega_n)$$

pour chaque forme (1) positive.

5. Nous démontrons dans cette direction (théorème XV, n° 27) que pour chaque k, $1 \leqq k < n$, et pour chaque fonction $G(x_1, \ldots, x_k)$ concave au sens de Schur et *croissante en* $x_1, \ldots, x_k$, on a l'inégalité

$$(4) \qquad G(h_{11}, \ldots, h_{kk}) \geqq G(\omega_1, \ldots, \omega_k).$$

Il existe une inégalité analogue pour chaque fonction $F(x_1, \ldots, x_k)$ convexe et croissante en $x_1, \ldots, x_k$:

$$(5) \qquad F(h_{11}, \ldots, h_{kk}) \leqq F(\sigma_1, \ldots, \sigma_k),$$

où $\sigma_1, \ldots, \sigma_n$ sont les racines fondamentales de H ordonnées dans l'ordre non croissant

$$(6) \qquad \sigma_1 \geqq \sigma_2 \geqq \ldots \geqq \sigma_n \qquad (\sigma_\nu = \omega_{n-\nu+1}).$$

La méthode utilisée dans la démonstration de (4) et (5) peut être aussi utilisée pour généraliser certaines inégalités établies depuis 1949 par MM. H. Weyl, Ky Fan, G. Pólya et A. Horn (^{4}). Nous montrons (n^{os} **29-33**) que les fonctions du type $\sum\limits_{\varkappa=1}^{k} \varphi(x_\varkappa)$, utilisées par

---

(^{3}) *Cf.* E. Fischer [5].
(^{4}) *Cf.* [3], [8], [17] et [22] dans la bibliographie.

ces auteurs dans leurs énoncés, peuvent être remplacées par des fonctions beaucoup plus générales.

4. Le paragraphe I (n^os **5-11**) de ce Mémoire est consacré à la discussion d'une classe de transformations linéaires introduite par I. Schur et que nous appelons les *transformations* S. Hardy, Littlewood et Pólya ([5]) ont donné une condition nécessaire et suffisante pour que deux n-tuples de nombres soient liés par une transformation S. Leur démonstration étant difficile, nous donnons dans le paragraphe I une autre démonstration de ce théorème. Ensuite nous démontrons un lemme (le théorème II) qui est fondamental pour nos développements et qui permet d'étendre la plupart des résultats connus de cette théorie aux cas essentiellement plus généraux.

Au paragraphe II (n^os **12-16**) nous considérons les fonctions de plusieurs variables convexes S et concaves S et établissons différentes inégalités valables pour ces fonctions.

Dans le paragraphe III (n^os **17-21**) nous établissons des critères différentiels pour la convexité S en généralisant et précisant quelques résultats de Schur. Ces critères nous permettent au paragraphe IV d'établir pour certaines classes de fonctions (n^os **21-25**) de plusieurs variables le caractère de convexité S ou concavité S. La plus grande partie de ces fonctions a été déjà considérée par Schur. Nous avons dû revenir sur ces exemples pour établir aussi le *caractère de monotonie* de ces fonctions, qui joue un rôle important dans nos développements.

Enfin nous donnons au paragraphe V (n^os **26-58**) les applications de la théorie générale à la généralisation des théorèmes mentionnés de Schur, Weyl, Ky Fan et A. Horn.

On peut d'ailleurs déduire nos généralisations du théorème de Schur de ce théorème même, beaucoup plus directement en appliquant un théorème important, mais apparemment un peu oublié (théorème XVII), d'après lequel les racines fondamentales des mineurs principaux d'ordre $n-1$ d'une matrice hermitique d'ordre n séparent les racines fondamentales de cette matrice.

([5]) *Cf.* [7], p. 91. *Cf.* aussi *Karamata* [9].

28

On peut d'ailleurs obtenir, en combinant le théorème XVII avec les inégalités (4) et (5), un résultat généralisant considérablement le principe de Fischer-Courant ([6]) (théorème XIX).

I. — **Les transformations** S.

5. Une transformation

$$(7) \qquad y_\mu = \sum_{\nu=1}^{n} s_{\mu\nu} x_\nu \qquad (\mu = 1, \ldots, n)$$

sera appelée une *transformation* S et sa matrice une *matrice* S, si elle satisfait aux trois postulats suivants :

I. *Si l'on a* $x_1 = \ldots = x_n = x$, *il en suit toujours* $y_1 = \ldots = y_n = x$.

II. $\min\limits_\mu y_\mu \geq \min\limits_\nu x_\nu$.

III. *On a toujours* $y_1 + \ldots + y_n = x_1 + \ldots + x_n$.

Du postulat II il résulte évidemment

$$(8) \qquad s_{\mu\nu} \geq 0 \qquad (\mu, \nu = 1, \ldots, n),$$

puisque si s_{kl} était < 0, on aurait une contradiction en posant $x_l = 1$, $x_\nu = 0 \, (\nu \neq l)$. Les postulats I et III donnent les conditions

$$(9) \qquad \sum_{\nu=1}^{n} s_{\mu\nu} = \sum_{\mu=1}^{n} s_{\mu\nu} = 1 \qquad (\mu, \nu = 1, \ldots, n),$$

et l'ensemble des conditions (8) et (9) est évidemment équivalent aux postulats I, II et III. Il résulte d'ailleurs de ces trois postulats que le produit des transformations S est toujours une transformation S.

Une matrice S conserve cette propriété si l'on permute d'une manière quelconque les lignes et les colonnes. Supposons donc que pour deux systèmes (y_μ), (x_ν), liés par (7), on ait

$$(10) \qquad x_1 \geq x_2 \geq \ldots \geq x_n; \qquad y_1 \geq y_2 \geq \ldots \geq y_n.$$

On a alors le théorème suivant, dû à Hardy, Littlewood et Pólya ([7]).

([6]) *Cf.* R. Courant [2], p. 19 et E. Fischer [4].

([7]) *Cf.* [6] et [7], p. 91.

Théorème I. — *Pour que les $2n$ nombres (10) soient liés par une transformation* S, (7), *les relations suivantes sont nécessaires et suffisantes :*

(11 a)
$$y_1 + \ldots + y_n = x_1 + \ldots + x_n,$$

(11 b)
$$y_1 + \ldots + y_k \leqq x_1 + \ldots + x_k \qquad (k = 1, \ldots, n-1).$$

6. *Démonstration.* — En sommant les k premières relations (7) on obtient une identité

(12)
$$\sum_{\mu=1}^{k} y_\mu = \sum_{\nu=1}^{n} t_\nu x_\nu.$$

où les t_ν satisfont aux relations

(13)
$$0 \leqq t_\nu \leqq 1, \qquad \sum_{\nu=1}^{n} t_\nu = k.$$

En soustrayant des deux côtés de (12) $x_1 + \ldots + x_k$, on a

(14)
$$\sum_{\mu=1}^{k} y_\mu - \sum_{\nu=1}^{k} x_\nu = \sum_{\varkappa=1}^{k-1} (t_\varkappa - 1)(x_\varkappa - x_k) + \sum_{\lambda=k+1}^{n} t_\lambda (x_\lambda - x_k),$$

et ici chaque terme de droite est $\leqq 0$ d'après (13) et (10). La nécessité des relations (11 b) est démontrée.

· Supposons maintenant que les relations (10), (11 a) et (11 b) soient satisfaites. En soustrayant de chacun des x_ν, y_ν une constante C, les relations (10), (11 a) et (11 b) restent inchangées, et d'autre part, l'existence de la transformation S, (7), n'est pas influencée. Nous pouvons donc supposer que l'on a, au lieu de (11 a),

(15)
$$x_1 + \ldots + x_n = y_1 + \ldots + y_n = 0.$$

L'assertion du théorème est alors immédiate si tous les x_ν s'annulent, car dans ce cas y_1, le maximum des y_ν, est $\leqq 0$, donc en vertu de (15), chaque y_ν s'annule. Donc, en démontrant notre théorème, nous pouvons supposer que l'on a

$$x_1 > 0 > x_n.$$

7. Pour $n = 2$ la démonstration du théorème I est immédiate. Dans ce cas (15) et (11 b) se réduisent aux relations

(16)
$$0 \leqq y_1 \leqq x_1, \qquad y_2 = -y_1, \qquad x_2 = -x_1,$$

et il s'agit de trouver un ε, $0 \leq \varepsilon \leq 1$, pour lequel on a

$$y_1 = (1 - \varepsilon) x_1 + \varepsilon x_2, \qquad y_2 = \varepsilon x_1 + (1 - \varepsilon) x_2.$$

Mais ces relations se réduisent en vertu de (16) à la relation $y_1 = (1 - 2\varepsilon) x_1$, qui peut être toujours satisfaite pour $0 \leq \varepsilon \leq \frac{1}{2}$ en vertu de la première inégalité (16).

Nous pouvons donc supposer que notre théorème soit déjà démontré pour toutes valeurs plus petites de n.

Si l'on a dans (11 b) le signe d'égalité pour $k = m$, nous dirons qu'il y a une *coïncidence* entre les x_ν et y_ν *pour l'indice m*.

L'assertion du théorème se vérifie maintenant immédiatement s'il y a une coïncidence pour un indice $m < n$. En effet, dans ce cas, les relations (11 b) et (15) se réduisent aux deux systèmes de relations

$$y_1 \leq x_1,$$
$$\cdots\cdots\cdots,$$
$$y_1 + \ldots + y_m = x_1 + \ldots + x_m,$$
$$y_{m+1} \leq x_{m+1},$$
$$\cdots\cdots\cdots,$$
$$y_{m+1} + \ldots + y_n = x_{m+1} + \ldots + x_n.$$

Mais alors, en appliquant notre théorème pour m et $m - n$, on déduit les y_μ des x_ν par une transformation S décomposable dans deux transformations partielles S d'ordre m l'une et d'ordre $n - m$ l'autre.

8. Nous pouvons donc supposer qu'il n'y a de signe d'égalité en (11 b) pour aucun $k < n$.

Soient maintenant x_p le plus petit x_ν *positif* et x_q le plus grand x_ν *négatif* : $x_p > 0 > x_q$. Formons n nombres $z_1, \ldots, z_n$:

$$(17) \qquad z_p = x_p - \varepsilon, \qquad z_q = x_q + \varepsilon, \qquad z_\nu = x_\nu \qquad (\nu \neq p, q).$$

Ces n nombres sont ordonnés en décroissant pour $\varepsilon > 0$ suffisamment petit et en tout cas pour $0 \leq \varepsilon \leq \min(x_p, - x_q)$, et l'on a alors assurément

$$(18) \qquad \begin{cases} z_1 + \ldots + z_k \leq x_1 + \ldots + x_k & (k = 1, \ldots, n - 1), \\ z_1 + \ldots + z_n = 0. \end{cases}$$

Je dis que *les z_ν se déduisent des x_ν par une transformation* S. En effet, il y a dans les relations (18) une égalité pour $k = 1$ si p est > 1 et pour $k = n - 1$ si q est $< n$. Il suffit donc de considérer le cas $p = 1$, $q = n$, c'est-à-dire le cas où l'on a

$$x_1 > 0, \qquad x_2 = \ldots = x_{n-1} = 0, \qquad x_n = - x_1,$$
$$z_1 = x_1 - \varepsilon \geqq 0, \qquad z_2 = \ldots = z_{n-1} = 0, \qquad z_n = - z_1.$$

Mais alors, il suffit de démontrer qu'on peut exprimer z_1, z_n par x_1, x_n moyennant une transformation S binaire, et ceci résulte immédiatement du théorème I pour $n = 2$,

Donnons maintenant à ε dans (17) la plus petite valeur positive pour laquelle ou bien il y a une coïncidence pour un indice $m < n$ entre les z_ν et les y_ν, ou bien $z_p z_q$ s'annule. Dans le premier cas les y_ν peuvent être exprimés par les z_ν moyennant S et l'assertion du théorème I est démontrée.

Dans le second cas nous avons remplacé les x_ν par les n nombres z_ν, où le nombre des zéros parmi les z_ν est plus grand que le nombre des zéros parmi les x_ν.

En itérant le même procédé on remplace finalement les x_ν par un système de n nombres consistant en zéros et le théorème I est démontré.

9. On déduit du théorème I très facilement un critère analogue, relatif au cas où les nombres (10) sont ordonnés en croissant :

$$(10\,a) \qquad x_1 \leqq x_2 \leqq \ldots \leqq x_n; \qquad y_1 \leqq y_2 \leqq \ldots \leqq y_n.$$

Théorème I a. — *Pour que les $2n$ nombres* ($10\,a$) *soient liés par une transformation* S, (7), *les relations suivantes sont nécessaires et suffisantes :*

$$(11\,a) \qquad x_1 + \ldots + x_n = y_1 + \ldots + y_n,$$
$$(11\,c) \qquad x_1 + \ldots + x_k \leqq y_1 + \ldots + y_k \qquad (k = 1, \ldots, n - 1).$$

Démonstration. — Posons

$$\xi_\nu = - x_\nu, \qquad \eta_\nu = - y_\nu \qquad (\nu = 1, \ldots, n).$$

Les relations ($11\,a$) et ($11\,c$) sont alors équivalentes avec les relations

$$\eta_1 + \ldots + \eta_n = \xi_1 + \ldots + \xi_n,$$
$$\eta_1 + \ldots + \eta_k \leqq \xi_1 + \ldots + \xi_k \qquad (k = 1, \ldots, n - 1),$$

qui, d'après le théorème I, sont nécessaires et suffisantes pour que les η_ν soient représentables par les ξ_ν moyennant une transformation S. Mais une telle représentation est équivalente à un système de formules (7).

10. Nous aurons à utiliser dans la suite le lemme suivant :

THÉORÈME II. — *Supposons que les $2n$ nombres x_ν, y_ν ($\nu = 1, \ldots, n$) satisfont les relations* (10) *et*

$$(19) \qquad y_1 + \ldots + y_k \leqq x_1 + \ldots + x_k \qquad (k = 1, \ldots, n-1, n).$$

Alors on peut trouver n nombres $z_1, \ldots, z_n$ satisfaisant aux relations

$$(20) \qquad y_\nu \leqq z_\nu \qquad (\nu = 1, \ldots, n),$$

$$(21) \qquad z_1 \geqq z_2 \geqq \ldots \geqq z_n,$$

$$(22) \qquad \begin{cases} z_1 + \ldots + z_n = x_1 + \ldots + x_n, \\ z_1 + \ldots + z_k \leqq x_1 + \ldots + x_k \qquad (k = 1, \ldots, n-1). \end{cases}$$

Démonstration. — Nous allons faire croître les y_ν de sorte que les relations (10) subsistent et dans les inégalités (19) on obtient le signe d'égalité pour l'indice k de plus en plus grand. Faisons d'abord croître y_1 jusqu'à ce qu'on ait le signe d'égalité dans une des relations (19) et soit $k = m$ le plus grand indice pour lequel on a le signe d'égalité. Alors on peut écrire les inégalités (19)

$$(23) \qquad \begin{cases} y_1 + \ldots + y_k \leqq x_1 + \ldots + x_k \qquad (k < m), \\ y_1 + \ldots + y_m = x_1 + \ldots + x_m, \\ y_1 + \ldots + y_l < x_1 + \ldots + x_l \qquad (l > m), \end{cases}$$

où m est $\geqq 1$. Soit $m < n$, on a assurément

$$(24) \qquad y_m \geqq x_m \geqq x_{m+1} > y_{m+1}.$$

Pour $m = 1$ c'est évident, pour $m > 1$ on obtient la première et la dernière relation (24) en comparant les relations (23) relatives à $k = m - 1, m, m + 1$.

De (24) il résulte que si l'on remplace y_{m+1} par x_{m+1}, on aurait le signe d'égalité dans la relation (23) pour $k = m + 1$, tandis que les inégalités (10) subsistent. Donc, en faisant croître y_{m+1}, on obtient pour la première fois le signe d'égalité en (23) pour un indice $l > m$, tandis que (10) subsiste, c'est-à-dire, on parvient à remplacer l'indice m par un indice plus grand. En répétant le même procédé, on obtient enfin le signe d'égalité dans la relation (19) pour $k = n$, et le théorème II est démontré.

11. Dans le travail déjà cité, Hardy, Littlewood et Pólya ([8]) ont démontré le théorème suivant :

THÉORÈME III. — *La possibilité de satisfaire aux relations* (10), (11a) *et* (11b), *après un changement de numérotage convenable, est nécessaire et suffisante pour que l'inégalité*

$$(25) \qquad \varphi(y_1) + \cdot \cdot + \varphi(y_n) \leqq \varphi(x_1) + \ldots + \varphi(x_n)$$

soit valable pour toute fonction $\varphi(x)$ *continue et convexe.*

Nous allons démontrer ce théorème ensemble avec le théorème suivant, analogue au théorème III :

THÉORÈME III a. — *Une condition nécessaire et suffisante pour que la relation* (25) *soit satisfaite pour chaque fonction* $\varphi(x)$ *continue, convexe et croissante, consiste en ceci, qu'après un changement convenable de numérotage, les relations suivantes sont satisfaites :*

$$(10) \qquad x_1 \geqq \ldots \geqq x_n; \qquad y_1 \geqq \ldots \geqq y_n,$$

$$(19) \qquad y_1 + \ldots + y_k \leqq x_1 + \ldots + x_k \qquad (k = 1, \ldots, n-1, n).$$

Démonstration de la nécessité des conditions des théorèmes III *et* III a. — Supposons que dans l'hypothèse (10) la relation (25) soit satisfaite pour chaque fonction $\varphi(x)$ continue, convexe et *croissante*. Appliquons (25) à la fonction donnée par

$$(26) \qquad \varphi(x) = \begin{cases} x - x_k & (x \geqq x_k), \\ 0 & (x \leqq x_k), \end{cases}$$

où k est un des nombres $1, \ldots, n$. On a évidemment pour ce $\varphi(x)$:

$$(27) \qquad \varphi(y) \geqq y - x_k, \qquad \varphi(y) \geqq 0.$$

([8]) *Cf.* [6] et [7], p. 89. *Cf.* aussi *Karamata* [9].

L'expression de droite en (25) devient alors égale à $x_1 + \ldots + x_k - kx_k$. D'autre part, on a, d'après (27),

$$\varphi(y_1) + \ldots + \varphi(y_k) \geqq y_1 + \ldots + y_k - kx_k, \qquad \varphi(y_{k+1}) + \ldots + \varphi(y_n) \geqq 0,$$

et l'expression de gauche en (25) est $\geqq y_1 + \ldots + y_k - kx_k$, de sorte qu'on a

$$y_1 + \ldots + y_k - kx_k \leqq x_1 + \ldots + x_k - kx_k,$$

et la $k^{\text{ième}}$ inégalité (19) est démontrée ($k = 1, \ldots, n$).

Si l'inégalité (25) est aussi valable pour les fonctions convexes, continues et *décroissantes*, on obtient en l'appliquant à $-x$:

$$-y_1 - \ldots - y_n \leqq -x_1 - \ldots - x_n,$$

ce qui, pris ensemble avec l'inégalité (19) pour $k = n$, donne l'égalité (11 a).

Le fait, que les conditions des théorèmes III et III a sont *suffisantes*, résultera dans la suite des théorèmes V a et IV, en les combinant avec le théorème XII.

II. — Convexité S et concavité S.

12. Soit J un intervalle ouvert quelconque sur l'axe des x, fini ou infini dans une ou deux directions. L'intervalle symétrique à J par rapport à l'origine sera désigné par $-$J, celui obtenu de J en remplaçant chaque point x de J par $x + C$, sera désigné par J $+$ C.

Pour un entier $k \geqq 1$ nous désignons par D_J le domaine

$$(28) \qquad (D_J) \quad x_1 \prec J, \quad \ldots, \quad x_k \prec J$$

dans l'espace à k dimensions. Nous écrirons parfois au lieu de D_J, $D_J^{(k)}$, pour indiquer le nombre des dimensions de l'espace en question. Par D nous désignons dans la suite D_J où J est l'intervalle $x > 0$.

Soit

$$(29) \qquad y_\mu = \sum_{\nu=1}^{k} s_{\mu\nu} x_\nu \qquad (\mu = 1, \ldots, k)$$

une transformation S quelconque, c'est-à-dire satisfaisant aux relations

$$(30) \qquad s_{\mu\nu} \geqq 0, \qquad \sum_{\nu=1}^{k} s_{\mu\nu} = \sum_{\mu=1}^{k} s_{\mu\nu} = 1 \qquad (\mu, \nu = 1, \ldots, k).$$

Si le point $x_1, \ldots, x_k$ est situé dans un domaine D_J, il en est de même pour le point $y_1, \ldots, y_k$.

Une fonction $F(x_1, \ldots, x_k)$, $k > 1$, sera désignée comme *convexe* S *dans* D_J, si pour chaque système $x_1, \ldots, x_k$ satisfaisant à (28) on a l'inégalité

$$(31) \qquad F(y_1, \ldots, y_k) \leqq F(x_1, \ldots, x_k),$$

où les y_μ sont liés aux x_ν par une transformation S quelconque, (29). Évidemment, chaque permutation des variables x_μ est une transformation S et il en est de même pour l'inverse de cette permutation. Il résulte qu'une fonction $F(x_1, \ldots, x_k)$ convexe S en D_J y est *symétrique*.

Nous appelons en particulier une fonction F *convexe* S *au sens étroit dans* D_J, si pour chaque point de D_J et pour chaque transformation S, (29), on a

$$(32) \qquad F(y_1, \ldots, y_k) < F(x_1, \ldots, x_k),$$

sauf si $y_1, \ldots, y_k$ sont une permutation des $x_1, \ldots, x_k$.

D'une manière analogue, une fonction $G(x_1, \ldots, x_k)$ sera appelée *concave* S *dans* D_J, si l'on a pour chaque point de D_J et pour chaque transformation S, (29),

$$(33) \qquad G(y_1, \ldots, y_k) \geqq G(x_1, \ldots, x_k).$$

G sera appelée *concave* S *au sens étroit en* D_J, si le signe d'égalité dans (33) n'est possible que si $y_1, \ldots, y_k$ sont une permutation des $x_1, \ldots, x_k$. On obtient évidemment d'une fonction convexe S (au sens étroit), en la multipliant par -1, une fonction concave S (au sens étroit) en D_J et vice versa ([9]).

Il résulte des définitions données que si $F(x_1, \ldots, x_k)$ est une

---

([9]) I. Schur, qui a introduit ces notions, ne considère [18] que les fonctions *concaves* et le domaine D.

fonction convexe en D_J, pour chaque constante C,

$$F(x_1 + C,\ x_2 + C,\ \ldots,\ x_k + C)$$

est convexe dans D_{J-c}. Une remarque analogue s'applique aux fonctions concaves aussi bien qu'aux fonctions convexes et concaves au sens étroit.

Il résulte des définitions (31) et (33) que si $F(x_1, \ldots, x_k)$ est convexe S dans D_J la fonction $F(-x_1, \ldots, -x_k)$ est convexe S dans D_{-J}. Le fait analogue subsiste pour les fonctions concaves S dans D_J.

La fonction $x_1 + \ldots + x_k$ est évidemment convexe et concave à la fois dans tout l'espace.

15. THÉORÈME IV. — *Soit* $F(x_1, \ldots, x_k)$ *pour* $k > 1$, *croissante* ([10]) *en* $x_1, \ldots, x_k$ *et convexe* S *dans* D_J.

Soient $x_1, \ldots, x_k$; $y_1, \ldots, y_k$ $2k$ *nombres situés en* J, *et satisfaisant aux relations*

$$(34) \qquad y_1 \geqq \ldots \geqq y_k; \qquad x_1 \geqq \ldots \geqq x_k,$$

$$(35) \qquad y_1 + \ldots + y_\varkappa \leqq x_1 + \ldots + x_\varkappa \qquad (\varkappa = 1, \ldots, k).$$

Alors on a l'inégalité (31) ([11]).

Si F *est convexe au sens étroit dans* D_J, *le signe d'égalité en* (31) *n'est possible que si l'on a*

$$y_\varkappa = x_\varkappa \qquad (\varkappa = 1, \ldots, k).$$

Démonstration. — D'après le théorème II, il existe k nombres $z_1, \ldots, z_k$ satisfaisant aux relations

$$(34\,a) \qquad y_\varkappa \leqq z_\varkappa \qquad (\varkappa = 1, \ldots, k),$$

$$z_1 \geqq z_2 \geqq \ldots \geqq z_k,$$

$$z_1 + \ldots + z_\varkappa \leqq x_1 + \ldots + x_\varkappa \qquad (\varkappa = 1, \ldots, k-1),$$

$$z_1 + \ldots + z_k = x_1 + \ldots + x_k.$$

([10]) Nous disons ici et dans la suite : « croissant » au lieu de « non décroissant » et « décroissant » au lieu de « non croissant ». S'il s'agit des fonctions *strictement* croissantes ou *strictement* décroissantes, nous ajoutons les mots : « au sens étroit ».

([11]) La Note [17] de M. Pólya contient ce résultat pour le cas où $F(x_1, \ldots, x_k)$ a la forme particulière $\varphi(x_1) + \varphi(x_2) + \ldots + \varphi(x_k)$. Mais l'artifice par lequel M. Pólya démontre son résultat ne paraît pas être généralisable au cas général.

On a donc

$$(36) \qquad \mathrm{F}(y_1, \ldots, y_k) \leqq \mathrm{F}(z_1, \ldots, z_k).$$

D'après le théorème I, les $z_\varkappa$ se déduisent des $x_\varkappa$ par une transformation S. Les $z_\varkappa$ sont donc situés dans J et l'on a

$$(37) \qquad \mathrm{F}(z_1, \ldots, z_k) \leqq \mathrm{F}(x_1, \ldots, x_k).$$

(31) est démontré.

Si F est *convexe au sens étroit* dans $\mathrm{D_J}$ et l'on a le signe d'égalité dans (31), on a le signe d'égalité dans (36) et (37). Mais alors, F étant croissante au sens étroit ([12]), on a

$$y_\varkappa = z_\varkappa \qquad (\varkappa = 1, \ldots, k)$$

et il résulte de l'égalité en (37) et de (34), (34 a) que l'on a en effet

$$y_\varkappa = x_\varkappa \qquad (\varkappa = 1, \ldots, k).$$

Le théorème IV est démontré.

14. Comme corollaire on obtient facilement :

Théorème IV a. — *Soient* $x_1 \geqq \ldots \geqq x_n$; $y_1 \geqq \ldots \geqq y_n$ 2 n *nombres situés en* J *et satisfaisant aux relations*

$$(38) \qquad y_1 + \ldots + y_\varkappa \leqq x_1 + \ldots + x_\varkappa \qquad (\varkappa = 1, \ldots, n-1),$$
$$(39) \qquad y_1 + \ldots + y_n = x_1 + \ldots + x_n.$$

Alors, si pour un k, $k = 2, \ldots, n$, $\mathrm{G}(x_1, \ldots, x_k)$ *est concave* S *dans* $\mathrm{D_J}$ *et pour* $k < n$ *croissante en* $x_1, \ldots, x_k$, *on a*

$$(40) \qquad \mathrm{G}(y_n, y_{n-1}, \ldots, y_{n-k+1}) \geqq \mathrm{G}(x_n, x_{n-1}, \ldots, x_{n-k+1}).$$

Démonstration. — D'après le théorème I, il résulte de nos hypothèses que les $y_\varkappa$ se déduisent des $x_\varkappa$ par une transformation S. Donc en posant

$$- y_{n-\varkappa+1} = \eta_\varkappa, \qquad - x_{n-\varkappa+1} = \xi_\varkappa \qquad (\varkappa = 1, \ldots, n),$$

([12]) En effet, si F était constante en x_1 dans un sous-intervalle $\mathrm{J_1}$ de J pour un système des valeurs constantes $x_2, \ldots, x_k$, on aurait évidemment le signe d'égalité dans (31) pour des valeurs constantes des $x_1, \ldots, x_k$; $y_2, \ldots, y_k$ et pour une valeur variable de y_1, ce qui serait en contradiction avec la convexité au sens étroit.

les $\eta_\varkappa$ se déduisent des $\xi_\varkappa$ par une transformation S et l'on a, $\eta_\varkappa$ et $\xi_\varkappa$ étant dans l'ordre décroissant, les relations

$$\eta_1 + \ldots + \eta_n = \xi_1 + \ldots + \xi_n,$$
$$\eta_1 + \ldots + \eta_\varkappa \leqq \xi_1 + \ldots + \xi_\varkappa \qquad (\varkappa = 1, \ldots, n-1).$$

D'autre part, la fonction $-G(-x_1, \ldots, -x_k)$ est convexe S dans D_{-J} et pour $k < n$ croissante en $x_1, \ldots, x_k$. Donc, puisque $\eta_1, \ldots, \eta_k$; $\xi_1, \ldots, \xi_k$ sont situés dans $-J$, on a par le théorème IV.

$$-G(-\eta_1, \ldots, -\eta_k) \leqq -G(-\xi_1, \ldots, -\xi_k),$$
$$G(y_n, \ldots, y_{n-k+1}) \geqq G(x_n, \ldots, x_{n-k+1}).$$

15. Indiquons maintenant les énoncés correspondant aux théorèmes IV et IV a dans le cas où les inégalités (35) sont valables, les y_ν et les x_ν étant *ordonnés dans le sens croissant.*

THÉORÈME V. — *Soit* $G(x_1, \ldots, x_k)$ *pour* $k > 1$, *croissante en* $x_1, \ldots, x_k$ *et concave S dans* D_J. *Soient*

$$(41) \qquad y_1 \leqq \ldots \leqq y_k; \qquad x_1 \leqq \ldots \leqq x_k$$

$2k$ *nombres situés en* J *et ordonnés dans le sens croissant. Alors si l'on a*

$$y_1 + \ldots + y_\varkappa \leqq x_1 + \ldots + x_\varkappa \qquad (\varkappa = 1, \ldots, k),$$

il résulte l'inégalité

$$(42) \qquad G(y_1, \ldots, y_k) \leqq G(x_1, \ldots, x_k).$$

Si G *est concave au sens étroit dans* D_J, *le signe d'égalité en* (42) *n'est possible que si l'on a*

$$y_\varkappa = x_\varkappa \qquad (\varkappa = 1, \ldots, k).$$

En effet, posons $-x_\nu = \eta_\nu, -y_\nu = \xi_\nu (\nu = 1, \ldots, k)$,

$$-G(-x_1, \ldots, -x_k) = F(x_1, \ldots, x_k).$$

Alors on a

$$\eta_1 + \ldots + \eta_\varkappa \leqq \xi_1 + \ldots + \xi_\varkappa \qquad (\varkappa = 1, \ldots, k),$$

F est convexe et croissante en D_J, de sorte qu'on a, d'après le théorème IV,

$$F(\eta_1, \ldots, \eta_k) \leqq F(\xi_1, \ldots, \xi_k),$$

ce qui est identique avec (42).

Théorème V a. — *Soient*

$$(43) \qquad x_1 \leqq \ldots \leqq x_n; \qquad y_1 \leqq \ldots \leqq y_n,$$

$2n$ *nombres situés en* J *et satisfaisant aux relations* (38) *et* (39). *Alors, si pour un* k, $k = 2, \ldots, n$, $F(x_1, \ldots, x_k)$ *est convexe* S *dans* D_J *et pour* $k < n$ *croissante en* $x_1, \ldots, x_k$, *on a*

$$(44) \qquad F(y_n, y_{n-1}, \ldots, y_{n-k+1}) \geqq F(x_n, x_{n-1}, \ldots, x_{n-k+1}).$$

On déduit (44) immédiatement du théorème IV a en appliquant ce théorème à la fonction $G(x_1, \ldots, x_k) = - F(-x_1, \ldots, -x_k)$ et aux nombres $\eta_\nu = -x_\nu$, $\xi_\nu = -y_\nu$ ($\nu = 1, \ldots, k$), qui satisfont aux conditions du théorème IV a.

16. Théorème VI. — *Soient pour* $k > 1$, $G(x_1, \ldots, x_k)$ *croissante en* $x_1, \ldots, x_k$ *et concave* S *dans* D_J, *et* $F(x_1, \ldots, x_k)$ *croissante en* $x_1, \ldots, x_k$ *et convexe* S *dans* D_J.

Soient pour $n > k$ *les* $x_1, \ldots, x_n$ *situés en* J. *Désignons les* x_ν *ordonnés en croissant par*

$$(2) \qquad \omega_1 \leqq \ldots \leqq \omega_n,$$

et ordonnés en décroissant par

$$(6) \qquad \sigma_1 \geqq \ldots \geqq \sigma_n \qquad (\sigma_\nu = \omega_{n-\nu+1}):$$

Alors, si les $y_1, \ldots, y_n$ *se déduisent des* $x_1, \ldots, x_n$ *par une transformation* S, (7), *on a les inégalités*

$$(45) \qquad G(y_1, \ldots, y_k) \geqq G(\omega_1, \ldots, \omega_k),$$
$$(46) \qquad F(y_1, \ldots, y_k) \leqq F(\sigma_1, \ldots, \sigma_k).$$

Dans le cas où F *est convexe au sens étroit dans* D_J, *le signe d'égalité en* (46) *n'est possible que si* $y_1, \ldots, y_k$ *sont une permutation des* $\sigma_1, \ldots, \sigma_k$. *Le fait analogue subsiste pour* $G(x_1, \ldots, x_k)$.

Démonstration. — Dans les hypothèses du théorème $-G(-x_1, \ldots, -x_k)$ est croissante en $x_1, \ldots, x_k$ et convexe S dans D_{-J}. Il suffit donc dans la démonstration du théorème de se borner à la démonstration de (46).

On peut évidemment supposer que l'on ait $y_1 \geqq \ldots \geqq y_k$, F étant une fonction symétrique. Désignons les y_ν ordonnés en décroissant par $\eta_1 \geqq \ldots \geqq \eta_n$. On a alors assurément

$$(47) \qquad y_1 \leqq \eta_1, \qquad y_2 \leqq \eta_2, \qquad \ldots, \qquad y_k \leqq \eta_k.$$

D'autre part, (7) peut être écrite après des permutations convenables des lignes et des colonnes dans la forme

$$\eta_\mu = \sum_{\nu=1}^{n} s'_{\mu\nu} \sigma_\nu \qquad (\mu = 1, \ldots, n),$$

où la matrice $(s'_{\mu\nu})$ est une matrice S. On a donc, d'après le théorème I,

$$\eta_1 + \ldots + \eta_\varkappa \leqq \sigma_1 + \ldots + \sigma_\varkappa \qquad (\varkappa = 1, \ldots, k)$$

et d'après (47),

$$y_1 + \ldots + y_\varkappa \leqq \sigma_1 + \ldots + \sigma_\varkappa \qquad (\varkappa = 1, \ldots, k).$$

Mais alors le théorème IV est applicable et (46) résulte de (31). Le théorème VI est démontré.

III. — Critères de convexité S et concavité S.

17. THÉORÈME VII. — *Pour qu'une fonction* $F(x_1, \ldots, x_k)$ *symétrique et douée des dérivées partielles continues du premier ordre dans* D_J, *y soit convexe S, il est nécessaire et suffisant que l'on ait pour chaque point* $x_1, \ldots, x_k$ *de* D_J :

$$(48) \qquad (x_2 - x_1)\left(\frac{\partial F}{\partial x_2} - \frac{\partial F}{\partial x_1}\right) \geqq 0 \qquad (^{13}).$$

Démonstration. — Supposons que $F(x_1, \ldots, x_k)$ soit convexe S dans D_J. On a alors pour la transformation S :

$$y_1 = (1 - \varepsilon) x_1 + \varepsilon x_2, \qquad y_2 = \varepsilon x_1 + (1 - \varepsilon) x_2, \qquad y_3 = x_3, \qquad \ldots, \qquad y_k = x_k,$$

$$(49) \qquad \frac{F(x_1, \ldots, x_k) - F(y_1, \ldots, y_k)}{\varepsilon} \geqq 0 \qquad (0 < \varepsilon < 1).$$

$(^{13})$ Dans le Mémoire de Schur [**18**], p. 11 la condition analogue à (48) pour les fonctions concaves ne se trouve indiquée que comme une condition *nécessaire.*

Pour $\varepsilon \downarrow 0$ l'expression de gauche en (49) tend vers l'expression de gauche en (48), et *la nécessité* de notre condition est démontrée.

Notre démonstration que la condition (48) est *suffisante*, repose sur le théorème suivant :

THÉORÈME VIII. — *Si une fonction* $F(x_1, \ldots, x_k)$ *symétrique continue et douée des dérivées partielles continues du premier ordre en* D_J *jouit de la propriété que l'on ait dans* D_J :

$$(50) \qquad (x_2 - x_1)\cdot\left(\frac{\partial F}{\partial x_2} - \frac{\partial F}{\partial x_1}\right) > 0 \qquad (x_2 \neq x_1),$$

chaque fois que $x_2 \lessgtr x_1$, F *est convexe* S *au sens étroit dans* D_J ([14]).

18. *Démonstration du théorème* VIII. — F étant symétrique, il résulte évidemment de (50) que chaque fois que l'on a $x_\varkappa < x_\lambda$, on a aussi

$$(51) \qquad F'_{x_\varkappa} < F'_{x_\lambda} \qquad (x_\varkappa < x_\lambda).$$

Soit $x_1, \ldots, x_k$ un système de variables situées dans J, que nous supposons ordonnées dans l'ordre croissant

$$(52) \qquad x_1 \leq x_2 \leq \ldots \leq x_k.$$

Quand est-il possible, que dans les conditions du théorème VIII, on ait

$$(53) \qquad F(y_1, \ldots, y_k) \geq F(x_1, \ldots, x_k),$$

où les $y_\varkappa$ se déduisent des x_λ par une transformation S, (29) ?

L'expression de gauche en (53) étant une fonction continue des coefficients $s_{\mu\nu}$ de la transformation (29), qui forment un ensemble fermé, il existe une transformation S, (29), S_0, pour laquelle l'expression de gauche en (53) atteint son *maximum*.

Nous pouvons donc supposer que $F(y_1, \ldots, y_k)$ ait déjà la valeur maximum. On peut faire évidemment l'hypothèse

$$(54) \qquad y_1 \leq y_2 \leq \ldots \leq y_k.$$

([14]) Dans le Mémoire [18], p. 12-14 de Schur, on trouve une condition *suffisante* pour les fonctions concaves au sens étroit qui implique l'existence des dérivées secondes.

Si l'on a $x_1 = \ldots = x_k$, les $y_1, \ldots, y_k$ ont la même valeur et l'assertion du théorème VIII est évidente. Supposons donc que l'on ait dans (52)

$$x_1 = \ldots = x_p < x_{p+1} \leqq \ldots \leqq x_k, \qquad 1 \leqq p < k;$$

l'assertion du théorème VIII se réduit maintenant à ce qu'on a

$$y_\nu = x_\nu \qquad (\nu = 1, \ldots, k).$$

19. Soient $\varkappa$ un des nombres $1, \ldots, p$ et λ un des nombres $p+1, \ldots, k$, de sorte que

$$(55) \qquad \varkappa \leqq p, \qquad \lambda \geqq p+1, \qquad x_\lambda - x_\varkappa > 0.$$

Soient d'autre part, α et β deux indices, avec

$$(56) \qquad 1 \leqq \alpha < \beta \leqq k$$

et supposons que l'ont ait

$$s_{\alpha\lambda} s_{\beta\varkappa} \neq 0.$$

Alors, pour chaque $\varepsilon \geqq 0$ suffisamment petit, on peut déduire de la transformation (29) une autre transformation, S_ε, en posant

$$(S_\varepsilon) \begin{cases} s'_{\alpha\varkappa} = s_{\alpha\varkappa} + \varepsilon, & s'_{\alpha\lambda} = s_{\alpha\lambda} - \varepsilon; \\ s'_{\beta\varkappa} = s_{\beta\varkappa} - \varepsilon, & s'_{\beta\lambda} = s_{\beta\lambda} + \varepsilon \end{cases}$$

et en laissant les autres coefficients de (29) inchangés. S_ε est, pour ε suffisamment petit, encore une transformation S. En désignant par $y'_1, \ldots, y'_k$ les valeurs obtenues des $x_1, \ldots, x_k$ par la transformation S_ε, on a

$$y'_\alpha = y_\alpha + \varepsilon(x_\varkappa - x_\lambda). \qquad y'_\beta = y_\beta - \varepsilon(x_\varkappa - x_\lambda), \qquad y'_\sigma = y_\sigma \qquad (\sigma \neq \alpha, \beta),$$
$$y'_\beta - y'_\alpha = (y_\beta - y_\alpha) + 2\varepsilon(x_\lambda - x_\varkappa).$$

Posons

$$F(y'_1, \ldots, y'_k) = \varphi(\varepsilon),$$

on a alors

$$\varphi'(\varepsilon) = (x_\lambda - x_\varkappa) \left(\frac{\partial}{\partial y'_\beta} - \frac{\partial}{\partial y'_\alpha} \right) F(y'_1, \ldots, y'_k)$$

et d'après (55) et (51)

$$\operatorname{sign} \varphi'(\varepsilon) = \operatorname{sign}[y_\beta - y_\alpha + 2\varepsilon(x_\lambda - x_\varkappa)].$$

Mais alors il résulte de (54), (55) et (56) que l'on a $\varphi'(\varepsilon) > 0$ pour toutes $\varepsilon > 0$ suffisamment petites, et ceci est en contradiction avec l'hypothèse que la valeur de $F(y_1, \ldots, y_k)$ est déjà maximum. On a donc

$$(57) \qquad s_{\alpha\lambda} s_{\beta\varkappa} = 0 \qquad (\varkappa \leqq p < \lambda,\ \alpha < \beta).$$

20. Écrivons maintenant la matrice S_0 sous la forme

$$S_0 = \begin{pmatrix} P_p & R_1 \\ R_2 & Q_{k-p} \end{pmatrix},$$

où P_p et Q_{k-p} sont des matrices quadratiques d'ordre p, $k-p$; je dis que *les matrices* R_1, R_2 *ne consistent qu'en zéros*. En effet, supposons qu'un élément de R_1, $s_{\alpha\lambda}(\alpha \leqq p,\ \lambda > p)$, ne soit pas zéro. Alors il résulte de (57) que l'on a

$$s_{\beta\varkappa} = 0 \qquad (\varkappa \leqq p,\ \beta > \alpha),$$

de sorte qu'en particulier tous les éléments de R_2 s'annulent.

En appliquant maintenant les relations (30) aux p premières colonnes de S_0, on obtient

$$(58) \qquad \sum_{\alpha,\pi=1}^{p} s_{\alpha\pi} = p.$$

Mais alors, en appliquant les relations (30) aux p premières lignes de S_0, il résulte de (30) et (58) que tous les éléments de R_1 s'annulent, contrairement à l'hypothèse.

La démonstration que $R_2 \equiv 0$ se fait d'une manière symétrique, de sorte que la matrice S_0 est *complètement décomposable* :

$$(59) \qquad S_0 = \begin{pmatrix} P_p & 0 \\ 0 & Q_{k-p} \end{pmatrix}.$$

L'assertion du théorème VIII résulte maintenant immédiatement pour $k=2$, puisque alors d'après (55), on a $p = k - p = 1$ et d'après (30) S_0 devient la *matrice unité* d'ordre 2.

Nous pouvons donc supposer que le théorème VIII soit démontré pour les valeurs plus petites de k. D'après (59), (55) et (30) on a maintenant

$$y_1 = \ldots = y_p = x_1 = \ldots = x_p,$$

29

de sorte que la relation (53) devient

$$F(x_1, \ldots, x_p; y_{p+1}, \ldots, y_k) \geqq F(x_1, \ldots, x_p; x_{p+1}, \ldots, x_k).$$

Il s'agit donc maintenant d'une fonction de $k - p$ variables et de la matrice Q_{k-p}, qui est naturellement aussi une matrice S. Mais alors le théorème VIII est applicable à cette fonction, on obtient

$$y_{p+1} = x_{p+1}, \qquad \ldots, \qquad y_k = x_k,$$

et le théorème VIII est démontré.

21. Retournons maintenant au théorème VII du n° **17**, et supposons que la condition (48) soit satisfaite. Considérons la fonction

$$f(x_1, \ldots, x_k) = \frac{1}{2}(x_1^2 + \ldots + x_k^2).$$

Ici on a évidemment

$$(x_2 - x_1)(f'_{x_2} - f'_{x_1}) = (x_2 - x_1)^2 > 0 \qquad (x_2 \neq x_1).$$

Alors pour chaque $\varepsilon > 0$ la fonction

$$F^\star(x_1, \ldots, x_k) = F(x_1, \ldots, x_k) + \varepsilon f(x_1, \ldots, x_k)$$

satisfait la condition (50) du théorème VIII, de sorte qu'il en résulte l'inégalité générale

$$(60) \quad F(y_1, \ldots, y_k) + \varepsilon f(y_1, \ldots, y_k) \leqq F(x_1, \ldots, x_k) + \varepsilon f(x_1, \ldots, x_k)$$

et pour $\varepsilon \downarrow 0$ il résulte de (60) que F est en effet une fonction convexe S. Le théorème VII est démontré.

IV. — **Exemples des fonctions convexes** S **et concaves** S.

22. Dans ce qui suit nous utilisons le symbole

$$(61) \qquad \overline{\Delta} \equiv \left(\frac{\partial}{\partial x_2} - \frac{\partial}{\partial x_1} \right).$$

Nous désignons les fonctions élémentaires symétriques des variables

$x_1, \ldots, x_k$ par $c_1, \ldots, c_k$, de sorte que l'on a

$$(62) \qquad c_\varkappa = \Sigma x_1 \ldots x_\varkappa.$$

De même nous désignons pour $k > 2$ les fonctions élémentaires symétriques des $x_3, x_4, \ldots, x_k$ par $d_1, \ldots, d_{k-2}$ [15] et les fonctions élémentaires symétriques des $x_2, \ldots, x_k$ par $D_1, \ldots, D_{k-1}$. Nous posons en outre

$$d_0 = D_0 = 1; \qquad d_{-1} = d_{k-1} = d_k = D_k = 0.$$

Alors on a

$$(63) \qquad c_\varkappa = x_1 x_2\, d_{\varkappa-2} + (x_1 + x_2)\, d_{\varkappa-1} + d_\varkappa \qquad (\varkappa = 1, \ldots, k),$$

$$(64) \qquad c_\varkappa = x_1\, D_{\varkappa-1} + D_\varkappa \qquad (\varkappa = 1, \ldots, k).$$

Rappelons les inégalités connues valables dans le domaine D_0, c'est-à-dire pour les $x_\varkappa$ positives,

$$(65) \qquad c_1 > \frac{c_2}{c_1} > \ldots > \frac{c_k}{c_{k-1}},$$

$$(66) \qquad \frac{c_1}{k} \geqq \sqrt{\frac{c_2}{\binom{k}{2}}} \geqq \ldots \geqq \sqrt[\varkappa]{\frac{c_\varkappa}{\binom{k}{\varkappa}}} \geqq \ldots \geqq \sqrt[k]{c_k}.$$

THÉORÈME IX. — *Les fonctions*

$$(67) \qquad c_2, \ldots, c_k; \quad \frac{c_2}{c_1}, \quad \frac{c_3}{c_2}, \quad \ldots, \quad \frac{c_k}{c_{k-1}}$$

sont concaves au sens étroit, ainsi que croissantes au sens étroit dans D [16].

La *concavité* resulte des formules qu'on déduit immédiatement de (63) :

$$(68) \quad \begin{cases} \overline{\Delta}\, c_\varkappa = (x_1 - x_2)\, d_{\varkappa-2} \qquad (\varkappa = 2, \ldots, k), \\[2mm] c_\varkappa^2\, \overline{\Delta}\, \dfrac{c_{\varkappa+1}}{c_\varkappa} = (x_1^2 - x_2^2)(d_{\varkappa-1}^2 - d_{\varkappa-2}\, d_\varkappa) + (x_1 - x_2)(d_{\varkappa-1}\, d_\varkappa - d_{\varkappa-2}\, d_{\varkappa+1}), \end{cases}$$

---

[15] *Cf.* SCHUR [18], p. 15.

[16] La concavité des fonctions (67) au sens étroit se trouve démontrée dans Schur [18], p. 15.

puisque $d_{\varkappa-2}(k \geqq 2)$ et, d'après les inégalités (65) appliquées aux $d_\varkappa$, les expressions $(d_{\varkappa-1}^2 - d_{\varkappa-2}\, d_\varkappa)$, $(d_{\varkappa-1}\, d_\varkappa - d_{\varkappa-2}\, d_{\varkappa+1})$ sont > 0 en **D**.

En utilisant (64), on a

$$\frac{\partial c_\varkappa}{\partial x_1} = \mathrm{D}_{\varkappa-1}, \qquad c_\varkappa^2 \frac{\partial}{\partial x_1} \frac{c_{\varkappa+1}}{c_\varkappa} = \mathrm{D}_\varkappa^2 - \mathrm{D}_{\varkappa-1}\, \mathrm{D}_{\varkappa+1},$$

et la *monotonie* des fonctions (67) est démontrée.

23. Théorème X. — *Les fonctions*

$$(69) \qquad g_{\varkappa,\lambda}(x_1, \ldots, x_k) = c_1^\varkappa c_{\lambda+2} - \gamma_{\varkappa,\lambda}\, c_{\varkappa+\lambda+2}$$

sont pour

$$(70) \qquad \gamma_{\varkappa,\lambda} \leqq (k-2)^\varkappa \frac{\dbinom{k-2}{\lambda}}{\dbinom{k-2}{\varkappa+\lambda}} \qquad (\varkappa > 0,\ \varkappa + \lambda + 2 \leqq k)$$

concaves au sens étroit et croissantes en $x_1, \ldots, x_k$ *dans* **D** [17].

Démonstration. — On obtient, d'après (68),

$$\frac{1}{x_1 - x_2} \overline{\Delta} g_{\varkappa,\lambda} = c_1^\varkappa d_\lambda - \gamma_{\varkappa,\lambda}\, d_{\varkappa+\lambda} > d_1^\varkappa d_\lambda - \gamma_{\varkappa,\lambda}\, d_{\varkappa+\lambda}$$
$$= d_1^{\varkappa+\lambda}[\, d_\lambda\, d_1^{-\lambda} - \gamma_{\varkappa,\lambda}\, d_{\varkappa+\lambda}\, d_1^{-\varkappa-\lambda}\,],$$

et ici l'expression entre crochets est $\geqq 0$, puisqu'on a en appliquant les inégalités (66) aux $d_1, \ldots, d_k$:

$$d_\lambda\, d_1^{-\lambda} \geqq (k-2)^\varkappa \frac{\dbinom{k-2}{\lambda}}{\dbinom{k-2}{\varkappa+\lambda}} d_{\varkappa+\lambda}\, d_1^{-\varkappa-\lambda}.$$

Donc $g_{\varkappa,\lambda}$ est concave en **D** au sens étroit. D'autre part, on obtient en vertu de (64)

$$\frac{\partial}{\partial x_1} g_{\varkappa,\lambda} > \varkappa\, \mathrm{D}_1^{\varkappa-1}\, \mathrm{D}_{\lambda+2} + \mathrm{D}_1^\varkappa\, \mathrm{D}_{\lambda+1} - \gamma_{\varkappa,\lambda}\, \mathrm{D}_{\varkappa+\lambda+1},$$

$$(71) \qquad \mathrm{D}_1^{-\varkappa-\lambda-1} \frac{\partial}{\partial x_1} g_{\varkappa,\lambda} > \mathrm{D}_{\lambda+1}\, \mathrm{D}_1^{-\lambda-1} - \gamma_{\varkappa,\lambda}\, \mathrm{D}_{\varkappa+\lambda+1}\, \mathrm{D}_1^{-\varkappa-\lambda-1}.$$

---

[17] La concavité des fonctions (69), dans le cas $\varkappa + \lambda + 2 = k$, se trouve démontrée dans Schur [18], p. 16.

Mais il résulte des inégalités (66) appliquées aux D_ν :

$$D_{\lambda+1}\, D_1^{-\lambda-1} \geqq (k-1)^{\varkappa}\, \frac{\dbinom{k-1}{\lambda+1}}{\dbinom{k-1}{\varkappa+\lambda+1}}\, D_{\varkappa+\lambda+1}\, D_1^{-\varkappa-\lambda-1}$$

$$= (k-1)^{\varkappa}\, \frac{\dbinom{k-2}{\lambda}}{\dbinom{k-2}{\varkappa+\lambda}}\, \frac{\varkappa+\lambda+1}{\lambda+1}\, D_{\varkappa+\lambda+1}\, D_1^{-\varkappa-\lambda-1}$$

$$\geqq (k-1)^{\varkappa}\, \frac{\dbinom{k-2}{\lambda}}{\dbinom{k-2}{\varkappa+\lambda}}\, D_{\varkappa+\lambda+1}\, D_1^{-\varkappa-\lambda-1},$$

et l'on voit que l'expression de gauche en (71) est > 0, de sorte que $g_{\varkappa,\lambda}$ est croissante en $x_1, \ldots, x_k$ dans D.

Théorème XI. — *Les expressions*

$$(72) \qquad s_\rho = x_1^\rho + \ldots + x_k^\rho$$

sont convexes au sens étroit dans D *pour* $\rho > 1$ *et* $\rho < 0$. s_ρ *est convexe au sens étroit dans tout l'espace, si* ρ *est un entier pair positif.*

Cela résulte immédiatement de l'identité $\overline{\Delta} s_\rho = \rho(x_2^{\rho-1} - x_1^{\rho-1})$.

24. **Théorème XII.** — *Soit* $\varphi(x)$ *continue et convexe pour* $x \prec J$. *Alors*

$$(73) \qquad \varphi(x_1) + \ldots + \varphi(x_k)$$

est convexe S *dans* D_J [18].

En effet, il résulte de (29), d'après (30), que l'on a pour chaque μ :

$$\varphi(y_\mu) \leqq \sum_{\nu=1}^{k} s_{\mu\nu}\, \varphi(x_\nu),$$

---

[18] *Cf.* Schur [18], p. 16.

et en sommant par rapport à μ on obtient

$$\varphi(y_1) + \ldots + \varphi(y_k) \leqq \varphi(x_1) + \ldots + \varphi(x_k).$$

En appliquant à (73) les théorèmes IV et Va (pour $k = \varkappa$), on voit immédiatement que les conditions des théorèmes IIIa et III sont suffisantes, ce qui achève la démonstration de ces deux théorèmes.

Théorème XIII. — *Soit $\varphi(x)$ pour $x \prec J$ positive, douée de la dérivée première et convexe ainsi que $\log \varphi(x)$. Posons, $c_\varkappa$ étant définie par (62),*

$$(74) \qquad T_\varkappa(x_1, \ldots, x_k) = c_\varkappa[\varphi(x_1), \ldots, \varphi(x_k)] \qquad (\varkappa > 1).$$

Alors $T_\varkappa$ est convexe dans D_J, et même convexe dans D_J au sens étroit si $\varphi(x)$ n'est constante dans aucun sous-intervalle de J. $T_\varkappa$ est croissante si $\varphi(x)$ est croissante.

Démonstration. — On a en différentiant

$$\frac{\partial T_\varkappa}{\partial x_1} = [\varphi(x_2)\, d_{\varkappa-2} + d_{\varkappa-1}]\varphi'(x_1),$$

où dans $d_{\varkappa-1}$ et $d_{\varkappa-2}$ on a remplacé $x_3, \ldots, x_k$ par $\varphi(x_3), \ldots, \varphi(x_k)$. En soustrayant on obtient

$$(75) \quad \overline{\Delta}T_\varkappa = d_{\varkappa-1}[\varphi'(x_2) - \varphi'(x_1)] + \varphi(x_1)\varphi(x_2)\, d_{\varkappa-2}\left[\frac{\varphi'(x_2)}{\varphi(x_2)} - \frac{\varphi'(x_1)}{\varphi(x_1)}\right]$$

et l'on voit que pour $x_2 > x_1\, \overline{\Delta}T_\varkappa$ est $\geqq 0$, puisque, d'après les hypothèses, les expressions entre crochets sont $\geqq 0$.

Supposons maintenant que $\varphi(x)$ n'est constante dans aucun sous-intervalle de J. Alors, si $\varphi(x)$ est linéaire dans un intervalle (u, v), $\varphi(x) = ax + b$, $a \neq 0$, on a

$$\frac{\varphi'(x)}{\varphi(x)} = \frac{a}{ax + b},$$

et cette fonction étant croissante d'après les hypothèses dans (u, v), y est *croissante au sens étroit*. Mais alors la deuxième partie du théorème s'obtient de (75) immédiatement.

25. Théorème XIV. — *Soit $S(x_1, \ldots, x_k)$ croissante en $x_\varkappa$ et convexe S dans D_J. Soit $\varphi(x)$ convexe dans J_1 et telle que la valeur* *de* $\varphi(x)$ *en* J_1 *appartient à* J. *Alors* $S[\varphi(x_1), \ldots, \varphi(x_k)]$ *est convexe en* D_{J_1}. *Cet énoncé reste vrai, si l'on y remplace partout convexité par concavité.*

En effet, on a en vertu de (29) et (30)

$$\varphi(y_\mu) \leqq \sum_{\nu=1}^{k} s_{\mu\nu} \varphi(x_\nu),$$

donc, S étant croissante et convexe S,

$$S[\varphi(y_1), \ldots, \varphi(y_k)] \leqq S\left[\sum_{\nu=1}^{k} s_{1\nu}\varphi(x_\nu), \ldots, \sum_{\nu=1}^{k} s_{k\nu}\varphi(x_\nu)\right] \leqq S[\varphi(x_1), \ldots, \varphi(x_k)].$$

Le raisonnement pour le cas de concavité est complètement analogue.

En multipliant S par -1, on obtient deux énoncés analogues :

Si $S(x_1, \ldots, x_k)$ *est décroissante en* $x_1, \ldots, x_k$ *et si l'une des fonctions* S, $\varphi(x)$ *est convexe* S *et l'autre concave* S', $S[\varphi(x_1), \ldots, \varphi(x_k)]$ *présente le même caractère que* $S(x_1, \ldots, x_k)$.

V. — **Applications des théorèmes IV et V.**

26. Les inégalités (4) et (5) peuvent être exprimées d'une façon un peu plus générale en introduisant un système « *orthonormé* » de vecteurs

$$(76) \qquad X_1, \quad \ldots, \quad X_n, \qquad X_\mu X_\nu = \delta_{\mu\nu} = \begin{cases} 0 & (\mu \neq \nu), \\ 1 & (\mu = \nu). \end{cases}$$

Par une transformation unitaire orthogonale, qui ne change pas les ω_ν, on peut faire les éléments de la diagonale principale de H égaux aux

$$(77) \qquad H(X_1), \quad \ldots, \quad H(X_n).$$

Les inégalités (4) et (5) se transforment alors dans les inégalités

$$(78) \qquad G[H(X_1), \ldots, H(X_k)] \geqq G(\omega_1, \ldots, \omega_k),$$

$$(79) \qquad F[H(X_1), \ldots, H(X_k)] \leqq F(\sigma_1, \ldots, \sigma_k).$$

27. THÉORÈME XV. — *Soit* (1) *une forme hermitique aux racines fondamentales que nous désignons en les ordonnant en croissant par* (2) *et en les ordonnant en décroissant par* (6). *Soient pour un* k, $1 \leq k \leq n$, $F(x_1, \ldots, x_k)$, $G(x_1, \ldots, x_k)$ *deux fonctions en* $x_1, \ldots, x_k$ *croissantes pour* $k < n$, *dont la première est convexe* S *et la seconde concave* S *dans* D_J *où* $\omega_1 \prec J$, $\omega_n \prec J$. *Alors, si* $X_1, \ldots, X_k$ *sont* k *vecteurs orthonormés, on a* (78) *et* (79) ([19]).

Démonstration. — Désignons les coordonnées des vecteurs X_μ du système orthonormé (76) par

$$X_\mu(x_1^{(\mu)}, \ldots, x_n^{(\mu)}) \qquad (\mu = 1, \ldots, n),$$

alors on a

$$\sum_{\nu=1}^{n} |x_\nu^{(\mu)}|^2 = \sum_{\mu=1}^{n} |x_\nu^{(\mu)}|^2 = 1 \qquad (\mu, \nu = 1, \ldots, n).$$

Donc, en posant $|x_\nu^{(\mu)}|^2 = s_{\mu\nu}$, on obtient une matrice S.

On peut écrire la forme hermitique $H(X)$ dans la forme

$$H(X) = \omega_1 |x_1|^2 + \ldots + \omega_n |x_n|^2,$$

après une transformation préalable unitaire orthogonale dans l'espace des x_ν. Les expressions des $H(X_\mu)$ deviennent alors

$$H(X_\mu) = \sum_{\nu=1}^{n} s_{\mu\nu} \omega_\nu \qquad (\mu = 1, \ldots, n)$$

et les inégalités (78) et (79) découlent pour $k < n$ immédiatement des formules (45) et (46) du théorème VI et pour $k = n$ des formules (31) et (33). Le théorème XV est démontré.

On déduit comme un corollaire immédiat du théorème XV les relations

$$(80) \qquad \min G[H(X_1), \ldots, H(X_k)] = G(\omega_1, \ldots, \omega_k),$$

$$(81) \qquad \max F[H(X_1), \ldots, H(X_k)] = F(\sigma_1, \ldots, \sigma_k),$$

où $X, \ldots, X_k$ parcourent tout système de k vecteurs orthonormés (76).

([19]) Pour $k = n$, $D_J = D$, ce théorème se trouve chez Schur [**18**], p. 17.

On peut remplacer en particulier dans les relations (80) et (81) les fonctions $F(x_1, \ldots, x_k)$, $G(x_1, \ldots, x_k)$ par la somme $x_1 + \ldots + x_k$, et l'on obtient alors deux relations trouvées il y a un an par M. Ky Fan ([20]).

28. En appliquant (78) à $c_k = x_1 \ldots x_k$, on obtient dans le cas d'une forme hermitique *positive* l'inégalité

$$(82) \qquad H(X_1) \ldots H(X_k) \gneq \omega_1 \ldots \omega_k \qquad (k = 1, \ldots, n),$$

qui permet évidemment une interprétation géométrique très simple. Considérons par exemple pour $n = 3$, $k = 2$ l'ellipsoïde

$$(83) \qquad \frac{x^2}{a^2} + \frac{y^2}{b^2} + \frac{z^2}{c^2} = 1 \qquad (a \gneq b \gneq c)$$

et soient P, Q deux points sur cet ellipsoïde tels que l'on ait $OP \perp OQ$; alors on a

$$(84) \qquad OP \times OQ \lneq ab.$$

On obtient dans les mêmes hypothèses, du théorème IX :

$$(85) \qquad c_\nu[H(X_1), \ldots, H(X_k)] \gneq c_\nu(\omega_1, \ldots, \omega_k) \qquad (\nu = 1, \ldots, k-1),$$

une inégalité qui admet évidemment une interprétation géométrique très élégante.

Il résulte du théorème IX que

$$(86) \qquad \frac{c_k}{c_{k-1}} \frac{c_{k-1}}{c_{k-2}} \ldots \frac{c_2}{c_1} = \frac{c_k}{c_1}$$

est une fonction croissante et concave en D ([21]). On a donc de (78),

---

([20]) *Cf.* [3], la première note, p. 653.

([21]) Ceci résulte en particulier de la propriété suivante qu'on déduit immédiatement des définitions (31), (33) : Si $\varphi_\mu (x_1, \ldots x_n)$ $(\mu = 1, 2, \ldots, m)$ sont tous convexes S ou tous concaves S dans D_J et si $f(z_1, \ldots, z_m)$ est croissante pour les valeurs z_μ que les fonctions φ_μ prennent indépendamment dans D_J, alors $f(\varphi_1, \ldots, \varphi_m)$ est dans D_J, convexe S dans le premier cas et concave S dans le second.

pour une forme H *positive*,

$$(87) \qquad \frac{H(X_1)\ldots H(X_k)}{\omega_1\ldots\omega_k} \geqq \frac{H(X_1)+\ldots+H(X_k)}{\omega_1+\ldots+\omega_k} \geqq 1.$$

En appliquant (79) aux expressions (72) du théorème XI, on obtient pour une forme H *positive* les inégalités

$$(88) \qquad H(X_1)^\rho+\ldots+H(X_k)^\rho \leqq \sigma_1^\rho+\ldots+\sigma_k^\rho \qquad (\rho>1).$$

Dans le cas général, où H n'est pas supposée nécessairement positive, on obtient en ajoutant à H la forme $u(|x_1|^2+\ldots+|x_n|^2)$ pour $u>-\omega_1$, l'inégalité

$$(89)\quad (h_{11}+u)^\rho+\ldots+(h_{kk}+u)^\rho \leqq (\sigma_1+u)^\rho+\ldots+(\sigma_k+u)^\rho \qquad (\rho>1,\, u>-\omega_1).$$

D'après le théorème XII la fonction $e^{p.x_1}+\ldots+e^{p.x_k}$ est convexe et croissante dans tout l'espace pour chaque constante positive p. On obtient donc de (79)

$$(90) \qquad \sum_{\varkappa=1}^{k} e^{pH(X_k)} \leqq \sum_{\varkappa=1}^{k} e^{p\sigma_k}.$$

D'autre part, pour $p>0$, $\varphi(x)=e^{px}$, $\varphi(x)$ et $\log\varphi(x)$ sont convexes et croissantes dans tout l'espace. On obtient donc en appliquant les théorèmes XV et XIII par exemple à $\varkappa=2$ et $k=3$, l'inégalité

$$(91) \quad e^{p[H(X_1)+H(X_2)]}+e^{p[H(X_2)+H(X_3)]}+e^{pH[(X_3)+H(X_1)]} \leqq e^{p(\sigma_1+\sigma_2)}+e^{p(\sigma_2+\sigma_3)}+e^{p(\sigma_3+\sigma_1)}.$$

29. Soit A une matrice quadratique *non singulière* d'ordre n. Désignons les racines fondamentales de A, c'est-à-dire des racines de l'équation $|xE-A|=0$, par $\lambda_\nu(\nu=1,\ldots,n)$ dans l'ordre décroissant des modules :

$$(92) \qquad |\lambda_1|\geqq\ldots\geqq|\lambda_n|.$$

Le produit $AA^\star$ de A avec la matrice renversée conjuguée $A^\star$ de A a, comme on sait, les racines fondamentales positives que nous désignons par $\rho_1^2,\ldots,\rho_n^2$, où

$$(93) \qquad \rho_1\geqq\ldots\geqq\rho_n>0.$$

On doit à Aitken et Turnbull $(^{22})$ d'un côté et à H. Weyl $(^{23})$ d'un autre les relations

$$(94) \qquad |\lambda_1|\ldots|\lambda_\nu| \leqq \rho_1\ldots\rho_\nu \qquad (\nu=1,\ldots,n),$$

où l'on a naturellement le signe d'égalité pour $\nu = n$. On peut évidemment écrire

$$(95) \qquad \sum_{\nu=1}^{k} \log|\lambda_\nu| \leqq \sum_{\nu=1}^{k} \log\rho_\nu \qquad (k=1,\ldots,n-1),$$

$$(96) \qquad \sum_{\nu=1}^{n} \log|\lambda_\nu| = \sum_{\nu=1}^{n} \log\rho_\nu.$$

Nos inégalités (31) et (40) sont donc applicables et l'on obtient le théorème suivant :

THÉORÈME XVI. — *Soient pour* $1 \leqq k \leqq n$, $\Phi(x_1,\ldots,x_k)$ *et* $\Gamma(x_1,\ldots,x_k)$ *définies pour* $x_1,\ldots,x_k$ *positifs, et telles que la première des fonctions*

$$(97\,a) \qquad \Phi(e^{x_1},\ldots,e^{x_k}) = \mathrm{F}(x_1,\ldots,x_k),$$

$$(97\,b) \qquad \Gamma(e^{x_1},\ldots,e^{x_k}) = \mathrm{G}(x_1,\ldots,x_k)$$

est convexe S et la seconde concave S dans tout l'espace. Alors on a, si pour $k < n$, Φ, Γ *sont en outre croissantes en* $x_1,\ldots,x_k,$

$$(98\,a) \qquad \Phi(|\lambda_1|,\ldots,|\lambda_k|) \leqq \Phi(\rho_1,\ldots,\rho_k),$$

$$(98\,b) \qquad \Gamma(|\lambda_n|,\ldots,|\lambda_{n-k+1}|) \geqq \Gamma(\rho_n,\ldots,\rho_{n-k+1}).$$

En effet, il suffit d'appliquer aux fonctions $(97\,a)$ et $(97\,b)$ les inégalités (31) du théorème IV et (40) du théorème IV a. Dans les cas où l'on a

$$(99\,a) \qquad \Phi(x_1,\ldots,x_k) = \sum_{\varkappa=1}^{k} \varphi(x_\varkappa),$$

$$(99\,b) \qquad \Gamma(x_1,\ldots,x_k) = \sum_{\varkappa=1}^{k} \psi(x_\varkappa),$$

$(^{22})$ Dans le livre $[1]$, p. 110, exemple **17**.
$(^{23})$ Dans la Note $[\mathbf{22}]$.

on retombe sur le résultat donné par H. Weyl, avec une certaine restriction relative au comportement de $\varphi(x)$ et $\psi(x)$ pour $x \downarrow 0$, qui a été levée par M. G. Pólya ([24]).

30. En démontrant ($98\,a$) et ($98\,b$), nous n'avons évidemment utilisé que les relations (92), (93) et (94). Or, les systèmes des relations analogues ont été déduits par MM. Ky Fan ([25]) et A. Horn ([26]) dans quelques problèmes apparentés à celui traité par M. Weyl.

M. Ky Fan a montré que si l'on considère pour $\alpha \geqq 0$, $\beta \geqq 0$, $\alpha + \beta = 1$ les racines fondamentales de $\alpha AA^\star + \beta A^\star A$ et les désigne dans l'ordre décroissant par $\rho_1'^2, \ldots, \rho_n'^2$ avec $\rho_1', \ldots, \rho_n'$ positives, on a les relations

$$(100) \qquad |\lambda_1| \ldots |\lambda_\nu| \leqq \rho_1' \ldots \rho_\nu' \qquad (\nu = 1, \ldots, n),$$

$$(101) \qquad \rho_1'^2 + \ldots + \rho_\nu'^2 \leqq \rho_1^2 + \ldots + \rho_\nu^2 \qquad (\nu = 1, \ldots, n).$$

On voit d'ailleurs immédiatement, les traces des matrices $AA^\star$ et $\alpha AA^\star + \beta A^\star A$ étant égales, qu'on a en (101) *l'égalité* pour $\nu = n$:

$$(102) \qquad \rho_1'^2 + \ldots + \rho_n'^2 = \rho_1^2 + \ldots + \rho_n^2.$$

Il résulte de (100), par le théorème IV, les relations

$$(103) \qquad \Phi(|\lambda_1|, \ldots, |\lambda_k|) \leqq \Phi(\rho_1', \ldots, \rho_k') \qquad (k = 1, \ldots, n),$$

où Φ est définie comme dans le théorème XVI et est supposée *croissante pour $k = n$ aussi*.

Des relations (101) et (102) on obtient les inégalités

$$(104\,a) \qquad F(\rho_1'^2, \ldots, \rho_k'^2) \leqq F(\rho_1^2, \ldots, \rho_k^2) \qquad (k = 1, \ldots, n),$$

$$(104\,b) \qquad G(\rho_n'^2, \ldots, \rho_{n-k+1}'^2) \geqq G(\rho_n^2, \ldots, \rho_{n-k+1}^2) \qquad (k = 1, \ldots, n).$$

Ici on suppose F, G croissantes pour $k < n$, F convexe S et G concave S dans D_J, où $\rho_1^2 \prec J$, $\rho_n^2 \prec J$. On trouve les inégalités (103) et ($104\,a$) dans le cas ($99\,a$) chez M. Ky Fan.

([24]) Dans la Note [17].
([25]) Dans [3], la seconde note.
([26]) Dans [8].

31. D'autre part, M. A. Horn ([26]) a démontré que si A, B et AB $=$ C sont des matrices quadratiques non singulières d'ordre n et les racines fondamentales de $AA^\star$, $BB^\star$, $CC^\star$ sont désignées respectivement, écrites dans l'ordre décroissant, par α_ν, β_ν, $\gamma_\nu\,(\nu=1,\ldots,n)$ on a

$$(105)\qquad \gamma_1\ldots\gamma_\nu\leqq(\alpha_1\beta_1)\ldots(\alpha_\nu\beta_\nu)\qquad(\nu=1,\ldots,n).$$

Ici on a naturellement le signe d'égalité pour $\nu=n$. On obtient donc en faisant sur $\Phi(x_1,\ldots,x_k)$, $\Gamma(x_1,\ldots,x_k)$, les mêmes hypothèses que dans le théorème XVI,

$$(106\,a)\qquad \Phi(\gamma_1,\ldots,\gamma_k)\leqq\Phi(\alpha_1\beta_1,\ldots,\alpha_k\beta_k)\qquad(1\leqq k\leqq n),$$

$$(106\,b)\quad \Gamma(\gamma_n,\ldots,\gamma_{n-k+1})\geqq\Gamma(\alpha_n\beta_n,\ldots,\alpha_{n-k+1}\beta_{n-k+1})\qquad(1\leqq k\leqq n).$$

On trouve $(106\,a)$ dans le cas $(99\,a)$ chez M. A. Horn.

32. Pour $A=(a_{\mu\nu})$ et le vecteur $X=(x_1,\ldots,x_n)$ l'expression

$$(107)\qquad A(X)\equiv\sum_{\mu,\nu=1}^{n}a_{\mu\nu}\bar{x}_\mu x_\nu$$

sera désignée comme *la valeur de* A *pour le vecteur* X. D'après O. Tœplitz([27]), chaque racine fondamentale λ de A est la valeur de A pour un vecteur unimodulaire, X.

D'après un théorème connu de I. Schur, il existe une matrice unitaire $U=(u_{\mu\nu})$ telle que l'on a

$$(108)\qquad U^\star AU=\begin{pmatrix}\lambda_1 & 0 & \ldots & 0\\ b_{21} & \lambda_2 & \ldots & 0\\ \ldots & \ldots & \ldots & \ldots\\ b_{n1} & b_{n2} & \ldots & \lambda_n\end{pmatrix},$$

où tous les éléments de la matrice de droite au-dessus de la diagonale principale s'annulent. Désignons le vecteur formé par les éléments de la $s^{\text{ième}}$ colonne de U par

$$(109)\qquad X_s=(u_{1s},\ldots,u_{ns})\qquad(s=1,\ldots,n).$$

(^{27}) [**21**], p. 190.

Les vecteurs X_s forment un système orthonormé de vecteurs. D'autre part, on obtient de (108), en calculant l'expression d'un élément λ_s de la diagonale principale dans la matrice de droite

$$\lambda_s = \sum_{\mu,\nu=1}^{n} a_{\mu\nu}\,\bar{u}_{\mu s}\,u_{\nu s},$$

(110) $$\lambda_s = A(X_s) \qquad (s=1,\ldots,n).$$

On voit que *l'ensemble des racines fondamentales de* A *peut être représenté comme l'ensemble des valeurs de* A *pour un système orthonormé de vecteurs* ([28]).

33. D'après Tœplitz ([29]), A peut être décomposée d'une manière unique dans la forme

(111) $$A = H + iK,$$

où H et K sont des matrices hermitiques, et l'on a en particulier

(112) $$H = \frac{A + A^\star}{2}, \qquad K = \frac{A - A^\star}{2i}.$$

Il résulte de (110) et (111)

$$\mathcal{R}\lambda_s = H(X_s), \qquad \mathcal{J}\lambda_s = K(X_s).$$

Désignons les racines fondamentales de H et K, ordonnées dans le

---

([28]) On obtient de (110), (107) et (109),

$$\lambda_s = \sum_{\mu=1}^{n} u_{\mu s} \sum_{\nu=1}^{n} a_{\mu\nu}\,u_{\nu s};$$

et par l'inégalité de Cauchy-Schwarz

$$|\lambda_s|^2 \leqq \sum_{\mu=1}^{n} \left| \sum_{\nu=1}^{n} a_{\mu\nu}\,u_{\nu s} \right|^2 = |AX_s|^2,$$

où $|AX_s|$ est la longueur du vecteur AX_s. Les inégalités $|\lambda_s| \leqq |AX_s|\ (s=1,\ldots,n)$ ont été indiquées par M. Ky Fan [3], la première note, p. 655.

([29]) [21], p. 189.

sens décroissant, respectivement par σ_ν, σ'_ν :

$$(\text{113}) \qquad (\text{H}) \quad \sigma_1 \geqq \ldots \geqq \sigma_n, \qquad (\text{K}) \quad \sigma'_1 \geqq \ldots \geqq \sigma'_n.$$

Alors on a, en appliquant le théorème XV, les inégalités

$$(\text{114 } a) \quad \text{F}(\mathcal{R}\lambda_1, \ldots, \mathcal{R}\lambda_k) \leqq \text{F}(\sigma_1, \ldots, \sigma_k) \qquad (k = 1, \ldots, n),$$
$$(\text{114 } b) \quad \text{G}(\mathcal{R}\lambda_1, \ldots, \mathcal{R}\lambda_k) \geqq \text{G}(\sigma_n, \ldots, \sigma_{n-k+1}) \qquad (k = 1, \ldots, n),$$
$$(\text{115 } a) \quad \text{F}(\mathcal{J}\lambda_1, \ldots, \mathcal{J}\lambda_k) \leqq \text{F}(\sigma'_1, \ldots, \sigma'_k) \qquad (k = 1, \ldots, n),$$
$$(\text{115 } b) \quad \text{G}(\mathcal{J}\lambda_1, \ldots, \mathcal{J}\lambda_k) \geqq \text{G}(\sigma'_n, \ldots, \sigma'_{n-k+1}), \qquad (k = 1, \ldots, n).$$

Dans $(\text{114 } a)$ et $(\text{115 } a)$ F est supposée convexe S et pour $k < n$ croissante dans D_J où J contient σ_1 et σ_n pour $(\text{114 } a)$ et σ'_1 et σ'_n pour $(\text{115 } a)$. G est supposée concave S et pour $k < n$ croissante dans D_J où J contient σ_1 et σ_n pour $(\text{114 } b)$ et σ'_1 et σ'_n pour $(\text{115 } b)$.

M. Ky Fan ([30]) donne les inégalités correspondant à $(\text{114 } a)$ dans le cas où F a la forme $(\text{99 } a)$, $\varphi(x)$ étant supposée convexe et croissante, et indique l'existence des inégalités analogues pour $\mathcal{J}\lambda_s$.

34. Les relations (78) et (79) du théorème XV qui se trouvent pour $k = n$ déjà chez I. Schur ont été démontrées ici pour $k < n$ en utilisant le théorème II. On peut aussi déduire ces résultats pour $k < n$ du cas considéré par Schur, en appliquant le théorème suivant :

THÉORÈME XVII. — *Désignons les racines fondamentales de la forme hermitique*

$$(\text{116}) \qquad \text{H}_1(\text{X}) = \sum_{\mu, \nu = 1}^{n-1} h_{\mu\nu} \bar{x}_\mu x_\nu,$$

section $(n - 1)^{i\text{ème}}$ *de la forme hermitique* (1), *par*

$$(\text{117}) \qquad \omega'_1 \leqq \omega'_2 \leqq \ldots \leqq \omega'_{n-1}.$$

Ces racines « séparent » les racines fondamentales (2) *de la forme* $\text{H}(\text{X})$:

$$(\text{118}) \qquad \omega_1 \leqq \omega'_1 \leqq \omega_2 \leqq \omega'_2 \leqq \ldots \leqq \omega_{n-1} \leqq \omega'_{n-1} \leqq \omega_n.$$

([30]) [3], la seconde note, p. 34.

Ce théorème ([31]) peut être démontré de différentes manières. Voici une démonstration par un calcul algébrique assez rapide :

Les racines (117) et (2) restent évidemment invariables si l'on exerce sur les variables $x_1, \ldots, x_{n-1}$ une transformation unitaire, en laissant inchangé x_n. Nous pouvons donc supposer dès le commencement que l'on a

$$(119) \quad \begin{cases} H_1(X) = \displaystyle\sum_{\nu=1}^{n-1} \omega'_\nu \, |\, x_\nu |^2, \\[2mm] H(X) = H_1(X) + x_n \displaystyle\sum_{\mu=1}^{n-1} h_\mu \overline{x}_\mu + \overline{x}_n \displaystyle\sum_{\mu=1}^{n-1} \overline{h}_\mu x_\mu + h_n |\, x_n |^2, \end{cases}$$

où h_n est réel. Il suffit de considérer le cas où dans (119) les ω'_ν sont différents entre eux et tous les h_μ sont $\neq 0$. On en déduit le théorème dans le cas général par un passage à la limite.

Les polynomes fondamentaux de H_1 et H sont respectivement

$$D_{n-1}(\lambda) = \prod_{\nu=1}^{n-1} (\lambda - \omega'_\nu),$$

$$(120) \quad D_n(\lambda) = \begin{vmatrix} \lambda - \omega'_1 & 0 & \ldots & 0 & -h_1 \\ 0 & \lambda - \omega'_2 & \ldots & 0 & -h_2 \\ \cdot & \cdots & \ldots & \cdot & \cdots \\ 0 & 0 & \ldots & \lambda - \omega'_{n-1} & -h_{n-1} \\ -\overline{h}_1 & -\overline{h}_2 & \ldots & -\overline{h}_{n-1} & \lambda - h_n \end{vmatrix}.$$

En développant ce déterminant on obtient

$$(121) \quad D_n(\lambda) = D_{n-1}(\lambda) \left[\lambda - h_n - \sum_{\nu=1}^{n-1} \frac{|\, h_\nu |^2}{\lambda - \omega'_\nu} \right] \quad (^{32}).$$

Or, l'expression entre crochets change évidemment le signe entre $-\infty$

([31]) I. Schur utilise ce théorème par exemple dans [19], p. 289 et [20], sans donner des indications bibliographiques précises. *Cf.* aussi G. Julia [10], p. 200.

([32]) L'expression entre crochets est une fonction rationnelle « à termes entrelacés » au sens de M. Montel, *cf.* [13] et [14].

et ω'_1, entre ω'_1 et ω'_2, ..., entre ω'_{n-1} et l'infini, et le théorème XVII est démontré.

35. Voici un corollaire du théorème XVII. Nous posons pour la matrice $A = (a_{\mu\nu})$:

$$(122) \qquad \Delta_2(A) = \left[\sum_{\mu,\nu=1}^{n} |a_{\mu\nu}|^2 \right]^{\frac{1}{2}}.$$

Alors on a, d'après une formule bien connue,

$$(123) \qquad \Delta_2(A)^2 = \sum_{\nu=1}^{n} \rho_\nu^2,$$

où ρ_ν^2 sont les racines fondamentales de la matrice $AA^\star$. Si, en particulier, A est hermitique et positive, les ρ_ν en (123) sont les racines fondamentales de A.

THÉORÈME XVIII. — *On a pour les matrices hermitiques* (1) *et* (116), *supposées définies positives*

$$(124) \qquad \Delta_2(H^{-1}) > \Delta_2(H_1^{-1}).$$

En effet, en exprimant les deux côtés de (124) moyennant les racines fondamentales (2) et (117) de H, H_1, (124) résulte de l'inégalité

$$(125) \qquad \sum_{\nu=1}^{n} \frac{1}{\omega_\nu^2} > \sum_{\nu=1}^{n-1} \frac{1}{\omega_\nu^2} \geqq \sum_{\nu=1}^{n-1} \frac{1}{\omega_\nu'^2},$$

et cette inégalité résulte immédiatement de (118) $(^{33})$.

36. Pour déduire maintenant les inégalités (78) et (79) pour $k < n$, en les supposant connues pour $k = n$, considérons la forme hermitique

$$H^{(k)}(x_1, \ldots, x_k) = H(x_1, \ldots, x_k; 0, \ldots, 0),$$

$(^{33})$ Pour une application de cette inégalité, *cf.* la Note $[15]$ de M. M. Parodi.

30

qui s'obtient de (1) en posant $x_{k+1} = \ldots = x_n = 0$. Désignons les racines fondamentales de la matrice de $H^{(k)}$ par

$$\omega_1^\star \leqq \ldots \leqq \omega_k^\star \quad \text{et} \quad \sigma_1^\star \geqq \ldots \geqq \sigma_k^\star.$$

Il résulte en appliquant (118) successivement à H, $H^{(n-1)}$, $\ldots$, $H^{(k)}$:

$$(126) \qquad \omega_\varkappa^\star \geqq \omega_\varkappa, \qquad \sigma_\varkappa^\star \leqq \sigma_\varkappa \qquad (\varkappa = 1, \ldots, k).$$

Mais alors on obtient les inégalités

$$F(h_{11}, \ldots, h_{kk}) \leqq F(\sigma_1^\star, \ldots, \sigma_k^\star),$$
$$G(h_{11}, \ldots, h_{kk}) \geqq G(\omega_1^\star, \ldots, \omega_k^\star)$$

valables pour la forme $H^{(k)}$ et (78) et (79) s'obtiennent en observant que d'après (126) on a

$$F(\sigma_1^\star, \ldots, \sigma_k^\star) \leqq F(\sigma_1, \ldots, \sigma_k), \qquad G(\omega_1^\star, \ldots, \omega_k^\star) \geqq G(\omega_1, \ldots, \omega_k).$$

57. En appliquant plusieurs fois le théorème XVII, on en déduit facilement :

THÉORÈME XVII *a*. — *Soit*

$$(127) \qquad H_l(X) = \sum_{\mu,\nu = l+1}^{n} h_{\mu\nu} \bar{x}_\mu x_\nu$$

une section $l^{\text{ième}}$ de (1) *et*

$$(128) \qquad \sigma_1^{(l)} \geqq \ldots \geqq \sigma_{n-l}^{(l)}$$

ses racines fondamentales. Alors on a

$$(129) \qquad \sigma_\varkappa \geqq \sigma_\varkappa^{(l)} \geqq \sigma_{\varkappa+l} \qquad (\varkappa = 1, \ldots, n-l).$$

En effet, ce théorème est déjà démontré pour $l = 1$ et en le supposant démontré pour $H_{l-1}(X)$ on obtient

$$\sigma_\varkappa \geqq \sigma_\varkappa^{(l-1)} \geqq \sigma_\varkappa^{(l)} \geqq \sigma_{\varkappa+1}^{(l-1)} \geqq \sigma_{\varkappa+l} \qquad (\varkappa = 1, \ldots, n-l).$$

En utilisant (129), on peut déduire des inégalités (78) et (79) les relations suivantes, généralisant le principe de Fischer-Courant [34] :

---

[34] *Cf.* R. COURANT [2], p. 19 et E. FISCHER [4].

Théorème XIX. — *On a, dans les hypothèses du théorème XV, pour $m + k \leq n$:*

$$(130\,a) \qquad \min_{C_\mu} \max_{X_k C_\mu = 0} F\,[\,H(X_1), \ldots, H(X_k)\,] = F(\sigma_{m+1}, \ldots, \sigma_{m+k}),$$

$$(130\,b) \qquad \max_{C_\mu} \min_{X_k C_\mu = 0} G\,[\,H(X_1), \ldots, H(X_k)\,] = G(\omega_{m+1}, \ldots, \omega_{m+k}).$$

Ici, $X_1, \ldots, X_k$ parcourent le système général des k vecteurs orthonomés qui sont orthogonaux sur m vecteurs donnés $C_1, \ldots, C_m$. On prend alors le maximum de F en $(130\,a)$ et le minimum de G en $(130\,b)$ pour chaque système de m vecteurs $C_1, \ldots, C_m$ et considère alors en $(130\,a)$ le minimum de tous les maxima de F et en $(130\,b)$ le maximum de tous les minima de G en variant $C_1, \ldots, C_m$ arbitrairement.

Le principe de Fischer-Courant s'obtient en prenant $k = 1$ et $F(x) = G(x) = x$.

38. *Démonstration.* — Considérons d'abord la relation $(130\,a)$ et commençons par montrer que pour un certain choix des vecteurs C_μ on a

$$(131) \qquad \max_{C_\mu X_k = 0} F\,[\,H(X_1), \ldots, H(X_k)\,] = F(\sigma_{m+1}, \ldots, \sigma_{m+k}).$$

A cet effet, supposons H dans la forme

$$H(X) = \sigma_1 |x_1|^2 + \ldots + \sigma_n |x_n|^2$$

et posons

$$(132) \qquad C_\mu = (\delta_{1\mu}, \ldots, \delta_{n\mu}) \qquad (\mu = 1, \ldots, m),$$

$\delta_{\nu\mu}$ étant le symbole de Kronecker. Pour ce choix des C_μ l'expression de gauche en (131) se réduit à

$$F\,[\,H_m(X_1), \ldots, H_m(X_k)\,], \qquad H_m(X) = \sigma_{m+1}|x_{m+1}|^2 + \ldots + \sigma_n |x_n|^2$$

et la relation (131) s'obtient en appliquant (81) à la forme $H_m(X)$.

Nous avons maintenant à montrer que pour chaque choix des vecteurs $C_1, \ldots, C_m$ on a

$$(133) \qquad \max_{C_\mu X_k = 0} F\,[\,H(X_1), \ldots, H(X_k)\,] \geq F(\sigma_{m+1}, \ldots, \sigma_{m+k}).$$

Or on peut évidemment, en orthogonalisant $C_1, \ldots, C_m$, les supposer comme formant un système orthonormé de l vecteurs pour $l \leqq m$, et l'on peut donc, après une transformation unitaire, supposer que l'on ait

$$C_\mu = (\delta_{1\mu}, \ldots, \delta_{n\mu}) \qquad (\mu = 1, \ldots, l).$$

Les relations d'orthogonalité $X_\varkappa C_\mu = 0$ se réduisent donc en ceci que dans chacun des vecteurs $X_\varkappa$ les l premières coordonnées s'annulent. Désignons la forme qui s'obtient de $H(X)$ en y posant $x_1 = \ldots = x_l = 0$ par $H_l(X)$.

La relation (133) se réduit alors à la relation

$$\max F[H_l(X_1), \ldots, H_l(X_k)] \geqq F(\sigma_{l+1}, \ldots, \sigma_{l+k}),$$

Or, en désignant les racines fondamentales de $H_l(X)$ par

$$\sigma_1^{(l)} \geqq \ldots \geqq \sigma_{n-l}^{(l)},$$

on a en appliquant (81) à $H_l(X)$:

$$\max F[H_l(X_1), \ldots, H_l(X_k)] = F(\sigma_1^{(l)}, \ldots, \sigma_k^{(l)}),$$

donc, d'après (129),

$$\max F[H_l(X_1), \ldots, H_l(X_k)] \geqq F(\sigma_{l+1}, \ldots, \sigma_{l+k}) \geqq F(\sigma_{m+1}, \ldots, \sigma_{m+k}).$$

($130\,a$) est démontré.

La démonstration de ($130\,b$) s'obtient maintenant en appliquant ($130\,a$) à la fonction

$$F(x_1, \ldots, x_k) = - G(- x_1, \ldots, - x_k)$$

et à la forme $- H(X)$, dont les racines fondamentales sont

$$- \omega_1 \geqq - \omega_2 \geqq \ldots \geqq - \omega_n.$$

Bibliographie.

[1] AITKEN et TURNBULL, *An Introduction to the Theory of Canonical Matrices*, London and Glasgow, 1948.

[2] R. COURANT, *Ueber die Eigenwerte bei den Differentialgleichungen der mathematischen Physik* (*Math. Z.*, t. 7, 1920, p. 1-57).

[3] KY FAN, *On a Theorem of Weyl Concerning Eigenvalues of Linear Transformations* I, II (*Proc. Nat. Acad. Sc.*, t. 35, 1949, p. 652-655; t. 36, 1950, p. 31-35).

[4] E. FISCHER, *Ueber quadratische Formen mit reellen Koeffizienten* (*Monatsh. Math. Phys.*, t. 16, 1905, p. 234-249).

[5] E. FISCHER, *Ueber den Hadamardschen Determinantensatz* (*Arch. Math. Phys.*, (3), t. 13, 1908, p. 32-40).

[6] G. H. HARDY, J. E. LITTLEWOOD et G. PÓLYA, *Some Simple Inequalities Satisfied by Convex Functions* (*Mess. Math.*, t. 58, 1929, p. 145-152).

[7] G. H. HARDY, J. E. LITTLEWOOD et G. PÓLYA, *Inequalities*, Cambridge, 1934.

[8] A. HORN, *On the Singular Values of a Product of Completely Continuous Operators* (*Proc. Nat. Acad. Sc.*, t. 36, 1950, p. 374-375).

[9] J. KARAMATA, *Sur une inégalité relative aux fonctions convexes* (*Publ. Math. Univ. Belgrade*, t. 1, 1932, p. 145-148).

[10] G. JULIA, *Introduction mathématique aux théories quantiques*, 1re partie, 1949.

[11] J. E. LITTLEWOOD, *cf.* HARDY, LITTLEWOOD et PÓLYA.

[12] P. MONTEL, *Fonctions convexes et sousharmoniques* (*J. Math.*, (9), t. 7, 1928, p. 29-60).

[13] P. MONTEL, *Sur les fonctions méromorphes limites de fractions rationnelles à termes entrelacés* (*Ann. Éc. Norm. Sup.*, (3), t. 50, 1933, p. 171-196).

[14] P. MONTEL, *Sur les fractions rationnelles à termes entrelacés* (*Mathematica*, t. 5, 1931, p. 110-129).

[15] M. PARODI, *Sur la formation de matrices définies positives* (*C. R. Acad. Sc.*, t. 232, 1951, p. 2390-2392).

[16] G. PÓLYA, *cf.* HARDY, LITTLEWOOD et PÓLYA.

[17] G. Pólya, *Remark on Weyls Note « Inequalities Between the Two Kinds of Eigenvalues of a Linear Transformation »* (*Proc. Nat. Acad. Sc.*, t. 36, 1950, p. 49-51).

[18] I. Schur, *Ueber eine Klasse von Mittelbildungen mit Anwendungen auf die Determinantentheorie* (*Sitzb. Berl. Math. Ges.*, 1923, p. 9-20).

[19] I. Schur, *Ein Beitrag zur Hilbertschen Theorie der vollstetigen quadratischen Formen* (*Math. Z.*, t. 12, 1922, p. 287-297).

[20] I. Schur, *Ueber einige Ungleichungen im Matrizenkalkül* (*Prace Matematyczno-fisyczne*, t. 44, 1936, p. 353-370).

[21] O. Toeplitz, *Das algebraische Analogon zu einem Satze von Fejér* (*Math. Z.*, t. 2, 1918, p. 187-197).

[22] H. Weyl, *Inequalities Between the Two Kinds of Eigenvalues of a Linear Transformation* (*Proc. Nat. Acad. Sc.*, t. 35, 1949, p. 408-411).

[23] Turnbull, *cf.* Aitken et Turnbull.

2. Simultaneous Systems of Equations

A. M. Ostrowski [1]

2.1.   In the theory of systems of n linear equations with n unknowns, the problem of existence of solutions does not present any difficulties whatever, as soon as the determinant can be computed and is not zero. On the other hand, the interdependence between the solutions and the coefficients can be treated in introducing different expressions corresponding to different assumptions about the norm in the vector space in question [1, 2, 3]. The theory of a system of n nonlinear equations with n unknowns appears from the beginning as essentially more difficult, because not even the existence of solutions can be treated in a corresponding way. If the Jacobian, the analog of the determinant, is not zero, we can only say something about the continuation of the originally given solution in a sufficiently small neighbourhood.

However, in replacing the *projective invariant*—the Jacobian—by a certain *orthogonal invariant*, a tool can be obtained which is sufficiently strong and flexible to deal with these problems and to obtain a theory that presents in many respects a complete analogy with the theory in the linear case.

2.2.   We will discuss the system of equations [2]

$$f_\mu(X) = f_\mu(x_1, \ldots, x_n) = 0 \qquad (\mu = 1, \ldots, n), \tag{1}$$

where X is the vector with the real components $x_1, \ldots, x_n$ and the real functions f_μ have continuous first derivatives. The matrix of the Jacobian

$$J = \left| \frac{\partial f_\mu}{\partial x_\nu} \right| \tag{2}$$

—this matrix will be written as

$$(J) = \left(\frac{\partial f_\mu}{\partial x_\nu} \right) \tag{3}$$

—is here of particular importance. If, as will be always assumed in what follows, $J \neq 0$, we will write the inverse matrix to (J) as

$$(J^{-1}) \equiv \left(\frac{\partial x_\nu}{\partial f_\mu} \right). \tag{4}$$

The symbol $\dfrac{\partial x_\nu}{\partial f_\mu}$ denotes here the corresponding element of J^{-1}. Put then

$$\Delta_2(X) = \left[\sum_{\mu,\nu} \left(\frac{\partial x_\nu}{\partial f_\mu} \right)^2 \right]^{\frac{1}{2}}; \tag{5}$$

Δ_2 measures to a certain extent "the degree of nonvanishing" of J. Suppose now that for a vector $X_0(x_\nu^0)$ we have

$$f_\mu(X_0) = y_\mu^0, \tag{6}$$

where the vector $Y_0(y_\mu^0)$, that is its norm, is "small". Then we may expect that in the neighbourhood of X_0 there exists a solution of (1).

This statement can be rigorously proved in the following form:

If for a certain $D > 0$ in the neighbourhood of X_0

$$|X_0 - X| \leq D |Y_0| \tag{7}$$

the relation

$$\Delta_2(X) \leq D, \tag{8}$$

holds, then there exists a solution of (1) in the neighbourhood (7).

---

[1] University of Basle, Switzerland.
[2] In what follows the indices μ, ν, λ, κ will always run from 1 to n.

29

2.3. The theorem of section 2 can be proved as follows: Consider the system of equations

$$f_\mu(x_1, \ldots, x_n) - (1-t)f_\mu(x_1^0, \ldots, x_n^0) = 0 \tag{9}$$

where t varies from 0 to 1. For sufficiently small values of t there exist solutions X_t of (9), which form a continuous arc C, beginning in X_0 and contained in (7). Then we have for the length of arc $s(t)$ along C, measured from $t=0$, by Cauchy-Schwarz inequality

$$\left(\frac{ds}{dt}\right)^2 = \sum_\nu \left(\frac{dx_\nu}{dt}\right)^2 = \sum_\nu \left(\sum_\mu \frac{\partial x_\nu}{\partial f_\mu} f_\mu(X_0)\right)^2 \le \sum_\nu \sum_\mu \left(\frac{\partial x_\nu}{\partial f_\mu}\right)^2 \sum_\kappa f_\kappa(X_0)^2 = \Delta_2(X)^2 |Y_0|^2, \tag{10}$$

$$0 \le \frac{ds}{dt} \le \Delta_2(X)|Y_0| \le D|Y_0|. \tag{11}$$

Let now τ, $0 < \tau \le 1$, be a number with the following properties:

A. For each u, $0 < u < \tau$, there exists a continuous arc C_u consisting of solution points $P_t (0 \le t \le u)$.

B. τ is the greatest number ≤ 1 with the property A.

It follows now from (11) that the length of each of the arcs C_u is $\le uD|Y_0| < \tau D|Y_0|$, so that all points P_t on these arcs are *in the interior* of the neighborhood (7). There exists therefore a sequence t_ν, $0 < t_\nu < 1$, such that $t_\nu \uparrow \tau$, and that the points P_{t_ν} converge to a point P^* also situated in (7). It follows then from the continuity of f, in (7) that P^* is a solution of (9) corresponding to $t = \tau$. If then $\tau = 1$, our theorem is proved. Suppose now $\tau < 1$.

Then, since the distance $|P_0 P_{t_\nu}| < \tau D|Y_0|$, we have $|P_0 P^*| \le \tau D |Y_0| < D|Y_0|$, P^* lies in the *interior* of (7) and by the existence theorem there exists, for a sufficiently small $\epsilon > 0$, a continuous arc, C^*, through $P^* = P_\tau$ consisting of points P_t with $|t - \tau| \le \epsilon$. But then it follows from the uniqueness theorem that a point P_{t_ν} lies on C^*. In taking then the portion of the corresponding arc C_u until P_{t_ν} and then the portion of C^* from P_{t_ν} through P^* and beyond P^*, we see that τ is not the greatest number < 1 with the property A. Therefore we have $\tau = 1$, and the theorem is proved.

2.4. The theorem of section 2 can be generalized in introducing a more general "norm" in the n-dimensional vector space. Let p, q be a couple of numbers, satisfying the relations

$$\frac{1}{p} + \frac{1}{q} = 1, \qquad 1 \le p \le \infty, 1 \le q \le \infty. \tag{12}$$

Then we define as the p-norm of the vector $X(x_\nu)$

$$|X|_p \equiv \left[\sum_\nu |x_\nu|^p\right]^{\frac{1}{p}}. \tag{13}$$

The expression (5) can be generalized to

$$\Delta_p(X) = \left[\sum_{\mu,\nu} \left|\frac{\partial x_\nu}{\partial f_\mu}\right|^p\right]^{\frac{1}{p}}, \tag{14}$$

and instead of the theorem of section 2 we obtain the theorem:

If for a certain $D > 0$ in the neighbourhood of X_0 defined by

$$|X_0 - X|_p \le D|Y_0|_q, \tag{15}$$

we have throughout

$$\Delta_p(X) \le D, \tag{16}$$

there exists in this neighbourhood a solution of (1).

For $p = q = 2$ we obtain the result of section 2. The two other particularly important cases are $p = \infty$, $q = 1$; $p = 1$, $q = \infty$.

Observe that the orthogonal invariance only holds for $p = q = 2$.

30

2.5.   In order to apply the theorems of sections 2 and 4, we would have to compute $\Delta_p(X)$, that is essentially J^{-1}, throughout a whole neighbourhood of X_0.   This is usually not feasible.   Practically, one will compute $\Delta_p(X_0)$ in the initial point X_0 and will try to obtain an estimate for the variation of Δ_p in a neighbourhood of X_0.   This can be done systematically, if f_μ possess finite second derivatives, in using the following important inequality.

Put

$$\Delta_2^{\bullet}(X)=\left[\sum_{\nu,\,\kappa,\,\lambda}\left|\frac{\partial^2 f_\nu}{\partial x_\kappa \partial x_\lambda}\right|^2\right]^{\frac{1}{2}}. \tag{17}$$

Then we have

$$\left|\operatorname{grad}\frac{1}{\Delta_2(X)}\right|\leq\Delta_2^{\bullet}(X), \tag{18}$$

where $\operatorname{grad}[1/\Delta_2(X)]$ is a vector with the components $\partial[1/\Delta_2(X)]/\partial x_\nu$.   By (18) it follows from the relation

$$\int_{X_1}^{X_2}\left(\operatorname{grad}\frac{1}{\Delta_2(X)}\right)_s ds=\frac{1}{\Delta_2(X_2)}-\frac{1}{\Delta_2(X_1)}; \tag{19}$$

$$\left|\frac{1}{\Delta_2(X_2)}-\frac{1}{\Delta_2(X_1)}\right|\leq\int_{X_1}^{X_2}\Delta_2^{\bullet}(X)ds. \tag{20}$$

These inequalities can be generalized in the sense of section 4, in introducing

$$\Delta_q^{\bullet}(X)=\left[\sum_{\nu,\,\kappa,\,\lambda}\left|\frac{\partial^2 f_\nu}{\partial x_\kappa \partial x_\lambda}\right|^q\right]^{\frac{1}{q}}. \tag{21}$$

We obtain then

$$\left|\operatorname{grad}\frac{1}{\Delta_p(X)}\right|_q\leq\Delta_q^{\bullet}(X), \tag{22}$$

and from there on

$$\left|\frac{1}{\Delta_p(X_2)}-\frac{1}{\Delta_p(X_1)}\right|\leq|X_2-X_1|_p\int_0^1\Delta_q^{\bullet}(X^{(t)})dt, \tag{23}$$

where

$$X^{(t)}=X_1+t(X_2-X_1). \tag{24}$$

However, in the cases $p=1$ or $q=1$ it may become necessary to write the above inequalities in a more special form in which the *one-sided derivatives* are used.

The inequalities (18), (22) are special cases of very general inequalities valid for general determinants whose elements are differentiable functions of certain variables.

2.6.   The inequalities underlying the theorem of section 2 are obtained in using the Cauchy-Schwarz inequality.   Much better results can be obtained in using an orthogonal invariant of more involved kind.

If $A=(a_{\mu\nu})$ is an $n\times n$ matrix, an n-dimensional vector X is transformed by A into Y where

$$Y'=AX', \tag{25}$$

and there exist then two numbers $\Lambda\geq\lambda\geq0$, such that for any choice of X we have

$$\lambda|X|\leq|Y|\leq\Lambda|X| \tag{26}$$

and that here Λ cannot be replaced by smaller numbers and λ by greater numbers.   It is well known that Λ and λ are square roots of the greatest and least fundamental value of the matrix AA^*.   We will denote these expressions by $\Lambda(A)$, $\lambda(A)$.   If $|A|\neq0$, we have

$$\Lambda(A^{-1})\lambda(A)=1. \tag{27}$$

Now, in the theorem of section 2, $\Delta_2(X)$ can be replaced by $\Lambda(\partial x_\nu/\partial f_\mu)$ and since this expression never exceeds, and is usually less than, $\Delta_2(X)$, we obtain in this way closer neighbourhoods of X_0.

31

The computation of $\Lambda(A)$ and $\lambda(A)$ presents, of course, even much greater difficulties than that of $\Delta_2(X)$. On the other hand, there exist in this case inequalities completely analogous to (18). These inequalities can be formulated in the following way.

Suppose that the vector X is given as a differentiable function of a real variable t and denote by δ the derivative with respect to t. Then we have

$$\left| \delta\Lambda\left(\frac{\partial f_\mu}{\partial x_\nu}\right)\right| \leq \Lambda\left(\delta\,\frac{\partial f_\mu}{\partial x_\nu}\right), \tag{28}$$

$$\left| \delta\lambda\left(\frac{\partial f_\mu}{\partial x_\nu}\right)\right| \leq \Lambda\left(\delta\,\frac{\partial f_\mu}{\partial x_\nu}\right). \tag{29}$$

These inequalities are special cases of two inequalities concerning general determinants and can be generalized even further in introducing the notion of distance in a Minkowski-space.

2.7. In order to give a numerical example we consider the system of equations

$$E_1 \equiv Z_1 - 0.470\ 228\ 201\ 834\ K(Z_2) - 0.145\ 308\ 505\ 601\ K(Z_4) - C_1 = 0,$$

$$E_2 \equiv Z_2 + 0.760\ 845\ 213\ 036\ K(Z_1) - 0.615\ 536\ 707\ 435\ K(Z_3) - C_2 = 0,$$

$$E_3 \equiv Z_3 + 0.615\ 536\ 707\ 435\ K(Z_2) - 0.760\ 845\ 213\ 036\ K(Z_4) - C_3 = 0,$$

$$E_4 \equiv Z_4 + 0.145\ 308\ 505\ 601\ K(Z_1) + 0.470\ 228\ 201\ 834\ K(Z_3) - C_4 = 0,$$

where

$$K(Z) = \lg\frac{72}{61 - 11\cos Z}; \quad C_1 = 5.430\ 415\ 554\ 935; \quad C_2 = 5.026\ 548\ 245\ 744;$$

$$C_3 = 4.345\ 243\ 969\ 113; \quad C_4 = 3.769\ 911\ 184\ 308.$$

Here the Jacobian matrix is

$$\frac{\partial(E_\mu)}{\partial(Z_\nu)} = \begin{pmatrix} 1 & -0.4702\ldots K'(Z_2) & 0 & -0.1453\ldots K'(Z_4) \\ 0.7608\ldots K'(Z_1) & 1 & -0.6155\ldots K'(Z_3) & 0 \\ 0 & 0.6155\ldots K'(Z_2) & 1 & -0.7608\ldots K'(Z_4) \\ 0.1453\ldots K'(Z_1) & 0 & 0.4702\ldots K'(Z_3) & 1 \end{pmatrix}$$

Its inverse can be easily estimated in using $|K'(Z)| \leq 11/60$.

We obtain then for the expressions introduced in section 4

$$|\Delta_2| < 2.092; \quad |\Delta_\infty| < 1.046; \quad |\Delta_1| < 4.183,$$

independently of the values of Z_μ. The approximate values of Z are given by

$$Z_1^0 = 5.523\ 188; \quad Z_2^0 = 4.847\ 788; \quad Z_3^0 = 4.244\ 909; \quad Z_4^0 = 3.684\ 244, \tag{30}$$

and the corresponding values of E are

$$E_1^0 = 0.0_6 207537; \quad E_2^0 = 0.0_6 975533; \quad E_3^0 = 0.0_6 064192; \quad E_4^0 = 0.0_6 289890.$$

The norms of the corresponding vectors are then

$$|E^0|_2 < 10.407\cdot10^{-7}; \quad |E^0|_\infty < 9.756\cdot10^{-7}; \quad |E^0|_1 < 15.372\cdot10^{-7}$$

and from the theorem of section 4 we obtain for the errors of the approximations (30):

$$|\Delta^\infty|_2 < 21.772\cdot10^{-7}; \quad |\Delta^\infty|_\infty < 16.080\cdot10^{-7}; \quad |\Delta^\infty|_1 < 40.810\cdot10^{-7}.$$

32

209

If we compare this with the exact solution of our system:

$$Z_1^{\infty}=5.523\,188\,291\ldots;\qquad Z_2^{\infty}=4.847\,788\,930\ldots;\qquad Z_3^{\infty}=4.244\,908\,849\ldots;\qquad Z_4^{\infty}=3.684\,244\,294\ldots,$$

where the true values of $|\Delta^{\infty}|_p$ are

$$|\Delta^{\infty}|_2=10.29\cdot10^{-7};\qquad |\Delta^{\infty}|_{\infty}=9.3\cdot10^{-7};\qquad |\Delta^{\infty}|_1=16.66\cdot10^{-7},$$

we see that our estimates are of the correct order of magnitude.

2.8.   The expressions introduced in the above discussion of the system (1) and the properties of these expressions permit us now to give a very simple proof for the convergence of the Newton-Raphson method and to deduce very close estimates for the error implied.

We start with an initial point A_0 and define an infinite sequence of points

$$A_\kappa(a_1^{(\kappa)},\ldots,a_n^{(\kappa)})\qquad(\kappa=0,1,\ldots)\tag{31}$$

by means of the following recurrent procedure:

Let

$$Y_\kappa(y_1^{(\kappa)},\ldots,y_n^{(\kappa)}),\qquad y_\nu^{(\kappa)}=f_\nu(A_\kappa)\tag{32}$$

be the vector formed by the values of the f_ν in A_κ.   Define then the vector

$$\eta_\kappa(h_1^{(\kappa)},\ldots,h_n^{(\kappa)})\tag{33}$$

from the system of linear equations

$$\sum_\mu h_\mu^{(k)}f_{\nu x_\mu}(A_\kappa)+y_\nu^{(\kappa)}=0\qquad(\nu=1,\ldots,n).\tag{34}$$

Then we have

$$A_{\kappa+1}=A_\kappa+\eta_\kappa.\tag{35}$$

In order to ensure the possibility of this procedure being continued indefinitely, we make the following assumptions: For a certain positive number M and a couple of numbers p, q satisfying (12) we suppose that throughout the neighbourhood U of A_0, defined by

$$(U)\,|X-A_0|_p\leq2\,|\eta_0|_p,\tag{36}$$

we have for $p=q=2$

$$\Delta_2^{\cdot}(X)\leq M\qquad(X\prec U)\tag{37}$$

and otherwise

$$\left[\sum_{\kappa,\,\lambda,\,\nu}\left|\frac{\partial^2 f_\nu(X_\nu)}{\partial x_\kappa\partial x_\lambda}\right|^q\right]^{\frac1q}\leq M\qquad(X_1,\ldots,X_n\prec U).\tag{38}$$

If we have

$$\theta_0\equiv2M\,|\eta_0|_p\Delta_p(A_0)\leq1,\tag{39}$$

then all points A_κ defined by our procedure remain inside U and converge to a point A in U satisfying the equations (1).   We have then in particular

$$|\eta_\kappa|_p\leq\frac{\theta_0^{2^\kappa}}{2^\kappa M\Delta_p(A_0)}\tag{40}$$

and, putting

$$\theta_\kappa=2M\,|\eta_\kappa|_p\Delta_p(A_\kappa):\tag{41}$$

$$\theta_{\kappa+1}\leq\frac{\theta_\kappa^2}{2-\theta_\kappa},\tag{42}$$

$$|Y_{\kappa+1}|_q\leq\tfrac12 M\,|\eta_\kappa|_p^2.\tag{43}$$

33

The estimates obtained can be sharpened in so far as the factor 2 in (36) and (39) can be replaced by a smaller one, if $2M|Y_0|_e\Delta_p^2(A_\star)<1$. These estimates correspond exactly to those obtained by the author for $n=1$. For $n=2$, F. A. Willers gave in 1928 conditions for the convergence of the Newton-Raphson procedure. However, these conditions involved the third derivatives of f_μ. In 1936 the author gave, again for $n=2$, conditions for the convergence implying only the second derivatives and these conditions were then generalized to the general n in the Braunschweig Thesis of K. Bussmann. However, these conditions gave only rough estimates, since the expressions Δ_p, $\Delta_2^\bullet$ were not used.

On the other hand, a part of our results of section 8 has been given and considerably generalized in [4, 5, 6], but I have not been as yet able to study these papers.

It may finally be mentioned that a part of our results was published in [7, 8, 9], and an exposition of the bulk of theory will be given in a monograph that is to appear in the series of Cahiers Scientifiques (Gauthiers Villars, Paris).

[1] O. Blumenthal, Uber die Genauigkeit der Wurzeln linearer Gleichungen. Z. Math. Phy. **62**, 359–362 (1914).

[2] A. M. Ostrowski, Sur la détermination des bornes inférieures pour une classe des déterminants. Bul. Sc. Math. [2] **61**, 1–14 (1937).

[3] A. T. Lonseth, The propagation of error in linear problems, Trans. Am. Math. Soc. **62**, 193–212 (1947).

[4] L. V. Kantorovich, Functional Analysis and Applied Mathematics, Uspekhi Mat. Nauk, N. S. **3**, 89–185 (1948).

[5] L. V. Kantorovich, On Newton's method, Trudy Mat. Inst. Steklov. **28**, 104–144 (1949).

[6] J. P. Mysovskih, On convergence of Newton's method, Trudy Mat. Inst. Steklov **28**, 145–147 (1949).

[7] A. M. Ostrowski, Sur la variation de la matrice inverse d'une matrice donnée, Compt. rend. **231**, 1019–1021 (1950).

[8] A. M. Ostrowski, Un théorème d'existence pour les systèmes d'équations, Compt. rend. **231**, 1114–1116 (1950).

[9] A. M. Ostrowski, Un nouveau théorème d'existence pour les systèmes d'équations, Compt. rend. **232**, 786–788 (1951).

Note sur les dérivées uniformes et les différentielles totales

Dans une communication parue dans ce journal en 1943[1]), j'ai introduit la notion d'une *dérivée partielle uniforme* qui a trouvé des différentes applications[2]), en particulier à la solution du problème des différentielles totales.

Il est évident que pour qu'une fonction $f(x, y)$ (nous nous bornons ici au cas de deux variables indépendantes) possède dans un point $P_0(x_0, y_0)$ une différentielle totale «au sens de Stolz», l'existence de $f'_x(P_0)$, $f'_y(P_0)$ ne suffit pas. Le problème à résoudre consiste à décomposer la condition d'existence de la différentielle totale en deux conditions, indépendantes l'une de l'autre (autant que possible) et qui se rapportent au comportement de $f(P)$, l'une au «voisinage» de $x = x_0$ et l'autre au «voisinage» de $y = y_0$. —

Il y a quelques jours, mon attention a été attiré, grâce à une communication aimable de M. *Fréchet*, à un mémoire de M. *F. Severi* de 1935[3]), qui m'avait malheureusement échappé lors de la publication de ma note citée et dans lequel M. *Severi* (parmi un très grand nombre d'autre résultats importants) établit des conditions nécessaires et suffisantes pour l'existence d'une différentielle totale dans un point en utilisant la notion de la *dérivée partielle généralisée* (derivata parziale generalizzata) qu'il a introduite dans ce but.

Donc, la première solution du problème des différentielles totales remonte à M. *Severi*, ce que je me dépêche de reconnaître.

En plus, ma notion de la dérivée uniforme est apparantée à la dérivée généralisée de M. *Severi*. De l'autre côté, il me semble que dans les con-

---

[1]) *Alexandre Ostrowski*, Note sur l'interversion des dérivations et les différentielles totales, Comm. Math. Helv. 15 (1942/43), pp. 222–225.

[2]) Cf. *Alexandre Ostrowski*, Sur les conditions de validité d'une classe de relations entre les expressions différentielles linéaires, Comm. Math. Helv. 15 (1942/43), pp. 265–286; *Rolf Conzelmann*, Beiträge zur Theorie der singulären Integrale bei Funktionen von mehreren Variablen, Comm. Math. Helv. 19 (1946/47), pp. 279–315.

[3]) *Francesco Severi*, Sulla differenziabiltà totale delle funzioni di più variabili reali, Annali di Matematica pure ed applicata, 4, tomo 13 (1935), pp. 1–35

298

ditions de M. *Severi* l'indépendance des deux conditions se rapportant
à x et à y est *partiellement* réalisée, tandis que dans mes conditions cette
indépendance est presque complètement réalisée et même peut l'être
totalement au prix de détruire la symétrie.

Considérons l'expression

$$\frac{f(x, y) - f(x_0, y)}{x - x_0} \; . \tag{1}$$

Je définis la dérivée uniforme en $P_0(x_0, y_0)$ par rapport à x comme la
limite de l'expression (1), $P(x, y)$ tendant à P_0 de sorte que l'on ait

$$|\, y - y_0 \,| \le |\, x - x_0 \,| \; . \tag{2}$$

M. *Severi* définit la dérivée partielle généralisée en P_0 par rapport
à x comme la limite de l'expression (1), quand la demi-droite $P_0 P$
(d'origine P_0) tend vers une demi-droite λ quelconque d'origine P_0,
mais différente de $x = x_0$ et si cette limite ne dépend pas de λ. Il est
presque immédiat que cette définition est équivalente à la suivante:
la dérivée partielle généralisée par rapport à x est égale à la limite de
l'expression (1) pour $P \to P_0$, $P \ne P_0$ parcourant le domaine

$$|\, y - y_0 \,| \le C \,|\, x - x_0 \,| \; , \tag{3}$$

si cette limite existe pour *chaque* constante $C > 0$.

Maintenant, la condition nécessaire et suffisante de M. *Severi* consiste
en ce que les deux dérivées partielles généralisées doivent exister en
P_0. Il est évident que les domaines du plan sur lesquels portent ces
deux conditions prises individuellement contiennent comme partie commune les angles

$$c \,|\, x - x_0 \,| \le |\, y - y_0 \,| \le C \,|\, x - x_0 \,| \; ,$$

pour chaque couple de constante c, C avec $0 < c < C$. Quant à ma
condition qui consiste en l'existence des deux dérivées partielles uniformes en P_0, les domaines du plan en question n'ont en commun que
les droites

$$|\, y - y_0 \,| = |\, x - x_0 \,| \; .$$

D'ailleurs il serait facile de modifier mes conditions de sorte que les
domaines en question n'aient des points en commun. Il suffirait par
exemple pour une constante positive fixe quelconque c de remplacer
la condition $|\, y - y_0 \,| \le |\, x - x_0 \,|$ dans la définition de la dérivée partielle
uniforme par rapport à x par la condition $|\, y - y_0 \,| \le c \,|\, x - x_0 \,|$ et la

299

condition $|x - x_0| \leqq |y - y_0|$ dans la définition de la dérivée uniforme par rapport à y par $c|x - x_0| < |y - y_0|$. Mais alors on aurait l'inconvenient que les définitions des dérivées uniformes par rapport à x et à y ne restent plus symétriques.

En tout cas, il est évident que l'existence des deux dérivées partielles *uniformes* en P_0 est équivalente à l'existence simultanée des deux dérivées partielles généralisées en P_0.

(Reçu le 5 mars 1955)

Über die Differenzierbarkeit von impliziten Funktionen

I.

Hängt die Funktion $u(x)$ mit x vermöge der Relation

$$F(u,\, x) = 0 \tag{1}$$

zusammen, so ist, wenn F_x' und F_u' vorhanden und stetig sind, du/dx in jedem Punkte x_0 vorhanden und vermöge der Relation

$$\frac{du}{dx} = -\frac{F_x'}{F_u'} \tag{2}$$

darstellbar, in welchem $F_u'(u(x_0),\, x_0)$ nicht verschwindet.

Wir wollen im folgenden die Bezeichnungen benutzen:

$$u(x_0) = u^0,\ F_x'(u_0,\, x_0) = F_x^0,\ F_u'(u_0,\, x_0) = F_u^0,\ F_{uu}''(u_0,\, x_0) = F_{uu}^0. \tag{3}$$

Wenn also $u'(x_0)$ an einer gemeinsamen Stetigkeitsstelle x_0 von u, F_u' und F_x' z. B. unendlich wird, so muss sich dies darin äussern, dass F_u^0 verschwindet. Man wird in diesem Falle erwarten, dass dann im allgemeinen F_x^0 nicht verschwindet, so dass das Unendlichwerden von u' durch (2) zum Ausdruck kommt. *Merkwürdigerweise trifft dies indessen nicht zu, wenn $u(x)$ in x_0 einer Lipschitzbedingung von der Ordnung $\alpha > 1/2$ genügt und F_{uu}^0 existiert.*

In diesem Falle verschwindet nämlich auch F_x^0, so dass die Relation (2) auch dann in der Gestalt

$$\left[\frac{d}{dx}\,(F_u^0\, u)\right]_{x\,=\,x_0} = -\,F_x^0 \tag{4}$$

richtig bleibt. Man kann sogar dabei z. B. die Annahme der Existenz von F_{uu}^0 insofern abschwächen, als man bloss anzunehmen braucht, dass $F_u'(u,\, x_0)$ an der Stelle u_0 einer Lipschitzbedingung von einer Ordnung $> (1/\alpha) - 1$ genügt.

215

Die in diesem Satz angegebenen Schranken für die Ordnungen der Lipschitzbedingungen für u und F_u' lassen sich dabei, wie wir sehen werden, nicht verbessern. Wohl aber lässt sich die Formulierung noch weiter verfeinern, indem man einen allgemeineren Typus von Lipschitzbedingungen einführt.

Immerhin erscheint die Relation (4) zuerst nur als eine Zusammenfassung von zwei recht heterogenen Sachverhalten. Sie lässt sich indessen auch auf den Fall verallgemeinern, wo *mehrere* Funktionen $u_\nu(x)$ mit x durch eine Gleichung

$$F(u_1, \ldots, u_n, x) = 0 \tag{5}$$

zusammenhängen.

Sind für $x = x_0$ und die dazugehörigen Werte $u_\nu^0 = u_\nu^0(x_0)$ sowohl F, als auch $F_{u_\nu}'(\nu = 1, \ldots, n)$ und F_x' stetig, und sind dort alle Ableitungen $F_{u_\nu u_\mu}''$ vorhanden, so existiert, wenn sämtliche $u_\nu(x)$ in x_0 einer Lipschitzbedingung von der Ordnung $\alpha > 1/2$ genügen, eine lineare Verbindung der $u_\nu(x)$, die in x_0 nach x differenzierbar ist. Es gilt nämlich, wenn wir die Werte von F_x', F_{u_ν}' an der Stelle (x_0, u_ν^0) mit F_x^0, $F_{u_\nu}^0$ bezeichnen, die Relation

$$\left[\frac{d}{dx} \sum_{\nu=1}^{n} F_{u_\nu}^0 u_\nu \right]_{x=x_0} = - F_x^0. \tag{6}$$

Dabei lässt sich wiederum die Annahme der Existenz der $F_{u_\nu u_\mu}''$ ersetzen durch die Annahme, dass alle F_{u_ν}' an der betreffenden Stelle in bezug auf die u_ν einer Lipschitzbedingung von einer Ordnung $> (1/\alpha) - 1$ genügen.

Da dieser Satz für die Beurteilung der Differenzierbarkeitsbedingungen in der Theorie der partiellen Differentialgleichungen erster Ordnung von Interesse ist, soll er im folgenden in allgemeinerer Form genau formuliert und bewiesen werden. Dabei beweisen wir zugleich, dass, wenn in der Gleichung (5) *mehrere* unabhängige Variable auftreten, unter entsprechenden Voraussetzungen der Ausdruck

$$\sum_{\nu=1}^{n} F_{u_\nu}^0 u_\nu$$

ein *totales Differential im Sinne von Stolz* besitzt, das dem totalen Differential von $- F$ in bezug auf die x_ν gleich ist.

II.

Wir sagen allgemein von einer Funktion $f(v_1, \ldots, v_m)$, sie *gehöre* in einem bestimmten Punkt (v_μ^0) *zur Klasse* $L_\varkappa$ $(\varkappa > 0)$

in bezug auf die v_μ, wenn für ein gewisses C, das nur von f abhängt, die Ungleichung

$$|f(v_\mu) - f(v_\mu^0)| \leqq C\Big(\sum_\mu |v_\mu - v_\mu^0|\Big)^\varkappa$$

gilt für alle Punkte (v_μ) aus einer geeigneten Umgebung von (v_μ^0).

Andererseits werden wir sagen, f *gehöre* in (v_μ^0) *zur Klasse* $l_\varkappa$ $(\varkappa > 0)$ in bezug auf die v_μ, wenn für jedes positive ε für beliebige Punkte (v_μ) die Relation gilt:

$$|f(v_\mu) - f(v_\mu^0)| \leqq \varepsilon \Big(\sum_\mu |v_\mu - v_\mu^0|\Big)^\varkappa,$$

sobald $\sum_\mu |v_\mu - v_\mu^0|$ klein genug geworden ist.

Unter Benutzung dieser Bezeichnungen lässt sich unser Resultat wie folgt formulieren:

Satz. *Es seien* n *Funktionen* $u_\nu(x_1, \ldots, x_m)$ $(\nu = 1, \ldots, n)$ *der* m *angegebenen Variablen an der Stelle* $P_0(x_1^0, \ldots, x_m^0)$ *stetig und sie mögen in einer Umgebung dieses Punktes der Relation*

$$F(u_\nu;\ x_\mu) = 0 \tag{7}$$

genügen. Werden die Werte der u_ν *in* P_0 *mit* u_ν^0, *der* n-*dimensionale Punkt* (u_ν^0) *mit* Q_0 *und der* $(m+n)$-*dimensionale Punkt* $(u_\nu^0;\ x_\mu^0)$ *mit* R_0 *bezeichnet, so mögen die Ableitungen* $F_{x_\mu}'(u_\nu;\ x_\mu)$ *in einer Umgebung von* R_0 *existieren und stetig sein; ferner mögen die Ableitungen* $F_{u_\nu}'(u_\nu;\ x_\mu^0)$ *in einer Umgebung des* n-*dimensionalen Punktes* Q_0 *existieren und stetig sein. Es möge ferner eine der beiden folgenden Bedingungen erfüllt sein:*

A. *Für ein* α *mit* $0 < \alpha < 1$ *gehören alle* $u_\varkappa$ *zur Klasse* l_α *in bezug auf die* x_ν *in* P_0, *während die Ableitungen* $F_{u_\nu}'(u_1, \ldots, u_n;\ x_1^0, \ldots, x_m^0)$ *zur Klasse* $L_{(1/\alpha)-1}$ *in bezug auf* $u_1, \ldots, u_n$ *in* Q_0 *gehören.*

B. *Für ein* α *mit* $0 < \alpha \leqq 1$ *gehören alle* u_ν *zur Klasse* L_α *in bezug auf die* x_ν *in* P_0, *während die Ableitungen* $F_{u_\nu}'(u_1, \ldots, u_n;\ x_1^0, \ldots, x_m^0)$ *zur Klasse* $l_{(1/\alpha)-1}$ *in bezug auf* $u_1, \ldots, u_n$ *in* Q_0 *gehören*[1]).

Bezeichnet man dann allgemein die Werte der Ableitungen F_{x_μ}', F_{u_ν}' *in* R_0 *bzw. mit* $F_{x_\mu}^0$, $F_{u_\nu}^0$, *so besitzt*

$$\sum_{\nu=1}^{n} F_{u_\nu}^0\, u_\nu$$

---

[1]) Natürlich müssen für $\alpha < 1/2$, da dann $(1/\alpha) - 1 > 1$ wird, die $F_{u_\nu}^0 = 0$ sein.

in P_0 ein Differential im Stolzschen Sinne und es gilt dort

$$d \sum_{\nu=1}^{n} F_{u_\nu}^0 \, u_\nu = - \sum_{\mu=1}^{m} F_{x_\mu}^0 \, dx_\mu \, . \tag{8}$$

III.

Beweis des Satzes. Ohne Beschränkung der Allgemeinheit dürfen wir annehmen, dass

$$x_1^0 = \cdots = x_m^0 = u_1^0 = \cdots = u_n^0 = 0 \tag{9}$$

ist. Wir setzen

$$\Delta = \sum_{\mu=1}^{m} |x_\mu| \, . \tag{10}$$

Die O- und o-Symbole beziehen sich im folgenden auf den Grenzübergang $\Delta \to 0$.

Wird dann der Mittelwertsatz der Differentialrechnung auf die m Variablen x_μ angewandt für feste u_ν, so ergibt sich für ein θ mit $0 < \theta < 1$:

$$F(u_\nu; 0) = F(u_\nu; 0) - F(u_\nu; x_\mu) = - \sum_{\mu=1}^{m} x_\mu F_{x_\mu}'(u_\nu; \theta x_\mu) \, .$$

Hieraus folgt aber wiederum wegen der Stetigkeit der u_ν in P_0 und der F_{x_μ}' in R_0:

$$F(u_\nu; 0) = - \sum_{\mu=1}^{m} x_\mu F_{x_\mu}^0 + o(\Delta) \, . \tag{11}$$

Andererseits gilt im Falle der Annahme A bzw. B für jedes ν $(\nu = 1, \ldots, n)$:

$$u_\nu = o(|x|^\alpha) \, ; \tag{12A}$$

$$u_\nu = O(|x|^\alpha) \, . \tag{12B}$$

Wird aber in

$$F(u_\nu; 0) = F(u_\nu; 0) - F(0; 0)$$

der Mittelwertsatz der Differentialrechnung auf die u_ν angewandt, so ergibt sich für ein θ_1 mit $0 < \theta_1 < 1$:

$$F(u_\nu; 0) = \sum_{\nu=1}^{n} u_\nu F_{u_\nu}'(\theta_1 u_\nu; 0) \, . \tag{13}$$

Hier folgt im Falle der Annahme A wegen (12 A) für jedes ν $(\nu = 1, \ldots, n)$:

$$F_{u_\nu}'(\theta u_\nu; 0) = F_{u_\nu}^0 + O\left(\left(\sum_{\nu=1}^{n} |\theta_1 u_\nu|\right)^{(1/\alpha)-1}\right) = F_{u_\nu}^0 + o(\Delta^{1-\alpha}) \, . \tag{14}$$

Die gleiche Endabschätzung wie in (14) ergibt sich aber auch im Falle der Annahme B wegen (12 B), da dann bereits das O-Symbol im zweiten Term durch o ersetzt werden kann. Daher ergibt sich aus (13)

$$F(u_\nu; 0) = \sum_{\nu=1}^{n} u_\nu F_{u_\nu}^0 + o\left(\sum_{\nu=1}^{n} |u_\nu|\, \Delta^{1-\alpha}\right)$$

und daher wegen (12A) und (12B) schliesslich

$$F(u_\nu; 0) = \sum_{\nu=1}^{n} u_\nu F_{u_\nu}^0 + o(\Delta) . \tag{15}$$

Aus (15) und (11) folgt aber nunmehr die Behauptung (8).

Es sei noch bemerkt, dass man im obigen Satz die Annahme, dass die Ableitungen $F_{x_\mu}'(u_\nu; x_\mu)$ in einer Umgebung von R_0 stetig sind, ersetzen kann durch die Annahme, dass $F(0; x_\mu)$ in P_0 ein totales Differential im Stolzschen Sinne besitzt, sofern man die Annahmen über die F_{u_ν}' auf die Funktionen $F_{u_\nu}'(u_\mu; x)$ um den Punkt R_0 und auf alle $m + n$ Variablen bezieht. Die in diesem Falle notwendige Abänderung des Beweisganges ist leicht ersichtlich.

IV.

Um die in I in Aussicht gestellten Gegenbeispiele zu bilden, beweisen wir zunächst das folgende

Lemma. *Es sei $\alpha = p/q$, wo p und q natürliche ungerade Zahlen sind und ferner $0 < p < q$, $0 < \alpha < 1$ ist. Dann hat die Gleichung*

$$f(u, x) \equiv u^{1/\alpha} + x\,u - x = 0 \tag{16}$$

für jedes reelle, absolut hinreichend kleine $x \neq 0$ eine einzige reelle Wurzel $u(x)$, und es gilt:

$$u(x) \sim x^\alpha \quad (x \to 0) . \tag{17}$$

Beweis des Lemmas. Wir zeigen zuerst, dass (16) für jedes absolut hinreichend kleine $x \neq 0$ genau eine reelle Wurzel hat und behandeln die beiden Fälle $x > 0$ und $x < 0$ getrennt.

A) Es sei $x > 0$. Dann hat (16) nach der bekannten Laguerreschen Regel eine einzige positive Wurzel, da es genau einen Vorzeichenwechsel in der Koeffizientenfolge gibt. — Es folgt dies natürlich auch sofort aus der Descartesschen Regel, wenn man $u = v^p$ setzt, da man dabei ein Polynom in v erhält. — Da andererseits

$$v(-u, x) = -(u^{1/\alpha} + u\,x + x)$$

ist, ist klar, dass negative Wurzeln in diesem Falle nicht vorkommen können.

B) Sei $x = -\xi < 0$. Dann hat $f(u, -\xi) = u^{1/\alpha} - u\,\xi + \xi$ genau zwei Vorzeichenwechsel, also nach der Descartes-Laguerreschen Regel entweder zwei oder keine positive Wurzeln. Hätte aber dieser Ausdruck zwei positive Wurzeln $w_1 < w_2$, so müsste er zwischen w_1 und w_2 negativ sein. Und da seine Ableitung nach u, $(1/\alpha)\,u^{(1/\alpha)-1} - \xi$ genau eine positive Wurzel $(\alpha\,\xi)^{\alpha/(1-\alpha)}$ hat, müsste diese Wurzel zwischen w_1 und w_2 liegen. Bilden wir nun $f\big((\alpha\,\xi)^{\alpha/(1-\alpha)}, -\xi\big)$, so ergibt sich

$$f\big((\alpha\,\xi)^{\alpha/(1-\alpha)}, -\xi\big) = (\alpha\,\xi)^{1/(1-\alpha)} - (\alpha\,\xi)^{\alpha/(1-\alpha)}\xi + \xi =$$
$$= \big(\alpha^{1/(1-\alpha)} - \alpha^{\alpha/(1-\alpha)}\big)\,\xi^{1/(1-\alpha)} + \xi.$$

Hier ist der Exponent $1/(1-\alpha)$ grösser als 1, so dass für hinreichend kleine positive ξ dieser Ausdruck *positiv* ist. Daher hat dann (16) keine positive Wurzel. Aus

$$f(-u, -\xi) = -u^{1/\alpha} + u\,\xi + \xi$$

folgt dagegen nach der Descartes-Laguerreschen Regel, dass (23) eine *negative* Wurzel besitzt.

Setzten wir nunmehr $u(x) = x^\alpha\,v(x)^p$, wodurch, für hinreichend kleine $|x|$, $v(x)$ eindeutig bestimmt ist, so ergibt sich für v die algebraische Gleichung

$$v^q + v^p\,x^\alpha - 1 = 0\,,$$

die für $x = 0$ die einzige reelle Wurzel 1 besitzt. Nach dem Satz über die Stetigkeit der Wurzeln algebraischer Gleichungen folgt aber, dass $v(x) \to 1\ (x \to 0)$ gilt, womit unser Lemma vollständig bewiesen ist.

Für die Funktion $f(u, x)$ in (16) gilt nun für $f^0 = u_0 = x_0 = 0$ nach (17):

$$f^0_x = -1, \quad u(x) \prec L_\alpha, \quad f'_u(u, 0) = \frac{1}{\alpha}\,u^{(1/\alpha)-1} \prec L_{(1/\alpha)-1}, \qquad (18)$$

wo die Lipschitzbedingungen *im Punkte* $x = u = 0$ gelten.

Für $\alpha < 1/2$ existiert also $f^0_{uu} \neq 0$, und trotzdem verschwindet f^0_x nicht für beliebig nah bei $1/2$ liegende α.

Ist aber $\alpha \geq 1/2$, so sehen wir, dass man im Falle der Bedingung A die Lipschitzklasse l_α für u nicht durch die Lipschitzklasse L_α ersetzen kann. Und ebensowenig kann man im Falle der Bedingung B die Lipschitzklasse $l_{(1/\alpha)-1}$ durch $L_{(1/\alpha)-1}$ ersetzen. Beides gilt wenigstens für rationale α, die den Bedingungen des Lemmas genügen und offenbar überall dicht liegen.

Betrachten wir wieder den Fall der Bedingung A und halten an $u \prec l_\alpha$ fest, so folgt wiederum, dass für kein $\varkappa < (1/\alpha) - 1$ die Annahme $F_u' \prec L_{(1/\alpha)-1}$ ersetzt werden kann durch die Annahme $F_u' \prec L_\varkappa$; denn $\varkappa$ kann offenbar nach geeigneter Vergrösserung in der Gestalt p/q vorausgesetzt werden, wo p und q natürliche, ungerade Zahlen sind. Dann gilt aber

$$\frac{1}{\alpha} - 1 > \varkappa = \frac{1}{\beta} - 1 \,,$$

wo $\beta = q/(p + q) > \alpha$ ist. Dann gilt die Behauptung nicht einmal, wenn $u \prec l_\alpha$ verschärft wird zu $u \prec L_\beta$; im Falle der Bedingung B wird ganz analog geschlossen.

V.

Die dem Satze des Abschnitts II zugrunde gelegten Lipschitzbedingungen beziehen sich auf die Lipschitzklassen L_α, l_α, die allerdings etwas spezieller Natur sind. In der Tat lässt sich die Lipschitzbedingung $|f(v_\mu) - f(v_\mu^0)| = O\left\{\left(\sum_\mu |v_\mu - v_\mu^0|\right)^\alpha\right\}$ ersetzen durch die allgemeinere

$$|f(v_\mu) - f(v_\mu^0)| = O\left\{\psi\left(\sum_\mu |v_\mu - v_\mu^0|\right)\right\}, \tag{19}$$

wo $\psi(\varrho)$ nur sehr allgemein gefassten Bedingungen zu genügen hat. Insbesondere kann man z. B.

$$\psi(\varrho) = \varrho^\alpha \lg^{\alpha_1} \frac{1}{\varrho} \lg_2^{\alpha_2} \frac{1}{\varrho} \cdots \lg_n^{\alpha_n} \frac{1}{\varrho} \,, \quad \alpha > 0 \,, \tag{20}$$

setzen, wo α_1, α_2, ... α_n beliebige reelle Zahlen sein können.

Wir wollen nun allgemein eine Funktion $\psi(\varrho)$ als einen *Lipschitz-Modul* bezeichnen, wenn sie für hinreichend kleine $\varrho \geqq 0$ definiert und stetig ist und für monoton gegen Null abnehmende ϱ selbst monoton gegen 0 abnimmt. Wir sagen dann, wenn die Relation (19) erfüllt ist, dass $f(v_\mu)$ zur Klasse L_ψ gehört, während, wenn in der Relation (19) sogar das O-Symbol durch das o-Symbol ersetzt werden kann, für gegen die v_μ strebenden v_μ', wir $f(v_\mu)$ zur Klasse l_ψ zählen.

Es sei nun $\Psi(\varrho)$ ein zweiter Lipschitz-Modul, wobei $\Psi(\varrho)$ zugleich für $\varrho \downarrow 0$ *erstens* die Eigenschaft haben muss, dass für jede positive Konstante c

$$\Psi(c\,\varrho) = O\{\Psi(\varrho)\} \quad (\varrho \downarrow 0) \tag{21}$$

gilt und *zweitens* mit $\psi(\varrho)$ durch die Funktionalrelation

$$\psi\,\Psi(\psi) = O(\varrho) \quad (\varrho \downarrow 0) \tag{22}$$

verknüpft ist.

Dann können im Satze des Abschnittes II in der Bedingung A die Klassen l_α und $L_{(1/\alpha)-1}$ durch resp. l_ψ, L_Ψ und in der Bedingung B die Klassen L_α, $l_{(1/\alpha)-1}$ durch resp. L_ψ, l_Ψ ersetzt werden. Der oben gegebene Beweis überträgt sich auch auf den Fall dieser allgemeineren Annahmen ohne weiteres, unter Berücksichtigung der Relationen (21) und (22).

Wir wollen zum Schluss noch zeigen, wie zu einem $\psi(\varrho)$ von der Form (20) die $\Psi(\varrho)$ von analoger Gestalt charakterisiert werden können, für die (21) und (22) gilt. Aus (20) folgt offenbar für $\varrho \downarrow 0$

$$\lg \frac{1}{\psi(\varrho)} \sim \alpha \lg \frac{1}{\varrho}, \quad \lg_\varkappa \frac{1}{\psi(\varrho)} \sim \lg_\varkappa \frac{1}{\varrho} \quad (\varkappa > 1) \quad (\varrho \downarrow 0). \tag{23}$$

Setzt man nun $\Psi(\varrho)$ in der Gestalt

$$\Psi(\varrho) = \varrho^\beta \lg^{\beta_1} \frac{1}{\varrho} \lg_2^{\beta_2} \frac{1}{\varrho} \cdots \lg_n^{\beta_n} \frac{1}{\varrho} \tag{24}$$

an, so ist (21) erfüllt. Wegen (23) ist für $\varrho \downarrow 0$ aber $\dfrac{\alpha^{-\beta_1}}{\varrho}\,\psi\,\Psi(\psi) \sim$

$$\sim \varrho^{\alpha + \alpha\beta - 1} \left(\lg \frac{1}{\varrho}\right)^{\alpha_1 + \alpha_1\beta + \beta_1} \cdots \left(\lg_\varkappa \frac{1}{\varrho}\right)^{\alpha_\varkappa + \alpha_\varkappa\beta + \beta_\varkappa} \left(\lg_n \frac{1}{\varrho}\right)^{\alpha_n + \alpha_n\beta + \beta_n}.$$

Soll dies nun $= O(1)$ für $\varrho \downarrow 0$ sein, so müssen entweder alle Exponenten rechts verschwinden oder der erste von Null verschiedene Exponent muss > 0 sein; dies läuft aber darauf hinaus, dass

$$\Psi(\varrho) = O\left(\varrho^{(1/\alpha)-1} \lg^{-\alpha_1/\alpha} \frac{1}{\varrho} \cdots \lg_n^{-\alpha_n/\alpha} \frac{1}{\varrho}\right) \quad (\varrho \downarrow 0) \tag{25}$$

gilt. Wir sehen, dass (25) notwendig und hinreichend ist, damit für den Ausdruck (24) die Relation (22) gilt.

Manuskript eingegangen am 29. Februar 1956.

Soit ζ un point invariant de l'itération $\xi_{k+1} = \Phi(\xi_k)$ dans l'espace vectoriel des ξ. Alors ζ est un point attractif ou répulsif, suivant que la matrice jacobienne de Φ au point ζ a le module maximum de ses racines caractéristiques < 1 ou > 1.

1. Dans l'espace vectoriel à n dimensions nous utiliserons comme mesure d'un vecteur $\xi = (x_1, \ldots, x_n)$ le nombre $|\xi|_\infty = \underset{v}{\mathrm{Max}} |x_v|$.

De même nous posons pour une $(n \times n)$-matrice $A = (a_{\mu v})$:

$$|A|_1 = \mathrm{Max} \sum_{v=1}^{n} |a_{\mu v}|, \qquad |A|_\infty = \underset{v}{\mathrm{Max}} \sum_{\mu=1}^{n} |a_{\mu v}|$$

et désignons par λ_A le plus grand module des nombres caractéristiques de A. Considérons une itération

$$(1) \qquad \xi_{k+1} = \Phi(\xi_k) \qquad (k = 0, 1, \ldots),$$

où la fonction vectorielle Φ consiste en n fonctions $f_\mu(\xi) = f_\mu(x_1, \ldots, x_n)$. Soit ζ un point invariant de (1), c'est-à-dire tel que $\zeta = \Phi(\zeta)$. Supposons que les $f_\mu(x_1, \ldots, x_n)$ possèdent les dérivées premières dans le voisinage de ζ, qui sont continues dans ζ. Posons enfin

$$\Delta = \left(\frac{\partial f_\mu}{\partial x_v}(\zeta) \right) \qquad (\mu, v = 1, \ldots, n).$$

2. Les points invariants attractifs sont caractérisés par le

Théorème I. — *Si $\lambda_\Delta < 1$, il existe deux voisinages V, V_0 de ζ, tels que, si ξ_0 est contenu dans V_0, les vecteurs ξ_k qui s'en déduisent par (1), sont situés dans V et convergent vers ζ.*

La démonstration du théorème I utilise le

Lemme I. — *Soit pour une $(n \times n)$-matrice constante A et $\varepsilon > 0$, $\lambda_A + \varepsilon < 1$. Alors il existe deux nombres positifs η, σ qui ne dépendent que de A et de ε, tels*

(2)

que, si pour une suite infinie des $(n \times n)$-matrices U_ν on a $|U_\nu|_\infty \leqq \eta$, il résulte

$$(2) \qquad \left| \prod_{\mu=1}^{m} (A + U_\mu) \right|_\infty \leqq \sigma(\lambda_A + \varepsilon)^m \qquad (m = 1, 2, \ldots),$$

où les facteurs du produit peuvent être pris dans un ordre quelconque.

3. La caractérisation des points invariants répulsifs est donnée par le

Théorème II. — *Si $\lambda_\Delta > 1$, il existe un voisinage V de ζ et un angle solide L ayant son sommet dans ζ, tels que, si $\xi_0 \neq \zeta$ appartient à l'intersection de V et L, la suite ξ_k, qui s'en déduit par (1), contient un ξ_ν, qui est situé ou bien en ζ ou bien en dehors de V.*

La démonstration du théorème II utilise essentiellement le

Lemme II. — *Soit pour une $(n \times n)$-matrice A et un $\varepsilon > 0$, $\lambda_A > 1 + \varepsilon$. Alors il existe un $\delta = \delta(A, \varepsilon) > 0$ et un angle solide L avec le sommet à l'origine, tels que, si pour une suite infinie des matrices U_ν on a $|U_\nu|_1 \leqq \delta$ et $\xi \neq 0$ est situé dans L, il résulte*

$$(3) \qquad (\lambda_A - \varepsilon)^{-m} \left| \prod_{\nu=1}^{m} (A + U_\nu)\xi' \right|_1 \to \infty,$$

où les facteurs du produit peuvent être pris dans un ordre quelconque.

4. La condition nécessaire pour un point invariant attractif établie pour les itérations en plusieurs variables par exemple par Scarborough et G. Schulz se déduit immédiatement du théorème I par spécialisation en utilisant la borne de λ_A donnée par Frobenius.

Les démonstrations des résultats indiqués seront publiées dans un autre recueil.

(*) Séance du 7 janvier 1957.

(Extrait des *Comptes rendus des séances de l'Académie des Sciences*,
t. 244, p. 288-289, séance du 14 janvier 1957.)

TRANSFORMATIONS PONCTUELLES. — *Un critère d'univalence des transformations dans un* R^n. Note (*) de M. **Alexandre Ostrowski**, présentée par M. Gaston Julia.

1. Si $f'(x)$ existe dans l'intervalle $J = \langle a, b \rangle$, une condition suffisante d'univalence de la transformation $y = f(x)$ consiste en ce que $f'(x)$ soit ou bien partout > 0 ou bien < 0. Cette condition peut être exprimée dans la forme suivante :

Il existe un x_0 dans J tel que

$$(1) \qquad \left| \frac{f'(x)}{f'(x_0)} - 1 \right| < 1$$

pour tout x dans J.

Dans cette forme notre condition peut être généralisée dans un R^n en y remplaçant J par un domaine *convexe* en R^n, $f'(x)$ par la matrice jacobienne de la transformation et le module par une norme matricielle.

2. Pour un vecteur ξ en R^n une norme générale $|\xi|$ est définie par les trois postulats

$$(I) \qquad |\xi| > 0 \qquad (\xi \neq 0);$$
$$(II) \qquad |c\xi| = |c|.|\xi| \qquad \text{pour chaque scalaire } c;$$
$$(III) \qquad |\xi + \eta| \leq |\xi| + |\eta|.$$

Alors, si A est une matrice générale carrée d'ordre n, nous définissons une *norme matricielle* $\|A\|$ *correspondant à* $|\xi|$ par le postulat

$$|A\xi| \leq \|A\|.|\xi|,$$

pour un vecteur quelconque de R^n. Si $|\xi|$ est la longueur euclidienne, on peut prendre $\|A\| = \left(\sum_{i,k} |a_{ik}|^2 \right)^{\frac{1}{2}}$, où les a_{ik} sont les éléments de A. On peut poser par exemple

$$\|A\| = S(A) \equiv \sup_{\xi \neq 0} \frac{|A\xi|}{|\xi|},$$

$S(A)$ est la norme matricielle minimum correspondant à $|\xi|$. Elle est une fonction continue de A et satisfait à l'inégalité triangulaire

$$S(A + B) \leq S(A) + S(B).$$

3. **Théorème 1**. — *Soit C un domaine convexe dans R^n et*

$$(2) \qquad \Xi = F(X)$$

une transformation continue et aux dérivées premières continues dans C. En posant

$$\Xi = (\xi_1, \ldots, \xi_n), \qquad X = (x_1, \ldots, x_n),$$

on a

$$\xi_\nu = F_\nu(x_1, \ldots, x_n) \qquad (\nu = 1, \ldots, n).$$

Soit $\Delta(X) = (\partial F_\mu(X)/\partial x_\nu)$ la matrice jacobienne correspondant à (2); supposons qu'il existe en C un point Y et une norme matricielle correspondant à $|\xi|$, $\|A\|$, telle qu'on ait pour tout X dans C :

$$(3) \qquad \| E - \Delta(X)\,\Delta(Y)^{-1} \| < 1,$$

E étant la matrice-unité. Alors la transformation (2) est univalente dans C.

4. **Démonstration**. — Supposons que dans les conditions du théorème on ait deux points différents dans C, $X_0 \neq X_1$ avec $F(X_0) = F(X_1)$. Posons $X_1 - X_0 = U$ et considérons le segment de droite

$$X_t = X_0 + tU \qquad (0 \leq t \leq 1),$$

situé entièrement dans C. On vérifie immédiatement les relations

$$(4) \qquad \frac{dF(X_t)}{dt} = \Delta(X_t)\,U,$$

$$(5) \qquad F(X_1) - F(X_0) = \int_0^1 \Delta(X_t)\,dt\,U = 0 \quad (^1).$$

Il en résulte pour une matrice constante A non singulière en posant $AU = \xi \neq 0$,

$$(6) \qquad \int_0^1 (E - \Delta(X_t)\,A^{-1})\,dt\,AU = AU.$$

Or, supposons qu'on ait

$$S(E - \Delta(X_t)\,A^{-1}) < 1 \qquad \text{pour} \quad 0 \leq t \leq 1.$$

On a alors

$$S\left[\int_0^1 (\Delta(X_t)\,A^{-1} - E)\,dt \right] < 1,$$

$$\left| \int_0^1 (\Delta(X_t)\,A^{-1} - E)\,dt\,\xi \right| < |\xi|$$

et (6) est impossible. En remplaçant A par $\Delta(Y)$ notre théorème est démontré.

5. Le théorème suivant a été utilisé implicitement dans la démonstration de G. Kowalewski du théorème d'existence des fonctions inverses pour le cas de la norme $|\xi|$ euclidienne (^{2}) et dans le cas de la norme $|\xi| = \text{Max}\,|x_\nu|$ par M. Yamabe (*loc. cit.*).

6. **Théorème 2**. — *Considérons une transformation (2) continue et aux dérivées premières continues dans un voisinage d'un point X_0 dans R^n et supposons que le*

jacobien $|\Delta(X_0)|$ *soit* $\neq 0$ *en* X_0 *et que l'expression* $|F(X)|$ *admet un extremum dans* X_0. *Alors on a*

$$(7) \qquad\qquad |F(X_0)| = 0.$$

7. *Démonstration.* — Posons

$$(8) \qquad F(X_0) = \omega, \qquad |\omega| = p, \qquad A = \Delta(X_0)$$

et supposons que p soit > 0. Pour un $\varepsilon \neq 0$ avec $|\varepsilon|$ suffisamment petit considérons le segment de droite

$$(9) \qquad\qquad X_t = X_0 + t\varepsilon A\omega \qquad (0 \leq t \leq 1).$$

Par (5) on a

$$(10) \quad \begin{cases} F(X_1) - \omega = \displaystyle\int_0^1 \Delta(X_t)\, A\, dt\, \varepsilon\omega, \\[2mm] F(X_1) = \displaystyle\int_0^1 [\Delta(X_t)\, A - E]\, dt\, \varepsilon\omega + (1 + \varepsilon)\omega. \end{cases}$$

On peut supposer qu'on ait pour chaque X_t la relation $S[\Delta(X_t)A - E] < 1/2$. Il résulte alors de (10)

$$\left(1 + \varepsilon - \frac{1}{2}|\varepsilon|\right)p \leq |F(X_1)| \leq \left(1 + \varepsilon + \frac{1}{2}|\varepsilon|\right)p.$$

En choisissant $\varepsilon < 0$ et > 0 on voit que $|F(X_1)|$ admet des valeurs $< p$ et $> p$ dans chaque voisinage de X_0. Le théorème est établi.

8. En appliquant le théorème 1 à la transformation conforme entre deux plans on obtient en particulier le résultat :

Si $f(z)$ *est holomorphe dans un domaine convexe* C *du plan des* z, $f(z)$ *est univalent en* C *s'il existe un* z_0 *dans* C *tel qu'on ait pour tout* z *dans* C

$$\left| \frac{f'(z)}{f'(z_0)} - 1 \right| < 1.$$

Toutefois, ce résultat est un cas spécial d'un théorème plus général :

$f(z)$, *supposée holomorphe et non constante dans un domaine convexe* C *y est univalente, si toutes les valeurs de* $f'(z)$ *sont situées dans un demi-plan contenant l'origine à la frontière.*

(*) Séance du 24 mars 1958.

(¹) *Cf.* la Note de M. Hijdehiko Yamabe, *Amer. Math. Monthly*, 64, 1957, p. 726, où M. Yamabe utilise les formules (4) et (5) pour simplifier la démonstration de Kowalewski du théorème d'existence des fonctions inverses.

(²) G. Kowalewski, *Einführung in die Determinantentheorie*, Leipzig, 1909, p. 303.

ANALYSE MATHÉMATIQUE. — *Un nouveau critère d'univalence des transformations dans un* R^n. Note (*) de M. **Alexandre Ostrowski**, transmise par M. Gaston Julia.

---

1. En généralisant un énoncé de notre précédente Note (¹) on obtient le

Théorème. — *Soit* C *un domaine convexe dans* R^n *et* $\Xi = F(X)$ *une transformation continue et aux dérivées premières continues dans* C. *En posant*

$$\Xi = (\xi_1, \ldots, \xi_n), \qquad X = (x_1, \ldots, x_n)$$

on a

$$\xi_\mu = F_\mu(x_1, \ldots, x_n) \qquad (\mu = 1, \ldots, n). \tag{1}$$

Soit $\Delta(X) = [\partial F_\mu(X)/\partial x_\nu]$ *la matrice jacobienne correspondant à* (1); *supposons qu'il existe une* $(n \times n)$*-matrice constante et régulière* A, *une norme vectorielle* $|\xi|$ *et une norme matricielle* $\|B\|$ *correspondant à* $|\xi|$ (¹), *telles qu'on ait pour tout* X *dans* C,

$$\| \Delta(X) \cdot A^{-1} - E \| < 1, \tag{2}$$

E *étant la matrice-unité. La transformation* (1) *est alors univalente dans* C.

La démonstration de ce théorème est contenue dans les considérations du n° 4 de la Note citée.

2. Supposons maintenant que la norme matricielle $\|B\|$ correspondant à la norme vectorielle $|\xi|$ soit *multiplicative*, c'est-à-dire satisfait à l'inégalité générale

$$\| B_1 B_2 \| \leq \| B_1 \| \cdot \| B_2 \|. \tag{3}$$

Il résulte de (2) en multipliant par A, que

$$\| \Delta(X) - A \| < \| A \|. \tag{4}$$

Il apparaît à première vue plausible que déjà la condition (4) au lieu de (2) devrait suffire à assurer la validité du théorème. Or, l'exemple suivant montre que ceci n'est pas le cas.

Posons dans le carré C : $-1 \leq x \leq 1, -1 \leq y \leq 1,$

$$F_1(x, y) = x^2, \qquad F_2(x, y) = 4y. \tag{5}$$

(2)

Ici on a, en posant $A = \begin{pmatrix} 1 & 0 \\ 0 & 4 \end{pmatrix}$,

$$\Delta(x, y) = \begin{pmatrix} 2x & 0 \\ 0 & 4 \end{pmatrix}, \; \Delta(x, y) - A = \begin{pmatrix} 2x - 1 & 0 \\ 0 & 0 \end{pmatrix}.$$

En utilisant comme norme d'une matrice $B = (b_{\mu\nu})$ l'expression

$$\| B \| = \sqrt{\sum_{\mu,\nu=}^{n} | b_{\mu\nu} |^2},$$

on a $\| \Delta(x, y) - A \| \leqq 3 = \| A \| < \sqrt{1 + 16}$, de sorte que la condition (4) est satisfaite dans C, tandis que la transformation (5) n'est évidemment pas univalente.

De l'autre côté si la condition (2) est remplacée par la condition

$$(6) \qquad \qquad \| \Delta(X) - A \| < \frac{1}{\| A^{-1} \|},$$

le théorème reste valable. En effet, en multipliant les deux membres de (6) par $\| A^{-1} \|$ et en utilisant (3) on obtient (2).

3. La condition de convexité de C dans le théorème est essentielle si l'on veut conserver la constante 1 comme borne de droite dans (2). Toutefois, le théorème peut être étendu à une classe des domaines non convexes, en introduisant un « indice de non-convexité ». Dans un domaine quelconque D considérons pour chaque couple P_1, P_2 des points de D leur « distance intérieure dans D », $| P_1 P_2 |_D$, c'est-à-dire l'infimum des longueurs des courbes joignant P_1 à P_2 et situées dans D. Le supremum des quotients $| P_1 P_2 |_D / | P_1 P_2 |$ pour l'ensemble de tous les couples P_1, P_2 des points de D, sera appelé l'*indice de non-convexité* de D et désigné par J_D. Alors, si le domaine convexe C est remplacé dans l'énoncé du théorème par un domaine D d'indice fini de non-convexité, le théorème reste valable à condition de remplacer l'inégalité (2) par

$$(7) \qquad \qquad \| \Delta(X) A^{-1} - E \| < \frac{1}{J_D}.$$

Puisque l'indice de non-convexité d'un domaine convexe est 1, notre théorème est contenu dans l'énoncé qui vient d'être donné. La démonstration de cet énoncé est complètement analogue à la démonstration du théorème.

(*) Séance du 22 décembre 1958.
(1) A. OSTROWSKI, *Comptes rendus*, 247, 1958, p. 172.

(*The American University et the National Bureau of Standards,
Washington D. C., U. S. A.*)

A Contribution to the Theory of the Fourier Integral Formula*

ERNST HÖLDER for his 65th anniversary

Introduction

1. The Fourier Integral Formula has been usually discussed under the condition, that the corresponding function $f(x)$ is L-integrable over every finite interval, while the infinite integrals occuring in this formula have to be understood as Cauchy-Lebesgue-integrals, that is to say as limits of integrals

$$\int_A^B \quad \text{for} \quad A \to -\infty, \ B \to +\infty.$$

This implies in particular, that $f(x)$ is assumed to be absolutely integrable over every finite singularity, while in some applications we have to do with functions which are only conditionally integrable in the finite singular points.

2. In this paper we will treat the theory of the Fourier integral under the assumption, that the function $f(x)$ is not necessarily L-integrable over every finite interval, but that the so-called Harnack-Lebesgue-integral of $f(x)$ exists over every finite interval.

3. In the theory of the Fourier Integral-Formula usually the local conditions are formulated in a manner which is unnecessarily restrictive. We deal in our presentation with these conditions introducing the concept of a *Dirichlet-point* of $f(x)$ and a Dirichlet-value $D_f(x)$ of $f(x)$ in such a point, which could be characterized as a point of convergence of the corresponding Fourier-series and the value of this series in such a point.

4. As to the convergence conditions qualifying the infinitary behaviour of $f(x)$, usually two conditions are considered:

1) the existence of $\int_{-\infty}^{\infty} |f(x)| \, dx$;

2) the monotonic convergence of $f(x)$ to 0 as $|x| \to \infty$

or suitable combinations of these conditions, concerning $\pm \infty$

Other conditions used in this connection are more or less immediately reduced to the two above conditions.

---

* The work on this paper was carried out under a contract of the Mathematical Institute of the University of Basle with the European Research Office of the US-Army.

In this paper we use a type of condition comprising both conditions mentioned, namely the condition that the integral

$$\int^{\infty} f(x)\cos(ux+\gamma)\,dx$$

exists for every fixed γ *uniformly* in u.

5. Using this type of condition, the main difficulty of the proof remains that of justifying the inversion of the order of integration, a subject which, to my knowledge, has not as yet been treated in the case of Harnack-Lebesgue integrals. We deal with this problem in the part III of this paper after having given in the part I a summary of the essential results on the Harnack-Lebesgue integral, and in the part II a discussion of the uniform existence of such integrals. In the part IV I treat the so-called Fourier Single Integral Theorem, and, finally, in the last part V of this paper, Fourier's Double Integral Formula.

I. Summary of classical properties of the HL-Integral

6. We consider in the following a finite interval on the x-axis $I = \langle \alpha, \beta \rangle$ and a function $f(x)$ defined and measurable on I. A point x_0 of I will be called a *point of integrability* if there exists a symmetric neighborhood U of x_0 such that f is Lebesgue summable on the intersection UI of U with I. Otherwise x_0 will be called a *Harnack point* for f on I. The set of all these Harnack points for f on I will be called the *Harnack set for f on I* and denoted generally by H_f.

7. H_f is obviously closed. We assume from now on that H_f is *of measure zero and nowhere dense on I*.

H_f can be therefore covered by a finite set Δ of non overlapping intervals, where the total length $|\Delta|$ of Δ can be made arbitrarily small[1].

We can always assume that the intervals of Δ are closed and have no points in common; further that every point of H_f is an *interior* point of the corresponding interval of Δ.

Beyond that, we shall usually have to require, and this is one of the fundamental points of the theory, that each of the intervals of Δ contains at least one point of H_f. Such a covering will be called, with E. H. Moore [Moore (1901), p. 303], a *narrow covering of H_f*.

8. If S is a subset of I then we will denote by the symbol f_S the function which vanishes in all points of S and is equal to $f(x)$ in all points of $I - S$.

To define the Harnack-Lebesgue HL-integral of $f(x)$ over I, consider a general sequence Δ_ν of finite narrow coverings of H_f for which we have $|\Delta_\nu| \to 0$.

Consider then the sequence of the Lebesgue integrals $\int_\alpha^\beta f_{\Delta_\nu}(x)\,dx$. If this sequence is convergent as $\nu \to \infty$ for every choice of the sequence Δ_ν, we call its limit, which is then independent of the choice of the sequences Δ_ν, the

---

[1] In Harnack's and Hobson's presentations [Harnack (1884), Hobson (1927)] H_f is assumed to be of the *content* zero. However, for a closed set, by the Borel covering theorem, a set of measure zero is also a set of content zero.

Harnack-Lebesgue integral of f over I, and denote it as $\int_\alpha^\beta f(x)\,dx$ or, if necessary, (HL) $\int_\alpha^\beta f(x)\,dx$ so that we have

$$(1) \qquad (\text{HL}) \int_\alpha^\beta f(x)\,dx = \lim_{\nu\to\infty} \int_\alpha^\beta f_{\Delta_\nu}(x)\,dx \qquad (|\Delta_\nu|\to 0).$$

9. For some applications it is of importance that in the sufficient condition for the existence of the HL-integral the requirement that the Δ_ν are narrow coverings of H_f, can be weakened. E. H. MOORE proved l.c., p. $308-309$:

If a closed zero set ω in I contains H_f and if for every sequence of narrow coverings of ω, Δ_ν, with $|\Delta_\nu|\to 0$ the limit $\lim_{\nu\to\infty}\int_\alpha^\beta f_{\Delta_\nu}(x)\,dx$ exists, this limit is the HL-integral of f over I.

An important property of the HL-integral is, that if we have $\alpha<\gamma<\beta$, then the relation holds

$$(2) \qquad (\text{HL}) \int_\alpha^\beta f(x)\,dx = (\text{HL}) \int_\alpha^\gamma f(x)\,dx + (\text{HL}) \int_\gamma^\beta f(x)\,dx$$

whenever the left hand integral or both right hand integrals exist[2].

10. If the integral (HL) $\int_\alpha^\beta f(x)\,dx$ exists, then the function (HL) $\int_\alpha^x f(x)\,dx$ is a continuous function of x for all $x \prec I$ [MOORE (1901) p. 312].

If $f(x)$ has an HL-integral in I and $m(x)$ is bounded and monotone in I, then the product $f(x)\,m(x)$ has also an HL-integral in I and we have the second mean-value theorem ([5] HOBSON (1927), pp. $689-690$):

$$(3) \qquad \int_\alpha^\beta f(x)\,m(x)\,dx = m(\alpha)\int_\alpha^\xi f(x)\,dx + m(\beta)\int_\xi^\beta f(x)\,dx.$$

11. However, while the HL-integrability of $f(x)$ insures also that of $cf(x)$ for every constant c, the HL-integral is no longer necessarily an *additive* functional of $f(x)$. If $f(x)$ and $g(x)$ are HL-integrable in I, $f(x)+g(x)$ need not have an HL-integral in I [MOORE (1981) p. 329].

But the following property still holds ([5] HOBSON I (1927) pp. $686-687$):

If $f(x)$ and $g(x)$ are HL-integrable in I and if either the sets H_f, H_g have no points in common, or the sets H_f and H_g coincide and $H_{f+g}=H_f-L$ for a closed set L; then $f(x)+g(x)$ is HL-integrable and we have

$$(4) \qquad (\text{HL}) \int_I [f(x)+g(x)]\,dx = (\text{HL}) \int_I f(x)\,dx + (\text{HL}) \int_I g(x)\,dx.$$

In particular, (4) holds if $g(x)$ is L-integrable and $f(x)$ HL-integrable on I.

12. As the set H_f is a closed nowhere dense zero set in I, its complement with respect to I, $I-H_f$, consists of an enumerable set of "complementary

---

[2] This was first proved by E. H. MOORE (1901), pp. $310-311$, disproving an earlier assertion to the contrary by O. STOLZ (1899), who p. 277 had asserted that (2) is not generally true.

intervals" to H_f, which have no points in common, are open, save perhaps that beginning at α and that ending at β, and have both end points in H_f save perhaps α and β. Ordering these complementary intervals according to their monotonically diminishing length, denote them by $I_\nu(a_\nu, b_\nu)$ $(\nu = 1, 2, \ldots)$, where

$$b_\nu - a_\nu \downarrow 0, \quad \sum_\nu (b_\nu - a_\nu) = \beta - \alpha.$$

13. We put now

$$(5) \qquad \omega_\nu = \operatorname*{osc}_{a_\nu \leq x \leq b_\nu} \int_{a_\nu}^{x} f(x)\,dx \qquad (\nu = 1, 2, \ldots)$$

if the integral $\int_{a_\nu}^{b_\nu} f(x)\,dx$ exists — this is obviously in our hypotheses a Cauchy Lebesgue integral, while $\omega_\nu = \infty$ if $f(x)$ is not integrable over I_ν.

Then the fundamental theorem of E. H. Moore ((1901) p. 324) is:

Theorem I. *Necessary and sufficient for the HL-integrability of $f(x)$ over I is that the corresponding Moore test series*

$$\sum_\nu \omega_\nu$$

converges, and in the case of convergence the HL-integral of f over I can be represented by the corresponding Moore series

$$(6) \qquad (\mathrm{HL}) \int_{\alpha}^{\beta} f(x)\,dx = \sum_\nu \int_{a_\nu}^{b_\nu} f(x)\,dx.$$

14. In the preceding discussion the interval $\langle \alpha, \beta \rangle$ was assumed as a finite interval. In the case of an infinite interval the corresponding integral is, of course, defined by

$$(\mathrm{HL}) \int_{\alpha}^{\infty} f(x)\,dx = \lim_{\beta \uparrow \infty} (\mathrm{HL}) \int_{\alpha}^{\beta} f(x)\,dx,$$

$$(\mathrm{HL}) \int_{-\infty}^{\beta} f(x)\,dx = \lim_{\alpha \downarrow \infty} (\mathrm{HL}) \int_{\alpha}^{\beta} f(x)\,dx.$$

II. The uniform existence of the HL-Integral

15. Let $f(x, y)$ be a measurable function of x on the interval $I = \langle a, b \rangle$ for every value of the parameter y running through the set $\mathfrak{M}$. We are going to define the *uniform existence of the HL-integral,* $\int_{a}^{b} f(x, y)\,dx$, for $y \prec \mathfrak{M}$.

Consider the following situation: Assume that there exists a closed zero subset ω of I containing any $H_{f(x,y)}$ for all $y \prec \mathfrak{M}$. Assume further that for every sequence of finite narrow coverings Δ_ν of ω with

$$|\Delta_\nu| \to 0 \quad (\nu \to \infty)$$

the sequence $\int_{a}^{b} f_{\Delta_\nu}(x, y)\,dx$ tends *uniformly* to $\int_{a}^{b} f(x, y)\,dx$ for $y \prec \mathfrak{M}$,

$$(7) \qquad \int_{a}^{b} f_{\Delta_\nu}(x, y)\,dx \Rightarrow \int_{a}^{b} f(x, y)\,dx \quad (\nu \to \infty, y \prec \mathfrak{M}).$$

Then we will say that *the integral $\int_a^b f(x, y)\,dx$ exists uniformly* for $y \prec \mathfrak{M}$.

The set ω with the above property will be called an *h-set* for $f(x, y)$ as $x \prec \langle a, b \rangle$ and $y \prec \mathfrak{M}$.

16. The above definition holds for the *finite* interval. In the case that I is infinite, say $\langle a, \infty \rangle$, the integral $\int_a^\infty f(x, y)\,dx$ is said to *exist uniformly for* $y \prec \mathfrak{M}$, if there exists a set ω on the x-axis, whose intersection with every finite closed interval is a closed zero set and which contains all Harnack sets $H_{f(x,y)}$ for $y \prec \mathfrak{M}$, satisfying the two conditions:

1) The integral over the finite interval $\langle a, \beta \rangle$, $\int_a^\beta f(x, y)\,dx$ exists uniformly for all β with $a < \beta < \infty$ and all $y \prec \mathfrak{M}$;

2) The integral $\int_a^A f(x, y)\,dx$ converges with $A \uparrow \infty$ uniformly for $y \prec \mathfrak{M}$.

This set ω will be called an *h-set* for f as $x \prec \langle a, \infty \rangle$ and $y \prec \mathfrak{M}$.

The definition of the uniform existence for the integrals $\int_{-\infty}^a f(x, y)\,dx$, $\int_{-\infty}^\infty f(x, y)\,dx$ is completely similar. Observe that, with the above definition, if the integral $\int_a^b f(x, y)\,dx$ exists uniformly for $y \prec \mathfrak{M}$, then the integral $\int_\alpha^\beta f(x, y)\,dx$ exists uniformly for $a \leq \alpha < \beta \leq b$ and $y \prec \mathfrak{M}$.

17. With this definition we are going now to prove:

Theorem II. *If $\int_a^b f(x, y)\,dx$ exists uniformly for $y \prec \mathfrak{M}$, and if $M(x, z)$ is a function of x, monotone for $x \prec \langle a, b \rangle$ and bounded for $x \prec \langle a, b \rangle$ and for $z \prec \mathfrak{M}^*$,*

$$(8) \qquad |M(x, z)| \leq C \ \ (x \prec \langle a, b \rangle, z \prec \mathfrak{M}^*),$$

then the integral

$$(9) \qquad \int_a^b f(x, y)\,M(x, z)\,dx$$

exists uniformly for $y \prec \mathfrak{M}$, $z \prec \mathfrak{M}^*$.

18. *Proof.* Denote by ω the *h*-set of $f(x, y)$ for the interval $\langle a, b \rangle$ and $y \prec \mathfrak{M}$. ω is a set on the x-axis, whose intersection with every finite closed interval is a closed zero set containing all corresponding Harnack sets $H_{f(x,y)}$ for $y \prec \mathfrak{M}$.

To prove the uniformity in the case of a finite interval $\langle a, b \rangle$ and to prove that the condition 1) of no. 15 is satisfied in the case $b = \infty$, take a $\beta > a$, which is $= b$ if $b < \infty$ and $< b$ if $b = \infty$. Denote by ω' the intersection of ω with $\langle a, \beta \rangle$ and for an arbitrary $\varepsilon > 0$ denote by $\varDelta$ a narrow covering of ω' with $|\varDelta| < \varepsilon$. Then we have by (3),

$$(10) \quad \int_a^\beta (f - f_\varDelta)\,M(x, z)\,dx = M(a, z)\int_a^\xi (f - f_\varDelta)\,dx + M(\beta, z)\int_\xi^\beta (f - f_\varDelta)\,dx$$

for a ξ between a and β and therefore

$$(11) \qquad \left| \int_a^\beta (f - f_\Delta)\, M(x, z)\, dx \right| \leq C \left[\left| \int_a^\xi (f - f_\Delta)\, dx \right| + \left| \int_\xi^\beta (f - f_\Delta)\, dx \right| \right].$$

ξ depends on y and z and lies in any case between a and β. Therefore, by our assumption about f, the cofactor of C on the right tends to 0 with $\varepsilon \downarrow 0$, uniformly in y. This proves the Theorem II for a finite b and also the condition 1) for $b = \infty$.

19. To prove the condition 2) of no. 16 for $b = \infty$, it is sufficient to apply (2) and (3) for $a < A < B$ as follows:

$$\int_A^B f(x, y)\, M(x, z)\, dx = M(A, z) \int_A^\xi f(x, y)\, dx + M(B, z) \int_\xi^B f(x, y)\, dx .$$

It follows then by (8)

$$\left| \int_A^B f(x, y)\, M(x, z)\, dx \right| \leq C \left[\left| \int_A^\xi f(x, y)\, dx \right| - \left| \int_\xi^B f(x, y)\, dx \right| \right].$$

But here, by our assumption about f, the cofactor of C tends to 0 with $A \uparrow \infty$ uniformly for $B > A$, $y \prec \mathfrak{M}$, $z \prec \mathfrak{M}^*$.

The proof in the case of the integrals $\int_{-\infty}^A$, $\int_{-\infty}^\infty$ is completely similar.

From Theorem II follows that if $\int_a^b f(x, y)\, dx$, $a < b$, exists uniformly for $y \prec \mathfrak{M}$, then the same is true for each integral $\int_\alpha^\beta f(x, y)\, dx$, $a \leq \alpha \leq \beta \leq b$.

20. The conditions of the Theorem II can be slightly modified, so as to obtain the

Theorem II°. *Assume that the integral*

$$\int_a^\beta f(x, y)\, dx \qquad (a \leq \beta < b)$$

exists for all β with $a \leq \beta < b$ and all $y \prec \mathfrak{M}$, and is uniformly bounded for all these y and β,

$$\left| \int_a^\beta f(x, y)\, dx \right| \leq K \qquad (a \leq \beta < b, \, y \prec \mathfrak{M}).$$

Assume that $M(x, z)$ is a function of x and z monotone for $a \leq x < b$, bounded uniformly for these x and for $z \prec \mathfrak{M}^*$,

$$|M(x, z)| \leq C \qquad (x \prec \langle a, b \rangle, \, z \prec \mathfrak{M}^*),$$

and tending to 0 with $x \uparrow b$, uniformly for $z \prec \mathfrak{M}^*$,

$$M(x, z) \Rightarrow 0 \qquad (x \uparrow b, \, z \prec \mathfrak{M}^*).$$

Then the integral (9) exists uniformly for $y \prec \mathfrak{M}$, $z \prec \mathfrak{M}^*$.

21. *Proof.* Take β and B with $a < \beta < B < b$ and apply to the interval $\langle \beta, B \rangle$ the second mean value Theorem.

We have

$$\int_\beta^B f(x, y)\, M(x, z)\, dx = M(\beta, z) \int_\beta^\xi f(x, y)\, dx + M(B, z) \int_\xi^B f(x, y)\, dx,$$

$$\left| \int_\beta^B f(x, y)\, M(x, z)\, dx \right| \leq 2K \operatorname{Max}\left(|M(\beta, z)|, |M(B, z)| \right).$$

As the second factor tends with $\beta \uparrow b$ to 0 uniformly in $z \prec \mathfrak{M}^*$, we see that $\left| \int_\beta^B \right|$ tends to 0 uniformly in $y \prec \mathfrak{M}$, $z \prec \mathfrak{M}^*$. The Theorem II° is proved.

22. For a function $f(x)$, HL-integrable in the (finite or infinite) interval $\langle a, b \rangle$, we will say that $f(x)$ *belongs to the class* U_q *or satisfies the condition* U_q if

$$F_\gamma(u) = \int_a^b f(x) \cos(ux + \gamma)\, dx \quad (u \geq q)$$

exists for all values of $u \geq q$ and all γ and if for each fixed γ its existence is uniform in $u \geq q$.

This is obviously equivalent with the simultaneous uniform existence for $u \geq q$ of the integrals

$$\int_a^b f(x) \cos ux\, dx, \quad \int_a^b f(x) \sin ux\, dx,$$

or also with the uniform existence of the integral

$$\int_a^b f(x)\, e^{iux}\, dx.$$

23. It follows now from the above Theorem II, that if $f(x)$ belongs in $\langle a, b \rangle$ to the class U_q, the same is true for the product $f(x)\, M(x)$ if $M(x)$ is monotone in $\langle a, b \rangle$ and remains there uniformly bounded, $|M(x)| \leq C$.

We obtain in particular the following

Lemma 1. *If, for a positive A and a certain q, $\dfrac{f(x)}{x}$ belongs to the class U_q in (A, ∞), then for any x_0, $\dfrac{f(x_0 + x)}{x}$ belongs to the class U_q in (A_1, ∞) with any $A_1 \geq \operatorname{Max}(|A| - x_0, 0)$.*

24. This follows from the identity

$$\int_{A_1}^\infty \frac{f(x_0 + x)}{x} \cos(ux + \gamma)\, dx = \int_{A_1 + x_0}^\infty \frac{f(x)}{x - x_0} \cos(u(x - x_0) + \gamma)\, dx$$

$$= \cos ux_0 \int_{A_1 + x_0}^\infty \frac{f(x)}{x - x_0} \cos(ux + \gamma)\, dx +$$

$$+ \sin ux_0 \int_{A_1 + x_0}^\infty \frac{f(x)}{x - x_0} \cos\left(ux + \gamma - \frac{\pi}{2} \right) dx,$$

if we take A_1 such that

$$A_1 + x_0 > |A|, \quad A_1 + x_0 > x_0$$

and apply to the two last right hand integrals the Theorem II, replacing $M(x, z)$ of this Theorem by $\dfrac{1}{x - x_0}$.

A corresponding Lemma holds obviously for convenient neighborhoods of $-\infty$.

25. We will need in what follows the

Lemma 2. *Assume that $f(x)$ is HL-integrable over $(-\infty, \infty)$. Let $\gamma(\alpha, x)$ be a continuous function of the point (α, x) for*

$$\alpha_1 \leqq \alpha \leqq \alpha_2, \quad -\infty < x < \infty.$$

Then, if the integral

$$\varphi(\alpha) = \int_{-\infty}^{\infty} f(x)\, \gamma(\alpha, x)\, dx$$

exists uniformly for $\alpha_1 \leqq \alpha \leqq \alpha_2$, it is a continuous function of α in this interval.

26. *Proof.* We prove the Lemma first under the assumption that $f(x)$ vanishes outside a finite interval $\langle A, B \rangle$, so that we have in this case

$$\varphi(\alpha) = \int_{A}^{B} f(x)\, \gamma(\alpha, x)\, dx.$$

Denoting by ω the Harnack set of $f(x)$ in $\langle A, B \rangle$ and by $\varDelta$ a narrow covering of ω, we have by the assumption of the uniform existence

$$\int_{A}^{B} f_{\varDelta}(x)\, \gamma(\alpha, x) \Rightarrow \int_{A}^{B} f(x)\, \gamma(\alpha, x)\, dx \quad (|\varDelta| \to 0,\, \alpha_1 \leqq \alpha \leqq \alpha_2),$$

and our assertion follows, if we prove that the lefthand expression is a continuous function of α.

Here, however, $f_{\varDelta}(x)$ is Lebesgue integrable and the continuity of our integral follows at once from

$$\int_{A}^{B} f_{\varDelta}(x)\, [\gamma(\alpha + h, x) - \gamma(\alpha, x)]\, dx \leqq$$

$$\leqq \int_{A}^{B} |f_{\varDelta}(x)|\, dx \; \underset{A \leqq x \leqq B}{\operatorname{Max}}\, (|\gamma(\alpha + h, x) - \gamma(\alpha, x)|),$$

where both α and $\alpha + h$ lie between α_1 and α_2, since the last right hand factor tends to 0 with $|h| \to 0$. Our Lemma is now proved for any finite interval $\langle A, B \rangle$.

27. In the general case, by the assumption of the uniform existence, for any $\varepsilon > 0$, we can find A, B such that

$$(12) \qquad \left| \int_{B}^{\infty} f(x)\, \gamma(\alpha, x)\, dx \right| < \frac{\varepsilon}{5}, \quad \left| \int_{-\infty}^{A} f(x)\, \gamma(\alpha, x)\, dx \right| < \frac{\varepsilon}{5}$$

for all α from $\langle \alpha_1, \alpha_2 \rangle$.

We have then

$$\varphi(\alpha + h) - \varphi(\alpha) = \int\limits_{A}^{B} f(x)\,[\gamma(\alpha + h, x) - \gamma(\alpha, x)]\,dx +$$

$$+ \int\limits_{-\infty}^{A} f(x)\,\gamma(\alpha + h, x)\,dx + \int\limits_{B}^{\infty} f(x)\,\gamma(\alpha + h, x)\,dx -$$

$$- \int\limits_{-\infty}^{A} f(x)\,\gamma(\alpha, x)\,dx - \int\limits_{B}^{\infty} f(x)\,\gamma(\alpha, x)\,dx .$$

But here the modulus of the first right hand integral is certainly $< \dfrac{\varepsilon}{5}$ for sufficiently small $|h|$, in virtue of the already proved part of our Lemma.

By (12) the modulus of the left hand expression is $\leq \varepsilon$, and our Lemma is proved.

III. A theorem on inversion of the order of repeated integrations

28. **Theorem III.** *Consider a finite closed interval $I'\ (u \leq y \leq v)$ and an open interval $I(\alpha < x < \beta)$, where α could also be $-\infty$ and β could be ∞. Let $I^* = \langle a, b \rangle$ be the general closed subinterval of I, $\alpha < a < b < \beta$. Consider a function $f(x, y)$ measurable in $R = I \times I'$. Make further the following assumptions:*

(A) The HL-integrals

$$\varphi(y) \equiv \int\limits_{\alpha}^{\beta} f(x, y)\,dx, \quad \varphi_{I^*}(y) \equiv \int\limits_{a}^{b} f(x, y)\,dx$$

exist uniformly for $y \prec I'$, and the Lebesgue integrals $\int\limits_{u}^{v} \varphi(y)\,dy$, $\int\limits_{u}^{v} \varphi_{I^*}(y)\,dy$ exist.

(B) Let ω be an h-set on the x-axis for the function $f(x, y)$ and for $x \prec I^*$, $y \prec I'$. Assume that for every finite narrow covering Δ of ω the integral

$$\psi^{(\Delta)}(x) \equiv \int\limits_{u}^{v} f_{\Delta}(x, y)\,dy$$

exists for all $x \prec I^* - \omega$, that $\psi^{(\Delta)}(x)$ is integrable over $I^* - \omega$ and that

$$(13) \qquad \int\limits_{I'} \int\limits_{I^*} f_{\Delta}\,dx\,dy = \int\limits_{I^*} \int\limits_{I'} f_{\Delta}\,dy\,dx .$$

Then both double integrals of $f(x, y)$ exist and we have

$$(14) \qquad \int\limits_{u}^{v} \int\limits_{\alpha}^{\beta} f(x, y)\,dx\,dy = \int\limits_{\alpha}^{\beta} \int\limits_{u}^{v} f(x, y)\,dy\,dx .$$

29. *Proof.* Let $I^* = \langle a, b \rangle$ be as in the assumption (B) a closed finite sub-interval of I and ω an h-set corresponding to $f(x, y)$, $x \prec I^*$, $y \prec I'$. Denote by Δ_v a sequence of finite narrow coverings of ω, so that $|\Delta_v| \to 0$, $\Delta_v \downarrow \omega$. Then (13) can be applied for each Δ_v and we have

$$(15) \qquad \int\limits_{u}^{v} \int\limits_{a}^{b} f_{\Delta_v}(x, y)\,dx\,dy = \int\limits_{a}^{b} \int\limits_{u}^{v} f_{\Delta_v}(x, y)\,dy\,dx .$$

As $v \to \infty$ the left side integral converges to the integral $\int\limits_u^v \int\limits_a^b f(x, y)\, dx\, dy$.

Indeed, we have

$$\int\limits_u^v \int\limits_a^b f(x, y)\, dx\, dy - \int\limits_u^v \int\limits_a^b f_{\Delta_v}(x, y)\, dx\, dy$$

$$= \int\limits_u^v \left[\int\limits_{I^*} f(x, y)\, dx - \int\limits_{I^*} f_{\Delta_v}(x, y)\, dx \right] dy.$$

But the bracketed expression here tends to 0 uniformly in $y \prec I'$ by the assumption (A), and the whole difference tends indeed to 0.

30. In order to rewrite the right side integral in (15) conveniently, observe that the integral

$$\psi(x) = \int\limits_u^v f(x, y)\, dy$$

exists for all $x \prec I^* - \omega$, in virtue of the assumption (B), since every point of I^* outside ω lies outside of one of the Δ_v. We have then

$$\psi^{(\Delta_v)}(x) = \psi_{\Delta_v}(x)$$

and the right side expression in (15) can be written as

$$\int\limits_a^b \psi_{\Delta_v}(x)\, dx$$

and the Harnack set of $\psi(x)$ is contained in ω.

31. This has however in virtue of (15) with $v \to \infty$ the limit $\int\limits_u^v \int\limits_a^b f(x, y)\, dx\, dy$, and this signifies by the definition of the HL-integral that the integral

$$\int\limits_a^b \psi(x)\, dx = \int\limits_a^b \int\limits_u^v f(x, y)\, dy\, dx$$

exists and that we have

$$(16) \qquad \int\limits_u^v \int\limits_a^b f(x, y)\, dx\, dy = \int\limits_a^b \int\limits_u^v f(x, y)\, dy\, dx.$$

For $a \downarrow \alpha$, $b \uparrow \beta$ the left side integral in (16) tends by the assumption (A) to the left-side integral in (13). Therefore the limit of the right side integral as $a \downarrow \alpha$, $b \uparrow \beta$ exists too as the HL-integral over I and we obtain the formula (13). The Theorem III is proved.

32. Applying the Theorem III, the verification of the property (B) (as expressed by (13)) may present major difficulties. In the most important case this verification is immediate using the Fubini-Hobson Theorem, stating that for a function $f(x, y)$ measurable in the rectangle

$$R = (\alpha < x < \beta,\ u < y < v)$$

we have

$$\int\limits_R \int f(x, y)\, dx\, dy = \int\limits_\alpha^\beta \left(\int\limits_u^v f(x, y)\, dy \right) dx = \int\limits_u^v \left(\int\limits_\alpha^\beta f(x, y)\, dx \right) dy,$$

provided one of the integrals

$$\iint_R |f(x, y)|\, dx\, dy, \quad \int_\alpha^\beta \left(\int_u^v |f(x, y)|\, dy\right) dx, \quad \int_u^v \left(\int_\alpha^\beta |f(x, y)|\, dx\right) dy$$

exists. The assumption (B) of the Theorem III is therefore certainly satisfied if, using I^*, ω and $\varDelta$ as defined in this Theorem, one of the integrals

$$(17) \qquad \int_{I^*-\varDelta} \left(\int_u^v |f(x, y)|\, dy\right) dx, \quad \int_u^v \left(\int_{I^*-\varDelta} |f(x, y)|\, dx\right) dy$$

exists.

33. Consider for instance a function $f(x)$ for which the HL-integral $\int_\alpha^\beta f(x)\, dx$ exists and a function $s(x, y)$ continuous in $I \times I'$ and uniformly bounded in this set. Then for the product

$$f(x, y) = f(x)\, s(x, y)$$

the assumption (A) is reduced in this example to the assumption, that the HL-integrals

$$\int_\alpha^\beta f(x)\, s(x, y)\, dx, \quad \int_a^b f(x)\, s(x, y)\, dx$$

exist uniformly for $y \prec I'$, as they are then continuous functions in I'. On the other hand the first of the integrals (17) becomes here

$$\int_{I^*-\varDelta} |f(x)| \left(\int_u^v |s(x, y)|\, dy\right) dx$$

and certainly exists for every I^* and every $\varDelta \succ H_f$, as specified above.

Applying this to the theory of Fourier integral we have to take $s(x, y) = \cos xy$.

IV. Fourier single integral Theorem

34. Under *Fourier single integral formula* usually is understood the formula

$$(18) \qquad f(x) = \lim_{u \to \infty} \int_{-\infty}^{\infty} f(t)\, \frac{\sin u(t - x)}{t - x}.$$

However, even in the simplest application of this formula the limit, $f(x)$, often has to be replaced by the arithmetical mean of the values of the limits of $f(t)$ in x from the right and from the left, or even by some other expressions, which are derived in the theory of Fourier series. In order to separate the difficulties essentiel to the theory of Fourier integrals from those concerning the Fourier series, we introduce the concepts of *Dirichlet points* and *Dirichlet values*.

35. Consider a function $f(x)$ defined in the neighborhood of x_0 and HL-integrable in this neighborhood. Suppose that there exist two positive

numbers a, b such that the integral (HL) $\int_{-a}^{b} f(x_0 - t)\,dt$ exists. Then for every real u the "Dirichlet integral"

$$(19) \qquad \frac{1}{\pi} \int_{-a}^{b} f(x_0 + t)\,\frac{\sin ut}{t}\,dt$$

exists as an HL-integral too, since $\dfrac{\sin ut}{t}$ is sectionwise monotone.

If now the expression (19) with $u \to \infty$ has a limit we say that x_0 is a *Dirichlet point* of $f(x)$ and denote the limit of (19) by the symbol $D_f(x_0)$ — it will be called the *Dirichlet value of $f(x)$ in x_0* — provided the above limit does not depend of the choice of a, b as soon as they are taken sufficiently small. We have then

$$(20) \qquad D_f(x_0) = \lim_{u \to \infty} \frac{1}{\pi} \int_{-a}^{b} f(x_0 + t)\,\frac{\sin ut}{t}\,dt\,.$$

In the most important cases we have $D_f(x_0) = \dfrac{1}{2}\{f(x_0 + 0) + f(x_0 - 0)\}$.

36. Using this notation the Fourier single integral formula can be written

$$(21) \qquad D_f(x_0) = \lim_{u \to \infty} \frac{1}{\pi} \int_{-\infty}^{\infty} f(x_0 + t)\,\frac{\sin ut}{t}\,dt\,.$$

We have now to discuss convenient conditions under which this formula holds.

We begin by proving a generalized version of the so-called *fundamental Lemma* (or also *Riemann-Lebesgue-Lemma*) of the theory of Fourier series.

37. **Theorem IV.** *Assume that $f(x)$ is HL-integrable in the finite interval $\langle \alpha, \beta \rangle$ and belongs there to a class U_q.*

Then we have, uniformly in a, b, $\alpha \leq a \leq b \leq \beta$:

$$(22) \qquad \int_{a}^{b} f(x)\sin ux\,dx \Rightarrow 0 \quad (u \to \infty,\ \alpha \leq a \leq b \leq \beta)\,.$$

38. *Proof.* Denoting by ω the Harnack set of $f(x)$ for $\langle \alpha, \beta \rangle$ and by Δ a narrow covering of ω, we have by assumption

$$\int_{a}^{b} f_\Delta(x)\sin ux\,dx \Rightarrow \int_{a}^{b} f(x)\sin ux\,dx \quad (u \geq q, |\Delta| \to 0, \alpha \leq a \leq b \leq \beta)\,.$$

The uniformity in a and b follows at once from Theorem II.

It is therefore sufficient to prove that the left side expression in this formula, which is a *Lebesgue* integral, tends to 0 uniformly in a and b, and for that it is sufficient to prove (22) under the assumption that $f(x)$ is Lebesgue integrable over the interval $\langle \alpha, \beta \rangle$.

39. To prove our Theorem for any Lebesgue integrable function $f(x)$, it is sufficient to prove it for a portionwise constant function $L(x)$.

Indeed, for any given $\varepsilon > 0$ a portionwise constant function over $\langle \alpha, \beta \rangle$, $L(x)$, can be found so that

$$\int_\alpha^\beta |f(x) - L(x)|\, dx \leqq \varepsilon.$$

But then we have

$$\left| \int_a^b f(x) \sin ux\, dx \right| \leqq \left| \int_a^b (f(x) - L(x)) \sin ux\, dx \right| + \left| \int_a^b L(x) \sin ux\, dx \right|.$$

If we already know that the last right hand term tends to 0 as $u \to \infty$, it follows

$$\overline{\lim_{u \to \infty}} \left| \int_a^b f(x) \sin ux\, dx \right| \leqq \varepsilon$$

and therefore, since $\varepsilon > 0$ is arbitrary, the assertion.

40. On the other hand, every portionwise constant function on $\langle \alpha, \beta \rangle$ is a linear combination of functions, which have over a certain subinterval of $\langle \alpha, \beta \rangle$ the value 1 and everywhere else the value 0. We can therefore assume that $f(x) = 1$ on $\langle A, B \rangle$ and $= 0$ everywhere else.

Further since now our integral (22) can be written as $\int_A^b - \int_A^a$, it is sufficient to prove our assertion for $a = A$, $b > A$. But then, putting $\gamma = \mathrm{Min}(B, b)$, we have

$$\int_A^b f(x) \sin ux\, dx = \int_A^\gamma \sin ux\, dx = \frac{1}{u} \cos ux \Big|_\gamma^A,$$

and the modulus of the right hand expression is $\leqq \dfrac{2}{|u|}$ and tends to 0 with $u \to \infty$. The Theorem IV is proved.

41. We can now formulate and prove the following theorem concerning the Fourier single integral formula.

Theorem V. *Assume that $f(x)$ is HL-integrable over any finite interval and that $\dfrac{f(x)}{x}$ belongs to a class U_q for some q in some neighborhoods of ∞ and $-\infty$. Then we have in every Dirichlet point x_0 of $f(x)$ the formula (21).*

42. *Proof.* By the Lemma 1 for any x_0, $\dfrac{f(x_0 + t)}{t}$ belongs to the class U_q in some intervals (A, ∞) and $(-\infty, -A), A > 0$. On the other hand by the Theorem II $\dfrac{f(x_0 + t)}{t}$ certainly belongs for any fixed positive a to the class U_q in the intervals $\langle a, A \rangle$, $\langle -A, -a \rangle$ and therefore also in the intervals (a, ∞), $(-\infty, -a)$.

On the other hand we have

$$\left| \frac{1}{\pi} \int_{-\infty}^{\infty} f(x_0 + t) \frac{\sin ut}{\cdot t} \, dt - D_f(x_0) \right| \leqq$$

(23)
$$\leqq \left| \frac{1}{\pi} \int_{-a}^{b} f(x_0 + t) \frac{\sin ut}{t} \, dt - D_f(x_0) \right| +$$

$$+ \left| \frac{1}{\pi} \int_{b}^{\infty} f(x_0 + t) \frac{\sin ut}{t} \, dt \right| + \left| \frac{1}{\pi} \int_{-\infty}^{-a} f(x_0 + t) \frac{\sin ut}{t} \, dt \right| .$$

43. For any given $\varepsilon > 0$ we can by our hypotheses chose a and b so great that the sum of the two last terms in (23) stays, uniformly in $u \geqq q$, under ε. Hence, as $u \to \infty$ the left hand expression in (23) has its limit superior $\leqq \varepsilon$ and since $\varepsilon > 0$ is arbitrary, (21) is proved.

44. The validity of the formula (21) is usually proved in the general presentations of the Fourier integral theory, using one of the following conditions for a function $f(x), L$ *integrable* over every finite interval:

1)
$$\int^{\infty} \left| \frac{f(x)}{x} \right| dx < \infty, \quad \int_{-\infty} \left| \frac{f(x)}{x} \right| dx < \infty;$$

2)
$$\frac{f(x)}{x} = g(x) \cos(px + q)$$

for constant p and q, where $g(x)$ tends monotonically to 0 with $x \to \pm \infty$.

Any of the above conditions corresponding to ∞ can be combined with either of the two conditions corresponding to $-\infty$.

45. The condition 1) is due to [4] HOBSON (1909), pp. 353–4 and PRINGSHEIM (1910) p. 384.

As to the condition 2) it is apparently due in its complete form to S. BOCHNER (1932) p. 28. Although Bochner quotes Pringsheim's papers (1910), this paper does not contain the complete condition 2), but only a part of it, made erroneous by the ommission of the assumption $\lim_{|x| \to \infty} f(x) = 0$. Namely, PRINGSHEIM (1910) gives on p. 384 as $(B_\infty^{(2)})$ the condition that our $g(x)$ is for sufficiently large x monotone and finite or a difference of two such functions. This condition, which was also taken over by [5] HOBSON (1926), Vol. 2, p. 725, is obviously not sufficient since it is also satisfied for $g(x) \equiv 1$, $f(x) \equiv x$, and in this case the integral in (21) does not exist at all.

On the other hand the trigonometric factor as $\cos(px + q)$ does not occur in Pringsheim's paper in the conditions for (21) at all.

46. The conditions 1) are obviously contained in the conditions of the Theorem V.

The condition 2) is also contained in that of the Theorem V.

Indeed, suppose that the condition 2) at $+\infty$ is satisfied. From the identity

$$g(x)\cos(px+q)\cos(ux+\gamma)$$
$$= \frac{1}{2}g(x)\left[\cos((u+p)x+\gamma+q)+\cos((u-p)x+\gamma-q)\right]$$

it follows, that $\dfrac{f(x)}{x}$ belongs for a $q>p$ to U_q in a neighborhood of ∞, whenever $g(x)$ belongs to this class in a convenient neighborhood of ∞. On the other hand, the uniform existence of the integral

$$\int\limits^{\infty} g(x)\cos(ux+\gamma)\,dx$$

in a neighborhood of ∞ for $u\geqq q>0$ follows by the Theorem II°, if we identify in this Theorem $f(x, y)$ with $\cos(ux+\gamma)$ and $M(x, z)$ with $g(x)$.

V. Fourier's double integral Theorem

47. The right hand integral in (21) can be written at once in the form

$$(24) \qquad \int\limits_{-\infty}^{\infty} f(x_0+t)\int\limits_{0}^{u}\cos\alpha t\,d\alpha\,dt$$

and the essentiell difficulty in the derivation of Fourier's double integral Theorem lies in the proof that in (24) the order of integrations can be inverted, that is, denoting $f(x_0+t)$ by $g(t)$, that we have

$$(25) \qquad \int\limits_{-\infty}^{\infty}\int\limits_{0}^{u} g(t)\cos\alpha t\,d\alpha\,dt = \int\limits_{0}^{u}\int\limits_{-\infty}^{\infty} g(t)\cos\alpha t\,dt\,d\alpha.$$

48. If we want to apply the Theorem III to the proof of (25), we have to put $x=t$, $y=\alpha$, $\alpha=-\infty$, $\beta=\infty$, $u=0$, $v=u$; to the function $\varphi(y)$ in the Theorem III corresponds here

$$\varphi(\alpha) = \int\limits_{-\infty}^{\infty} g(t)\cos\alpha t\,dt.$$

From the Lemma 2 and the observation at the end of sec. 19 follows that if $g(t)$ is assumed to belong to the class U_0 in $(-\infty, \infty)$ the condition (A) of Theorem III is satisfied.

49. As to the condition (B), we can take as the h-set the intersection ω of the Harnack set of $g(t)$ with the interval $\langle a, b\rangle$. If then $\varDelta$ is a narrow covering of ω, we have for $\psi^{(\varDelta)}(t)$

$$\psi^{(\varDelta)}(t) = \int\limits_{0}^{u} g_\varDelta(t)\cos\alpha t\,d\alpha = g_\varDelta(t)\,\frac{\sin\alpha t}{t}.$$

Then the integral

$$\int\limits_{I^*} g_\varDelta(t)\,\frac{\sin\alpha t}{t}\,dt = \int\limits_{I^*-\varDelta} g(t)\,\frac{\sin\alpha t}{t}\,dt$$

is a Lebesgue integral and the condition (13) beccmes here

$$\int\limits_0^u \int\limits_a^b g_A(t) \frac{\sin\alpha t}{t}\, dt\, d\alpha = \int\limits_a^b \int\limits_0^u g_A(t) \frac{\sin\alpha t}{t}\, d\alpha\, dt$$

and is obviously satisfied as the integrand is majorized by $|\alpha|\,|g_A(t)|$.

50. Therefore (25) is indeed true and we can rewrite (24) as

$$\int\limits_0^u \left(\int\limits_{-\infty}^{\infty} f(x_0 + t)\cos\alpha t\, dt \right) d\alpha\,.$$

Since this has a limit for $u \to \infty$, this limit can be written as

$$\int\limits_0^{\infty} \int\limits_{-\infty}^{\infty} f(x_0 + t)\cos\alpha t\, dt\, d\alpha$$

and we obtain from (21)

$$D_f(x_0) = \frac{1}{\pi} \int\limits_{-\infty}^{\infty} \int\limits_0^{\infty} f(x_0 + t)\cos\alpha t\, dt\, d\alpha,$$

the Fourier double integral formula. Replacing here x_0 by x and introducing $x + t$ instead of t as a new variable of integration, we obtain the usual form of the Fourier double integral formula

(26)
$$D_f(x) = \frac{1}{\pi} \int\limits_0^{\infty} \int\limits_{-\infty}^{\infty} f(t)\cos\alpha(t - x)\, dt\, d\alpha\,.$$

51. We have

Theorem VI. *If $f(x)$ satisfies the condition U_0 in $(-\infty, \infty)$, the Fourier double integral formula (26) holds in any Dirichlet point x of $f(x)$.*

However, in many important cases the assumption of Theorem VI is not satisfied, but $f(x)$ belongs to the class U_q *for any positive q.* In this case we can still obtain the formula (26) introducing a supplementary assumption concerning the behaviour of $\dfrac{f(t)}{t}$ at infinity.

Observe that if we assume that $f(x) \prec U_q$ for *any positive q,* the argument leading to (25) cannot be used for the whole α-interval $\langle 0, u \rangle$, but for any interval $\langle p, u \rangle$ with $u > p > 0$. Then this argument leads to the formula

(27)
$$\int\limits_{-\infty}^{\infty} \int\limits_p^u f(x_0 + t)\cos\alpha t\, d\alpha\, dt = \int\limits_p^u \int\limits_{-\infty}^{\infty} f(x_0 + t)\cos\alpha t\, dt\, d\alpha,$$

and we have to see how we can replace here p by 0. We will use now the following assumption:

(Q) $f(x)$ is HL-integrable in any finite interval and belongs in the interval $(-\infty, \infty)$ for each $q > 0$ to the class U_q. Further, there exist positive A and c, so that both integrals

(28)
$$\int\limits_A^{\infty} \frac{f(t)}{t}\sin\alpha t\, dt, \qquad \int\limits_{-\infty}^{-A} \frac{f(t)}{t}\sin\alpha t\, dt$$

exist uniformly for $0 \leq \alpha \leq c$.

We are going to prove

52. **Theorem VII.** *If $f(x)$ satisfies the condition* (Q), *then the Fourier double integral formula* (26) *holds in any Dirichlet point x of $f(x)$.*

Before entering into the proof of Theorem VII, we prove first two lemmata.

Lemma 3. *Under the condition* (Q) *the integral*

$$(29) \qquad \int_{-\infty}^{\infty} f(t) \frac{\sin \eta t}{t} \, dt \quad (0 < \eta < \mathrm{Min}(1, c))$$

exists and tends to 0 as $\eta \downarrow 0$.

53. *Proof* of the Lemma 3. Observe first that $\dfrac{\sin \eta t}{t}$ has for a fixed η in any finite interval only a finite number of extrema.

The portions of the integral (29) over (A, ∞) and $(-\infty, -A)$ exist by the assumption (Q), while the interval $\langle -A, A \rangle$ can be decomposed into a finite number of intervals, in which $\dfrac{\sin \eta t}{t}$ is monotone. We see that (29) certainly exists.

54. We chose an $\varepsilon > 0$ and decompose now the integral in (29) as follows:

$$(30) \qquad \int_{-\infty}^{\infty} = \int_{-\infty}^{-A} + \int_{A}^{\infty} + \int_{0}^{A} + \int_{-A}^{0}$$

We can choose A so large, that the moduli of the first and of the second right hand integrals are $\leqq \dfrac{\varepsilon}{4}$. In the third right hand integral we choose $\eta < \dfrac{\pi}{2A}$, so that $\dfrac{\sin \eta t}{t}$ remains monotone in $(0, A)$. We can therefore apply the second mean value theorem to the product $f(t) \dfrac{\sin \eta t}{t}$:

$$(31) \qquad \int_{0}^{A} f(t) \frac{\sin \eta t}{t} \, dt = \eta \int_{0}^{\xi} f(t) \, dt + \frac{\sin \eta A}{A} \int_{\xi}^{A} f(t) \, dt, \quad \xi < \langle 0, A \rangle ;$$

since $\int_{0}^{x} f(t) \, dt$ is continuous for $0 \leq x \leq A$, its modulus remains under a positive constant $C = C(A)$. Therefore we obtain from (31)

$$\left| \int_{0}^{A} f(t) \frac{\sin \eta t}{t} \, dt \right| \leqq C\eta \left[1 + 2 \frac{\sin \eta A}{\eta A} \right] < 3C\eta ,$$

and choosing $\eta < \dfrac{\varepsilon}{12C}$, we make the modulus of the third right-hand integral in (30) $< \dfrac{\varepsilon}{4}$.

In exactly the same way we see that the modulus of the fourth right-hand integral in (30) becomes $< \dfrac{\varepsilon}{4}$ and the modulus of the integral in (29) $< \varepsilon$. The Lemma 3 is proved.

Lemma 4. *Assume that $f(x)$ satisfies the condition* (Q) *concerning the integrals* (28). *Then for any x_0, putting $A_1 = A + > |x_0|$, the integrals*

$$(32) \qquad \int_{A_1}^{\infty} \frac{f(t)}{t - x_0} \sin \alpha t \, dt, \qquad \int_{-\infty}^{-A_1} \frac{f(t)}{t - x_0} \sin \alpha t \, dt$$

exist uniformly for $0 \leq \alpha \leq c$.

The Lemma follows for the first integral (32) from the decomposition

$$\int_{A_1}^{\infty} \frac{f(t)}{t - x_0} \sin \alpha t \, dt = \int_{A_1}^{\infty} \frac{f(t)}{t} \sin \alpha t \, \frac{1}{1 - \dfrac{x_0}{t}} \, dt$$

if we apply the Theorem II replacing there $M(x, z)$ by $\dfrac{1}{1 - \dfrac{x_0}{t}}$ and observe

that this expression remains bounded and goes with $t \to \infty$ monotonically to 1.

The proof for the second integral (32) is completely symmetric.

55. Returning now to the formula (27) observe that the inner integral on the left side can be integrated and the left-hand expression becomes

$$\int_{-\infty}^{\infty} \left[f(x_0 + t) \frac{\sin ut}{u} - f(x_0 + t) \frac{\sin pt}{p} \right] dt,$$

and by Lemma 3 and Lemma 4 the subtrahend under the sign of integral is integrable for sufficiently small p, and the same is true for the minuend, so that

$$\int_{p}^{u} \int_{-\infty}^{\infty} f(x_0 + t) \cos \alpha t \, dt \, d\alpha$$

$$= \int_{-\infty}^{\infty} f(x_0 + t) \frac{\sin ut}{u} \, dt - \int_{-\infty}^{\infty} f(x_0 + t) \frac{\sin pt}{p} \, dt \, ;$$

but here for $p \downarrow 0$ the subtrahend tends to zero and we see that the outer integral can be taken from 0 to u. We obtain

$$\int_{0}^{u} \int_{-\infty}^{\infty} f(x_0 + t) \cos \alpha t \, dt \, d\alpha = \int_{-\infty}^{\infty} f(x_0 + t) \frac{\sin ut}{u} \, dt,$$

and now (26) follows exactly as in the proof of Theorem VI. Theorem VII is proved.

56. The Fourier double integral formula is usually proved in the general presentations of the Fourier integral theory using some special conditions for a function $f(x), L$ integrable over every finite interval. These conditions can be reduced to the following two:

1) $\int\limits^{\infty} |f(x)| \, dx < \infty, \qquad \int\limits_{-\infty} |f(x)| \, dx < \infty$

2) $f(x)$ tends monotonically to 0 with $x \to \infty$ and $x \to -\infty$.

Here any of the above conditions corresponding to $+\infty$ can be combined to any conditions corresponding to $-\infty$.

These conditions are due to PRINGSHEIM (1910), p. 406[3].

Both results follow from our Theorem VII. If Pringsheim's condition 1) is valid, then even the condition of our Theorem VI is satisfied. If Pringsheim's condition 2) is valid, then the integral

$$\int\limits_A^B f(t) \cos(ut + \gamma) \, dt \quad (u \geqq q > 0)$$

is by the second mean value Theorem equal to

$$f(A) \int\limits_A^\xi \cos(ut + \gamma) \, dt, \quad \xi > A.$$

Therefore its absolut value is $\leqq \dfrac{2f(A)}{u} \leqq \dfrac{2f(A)}{q}$, so that $f(t)$ belongs indeed to U_q for any $q > 0$.

On the other hand we have for $0 < A < B$ by the second mean value theorem

$$\int\limits_A^B \frac{f(t)}{t} \sin \alpha t \, dt = f(A) \int\limits_A^\xi \frac{\sin \alpha t}{t} \, dt,$$

$$\left| \int\limits_A^B \frac{f(t)}{t} \sin \alpha t \, dt \right| \leqq \pi |f(A)|,$$

since we have generally

$$\left| \int\limits_A^B \frac{\sin \alpha x}{x} \, dx \right| \leqq \pi \quad (0 < A \leqq B < \infty, \alpha \geqq 0).$$

Therefore the second part of the condition (Q) of the Theorem VII is also satisfied, and the Theorem VII is applicable.

---

[3] As a matter of fact the reader of PRINGSHEIM's paper is easily led to assume that PRINGSHEIM announces still another sufficient condition for the validity of FOURIER's double integral formula, the condition denoted by PRINGSHEIM as (b_∞). However the condition (b_∞) is *only proved to be sufficient for the Fourier's formula if the inner integral in* (26) *is interpreted as a principal value.* The mistaken impression is provoked by the fact that PRINGSHEIM used in his statement two subordinate propositions in a false order.

Bibliography

[1] BOCHNER, S.: Vorlesungen über Fouriersche Integrale. Leipzig: Akademische Verlagsgesellschaft 1932.

[2] HAHN, O.: Über eine Verallgemeinerung der Fourierschen Integralformel. Acta Math. **49**, 301—353 (1926).

[3] HARNACK, A.: Die allgemeinen Sätze über den Zusammenhang der Funktionen einer reellen Variablen mit ihren Ableitungen. Math. Ann. **24**, 217—252 (1884).

[4] HOBSON, E. W.: SIR WILLIAM ROWAN HAMILTON's fluctuating functions. J. London Math. Soc. **VII**, 338—358 (1909).

[5] — The theory of a function of a real variable and the theory of Fourier's series, I. 3, ed. (1927); II 2, ed. (1926).

[6] MOORE, E. H.: Concerning HARNACK's theory of improper definite integrals. Trans. Am. Math. Soc. **I**, 296—330 (1926).

[7] PRINGSHEIM, A.: Über neue Gültigkeitsgrenzen für die Fouriersche Integralformel. Math. Ann. **68**, 367—408 (1910).

[8] STOLZ, O.: Grundzüge der Differential- und Integralrechnung, **III**, p. 277. Leipzig: B. G. Teubner 1899.

[9] TONELLI, L.: Serie trigonometriche. Bologna: Nicola Zanichelli 1928.

Prof. Dr. A. M. OSTROWSKI
Certenago/Montagnola, Tessin, Schweiz

(Received September 22, 1965)

It is well known that if S and T are two linear bounded operators on a Banach space B into B, and if S^{-1} exists on B, then the inequality

$$(1) \qquad \|S - T\| < \frac{1}{\|S^{-1}\|}$$

implies the existence of T^{-1}.

In [1] it was noted that (1) can be replaced in the above statement by

$$(2) \qquad \|(S - T)(I - T)\| < \frac{1}{\|S^{-1}\|}.$$

(See Theorem 3, pp. 273–274 of [1], where the condition is written in a different form obtained from the above replacing S by $I - S$ and T by $I - T$.)

In the following I prove the more general

THEOREM. *If S and T are two linear bounded operators on the Banach space B with their values in B, if S^{-1} exists on B and if for a polynomial $P(x)$ with $P(0) = 1$ we have*

$$(3) \qquad \|S^{-1}(S - T)P(T)\| < 1,$$

then the left-sided inverse of T, T^{-1}, exists on B^*, the image of B by T, and is bounded on B^*.

Our condition contains for $P(x) \equiv 1$ the condition (1) and for $P(x) \equiv 1 - x$ the condition (2), since

$$\|S^{-1}(S - T)\| \leq \|S^{-1}\| \, \|(S - T)\|,$$
$$\|S^{-1}(S - T)(I - T)\| \leq \|S^{-1}\| \, \|(S - T)(I - T)\|.$$

Proof. By the assumption about $P(x)$ there exists a polynomial $Q(x)$ such that

$$(4) \qquad P(x) - 1 = xQ(x).$$

Putting

$$(5) \qquad U = S^{-1}(S - T)P(T),$$

we see from (3) that $(I - U)$ has an inverse on B, $(I - U)^{-1} = \sum_{\nu=0}^{\infty} U^{\nu}$.

(Cf. the comments on the use of the Liouville-Neumann series in this connection in [2], p. 4.) On the other hand it follows from (5) that, identically,

$$I - U = S^{-1}[T - (S - T)(P(T) - I)] = S^{-1}[I - (S - T)Q(T)]T$$

and, therefore, on B^* the left-sided inverse of T is

$$(6) \qquad T^{-1} = (I - U)^{-1}S^{-1}[I - (S - T)Q(T)].$$

From (6) we have further

$$(7) \qquad \|T^{-1}\| \leq \frac{1}{1 - \|U\|} \|S^{-1}\| \, \|I - (S - T)Q(T)\|,$$

and we see that T^{-1} is bounded on B^*.

In applying the above theorem it is important to emphasize particularly the cases in which B^* is identical to B. This is certainly true if B is a finite dimensional space of dimension n and the operators S and T can be considered as $n \times n$ matrices. In this case, since the mapping of B on B^* by T is a one-to-one transformation, B^* must be identical to B and our theorem reads:

If S is a nonsingular matrix and (3) is satisfied, then T is nonsingular, too.

More generally this argument holds if the Fredholm alternative is valid for the mapping by T, for instance, if T or a power of T is compact. (Cf. the discussion of the conditions for the Fredholm alternative in [3].)

Obviously, by inverting the order of the factors in (3) we obtain the completely symmetric condition for the right-sided inverse.

Sponsored by the Mathematics Research Center, United States Army, Madison, Wisconsin, under Contract No.: DA-11-022-ORD-2059.

The author is grateful to Mr. Victor Pereyra of the MRC staff for helpful discussions.

References

1. P. M. Anselone and R. H. Moore, Approximate solutions of integral and operator equations. J. Math. Anal. App., 9 (1964) 268–277.

2. L. B. Rall, Quadratic equations in Banach spaces, Rend. Circ. Mat. Palermo, (II) X (1961) 1–19.

3. L. V. Kantorovich and G. P. Akilov, Functional Analysis in Normed Spaces, Pergamon Press, Oxford, 1964, pp. 524–531.

Über eine Funktionalgleichung

(Bemerkung zur vorstehenden Mitteilung von J. Aczél)

Von A. Ostrowski in Basel

Es handelt sich um die Auflösung der Funktionalgleichung

$$(1) \qquad \varphi(x, y, zu) = \varphi(v, y, z)u^2 + zf(x, v, u)$$

ohne Regularitätsbedingungen, wofür ich die folgende Variante zum Aczélschen Beweis vorschlagen möchte, die ich nach Diskussionen mit Herrn Aczél noch etwas weiterentwickelt habe.

Ersetzt man in (1) v durch x, so ergibt sich die Funktionalgleichung

$$(2) \qquad \varphi(x, y, zu) = \varphi(x, y, z)u^2 + zF(x, u),$$

die zuerst aufgelöst wird.

Setzt man der kürzeren Schreibweise halber, um die Abhängigkeit von der letzten Variablen zum Ausdruck zu bringen

$$\varphi(x, y, z) = \psi(z), \quad F(x, z) = F(z),$$

so daß also x und y als *Parameter* aufgefaßt werden, so wird (2) zu

$$(3) \qquad \psi(zu) = \psi(z)u^2 + zF(u),$$

woraus für $z = 1$ folgt

$$F(u) = \psi(u) - \psi(1)u^2.$$

Wird dieser Ausdruck in (3) eingetragen, so ergibt sich, wenn man berücksichtigt, daß $\psi(zu)$ symmetrisch in bezug auf z und u ist:
$$\psi(zu) = \psi(z)u^2 - zu^2\psi(1) + z\psi(u) = \psi(u)z^2 - uz^2\psi(1) + u\psi(z),$$
oder, wenn in der letzten Gleichung alle Terme auf eine Seite gebracht und geeignet zusammengefaßt werden,

$$(\psi(z) - \psi(1)z)(u^2 - u) - (\psi(u) - \psi(1)u)(z^2 - z) = 0,$$

$$\frac{\psi(z) - \psi(1)z}{z^2 - z} = \frac{\psi(u) - \psi(1)u}{u^2 - u} = \gamma,$$

wo γ von z unabhängig ist. Setzt man noch $\psi(1) - \gamma = \alpha$, so folgt

$$(4) \qquad \psi(z) = \gamma z^2 + \alpha z, \quad F(z) = -\alpha(z^2 - z),$$

und man verifiziert sofort, daß (4) für beliebige Werte der Konstanten α und γ die Funktionalgleichung (3) erfüllt und damit die allgemeine Lösung von (3) darstellt.

Soll nun aus (4) die allgemeine Lösung der Funktionalgleichung (2) erhalten werden, so müssen α und γ geeignet bestimmt werden.

Bildet man aber

$$\psi(z, u) - \psi(z)\,u^2 = \alpha\,z(u - u^2),$$

so ergibt sich, da diese Differenz, wie aus (2) ersichtlich ist, von y unabhängig ist, daß α von x allein abhängt und deshalb $F(x, y)$ die Gestalt

$$(5) \qquad F(x, y) = \alpha(x)(u - u^2)$$

annimmt. Für $\varphi(x, y, z)$ ergibt sich

$$(6) \qquad \varphi(x, y, z) = \gamma(x, y)\,z^2 + \alpha(x)\,z.$$

Die Ausdrücke (5) und (6) stellen die allgemeinste Lösung der Funktionalgleichung (2) dar, für beliebige Funktionen $\alpha(x)$, $\gamma(x, y)$.

Wird nunmehr die Gleichung (1) unter Benützung von (6) umgeschrieben, so ergibt sich

$$zf(x, v, u) = \gamma(x, y)\,z^2 u^2 + \alpha(x)\,zu - u^2(\gamma(v, y)\,z^2 + \alpha(v)\,z).$$

Da dies aber linear in bezug auf z sein muß, gilt:

$$\gamma(x, y) = \gamma(v, y),$$

und wir sehen, daß $\gamma(x, y)$ von y allein abhängt. Daraus ergibt sich als die vollständige Lösung der Funktionalgleichung (1)

$$(7) \qquad \varphi(x, y, z) = \gamma(y)\,z^2 + \alpha(x)\,z, \quad f(x, y, z) = \alpha(x)\,z - \alpha(y)\,z^2,$$

wo γ und α willkürliche Funktionen ihrer Argumente sind.

(Eingegangen: 9. 7. 1968)

Math. Inst.
Univ. Basel

Note on Poissson's Treatment of the Euler–Maclaurin Formula[1]

(To Hugo Hadwiger for his 60-th birthday)

1. In the Euler-Maclaurin Formula

$$\sum_{\mu=p}^{q}{}' f(\mu) = \int_{p}^{q} f(t)\,dt + \sum_{v=1}^{n} \frac{B_{2v}}{(2v)!} \left(f^{(2v-1)}(q) - f^{(2v-1)}(p)\right) + R_n \quad (n \geq 1), \tag{1}$$

an expression for the remainder term was first given by Poisson [6] 1827. This is

$$R_n = \frac{1}{(2n+1)!} \int_{p}^{q} \overline{B_{2n+1}}(t)\, f^{(2n+1)}(t)\,dt, \tag{2}$$

where $\overline{B_{2n+1}}(t)$ is given by

$$B_{2n+1}(t) = \frac{2}{(2\pi)^{2n+1}} U_{2n+1}(t), \qquad U_s(t) = \sum_{v=1}^{\infty} \frac{\sin 2v\pi t}{v^s} \quad (s > 1). \tag{3}$$

To obtain from here an estimate for $U_{2n+1}(t)$, Poisson used the obvious bound

$$|U_{2n+1}(t)| \leq \sum_{v=1}^{\infty} \frac{1}{v^{2n+1}}. \tag{4}$$

2. It has apparently not as yet been noticed, that the inequality (4) can be replaced with

$$|U_{2n+1}(t)| < 1 \quad (0 \leq t \leq 1, \quad n = 1, 2, \ldots).[2] \tag{5}$$

---

[1] The work on this paper was partly done under the Contract DA J A 37-67-C-0628 of the Institute of Mathematics, University of Basel with the US Department of the Army, European Research Office.

[2] This follows immediately from the relation

$$\left| \frac{B_{2n+1}(t)}{(2n+1)!} \right| < \frac{2}{(2\pi)^{2n+1}} \quad (0 \leq t \leq 1, n \geq 1).$$

As to this formula, it is for $n > 1$ equivalent with a formula deduced by Lehmer on p. 538 of his paper, Lehmer [2] (see the formula without number, following immediately after Lehmer's formula (18) in his paper). However, this relation is also true for $n = 1$, as is immediately verified, using for instance the value of $\underset{\langle 0, 1\rangle}{\text{Max}} \left|\frac{B_3(t)|}{6}\right| = .00801875$ (which is obtained from Lehmer's value of his M_3), since this this is $< \dfrac{1}{4\pi^3} = .0806.$

However, the inequality (5) can be further improved. It is easy to see that we have
in any case

$$\max_{\langle 0,\,\frac{1}{2}\rangle} |U_s(t)| > 1 - \frac{1}{3^s} \quad (s > 1) \tag{6}$$

(see section 4).

As to the upper limit of $|U_s(t)|$, we will prove that we have

$$|U_s(t)| < 1 - \frac{\frac{1}{2}}{3^s} \quad (s \geq 7) \tag{7}$$

On the other hand we have

$$\max_{\langle 0,\,\frac{1}{2}\rangle} |U_5(t)| = 1 - \frac{.496}{3^5}, \tag{8}$$

$$\max_{\langle 0,\,\frac{1}{2}\rangle} |U_3(t)| = 1 - \frac{.147}{3^3}. \tag{9}$$

3. The inequality (7) will be proved for all real s by a rather elementary method, making no use of the results obtained in the last decades on the zeros of the Bernoullian Polynomials of even order. (NÖRLUND [4], LENSE [3], LEHMER [2], INKERI [1], OSTROWSKI [5].) As to the values (8) and (9), they are obtained using the connection between the Bernoullian Polynomials $B_5(t)$ and $B_3(t)$ with $U_5(t)$ and $U_3(t)$.

4. We obtain at once from (3)

$$U_s(\tfrac{1}{4}) = \sum_{v=1}^{\infty} \frac{\sin v\,\pi/2}{v^s} = \frac{1}{1^s} - \frac{1}{3^s} + \left(\frac{1}{5^s} - \frac{1}{7^s}\right) + \cdots > 1 - \frac{1}{3^s} \quad (s > 1),$$

and this proves (6).

5. In order to prove (7) we introduce

$$\varphi(t) = \sin \pi t + \frac{\sin 2\pi t}{2^s} + \frac{\sin 3\pi t}{3^s} \tag{10}$$

and put

$$U_s(t/2) = \varphi(t) + R(t), \quad R(t) = \sum_{v=4}^{\infty} \frac{\sin v\pi t}{v^s}. \tag{11}$$

Then we have

$$|R(t)| \leq \frac{1}{4^s} + \sum_{v=5}^{\infty} \frac{1}{v^s} < \frac{1}{4^s} + \int_{4}^{\infty} \frac{dx}{x^s}$$

$$= \frac{1}{4^s}\left(1 + \frac{4}{s-1}\right) \leq \frac{\frac{5}{3}}{4^s} = \frac{5}{3} \cdot \frac{1}{3^s} \cdot \left(\frac{3}{4}\right)^{s} \leq \frac{5}{3} \cdot \left(\frac{3}{4}\right)^7 \frac{1}{3^s},$$

$$|R(t)| \leq \frac{.2225}{3^s} \quad (s \geq 7). \tag{12}$$

6. We are now going to discuss $\operatorname*{Max}_{\langle -1,\,1\rangle} |\varphi(t)| = \operatorname*{Max}_{\langle 0,\,1\rangle} |\varphi(t)|$ and to prove that

$$|\varphi(t)| \leqq 1 - \frac{.7232}{3^s} \qquad (|t| \leqq 1,\ s \geqq 7). \tag{13}$$

Let

$$u = \frac{\pi}{2} - \pi t, \quad 0 \leqq |u| \leqq \frac{\pi}{2}, \quad \sigma = \sin u, \quad \gamma = \cos u. \tag{14}$$

Then we have

$$\varphi(t) = \gamma K, \quad K = 1 - \frac{1}{3^s} + \frac{2\sigma}{2^s} + \frac{4\sigma^2}{3^s}, \tag{15}$$

$$f(u) := -\frac{d}{du}\,\varphi(t) = \sin u - \frac{3\sin 3u}{3^s} - \frac{2\cos 2u}{2^s}, \tag{16}$$

$$F_2(\sigma) := 3^{s-1} f(u) = 4\sigma^3 + 2\left(\frac{3}{2}\right)^{s-1}\sigma^2 + (3^{s-1} - 3)\,\sigma - \left(\frac{3}{2}\right)^{s-1}. \tag{17}$$

As $F_2(1) > \left(\frac{3}{2}\right)^{s-1} > 0$ and by Descartes' rule, $F_2(\sigma)$ has exactly one positive zero, σ_0, which is <1. On the other hand, as $F_2'(\sigma) = 12\,\sigma^2 + 4\left(\frac{3}{2}\right)^{s-1}\sigma + 3^{s-1} - 3$, we have for $|\sigma| \leqq 1$ and $s \geqq 7$:

$$|F_2'(\sigma)| \geqq 3^{s-1} - 3 - 12 - 4\left(\frac{3}{2}\right)^{s-1} = 3^{s-1}\left(1 - \frac{1}{2^{s-3}}\right) - 15 \geqq 729 - \frac{15}{16} - 15 > 0,$$

and we see that $F_2(\sigma)$ cannot have a zero in $\langle -1, 0 \rangle$.

7. Putting $\sigma = \dfrac{x}{2^{s-1}}$ into $F_2(\sigma)$ we obtain

$$F_1(x) := 6^{s-1} f(u) = \frac{x^3}{4^{s-2}} + 2\left(\frac{3}{4}\right)^{s-1} x^2 + (3^{s-1} - 3)\,x - 3^{s-1},$$

$$F_1(1) = \frac{1}{4^{s-2}} + 2\left(\frac{3}{4}\right)^{s-1} - 3 < 0.$$

We see that $F_1(x)$ has exactly one positive zero, ξ, which is >1. Writing $x = 1 + y$, $F_1(x) = 3\,F(y)$ we obtain

$$F(y) = \frac{16}{3}\frac{y^3}{4^s} + \left[\frac{16}{4^s} + \frac{8}{9}\left(\frac{3}{4}\right)^s\right] y^2$$

$$+ \left[\frac{16}{4^s} + \frac{16}{9}\left(\frac{3}{4}\right)^s + \frac{1}{9}\,3^s - 1\right] y - \left[1 - \frac{16}{3}\frac{1}{4^s} - \frac{8}{9}\left(\frac{3}{4}\right)^s\right].$$

For positive y it follows

$$F(y) > \left(\tfrac{1}{9}\,3^s - 1\right) y - \left(1 - \tfrac{8}{9}\left(\tfrac{3}{4}\right)^s\right)$$

and therefore

$$F\left(\frac{2}{2^s}\right) > \frac{2}{9}\left(\frac{3}{2}\right)^s - 1 + \frac{8}{9}\left(\frac{3}{4}\right)^s - \frac{2}{2^s} > 0 \quad (s \geqq 7).$$

8. We see that $\xi = 1 + \dfrac{2\theta}{2^s}$,

$$\sigma_0 = \frac{2}{2^s} + \theta\,\frac{4}{4^s}, \quad 0 < \theta < 1, \quad (s \geqq 7), \tag{18}$$

$$\sigma_0 = \frac{2}{2^s}\left(1 + \frac{2\theta}{2^s}\right) < \frac{2}{2^s}\left(1 + \frac{1}{2^6}\right) = \frac{2}{2^s}\left(1 + \frac{1}{64}\right) \quad (s \geqq 7). \tag{19}$$

Since $\varphi(t)$ vanishes for $t = 0$ and $t = 1$, the maximum of $\varphi(t)$ is attained at a point where $f(u)$ vanishes, that is to which corresponds $\sin u = \sigma_0$. The corresponding values of $\gamma = \cos u$ is then

$$\sqrt{1 - \sigma_0^2} < 1 - \sigma_0^2/2 < 1 - \frac{2}{4^s}.$$

9. We now have from (15)

$$|\varphi(t)| < \left(1 - \frac{2}{4^s}\right)K,$$

$$K = 1 - \frac{1}{3^s} + K_1, \quad K_1 = \frac{2\sigma_0}{2^s} + \frac{4\sigma_0^2}{3^s} = \frac{2\sigma_0}{2^s}\left(1 + \frac{2\sigma_0}{\left(\frac{3}{2}\right)^s}\right)$$

$$< \frac{4}{4^s}\left(1 + \frac{1}{64}\right)\left(1 + \frac{4 + \frac{1}{8}}{3^7}\right) < \left(1 + \frac{1}{56}\right)\frac{4}{4^s} < \frac{\frac{57}{14}}{4^s},$$

$$K < 1 - \frac{1}{3^s} + \frac{\frac{57}{14}}{4^s},$$

$$|\varphi(t)| < \left(1 - \frac{2}{4^s}\right)\left(1 - \frac{1}{3^s} + \frac{\frac{57}{14}}{4^s}\right) = 1 - \frac{1}{3^s} + \frac{\frac{29}{14}}{4^s} + \frac{2}{12^s} - \frac{8\frac{1}{7}}{16^s}$$

$$< 1 - \frac{1}{3^s} + \frac{1}{3^s}\left(\frac{29}{14}\left(\frac{3}{4}\right)^s + \frac{2}{4^s}\right) \leqq 1 - \frac{1}{3^s} + \frac{1}{3^s}\left(\frac{29}{14}\left(\frac{3}{4}\right)^7 + \frac{2}{4^7}\right),$$

$$|\varphi(t)| < 1 - \frac{1}{3^s} + \frac{.2766}{3^s} = 1 - \frac{.7234}{3^s},$$

and by (12) and (13)

$$|U_s(t)| < 1 - \frac{.7234}{3^s} + \frac{.2225}{3^s} = 1 - \frac{.5009}{3^s},$$

which proves (7).

It is of some interest to observe that (7) and our proof of (7) remain valid if

$$U_s(t) = \sum_{\nu=1}^{\infty} \frac{\sin 2\nu\pi t}{\nu^s} \text{ is replaced with } \sum_{\nu=1}^{N} \frac{\sin 2\nu\pi t}{\nu^s} \text{ for any } N \geqq 3.$$

9. To verify (8) and (9) we use the fact that (3) is in $\langle 0, 1 \rangle$ a polynomial, the so-called Bernoullian Polynomial $B_{2n+1}(t)$. We have in particular $B_3(t) = t^3 - \frac{3}{2}t^2 + \frac{1}{2}t$, $B_5(t) = t^5 - \frac{5}{2}t^4 + \frac{5}{3}t^3 - \frac{1}{6}t$. The maximum of $|B_3(t)|$ in $\langle 0, 1 \rangle$ is attained at $t = .211325$ and gives $|B_3(0.211325)| = .048113$. Since $\dfrac{2\pi^3}{3} = 20.67085$, we obtain $\underset{\langle 0,1 \rangle}{\mathrm{Max}}|U_s(t)| = 0.99454 = 1 - \dfrac{.147}{27}$, which gives (9).

The maximum of $|B_5(t)|$ in $\langle 0, 1 \rangle$ is attained at $t = .240335$ and the corresponding value of $|B_5(t)|$ is .0244582. Since $\dfrac{2\pi^5}{15} = 40,8026$, we obtain

$$\underset{\langle 0,1 \rangle}{\mathrm{Max}}|U_5(t)| = .997958 = 1 - \frac{.496}{243},$$

which proves (8).

REFERENCES

[1] K. INKERI, *The real roots of Bernoulli polynomials*, Ann. Univ. Turkuensis [Series A], Nr 37 (Turku 1959).

[2] D. H. LEHMER, On the Maxima and Minima of Bernoulli polynomials, Am. Math. Monthly *47* (1940), 533–538.

[3] J. LENSE, *Über die Nullstellen der Bernoullischen Polynome*, Wiener Monatshefte f. Mathematik *41* (1934), 188–190.

[4] N. E. NÖRLUND, *Mémoire sur les Polynômes de Bernoulli*, Acta Math. *43* (1920), 121–196.

[5] A. M. OSTROWSKI, *On the zeros of Bernoulli Polynomials of Even Order*, L'Enseignement Mathématique *VI* (1960), 27–47.

[6] S. D. POISSON, *Sur le calcul numérique des intégrales definies*, Mémoires Acad. Paris *VI* (1827), 571–602.

State University of New York at Buffalo
September 1968

Received Sept. 26, 1968

Über das Restglied der Euler—Maclaurinschen Formel

1. Die Euler—Maclaurinsche Formel*) mit dem Restglied, wie sie zuerst von Poisson [11] angegeben wurde, kann vereinfacht geschrieben werden, wenn folgende Bezeichnungen eingeführt werden:

Man setze für ganze $p, q, p < q$:

$$(1) \qquad G_\nu = \frac{B_{2\nu}}{(2\nu)!} \left(f^{(2\nu-1)}(q) - f^{(2\nu-1)}(p) \right),$$

$$(2) \qquad D_\mu(t) = \sum_{\nu=p}^{q-1} f^{(\mu)}(\nu+t),$$

$$(3) \qquad S_\mu(t) = D_\mu(t) + (-1)^\mu D_\mu(1-t).$$

Dann gilt

$$(4) \qquad \sum_{\mu=p}^{q}{}' f(\mu) = \int_p^q f(x)\,dx + \sum_{\nu=1}^{n} G_\nu + R_n,$$

wo

$$(5) \qquad R_n = \frac{-1}{(2n)!} \int_0^1 B_{2n}(t) D_{2n}(t)\,dt = \frac{-1}{(2n)!} \int_0^{\frac{1}{2}} B_{2n}(t) S_{2n}(t)\,dt$$

ist und der Strich am Summenzeichen bedeutet, daß die p und q entsprechenden Terme den Faktor $\frac{1}{2}$ haben.

2. Es bestehen Abschätzungen für R_n von Poisson (1827), Jacobi (1834) und Malmstén (1847).

Wenn man sich heute die von diesen Forschern erhaltenen Resultate ansieht, fällt einem auf, daß dabei:

1. Die Kriterien für die Gültigkeit von Ableitungen höherer Ordnung abhängen, als durch diese Formel selbst bedingt scheint. In einigen Abschätzungen geht man

---

*) Im folgenden wird die Euler—Maclaurinsche Formel nur für reelle Funktionen einer reellen Variablen behandelt.

bis zu den Ableitungen $(2n+2)$-ter Ordnung. 2. Es wird dabei zumeist der Rest durch die Größe der einzelnen Terme G_n abgeschätzt, wobei also nur Ableitungen *ungerader* Ordnung explizite vorkommen.

Was nun den ersten Mißstand anbetrifft, so läßt er sich auf verschiedene Arten beheben.

3. Erstens kann man die obige Form des Restgliedes durch eine andere ersetzen, bei der nur die Existenz und die Stetigkeit der $(2n-1)$-ten Ableitung verlangt wird. Man kann nämlich das R_n durch das Stieltjes-Integral darstellen:

$$(6) \qquad R_n = \frac{-1}{(2n)!} \int_0^{\frac{1}{2}} B_{2n}(t)\, dS_{2n-1}(t) \quad (n \geqq 1).$$

Man beachte, daß man hier nicht etwa $S_{2n-1}(t)$ als von beschränkter Variation voraussetzen muß, da ja das Bernoullische Polynom $B_{2n}(t)$ in $\langle 0, \tfrac{1}{2}\rangle$ monoton ist.

4. Was die weiteren Resultate anbetrifft, so kann man ihre Gültigkeit im Sinne der modernen Theorie der Funktionen einer reellen Variablen nicht unwesentlich erweitern (Ostrowski [9]), indem man z.B. die Voraussetzung, daß eine Ableitung $f^{(v)}(x) \geqq 0$ in $\langle p, q\rangle$ ist, durch die allgemeinere Annahme ersetzt, daß $f^{(v-1)}(x)$ in $\langle p, q\rangle$ *monoton wächst*, oder durch die Annahme, daß $f^{(v-2)}(x)$ in $\langle p, q\rangle$ *konvex* ist.

5. Was aber den an zweiter Stelle genannten Mißstand anbetrifft, so kann ihm unter Benützung einer neuartigen Abschätzung des Restgliedes abgeholfen werden, die ich kürzlich fand und die im folgenden angegeben werden soll.

Zuletzt soll noch etwas über die von Sonin 1889 angegebenen Abschätzungen gesagt werden, sowie über weitere Resultate, die sich in dieser Richtung herleiten lassen.

6. Wir besprechen zunächst einige Verbesserungen, die man an den klassischen Resultaten anbringen kann.

Bereits Poisson [11] hat die Abschätzung gegeben:

$$(7) \qquad |R_n| \leqq \frac{2}{(2\pi)^{2n+1}} \operatorname*{Max}_{\langle 0,1\rangle} |U_{2n+1}(t)| \operatorname*{Max}_{\langle p,q\rangle} |f^{(2n+1)}(x)|,$$

$$(8) \qquad U_{2n+1} = \sum_{v=1}^{\infty} \frac{\sin 2\pi v t}{v^{2n+1}} \leqq \sum_{v=1}^{\infty} \frac{1}{v^{2n+1}}.$$

Dabei wird über $f(x)$ nur vorausgesetzt, daß $f^{(2n+1)}(x)$ stetig in $\langle p, q\rangle$ ist.

Nun läßt sich aber U_{2n+1} besser abschätzen als in (8), wenn man verschiedene Resultate über die Nullstellen der Bernoullischen Polynome $B_{2n}(x)$ heranzieht, die seit 1920 hergeleitet wurden (Nörlund [7], Lense [5], Lehmer [4], Inkeri [2], Ostrowski [8].)

Es ergibt sich, daß

$$(9) \qquad |U_{2n+1}(x)| < 1 \qquad (n \geq 1),$$

und sogar

$$(10) \qquad |U_{2n+1}(x)| \leq 1 - \frac{1}{3^{2n-1}} \qquad (n \geq 1).$$

Namentlich die Abschätzung (9) für die Sinusreihe (8) ist recht elegant und es ist bedauerlich, daß unser Beweis dafür recht umständlich ist (Ostrowski [10]).

7. Das wohl wichtigste Resultat dürfte der Satz darstellen: *Ist, für ein $\varepsilon = \pm 1$, $\varepsilon S_{2n}(x) \geq 0$ und konvex in $\langle 0, 1 \rangle$, so gilt für geeignete θ und θ_1 aus dem Intervall $\langle 0, 1 \rangle$:*

$$(11) \qquad R_n = -\theta G_n = \theta_1 G_{n+1}, \; \text{sgn } R_n = \varepsilon(-1)^n.$$

Ersetzt man hier die Annahme der Konvexität von $\varepsilon S_{2n}(x)$ durch die Annahme, daß $f^{(2n+2)}(x)$ existiert und stetig ist in $\langle p, q \rangle$ und daß ferner $\varepsilon D_{2n}(x) \geq 0$, $\varepsilon D_{2n+2}(x) \geq 0$ in $\langle 0, 1 \rangle$ gilt, so erhält man das berühmte Resultat von Jacobi [3].

Bei der Herleitung seiner Ergebnisse hat Jacobi wohl zum ersten Mal die Bemerkung benützt, daß aus der Relation

$$R_n = G_{n+1} + R_{n+1},$$

wenn man weiß, daß R_n und R_{n+1} verschiedene Vorzeichnen haben, ohne weiteres Abschätzungen von R_n und R_{n+1} durch G_{n+1} zu erhalten sind. Es ist diese Schlußweise, die von Steffensen [13] fast ein Jahrhundert später als der sogenannte „Error Test" wiederentdeckt wurde.

8. Die Untersuchungen von Jacobi sind 1847 von Malmstén [6] aufgenommen und weiter entwickelt worden. In der von Malmstén eigenschlagenen Richtung läßt sich beweisen (Ostrowski [9]):

Ist $S_{2n+1}(x)$ monoton in $\langle 0, \tfrac{1}{2} \rangle$, so gilt:

$$(12) \qquad R_n = \theta \left(2 - \frac{1}{2^{2n+1}} \right) G_{n+1}, \quad 0 \leq \theta \leq 1.$$

Ersetzt man unsere Voraussetzung über S_{2n+1} durch die Annahme, daß $f^{(2n+2)}(x)$ in $\langle p, q \rangle$ sein Vorzeichen nicht wechselt, so ergibt sich das erste der von Malmstén hergeleiteten wichtigen Resultate.

Ferner (Ostrowski [9]):

Ist, für ein $\varepsilon = \pm 1$, $\varepsilon S_{2n}(x) \leqq 0$ und konvex in $\langle 0, \tfrac{1}{2}\rangle$, so gilt:

$$(13) \qquad \operatorname{sgn} R_{n-1} = \operatorname{sgn} R_n = \operatorname{sgn} G_n = \operatorname{sgn} G_{n+1},$$

$$(14) \qquad R_n = \theta\left(1 - \frac{1}{2^{2n-1}}\right) G_n, \quad 0 \leqq \theta \leqq 1.$$

Wird hier die Annahme über $S_{2n}(t)$ durch die Annahme ersetzt, daß $f^{(2n+2)}(x)$ und $f^{(2n)}(x)$ in $\langle p, q\rangle$ feste und zwar entgegengesetzte Vorzeichen haben, so ergibt sich das zweite der Malmsténschen Hauptergebnisse.

9. Vielleicht sind noch die folgenden Korollare, die sich an die letzten Resultate anschließen lassen und die anscheinend bis jetzt nicht bemerkt wurden, von allgemeinem Interesse.

Ersetzt man in der Formel (14) G_n durch $R_{n-1} - R_n$, so ergibt sich nach Auflösung der sich ergebenden Ungleichung:

$$(15) \qquad R_n = \frac{\theta'}{2}\left(1 - \frac{1}{2^{2n}}\right) R_{n-1}, \quad 0 \leqq \theta' \leqq 1,$$

und auf jeden Fall:

$$(16) \qquad R_n = \frac{\theta}{2} R_{n-1}, \quad 0 \leqq \theta \leqq 1.$$

10. Wenn wir nun weiter annehmen, daß (13) und (14) sowohl für n wie für $n+1$ bestehen, gilt neben (16) auch:

$$R_{n+1} = \frac{\theta'}{2} R_n, \quad 0 \leqq \theta' \leqq 1,$$

und daher für den nicht negativen Quotienten G_{n+1}/G_n:

$$(17) \qquad \frac{G_{n+1}}{G_n} = \frac{R_n - R_{n+1}}{R_{n-1} - R_n} = \left(1 - \frac{\theta'}{2}\right)\frac{\theta}{2-\theta} \leqq 1 - \frac{\theta'}{2} \leqq 1.$$

Gelten aber die Relationen (13), (14) auch noch für $n+2$, so folgt weiter:

$$R_{n+2} = \frac{\theta''}{2} R_{n+1}, \quad 0 \leqq \theta'' \leqq 1,$$

und ferner

$$(18) \qquad \frac{G_{n+2}}{G_{n+1}} = \left(1 - \frac{\theta''}{2}\right)\frac{\theta'}{2-\theta'} \leqq \frac{\theta'}{2-\theta'}.$$

11. Nun wird $\displaystyle\operatorname*{Max\,Min}_{0\le\theta'\le 1}\left(1-\frac{\theta'}{2},\ \frac{\theta'}{2-\theta'}\right)$ an der Stelle $\theta' = \theta_0$ angenommen,

wo $1-\dfrac{\theta_0}{2} = \dfrac{\theta_0}{2-\theta_0}$, $\theta_0^2 - 6\theta_0 + 4 = 0$ ist, und daher

$$\theta_0 = 3 - \sqrt{5}, \quad 1 - \frac{\theta_0}{2} = \frac{\sqrt{5}-1}{2} = 0,618\ldots.$$

Wir erhalten:

Gilt für ein $\varepsilon = \pm 1$:

(19) $$\varepsilon S_{2n}(t) \le 0, \quad \varepsilon S_{2n+2}(t) \ge 0, \quad \varepsilon S_{2n+4}(t) \le 0, \quad \varepsilon S_{2n+6}(t) \ge 0,$$

so gilt für positive Quotienten $\dfrac{G_{n+1}}{G_n}, \dfrac{G_{n+2}}{G_{n+1}}:$

(20) $$\frac{G_{n+1}}{G_n} \le 1, \qquad \frac{G_{n+2}}{G_{n+1}} \le 1,$$

(21) $$\operatorname{Min}\left(\frac{G_{n+1}}{G_n}, \frac{G_{n+2}}{G_{n+1}}\right) \le \frac{\sqrt{5}-1}{2} = 0,618\ldots.$$

Dann folgt aber offenbar:

Ist für ein $\varepsilon = \pm 1$ von einem n an:

(22) $$(-1)^\nu S_{2\nu}(t) \ge 0 \quad \left(0 \le t \le \frac{1}{2};\ \nu = n, n+1, \ldots\right),$$

so ist $R_n \to 0$ $(n \to \infty)$, so daß die (4) entsprechende unendliche Reihe konvergiert und den Ausdruck links zur Summe hat.*)

12. Wir bringen nunmehr zwei Abschätzungen von R_n, die, im Gegensatz zu den oben besprochenen, Ableitungen der Ordnung $2n$ von $f(x)$ enthalten.

Existiert $f^{(2n)}(x)$ und ist $f^{(2n)}(x)$ monoton in $\langle p, q\rangle$, so gilt:

(23) $$|R_n| \le \frac{1}{2}\left(1 - \frac{1}{2^{2n}}\right)\frac{|B_{2n}|}{(2n)!}\,|f^{(2n)}(q) - f^{(2n)}(p)|.$$

---

*) Herr J. Korevaar hat mich nach Kenntnisnahme der obigen Resultate darauf aufmerksam gemacht, daß unter den (22) entsprechenden Bedingungen vom Malmsténschen Typus

$$(-1)^\nu f^{(2\nu)}(t) = 0 \qquad (\nu = n, n+1, \ldots)$$

die Funktion $f(t)$ nach einem Satz von V. D. Widder ([14] pp. 177—179) eine in der ganzen Ebene konvergierende Taylorentwicklung besitzt, die eine ganze Funktion höchstens vom Normaltypus der Ordnung 1 darstellt. Unter Benutzung dieses Satzes und der Überlegungen, die zu seinem Beweise führen, läßt sich dann, wie Herr Korevaar feststellte, ein einfacher direkter Beweis für die Konvergenz der Euler — Maclaurinschen Reihe führen.

Läßt man nun die Voraussetzung der Monotonie von $f^{(2n)}(x)$ fallen und nimmt nur an, daß $f^{(2n)}(x)$ in $\langle p, q \rangle$ oder, noch allgemeiner, daß $S_{2n}(t)$ in $\langle 0, \frac{1}{2} \rangle$ beschränkt ist, so gilt:

$$(24) \qquad |R_n| \leqq \frac{1}{4} \left(1 - \frac{1}{2^{2n}}\right) \frac{|B_{2n}|}{(2n)!} \operatorname*{Osz}_{\langle 0, \frac{1}{2} \rangle} S_{2n}(t).$$

13. Während die Beweise der oben angegebenen Abschätzungen auf der Anwendung des ersten Mittelwertsatzes beruhen, wird zum Beweis von (23) und (24) eine Integralabschätzung benützt, die auf dem folgenden Satz von G. Grüss (1935) [1] beruht:

Gilt $\int\limits_0^1 F(x)\,dx = 0$, $\operatorname*{Osz}_{\langle 0, 1 \rangle} F(x) = \Omega$, $\operatorname*{Osz}_{\langle 0, 1 \rangle} f(x) = \omega$, *so gilt die Abschätzung:*

$$(25) \qquad \left| \int\limits_0^1 F(x) f(x)\,dx \right| \leqq \frac{\Omega \omega}{4}.$$

Setzen wir z.B. $f(x) = x^{-2}$ und nehmen $p > 0$, $q = \infty$, so gilt $f^{(\nu)}(x) = (-1)^\nu (\nu + 1)! \, x^{-\nu - 2}$ und die Jacobische Bedingung ist erfüllt. Da in diesem Falle $G_n = B_{2n} p^{-2n-1}$ ist, liefert das Jacobische Resultat, wenn nur Ableitungen bis zur $2n$-ten benutzt werden,

$$R_n = -\theta B_{2n} p^{-2n-1}, \quad 0 \leqq \theta \leqq 1,$$

während (23) ergibt

$$R_n = \theta^* \frac{n + \frac{1}{2}}{p} B_{2n} p^{-2n-1}, \quad |\theta^*| \leqq 1.$$

14. 1889 veröffentlichte N. M. Sonin anders geartete Abschätzungen von R_n, die auf der Benützung der Tschebyscheffschen Ungleichung zwischen Integralen von monotonen Funktionen beruht.

Das einfachste der Soninschen Ergebnisse besagt:

Ist, für ein $\varepsilon = \pm 1$, $\varepsilon S_{2n}(t)$ nicht negativ und monoton fallend in $\langle 0, \frac{1}{2} \rangle$, so gilt:

$$(26) \qquad R_n = \theta G_{n+1}, \quad 0 \leqq \theta \leqq 1.$$

Wird zu den obigen Annahmen noch die Annahme hinzugefügt, daß $f^{(2n+2)}(x)$ monoton fällt, so hat Sonin bewiesen, daß

$$(27) \qquad R_n = \frac{B_{2n}}{(2n)!} \left[f^{(2n+1)}\left(q + \frac{\theta}{2}\right) - f^{(2n+1)}\left(p + \frac{\theta}{2}\right) \right], \quad 0 \leqq \theta \leqq 1$$

gilt.

15. Allerdings werden hier Werte von $f^{(2n+1)}(x)$ *außerhalb* des Intervalles $\langle p, q \rangle$ herangezogen. Sonin erwähnt zwar ohne Beweis, daß in seiner Abschätzung

$q + \dfrac{\theta}{2}$ durch q ersetzt werden kann, doch ist diese Behauptung nicht richtig, wie an einem Beispiel gezeigt werden kann.

Auch die Bedingung der Monotonie von $S_{2n+2}(t)$ ist eine sehr komplizierte, da

$$S_{2n+2}(t) = D_{2n+2}(t) + D_{2n+2}(1-t),$$

und hier ist der eine Summand monoton wachsend, der andere aber fallend, wenn $f^{(2n+2)}(x)$ als monoton vorausgesetzt wird.

Wesentlich einfachere und elegantere Bedingungen erhält man jedoch, wenn man an Stelle der *Monotonie von* $S_{2n}(t)$ die *Konvexität von* $f^{(2n)}(x)$ voraussetzt. Dann läßt sich die Relation (27) von Sonin in verschiedenen Richtungen verallgemeinern.

LITERATUR

[1] G. Grüss, *Über das Maximum des absoluten Betrages von*

$$\frac{1}{b-a} \int_a^b f(x)\,g(x)\,dx - \frac{1}{(b-a)^2} \int_a^b f(x)\,dx \int_a^b g(x)\,dx.$$

Math. Z. **39** (1935), 215—226.

[2] K. Inkeri, *The real roots of Bernoulli polynomials.* Ann. Univ. Turkuensis (Turku) Ser. A **37** (1959), 20 pp.

[3] C. G. J. Jacobi, *De usu legitimo formulae summatoriae Maclaurinianae.* Crelles J. f. d. reine u. angew. Math. **12** (1834), 263—272. Unsere Zitate beziehen sich auf den Abdruck dieser Arbeit in C.G.J. Jacobis Gesammelten Werken, Bd. **6**, Berlin 1891, 64—75.

[4] D. H. Lehmer, *On the maxima and minima of Bernoulli polynomials.* Amer. Math. Monthly **47** (1940), 533—538.

[5] J. Lense, *Über die Nullstellen der Bernoullischen Polynome.* Monatsh. Math. **41** (1934), 188—190.

[6] C. J. Malmstén, *Sur la formule*

$$hu'_x = u_x - \frac{h}{2}\,\Delta u'_x + \frac{B_1 h^2}{1 \cdot 2}\,\Delta u''_x - \frac{B_2 h^4}{1 \cdot \ldots \cdot 4}\,\Delta u_x^{(3)} + \text{etc.}$$

Crelles J. f. d. reine u. angew. Math. **35** (1847), 55—82.

[7] N. E. Nörlund, *Mémorie sur les Polynômes de Bernoulli.* Acta Math. **43** (1920), 121—196.

[8] A. M. Ostrowski, *On the zeros of Bernoulli polynomials of even order.* Enseignement Math. **6** (1960), 27—47.

[9] A. M. Ostrowski, *On the remainder term of the Euler—Maclaurin formula.* Crelles J. f. d. reine u. angew. Math. (im Druck).

[10] A. M. Ostrowski, *Note on poisson's treatment of the Euler—Maclaurin formula.* Comm. Math. Helv. **44** (1969), 202—206.

[11] S. D. Poisson, *Sur le calcul numérique des intégrales définies.* Mémoires Acad. Paris **6** (1827), 571—602.

[12] M. N. Sonin, *Sur les termes complémentaires de la formule sommatoire d'Euler et de celle de Stirling.* Ann. Sci. Ecole Norm. Sup. **3** (1889), 257—262.

[13] J. F. Steffensen, *Interpolation.* Chelsea, New York 1950.

[14] D. V. Widder, *The Laplace transform.* Princeton University Press 1946.

On the remainder term of the Euler-Maclaurin Formula

I. Introduction

1. The starting point of this paper was the observation that in the Euler-Maclaurin Formula

$$(\text{I, 1}) \qquad \sum_{\mu=p}^{q}{}' f(\mu) = \int_{p}^{q} f(t)\,dt + \sum_{\nu=1}^{n} \frac{B_{2\nu}}{(2\nu)!}\left(f^{(2\nu-1)}(q) - f^{(2\nu-1)}(p)\right) + R_n \quad (n \geq 1),$$

$$(\text{I, 2}) \qquad R_n = \frac{-1}{(2n)!} \int_{0}^{1} B_{2n}(t) \sum_{\nu=p}^{q-1} f^{(2n)}(\nu + t)\,dt,$$

there exists the estimate

$$(\text{I, 3}) \qquad |\,R_n(p, q)\,| \leq \frac{1}{2}\left(1 - \frac{1}{2^{2n}}\right) \frac{|\,B_{2n}\,|}{(2n)!}\,|\,f^{(2n)}(q) - f^{(2n)}(p)\,|\ (f^{(2n)}(x)\ \text{monotonic}),$$

valid whenever $f^{(2n)}(x)$ is continuous and monotonic in the interval $\langle p, q\rangle$. (It is contained in the formula (VI, 5) of this paper.) Since this formula presents in some cases considerable advantages as compared with the classical estimates for R_n (see the example in sec. 37) and appeared, on the other hand, to be unknown, I had to check the relevant literature. The formula (I, 3) appears indeed to be new. Further, checking the literature on R_n, I found that many classical results could be still more or less considerably improved. One of the drawbacks of the classical estimates of R_n is that they often use too high order of differentiability, which goes up to C^{2n+2} and even to C^{2n+4}. The use of the *convexity* concept allows, in particular, to streamline and generalize these discussions.

2. Checking the literature about R_n turned out to be rather cumbersome, as not one couple of authors used the same notations, so that the whole material had to be worked through almost in all details. Further, the references, beginning with Jacobi [5], turned out to be rather inadequate and contradictory.

I will give, after having introduced in the section II the standard notations and some general formulas to be used in the following, in the section III an account of the essential results found in the literature. In the section IV, I collect some lemmas to be

[1] This investigation was carried out under the contract DAJA 37-67-C-0628 of the Institute of Mathematics, University of Basel, with the US Department of the Army.

used later. In the sections V—VII, I discuss different estimates of R_n, according to the differentiability order of f, beginning in the section V with the differentiability order $2n - 1$ and discussing in the sections VI and VII the differentiability orders $2n$ and $2n + 1$ [2]).

II. Notations and Definitions

3. We will discuss different papers about our subject, using one set of standard notations. In many papers, the step is taken as an arbitrary positive number h, while it is sufficient to consider the case $h = 1$. The limits of summation can therefore be assumed as integers $p, q, p < q$. The Bernoulli number $B_1 = -\dfrac{1}{2}$ is used by different authors in different ways. Its use can be obviously avoided, if the formula is written in the form (I, 1), where $\overset{q}{\underset{\mu=p}{\Sigma}}'$ signifies that both terms $f(p)$ and $f(q)$ have to be multiplied by $\dfrac{1}{2}$. In some papers the formula is written not in terms of the function $f(x)$, but in terms of its integral $\overset{x}{\int} f(x)\,dx$. In some cases, the authors consider only one step of the formula, that is $q = p + 1$. Further, the notations of Bernoulli numbers differ from one author to another. Finally, some of the authors use the symbol R_n for what in our standard notation would be denoted by R_{n-1}.

In discussing different papers we will always rewrite the results, corresponding to our notations.

We use for Bernoulli numbers and polynomials the notation which can be considered today as standard. The Bernoulli numbers B_ν are defined by the symbolic iteration formula

$$(B + 1)^\nu - B^\nu = 0 \ (\nu = 1, 2, \ldots), \ B_0 = 1,$$

where in the binomial development each B^k is to be replaced with B_k. The Bernoulli polynomials $B_\nu(x)$ are defined, using the same convention, by

$$B_\nu(x) = (x + B)^\nu \ (\nu = 1, 2, \ldots), \ B_0(x) \equiv 1.$$

4. We collect in this section different classical properties of Bernoullian numbers and polynomials, which are proved e. g. in Milne-Thompson [9], Nörlund [10], and Ostrowski [11].

(a) $(-1)^\nu B_{2\nu} < 0 \ (\nu = 1, 2, \ldots)$,

(b) $B_{2\nu+1}(0) = B_{2\nu+1}(1) = B_{2\nu+1}\left(\dfrac{1}{2}\right) = B_{2\nu+1} = 0 \ (\nu = 1, 2, \ldots)$,

(c) $\dfrac{B_{2\nu+1}(t)}{B_{2\nu}} > 0 \ (0 < t < \dfrac{1}{2} \ ; \nu = 1, 2, \ldots)$,

(d) $B_{2\nu}(0) = B_{2\nu}(1) = B_{2\nu} \ (\nu = 0, 1, 2, \ldots)$,

(e) $B_{2\nu}\left(\dfrac{1}{2}\right) = -\left(1 - \dfrac{2}{2^{2\nu}}\right) B_{2\nu} \ (\nu = 0, 1, 2, \ldots)$,

(f) $B_\nu(1 - t) = (-1)^\nu B_\nu(t) \ (\nu = 0, 1, 2, \ldots)$,

(g) $B_\nu'(t) = \nu B_{\nu-1}(t) \ (\nu = 0, 1, 2, \ldots)$.

---

[2]) We treat here only functions of a *real variable*. In the case of an analitic function of a complex variable, there exist representations of the remainder term by integrals in the complex domain. The reader will find accounts of such representations in the book of Lindelöf [7] and in the paper by Barnes [1].

The expression $\dfrac{B_{2\nu}(t) - B_{2\nu}}{B_{2\nu}}$ is monotonically decreasing in $\left\langle 0, \dfrac{1}{2} \right\rangle$ for $\nu \geqq 0$ and we have therefore in particular:

(h) $\underset{\langle 0,1/2\rangle}{\mathrm{Max}} \dfrac{B_{2\nu}(t) - B_{2\nu}}{B_{2\nu}} = 0 \quad (\nu = 0, 1, 2, \ldots),$

(i) $\underset{\langle 0, 1/2\rangle}{\mathrm{Min}} \dfrac{B_{2\nu}(t) - B_{2\nu}}{B_{2\nu}} = -2\left(1 - \dfrac{1}{2^{2\nu}}\right) \quad (\nu = 0, 1, 2, \ldots).$

5. We introduce first some further notations. We write for the general terms of the right hand sum in (I, 1)

$$(\mathrm{II}, 1) \qquad G_\nu = \frac{B_{2\nu}}{(2\nu)!} \left(f^{(2\nu-1)}(q) - f^{(2\nu-1)}(p) \right) = \frac{B_{2\nu}}{(2\nu)!} \int_p^q f^{(2\nu)}(t)\, dt.$$

We put further

$$(\mathrm{II}, 2) \qquad D_\mu(t) = \sum_{\nu=p}^{q-1} f^{(\mu)}(\nu + t),$$

$$(\mathrm{II}, 3) \qquad S_\mu(t) = D_\mu(t) + (-1)^\mu D_\mu(1 - t).$$

The formula (I, 2) can then be written as

$$(\mathrm{II}, 4) \qquad R_n = \frac{-1}{(2n)!} \int_0^1 B_{2n}(t)\, D_{2n}(t)\, dt,$$

and, using (II, 3), in the form

$$(\mathrm{II}, 5) \qquad R_n = \frac{-1}{(2n)!} \int_0^{\frac{1}{2}} B_{2n}(t)\, S_{2n}(t)\, dt.$$

(II, 5) can be brought by partial integration, if $f^{(2n+1)}$ is continuous, into the forms

$$(\mathrm{II}, 6) \qquad R_n = \frac{1}{(2n+1)!} \int_0^1 B_{2n+1}(t)\, D_{2n+1}(t)\, dt,$$

$$(\mathrm{II}, 7) \qquad R_n = \frac{1}{(2n+1)!} \int_0^{\frac{1}{2}} B_{2n+1}(t)\, S_{2n+1}(t)\, dt.$$

If $f^{(2n+2)}$ is continuous, we have again by partial integration

$$(\mathrm{II}, 8) \qquad R_n = \frac{-1}{(2n+2)!} \int_0^1 (B_{2n+2}(t) - B_{2n+2})\, D_{2n+2}(t)\, dt,$$

$$(\mathrm{II}, 9) \qquad R_n = \frac{-1}{(2n+2)!} \int_0^{\frac{1}{2}} (B_{2n+2}(t) - B_{2n+2})\, S_{2n+2}(t)\, dt,$$

and, by (I, 1) and (II, 1),

$$(\mathrm{II}, 10) \qquad R_n = G_{n+1} + R_{n+1} \quad (n \geqq 1).$$

Further, if we denote generally by $\overline{B_\nu}(x)$ the function with the period 1, which is $= B_\nu(x)$ in the interval $\langle 0, 1\rangle$, the formula (I, 2) can be written as

$$(\text{II, 11}) \qquad R_n(p, q) = \frac{-1}{(2n)!} \int_p^q \overline{B_{2n}}(t) f^{(2n)}(t)\, dt.$$

Finally, we have from (II, 3), as $S_{2\nu-1}\left(\frac{1}{2}\right) = 0$,

$$(\text{II, 12}) \qquad f^{(2\nu-1)}(q) - f^{(2\nu-1)}(p) = -S_{2\nu-1}(0) = \int_0^{\frac{1}{2}} S_{2\nu}(t)\, dt.$$

6. We will, in what follows, speak of not-decreasing functions as *increasing* and of not-increasing functions as *decreasing*.

We will denote the *total variation* of a function $f(x)$ in the interval $\langle a, b\rangle$ by the symbol $\underset{\langle a, b\rangle}{TV}(f)$.

If a function $f(x)$ is in a certain interval increasing or decreasing, we will say that it has resp. the *monotony type* $+1$ or -1. For a $\delta = \pm 1$, if we pass from $f(x)$ to $\delta f(x)$, the monotony type of $f(x)$ is multiplied by δ. To state in the formulas the condition that $f(x)$ has in a certain interval the monotony type $+1$ or the monotony type -1 or is monotonic without specification of the monotony type, we will use resp. the symbols

$$(f\uparrow), \quad (f\downarrow), \quad (f\uparrow\downarrow).$$

If a function $f(x)$ is ≥ 0 in an interval, without vanishing everywhere in this interval, we will say that sgn $f(x) = 1$ in this interval. If sgn $(-f(x)) = 1$ in an interval, we will say that sgn $f(x) = -1$ in that interval.

III. Survey of the litterature from Poisson to Schlömilch

7. The formula (I, 1) with the remainder in the form (II, 11) has been first discovered and published by Poisson in 1827 [13][3]). Poisson obtained $\overline{B_{2n}}(t)$ as a trigonometric development, but did not apparently notice the polynomial character of $B_{2n}(t)$. He obtained from this formula the estimate

$$(\text{III, 1}) \qquad |\,R_n(p, q) \leq (q - p)\, \frac{|\,B_{2n}\,|}{(2n)!}\, \underset{\langle p, q\rangle}{\text{Max}}\, |\,f^{(2n)}(t)\,|$$

(cf. our sec. 29).

Poisson obtains further from the formula (II, 11) by partial integration the formula

$$(\text{III, 2}) \qquad R_n = \frac{1}{(2n+1)!} \int_p^q \overline{B_{2n+1}}(t) f^{(2n+1)}(t)\, dt$$

and, using (III, 2),

$$(\text{III, 3}) \qquad |\,R_n\,| \leq (q - p) \cdot A_n' \cdot \underset{\langle p, q\rangle}{\text{Max}}\, |\,f^{(2n+1)}(t)\,|,$$

---

[3]) As a matter of fact, he derived it explicitly for *even* values of $q - p$, which is, however, not essential, if his method is used. To (I, 1) corresponds Poisson's formula (6) on p. 583 of his paper and to (II, 11) and (III, 2) his formulas (7) and (8).

where A'_n is given by

$$(\text{III}, 4) \qquad A'_n = \frac{2}{(2\pi)^{2n+1}} \sum_{\nu=1}^{\infty} \frac{1}{\nu^{2n+1}} \;{}^{4}).$$

(For an improvement of (III, 3) see Ostrowski [12].)

8. The second publication treating the remainder term R_n is Jacobi's paper "De usu legitimo formulae summatoriae Maclaurinianae", 1834, ([5]). Jacobi derives the formula (I, 1) with the expression (II, 8) of R_n and derives from this expression combined with the formula (II, 10) the two theorems[5]:

A. *If $f^{(2n+2)}$ exists and is continuous in $\langle p, q \rangle$ and if there exists a sign $\varepsilon = \pm 1$ such that*

$$(\text{III}, 5) \qquad \varepsilon D_{2n+2}(t) \geq 0 \quad (0 \leq t \leq 1),$$

then

$$(\text{III}, 6) \qquad \operatorname{sgn} R_n = (-1)^n \varepsilon = \operatorname{sgn} G_{n+1}.$$

(This is contained in our result (VII, 6).)

B. *If $f^{(2n+2)}$ exists and is continuous in $\langle p, q \rangle$ and if there exists a sign $\varepsilon = \pm 1$ such that*

$$(\text{III}, 7) \qquad \varepsilon D_{2n}(t) \geq 0, \quad \varepsilon D_{2n+2}(t) \geq 0 \quad (0 \leq t \leq 1),$$

then we have

$$(\text{III}, 8) \qquad R_n = -\theta G_n, \quad 0 \leq \theta \leq 1.$$

(This is contained in our result (VI, 8).)

Methodically, Jacobi's paper represents a very considerable advance in the whole discussion. Jacobi recognizes the polynomial nature of $B_\nu(t)$. He introduces the functions (II, 2) and for an even index the functions (II, 3). He realizes the symmetry of $B_{2\nu}(t)$ with respect to the point $t = \dfrac{1}{2}$ and obtains the formula (II, 9), without, however, using the functions $S_\mu(t)$ in his formulations.

9. The manner, in which Jacobi in his paper refers to the preceding paper by Poisson has been considered by Kronecker as grossly unfair. Kronecker says in ([6], pp. 153—154): „Mit Unrecht hat Jacobi geringschätzig von der Poisson'schen Abhandlung gesprochen, als er sie … in wenigen Zeilen erwähnte und von ihr sagte, die Frage sei dort in ganz anderer Weise behandelt. … Wahrscheinlich hatte Jacobi ohne Kenntnis der Poisson'schen Arbeit die Jahrhunderte alte Frage selbständig und gründlich gelöst und erfuhr erst während des Druckes seiner Arbeit durch Crelle von jenem Aufsatz …." As a matter of fact, it is, in the first line, the title of Jacobi's paper, which could be

---

[4]) Cf. p. 584 of Poisson's paper. To translate Poisson's formulas into our notation, his ω and m have to be replaced respectively with 1 and n, and his A_n with $\dfrac{|B_{2n}|}{(2n)!}$.

[5]) The theorems formulated as A and B are equivalent to the theorems given on pp. 72, 73 in Jacobi's paper. To translate Jacobi's formulas into our standard notation, we must replace in Jacobi's paper a, x, h, m resp. with p, q, l, n and T_n with $\dfrac{1}{(2n+2)!}\,(B_{2n+2}(t) - B_{2n+2})$. The expression (II, 8) of R_n corresponds to the formula (25) in Jacobi's paper. — The argument used by Jacobi to prove his theorem B has been rediscovered by J. F. Steffensen and repeatedly used, under the name of "Error-Test", in his book [16].

considered as unfair to Poisson. For such a title suggests that Jacobi's treatment is *the first really rigorous* treatment [6]).

10. The third publication about our problem is that by Malmstén 1847 [8] [7]). Malmstén treats the Euler-Maclaurin-Formula in terms of $u(x) = \int^{x} f(t)\,dt$ and considers usually only one summation term, so that his formulas correspond to ours for $p = 0$, $q = 1$. He considers explicitely the obviously positive step h which has to be replaced with 1, going over to our standard notations. He denotes $|B_{2n}|$ with the symbol B_n, while his m usually has to be replaced with $n + 1$, in order to make his R equal to our R_n [8]). If we further replace Malmstén's function $\varphi(z)$ with $\dfrac{B_{2n+2}(z) - B_{2n+2}}{(2n + 2)!}$, Malmstén's starting formula (41) on p. 68 of his paper becomes our formula (II, 8).

Malmstén obtains first from Poisson's formula corresponding to our formula (I, 2) the two estimates which can be formulated in the following way:

If $f^{(2n)}$ exists and does not change its sign in $\langle p, q \rangle$, then we have

$$(\text{III, 9}) \qquad |R_n| \leqq \frac{|B_{2n}|}{(2n)!} \, |f^{(2c-1)}(q) - f^{(2n-1)}(p)| = |G_n|,$$

$$(\text{III, 10}) \qquad |R_n| \leqq 2\, \frac{|B_{2n}|}{(2n)!} \, \underset{\langle p,q \rangle}{\text{Max}} \, |f^{(2n-1)}(x)|.$$

These formulas correspond to Malmstén's formulas (5) and (6) [9]).

11. From the formula (II, 8), Malmstén derives his formula (47):

$$(\text{III, 11}) \qquad R_n = \frac{B_{2n+2}}{(2n + 2)!} \, D_{2n+2}(\theta), \; 0 \leqq \theta \leqq 1,$$

and from this further

$$(\text{III, 12}) \qquad |R_n| \leqq (q - p) \cdot \frac{|B_{2n+2}|}{(2n + 2)!} \, \underset{\langle p,q \rangle}{\text{Max}} \, |f^{(2n+2)}(x)|.$$

Malmstén makes further the assumption which corresponds in our notation to assuming that $f^{(2n+2)}$ exists and does not change its sign in $\langle p, q \rangle$, and obtains under

---

[6]) The situation appears, however, in a different light, if considered in the adequate historical perspective. Poisson uses a convergent Fourier development. It was 1827 clear that Fourier's convergence proof was unsufficient, although it was not usually stated. Even Dirichlet in his famous paper, 1829, uses an obviously very carefully thought out diplomatic formulation (Fourier died 1830). Poisson does not even mention Fourier's name and tries to give a proof for the (false) theorem, that the Fourier series of a continuous function is always convergent. But what he really (and very well) proves is, in modern terminology, the Poisson summability of the Fourier series of a continuous function.

It can be assumed that the real situation was very clear to Jacobi in 1834. Insofar it is very possible that Jacobi wanted to avoid the critical discussion of Poisson's paper and considered the manner in which he mentionned Poisson's work as a particularly friendly gesture!

[7]) There exists a paper by Ostrogradski (Berichte Akademie Petersburg) on our problem, which appeared 1839, obviously without knowledge of Jacobi's paper. It contains a part of Jacobi's results. However, Ostrogradski develops there also corresponding results for another formula related to that by Euler-Maclaurin.

[8]) Malmstén considers also the summation formula in terms of $f(x)$ on pp. 57 and 69—74 of his paper, where the notations have to be again changed correspondingly. Altogether, the complication of notations and the unusually great number of printing errors makes the study of Malmsténs paper rather cumbersome.

[9]) As a matter of fact, in Malmstén's paper these formulas are so completely deformed by obvious printing errors and less obvious writing errors and omissions, that they had to be reconstructed anew.

this assumption the formula which he denotes by (51) and which corresponds to

$$\text{(III, 13)} \qquad R_n = \theta\left(2 - \frac{1}{2^{2n+1}}\right) G_{n+1}, \ 0 \leq \theta \leq 1.$$

(This is contained in our result (VII, 5).)

Combining this formula with (II, 10) he obtains further (commenting his formula (57))

$$\text{(III, 14)} \qquad | R_{n+1} | \leq | G_{n+1} |.$$

More precisely, it follows from his discussion that

$$\text{(III, 15)} \qquad R_{n+1} = \theta^* G_{n+1}, \ 1 - \frac{1}{2^{2n+1}} \geq \theta^* \geq -1.$$

(This is contained in our result (V, 2).)

12. Malmstén's derivation of the above formula (III, 13) uses the properties of $B_{2n+2}(t)$ better out than was done in Jacobi's preceding paper, and the result (III, 13) is obviously an important improvement of Jacobi's corresponding formula (III, 6).

Finally, Malmstén derives Jacobi's final results anew and considers also the case not discussed at all by Jacobi that the derivatives $f^{(2n)}(x)$ and $f^{(2n+2)}(x)$ exist and do not change there signs in the interal $\langle p, q \rangle$, while their product remains ≤ 0 in this interval. In this case, Malmstén obtains his formulas (51) and (61), which can be written as

$$\text{(III, 16)} \qquad \operatorname{sgn} G_n = \operatorname{sgn} R_n = \operatorname{sgn} R_{n-1},$$

$$\text{(III, 17)} \qquad \operatorname{sgn} G_{n+1} = \operatorname{sgn} R_n,$$

$$\text{(III, 18)} \qquad R_n = \Theta\left(1 - \frac{2}{2^{2n}}\right) G_n, \ 0 \leq \Theta \leq 1.$$

This is contained in our formulas (VI, 9), (VII, 6) and (VI, 10). However, Malmstén completely overlooked the implications of these formulas (see sec. 35—36).

13. Malmstén's references to his two predecessors Poisson and Jacobi show a very distinct tendency not only to underline, but also to exaggerate Poisson's achievements. Thus, in the introduction to Malmstén's paper, the reader who does not check with Poisson's paper, has the distinct impression, that Malmsténs formulas (5) and (6) (our formulas (III, 9) and (III, 10)) are due to Poisson. Immediately after that, discussing Jacobi's result, Malmstén expresses himself in such a way, that the reader assumes, that the monotony conditions for $f^{(2n)}$ and $f^{(2n+2)}$ are due to Poisson, while Jacobi's conditions use D_{2m} and D_{2m+2}. He says at the end of this paragraph that Jacobi's condition can be satisfied, "sans que la condition de M. Poisson soit satisfaite".

On p. 72, at the end of his section 10, Malmstén speaks about Jacobi's result that under Jacobi's condition "the value of the remainder is less than that of the last term" and finishes: "ce qui est précisément la proposition de M. Poisson." All these references are as a matter of fact completely false. Poisson has not considered any monotony conditions at all.

As to the references to Jacobi's paper, Malmstén says on p. 59 that Jacobi did not recognize the symmetry of $B_{2\nu}(x)$ with respect to the point $\frac{1}{2}$. This is false; this property is equivalent to the formula (22) in Jacobi's paper and it is even used by Jacobi in deriving his formula (25) (our formula (II, 9)).

14. The next paper to be discussed is that by Schlömilch, 1856, [14]. If in Schlömilch's formulas $F(x)$ is replaced with $\int^{x} f(x)\,dx$, h with 1, n with $n+1$, x with 0 and A_ν with $\dfrac{B_\nu}{\nu!}$, $B_{2\nu-1}$ with $|B_{2\nu}|$ and $U_{2n}(t)$ with $\dfrac{1}{(2n)!}[B_{2n}(t) - B_{2n}]$, his formulas (27) and (30) correspond to our formula (II, 8) and Malmstén's result (III, 11). Further, Schlömilch is the first to use the formula (II, 6), although only for a single term development. His result corresponds to the following formula, in which p is assumed $= 0$ and $q = 1$:

$$(\text{III, 19}) \qquad R_n = \frac{B_{2n+2}}{(2n+2)!}\left(2 - \frac{1}{2^{2n+1}}\right)\left(f^{(2n+1)}\left(1 - \frac{\theta}{2}\right) - f^{(2n+1)}\left(\frac{\theta}{2}\right)\right).$$

Assuming $f^{(2n+1)}$ monotonic in $\langle 0, 1\rangle$, he obtains Malmstén's formula (III, 13). This is, however, in so far better than Malmstén's result, as Schlömilch's assumption of the monotony of $f^{(2n+1)}$ is more general than Malmstén's assumption that $f^{(2n+2)}$ does not change its sign. On the other hand, Schlömilch makes only a half-hearted attempt to generalize his result to the case of the complete summation formula; here, he essentially only derives Jacobi's final theorem.

Finally, there exists a paper on our subject by Sonin [15]. Since, however, Sonin's results have only a loose connection with the results discussed above, we propose to discuss them in a separate publication.

IV. Lemmas

15. We collect in this section some observations and lemmas which we will use later on. We have immediately from the definition (II, 2) and (II, 3):

(IV, 1) $D'_\nu(t) = D_{\nu+1}(t)$, $S'_\nu(t) = S_{\nu+1}(t)$ $(0 \leqq t \leqq 1)$,

(IV, 2) $S_{2\nu}(0) = D_{2\nu}(0) + D_{2\nu}(1)$, $S_\nu(1-t) = (-1)^\nu S_\nu(t)$ $(0 \leqq t \leqq 1)$.

Assume that there exists an $\varepsilon = \pm 1$ so that $\varepsilon f^{(\nu)}(t) \geqq 0$ for $p \leqq t \leqq q$. Then it is clear that we have also $\varepsilon D_\nu(t) \geqq 0 \,(0 \leqq t \leqq 1)$. If we assume that $\varepsilon D_\nu(t) \geqq 0$ $(0 \leqq t \leqq 1)$, then, if ν is even, $= 2\mu$, $\varepsilon S_{2\mu}(t) \geqq 0 \,(0 \leqq t \leqq 1)$.

If $\varepsilon f^{(\nu)}(t)$ monotonically increases in $\langle 0, 1\rangle$, then the same is true for $\varepsilon D_\nu(t)$.

If we assume that $\varepsilon D_\nu(t)$ monotonically increases in $\langle 0, 1\rangle$, then, *if ν is odd*, $= 2\mu - 1$, $S_{2\mu-1}(t)$ is monotonically increasing in $\left\langle 0, \dfrac{1}{2}\right\rangle$, since $-\varepsilon D_{2\mu-1}(1-t)$ is also monotonically increasing.

16. In our discussion we will make use of the hypothesis that $S_{2n}(t)$ is *convex* in $\langle 0, 1\rangle$. $S_{2n}(t)$ is certainly convex in $\langle 0, 1\rangle$ if $D_{2n}(t)$ is there convex and this is certainly true if $f^{(2n)}(t)$ is convex in $\langle p, q\rangle$. Similarly, we will use the hypothesis that $S_{2n+1}(t)$ is *convex* in $\left\langle 0, \dfrac{1}{2}\right\rangle$.

If $S_{2n}(t)$ is continuous and convex in $\langle 0,1\rangle$, then it is monotonically decreasing in $\left\langle 0, \dfrac{1}{2}\right\rangle$.

Indeed, using the symmetry of $S_{2n}(t)$ with respect to $\dfrac{1}{2}$ we have from the convexity relation

$$S_{2n}\left(\frac{1}{2}\right) \leqq \frac{1}{2}\left[S_{2n}\left(\frac{1}{2} - t\right) + S_{2n}\left(\frac{1}{2} + t\right)\right] = S_{2n}\left(\frac{1}{2} - t\right) \quad \left(0 \leqq t \leqq \frac{1}{2}\right).$$

But then, for any two points t_1, t_2 such that $0 \leqq t_1 < t_2 \leqq \frac{1}{2}$, we have from the convexity relation

$$S_{2n}(t_2) \leqq \left[\left(\frac{1}{2} - t_2 \right) S_{2n}(t_1) + (t_2 - t_1) S_{2n} \left(\frac{1}{2} \right) \right] \Big/ \left(\frac{1}{2} - t_1 \right) \leqq S_{2n}(t_1).$$

17. The formula (II, 5) can be written with a Stieltjes integral as

$$\text{(IV, 4)} \qquad R_n = \frac{-1}{(2n)!} \int_{t=0}^{\frac{1}{2}} B_{2n}(t) \, dS_{2n-1}(t).$$

It is therefore only reasonable to expect that this formula is true even without the assumption that $f^{(2n)}(x)$ exists in $\langle p, q \rangle$. Indeed, we are going to prove:

Lemma 1. *If $f^{(2n-1)}(x)$ exists in $\langle p, q \rangle$ and if $S_{2n-1}(t)$ is continuous in $\langle 0, 1 \rangle$, then we have in the formula (I, 1) for R_n the representation (IV, 4).*

18. *Proof.* The integral in (IV, 4) exists in any case, since $B_{2n}(t)$ is of bounded variation. Denoting this integral by R^*, we have by partial integration

$$\text{(IV, 5)} \qquad R^* = \frac{-1}{(2n)!} \left[B_{2n}(t) S_{2n-1}(t) \Big|_0^{\frac{1}{2}} - 2n \int_0^{\frac{1}{3}} B_{2n-1}(t) S_{2n-1}(t) \, dt \right].$$

Assuming first $n > 1$, we obtain, applying again integration by parts,

$$R^* = \frac{-1}{(2n)!} \left[B_{2n}(t) S_{2n-1}(t) \Big|_0^{\frac{1}{2}} - 2n \, B_{2n-1}(t) S_{2n-2}(t) \Big|_0^{\frac{1}{2}} \right] - \frac{1}{(2n-2)!} \int_0^{\frac{1}{2}} B_{2n-2}(t) S_{2n-2}(t) \, dt,$$

and therefore, by (II, 12), since $B_{2n-1}(0) = B_{2n-1}\left(\frac{1}{2} \right) = 0$, $B_{2n}(0) = B_{2n}$, $S_{2n-1}\left(\frac{1}{2} \right) = 0$:

$$R^* = \frac{-B_{2n}}{(2n)!} \left(f^{(2n-1)}(q) - f^{(2n-1)}(p) \right) - \frac{1}{(2n-2)!} \int_0^{\frac{1}{2}} B_{2n-2}(t) S_{2n-2}(t) \, dt.$$

The right hand expression is, however, by (II, 5), in our notations $= R_{n-1} - G_n$. Using now for R_{n-1} the formula (I, 1) written for $n-1$, we obtain the formula (I, 1) for n with R^* instead of R_n.

To deal now with *the case $n = 1$*, observe that (IV, 5) becomes in this case

$$R^* = -\frac{1}{12} \left(f'(q) - f'(p) \right) + \int_0^{\frac{1}{2}} B_1(t) S_1(t) \, dt.$$

Here we obtain by partial integration, using $B_1(t) = t - \frac{1}{2}$ and introducing $S_0(t)$, the formula (I, 1) for $n = 1$ with R^* instead of R_1. Lemma 1 is proved.

19. Lemma 2. *Let $\varphi(t)$ be monotonically decreasing and convex in $0 \leqq t \leqq \frac{1}{2}$. Then we have, for $n \geqq 1$,*

$$\text{(IV, 6)} \qquad \int_0^{\frac{1}{2}} \frac{B_{2n}(t)}{B_{2n}} \varphi(t) \, dt \geqq 0.$$

Proof. By the general properties of convex functions (see [3] p. 91) $\varphi(t)$ is continuous in the open interval $\left(0, \frac{1}{2}\right)$ and has there the right hand derivative, $\varphi'_+(t)$, which is monotonically increasing in $\left(0, \frac{1}{2}\right)$ and coincides with $\varphi'(t)$ save in an enumerable set. Further, in our case $\varphi'_+(t) \leq 0 \left(0 < t < \frac{1}{2}\right)$.

20. *We assume first that, for a constant C,*

$$\text{(IV, 7)} \qquad \varphi'_+(t) \geq C \qquad \left(0 < t < \frac{1}{2}\right).$$

Then $\varphi(t)$ is absolutely continuous in $\left(0, \frac{1}{2}\right)$ and we can apply the partial integration formula and obtain (see for instance [4], p. 616)

$$\text{(IV, 8)} \qquad \int_0^{\frac{1}{2}} \frac{B_{2n}(t)}{B_{2n}} \varphi(t)\, dt = \frac{-1}{2n+1} \int_0^{\frac{1}{2}} \frac{B_{2n+1}(t)}{B_{2n}} \varphi'_+(t)\, dt.$$

Put now

$$\psi(t) = \begin{cases} C, & t = 0 \\ \varphi'_+(t), & 0 < t < \dfrac{1}{2} \\ 0, & t = \dfrac{1}{2}. \end{cases}$$

Then $\psi(t)$ is, by (IV, 7), increasing and we have further

$$\frac{-1}{2n+1} \int_0^{\frac{1}{2}} \frac{B_{2n+1}(t)}{B_{2n}} \varphi'_+(t)\, dt = \frac{-1}{2n+1} \int_0^{\frac{1}{2}} \frac{B_{2n+1}(t)}{B_{2n}} \psi(t)\, dt \,;$$

this is, by partial integration,

$$\frac{1}{(2n+1)(2n+2)} \frac{B_{2n+2}}{B_{2n}} \int_0^{\frac{1}{2}} \frac{B_{2n+2}(t) - B_{2n+2}}{B_{2n+2}}\, d\psi(t).$$

Here, however, we have $\dfrac{B_{2n+2}(t) - B_{2n+2}}{B_{2n+2}} \leq 0$, $\dfrac{B_{2n+2}}{B_{2n}} < 0$, and (IV, 6) follows, *under the assumption* (IV, 7).

21. We let drop the assumption (IV, 7). There exists a sufficiently small $\varepsilon > 0$ such that $\varphi'(\varepsilon)$ exists and that $\dfrac{B_{2n}(t)}{B_{2n}}$ remains positive in $\langle 0, \varepsilon \rangle$. Put then

$$\Phi(t) = \begin{cases} \varphi'(\varepsilon)(t - \varepsilon) + \varphi(\varepsilon), & 0 \leq t \leq \varepsilon \\ \varphi(t), & \varepsilon \leq t \leq \dfrac{1}{2}. \end{cases}$$

Then $\Phi(t)$ is still monotonically decreasing and convex in $\left\langle 0, \frac{1}{2} \right\rangle$, and we have therefore

$$\int_0^{\frac{1}{2}} \frac{B_{2n}(t)}{B_{2n}} \Phi(t)\, dt \geq 0.$$

On the other hand, for $0 < t < \varepsilon$, as $\varphi'_+(t)$ is increasing,

$$\varphi(t) = \int_\varepsilon^t \varphi'(t)\,dt + \varphi(\varepsilon) \geq \int_\varepsilon^t \varphi'(\varepsilon)\,dt + \varphi(\varepsilon) = \Phi(t).$$

Therefore

$$\int_0^{\frac{1}{2}} \frac{B_{2n}(t)}{B_{2n}}\,\varphi\,dt = \int_0^\varepsilon \frac{B_{2n}(t)}{B_{2n}}\,\varphi\,dt + \int_\varepsilon^{\frac{1}{2}} \frac{B_{2n}(t)}{B_{2n}}\,\Phi\,dt \geq \int_0^{\frac{1}{2}} \frac{B_{2n}(t)}{B_{2n}}\,\Phi\,dt \geq 0\,[10]).$$

22. Lemma 3. *If $f(x)$ is a derivative in the interval $a < x < b$, $f(x) = g'(x)$, and if $f(x)$ is of bounded variation in any closed subinterval of this interval, then $f(x)$ is continuous in (a, b).*

Since a function of bounded variation in an interval can only have jump discontinuities, assume that $f(x)$ has a jump discontinuity at x_0, $a < x_0 < b$. Without loss of generality, we can then assume that:

$$\alpha = f(x_0 - 0) < \beta = f(x_0 + 0).$$

Take then a γ with

$$\alpha < \gamma < \beta, \quad \gamma \neq f(x_0).$$

Then there exists a neighbourhood U of x_0, in which $f(x)$ does not assume the value γ, but assumes the values α_0, β_0 such that $\alpha_0 < \gamma < \beta_0$. This contradicts however Darboux's mean value theorem.

23. We give now a lemma which will be used in the proof of the formula (I, 3).

Lemma 4. *Assume $F(x)$ measurable and bounded in $a \leq x \leq b$ and such that*

(IV, 9)
$$\int_a^b F(x)\,dx = 0.$$

Let $f(x)$ be measurable and bounded in $\langle a, b \rangle$ and denote by Ω, ω resp. the oscillations of $F(x)$, $f(x)$ in $\langle a, b \rangle$. Then we have

$$\left| \frac{1}{b-a} \int_a^b F(x)\,f(x)\,dx \right| \leq \frac{\Omega\,\omega}{4}.$$

This Lemma is due to Grüss, 1934, [2], where the reader finds a simple proof.

24. Lemma 5. *We have*

(IV, 10)
$$\operatorname*{Max}_{0 \leq \theta \leq 1} \operatorname{Min}\left(1 - \frac{\theta}{2},\; \frac{\theta}{2 - \theta}\right) = \frac{\sqrt{5} - 1}{2} = .618\ldots.$$

Indeed, as θ grows from 0 to 1, $1 - \theta/2$ decreases from 1 to $\frac{1}{2}$ and $\frac{\theta}{2-\theta}$ increases from 0 to 1. It follows that $\operatorname{Min}\left(1 - \frac{\theta}{2},\; \frac{\theta}{2-\theta}\right)$ first increases from 0 up to the common

---

[10]) We could have used for the proof of Lemma 2 the following theorem due to V. I. Levine and given by him in the appendix 8 to the Russian translation of Hardy-Littlewood-Polya's book [3], Moscow 1948, pp. 364—366:

Let $p(x)$ be monotonically increasing in $\left\langle 0, \frac{1}{2} \right\rangle$ and defined in $\langle 0, 1 \rangle$ by $p(x) = p(1 - x)$; let $\varphi(x)$ be convex on $\langle 0, 1 \rangle$. Then we have

$$\int_0^1 p(x)\varphi(x)\,dx \leq \int_0^1 p(x)\,dx \int_0^1 \varphi(x)\,dx.$$

value of $1 - \dfrac{\theta}{2}$ and $\dfrac{\theta}{2 - \theta}$, and then decreases again. Our maximum corresponds therefore to $\theta = t$ with

$$1 - \frac{t}{2} = \frac{t}{2 - t}, \quad t^2 - 6t + 4 = 0, \quad 0 < t < 1, \quad t = 3 - \sqrt{5},$$

$$1 - \frac{t}{2} = \frac{\sqrt{5} - 1}{2} = .618\ldots.$$

V. The class C^{2n-1}

25. We assume in this section that f belongs in $\langle 0, 1 \rangle$ to the class C^{2n-1}. Then we can use (IV, 4). If we assume here that $S_{2n-1}(t)$ is *monotonic in* $\left\langle 0, \dfrac{1}{2} \right\rangle$, then, by the mean value theorem, for a θ, $0 \leq \theta \leq \dfrac{1}{2}$, and by (II, 12):

$$(V, 1) \quad R_n = - \frac{B_{2n}(\theta)}{(2n)!} \int_0^{\frac{1}{2}} dS_{2n-1}(t) = - \frac{B_{2n}(\theta)}{(2n)!} \left(f^{(2n-1)}(q) - f^{(2n-1)}(p) \right).$$

On the other hand, the function $- \dfrac{B_{2n}(t)}{B_{2n}}$ increases monotonically in the interval $\left\langle 0, \dfrac{1}{2} \right\rangle$ from -1 to $1 - \dfrac{1}{2^{2n-1}}$ and has there the oscillation $2\left(1 - \dfrac{1}{2^{2n}} \right)$. Using (II, 1) we obtain therefore from (V, 1):

$$(V, 2) \qquad R_n = \theta^* G_n, \quad 1 - \frac{1}{2^{2n-1}} \geq \theta^* \geq -1. \quad (S_{2n-1} \uparrow \downarrow),$$

and (V, 2) holds a fortiori if $D_{2n-1}(t)$ or $f^{(2n-1)}(t)$ are monotonic, the first in $(0, 1)$, the second in (p, q).

26. If we now assume that $S_{2n-1}(t)$ is of *bounded variation* in $\left(0, \dfrac{1}{2} \right)$, we have from (IV, 4) in notation of sec. 6

$$(V, 3) \qquad | R_n | \leq \frac{| B_{2n} |}{(2n)!} \mathop{TV}_{(0,\,\frac{1}{2})} (S_{2n-1}).$$

If we further assume that $D_{2n-1}(t)$ is of bounded variation in $(0, 1)$, we have, as $D_{2n-1}(t)$ is continuous at $\dfrac{1}{2}$,

$$(V, 4) \quad \mathop{TV}_{(0,\,\frac{1}{2})} (S_{2n-1}) \leq \mathop{TV}_{(0,\,\frac{1}{2})} (D_{2n-1}) + \mathop{TV}_{(\frac{1}{2},\,1)} (D_{2n-1}) = \mathop{TV}_{(0,\,1)} (D_{2n-1}),$$

$$| R_n | \leq \frac{| B_{2n} |}{(2n)!} \mathop{TV}_{(0,\,1)} (D_{2n-1}).$$

If we finally assume that $f^{(2n-1)}(t)$ is of bounded variation in (p, q), we have

$$(V, 5) \qquad \mathop{TV}_{(0,\,1)} (D_{2n-1}) \leq \sum_{\nu=p}^{q-1} \mathop{TV}_{(\nu,\,\nu+1)} (f^{(2n-1)}) = \mathop{TV}_{(p,\,q)} (f^{(2n-1)}),$$

$$| R_n | \leq \frac{| B_{2n} |}{(2n)!} \mathop{TV}_{(p,\,q)} (f^{(2n-1)}).$$

27. We will now derive some estimates for R_{n-1}, depending on the behaviour of $S_{2n-1}(t)$, which we will need later.

Observe first that, if $S_{2n-1}(t)$ does not change its sign in $\left\langle 0, \frac{1}{2} \right\rangle$, we can make a definite statement about the sign of R_{n-1}. Indeed, applying (II, 7) to $n-1$ instead of n, we have

$$R_{n-1} = \frac{B_{2n-2}}{(2n-1)!} \int_0^{\frac{1}{2}} \frac{B_{2n-1}(t)}{B_{2n-2}} S_{2n-1}(t)\,dt.$$

Here, however, $\dfrac{B_{2n-1}(t)}{B_{2n-2}}$ temains > 0 in $\left(0, \frac{1}{2}\right)$, so that, *if* $\varepsilon = \operatorname{sgn} S_{2n-1}(t)$ *in* $\left(0, \frac{1}{2}\right)$ *exists*, we have

(V, 6) $\qquad\qquad\qquad \operatorname{sgn} R_{n-1} = (-1)^n \varepsilon.$

28. Further, using (II, 7) and observing that $B_{2n-1}(t)$ does not change its sign in $\left\langle 0, \frac{1}{2} \right\rangle$, it follows, by the mean value theorem, for a θ with $0 < \theta < 1$:

$$R_{n-1} = \frac{S_{2n-1}\left(\frac{\theta}{2}\right)}{(2n-1)!} \int_0^{\frac{1}{2}} B_{2n-1}(t)\,dt = \frac{S_{2n-1}\left(\frac{\theta}{2}\right)}{(2n)!} B_{2n}(t)\Bigg|_0^{\frac{1}{2}},$$

(V, 7) $\qquad R_{n-1} = -\left(2 - \frac{2}{2^{2n}}\right)\frac{B_{2n}}{(2n)!} S_{2n-1}\left(\frac{\theta}{2}\right), \quad 0 < \theta < 1.$

Assume now that $S_{2n-1}(t)$ is *monotonic in* $\left\langle 0, \frac{1}{2} \right\rangle$ *with the monotony type* ε'. Since $S_{2n-1}\left(\frac{1}{2}\right) = 0$, it follows that in (V, 7) $\varepsilon' S_{2n-1}(0) \leqq \varepsilon' S_{2n-1}\left(\frac{\theta}{2}\right) \leqq 0$, and therefore, for a θ_1, $0 \leqq \theta_1 \leqq 1$,

$$S_{2n-1}\left(\frac{\theta}{2}\right) = \theta_1 S_{2n-1}(0) = -\theta_1\left(f^{(2n-1)}(q) - f^{(2n-1)}(p)\right).$$

Introducing this into (V, 7), we obtain

(V, 8) $\qquad\qquad R_{n-1} = \theta\left(2 - \frac{2}{2^{2n}}\right) G_n, \qquad\qquad 0 \leqq \theta \leqq 1 \quad (\varepsilon' S_{2n-1} \uparrow).$

It follows further from $\varepsilon' S_{2n-1}\left(\frac{\theta}{2}\right) \leqq 0$, by (V, 7), as follows also from (V, 6),

(V, 9) $\qquad\qquad \operatorname{sgn} R_{n-1} = (-1)^{n-1}\varepsilon' = \operatorname{sgn} G_n \qquad\qquad (\varepsilon' S_{2n-1} \uparrow).$

It follows now in particular that if $S_{2n}(t) = S'_{2n-1}(t)$ has a constant sign in $\langle 0, 1\rangle$, we have (V, 9). Applying this to n and $n+1$ we obtain Malmstén's formula (III, 16) if $S_{2n}(t)$ and $S_{2n+2}(t)$ have in $\langle 0, 1\rangle$ constant and contrary signs, and, in particular, under Malmstén's conditions.

VI. The class C^{2n}

29. We assume in this section that f belongs in $\langle 0, 1\rangle$ to the class C^{2n}. Here we make use of the formula (II, 5) and obtain by direct application of the mean value theorem, since $\mid B_{2n}(t) \mid \leqq \mid B_{2n} \mid$ in $\left\langle 0, \frac{1}{2} \right\rangle$:

(VI, 1) $\qquad\qquad\qquad |R_n| \leqq \frac{\mid B_{2n} \mid}{(2n)!} \int_0^{\frac{1}{2}} \mid S_{2n}(t) \mid\,dt.$

This formula is obviously equivalent to (V, 3) [11]) and contains Poisson's estimate (III, 1), since, by (II, 3)

$$\operatorname*{Max}_{\langle 0,\, \frac{1}{2}\rangle} |\, S_{2n}(t)\,| \leq 2 \operatorname*{Max}_{\langle 0,\, 1\rangle} |\, D_{2n}(t)\,| \leq 2(q-p) \operatorname*{Max}_{\langle p,\, q\rangle} |\, f^{(2n)}(t)\,|.$$

30. It is not without interest to obtain from (II, 5) an estimate of R_n under the *assumption that $S_{2n}(t)$ is of bounded variation in* $\left\langle 0, \frac{1}{2}\right\rangle$. Indeed, under this assumption, we obtain by partial integration of the Stieltjesintegral

$$R_n = \frac{-1}{(2n+1)!}\, B_{2n+1}(t)\, S_{2n}(t)\, \Big|_0^{\frac{1}{2}} + \frac{1}{(2n+1)!} \int_0^{\frac{1}{2}} B_{2n+1}(t)\, dS_{2n}(t),$$

or since $B_{2n+1}(0) = B_{2n+1}\left(\frac{1}{2}\right) = 0$,

$$(VI, 2) \qquad R_n = \frac{1}{(2n+1)!} \int_0^{\frac{1}{2}} B_{2n+1}(t)\, dS_{2n}(t)$$

and therefore

$$(VI, 3) \qquad |\, R_n\,| \leq \frac{1}{(2n+1)!} \operatorname*{Max}_{\langle 0,\, \frac{1}{2}\rangle} |\, B_{2n+1}(t)\,| \operatorname*{T\,V}_{(0,\, \frac{1}{2})} (S_{2n}).$$

On the other hand, if $S_{2n}(t)$ is assumed to be *monotonic* in $\left\langle 0, \frac{1}{2}\right\rangle$, the mean value theorem gives from (VI, 2)

$$(VI, 4) \qquad \begin{aligned} R_n &= \frac{B_{2n+1}\left(\frac{\theta}{2}\right)}{(2n+1)!} \int_0^{\frac{1}{2}} dS_{2n}(t), \\[2mm] R_n &= \frac{B_{2n+1}\left(\frac{\theta}{2}\right)}{(2n+1)!} \left(2 D_{2n}\left(\frac{1}{2}\right) - D_{2n}(0) - D_{2n}(1)\right), \quad 0 \leq \theta \leq 1. \end{aligned}$$

31. Further, in the integral (II, 5) we have $\int_0^{\frac{1}{2}} B_{2n}(t)\, dt = 0$, and the lemma 4 can be applied. We obtain from this lemma, assuming only $S_{2n}(t)$ (and $D_{2n}(t)$) to be continuous in $\left\langle 0, \frac{1}{2}\right\rangle$,

$$(VI, 5) \quad |\, R_n\,| \leq \frac{1}{4}\left(1 - \frac{1}{2^{2n}}\right) \frac{|\, B_{2n}\,|}{(2n)!} \operatorname*{OSC}_{\langle 0,\, \frac{1}{2}\rangle} S_{2n}(t) \leq \frac{1}{2}\left(1 - \frac{1}{2^{2n}}\right) \frac{|\, B_{2n}\,|}{(2n)!} \operatorname*{OSC}_{\langle 0,\, 1\rangle} D_{2n}(t).$$

If we assume here that $f^{(2n)}$ is *monotonic* in $\langle p, q\rangle$, then obviously

$$\operatorname*{OSC}_{\langle 0,\, 1\rangle} D_{2n}(t) = |\, f^{(2n)}(q) - f^{(2n)}(p)\,|,$$

---

[11]) This can be also applied if $f(t)$ does not belong to C^{2n}, but $S_{2n-1}(t)$ is absolutely continuous in $\left\langle 0, \frac{1}{2}\right\rangle$ as then still

$$S_{2n-1}(b) - S_{2n-1}(a) = \int_a^b S'_{2n-1}(t)\, dt \left(0 \leq a < b \leq \frac{1}{2}\right).$$

This is for instance the case, if $f^{(2n-1)}(t)$ satisfies a Lipschitz condition with the exponent 1 in $\langle p, q\rangle$.

and we obtain from (VI, 5) the formula (I, 3). If $f^{(2n)}$ is not monotonic, but is of bounded variation in the interval $\langle p, q \rangle$, then obviously the last factor in (VI, 5) is $\leqq \underset{(p,\,q)}{TV} (f^{(2n)})$ and we obtain

$$(VI, 6) \qquad |R_n| \leqq \frac{1}{2}\left(1 - \frac{1}{2^{2n}}\right) \frac{|B_{2n}|}{(2n)!} \underset{(p,\,q)}{TV} (f^{(2n)}).$$

32. We are going to prove two results containing and generalizing Jacobi's theorem B referred to in sec. 8.

(a) *Assume that $S_{2n}(t)$ is convex in* $\left\langle 0, \dfrac{1}{2} \right\rangle$. *Then*

$$(VI, 7) \qquad\qquad (-1)^n R_n \geqq 0.$$

This follows at once from the lemma 2 in sec. 19, replacing there $\varphi(t)$ with $\dot S_{2n}(t)$, since, by sec. 16, $S_{2n}(t)$ is decreasing in $\left\langle 0, \dfrac{1}{2} \right\rangle$,

$$R_n = \frac{-B_{2n}}{(2n)!} \int\limits_0^{\frac{1}{2}} \frac{B_{2n}(t)}{B_{2n}} S_{2n}(t)\, dt$$

and $\operatorname{sgn} B_{2n} = (-1)^{n-1}$.

33. (b) *Assume that, for $n > 1$ and an $\varepsilon = \pm 1$, $\varepsilon S_{2n}(t)$ is $\geqq 0$ and convex in $\langle 0, 1 \rangle$. Then we have*

$$(VI, 8) \qquad R_n = -\theta G_n, \; R_{n-1} = (1 - \theta) G_n \qquad\qquad (0 \leqq \theta \leqq 1).$$

Indeed, we can assume without loss of generality that $\varepsilon = 1$. It follows then that both $S_{2n}(t)$ and $S_{2n-2}(t)$ are convex in $\left\langle 0, \dfrac{1}{2} \right\rangle$ and (a) can be applied to R_n and R_{n-1}. But then (VI, 8) immediately follows from the relation $R_{n-1} = G_n + R_n$ (this is (II, 10) written for $n - 1$ instead of n), as here R_{n-1} and R_n have different signs.

34. We shall now assume that for an $\varepsilon = \pm 1$, $\varepsilon S_{2n}(t)$ is $\leqq 0$ and convex in $\langle 0, 1 \rangle$. We shall then say that "the M-situation holds" for the corresponding value of n. We will obtain under this condition a result generalizing the formula (III, 16) and (III, 18) by Malmstén. We are going to prove:

(c) If for an n the M-situation holds, then, for the corresponding ε,

$$(VI, 9) \qquad \operatorname{sgn} R_{n-1} = \operatorname{sgn} R_n = \operatorname{sgn} G_n = (-1)^n \varepsilon,$$

$$(VI, 10) \qquad \left(R_n = \Theta \left(1 - \frac{2}{2^{2n}}\right) G_n, \; 0 \leqq \Theta \leqq 1 \right).$$

Proof. Without loss of generality we can assume $\varepsilon = 1$. Then $S_{2n-1}(t)$ is decreasing in $\left\langle 0, \dfrac{1}{2} \right\rangle$. But then if follows from (V, 9) with $\varepsilon' = -1$ that $\operatorname{sgn} R_{n-1} = (-1)^n$. On the other hand, since $S_{2n}(t)$ is convex, we have, by (VI, 7), $\operatorname{sgn} R_n = (-1)^n$. As, by (V, 9), $\operatorname{sgn} R_{n-1} = \operatorname{sgn} G_n$, (VI, 9) follows. But now (VI, 10) follows from $R_n = R_{n-1} - G_n$, since, using (V, 8) together with $\operatorname{sgn} R_n = \operatorname{sgn} G_n$:

$$R_n = \left[\theta\left(2 - \frac{2}{2^{2n}}\right) - 1\right] G_n = \theta'\left(1 - \frac{2}{2^{2n}}\right) G_n, \qquad\qquad 0 \leqq \theta' \leqq 1.$$

35. If we put in (VI, 10) $G_n = R_{n-1} - R_n$ we obtain, solving with respect to R_n:

$$R_n = \frac{\theta\left(1 - \dfrac{2}{2^n}\right)}{1 + \theta\left(1 - \dfrac{2}{2^n}\right)}\, R_{n-1}.$$

Here we easily see that the coefficient of R_{n-1} is $\leq \dfrac{1}{2}\left(1 - \dfrac{1}{2^n - 1}\right)$ and we obtain

$$(VI, 11) \qquad R_n = \frac{\theta_0}{2}\left(1 - \frac{1}{2^n - 1}\right) R_{n-1} = \frac{\Theta}{2}\, R_{n-1},\; 0 \leq \Theta < \theta_0 < 1.$$

If (VI, 10) holds both for n and $n + 1$ we obtain, together with (VI, 11), also $R_{n+1} = \dfrac{\Theta'}{2}\, R_n,\; 0 \leq \Theta' < 1$, and it follows further

$$\frac{G_{n+1}}{G_n} = \frac{R_n - R_{n+1}}{R_{n-1} - R_n} = \frac{R_n}{R_{n-1}}\, \frac{1 - \dfrac{\Theta'}{2}}{1 - \dfrac{\Theta}{2}}\,.$$

Using again (VI, 11) we obtain

$$\frac{G_{n+1}}{G_n} = \frac{\Theta}{2}\, \frac{1 - \dfrac{\Theta'}{2}}{1 - \dfrac{\Theta}{2}} = \left(1 - \frac{\Theta'}{2}\right) \frac{\Theta}{2 - \Theta}\,,$$

and it follows now

$$(VI, 12) \qquad \frac{G_{n+1}}{G_n} \leq \operatorname{Min}\left(1 - \frac{\Theta'}{2},\; \frac{\Theta}{2 - \Theta}\right),$$

$$(VI, 13) \qquad 0 \leq \frac{G_{n+1}}{G_n} < 1.$$

36. If now (VI, 12) holds not only for n and $n + 1$ but also for $n + 2$, it follows from (VI, 12) that we have

$$\frac{G_{n+2}}{G_{n+1}} \leq \frac{\Theta'}{2 - \Theta'}$$

and, combining this with (VI, 10),

$$\operatorname{Min}\left(\frac{G_{n+2}}{G_{n+1}},\; \frac{G_{n+1}}{G_n}\right) \leq \operatorname{Min}\left(\frac{1 - \Theta'}{2},\; \frac{\Theta'}{2 - \Theta'}\right).$$

But the right hand expression is, by Lemma 5, $\leq \dfrac{(\sqrt{5} - 1)}{2}$. Therefore and in virtue of (VI, 13) we obtain

$$(VI, 14) \qquad \frac{G_{n+2}}{G_n} < \operatorname{Min}\left(\frac{G_{n+2}}{G_{n+1}},\; \frac{G_{n+1}}{G_n}\right) \leq \frac{\sqrt{5} - 1}{2} = .681\ldots.$$

Collecting our results, we have

If the M-situation holds for n, the relations (VI, 9), (VI, 10) and (VI, 11) follow. If the M-situation holds for n and n + 1, the relations (VI, 12) and (VI, 13) follow. If the M-situation holds for n, n + 1 and n + 2, the relation (VI, 14) follows.

From (VI, 11) it follows in particular:

If the M-situation holds for all n from a certain n on, the infinite Euler-Maclaurin series converges. This is in particular true, if all expressions $(-1)^n f^{(2n)}(t)$ have in $\langle p, q \rangle$ a constant and the same sign, from an n on.

37. We will compare in this section Jacobi's estimate with our new estimate (I, 3) on the example of $f(x) = \dfrac{1}{x^2}$ in an intervall $0 < p \leqq x \leqq q$. Here we have

$$f^{(m)}(x) = (-1)^m (m + 1)! \, x^{-m-2}.$$

$f^{(2n)}(x)$ is positive and both Jacobi's condition and the monotony condition in (I, 3) are satisfied. Applying (III, 8),

(VI, 15)
$$G_n = \frac{B_{2n}}{(2n)!} (2n)! \left(\frac{1}{q^{2n+1}} - \frac{1}{p^{2n+1}} \right),$$

$$R_n = \Theta \, B_{2n} \left(\frac{1}{p^{2n+1}} - \frac{1}{q^{2n+1}} \right), \; 0 \leqq \Theta \leqq 1.$$

On the other hand, from (I, 3) follows

(VI, 16) $$R_n = \Theta' \left(n + \frac{1}{2} \right) \left(1 - \frac{1}{2^{2n}} \right) B_{2n} \left(\frac{1}{p^{2n+2}} - \frac{1}{q^{2n+2}} \right), \; 0 \leqq \Theta' \leqq 1.$$

For large n and small p, (VI, 15) is better, while for large p and not too large n, (VI, 16) gives a better estimate.

VII. The class C^{2n+1}

38. In this section we assume that f belongs in $\langle p, q \rangle$ to the class C^{2n+1}. We can then use the formula (II, 7) and obtain

(VII, 1) $$|R_n| \leqq \frac{1}{(2n+1)!} \operatorname*{Max}_{\langle 0, \frac{1}{2} \rangle} |B_{2n+1}(t)| \int_0^{\frac{1}{2}} |S_{2n+1}(t)| \, dt.$$

(This is, however, the same as (VI, 3).) Since we have, by (II, 2) and (II, 3),

$$|S_{2n+1}(t)| \leqq \operatorname*{Max}_{\langle 0, \frac{1}{2} \rangle} |D_{2n+1}(t)| + \operatorname*{Max}_{\langle \frac{1}{2}, 1 \rangle} |D_{2n+1}(t)| \leqq 2(q-p) \operatorname*{Max}_{\langle p, q \rangle} |f^{2n+1)}(t)|,$$

it follows

(VII, 2) $$|R_n| \leqq \frac{q-p}{(2n+1)!} \operatorname*{Max}_{\langle 0, \frac{1}{2} \rangle} |B_{2n+1}(t)| \operatorname*{Max}_{\langle p, q \rangle} |f^{(2n+1)}(t)|.$$

This contains the estimates (III, 3), (III, 4) due to Poisson.

39. Applying (V, 7) to R_n we obtain a formula containing Schlömilch's formula (III, 19):

(VII, 3) $$R_n = -\left(2 - \frac{1}{2^{2n+1}} \right) \frac{B_{2n+2}}{(2n+2)!} S_{2n+1}(\theta/2), \; 0 < \theta < 1.$$

Further, applying (V, 6) to R_n we obtain:

If $\varepsilon = \operatorname{sgn} S_{2n+1}(t)$ exists in $\left(0, \dfrac{1}{2}\right)$, then

$$(\text{VII}, 4) \qquad\qquad \operatorname{sgn} R_n = (-1)^{n-1}\varepsilon.$$

40. Assume now that $S_{2n+1}(t)$ is *monotonic* in $\left\langle 0, \dfrac{1}{2}\right\rangle$ with the monotony type ε'. Then we can apply (V, 8) and (V, 9), replacing there n with $n + 1$, and obtain

$$(\text{VII}, 5) \qquad R_n = \theta\left(2 - \frac{1}{2^{2n+1}}\right)G_{n+1}, \quad 0 \leqq \theta \leqq 1, \quad (S_{2n+1}(t)\uparrow\downarrow),$$

$$(\text{VII}, 6) \qquad \operatorname{sgn} R_n = (-1)^n \varepsilon' = \operatorname{sgn} G_{n+1} \qquad\qquad (\varepsilon' S_{2n+1}\uparrow).$$

The assumption of the monotony of S_{2n+1} in $\left\langle 0, \dfrac{1}{2}\right\rangle$ is satisfied, if $f^{(2n+1)}(t)$ is monotonic in $\langle p, q\rangle$. Under the assumption that $f^{(2n+2)}$ does not change its sign in $\langle p, q\rangle$ the formula (VII, 5) has been given by Malmstén see (III, 13); on the other hand, (VII, 6) generalizes considerably Jacobi's formula (III, 6) and Malmstén's formula (III, 17).

41. Assume finally, that $S_{2n+1}(t)$ is *of bounded variation* in $\left\langle 0, \dfrac{1}{2}\right\rangle$. We obtain from (II, 7), by partial integration, similarly as (II, 9) is obtained:

$$(\text{VII}, 7) \qquad R_n = \frac{-1}{(2n+2)!}\int_0^{\frac{1}{2}} \left(B_{2n+2}(t) - B_{2n+2}\right)dS_{2n+1}(t).$$

It follows then

$$(\text{VII}, 8) \qquad |R_n| \leqq \frac{|B_{2n+2}|}{(2n+2)!}\left(2 - \frac{1}{2^{2n+1}}\right)\underset{\langle 0,\frac{1}{2}\rangle}{TV}(S_{2n+1}).$$

If $D_{2n+1}(t)$ is assumed to be of bounded variation in $\langle 0, 1\rangle$, we can replace $\underset{\langle 0,\frac{1}{2}\rangle}{TV}(S_{2n+1})$ in the formula (VII, 8) with $\underset{\langle 0, 1\rangle}{TV}(D_{2n+1})$. If finally $f^{(2n+1)}(t)$ is of bounded variation in $\langle p, q\rangle$, we can replace $\underset{\langle 0,\frac{1}{2}\rangle}{TV}(S_{2n+1})$ in (VII, 8) with $\underset{\langle p, q\rangle}{TV}(f^{(2n+1)})$.

Bibliography

[1] *E. W. Barnes*, The Maclaurin Sum-Formula, Proc. L. M. S. (2) **3** (1905), 253—272.

[2] *G. Grüss*, Über das Maximum des absoluten Betrages von

$$\frac{1}{b-a}\int_a^b f(x)g(x)\,dx - \frac{1}{(b-a)^2}\int_a^b f(x)\,dx\int_a^b g(x)\,dx,$$

Math. Zeit. **39** (1934), 214—226.

[3] *Hardy, Littlewood* and *Polya*, Inequalities, Cambridge 1934.

[4] *E. W. Hobson*, The Theory of Functions of a Real Variable etc., vol. 1, 3rd edition, Cambridge 1927.

[5] *C. G. J. Jacobi*, De usu legitimo formulae summatoriae Maclaurinianae, J. reine angew. Math. **12** (1834), 263—272. Our quotations refer to the reprint of this paper in: C. G. J. Jacobi's Gesammelte Werke, vol. 6, Berlin 1891, 64—75.

[6] *L. Kronecker*, Vorlesungen über die Theorie der einfachen und vielfachen Integrale, herausgegeben von E. Netto, Leipzig 1894.

[7] *E. Lindelöf*, Le calcul des résidus et ses applications à la théorie des fonctions, Paris 1905.

[8] *C. J. Malmstén*, Sur la formule

$$hu'_x = \Delta u_x - \frac{h}{2}\,\Delta u'_x + \frac{B_1 h^2}{1\cdot 2}\,\Delta u''_x - \frac{B_2 h^4}{1\cdots 4}\,\Delta u_x^{IV} + \text{etc.},$$

J. reine angew. Math. **35** (1847), 55—82.

[9] *L. M. Milne-Thompson*, The calculus of finite differences, London 1934.

[10] *N. E. Nörlund*, Vorlesungen über die Differenzenrechnung, Berlin 1924.

[11] *A. M. Ostrowski*, Vorlesungen über Differential- und Integralrechnung **2**, 2. Auflage, Basel 1961.

[12] *A. M. Ostrowski*, Note on Poisson's treatement of the Euler-Maclaurin formula, Comm. Math. Helv. **44** (1969), 202—206.

[13] *S. D. Poisson*, Sur le calcul numérique des intégrales définies, Mémoires Acad. Paris **6** (1827), 571—602.

[14] *O. Schlömilch*, Über die Bernoullische Funktion und deren Gebrauch bei der Entwicklung halbkonvergenter Reihen, Z. Math. und Phys. **1**, 193—211, in part. 206.

[15] *M. N. Sonin*, Sur les termes complémentaires de la formule sommatoire d'Euler et de celle de Stirling, Annales Scientifiques de l'Ecole Normale Supérieure **3** (1889), 257—262.

[16] *J. F. Steffensen*, Interpolation, Baltimore 1927.

Mathematisches Institut der Universität, CH 4000 Basel

Eingegangen 15. März 1969

On an Integral Inequality[1]

I. Introduction

1. To G. Grüss (1934) [1] is due the inequality[2]:

$$\left| \frac{1}{b-a} \int_a^b f(x)\,g(x)\,dx \right| \leq \tfrac{1}{4} \operatorname*{Osc}_{\langle a,\,b \rangle} f \operatorname*{Osc}_{\langle a,\,b \rangle} g \qquad \left(\int_a^b f(x)\,dx = 0 \right). \tag{1}$$

Here the condition $\int_a^b f(x)\,dx = 0$ can be dropped, if we replace the integral mean on the left with the expression

$$T(f,g) = \frac{1}{b-a} \int_a^b f(x)\,g(x)\,dx - \frac{1}{b-a} \int_a^b f(x)\,dx \cdot \frac{1}{b-a} \int_a^b g(x)\,dx. \tag{2}$$

Then (1) becomes, without the condition $\int_a^b f(x)\,dx = 0$,

$$|T(f,g)| \leq \tfrac{1}{4} \operatorname*{Osc}_{\langle a,\,b \rangle} f \operatorname*{Osc}_{\langle a,\,b \rangle} g, \tag{3}$$

where the constant $\tfrac{1}{4}$ cannot be improved in the general case (Grüss, l.c. p. 279).

2. The expression $T(f,g)$ occurs in a well known inequality, due to Chebyshev, according to which, if f and g are both monotonic in the same sense, $T(f,g)$ is not negative:

$$T(f,g) \geq 0 \quad (f\uparrow, g\uparrow \quad \text{or} \quad f\downarrow, g\downarrow). \tag{4}$$

Less known is another inequality for $T(f,g)$ derived by Chebyshev [1] under the assumption that $f'(x)$ and $g'(x)$ exist and are continuous in $\langle a, b \rangle$:

$$|T(f,g)| \leq \frac{(b-a)^2}{12} \operatorname*{Max}_{\langle a,\,b \rangle} |f'(x)| \operatorname*{Max}_{\langle a,\,b \rangle} |g'(x)|. \tag{5}$$

3. As a matter of fact, both results of Chebyshev are contained in the following result which gives even a sharper estimate (see sec. 27):

$$T(f,g) = \frac{(b-a)^2}{12} f'(\xi)\,g'(\eta), \quad a \leq \xi \leq b, \quad a \leq \eta \leq b, \tag{6}$$

[1] This research was carried out under the contract DAJA 37-67-C-0628 of the Institute of Mathematics, University of Basel, with the US Department of the Army.

[2] Cf. also Landau [1] and Karamata [1]. I owe the knowledge of the papers by Grüss, Landau and Karamata to a kind communication by Prof. D. Ž. Djoković, who drew my attention to these papers after I had derived the inequality (3) in the course of another investigation.

in which we must assume, however, that f' and g' exist and are continuous in $\langle a, b \rangle$, while the inequality (4) of Chebyshev holds, if f, g, fg are assumed to be L-integrable in $\langle a, b \rangle$ and monotonic in the same sense.[3])

4. As a combination of the inequalities (5) and (3), we shall prove that, if g' exists and is bounded, while f is bounded and measurable, both in $\langle a, b \rangle$, then

$$|T(f, g)| \leqq \frac{b-a}{8} \operatorname*{Osc}_{\langle a, b \rangle} f \operatorname*{Max}_{\langle a, b \rangle} |g'|, \tag{7}$$

where the constant $\frac{1}{8}$ cannot be improved (sec. 31–37).

5. Finally, we can introduce in the inequality (5) instead of the maxima of $|f'|$, $|g'|$ the mean values

$$\sqrt{\frac{1}{b-a} \int_a^b |f'(x)|^2 \, dx}, \quad \sqrt{\frac{1}{b-a} \int_a^b |g'(x)|^2 \, dx}. \tag{8}$$

We obtain (sec. 38–42)

$$|T(f, g)| \leqq \frac{(b-a)^2}{8} \sqrt{\frac{1}{b-a} \int_a^b f'^2(x) \, dx} \, \sqrt{\frac{1}{b-a} \int_a^b g'^2(x) \, dx}, \tag{9}$$

and

$$|T(f, g)| = \frac{b-a}{4\sqrt{2}} \operatorname*{Osc}_{\langle a, b \rangle} f \sqrt{\frac{1}{b-a} \int_a^b g'^2(x) \, dx}, \tag{10}$$

the (10) under the validity conditions of (7).

6. Already Chebyshev proves the inequalities (4) and (5) in a somewhat more general form, in which he considers *weighted means*. Obviously, the weighted mean $\int_a^b f(x)\, \theta(x)\, dx$ is a special case of the mean $\int_a^b f(x) \, d\phi(x)$, where $\phi(x)$ is monotonically increasing and satisfies the condition $\int_a^b d\phi(x) = 1$.

In the case of functions of several variables, an analytic representation by Radon's integrals is still possible. However, all this turns out to be completely unnecessary, as our results can be derived using characteristic properties of the linear means without any recourse to finer analytical machinery. In this connection our new proof of (3) allows also the complete discussion of the equality case.

---

[3]) Chebyshev gives in [1] the formulas (4) and (5). In [2] he discusses with detailed proofs an essentially more general situation without returning explicitly to the formulas (4) and (5). However, (6) can be obtained from the results of Chebyshev's second paper by convenient specializations.

II. General means

7. We consider a space Φ of real-valued functions $f(P)$ for all P running through the *argument space S*, and assume that Φ is an algebra over the field $\mathbf{R}$ *of real numbers*, that is to say that, if f and g lie in Φ, the same is true for fg as well as for $\alpha f + \beta g$ for all real α and β. Further, we assume that all real constants belong to Φ. In what follows, all considered functions are assumed to belong to Φ, unless otherwise stated.

8. We consider now a real-valued functional $M(f)$ defined on Φ, which has the following properties:

1) For all $\alpha \in \mathbf{R}$, $\beta \in \mathbf{R}$ and all $f \in \Phi$, $g \in \Phi$, we have

$$M(\alpha f + \beta g) = \alpha M(f) + \beta M(g). \tag{11}$$

2) For any $f \in \Phi$, which remains nonnegative in S, we have

$$M(f) \geqq 0 \quad (f \geqq 0). \tag{12}$$

3) For any $\alpha \in \mathbf{R}$, we have

$$M(\alpha) = \alpha \quad (\alpha \in \mathbf{R}). \tag{13}$$

9. These $M(f)$ are the "general means" with which we will work. If a function $f(P)$ from Φ depends also on parameter points $Q,\ldots$ etc., it may be necessary to indicate explicitely the variable, with respect to which $M(f)$ is taken. Then we will add the symbol of this variable as index of M. Thus, if f is $f(P)$, we can write for $M(f)$:

$$M(f) = M_P\big(f(P)\big) = M_Q\big(f(Q)\big).$$

10. Form now, for $f \in \Phi, g \in \Phi$,

$$T(f, g) := M(fg) - M(f) M(g). \tag{14}$$

Obviously, $T(f, g) = T(g, f)$. Further, we have for any real α and β, as is immediately verified using (11) and (13),

$$T(f + \alpha, g + \beta) = T(f, g). \tag{15}$$

Further, we obviously have, for any real α and β,

$$T(\alpha f_1 + \beta f_2, g) = \alpha T(f_1, g) + \beta T(f_2, g).$$

11. We are now going to derive a representation of $T(f, g)$, using M as an operator. We shall prove the formula

$$M_Q M_P\big[(f(P) - f(Q))(g(P) - g(Q))\big] = 2T(f, g). \tag{16}$$

Indeed, applying first M_P, we obtain, since then $f(Q)$, $g(Q)$ are to be considered as constants,

$$M_P[(f(P) - f(Q))(g(P) - g(Q))]$$
$$= M_P[f(P)g(P)] - f(Q)M_Pg(P) - g(Q)M_Pf(P) + f(Q)g(Q).$$

Applying to this expression M_Q, we obtain immediately the formula (16).

In what follows, we will use for the succession M_PM_Q of the operators M_P and M_Q the symbol $M_{P,Q}$,

$$M_{P,Q} := M_PM_Q. \tag{17}$$

12. We are now going to prove the general inequality

$$T(f, g)^2 \leqq T(f, f)\, T(g, g), \tag{18}$$

which is similar to the Buniakowsky–Schwarz inequality.

To this purpose, we shall prove the identity, valid for all real λ and μ:

$$\left. \begin{array}{l} M_{Q,P}\{[\lambda(f(P) - f(Q)) + \mu(g(P) - g(Q))]^2\} \\ \qquad = 2[\lambda^2 T(f, f) + 2\lambda\mu T(f, g) + \mu^2 T(g, g)]. \end{array} \right\} \tag{19}$$

Indeed, developping the expression between the brackets, the left side of (19) becomes

$$\lambda^2 M_{Q,P}(f(P) - f(Q))^2 + 2\lambda\mu M_{Q,P}(f(P) - f(Q))(g(P) - g(Q)) +$$
$$+ \mu^2 M_{Q,P}(g(P) - g(Q))^2.$$

And here the coefficients of λ^2, $2\lambda\mu$ and μ^2 are, in virtue of (16), just $2T(f,f)$, $2T(f, g)$, $2T(g, g)$.

Since in the relation (19) the left side expression is, by (12), $\geqq 0$, it follows that the right hand expression in (19) is a positive, definite or semidefinite quadratic form of λ and μ, whose discriminant is therefore $\leqq 0$, and this is equivalent to (18).

13. We will call two functions f, g from Φ *synchron*, if we have, for any couple of points P, Q from S, $f(P) \geqq f(Q)$ if and only if $g(P) \geqq g(Q)$.

Then the generalization of Chebyshev's inequality (4) in our case is the following.

I. *If $f(P)$, $g(P)$ are synchron, then*

$$T(f, g) \geqq 0. \tag{20}$$

Indeed, under the assumption of I, the bracketed expression in (16) is always $\geqq 0$ and (20) follows, using twice the property (12).

14. For a function $f \in \Phi$, we will define the *oscillation on S, Osc f*, as

$$\operatorname*{Osc}_S f := \operatorname*{Sup}_{P \in S} f(P) - \operatorname*{Inf}_{P \in S} f(P). \tag{21}$$

Obviously, the oscillation of f is always positive, unless f is a constant. But this oscillation can also be ∞. We are now going to prove as generalization of (3) the following inequality.

II. *If f and g are not constant on S, we have*

$$|T(f,g)| \leqq \tfrac{1}{4} \operatorname*{Osc}_S f \operatorname*{Osc}_S g. \tag{22}$$

15. In proving II, we could make use of the inequality (18) and reduce in this way the proof of (22) to that of the case $f=g$, which brings about some simplifications in the proof. However, we prefer to prove directly (22), since, in this way, the investigation of the equality sign is easier.

16. *Proof of* (22). Without loss of generality we can assume that $T(f,g)>0$, since $T(-f,g)=-T(f,g)$ and, for $T(f,g)=0$, (22) is clear. Then both $\operatorname{Osc} f$ and $\operatorname{Osc} g$ are >0. We can assume both these numbers to be finite, since otherwise (22) is clear. We use now (15), putting there $\alpha=-M(f)$, $\beta=-M(g)$. Then

$$M(f+\alpha) = M(g+\beta) = 0,$$
$$\operatorname{Osc}(f+\alpha) = \operatorname{Osc} f, \qquad \operatorname{Osc}(g+\beta) = \operatorname{Osc} g.$$

We see that in the proof of (22) we can without loss of generality assume

$$M(f) = M(g) = 0, \qquad T(f,g) = M(fg). \tag{23}$$

17. Put

$$\operatorname{Sup} f = U, \quad \operatorname{Sup} g = V, \quad \operatorname{Inf} f = -u, \quad \operatorname{Inf} g = -v.$$

Then obviously

$$\operatorname{Osc} f = U + u, \qquad \operatorname{Osc} g = V + v. \tag{24}$$

It is easy to see that we have

$$U \geqq 0, \quad V \geqq 0, \quad u \geqq 0, \quad v \geqq 0. \tag{25}$$

Indeed, since $f+u \geqq 0$, it follows

$$M(f+u) \geqq 0, \quad M(f)+u = u \geqq 0,$$

and the other inequalities (25) follow similarly. Now we have, using (23),

$$T(f,g) = M(fg) = M[(f+u)g].$$

18. Here $f+u$ is $\geqq 0$ and $(f+u)g \leqq (f+u)V$. Therefore

$$T(f,g) \leqq M[(f+u)V] = VM(f) + uV = uV.$$

Since $T(f,g)$ is symmetric, we have also

$$T(f,g) \leqq vU,$$

and, multiplying and using (24),

$$T(f, g)^2 \leqq uUvV \leqq \left(\frac{u + U}{2}\right)^2 \left(\frac{v + V}{2}\right)^2 = (\tfrac{1}{4} \mathrm{Osc}\, f \cdot \mathrm{Osc}\, g)^2 ,$$

by the inequality between the arithmetical and geometrical means. (22) is proved.

19. Under what conditions do we have the *equality sign* in (22)? First of all, since the inequality between the arithmetical and the geometrical means is applied, we have then

$$u = U , \quad v = V . \tag{26}$$

Further, we must have the equality sign in the inequality

$$M\left[(f + u)\, g\right] \leqq M\left[(f + u)\, v\right],$$

that is $M\left[(f + u)(g - v)\right] = 0$, and therefore, by (23),

$$M(fg) = uv . \tag{27}$$

20. On the other hand we have then, since obviously $M(f^2)\leqq u^2$, $M(g^2)\leqq v^2$, using (18),

$$M(f^2) = u^2, M(g^2) = v^2 , \tag{28}$$

and, by (23), (27) and (28),

$$M\left[(u - f + v - g)(u + f + v + g)\right] = 0 . \tag{29}$$

The conditions (26) and (29) are therefore *necessary* for the equality sign in (22), under the assumption (23). They are also *sufficient*, since (29) becomes

$$M(u^2 + v^2 + 2uv - f^2 - g^2 - 2fg) = 0 ,$$

and, since $M(u^2 - f^2)\geqq 0$, $M(v^2 - g^2)\geqq 0$, $M(fg)\leqq \sqrt{M(f^2)\, M(g^2)}\leqq uv$, we have (27) and in the whole discussion of section 19 the equality sign.

If we now drop the assumption (23), we see that the following is true.

III. *Under the conditions of* II *the following relations are necessary and sufficient for the equality sign in* (22):

$$M(f) = \tfrac{1}{2}(\mathrm{Sup}\, f + \mathrm{Inf}\, f), \quad M(g) = \tfrac{1}{2}(\mathrm{Sup}\, g + \mathrm{Inf}\, g), \tag{30}$$

$$M\left[(\mathrm{Sup}\, f + \mathrm{Sup}\, g - f - g)(f + g - \mathrm{Inf}\, f - \mathrm{Inf}\, g)\right] = 0 . \tag{31}$$

21. If we now assume that $M(f)$ is *positive definite*, that is, that $f \geqq 0$ $M(f)=0$ always implies $f=0$, then the relation (31) is equivalent to the statement that both f and g assume only two different values and assume simultaneously their suprema and their infima.

22. If, for instance, Φ is the set of portionwise continuous functions in a domain V

of the n-dimensional space, then M is positive definite, if it is defined by the formula

$$M(f) = \int_V f(P)\,\theta(P)\,dP,\tag{32}$$

where $\theta(P)$ is positive and satisfies the condition

$$\int_V \theta(P)\,dp = 1.\tag{33}$$

And it is easy to generalize this example to the case of a general Stieltjes- or Radon-integral.

23. On the other hand, if Φ is the class L^2 of all functions integrable with their squares in the volume V of R^n, then the mean

$$M(f) = \int_V f(P)\,dP$$

is positive definite in the *generalized sense* that the values of all functions involved, on a zero set, can be disregarded. In this case, the above formulation has to be correspondingly modified.

III. One-dimensional case

24. From now on we assume that S is a closed interval on the x-axis. Under this assumption we can write the formula (16) in the form

$$T(f,g) = \tfrac{1}{2}M_{x,y}\left[(x-y)^2\,\frac{f(x)-f(y)}{x-y}\,\frac{g(x)-g(y)}{x-y}\right].\tag{34}$$

25. By the mean value theorem we have here, if $f'(x)$, $g'(x)$ exist on S,

$$\frac{f(x)-f(y)}{x-y} = f'(\xi),\quad \frac{g(x)-g(y)}{x-y} = g'(\eta),\quad \xi\in S,\quad \eta\in S.$$

Let a and A be resp. the infimum and the supremum of $f'(x)\,g'(y)$, if x and y run independently through S. Then, if a and A are finite, it follows from (34), in virtue of (12), that

$$\tfrac{1}{2}aM_{x,y}\left[(x-y)^2\right] \leqq T(f,g) \leqq \tfrac{1}{2}AM_{x,y}\left[(x-y)^2\right].$$

Here, however, we have by (16): $\tfrac{1}{2}M_{x,y}\left[(x-y)^2\right]=T(x,x)$, and we can write therefore

$$a \leqq \frac{T(f,g)}{T(x,x)} \leqq A.\tag{34a}$$

26. Assume now that $f'(x)$ and $g'(x)$ are continuous in S. Since S is assumed as a closed interval, it follows that the values a and A and also any value between these two numbers are assumed by the function $f'(x)\, g'(y)$ in the square $x \in S$, $y \in S$. We obtain

$$T(f, g) = f'(\xi)\, g'(\eta)\, T(x, x), \quad \xi \in S, \quad \eta \in S. \tag{35}$$

IV. *If $f(x)$, $g(x)$ have continuous first derivatives in a closed interval S, we have (35).*
27. If, for instance, $S = \langle a, b \rangle$ and

$$M(f) = \frac{1}{b - a} \int_a^b f(x)\, dx, \tag{36}$$

we have

$$T(x, x) = \frac{1}{b - a} \int_a^b x^2\, dx - \left(\frac{1}{b - a} \int_a^b x\, dx \right)^2 = \frac{(b - a)^2}{12} \tag{37}$$

and (35) becomes

$$\frac{1}{b - a} \int_a^b fg\, dx - \frac{1}{b - a} \int_a^b f\, dx\, \frac{1}{b - a} \int_a^b g\, dx = \frac{(b - a)^2}{12}\, f'(\xi)\, g'(\eta), \\ a \leqq \xi \leqq b, \quad a \leqq \eta \leqq b, \tag{38}$$

that is (6).

It is easy to see that in the theorem IV the assumption of the continuity of $f'(x)$ and $g'(x)$ in S could be replaced by the assumption that $f'(x)$ and $g'(x)$ both exist and are bounded in S, if then in (35) $f'(\xi)$ and $g'(\eta)$ denote resp. convenient numbers from the closure of the set of values of $f'(x)$ and from that of the set of values of $g'(x)$ in S.

28. If we specialize in (35) $g = f$, this formula gives

$$T(f, f) = f'(\xi)\, f'(\eta)\, T(x, x).$$

We obtain, however, a better result, applying our discussion directly to the expression

$$T(f, f) = \tfrac{1}{2} M_{x, y} \left[(x - y)^2 \left(\frac{f(x) - f(y)}{x - y} \right)^2 \right].$$

Since we can here obviously take out the mean value of $(f(x) - f(y)/(x - y))^2$, we obtain

$$T(f, f) = f'(\xi)^2\, T(x, x), \quad \xi \in S. \tag{39}$$

29. Using (18), we can now combine the relations (22) and (34a). We obtain obviously, assuming $f(x)$ and $g'(x)$ bounded on S,

$$|T(f, g)| \leqq \tfrac{1}{2} \sqrt{T(x, x)}\, \underset{S}{\mathrm{Osc}}\, f\, \underset{S}{\mathrm{Max}}\, |g'(x)|. \tag{40}$$

In the special case (36) we obtain, using (37),

$$|T(f, g)| = \frac{b - a}{4\sqrt{3}} \operatorname*{Osc}_{S} f \operatorname*{Max}_{S} |g'(x)|.$$

(41)

30. Here, however, the constant $1/\sqrt{48}$ is not the best but can be replaced with $\frac{1}{8}$, as we are going to show. Assume first $f(x)$ *monotonic* and $g'(x)$ continuous on S. In

$$T(f, g) = \tfrac{1}{2} M_{x,y} \left[(x - y)(f(x) - f(y)) \frac{g(x) - g(y)}{x - y} \right],$$

the product $(x-y)(f(x)-f(y))$ does not change its sign, and we have therefore, for a ξ from S,

$$\left. \begin{aligned} T(f, g) &= g'(\xi) \tfrac{1}{2} M_{x,y}[(x - y)(f(x) - f(y))], \\ T(f, g) &= g'(\xi)\ \ T(x, f), \quad \xi \in S. \end{aligned} \right\}$$

(42)

31. The factor $T(x, f)$ can be further discussed in the case (36). Indeed, then we have, *if $f(x)$ is monotonic* in $\langle a, b \rangle$,

$$T(x, f) = \frac{1}{b - a} \int_a^b xf(x)\, dx - \frac{b + a}{2(b - a)} \int_a^b f(x)\, dx =$$

$$= \frac{1}{2(b - a)} \int_a^b [x^2 - (b + a)x + ab]'\, f(x)\, dx = \frac{1}{2(b - a)} \int_a^b (b - x)(x - a)\, df.$$

Here, however

$$0 \leqq (b - x)(x - a) \leqq \frac{(b - a)^2}{4},$$

while $\int_a^b df = \varepsilon \operatorname{Osc} f$, with $\varepsilon = +1$ or $\varepsilon = -1$, according as $f(x)$ is increasing or decreasing. We obtain finally

$$T(x, f) = \theta\varepsilon \frac{b - a}{8} \operatorname{Osc} f \quad (0 \leqq \theta \leqq 1),$$

(43)

and (42) becomes

$$T(f, g) = \varepsilon\theta \frac{b - a}{8} g'(\xi) \operatorname*{Osc}_{\langle a, b \rangle} f, \quad 0 \leqq \theta \leqq 1, \quad a \leqq \xi \leqq b.$$

(44)

32. It is easily shown that the factor $\frac{1}{8}$ in (44) cannot be replaced with any smaller one. It is sufficient to show this for the expression (43) which is obtained by replacing in (44) $g(x)$ by x. But we derived for $T(x, f)$ the exact formula

$$T(x, f) = \frac{1}{2(b - a)} \int_a^b (b - x)(x - a)\, df.$$

Put here, for $(b-a)/2 > \delta > 0$, for $f(x)$ the function $f_0(x)$ defined by

$$
f_0(x) = \begin{cases}
0, & a \leqq x \leqq \dfrac{b+a}{2} - \delta, \\[2mm]
\dfrac{1}{2\delta}\left(x - \dfrac{b+a}{2} + \delta\right), & \dfrac{b+a}{2} - \delta \leqq x \leqq \dfrac{b+a}{2} + \delta, \\[2mm]
1, & \dfrac{b+a}{2} + \delta \leqq x \leqq b.
\end{cases}
$$

Then we obtain

$$
T(x, f_0) = \frac{1}{2(b-a)} \int\limits_{\frac{b+a}{2}-\delta}^{\frac{b+a}{2}+\delta} (b-x)(x-a)\, df_0,
$$

and this is, as $\delta\ 2df_0 = dx$ within the limits of integration,

$$
\frac{b-a}{8} - \frac{\delta^2}{6(b-a)}.
$$

Since the oscillation of our function f_0 is 1 and δ can be taken arbitrarily small, we see that $\frac{1}{8}$ in (43) and (44) cannot be replaced with any smaller number.

33. We are now going to prove that in the formula (41) $4\sqrt{3}$ can always be replaced with 8:

V. Assume that in the closed interval $S = \langle a, b \rangle$, $g'(x)$ exists and is bounded, while $f(x)$ is bounded and measurable. Then we have in the case (36):

$$
|T(f, g)| \leqq \frac{b-a}{8} \operatorname*{Osc}_{S} f(x) \operatorname*{Max}_{S} |g'(x)|. \tag{45}
$$

Proof. We can assume without loss of generality that

$$
\int\limits_a^b f(x)\, dx = 0, \qquad \operatorname*{Max}_{S} g'(x) = 1, \qquad \operatorname*{Osc}_{S} f(x) = 1. \tag{46}
$$

Put

$$
\int\limits_a^x f(t)\, dt = F(x), \qquad F(a) = F(b) = 0. \tag{47}
$$

Then we have, integrating by parts,

$$\int_a^b fg\, dx = -\int_a^b F(x)\, g'(x)\, dx,$$

and it is sufficient to prove that

$$\int_a^b |F(x)|\, dx \leqq \frac{(b-a)^2}{8}. \tag{48}$$

34. We can, in virtue of (46), put

$$\operatorname*{Inf}_S f(x) = -\alpha, \qquad \operatorname*{Sup}_S f(x) = 1-\alpha, \qquad 0 \leqq \alpha \leqq 1,$$

and it is sufficient to prove more generally that we have

$$\int_a^b |F(x)|\, dx \leqq \frac{\alpha(1-\alpha)}{2}(b-a)^2 \ (F(a)=F(b)=0,\, -\alpha \leqq F'(x) \leqq 1-\alpha), \tag{49}$$

where we have $0 \leqq \alpha \leqq 1$.

Indeed we have $\alpha(1-\alpha)/2 \leqq \tfrac{1}{8}$, and (48) follows from (49).

35. We prove first (49) in the hypothesis that $F(x)$ does not change its sign in (a, b). Put $b-a=d$. Then we can obviously assume $F \geqq 0$, $|F|=F$ and write

$$\int_a^b |F(x)|\, dx = \int_a^{a+\alpha d} \int_a^x F'(t)\, dt\, dx + \int_{a+\alpha d}^b \int_a^x F'(t)\, dt\, dx.$$

The first integral is

$$\leqq \int_a^{a+\alpha d} \int_a^x (1-\alpha)\, dt\, dx = \frac{(1-\alpha)\,\alpha^2}{2}\, d^2.$$

36. As to the second integral, we can write it, since $F(b)=0$, in the form

$$\int_{a+\alpha d}^b \int_x^b (-F'(t))\, dt\, dx \leqq \int_{a+\alpha d}^b \int_x^b \alpha\, dt\, dx = \frac{\alpha(1-\alpha)^2}{2}\, d^2.$$

Therefore we obtain in our case

$$\int_a^b |F(x)|\, dx \leqq \frac{(b-a)^2}{2}\left(\alpha(1-\alpha)^2 + (1-\alpha)\,\alpha^2\right) = \frac{\alpha(1-\alpha)}{2}(b-a)^2,$$

that is, (49).

37. Consider now the case where $F(x)$ changes its sign in (a, b). Then the interval (a, b) can be decomposed as the sum set in the following way:

$$(a, b) = \sum_{v} (a_v, b_v) + N,$$

where the open intervals (a_v, b_v) have no points in common with each other and with N and have the property that in (a_v, b_v) F does not vanish, while it vanishes in the points a_v, b_v and on the whole set N. The set of the intervals (a_v, b_v) is obviously enumerable and we order them in such a way that their lengths $b_v - a_v$ decrease.

Then we can write, using the well known properties of the Lebesgue integral,

$$\int_a^b |F(x)|\, dx = \sum_v \int_{a_v}^{b_v} |F(x)|\, dx.$$

For any of the intervals (a_v, b_v) we can, however, apply (49) and obtain then

$$\int_a^b |F(x)|\, dx \leq \frac{\alpha(1-\alpha)}{2} \sum_v (b_v - a_v)^2 <$$

$$< \frac{\alpha(1-\alpha)}{2}(b-a) \sum_v (b_v - a_v) \leq \frac{\alpha(1-\alpha)}{2}(b-a)^2,$$

and (49) is proved.

IV. Integral inequalities

38. The Chebyshev's inequality (5) and the related inequalities can be replaced by others, using certain *integral mean values* of $f'(x)$ and $g'(x)$. For that purpose, we will use the general inequality

$$\int_0^1 \int_0^1 (\varphi(x) - \varphi(y))^2\, dx\, dy \leq \tfrac{1}{4} \int_0^1 |\varphi'(x)|^2\, dx \tag{50}$$

which holds if $\varphi(x)$ is absolutely continuous and $\varphi'(x)^2$ L-integrable in $\langle 0, 1 \rangle$. This will be proved in the section 42.

Using, in the case of $M(f)$ defined by (36), the formula (16), we obtain

$$T(f, g) = \frac{1}{2(b-a)^2} \int_a^b \int_a^b (f(x) - f(y))(g(x) - g(y))\, dy\, dx,$$

and, in particular,

$$T(f, f) = \frac{1}{2(b-a)^2} \int_a^b \int_a^b (f(x) - f(y))^2 \, dy \, dx. \tag{51}$$

39. Putting in the integral in (51)

$$x = a + \xi(b-a), \quad y = a + \eta(b-a), \quad f(x) = \varphi(\xi),$$

it follows

$$T(f, f) = \tfrac{1}{2} \int_0^1 \int_0^1 (\phi(\xi) - \phi(\eta))^2 \, d\eta \, d\xi$$

and therefore, by (50),

$$|T(f, f)| \leq \tfrac{1}{8} \int_0^1 \phi'(\xi)^2 \, d\xi.$$

But here $\phi'(\xi)$ is $(b-a) f'(x)$ and $d\xi = dx/(b-a)$; introducing this into the right hand integral, we obtain

$$|T(f, f)| \leq \frac{b-a}{8} \int_a^b f'(x)^2 \, dx \tag{52}$$

and, by (18),

$$T(f, g) \leq \frac{b-a}{8} \sqrt{\int_a^b f'(x)^2 \, dx \int_a^b g'(x)^2 \, dx}. \tag{53}$$

40. The inequality (53) can give essentially better results than Chebyshev's inequality (5). Further, combining (52) with (22), we obtain, using (18),

$$T(f, g) \leq \sqrt{\frac{b-a}{32}} \operatorname*{Osc}_{\langle a, b \rangle} f \sqrt{\int_a^b g'(x)^2 \, dx}. \tag{54}$$

This formula is valid, if $f(x)$ is measurable and bounded and $g(x)$ absolutely continuous with integrable $(g'(x))^2$ in $\langle a, b \rangle$. It can give essentially better results than (45).

41. Assume $f(x)$ L-integrable over $\langle 0, 1 \rangle$ and consider the integral

$$J := \int_0^1 \int_0^1 (x - y) (f(x) - f(y)) \, dy \, dx. \tag{55}$$

Then we can write, since the integrand is symmetric in x and y,

$$\tfrac{1}{2}J = \int_0^1 \int_0^x (x - y)\,(f(x) - f(y))\,dy\,dx$$

$$= \int_0^1 f(x)\left[\int_0^x (x - y)\,dy\right]dx - \int_0^1 x \int_0^x f(y)\,dy\,dx + \int_0^1 \int_0^x y f(y)\,dy\,dx$$

$$= \tfrac{1}{2}\int_0^1 x^2 f(x)\,dx + \int_0^1 \left(\frac{1 - x^2}{2}\right)' \int_0^x f(y)\,dy\,dx + \int_0^1 (x - 1)' \int_0^x y f(y)\,dy\,dx.$$

Apply partial integration to the second and the third right hand integrals:

$$\int_0^1 \left(\frac{1 - x^2}{2}\right)' \left(\int_0^x f(y)\,dy\right)dx = \int_0^1 \frac{x^2 - 1}{2}\,f(x)\,dx,$$

$$\int_0^1 (x - 1)' \left(\int_0^x y f(y)\,dy\right)dx = -\int_0^1 (x - 1)\,x f(x)\,dx.$$

Thus we obtain

$$\tfrac{1}{2}J = \int_0^1 P(x)\,f(x)\,dx,$$

$$P(x) = \frac{x^2}{2} + \frac{x^2 - 1}{2} - x(x - 1) = x - \tfrac{1}{2},$$

and, therefore,

$$\int_0^1 \int_0^1 (x - y)\,(f(x) - f(y))\,dy\,dx = \int_0^1 (2x - 1)\,f(x)\,dx. \tag{56}$$

If we now assume that $f(x)$ is absolutely continuous in $\langle 0, 1\rangle$, we obtain from (56), by partial integration,

$$\left.\begin{aligned}
J &= (x^2 - x)\,f(x)\Big|_0^1 + \int_0^1 (x - x^2)\,f'(x)\,dx, \\[2mm]
\int_0^1 \int_0^1 (x - y)\,(f(x) - f(y))\,dy\,dx &= \int_0^1 x(1 - x)\,f'(x)\,dx.
\end{aligned}\right\} \tag{57}$$

42. The inequality (50) follows immediately from the inequality

$$\int_0^1 \int_0^1 (\phi(x) - \phi(y))^2 \, dy \, dx \leqq \int_0^1 x(1-x)\, \phi'(x)^2 \, dx, \tag{58}$$

since $x(1-x) \leqq \frac{1}{4}$ in the interval $\langle 0, 1 \rangle$. It is therefore sufficient to prove (58) under the assumption that $\phi(x)$ is absolutely continuous and $\phi'(x)^2$ L-integrable over $\langle 0, 1 \rangle$. Under this assumption we have, by a well known inequality [4],

$$\left| \frac{\phi(x) - \phi(y)}{x - y} \right| \leqq \frac{1}{x-y} \int_y^x |\phi'(x)| \, dx \leqq \left(\frac{1}{x-y} \int_y^x \phi'^2(x) \, dx \right)^{1/2},$$

and therefore,

$$\left(\frac{\phi(x) - \phi(y)}{x - y} \right)^2 \leqq \frac{1}{x-y} \int_y^x \phi'(x)^2 \, dx \quad (0 \leqq y < x \leqq 1).$$

We can therefore write

$$\int_0^1 \int_0^1 (\phi(x) - \phi(y))^2 \, dx \, dy = \int_0^1 \int_0^1 (x-y)^2 \left(\frac{\phi(x) - \phi(y)}{x - y} \right)^2 \, dx \, dy$$

$$\leqq \int_0^1 \int_0^1 (x-y)^2 \cdot \frac{1}{x-y} \int_y^x \phi'(z)^2 \, dz \, dy \, dx.$$

Put now

$$f(x) = \int_0^x |\phi'(z)|^2 \, dz, \quad f'(x) = \phi'(x)^2,$$

where the second equation certainly holds almost everywhere. Then our relation becomes

$$\int_0^1 \int_0^1 (\phi(x) - \phi(y))^2 \, dy \, dx \leqq \int_0^1 \int_0^1 (x-y)(f(x) - f(y)) \, dy \, dx,$$

and this is, using (57),

$$\int_0^1 x(1-x) f'(x) \, dx = \int_0^1 x(1-x)\, \phi'(x)^2 \, dx.$$

This proves (58).

---

[4] Cf. for instance Hardy, Littlewood, Polya [1], Theorem 192 on p. 143, for $r=1$, $s=2$.

BIBLIOGRAPHY

CHEBYSHEV, P. L. [1] *Sur les expressions approximatives des intégrales définies par les autres prises entre les mêmes limites*, Proc. Math. Soc. Charkov, *2*, 93–98 (1882) (in Russian), translated in —"Oeuvres", 1907, vol. II, pp. 716–719. [2] *Sur une série qui fournit les valeurs extrèmes des intégrales, lorsque la fonction sous le signe est décomposée en deux facteurs*, Proc. Russian Acad. Sci. *47*, No. 4 (1883) (In Russian), translated in "Oeuvres", 1907, vol. II, pp. 405–417.

GRÜSS, G. [1] *Über das Maximum des absoluten Betrages von*

$$\frac{1}{b-a} \int_a^b f(x)\,g(x)\,dx - \frac{1}{(b-a)^2} \int_a^b f(x)\,dx \int_a^b g(x)\,dx,$$

Math. Z. *39*, 215–226 (1934).

HARDY, LITTLEWOOD, POLYA [1] *Inequalities* (Cambridge, 1934).

KARAMATA, J. [1] *Inégalités relatives aux quotients et à la différence de $\int fg$ et $\int f \int g$*, Bull. Acad. Serbe, Sci. Math. Natur. A, 1948, 131–145.

LANDAU, E. [1] *Über einige Ungleichungen von Herrn G. Grüss*, Math. Z. *39*, 742–744 (1935).

INTEGRAL INEQUALITIES

by

A. M. OSTROWSKI, Basel

1. Introduction

1. To G. Grüss (1934) [1] is due the inequality 1):

$$\left|\frac{1}{b-a}\int_a^b f(x)\,g(x)\,dx\right| \leqq \frac{1}{4}\operatorname*{Osc}_{\langle a,b\rangle} f \operatorname*{Osc}_{\langle a,b\rangle} g \quad \left(\int_a^b f(x)\,dx = 0\right) \tag{1}$$

Here the condition $\int_a^b f(x)\,dx = 0$ can be dropped, if we replace the integral mean on the left with the expression

$$T(f,g) = \frac{1}{b-a}\int_a^b f(x)\,g(x)\,dx - \frac{1}{b-a}\int_a^b f(x)\,dx\cdot\frac{1}{b-a}\int_a^b g(x)\,dx. \tag{2}$$

Then (1) becomes. without the condition $\int_a^b f(x)\,dx = 0$,

$$\left|T(f,g)\right| \leqq \frac{1}{4}\operatorname*{Osc}_{\langle a,b\rangle} f \operatorname*{Osc}_{\langle a,b\rangle} g, \tag{3}$$

where the constant $\frac{1}{4}$ cannot be improved in the general case (Grüss, 1. c. p. 279).

2. The expression $T(f, g)$ occurs in a well known inequality, due to Chebyshev, according to which, if f and g are both monotonic in the same sense, $T(f, g)$ is not negative:

$$T(f,g) \geqq 0 \quad (f\uparrow,g\uparrow \quad \text{or} \quad f\downarrow,g\downarrow). \tag{4}$$

---

1) Cf. also Landau [1] and Karamata [1] . I owe the knowledge of the papers by Grüss, Landau and Karamata to a kind communication by Prof. D. Ž. Djoković, who draw my attention to these papers after I had derived the inequality (3) in the course of another investigation.

A. M. Ostrowski

Less known is another inequality for $T(f, g)$ derived by Chebyshev [1] under the assumption that $f'(x)$ and $g'(x)$ exist and are continuous in $<a, b>$:

$$T(f, g) \leqq \frac{(b-a)^2}{12} \operatorname*{Max}_{<a, b>} |f'(x)| \operatorname*{Max}_{<a, b>} |g'(x)| . \tag{5}$$

3. As a matter of fact, both results of Chebyshev are contained in the following result which gives even a sharper estimate (see sec. 20):

$$T(f, g) = \frac{(b - a)^2}{12} f'(\xi) \, g'(\eta), \quad a \leqq \xi \leqq b, \quad a \leqq \eta \leqq b, \tag{6}$$

in which we must assume, however that f' and g' exist and are continuous in $<a, b>$, while the inequality (4) of Chebyshev holds, if f, g, fg are assumed as L-integrable in $<a, b>$ and monotonic in the same sense. 2)

4. As a combination of the inequalities (5) and (3), we shall prove that, if g' exists and is bounded, while f is bounded and measurable, both in $<a$ $b>$, then

$$|T(f, g)| \leqq \frac{b - a}{8} \operatorname*{Osc}_{<a, b>} f \operatorname*{Max}_{<a, b>} |g'|, \tag{7}$$

where the constant $1/8$ cannot be improved (sec. 24-30).

---

2) Chebyshev gives in [1] the formulas (4) and (5). In [2] he discusses with detailed proofs an essentially more general situation without returning explicitly to the formulas (4) and (5). However, (6) can be obtained from the results of Chebyshev's second paper by convenient specializations.

A. M. Ostrowski

5. Already Chebyshev proves the inequalities (4) and (5) in a somewhat more general form. in which he considers weighted means. Obviously, the weighted mean $\int_a^b f(x)\,\theta(x)\,dx$ is a special case of the mean $\int_a^b f(x)\,d\phi(x)$. where $\phi(x)$ is monotonically increasing and satisfies the condition $\int_a^b d\phi(x) = 1$.

In the case of functions of several variables, an analytic representation by Radon's integrals is still possible. However, all this turns out to be completely unnecessary, as our results can be derived using characteristic properties of the linear means without any recourse to finer analytical machinery.

6. As a reasonable generalisation of the Lipschiz Condition for a function $f(x)$ continuous in the interval $\langle a, b \rangle$ can be considered the "Lipschiz Condition in the Large":

$$\int_a^b \int_a^b \left| \frac{f(x) - f(y)}{x - y} \right| \, dy \, dx < \infty,$$

and more generally the condition .

$$\int_a^b \int_a^b \left| \frac{f(x) - f(y)}{x - y} \right|^\alpha \, dy \, dx < \infty, \quad \alpha \geqq 1.$$

As such conditions have to replace the assumption of the differentiability of $f(x)$ and of the boundedness of the integrals:

$$\int_a^b |f'(x)| \, dx, \quad \int_a^b |f'(x)|^\alpha \, dx,$$

it is of interest to establish inequalities between corresponding integrals. We can obviously assume that the interval of the definition is $\langle 0, 1 \rangle$. In this communication we are going to prove the inequality:

$$\int_0^1 \int_0^1 \left| \frac{f(x) - f(y)}{x - y} \right|^\alpha \, dy \, dx < (\lg 4) \int_0^1 |f'(x)|^\alpha \, dx \quad (\alpha \geqq 1), \qquad (8)$$

A. M. Ostrowski

which is valid, if the right hand integral exists as an L integral and is $\neq 0$, in which the constant cannot be improved for $\quad = 1$.

7. Replacing in (8) $<$ with $\leqq$, denote by c_α the best value of the constant, so that $c_1 = \lg 4$ and generally

$$c_\alpha := \mathop{\mathrm{Sup}}_{g} \frac{\displaystyle\int_0^1 \int_0^1 \left[\frac{1}{y-x} \int_x^y g(t)\,dt\right]^\alpha dxdy}{\displaystyle\int_0^1 g(t)^\alpha\,dt} \qquad (\alpha \geqq 1)\ , \qquad (9)$$

where $g(t)$ runs through all L measurable non negative functions with the convergent integral $\int_0^1 g(t)^\alpha\,dt \neq 0$

By (8), $c_\alpha \leqq \lg 4$. The question whether c_α can be $< \lg 4$ for $\alpha >$ > 1 remained open until recently A. Garsia succeeded to characterize $\Gamma := c_2$ as an eigenvalue $< \lg 4$ of a certain integral equation and proved by this that $c_\alpha < \lg 4$ $(\alpha > 1)$. From here we obtain also a <u>positive</u> lower bound of c_α for each $\alpha > 1$ in terms of $\lg 4$ and Γ.

Garsia's result will be proved in sec. 45-48 using a paper of his which he kindly communicated to me in manuscript and which will appear in Archiv d. Math.

The value $c_1 = \lg 4$ will be derived in sec. 43 from the identity

$$\int_0^1 \int_0^1 \int_y^x p(z)\,\frac{dz\,dy\,dx}{x-y} = 2 \int_0^1 p(x)\left[(1-x)\lg\frac{1}{1-x} + x\lg\frac{1}{x}\right]dx.$$

The reduction formula for the triple integral used here can be genera<u>li</u>zed introducing certain factors. We prove the generalized formula in this communication as formula (52) under fairly general assumptions about such factors.

II. <u>General means</u>

8. We consider a space Φ of real-valued functions $f(P)$ for all P

304

A. M. Ostrowski

running through the argument space S. and assume that Φ is an algebra over the field R of real numbers, that is to say that. if f and g lie in Φ . the same is true for fg as well as for $\alpha f + \beta g$ for all real α and β . Further we assume that all real constants belong to Φ . In what follows, all considered functions are assumed to belong to Φ unless otherwise stated.

9. We consider now a real-valued functional M(f) defined on Φ which has the following properties:

1) For all $\alpha \in R$, $\beta \in R$ and all $f \in \Phi$, $g \in \Phi$, we have
$$M(\alpha f + \beta g) = \alpha M(f) + \beta M(g). \qquad (10)$$

2) For any $f \in \Phi$, which remains nonnegative in S, we have
$$M(f) \geq 0 \quad (f \geq 0). \qquad (11)$$

3) For any $\alpha \in R$, we have
$$M(\alpha) = \alpha \quad (\alpha \in R). \qquad (12)$$

These M(f) are the "general means" with which we will work. If a function f(P) from Φ depends also on parameter points Q ... etc., it may be necessary to indicate explicitly the variable with respect to which M(f) is taken. Then we will add the symbol of this variable as index of M. Thus if f is f(P), we can write for M(f):
$$M(f) = M_P(f(P)) = M_Q(f(Q)).$$

10. Form now, for $f \in \Phi$, $g \in \Phi$
$$T(f, g) := M(fg) - M(f) M(g). \qquad (13)$$
Obviously. $T(f, g) = T(g, f)$. Further, we have for any real α and β, as is immediately verified using (10) and (12),
$$T(f + \alpha, g + \beta) = T(f, g). \qquad (14)$$
Further, we obviously have, for any real α and β,
$$T(\alpha f_1 + \beta f_2, g) = \alpha T(f_1, g) + \beta T(f_2, g). \qquad (15)$$

11. We are now going to derive a representation of $T(f, g)$, using M as an operator. We shall prove the formula
$$M_Q M_P \left[(f(P) - f(Q))(g(P) - g(Q)) \right] = 2T(f, g). \qquad (16)$$

A. M. Ostrowski

Indeed, applying first M_P, we obtain. since then $f(Q)$, $g(Q)$ are to be considered as constants.

$$M_P \left[(f(P) - f(Q)) \, (g(P) - g(Q)) \right] =$$
$$= M_P \left[f(P) \, g(P) \right] - f(Q) \, M_P g(P) - g(Q) \, M_P f(P) + f(Q) g(Q).$$

Applying to this expression M_Q. we obtain immediately the formula (16).

In what follows, we will use for the succession $M_P M_Q$ of the operators M_P and M_Q the symbol $M_{P,Q}$,

$$M_{P,Q} := M_P M_Q \tag{17}$$

12. We are now going to prove the general inequality

$$T(f, \ g)^2 \leqq T(f. f) \, T(g, g) \tag{18}$$

which is similar to the Bouniakowsky-Schwarz inequality.

To this purpose. we shall prove the identity valid for all real λ and μ :

$$M_{Q,P} \left\{ \left[\lambda \, (f(P) - f(Q)) + \mu (g(P) - g(Q)) \right]^2 \right\} =$$
$$= 2 \left[\lambda^2 T(f. f) + 2 \lambda \mu T(f, g) + \mu^2 T(g, g) \right] \tag{19}$$

Indeed developping the expression between the braces, the left side of (19) becomes

$$\lambda^2 M_{Q,P}(f \, P) - f(Q))^2 + 2 \lambda \mu M_{Q,P} \, (f(P) - f(Q)) (g(P) - g(Q)) +$$
$$+ \mu^2 M_{Q,P} \, (g(P) - g(Q))^2.$$

And here the coefficients of λ^2, $2 \lambda \mu$ and μ^2 are in virtue of (16). just $2T(f. f)$ $2T(f, g)$, $2T(g, g)$.

Since in the relation (19) the left side expression is, by (11), $\geqq 0$. it follows that the right hand expression in (19) is a positive, definite or semidefinite quadratic form of λ and μ, whose discriminant is therefore $\leqq 0$, and this is equivalent to (18).

13. We will call two functions f, g from Φ <u>synchron</u>, if we have. for any couple of points P. Q from $S, f(P) \geqq f(Q)$ as soon as $g(P) \geqq g(Q)$ and vice versa .

A. M. Ostrowski

Then the generalization of Chebyshev's inequality (4) in our case is:

I. _If_ $f(P)$, $g(P)$ _are synchron,_ _then_

$$T(f, g) \geqq 0. \tag{20}$$

Indeed, under the assumption of I, the bracketed expression in (16) is always $\geqq 0$ and (20) follows, using twice the property (11).

14. For a function $f \in \Phi$. we will define the oscillation on S, $\underset{S}{\mathrm{Osc}}\, f$, as

$$\underset{S}{\mathrm{Osc}}\, f := \underset{P \in S}{\mathrm{Sup}}\, f(P) - \underset{P \in S}{\mathrm{Inf}}\, f(P)\,. \tag{21}$$

Obviously, the oscillation of f is always positive, unless f is a constant. But this oscillation can also be ∞. We are now going to prove as generalization of (3) the inequality:

II. _If f and g are not constant on S_ _we have_

$$\left| T(f, g) \right| \leqq \tfrac{1}{4}\, \underset{S}{\mathrm{Osc}}\, f\, \underset{S}{\mathrm{Osc}}\, g. \tag{22}$$

15. In proving II. we could make use of the inequality (18) and reduce in this way the proof of (22) to that of the case $f=g$ which brings about some simplifications in the proof. However, we prefer to prove directly (22), since in this way the investigation of the equality sign is easier.

16. _Proof_ of (22). Without loss of generality we can assume that $T(f, g) > 0$, since $T(-f, g) = - T(f, g)$ and, for $T(f, g)=0$, (22) is clear. Then both $\mathrm{Osc}\, f$ and $\mathrm{Osc}\, g$ are >0. We can assume both these numbers as finite, since otherwise (22) is clear. We use now (14) putting there $\alpha = -M(f)$, $\beta = -M(g)$. Then

$$M(f + \alpha) = M(g + \beta) = 0,$$
$$\mathrm{Osc}(f + \alpha) = \mathrm{Osc}\, f. \qquad \mathrm{Osc}(g + \beta) = \mathrm{Osc}\, g.$$

We see that in the proof of (22) we can without loss of generality assume

$$M(f) = M(g) = 0. \qquad T(f, g) = M(fg). \tag{23}$$

307

A. M. Ostrowski

17. Put

$$\text{Sup } f = U \qquad \text{Sup } g = V \qquad \text{Inf } f = -u, \qquad \text{Inf } g = -v.$$

Then obviously

$$\text{Osc } f = U + u \qquad \text{Osc } g = V + v. \tag{24}$$

It is easy to see that we have

$$U \geqq 0 \qquad V \geqq 0, \qquad u \geqq 0 \qquad v \geqq 0. \tag{25}$$

Indeed since $f + u \geqq 0$, it follows

$$M(f + u) \geqq 0 \qquad M(f) + u = u \geqq 0.$$

and the other inequalities (25) follow similarly. Now we have, using (23),

$$T(f, g) = M(fg) = M\left[(f + u)\, g\right].$$

18. Here $f + u$ is $\geqq 0$ and $(f + u) g \leqq (f + u)V$. Therefore

$$T(f, g) \leqq M\left[(f + u)V\right] = VM(f) + uV = uV.$$

Since $T(f, g)$ is symmetric, we have also

$$T(f, g) \leqq vU,$$

and multiplying and using (24),

$$T(f, g)^2 \leqq uUvV \leqq \left(\frac{u + U}{2}\right)^2 \left(\frac{v + V}{2}\right)^2 = \left(\tfrac{1}{4}\, \text{Osc } f \cdot \text{Osc } g\right)^2,$$

by the inequality between the arithmetical and geometrical means. (22) is proved 1).

III. <u>One-dimensional case</u>

19. From now on we assume that S is a closed interval on the x-axis. Under this assumption we can write the formula (16) in the form

$$T(f, g) = \tfrac{1}{2}\, M_{x, y}\left[(x-y)^2 \; \frac{f(x) - f(y)}{x-y} \; \frac{g(x) - g(y)}{x-y}\right]. \tag{26}$$

---

1) For the complete discussion of the equality sign in (22) see Ostrowski [1] .

A. M. Ostrowski

By the mean value theorem we have here, if $f'(x)$, $g'(x)$ exist on S,

$$\frac{f(x) - f(y)}{x - y} = f'(\xi) \cdot \frac{g(x) - g(y)}{x - y} = g'(\eta), \qquad \xi \in S \qquad \eta \in S.$$

Let a and A be resp. the infimum and the supremum of $f'(x)\, g'(y)$ if x and y run independently through S. Then if a and A are finite, it follows from (26), in virtue of (11), that

$$\tfrac{1}{2}\, aM_{x,y}\left[(x - y)^2\right] \le T(f, g) \le \tfrac{1}{2}\, AM_{x,y}\left[(x - y)^2\right].$$

Here however we have by (16): $\tfrac{1}{2}\, M_{x,y}\left[(x - y)^2\right] = T(x, x)$ and we can write therefore

$$a \le \frac{T(f, g)}{T(x, x)} \le A. \tag{27}$$

20. Assume now that $f'(x)$ and $g'(x)$ are continuous in S. Since S is assumed as a closed interval, it follows that the values a and A and also any value between these two numbers are assumed by the function $f'(x)\, g'(y)$ in the square $x \in S$, $y \in S$. We obtain

$$T(f, g) = f'(\xi)\, g'(\eta)\, T(x, x), \qquad \xi \in S, \quad \eta \in S. \tag{28}$$

III. If $f(x)$, $g(x)$ have continuous first derivatives in a closed interval S, we have (28).

If for instance $S = \langle a. b \rangle$ and

$$M(f) = \frac{1}{b - a} \int_a^b f(x)dx, \tag{29}$$

we have

$$T(x, x) = \frac{1}{b - a} \int_a^b x^2\, dx - \left(\frac{1}{b - a} \int_a^b x\, dx\right)^2 = \frac{(b - a)^2}{12} \tag{30}$$

and (28) becomes

$$\frac{1}{b - a} \int_a^b fg\, dx - \frac{1}{b - a} \int_a^b f\, dx \ \frac{1}{b - a} \int_a^b g\, dx = \frac{(b - a)^2}{12}\, f'(\xi)\, g'(\eta), \tag{31}$$

$$a \le \xi \le b. \qquad a \le \eta \le b,$$

A. M. Ostrowski

that is (6).

It is easy to see that in the theorem III the assumption of the con‌tinuity of f' (x) and g'(x) in S could be replaced with the assumption that f' (x) and g'(x) both exist and are bounded in S, if then in (28) f' (ξ) and g' (η) denote resp. convenient numbers from the closure of the set of values of f'(x) and from that of the set of values of g' (x) in S .

21. If we specialize in (28) g=f, this formula gives

$$T(f, f) = f' (\xi) \, f' (\eta) \quad T (x, x).$$

We obtain, however, a better result, applying our discussion directly to the expression

$$T(f, f) = \tfrac{1}{2} M_{x, y} \left[(x - y)^2 \left(\frac{f(x) - f(y)}{x - y} \right)^2 \right] .$$

Since we can here obviously take out the mean value of $[(f(x) - f(y))/ / (x - y)]^2$ we obtain

$$T(f, f) = f' (\xi)^2 \, T (x, x), \qquad \qquad \xi \in S. \tag{32}$$

22. Using (18), we can now combine the relations (22) and (27). We obtain obviously, assuming f(x) and g'(x) bounded on S,

$$\left| T(f, g) \right| \leqq \tfrac{1}{2} \sqrt{T(x, x)} \; \underset{S}{\mathrm{Osc}} \; f \; \underset{S}{\mathrm{Max}} \left| g'(x) \right| .$$

In the special case (29) we obtain, using (30),

$$\left| T(f, g) \right| = \frac{b - a}{4 \sqrt{3}} \; \underset{S}{\mathrm{Osc}} \; f \; \underset{S}{\mathrm{Max}} \left| g'(x) \right| . \tag{33}$$

23. Here however, the constant $1/\sqrt{48}$ is not the best but can be replaced with $\tfrac{1}{8}$, as we are going to show. Assume first f(x) mo‌notonic and g'(x) continuous on S. In

$$T(f, g) = \tfrac{1}{2} M_{x \, y} \left[(x - y) \, (f(x) - f(y)) \, \frac{g(x) - g(y)}{x - y} \right] ,$$

the product (x - y) (f(x) - f(y)) does not change its sign, and we have

A. M. Ostrowski

therefore. for a ξ from S

$$T(f,g) = g'(\xi)\ \tfrac{1}{2}\ M_{x.y}\left[(x - y)\,(f(x) - f(y))\right].$$

$$T(f,g) = g'(\xi)\quad T(x,f).\qquad \xi \in S. \tag{34}$$

24. The factor $T(x,f)$ can be further discussed in the case (29). Indeed, then we have if $f(x)$ is monotonic in $<a,b>$,

$$T(x,f) = \frac{1}{b-a}\int_a^b xf(x)\,dx - \frac{b+a}{2(b-a)}\int_a^b f(x)\,dx =$$

$$= \frac{1}{2(b-a)}\int_a^b \left[x^2 - (b+a)x + ab\right]'\, f(x)\,dx = \frac{1}{2(b-a)}\int_a^b (b-x)(x-a)\,df.$$

Here, however

$$0 \leq (b-x)(x-a) \leq \frac{(b-a)^2}{4},$$

while $\int_a^b df = \varepsilon\ \mathrm{Osc}\ f$, with $\varepsilon = +1$ or $\varepsilon = -1$, according as $f(x)$ is increasing or decreasing. We obtain finally

$$T(x,f) = \theta\,\varepsilon\ \frac{b-a}{8}\ \mathrm{Osc}\ f\ ,\quad 0 \leq \theta \leq 1 \tag{35}$$

and (34) becomes

$$T(f,g) = \varepsilon\,\theta\ \frac{b-a}{8}\ g'(\xi)\ \mathop{\mathrm{Osc}}_{<a,b>} f,\quad 0 \leq \theta \leq 1,\qquad a \leq \xi \leq b \tag{36}$$

25. It is easily shown that the factor $\frac{1}{8}$ in (36) cannot be replaced with any smaller one. It is sufficient to show this for the expression (35) which is obtained, replacing in (36) $g(x)$ with x. But we derived for $T(x,f)$ the exact formula

$$T(x,f) = \frac{1}{2(b-a)}\int_a^b (b-x)(x-a)\,df.$$

Put here, for $(b-a)/2 > \delta > 0$, for $f(x)$ the function $f_o(x)$ defined by:

311

A. M. Ostrowski

$$f_0(x) = \begin{cases} 0, & a \leq x \leq \dfrac{b+a}{2} - \delta, \\[2mm] \dfrac{1}{2\delta}\left(x - \dfrac{b+a}{2} + \delta\right), & \dfrac{b+a}{2} - \delta \leq x \leq \dfrac{b+a}{2} + \delta, \\[2mm] 1, & \dfrac{b+a}{2} + \delta \leq x \leq b. \end{cases}$$

Then we obtain

$$T(x, f_0) = \frac{1}{2(b-a)} \int_{\frac{b+a}{2} - \delta}^{\frac{b+a}{2} + \delta} (b-x)(x-a)\, df_0,$$

and this is , as $2\delta\ df_0 = dx$ within the limits of integration,

$$= \frac{b-a}{8} - \frac{\delta^2}{6(b-a)}$$

Since the oscillation of our function f_0 is 1 and δ can be taken arbitrarily small, we see that $\frac{1}{8}$ in (35) and (36) cannot be replaced with any smaller number.

26. We are now going to prove that in the formula (33), $4\sqrt{3}$ can always be replaced with 8. We prove more precisely:

IV. <u>Assume that in the closed interval</u> $S = \langle a, b \rangle$, $g(x)$ <u>satisfies the Lipschitz condition with the Lipschitz constant</u> L <u>while</u> $f(x)$ <u>is bounded and measurable. Then we have in the case</u> (29):

$$\left| T(f, g) \right| \leq \frac{b-a}{8}\, L \operatorname*{Osc}_{S} f(x). \tag{37}$$

<u>Proof.</u> We can assume without loss of generality that

$$\int_a^b f(x)\, dx = 0, \qquad \operatorname*{Max}_{S} g'(x) = 1, \qquad \operatorname*{Osc}_{S} f(x) = 1. \tag{38}$$

A. M. Ostrowski

Put

$$\int_a^x f(t)\, dt = F(x), \qquad F(a) = F(b) = 0. \tag{39}$$

Then we have integrating by parts,

$$\int_a^b fg\, dx = -\int_a^b F(x)\, dg(x), \qquad |T(f, g)| \leqq L \int_a^b |F|\, dx,$$

and it is sufficient to prove that

$$\int_a^b |F(x)|\, dx \leqq \frac{(b - a)^2}{8}. \tag{40}$$

27. We can, in virtue of (38) put

$$\operatorname*{Inf}_S f(x) = -\alpha, \quad \operatorname*{Sup}_S f(x) = 1 - \alpha, \; 0 \leqq \alpha \leqq 1,$$

and it is sufficient to prove more generally that we have

$$\int_a^b |F(x)|\, dx \leqq \frac{\alpha(1 - \alpha)}{2} (b - a)^2 \quad (F(a) = F(b) = 0, -\alpha \leqq F'(x) \leqq 1 - \alpha), \tag{41}$$

where we have $0 \leqq \alpha \leqq 1$.

Indeed we have $\alpha(1 - \alpha)/2 \leqq \frac{1}{8}$ and (40) follows from (41).

28. We prove first (41) in the hypothesis that $F(x)$ does not change its sign in (a, b). Put $b - a = d$. Then we can obviously assume $F \geqq 0$, $|F| = F$ and write

$$\int_a^b |F(x)|\, dx = \int_a^{a+\alpha d} \int_a^x F'(t)\, dt\, dx + \int_{a+\alpha d}^b \int_a^x F'(t)\, dt\, dx.$$

The first integral is

$$\leqq \int_a^{a+\alpha d} \int_a^x (1 - \alpha)\, dt\, dx = \frac{(1 - \alpha)\alpha^2}{2}\, d^2.$$

A. M. Ostrowski

29. As to the second integral, we can write it, as $F(b) = 0$, in the form

$$\int_{a+\alpha d}^{b} \int_{x}^{b} (-F'(t))\, dt\, dx \leqq \int_{a+\alpha d}^{b} \int_{x}^{b} \alpha\, dt\, dx = \frac{\alpha(1-\alpha)^2}{2}\, d^2.$$

Therefore we obtain in our case

$$\int_{a}^{b} |F(x)|\, dx \leqq \frac{(b-a)^2}{2}\, (\alpha(1-\alpha)^2 + (1-\alpha)\alpha^2) = \frac{\alpha(1-\alpha)}{2}\,(b-a)^2,$$

that is (41).

30. Consider now the case where $F(x)$ changes its sign in (a. b). Then the interval (a, b) can be decomposed as the sum set in the following way:

$$(a, b) = \sum_{v}(a_v, b_v) + N$$

where the open intervals (a_v, b_v) have no points in common one with another and with N and have the property that in (a_v, b_v) F does not vanish while it vanishes in the points a_v, b_v and on the whole set N. The set of the intervals (a_v, b_v) is obviously enumerable and we order them in such a way that their lengths $b_v - a_v$ decrease.

Then we can write using the well known properties of the Lebesgue integral

$$\int_{a}^{b} |F(x)|\, dx = \sum_{v} \int_{a_v}^{b_v} |F(x)|\, dx\,.$$

For any of the intervals (a_v, b_v) we can however. apply (41) and obtain then

$$\int_{a}^{b} |F(x)|\, dx \leqq \frac{\alpha(1-\alpha)}{2} \sum_{v} (b_v - a_v)^2 <$$

A. M. Ostrowski

$$< \frac{\alpha(1-\alpha)}{2} (b-a) \sum_{\nu} (b_{\nu} - a_{\nu}) \leq \frac{\alpha(1-\alpha)}{2} (b-a)^2,$$

and (41) is proved.

IV. A reduction formula for triple integrals.

31. Put, for $f(x) \geq 0$ ($\alpha \leq x \leq \beta$), $\rho > 0$:

$$\mathfrak{M}_{\rho}(f, \alpha, \beta) := \left[\frac{1}{\beta - \alpha} \int_{\alpha}^{\beta} f(x)^{\rho} \, dx \right]^{1/\rho}$$

($f \geq 0, \rho > 0$) ;

then it is well known. that

$$\mathfrak{M}_{\rho} \leq \mathfrak{M}_{\sigma} \qquad (\rho < \sigma) \qquad \text{*)} \tag{42}$$

Further, if both $\mathfrak{M}_{\rho}$ and $\mathfrak{M}_{\sigma}$ are finite, $\tau \lg \mathfrak{M}_{\tau}$ is a convex function of τ in the interval $\rho \leq \tau \leq \sigma$:

$$\mathfrak{M}_{\tau}^{\tau} \leq \mathfrak{M}_{\rho}^{\rho \frac{\sigma - \tau}{\sigma - \rho}} \mathfrak{M}_{\sigma}^{\sigma \frac{\tau - \rho}{\sigma - \rho}}$$

Replacing here ρ, τ, σ with $1/\alpha, 1/\beta, 1/\gamma$, $\alpha > \beta > \gamma$, it follows immediately

$$\mathfrak{M}_{1/\beta} \leq \mathfrak{M}_{1/\alpha}^{\frac{\beta - \gamma}{\alpha - \gamma}} \mathfrak{M}_{1/\gamma}^{\frac{\alpha - \beta}{\alpha - \gamma}} \tag{43}$$

Using these notations we can write (9) as

---

*) See in Hardy-Littlewood-Polya [1] : (2. 9. 1) and (2. 9. 3).

A. M Ostrowski

$$c_{\alpha} := \mathop{\mathrm{Sup}}_{g} \frac{\displaystyle\int_0^1 \int_0^1 \mathfrak{M}_1^{\alpha}(g;x,y)\,dxdy}{\displaystyle\int_0^1 g^{\alpha}\,dt} .$$

If we put here $g^{\alpha}=:h(t)$, $h(t)$ runs through all non negative functions, L integrable in $<0,\,1>$, and we can write

$$c_{\alpha} = \mathop{\mathrm{Sup}}_{h} \frac{\displaystyle\int_0^1 \int_0^1 \mathfrak{M}_{1/\alpha}(h;x,y)\,dxdy}{\mathfrak{M}_1(h;0,1)} . \tag{44}$$

32 . It follows now from (42) that c_{α} is a non negative non increasing function of α. Further, applying (43) to $\alpha > \beta > \gamma \geqq 1$ we obtain by Hölder's inequality

$$\int_0^1 \int_0^1 \mathfrak{M}_{1/\beta}(h;x,y)\,dxdy \leqq$$

$$\left[\int_0^1 \int_0^1 \mathfrak{M}_{1/\alpha}(h;x,y)\,dxdy\right]^{\frac{\beta-\gamma}{\alpha-\gamma}} \cdot \left[\int_0^1 \int_0^1 \mathfrak{M}_{1/\gamma}(h;x,y)\,dxdy\right]^{\frac{\alpha-\beta}{\alpha-\gamma}}$$

and by (44)

$$c_{\beta} \leqq c_{\alpha}^{\frac{\beta-\gamma}{\alpha-\gamma}}\, c_{\gamma}^{\frac{\alpha-\beta}{\alpha-\gamma}} \qquad (1 \leqq \gamma < \beta < \alpha) . \tag{45}$$

Replacing here $\alpha,\, \beta,\, \gamma$ with 2, α, 1, we obtain, using Γ for C_2 ,

A. M. Ostrowski

$$c_\alpha \leq \Gamma^{\alpha-1} \, c_1^{2-\alpha} \qquad\qquad (1 < \alpha < 2), \qquad\qquad (46)$$

and replacing α, β, γ with $\alpha, 2, 1, \alpha > 2$, it follows

$$\Gamma = c_2 \leq c_1^{\frac{\alpha-2}{\alpha-1}} \, c_\alpha^{\frac{1}{\alpha-1}} \quad ,$$

$$c_\alpha \geq \Gamma^{\alpha-1} / c_1^{\alpha-2} \qquad\qquad (\alpha > 2). \qquad\qquad (47)$$

33.   Before proving that $c_1 = \lg 4$, we derive a general re$\underline{}$duction formula.

V.   Consider two functions $p(x)$, $P(x)$, $\underline{L \text{ integra}}$ble in the interval $<0,1>$ and a number $\tau > 0$. Assume further that, for $\tau = 1$, the integral

$$\int_0^1 \left(\lg \frac{e}{x}\right) p(x)\,dx \qquad\qquad (\tau = 1) \qquad\qquad (48)$$

and for $0 < \tau < 1$ the integral

$$\int_0^1 x^{\tau-1} p(x)\,dx \qquad\qquad (0 < \tau < 1) \qquad\qquad (49)$$

exists. Then the integrals

$$\varphi(x) := \int_0^x \frac{P(t)}{1-t}\,dt \qquad\qquad (0 \leq x < 1), \qquad\qquad (50)$$

$$\psi(x) := \int_x^1 \varphi(t) \frac{dt}{t^\tau} \qquad\qquad (0 < x \leq 1) \qquad\qquad (51)$$

A. M. Ostrowski

exist for the indicated ranges of x, and we have the identity

$$J := \int_0^1 p(x)\, \psi(x)\, x^{\tau-1}\, dx = \int_0^1 \int_0^x \int_y^x x^{\tau-2}\, \frac{P(\frac{y}{x})}{x-y}\, p(z)\, dz\, dy\, dx \; . \tag{52}$$

34. __Proof.__ We consider first the integral (50). From our hypotheses it follows at once that $\varphi(x)$ is continuous in the half open interval $\langle\, 0, 1)$. It is easy to prove that, as x goes to 1 remaining in this interval, we have

$$\varphi(x) = o\left(\frac{1}{1-x}\right) \qquad (x \uparrow 1) \; . \tag{53}$$

Indeed we have for $0 < 1 - \delta < x < 1$:

$$|\varphi(x)| \leqq \int_0^{1-\delta} \frac{|P(t)|}{1-t}\, dt + \frac{1}{1-x}\int_{1-\delta}^1 |P(t)|\; dt,$$

$$(1-x)\; |\varphi(x)| \leqq (1-x)\int_0^{1-\delta} \frac{P(t)}{1-t}\, dt + \int_{1-\delta}^1 |P(t)|\, dt \; . \tag{54}$$

For arbitrarily small $\varepsilon > 0$, fix δ so, that the second righthand term in (54) is $< \frac{\varepsilon}{2}$.

If now x goes to 1, remaining between $1 - \delta$ and 1, the whole righthand term in (54) becomes $< \varepsilon$.

35. Consider now the integral (51). In order to prove its existence we use, for $\tau \neq 1$, the following formula, obtained by partial integration, in which we have $x < b < 1$:

$$\int_x^b \varphi(t)\, \frac{dt}{t^\tau} = \frac{1}{1-\tau}(1-t)\, \varphi(t)\, \frac{t^{\frac{1}{\tau-1}} - 1}{1-t}\; \Bigg|_x^b -$$

A. M. Ostrowski

$$- \frac{1}{1-\tau} \int_x^b \frac{1-t^{\tau-1}}{1-t} \, \frac{P(t)}{t^{\tau-1}} \, dt \; .$$

For $b \uparrow 1$, both righthand terms have obviously limits, in virtue of (53), and we obtain

$$\psi(x) = \int_x^1 \varphi(t) \, \frac{dt}{t^{\tau}} = \frac{1}{1-\tau} \left[\varphi(x)(1 - \frac{1}{x^{\tau-1}}) - \int_x^1 \frac{1-t^{\tau-1}}{1-t} \, \frac{P(t)}{t^{\tau-1}} \, dt \right] .$$

We see that $\psi(x)$ exists and is continuous for $0 < x \leqq 1$, as $\tau \neq 1$.

For $\tau = 1$, we have similarly, for $0 < x < b < 1$, by partial integration

$$\int_x^b \varphi(t) \, \frac{dt}{t} = (1-t) \varphi(t) \, \frac{\lg t}{1-t} \Bigg|_x^b + \int_x^b \frac{\lg t}{t-1} \, P(t) \, dt$$

and hence, as $b \uparrow 1$,

$$\psi(x) = - \varphi(x) \, \lg x + \int_x^1 \frac{\lg t}{t-1} \, P(t) \, dt \; .$$

We see that $\psi(x)$ exists and is continuous for $0 < x \leqq 1$, as $\tau = 1$.

36. We have now to discuss the behavior of $\psi(x)$, as $x \downarrow 0$.

Since $\varphi(x)$ is continuous at 0, as long as $\tau < 1$, $\psi(x)$ here clearly exists and is continuous also at $x = 0$.

Assume $\tau = 1$, then

$$\psi(x) = o(\lg \frac{1}{x}) \qquad (x \downarrow 0) \qquad (\tau = 1). \tag{55}$$

A. M. Ostrowski

Indeed from (51) with $\tau = 1$, it follows, if $0 < x < \delta < 1$:

$$|\psi(x)| \leqq \int_x^{\delta} |\varphi(t)| \ \frac{dt}{t} + |\psi(\delta)| \ .$$

Take an arbitrary $\varepsilon > 0$. Since by (50) $\varphi(t) \to 0$ $(t \downarrow 0)$, we can choose a δ, $0 < \delta < 1$ such that

$$|\varphi(t)| \leqq \frac{\varepsilon}{2} \qquad (o \leqq t \leqq \delta) \ .$$

Then it follows further

$$|\psi(x)| < \frac{\varepsilon}{2} |\log x| + |\psi(\delta)| \ ,$$

$$\left|\frac{\psi(x)}{\log x}\right| \leqq \frac{\varepsilon}{2} + \left|\frac{\psi(\delta)}{\log x}\right|$$

With $x \downarrow 0$, the right hand expression becomes $< \varepsilon$, which proves (55).

Assume now $\tau > 1$. Then we show that we have

$$\psi(x) = o(x^{1-\tau}) \qquad (x \downarrow 0) \qquad (\tau > 1). \tag{56}$$

Indeed. since in the quotient

$$\frac{\psi(x)}{x^{1-\tau}}$$

the denominator goes to ∞. as $x \downarrow 0$ it is sufficient by the Bernoulli- -L'Hôpital rule to prove that

$$\frac{\psi'(x)}{(1-\tau)x^{-\tau}} = \frac{\varphi(x) x^{-\tau}}{(\tau-1)x^{-\tau}} = \frac{\varphi(x)}{\tau-1} \to 0 \ ,$$

and our assertion follows immediately from (50).

37 . Put now

A. M. Ostrowski

$$q(x) = \int_0^x t^{\tau - 1} \, p(t) \, dt \qquad\qquad (0 \leqq x \leqq 1). \tag{57}$$

The existence of (57) follows from the existence of the integral (49) and the L integrability of $p(x)$ over $<0, 1>$.

For $\tau = 1$, it follows

$$q(x) = o\left(\frac{1}{\lg \frac{e}{x}}\right) \qquad\qquad (x \downarrow 0, \ \tau = 1). \tag{58}$$

Indeed, from the definition (57) we have

$$\lg \frac{e}{x} \, \left| q(x) \right| \leqq \int_0^x \lg \frac{e}{t} \, \left| p(t) \right| \, \frac{\lg \frac{e}{x}}{\lg \frac{e}{t}} \, dt < \int_0^x \lg \frac{e}{t} \, \left| p(t) \right| \, dt$$

and (58) follows from the assumed existence of the integral (48).

If we now consider the case $\tau > 1$, we have, from (57),

$$\left| q(x) \right| \leqq x^{\tau - 1} \int_0^x \left| p(t) \right| \, dt$$

and

$$q(x) = o(x^{\tau - 1}) \qquad (x \downarrow 0) \qquad (\tau > 1) . \tag{59}$$

38 . We are going to prove now that, for all $\tau > 0$,

$$J = \int_0^1 \varphi(x) \, \frac{q(x)}{x^\tau} \, dx . \tag{60}$$

Observe that by (52) and (57) we can write

$$J = \int_0^1 \psi(x) \, q'(x) \, dx. \tag{61}$$

A. M. Ostrowski

On the other hand we have for $0 < a < b < 1$, by partial integration and by formula (51)

$$\int_a^b \psi(x) q'(x)\, dx = \psi(x) q(x) \Big|_a^b + \int_a^b q(x)\, \varphi(x)\, \frac{dx}{x^{\tau}} \quad . \tag{62}$$

Here we have for $a \downarrow 0$ and for $\tau = 1$. from (55) and (58)

$$\psi(a)\, q(a) = o\left(\lg \frac{1}{a}\right) o\left(\frac{1}{\lg \frac{e}{a}}\right) \longrightarrow 0.$$

For $\tau > 1$ it follows from (56) and (59) :

$$\psi(a)\, q(a) = o(a^{1-\tau})\, o(a^{\tau-1}) \longrightarrow 0,$$

while for $0 < \tau < 1$, by (57), $q(a)$ tends to 0 and $\psi(a)$ remains bounded.

We see that we have in all cases $\psi(a)\, q(a) \longrightarrow 0$, as $a \downarrow 0$. On the other hand for $b \uparrow 1$ $q(b)$ remains bounded,

$$\left| q(b) \right| \leqq \int_0^1 t^{\tau-1} \left| p(t) \right| dt \quad \text{while} \quad \psi(b) \text{ tends to 0. We see}$$

that in the formula (62) the integrated part tends to 0, as $a \downarrow 0$, $b \uparrow 1$, and we obtain now, using (61), the formula (60).

39 . Introducing in (60) the value of $\varphi(x)$ from (50), we obtain

$$J = \int_0^1 \int_0^x \frac{q(x)}{x^{\tau}}\, \frac{P(t)}{1-t}\, dt\, dx.$$

If we interchange here the order of integration, we obtain further, by Dirichlet's rule

A. M. Ostrowski

$$j = \int_0^1 \int_t^1 \frac{q(x)}{x^{\tau}} \frac{P(t)}{1 - t} \, dx \, dt \; .$$

Replace here the variable of integration, x, with u and introduce the value of q(x) from (57).

This yields for J the triple integral

$$J = \int_0^1 \int_t^1 \left(\int_0^u \frac{P(t)}{1 - t} \frac{z^{\tau - 1}}{u^{\tau}} \, p(z) \, dz \right) du \, dt. \tag{63}$$

Introducing here in the inner integral instead of the integration variable z a new variable of integration, x, by the transformation

$$z = u \, x \; , \qquad dz = u \, dz$$

(63) becomes

$$J = \int_0^1 \int_t^1 \int_0^1 \frac{P(t)}{1 - t} \, x^{\tau - 1} \, p(xu) \, dx \, du \, dt \; ;$$

interchanging here the order of integration with respect to u and x,

$$J = \int_0^1 \int_0^1 \int_t^1 \frac{P(t)}{1 - t} \, x^{\tau - 1} \, p(xu) \, du \, dx \, dt$$

and interchanging further the order of integration, with respect to x and t:

$$J = \int_0^1 \int_0^1 \left(\int_t^1 \frac{P(t)}{1 - t} \, x^{\tau - 1} \, p(xu) \, du \right) dt \, dx \; . \tag{64}$$

40. We introduce now in the inner integral in (64) instead of the variable of integration u a new variable of integration, z, by the transformation

A. M. Ostrowski

$$z = xu, \qquad dz = x\, du.$$

Then (64) becomes

$$J = \int_0^1 \left(\int_0^1 \int_{xt}^x \frac{P(t)}{1-t}\, x^{\tau-2}\, p(z)\, dz\, dt \right) dx \ .$$

Here we can again transform the integration variable t by the transformation

$$y = x\,t, \qquad dy = x\,dt \ ,$$

and obtain finally

$$J = \int_0^1 \int_0^x \int_y^x \frac{P\left(\frac{y}{x}\right)}{x-y}\, x^{\tau-2}\, p(z)\, dz\, dy\, dx;$$

(52) is proved .

V . <u>Corollaries from the reduction formula</u>

41 . We specialise now (52). taking $P(t) = 1$, $\tau = 2$.

We obtain then, as is verified immediately by differentiation:

$$\varphi(x) = \int_0^x \frac{dt}{1-t} = \lg \frac{1}{1-x} \ ,$$

$$\psi(x) = \int_x^1 \lg \frac{1}{1-t}\, \frac{dt}{t^2} = \frac{1-x}{x} \lg \frac{1}{1-x} + \lg \frac{1}{x} \qquad (65)$$

In this case we obtain from (52) :

A. M. Ostrowski

$$\int_0^1 \int_0^x \frac{1}{x-y} \int_y^x p(z)\, dz\, dy\, dx \ =$$

$$= \int_0^1 p(x) \left[(1-x)\, \lg \frac{1}{1-x} + x\, \lg \frac{1}{x} \right] dx \ . \tag{66}$$

42. Consider now the integral :

$$\int_0^1 \int_0^1 \left[\frac{1}{x-y} \int_y^x p(z)\, dz \right] dy\, dx \ . \tag{67}$$

Here, the bracketed expression is symmetric with respect to x and y. Therefore the integral (67) is the double of the integral (66) and we obtain the identity asserted in section 7 :

$$\int_0^1 \int_0^1 \frac{1}{x-y} \int_y^x p(z)\, dz\, dy\, dx \ =$$

$$= 2 \int_0^1 p(z) \left[(1-x)\, \lg \frac{1}{1-x} + x\, \lg \frac{1}{x} \right] dx \ . \tag{68}$$

Observe now that we have for $\psi(x)$: $= (1-x)\, \lg \frac{1}{1-x} + x\, \lg \frac{1}{x}$:

$$\psi'(x) = \lg \frac{1-x}{x}$$

This vanishes at $x = \frac{1}{2}$ and goes there from + to - . We have therefore, for $0 \leqq x \leqq 1$, $0 \leqq 2\,\psi(x) \leqq \lg 4$, and it follows now from (68), replacing p(z) with $|p(z)|$, since $2\,\psi(x) < \lg 4$ $(x \neq 1/2,\ 0 < x < 1)$, if the right hand integral is $\neq 0$,

325

A. M. Ostrowski

$$\int_0^1 \int_0^1 \frac{1}{x-y} \int_y^x |p(z)|\, dz\, dy\, dx < (\lg 4) \int_0^1 |p(x)|\, dx. \tag{69}$$

Both relations (66), (69), are valid whenever $p(x)$ is L integrable in $< 0,\ 1 >$ and is $\not\equiv 0$.

43 . Consider now a function $f(x)$, absolutely continuous in $< 0,\ 1 >$ and is $\not\equiv 0$.

Then $p(x) = f'(x)$ satisfies the above condition for (26) and (29) and we have

$$\int_0^1 \int_0^1 \left| \frac{f(x)-f(y)}{x-y} \right| dy\, dx = 2 \int_0^1 f'(x) \left[(1-x) \lg \frac{1}{1-x} + \right.$$

$$\left. + x \lg \frac{1}{x} \right] dx, \tag{70}$$

$$\int_0^1 \int_0^1 \left| \frac{f(x)-f(y)}{x-y} \right| dy\, dx < (\lg 4) \int_0^1 |f'(x)|\, dx. \tag{71}$$

The factor $\lg 4$ in the inequality (69) and in the equivalent inequality (71) cannot be replaced with any smaller number in the general case, as $p(x)$ can be made $= 0$ outside of an arbitrary neighbourhood of $x = \frac{1}{2}$.

We see that. indeed. $c_1 = \lg 4$ and, by sec. 32, $c_\alpha \leq \lg 4\ (\alpha \geq 1)$. (8) follows now, from the monotony of C_α with the sign $\leq$ and applying directly Hälderis inequality, with the sign $<$.

44. In some special cases other specialisations of (52) may be useful.

If we take $P(t) = t$, $\tau = 3$, we obtain, as is immediately verified by differentiation:

A. M. Ostrowski

$$\varphi(x) = \int_0^x \frac{t}{1-t}\, dt = \lg\frac{1}{1-x} - x,$$

$$2\,\psi(x) = 2\int_x^1 \left(\lg\frac{1}{1-t} - t\right)\frac{dt}{t^3} = 1 - \frac{1}{x} + \lg\frac{1}{x} + \left(\frac{1}{x^2} - 1\right)\lg\frac{1}{1-x},$$

$$\int_0^1\int_0^x \frac{y}{x-y}\int_y^x p(z)\,dz\,dy\,dx = \frac{1}{2}\int_0^1 p(x)\left[(1-x^2)\lg\frac{1}{1-x} + x^2 - x + x^2\lg\frac{1}{x}\right] dx. \tag{72}$$

And this is valid whenever $p(x)$ is L integrable in $< 0, 1 >$.

If we take, on the other hand, $P(t) = 1$, $\tau = 3$, we verify immediately that

$$\varphi(x) = \int_0^x \frac{dt}{1-t} = \lg\frac{1}{1-x},$$

$$\psi(x) = \int_x^1 \lg\frac{1}{1-t}\frac{dt}{t^3} = \frac{1}{2}\left(\frac{1-x^2}{x^2}\lg\frac{1}{1-x} + \lg\frac{1}{x} - 1 + \frac{1}{x}\right),$$

$$\int_0^1\int_0^x \frac{x}{x-y}\int_y^x p(z)\,dz\,dy\,dx = \frac{1}{2}\int_0^1 p(x)\left[(1-x^2)\lg\frac{1}{1-x} + x^2\lg\frac{1}{x} + x - x^2\right] dx. \tag{73}$$

A. M. Ostrowski

VI. Garsia's theorem on c_2

45. We are now going to prove the following theorem due to A. Garsia.

VI. Consider the symmetric non negative kernel

$$K(u,v) = \begin{cases} 2 \lg \dfrac{u(1-v)}{u-v} & (u > v), \\[3mm] 2 \lg \dfrac{v(1-u)}{v-u} & (v > u). \end{cases} \tag{74}$$

Then $\Gamma = c_2$ **is the maximal eigenvalue of** $K(u,v)$ **and** Γ is $< \lg 4$.

46. Proof.   We have for a non negative $g(u)$ with integrable g^2 in $< 0, 1 >$

$$S := \int_0^1 \int_0^1 \left[\frac{1}{y-x} \int_x^y g(u)\,du \right]^2 dx\,dy =$$

$$= 2 \int_0^1 \int_0^y \int_x^y \int_x^y \frac{g(u)g(v)}{(y-x)^2}\,du\,dv\,dx\,dy =$$

$$= 4 \int_0^1 \int_0^y \int_x^y \int_x^v g(u)g(v)\,du\,dv\,\frac{dx\,dy}{(y-x)^2} \, .$$

In the last integral we have obviously

$$0 \le x \le u \le v \le y \le 1$$

A. M. Ostrowski

and therefore, interchanging the order of integration,

$$S = 2 \int_0^1 \int_0^v g(u)g(v) \int_v^1 \int_0^u 2 \frac{dx\,dy}{(y-x)^2}\,du\,dv \ .$$

47. For the inner integral we obtain immediately by elementary integration

$$\int_v^1 \int_0^u 2 \frac{dx\,dy}{(y-x)^2} = 2\,\lg\frac{v(1-u)}{v-u} = K(u,v) \qquad (u<v) \ ;$$

therefore, using the symmetry of K,

$$S = 2 \int_0^1 \int_0^v g(u)g(v)K(u,v)\,du\,dv \ ,$$

$$S = \int_0^1 \int_0^1 g(u)g(v)K(u,v)\,du\,dv \ .$$

It follows now from (9) with $\alpha = 2$ that $\Gamma = c_2$ is indeed the maximal eigenvalue of the kernel $K(u,v)$.

48 As $K(u,v)$ is integrable in the square, to Γ corresponds an eigenfunction, $g_o(x)$, L integrable in the square, for which the supremum in (9) is attained. Now observe that by the inequality (40) for $\rho = 1$, $\sigma = 2$ we have

$$\mathfrak{M}_1(g_o;x,y)^2 \leq \mathfrak{M}_1(g_o^2;x,y)$$

A. M. Ostrowski

and therefore applying (69) to g_o^2,

$$r \int_0^1 g_o^2 dt = \int_0^1 \int_0^1 \mathfrak{M}_1(g_o;x,y)^2 \, dx \, dy \leq \int_0^1 \int_0^1 \mathfrak{M}_1(g_o^2;x,y) \, dx \, dy <$$

$$< \lg 4 \int_0^1 g_o(t)^2 \, dt.$$

Garsia's theorem is proved.

49 . From the definition of c_α it follows if we check it with $h \equiv 1$ that in any case $c_\alpha \geq 1$.

We have therefore for c_α the bounds

$$(75) \qquad \lg 4 = 1.3863\ldots > c_\alpha \geq 1 \qquad (\alpha > 1) .$$

Further it follows from (45) that C_α is strictly monotonically decreasing for $1 \leq \alpha \leq 2$.

A. M. Ostrowski

BIBLIOGRAPHY

CHEBYSHEV, P.L. [1] Sur les expressions approximatives des intégrales définies par les autres prises entre les mêmes limites, Proc. Math. Soc. Charkov, 1882, II, pp. 93-98 (in Russian), translated in "Oeuvres", 1907, vol. II, pp. 716-719.

[2] Sur une série qui fournit les valeurs extrèmes des intégrales, lorsque la fonction sous le signe est décomposée
en deux facteurs, Proc. Russian Acad. of Sciences, 1883,
vol. XLVII, No. 4 (in Russian), translated in "Oeuvres",
1907, vol. II, pp. 405-417.

GRÜSS, G. [1] Über das Maximum des absoluten Betrages von

$$\frac{1}{b-a} \int_a^b f(x)g(x)dx - \frac{1}{(b-a)^2} \int_a^b f(x)dx \int_a^b g(x)dx,$$

Math. Zeitschrift 39, 1934, pp. 215-226.

HARDY, LITTLEWOOD, POLYA [1] "Inequalities", Cambridge, 1934.

KARAMATA, J. [1] Inégalités relatives aux quotients et à la différence de $\int fg$ et $\int f \int g$, Bull. Acad. Serbe, Sc. math. A_2,
1948, pp. 131-145.

LANDAU, E. [1] Über einige Ungleichungen vor Herrn G. Grüss,
Math. Zeitschrift 39, 1935, pp. 742-744.

OSTROWSKI, A. M. [1] On an Integral Inequality, Aequationes mathe-
maticae, 4, 1970, pp. 258-373.

[2] On some integral inequalities, Archiv der Mathematik, to appear.

On asymptotic development of functions of large numbers

by **ALEXANDER M. OSTROWSKI** (Basel)

To Mauro Picone for his 90 th birthday.

RIASSUNTO - *Il lavoro è dedicato allo studio asintotico (per $t \to \infty$) dell'integrale a primo membro della* (1).

§ 1.

To Laplace [3] goes back the asymptotic formula [1]

$$(1) \qquad \int_a^b f(z)\, g(z)^t\, dz \sim f(z_0)\, g(z_0)^{t+1/2}\, \sqrt{\frac{\pi}{\alpha t}} \qquad (t \to \infty),$$

valid under the assumptions (see Lebesgue [4]) that for a z_0, $a < z_0 < b$:

$$f(z) \to f(z_0) \neq 0, \qquad g(z) \to g(z_0) > 0 \quad (z \to z_0),$$

$$\frac{g(z) - g(z_0)}{z^2} \leq -p < 0, \ (a < z < b), \qquad \lim_{z \to z_0} \frac{g(z) - g(z_0)}{z^2} = -\alpha < 0;$$

of course, the integral (1) has to be assumed to exist for sufficiently large t.

As Laplace's proof of (1) was somewhat vague [2], the first satisfactory discussion in the real case was given by Darboux [2], who,

---

[1] We have changed here and in the following discussion the notations conveniently in order to make them uniform throughout the paper.

[2] See the discussion of this proof in Lebesgue's paper [4].

however, assumes essentially the existence of $f'(z_0)$ and $g^{(3)}(z_0)$ [3]. The first proof under the above assumptions was given by Lebesgue [4] who also discusses some indications by Stieltjes [6]. In the case of functions of a complex variable the integral (1) was first discussed by Darboux, 1878 [2]. 1914 H. Burkhardt [1] took up the problem to obtain further terms of asymptotic development of the integral (1) in powers of $1/\bar{t}$. Burkhardt works out the transformations which allow to obtain such a development, simplifying considerably the argument used by Laplace. He applies, however, his method only in some special cases where the importance of his set up is rather hidden behind cumbersome computations to which he is lead. 1917 O. Perron [5] took up Burkhardt's paper and supplied, in the assumption that $g(x)$ is regular at the point x_0, the proof that in this way a complete asymptotic development is obtained, indeed. However, the formulas derived by Perron for computation of the terms of the asymptotic development are everything but simple [4].

§ 2.

We can obviously assume without loss of generality that $z_0 = 0$, $g(z_0) = 1$, and write then x for z. Further we will put

$$(2) \qquad \tau := 1/\sqrt{t}, \qquad \tau \downarrow 0.$$

The results discussed by Burkhardt and Perron lead, in the case that $g(x)$ is regular at 0, to an infinite asymptotic development in positive powers of τ. However, then evidently the adequate hypothesis about $f(x)$ and $g(x)$ is not the regularity at the origin but the existence of the asymptotic development of these functions at the origin. From this point of view it is even more natural to assume « finite » asymptotic developments of $f(x)$ and $g(x)$ at the origin and to look for an asymptotic development of (1) in terms of τ. This leads however to a further generalization of the whole set up. Namely, in the integral (1)

---

[3] More precisely, Darboux gives two proofs. In his first proof one has to assume that both $f(x)$ and $g^{(2)}(x)$ satisfy the Lipschitz condition at x_0. In the second proof the values $f'(x_0)$ and $g^{(3)}(x_0)$ are used explicitly.

[4] However, the main complication in the discussions of Burkhardt and Perron is due to the fact that they consider also the case that $f(z)$ has a singular point at z_0, a possibility which we disregard in our discussion.

$x_0 = 0$ is assumed to be an *inner point* of the interval $\langle a, b \rangle$ [5] while in our case it is more natural to consider the integral $\int_0^b$, $b > 0$. From the formulas obtained in this case an asymptotic representation of (1) can be easily obtained while some terms occuring in the development of $\int_0^b$ vanish if we go over to $\int_a^b$. It turns out that if under the appropriate conditions about $f(x)$ and $g(x)$ in $\langle a, b \rangle$ the integral $\int_0^b$ is asymptotically represented by a polynomial in τ, $\psi(\tau)$, then the integral $\int_a^0$ is asymptotically represented by $-\psi(-\tau)$ and therefore the integral (1) by $\psi(\tau) - \psi(-\tau)$. We see that the asymptotic representation of (1) is given by $1/\sqrt{t}\, P(t)$ where $P(t)$ is a polynomial in t. Apparently this fact has escaped the attention of previous workers in the field.

As shall be explained later the restriction to the *real* variable x is in no way essential. On the other hand, we shall assume in the following discussion $f(x)$ and $g(x)$ as *complex valued* functions. It may be finally noted that in what follows t need not go to ∞ continuously but may also tend to ∞ over a discrete set of values, for instance over the sequence of natural numbers. Then τ goes to 0 over the corresponding positive values.

§ 3.

We discuss in the next section § 4, the finite asymptotic developments in the form in which we will use them. and derive then in sec. 5 - 17 the asymptotic development of the integral

$$(3) \qquad \int_0^b e^{-atx^2} f(x)\, \varphi(x)^t\, dx, \quad b > 0,$$

(5) We denote by the symbol $\langle a, b \rangle$ generally the closed interval between **a** and b, while the symbol $(a, b\rangle$ denotes the interval between a and b, *open at a* and *closed at b*.

under appropriate conditions on $f(x)$ and $g(x)$ (Theorem I). We derive then the corresponding asymptotic development of the integral (1) with $a=z_0$ (Theorem II) and finally in § 22 the asymptotic development of the integral (1) with $a<z_0<b$ (Theorem III).

§ 4.

We define first the (right sided) *finite asymptotic representation*.

We say that a function $f(z)$, defined in a right sided neighborhood of z_0, U, has there an asymptotic representation at z_0 of *the 0 type* with the orders m, δ, if for the nonnegative integer m and a δ with $0<\delta\leq 1$ we can write in U:

$$(4) \qquad f(z) = \sum_{\mu=0}^{m} a_\mu (z-z_0)^\mu + \varrho(z)(z-z_0)^{m+\delta}$$

where $|\rho(z)|$ is uniformly bounded in U. We say, on the other hand, that $f(z)$ has in U an asymptotic representation at z_0 of *the o type* with the orders m, δ, if for a nonnegative integer m and a δ with $0\leq\delta<1$ we have (4) where $|\rho(z)|$ remains uniformly bounded throughout U and *tends to 0 with* $z\downarrow z_0$. We will also say about $\rho(z)$ that it is in corresponding cases of 0 type or of o type.

Similar definitions hold for the *left sided* neighborhood of z_0 and also for a *complete* neighborhood of z_0.

It is seen immediately that if a power series $P(z)$ in $z-z_0$ converges in U, then if $P(z_0)\neq 0$, the product $P(z)f(z)$ has an asymptotic representation of the same type and with the same orders m, δ as $f(z)$, while, if $P(z)$ has at z_0 a zero of exact order $p>0$, the product $P(z)f(z)$ has in U an asymptotic representation of the same type with the orders $m+p, \delta$.

In what follows we will, without loss of generality, assume, until § 20, throughout that $z_0=0$.

If, for instance, we take $m=0$ then the asymptotic representation (4) signifies that $f(x)=a_0+0(x^\delta)$ or $f(x)=a_0+o(x^\delta)$.

§ 5.

Throughout this whole paper, θ with or without indices denotes a number with $|\theta|\leq 1$, not always the same.

LEMMA 1. *Assume $|u| < 1$, m a nonnegative integer and a $t > m+1$. Then*

$$(5) \qquad (1+u)^t - \sum_{\mu=0}^{m} \binom{t}{\mu} u^\mu = \theta \frac{|tu|^{m+1}}{(m+1)!} e^{(t-m-1)|u|} = \theta \frac{|tu|^{m+1}}{(m+1)!} e^{|tu|}.$$

PROOF. From the binomial series with the Lagrange form of the remainder, it follows, with a θ_0, $0 \leq \theta_0 \leq 1$:

$$\left| (1+u)^t - \sum_{\mu=0}^{m} \binom{t}{\mu} u^\mu \right| = \frac{|u|^{m+1}}{(m+1)!} t(t-1)\ldots(t-m)|1+\theta_0 u|^{t-m-1} \leq$$

$$\leq \frac{|ut|^{m+1}}{(m+1)!} (1+|u|)^{t-m-1} \leq \frac{|ut|^{m+1}}{(m+1)!} e^{(t-m-1)|u|} \leq \frac{|ut|^{m+1}}{(m+1)!} e^{t|u|}.$$

§ 6.

In the following we will put $y := x/\tau$ and use y also as a new variable of integration.

LEMMA 2. *Assume that in the right handed neighborhood of the origin $U = \langle 0, b \rangle$ the measurable function $\varphi(x)$ has an asymptotic development with the orders $m+2, \delta$:*

$$(6) \qquad \varphi(x) = 1 + H(x) + \varrho(x) \xi x^2, \qquad H(x) := \sum_{\mu=3}^{m+2} \alpha_\mu x^\mu, \qquad \xi := x^{m+\delta}.$$

Put for $t > m+2$ and for a general σ, $0 < \sigma \leq b$:

$$(7) \qquad \Omega(x) := \sum_{\mu=0}^{m} \binom{t}{\mu} H(x)^\mu, \qquad R_\sigma := \sup_{(0, \sigma\rangle} |\varrho(x)|.$$

Assume an arbitrary positive $\beta < 1$ and a sufficiently small σ with

$$(8) \qquad\qquad 0 < \sigma \leq b/2, \qquad \sigma < 1$$

and so small that

$$(9) \qquad\qquad |\varphi(x) - 1| < \beta x^2 < \beta < 1 \qquad\qquad (0 < x \leq \sigma).$$

Define $\varphi(x)^t$ for $x = 0$ as 1 and, for $0 < x \leq \sigma$, by the binomial development of $[1 + (\varphi(x) - 1)]^t$.

Then the following relation holds with a C^* independent of x and t:

$$(10) \qquad |\varphi(x)^t - \Omega(x)| \leq C^* e^{2\beta y^2} \xi (R_\sigma + \sigma^{1-\delta}) \qquad (0 < x \leq o).$$

§ 7.

PROOF. As R_σ defined by (7) is non increasing with decreasing σ, we can take σ so small, that we have

$$(11) \qquad R_\sigma \xi < 1,$$

unless $m = \delta = 0$. But, since in the case $\delta = 0$ we can only have the o-type, in this case $\rho(x) \to 0$, $R_\sigma \to 0$ $(\sigma \downarrow 0)$ and the relation (11) holds again, for sufficiently small σ. We can therefore assume in the following discussion the relation (11). The lemma 1 can be applied to $\varphi(x)$, taking $u := \varphi(x) - 1$ (since $0 < x \leq \sigma < 1$) and it follows using (9) and (2),

$$(12) \qquad \varphi(x)^t = S + R,$$

$$(13) \qquad S := \sum_{\mu=0}^{m} \binom{t}{\mu} (\varphi(x) - 1)^\mu,$$

$$|R| \leq \frac{|\varphi(x) - 1|^{m+1} t^{m+1}}{(m+1)!} e^{t|\varphi(x)-1|} \leq \frac{y^{2m+2}}{(m+1)!} \left| \frac{\varphi(x) - 1}{x^2} \right|^{m+1} e^{\beta y^2}.$$

But for any polynomial $P(y)$ there exists a constant C_P such that

$$(14) \qquad |P(y)| \leq C_P e^{\beta y^2} \qquad (0 \leq y < \infty).$$

Hence it follows further

$$(15) \qquad |R| \leq C_0 \left| \frac{\varphi(x) - 1}{x^2} \right|^{m+1} e^{2\beta y^2},$$

where as in the following the constants $C_0, C_1, \ldots, C_9$ only depend on β, b, σ and m unless otherwise stated.

§ 8.

As to $\varphi(x) - 1$ in (15), we consider first the case that

$$(16) \qquad H(x) \equiv 0, \qquad \varphi(x) - 1 = \varrho(x) \xi x^2.$$

((16) holds certainly if $m=0$). From (15) and (11) it follows

$$(17) \qquad |R| \leq C_1 (R_\sigma \, \xi)^{m+1} \, e^{2\beta y^2} \leq C_1 \, R_\sigma \, \xi \, e^{2\beta y^2} \qquad (H(x) \equiv 0).$$

On the other hand, if $H(x) \not\equiv 0$, we have $m \geq 1$ and therefore

$$(18) \qquad |\varphi(x) - 1| \leq C_2 \, x^3 \qquad (0 \leq x \leq 1).$$

Then from (15) it follows

$$|R| \leq C_0 \, C_2^{m+1} \, x^{m+1} \, e^{2\beta y^2} = C_3 \, x^{1-\delta} \, \xi \, e^{2\beta y^2} \qquad (H(x) \not\equiv 0).$$

Combining this with (17) we obtain in any case

$$(19) \qquad |R| \leq C_4 \, \xi \, (R_\sigma + \sigma^{1-\delta}) \, e^{2\beta y^2} \qquad (0 \leq x \leq \sigma).$$

§ 9.

We consider now the difference

$$(20) \qquad S - \Omega = \sum_{\mu=1}^{m} \binom{t}{\mu} \left[(\varphi(x) - 1)^\mu - H(x)^\mu \right].$$

Consider first the case $H(x) \equiv 0$, $\Omega(x) \equiv 1$, $\varphi(x) - 1 = \rho(x) \, \xi \, x^2$.
Then, using (6), (11) and (14), since $\binom{t}{\mu} \leq t^\mu / \mu!$,

$$(21) \qquad |S - 1| \leq \sum_{\mu=1}^{m} \frac{y^{2\mu}}{\mu!} \left(|\varrho(x)| \, \xi \right)^\mu < R_\sigma \, \xi \sum_{\mu=1}^{m} \frac{y^{2\mu}}{\mu!} < C_5 \, R_\sigma \, \xi \, e^{2\beta y^2}$$

$$(H(x) \equiv 0).$$

If, on the other hand, $H(x) \not\equiv 0$, then $m > 0$ and it follows from (18) for $\mu \geq 1$, as $x \leq \sigma \leq 1$:

$$(\varphi(x) - 1)^\mu - H(x)^\mu = x^2 \, \varrho(x) \, \xi \sum_{\alpha=0}^{\mu-1} (\varphi(x) - 1)^\alpha \, H(x)^{\mu-1-\alpha} =$$

$$= \varrho(x) \, \xi \, x^{2\mu} \sum_{\alpha=0}^{\mu-1} \left(\frac{\varphi(x) - 1}{x^2} \right)^\alpha \left(\frac{H(x)}{x^2} \right)^{\mu-1-\alpha}$$

and, since $|(\varphi(x) - 1)/x^2|$ and $|H(x)/x^2|$ are bounded for $0 < x \leq \, \leq \text{Min}\,(1, b/2)$,

$$|(\varphi(x) - 1)^\mu - H(x)^\mu| \leq C_6 \, R_\sigma \, \xi \, x^{2\mu} \qquad (\mu = 1, \dots, m).$$

§ 10.

Introducing this into (20) we obtain

$$(22) \qquad |S - \Omega| \leq C_6 \, R_\sigma \, \xi \, \sum_{\mu=1}^{m} \frac{t^\mu}{\mu!} \, x^{2\mu} = C_6 \, R_\sigma \, \xi \, \sum_{\mu=1}^{m} \frac{y^{2\mu}}{\mu!} < C_7 \, R_\sigma \, \xi \, e^{2\beta y^2},$$

and this also holds for $H(x) \equiv 0$, choosing C_7 conveniently. Combining now this with (19), the assertion (10) follows with $C^* := C_4 + C_7$. Lemma 2 is proved.

§ 11.

LEMMA 3. *Under the assumptions and in notations of lemma 2 assume that a function $f(x)$, integrable over U, has an asymptotic development at the origin in the interval U with the orders m, δ and with the same type as the development (6) of $\varphi(x)$:*

$$(23) \qquad f(x) = F(x) + \lambda(x)\, \xi, \qquad F(x) = \sum_{\mu=0}^{m} b_\mu \, x^\mu,$$

where $\lambda(x)$ corresponds to $\rho(x)$ in (6). Put

$$(24) \qquad L_\sigma := \operatorname*{Sup}_{(0,\,\sigma>} |\lambda(x)|.$$

Then

$$(25) \qquad |f(x)\, \varphi(x)^t - F(x)\, \Omega(x)| \leq C_8 \, \xi \, (R_\sigma + L_\sigma + \sigma^{1-\delta}) \, e^{2\beta y^2} \quad (0 \leq x \leq \sigma).$$

§ 12.

PROOF. Denoting the left side expression in (25) by D we have identically:

$$D = |f(\varphi^t - \Omega) + \Omega(f - F)| \leq |f|\,|\varphi^t - \Omega| + |\Omega|\,|f - F|.$$

Put

$$\operatorname*{Sup}_{(0,\,\sigma>} |f(x)| =: f_\sigma, \qquad \operatorname*{Sup}_{(0,\,\sigma>} |\Omega(x)| =: \Omega_\sigma.$$

It follows for $0 \leq x \leq \sigma$:

$$D \leq f_\sigma \, |\varphi^t - \Omega| + \Omega_\sigma \, |f - F|$$

and, using (10) and (23)

$$D \leq f_\sigma\, C^*\, \xi\, (R_\sigma + \sigma^{1-\delta})\, e^{2\beta v^2} + \Omega_\sigma\, L_\sigma\, \xi \leq C_8\, \xi\, e^{2\beta v^2}\, (R_\sigma + L_\sigma + \sigma^{1-\delta}).$$

Lemma 3 is proved.

§ 13.

LEMMA 4. *Asssume $\sigma > 0$, $N > 0$ and arbitrarily large, and $\mathcal{R}\,\alpha > 0$. Then, for any polynomial $P\,(x)$,*

$$(26) \qquad \int_\sigma^\infty e^{-\alpha t x^2}\, P\,(x)\, dx = 0\left(\frac{1}{t^N}\right) \qquad (t \longrightarrow \infty).$$

PROOF. Indeed, introducing $y = x/\tau$ as new variable of integration we obtain

$$\int_\sigma^\infty e^{-\alpha t x^2}\, P\,(x)\, dx = \tau \int_{\sigma/\tau}^\infty e^{-\alpha y^2}\, P\,(y\tau)\, dy = 0\,(\tau^{2N}),$$

using the inequality (14) with a convenient β.

§ 14.

LEMMA 5. *Assume, under the hypotheses of lemmas 2 and 3, an α with $\mathcal{R}\,\alpha > 0$. Assume further that for a positive α_1 wtih $p: = \mathcal{R}\,\alpha - -\alpha_1 > 0$, we have*

$$(27) \qquad\qquad |\,\varphi\,(x)\,| \leq e^{\alpha_1 x^2} \qquad (\sigma \leq x \leq b).$$

Then, for $t \to \infty$

$$(28) \qquad \left|\int_\sigma^b e^{-\alpha y^2}\, f\,(x)\, \varphi\,(x)^t\, dx\right| < \frac{C\,(N)}{t^N} \qquad (t \to \infty)$$

for any positive N and a convenient constant $C\,(N)$ depending on N.

Indeed, the left hand expression in (28) is

$$\leq \int_\sigma^b |\,f\,(x)\,|\; e^{-pt x^2}\, dx < e^{-tp\sigma^2} \int_\sigma^b |\,f\,(x)\,|\, dx.$$

§ 15.

THEOREM 1. *Assume that in the right handed neighborhood of the origin, $U = \langle 0, b \rangle$, the measurable function $\varphi(x)$ has an asymptotic development with the orders $m+2$, δ in the form (6), while the in U integrable function $f(x)$ has an asymptotic development with the orders m, δ as in (23), of the same type as (6).*

Assume an α with $r := \mathcal{R}\alpha > 0$ and assume that we have for any positive $\sigma \leq b$

$$(29) \qquad \operatorname*{Sup}_{\langle \sigma, b \rangle} \frac{\log | \varphi(x) |}{x^2} < r \qquad (\sigma > 0).$$

Then the integral

$$(30) \qquad J_+ := \int_0^b e^{-\alpha t x^2} f(x)\, \varphi(x)^t \, dx$$

has an asymptotic development in τ at the origin in a positive neighborhood of the origin with the ordes $m+1$, δ and of the same type as the developments (6) and (23),

$$(31) \qquad J_+ = \psi(\tau) + \sigma(\tau)\, \tau^{m+1+\delta}, \qquad \psi(\tau) = \sum_{\mu=1}^{m+1} \alpha_\mu \tau^\mu.$$

Here $\psi(\tau)$ can be obtained, using Ω in (7), from

$$(32) \qquad \psi(\tau) = \tau \int_0^\infty e^{-\alpha y^2} F(y\tau)\, \Omega(y\tau)\, dy + 0\,(\tau^{m+2}).$$

§ 16.

PROOF. Observe that since F and Ω are polynomials, $\psi(\tau)$ is uniquely defined as a polynomial of degree $m+1$ by the formula (32).

Choose in lemmas 2 and 3, $\beta < r/4$. Then the relation (25) of lemma 3 can be rewritten in the form

$$(33) \qquad f\,\varphi^t = F\Omega + \theta^*\, C_8\,(R_\sigma + L_\sigma + \sigma^{1-\delta})\, \xi\, e^{r y^2/2}.$$

Multiplying this on both sides by $e^{-\alpha y^2} dx$ and integrating between 0 and σ we have further

$$(34)\qquad \int_0^\sigma e^{-\alpha y^2} f(x)\,\varphi(x)^t\,dx =$$

$$= \int_0^\sigma e^{-\alpha y^2}\, F(x)\,\Omega(x)\,dx + \theta_1\, C_8\,(R_\sigma + L_\sigma + \sigma^{1-\delta}) \int_0^\infty x^{m+\delta}e^{-r y^2/2}\,dx.$$

§ 17.

The last integral in (34) is, introducing y as a new integration variable,

$$\tau^{m+1+\delta} \int_0^\infty y^{m+\delta}\, e^{-r y^2/2}\,dy$$

so that the second right hand term in (34) can be written as

$$\theta_2\, C_9\,(R_\sigma + L_\sigma + \sigma^{1-\delta})\,\tau^{m+1+\delta},$$

where C_9 is a constant depending on m and α.

If we replace in the first right hand integral in (34) the integration $\int_0^\sigma$ by the integration $\int_0^\infty$, we add, as follows from (26) in lemma 4, only a term of the order $0\,(\tau^{m+2})$.

On the other hand, we shall now replace in the left hand integral in (34) the integration $\int_0^\sigma$ by the integration $\int_0^b$. Then we add at the most the expression considered in (28) of lemma 5 and it will follow from (28) that the additional term is of the form $0\,(\tau^{m+2})$, as soon as the condition (27) of lemma 5 is verified. This follows, however, immediately from the condition (29) of theorem I. We have therefore now obtained

$$(35)\qquad \int_0^b e^{-\alpha y^2} f(x)\,\varphi(x)^t\,dx = \int_0^\infty e^{-\alpha y^2}\, F(x)\,\Omega(x)\,dx +$$

$$+ \theta_2\, C_9\,(R_\sigma + L_\sigma + \sigma^{1-\delta})\,\tau^{m+1+\delta} + 0\,(\tau^{m+2}).$$

§ 17.

Introduce in the first right hand term in (35) the integration variable $y = x/\tau$. Then we obtain the right hand integral in (32). If we define now ψ as a polynomial in τ of degree $m+1$ by the formula (32) we can write

$$(36) \qquad \int_0^b e^{-ay^2} f(x)\, \varphi(x)^t\, dx - \psi(\tau) = \theta_2 C_9 \left(R_\sigma + L_\sigma + \sigma^{1-\delta}\right) \tau^{m+1+\delta} + 0\,(\tau^{m+2}).$$

If we assume now that both developments (6) and (23) are of O-type, R_σ and L_σ are bounded independently of σ, $\sigma^{1-\delta}$ is <1 and the assertion of our theorem follows.

Assume on the other hand that both developments (6) and (23) are of o-type. Here, since the left side expression in (36) is independent of σ, we can let σ tend to 0. It follows that the right hand expression in (36) is $o\,(\tau^{m+1+\delta})$, as in this case $\delta < 1$. Theorem I is proved.

§ 18.

We consider now the integral

$$(37) \qquad J_- := \int_a^0 e^{-atx^2} f(x)\, \varphi(x)^t\, dx, \quad a < 0,$$

where $f(x)$ and $\varphi(x)$ are defined in a *left sided* neighborhood of 0, $U_- = \langle a, 0 \rangle$ and have in this neighborhood at 0 the asymptotic developments (6) and (23) where, however, ξ has to be replaced by $|x|^{m+\delta}$, and both developments are assumed to be of the same type.

Assume again an α with $r := \mathcal{R}\,\alpha > 0$. Instead of (29) we have to assume that for any negative $\sigma \geq a$ the analogue to the condition (28) is satisfied:

$$(38) \qquad \operatorname*{Sup}_{\langle a,\, \sigma \rangle} \frac{\log |\varphi(x)|}{x^2} < r \qquad (a \leq \sigma < 0).$$

Then, introducing $u := -x$ in J_- as a new variable of integration we obtain

$$J_- = \int_0^{-a} e^{-atu^2} f(-u)\, \varphi(-u)^t\, du.$$

Defining the functions $f_1(x)$ and $\varphi_1(x)$ in the interval $\langle 0, -a \rangle$ by

$$(39) \qquad f_1(u) := f(-u), \qquad \varphi_1(u) := \varphi(-u)$$

we can therefore write using again x as variable of integration,

$$(40) \qquad J_- = \int_0^{-a} e^{-alx^2} f_1(x)\, \varphi_1(x)^t\, dx.$$

But now, theorem I applied to (40) gives

$$(41) \qquad J_- = \psi_1(\tau) + \sigma_1(\tau)\, \tau^{m+1+\delta}.$$

Here $\sigma_1(\tau)$ is of the same type as $\lambda(x)$ and $\rho(x)$ while $\psi_1(\tau)$ is a polynomial of order $m+1$ obtained from

$$(42) \qquad \psi_1(\tau) = \tau \int_0^\infty e^{-ay^2} F(-y\tau)\, \Omega_1(y\tau)\, dy + 0\,(\tau^{m+2}),$$

where $\Omega_1(x)$ again is given by

$$(43) \qquad \Omega_1(\tau) = \sum_{\mu=0}^{m} \binom{t}{\mu} H(-x)^\mu.$$

§ 19.

Assume now that the asymptotic developments (6) and (23) hold in the *complete neighborhood* of the origin, $\langle a, b \rangle$, $a < 0 < b$. Assume further that both conditions (29) and (38) are satisfied. Then we can write

$$J := \int_a^b e^{-alx^2} f(x)\, \varphi(x)^t\, dx = J_+ + J_-.$$

and therefore, using (31) and (41),

$$J = \psi(\tau) + \psi_1(\tau) + \sigma_2(\tau)\, \tau^{m+1+\delta}.$$

But here $\psi_1(\tau)$ is obtained from (42) and (43). The formula (43) becomes in this case using $\Omega(x)$ as defined by (7), $\Omega_1(x) = \Omega(-x)$ and therefore (42) becomes

$$\psi_1(\tau) = \tau \int_0^\infty e^{-ay^2} F(-y\tau)\, \Omega(-y\tau)\, dy + 0\,(\tau^{m+2}).$$

Comparing this formula with (32) it follows that

$$(44) \qquad\qquad \psi_1(\tau) = -\psi(-\tau)$$

and therefore

$$(45) \qquad\qquad J = \psi(\tau) - \psi(-\tau) + \sigma^*(\tau)\, \tau^{m+1+\delta}.$$

We see that the asymptotic polynomial approximating *J contains only odd powers of* τ.

§ 20.

We return now to the consideration of the integral (1) in the general case and formulate in this section the hypotheses about $f(z)$ and $g(z)$ which will be used in Theorem III. We denote the set of these hypotheses by H^*.

We assume that $f(z)$ has in the interval $\langle a, b \rangle$ at the point z_0, $a < z_0 < b$, the asymptotic development (4), in which, however, we must replace $z - z_0$ in the error term with $|z - z_0|$.

We assume about $g(z)$ that it has in the interval $\langle a, b \rangle$ at z_0 the asymptotic development

$$(46) \qquad g(z) = g(z_0) + \sum_{\mu=2}^{m+2} c_\mu (z - z_0)^\mu + \lambda^*(z)\, |z - z_0|^{m+2+\delta}$$

of the same type as (4), and that $g(z)$ is continuous in $\langle a, b \rangle$, $g(z_0) > 0$ and

$$(47) \qquad\qquad \mathcal{R}\, c_2 < 0.$$

Further we assume that

$$(48) \qquad\qquad |g(z)| < g(z_0) \qquad (z \in \langle a, b \rangle,\ z \neq z_0).$$

m is here assumed as a nonnegative integer. Further we denote $z - z_0$ by x.

If in the above assumptions we replace the complete interval $\langle a, b \rangle$ around z_0 by a right sided interval $\langle 0, b \rangle$ we will denote the corresponding set of assumptions by H_+^*.

§ 21.

In order to obtain the asymptotic development of (1) where however $a = z_0$, in the hypotheses H_+^*, we put

$$(49) \qquad \alpha := - c_2/g(z_0)$$

and define $\varphi(x)$ by

$$(50) \qquad \varphi(x) := e^{\alpha x^2} g(x + z_0)/g(z_0).$$

Then obviously $\varphi(x)$ can be written in the form (6) and has the asymptotic development at 0 with the orders $m+2$, δ of the same type as $g(z)$ at z_0. Denoting $f(x+z_0)$ by $f_1(x)$ it follows from (4) that $f_1(x)$ has at the origin an asymptotic development with the orders m, δ and of the same type as $\varphi(x)$.

Our integral becomes now

$$\int_{z_0}^{b} f(z)\, g(z)^t\, dz = g(z_0)^t \int_{0}^{b-z_0} e^{-\alpha t x^2} f_1(x)\, \varphi(x)^t\, dx.$$

Since $b - z_0 > 0$, theorem I can be applied to the right handed integral and we obtain

THEOREM II. *Under assumptions H_+^* we have*

$$(51) \qquad g(z_0)^{-t} \int_{z_0}^{b} f(z)\, g(z)^t\, dz = \psi(\tau) + o^*(\tau)\, \tau^{m+1+\delta}$$

where $\sigma^*(\tau)$ is of the same type as $\rho(z)$ and $\lambda^*(z)$, while $\psi(\tau)$ is a polynomial in τ of degree $m+1$, vanishing at the origin.

§ 22.

In the general case, under the assumptions H^*, we introduce again α and $\varphi(x)$ by (49) and (50) and obtain for (1)

$$\int_{a}^{b} f(z)\, g(z)^t\, dz = g(z_0)^t \int_{a-z_0}^{b-z_0} e^{-\alpha t x^2} f(x + z_0)\, \varphi(x)^t\, dx.$$

Applying here to the right hand integral the formula (45) we obtain

THEOREM III. *Under the hypotheses H* we have the asymptotic development for the integral* (1):

$$(52) \qquad g(z_0)^{-t} \int_a^b f(z)\, g(z)^t\, dz = \psi^*(\tau) + \sigma^*(\tau)\, \tau^{m+1+\delta}$$

where the polynomial $\psi^*(\tau)$ is an odd polynomial of degree $\leq m+1$ connected with the polynomial $\psi(\tau)$ of theorem II by the formula

$$(53) \qquad \psi^*(\tau) = \psi(\tau) - \psi(-\tau).$$

§ 23.

Up to now we assumed that the variable z in (1) is a real variable. If, however, z is a complex variables it is sufficient to consider the integrals of the form

$$\int_O f(z)\, g(z)^t\, dz$$

where C is a finite arc beginning at the origin, and of course $f(z)$ and $g(z)$ are assumed to be regular along C save, possibly, at the origin. We assume that a segment of C, beginning at the origin is situated in a convex regularity domain of $f(z)$ and $g(z)$. Then we can replace, by Cauchy's integral theorem (since the integrand is bounded at the origin) this segment of C by its chord and then, by a transformation of the type $z = e^{i\vartheta} z_1$, turn this chord into a segment $\langle 0, s \rangle$ of the positive real axis, beginning at the origin. But then if $|g(z)|$ has its proper maximum at the origin we can neglect the remaining part of C and integrate the transformed integral from 0 to s along the positive real axis.

BIBLIOGRAPHY

[1]   H. BURKHARDT: *Ueber Funktionen grosser Zahlen, insbesondere über die näherungsweise Bestimmung entfernter Glieder in den Reihenentwicklungen der Theorie der Keplerschen Bewegung*, Sitzungsb. d. Akad. München, math.-phys. Kl. (1914), pp. 1-12.

[2] G. DARBOUX: *Mémoire sur l'approximation des fonctions de très-grands nombres, et sur une classe étendue de développements en série*. Journ. de Math., Serie 3, 4 (1878), pp. 5-56, 377-416.

[3] P. LAPLACE: *Théorie analytique des probabilités*, 1, Teil 2, Kap. 1; Oeuvres, 7, p. 89. Paris, Gauthier-Villars 1886.

[4] H. LEBESGUE: *Remarques sur un énoncé dû à Stieltjes et concernant les intégrales singulières*, Toulouse Ann. Serie 3, 1 (1909), pp. 119-128.

[5] O. PERRON: *Ueber die näherungsweise Berechnung von Funktionen grosser Zahlen*, Sitzungsb. d. Akad. München, math.-phys. Kl (1917), pp. 191-219.

[6] T. J. STIELTJES - CH. HERMITE, *Correspondance d'Hermite et de Stieltjes*, Paris, Gauthier-Villars (1905), 2 pp. 185, 315-317, 333.

Pervenuto in Redazione il 17 dicembre 1974.

On Cauchy-Frullani Integrals [1]

I. Introduction

1. A beautiful result due essentially to Cauchy [2], [3], but attributed usually to Frullani [2]) is contained in the integral formula

$$\int_0^\infty \frac{f(at)-f(bt)}{t}\, dt = (f(\infty)-f(0))\, \lg\frac{a}{b} \qquad (a\wedge b>0),$$

$$f(0):=\lim_{x\downarrow 0} f(x), \qquad f(\infty):=\lim_{x\to\infty} f(x). \tag{I,1}$$

$f(x)$ is assumed L integrable in $(0,\ \infty)$ [3]).

It can be expected that this formula remains valid, if the limits $f(0), f(\infty)$ do not exist, but are replaced by appropiate *mean values* in the corresponding neighbourhoods of $x=0$, $x=\infty$. Thus the problem arises to find such definitions of mean values. The problem will be then more or less completely solved, if from the convergence of the left hand integral in (I, 1), a and b varying in some intervals, the existence of these mean values follows.

---

[1] Sponsored in part by the Swiss National Science Foundation. Sponsored in part under the Grant DA-ERO-75-G-035 of the European Research Office, United States Army, to the Institute of Mathematics, University of Basel.

[2] G. Frullani, Sopra Gli Integrali Definiti, Ricevuta adi 21 Novembre, Memorie della Società Italiana delle Scienze, Modena, XX, pp. 448–467.

The volume is dated 1828; however, it contains another paper by Frullani with the note: "Ricevuta adi 1. Oktobre 1830". On page 460 of his paper Frullani says: "Io comunicai questo risultato al ch. Plana sino dal 1821. Successivamente, e nel giornale della Scuola Politecnica per l'anno 1823 ne ho veduta una dimostratione dovuta al ch. Cauchy, e dedotta da principi differentissimi dai precedenti". However, Frullani's "proof" is completely illusory.

As to Cauchy, his paper [2] of 1823 contains only the case $f(\infty)=0$ of (I,1). However, Cauchy assumes in his proof implicitly (and unnecessarily) that $\int^\infty [f(x)/x]\, dx$ is convergent, which does not follow from $\lim_{x\to\infty} f(x)=0$. In the article [3] of 1827, Cauchy writes down the formula (I,1)

Note continued on next page

2. Before attacking the general problem observe that introducing in the integral in (I, 1) a new variable of integration, τ, by $t = u\tau$, $u > 0$, this integral becomes

$$\int_0^\infty \frac{f(ua\tau) - f(ub\tau)}{\tau}\, d\tau,$$

so that our integral, in the case of convergence, remains convergent and does not change its value if a and b are multiplied by an arbitrary positive number. We can therefore replace in our discussion, putting $\varrho := a/b$, the integral in (I, 1) with the integral

$$\int_0^\infty \frac{f(\varrho t) - f(t)}{t}\, dt, \qquad \varrho > 0. \tag{I,2}$$

Further it is useful to deal separately with the neighbourhoods of 0 and ∞, putting

$$f(x) = \pi(x) + \mu(x), \qquad \pi(x) = \begin{cases} f(x) & (x \geq 1) \\ 0 & (0 < x < 1), \end{cases}$$
$$\mu(x) = \begin{cases} 0 & (x \geq 1) \\ f(x) & (0 < x < 1). \end{cases} \tag{I,3}$$

Note 2) continued

(as his formula (66)) and goes on to say that this formula "se déduit aisément, ainsi que M. Ostrogradsky en a fait la remarque, de l'équation

$$\int_0^\infty f'(ar)\, dr = \frac{f(\infty) - f(0)}{a}$$

intégrée par rapport à la quantité a. On pourrait au reste établir l'équation (66)... à l'aide de la théorie des intégrales singulières."

Cauchy's formulation is rather vague. But it appears that the complete formula (I,1) was first indicated by Ostrogradsky, although the carrying out of Ostrogradsky's idea of the proof would require some additional assumptions. This was obviously a personal communication of Ostrogradsky, as in Ostrogradsky's Collected Papers the subject is not mentioned anywhere. Cauchy's own proof alluded to above is the usual proof using our identity (I,4) from sec. 2.

[3] If we say that a function is *L integrable* or *bounded* or *absolutely continuous* or that an expression (or series) is *uniformly convergent* "*in an interval J*" which could be finite or infinite, open or closed or half open, this signifies that the corresponding property holds in any closed interval contained in J.

We denote an open interval by (α, β), a closed interval by $\langle \alpha, \beta \rangle$ and the half open intervals by $\langle \alpha, \beta)$ and $(\alpha, \beta\rangle$.

Further we use the notations $A := B$, $A =: B$, in the sense A means B, A is denoted by B.

The symbol $\exists$ signifies "*exists*" and the logical symbol $\wedge$ is to be read: *as well as*. This symbol has priority with respect to the symbols $=, >, <, \exists$. $\vee$ is to be read: *or*.

On the other hand the following identity is immediately verified:

$$\int_{\varepsilon}^{A} \frac{f(\varrho t)-f(t)}{t}\,dt = \int_{A}^{\varrho A} \frac{f(t)}{t}\,dt - \int_{\varepsilon}^{\varrho\varepsilon} \frac{f(t)}{t}\,dt \quad (0<\varepsilon<A), \tag{I,4}$$

and it follows at once that a necessary and sufficient condition for the convergence of the integral (I,2), that is for the existence of the limit of the left side integral in (I,4) with $A\to\infty$, $\varepsilon\downarrow 0$, is that both right side terms in (I,4) have limits, that is to say that the integrals (I,2) for $\pi(x)$ and $\mu(x)$ exist separately.

Further, by the identity

$$\int_{0}^{\infty} \frac{f(\varrho t)-f(t)}{t}\,dt = \int_{0}^{\infty} \frac{f(\varrho/t)-f(1/t)}{t}\,dt, \tag{I,5}$$

the discussion of $\mu(x)$ is reduced at once to that of $\pi(x)$ and vice versa. It will therefore be sufficient in the discussion of (I,2) to assume that $f(x)=0$ $(0<x\leq 1)$.

3. A first general solution of our problem has been indicated by K. S. K. Iyengar, 1940, [1], [2]. Iyengar's necessary and sufficient condition for the integral (I,2) being convergent for any ϱ from an interval on the positive t-axis, is the existence of both

$$\int_{1}^{\infty} \frac{f(t)}{t^2}\,dt, \qquad \lim_{x\to\infty} x \int_{x}^{\infty} \frac{f(t)}{t^2}\,dt. \tag{I,6}$$

However Iyengar's proof, although very skilful in the most parts, contains in an essential point a grave mistake which apparently cannot be improved directly. It concerns Iyengar's formula (6.2). Iyengar proves first that for his function $F(u)$ and a certain ϱ_1, $0<\varrho_1<1$, the expression $F(u)-F(\varrho_1 u)/\varrho_1$ tends to L with $u\downarrow 0$. If we write this in the form

$$F(u)-F(\varrho_1 u)/\varrho_1 = L+\eta(u), \qquad \eta(u)\to 0 \ (u\downarrow 0),$$

Iyengar's formula (6.2) can be written as

$$F(u)-\frac{1}{\varrho_1^m} F(u\varrho_1^m) = L\frac{\varrho_1^{-m}-1}{\varrho_1^{-1}-1} + \sum_{r=1}^{m} \frac{\eta(u\varrho_1^{r-1})}{\varrho_1^{r-1}}. \tag{$*$}$$

Now Iyengar assumes that u varies, for a positive u_0, in the interval $u_0 \geq u \geq u_0\varrho_1$, puts $y := u\varrho_1^m$, so that $y \downarrow 0$ is equivalent with $m \to \infty$, and asserts that then the right hand η-sum in (*) tends with $y \downarrow 0$ to 0. This does not of course follow as already the first term of this sum corresponding to $r = 1$ is $\eta(u)$, and u remains $\geq u_0\varrho_1 > 0$.

4. Nevertheless, Iyengar's assertion concerning the existence of (I,6) is true, as it has been proved 1942 and 1954 by R. P. Agnew [1], [3]. Further, Agnew replaces the interval on the ϱ-axis in Iyengar's discussion by an *arbitrary set of positive measure*.

5. In what follows we give first another solution of the above problem. We prove that necessary and sufficient for the integral (I,2) to be convergent for all ϱ from a set of positive measure on the positive ϱ-axis is the existence of the limit

$$M(f) := \lim_{x \to \infty} \frac{1}{x} \int_1^x f(t)\, dt. \tag{I,7}$$

This condition is of course essentially simpler than the condition concerning (I,6). On the other hand the proof of our result can be carried out in a simpler way than the argumentation of Agnew, since, in order to deal with not necessarily uniform convergence, we use only Osgood's theorem for a convergent sequence of continuous functions, the proof of which does not even make use of the theory of measure.

6. We give in chap. III the proof of our results concerning the integral (I,2) as theorem A, after some preliminary discussions in chap. II. In chap. IV we prove directly that Iyengar's conditions are equivalent with ours[4]. In this way a considerable simplification of the proof of Iyengar's conditions is achieved. In chap. V we formulate the theorem B concerning the integral in (I,1) in its original form and give further some examples, specializing $f(t)$.

7. The main interest of the formula (I,1) consists of course in the fact that it contains an essentially *arbitrary function* $f(t)$. By a variable transformation we can of course always introduce another arbitrary function. We will show in the second part of this paper, that a generalisation of (I,1) is possible, containing *three*, more or less arbitrary, functions and give the value of an integral of the form

$$\int_a^b (\psi'(x)\, g(\psi(x)) - \varphi'(x)\, g(\varphi(x)))\, dx \tag{I,8}$$

---

[4] Another proof of this equivalence was given by Agnew [2], with reference to Ostrowski [1].

as theorem C. The proof of this *Three Functions Formula* is given in chap. VII after some preliminary discussions in chap. VI, while chap. VIII brings different specialisations of the Three Functions Formula, obtaining in this way in particular different formulas going back to Cauchy and Lerch.

Main results of this paper have been communicated and proofs partially sketched, 1949, in Ostrowski [1].

II. Discussion of $g(q)$

8. In this whole chapter $f(x)$ is a function L integrable in $(0, \infty)$. The letters x, y, q, u, v, w, t denote *positive* numbers. Then it follows by an obvious change of integration variable that

$$\int_{x}^{ux} \frac{f(wt)}{t}\, dt = \int_{wx}^{uwx} \frac{f(t)}{t}\, dt. \tag{II,1}$$

We can therefore define

$$g(u) := \lim_{x \to \infty} \int_{x}^{ux} \frac{f(t)}{t}\, dt = \lim_{x \to \infty} \int_{vx}^{vux} \frac{f(t)}{t}\, dt, \tag{II,2}$$

for any positive u for which the right hand limit exists. It follows then, if both $g(u)$ and $g(v)$ exist,

$$g(v) + g(u) = \int_{x}^{vx} \frac{f(t)}{t}\, dt + \int_{vx}^{uvx} \frac{f(t)}{t}\, dt = \int_{x}^{uvx} \frac{f(t)}{t}\, dt,$$

$$g(uv) = g(u) + g(v) \quad (\exists g(u) \wedge g(v)). \tag{II,3}$$

It follows further that

$$g\left(\frac{1}{u}\right) = \lim_{x \to \infty} \int_{x}^{x/u} \frac{f(t)}{t}\, dt = \lim_{x \to \infty} \int_{ux}^{x} \frac{f(t)}{t}\, dt = -g(u),$$

if $g(u)$ exists, and, further, replacing v in (II,3) with $1/v$,

$$g(u/v) = g(u) - g(v) \quad (\exists g(u) \wedge g(v)). \tag{II,4}$$

9. Assume now that $g(u)$ exists for all u from the interval

$$0 < Q_1 < u < Q_2 < \infty.$$

Then, using (II,3) and (II,4) repeatedly, it follows that $g(u)$ exists for all positive u.

If we assume even less than that, namely that $g(u)$ exists for all $u \in S$, where S is a set in $(0, \infty)$ of positive measure, then, if $u_1 \wedge u_2 \in S$, $g(u_1/u_2)$ exists too. But, as follows immediately from a well-known theorem by Steinhaus, the set of all quotients u_1/u_2, if $u_1 \wedge u_2 \in S$, contains an interval of positive length. Therefore, in this case too, $g(u)$ exists for all positive u.

In this case we can assume that in (II,3) u and v are arbitrary positive numbers. On the other hand it follows from (II,2), if we let $x \to \infty$ over integers, that $g(u)$ as the limit of a sequence of continuous functions, is measurable for all positive u. Therefore, in virtue of a theorem by Fréchet [1], [2]; Sierpinski [1]; Banach [1], we have

$$g(u) = C \lg u \qquad\qquad\qquad\qquad (\text{II},5)$$

for a convenient *constant C.*[5])

10. LEMMA 1. *Assume that $f(t)$ is continuous in $(0, \infty)$ and $g(q)$ in (II,2) exists for all $q > 0$. Assume further that we have*

$$f(qt) - f(t) \to 0 \qquad (t \to \infty, q > 0). \qquad\qquad (\text{II},6)$$

Then

$$f(t) \to C \qquad (t \to \infty), \qquad\qquad\qquad (\text{II},7)$$

where C is the constant from (II,5), and

$$g(q) = C \lg q \qquad (q > 0). \qquad\qquad\qquad (\text{II},8)$$

11. *Proof.* We start from the identity

$$f(x) \lg \frac{q''}{q'} = \int_{q'x}^{q''x} \frac{f(t)}{t}\, dt - \int_{q'}^{q''} \frac{f(qx) - f(x)}{q}\, dq,$$

---

[5] The theorem in question deals with the functional equation $\varphi(x+y) = \varphi(x) + \varphi(y)$ to which (II,3) is reduced by the substitution $\varphi(x) := g(e^x)$.

which is immediately verified introducing in the second right side integral the new variable of integration, $t:=qx$.

Let $x_v \to \infty$ be an x-sequence, for which

$$\lim_{v \to \infty} f(x_v)=\Gamma,$$

with Γ finite or infinite. Then it follows

$$f(x_v)\, \lg \frac{q''}{q'}= \int_{q'x_v}^{q''x_v} \frac{f(t)}{t}\, dt - \int_{q'}^{q''} \frac{f(qx_v)-f(x_v)}{q}\, dq. \qquad (\mathrm{II},9)$$

The sequence of continuous functions

$$G_v(q):= f(qx_v)-f(x_v) \qquad (\mathrm{II},10)$$

tends to 0 for any positive q. It follows now from a well-known theorem by Osgood, that for each $\eta>0$ there exists a *subinterval* $q'\leq q\leq q''$ of $(0,\infty)$, of positive length, and an n_0, such that

$$|G_v(q)|\leq\eta \qquad (v>n_0, q'\leq q\leq q'').$$

12. We apply now (II,9) to the interval $\langle q', q''\rangle$; then, by (II,5), the first right side integral in (II,9) tends to $g(q''/q')=C\,\lg(q''/q')$, while the modulus of the second integral remains $\leq\eta\,\lg(q''/q')$. Therefore Γ is finite and we have

$$|\Gamma-C|\leq\eta.$$

Since η is here arbitrary small, we have $\Gamma=C$. We see, that any convergent sequence $f(x_v)$ with $v\to\infty$ has C as limit and it follows $\lim_{x\to\infty} f(x)=C$. Our lemma is proved.

III. Theorem A

13. A. *Assume $f(x)$ L integrable in $\langle 0, \infty\rangle$, and further*

$$f(t)=0 \qquad (0\leq t\leq 1). \qquad (\mathrm{III},1)$$

Then

$$\frac{1}{\lg \varrho} \int\limits_0^\infty \frac{f(\varrho t)-f(t)}{t}\,dt = M(f) := \lim_{x\to\infty} \frac{1}{x} \int\limits_0^x f(t)\,dt \qquad (\varrho>0), \tag{III,2}$$

either if $M(f)$ exists, and then for all $\varrho>0$, or if the left side integral exists for all ϱ from a subset, of positive measure, of $(0,\infty)$.

14. *Proof.* The function

$$F(x)=\frac{1}{x}\int\limits_0^x f(t)\,dt \qquad (x\geqq 0) \tag{III,3}$$

is obviously continuous for all $x>0$ and we have $f(x)=(xF(x))'$ with the exception of a set of measure 0. Therefore, for $u\wedge\varrho>0$:

$$\int\limits_u^{\varrho u} \frac{f(t)}{t}\,dt = \int\limits_u^{\varrho u} \frac{(tF(t))'}{t}\,dt = F(t)\Big|_u^{\varrho u} + \int\limits_u^{\varrho u} \frac{F(t)}{t}\,dt,$$

$$\int\limits_u^{\varrho u} \frac{f(t)}{t}\,dt = (F(\varrho u)-F(u)) + \int\limits_u^{\varrho u} \frac{F(t)}{t}\,dt. \tag{III,4}$$

Suppose now that $M(f)=\lim_{x\to\infty} F(x)$ in (III,2) exists. Then for $u\to\infty$ the first right side term in (III,4) tends to 0, while the integral on the right is $=F(\xi)\int_u^{\varrho u} dt/t = F(\xi)\lg\varrho$, where ξ lies between u and ϱu. We have therefore

$$\int\limits_u^{\varrho u} \frac{f(t)}{t}\,dt \to M(f)\lg\varrho \qquad (u\to\infty),$$

and this is (III,2), using (I,4) with $\varepsilon<1$, $\varrho\varepsilon<1$.

15. Assume now that the left side integral in (III,2) exists for all $\varrho\in S$, where S is a subset, of positive measure, of $(0,\infty)$. We can then assume that all elements of S are even $\leqq q$ for a convenient $q>0$. In the identity (I,4), if we assume $\varepsilon<1/q$, the second right side integral becomes 0 and it follows that the first right side integral tends to a limit with $A\to\infty$ for all $\varrho\in S$. But this signifies that $g(\varrho)$ exists on a set of positive measure and therefore, as was mentioned in sec. 9, $g(\varrho)$ exists for all $\varrho>0$.

16. (III,4) can now be written in the form

$$\int\limits_{u}^{\varrho u}\frac{f(t)}{t}\,dt=(F(\varrho u)-F(u))+\int\limits_{u}^{\varrho u}\frac{F(t)}{t}\,dt=\left(u\int\limits_{u}^{\varrho u}\frac{F(t)}{t}\,dt\right)'_{u}. \qquad\text{(III,5)}$$

Here, since the integral on the left tends, with $u\to\infty$, to $g(\varrho)$, we can write

$$\left(u\int\limits_{u}^{\varrho u}\frac{F(t)}{t}\,dt\right)'_{u}=g(\varrho)+\varepsilon(u,\varrho)\qquad(\varrho>0),$$

where $\lim_{u\to\infty}\varepsilon(\varrho,u)=0$ for all $\varrho>0$.

Integrating this from 0 to $u>0$ we have

$$u\int\limits_{u}^{\varrho u}\frac{F(t)}{t}\,dt=g(\varrho)\,u+\int\limits_{0}^{u}\varepsilon(\varrho,u)\,du$$

and therefore

$$\int\limits_{u}^{\varrho u}\frac{F(t)}{t}\,dt\to g(\varrho)\qquad(u\to\infty,\ \varrho>0), \qquad\text{(III,6)}$$

since $(1/u)\int_{0}^{u}\varepsilon(\varrho,u)\,du$ tends to 0 with $u\to\infty$ for any $\varrho>0$.

But now it follows from (III,5)

$$\lim_{u\to\infty}\,(F(\varrho u)-F(u))=0\qquad(\varrho>0),$$

and we see that all assumptions of lemma 1 are satisfied if we replace there $f(t)$ with $F(t)$; it follows that

$$\lim_{x\to\infty}F(x)=:M_f$$

exists. Theorem A is proved.

IV. Equivalence with Iyengar's Conditions

17. We are going now to prove that *Iyengar's* conditions

$$\exists \int_1^\infty \frac{f(t)}{t^2}\, dt, \quad \exists \lim_{x \to \infty} x \int_x^\infty \frac{f(t)}{t^2}\, dt =: L \qquad\qquad\qquad\text{(IV,1)}$$

are equivalent with the condition

$$\exists \lim_{x \to \infty} \frac{1}{x} \int_1^x f(t)\, dt =: M(f), \qquad\qquad\qquad\text{(IV,2)}$$

and then $M(f) = L$.

Put for $x \geqq 1$:

$$\varphi(x) := \int_1^x f(t)\, dt; \qquad\qquad\qquad\text{(IV,3)}$$

then it follows at once, integrating by parts for any $x \geqq 1$:

$$\int_1^x \frac{f(t)}{t^2}\, dt = \frac{\varphi(x)}{x^2} + 2 \int_1^x \frac{\varphi(t)}{t^3}\, dt . \qquad\qquad\qquad\text{(IV,4)}$$

18. We prove first the

LEMMA 2. *If $\gamma(x)$ is continuous for $x \geqq 1$, then the relation*

$$2x \int_x^\infty \frac{\gamma(t)}{t^2}\, dt - \gamma(x) \to G \quad (x \to \infty) \qquad\qquad\qquad\text{(IV,5)}$$

is equivalent with $\gamma(x) \to G\ (x \to \infty)$.

Indeed, assume first that $\gamma(x) \to G\ (x \to \infty)$. Then

$$\lim_{x \to \infty} x \int_x^\infty \frac{\gamma(t)}{t^2}\, dt = \lim_{x \to \infty} x \int_0^{1/x} \gamma(1/t)\, dt = \lim_{x \downarrow 0} \frac{1}{x} \int_0^x \gamma(1/t)\, dt = \lim_{x \downarrow 0} \gamma(1/x) = G,$$

and we see that (IV,5) holds indeed.

On the other hand, if (IV,5) holds, the Bernoulli-L'Hospital Rule can be applied to the limit $\lim_{x\to\infty} x^2 \int_x^\infty (\gamma(t)/t^2)\, dt/x$, since the denominator tends to ∞. But the quotient of the derivatives is

$$\frac{2x \int_x^\infty \frac{\gamma(t)}{t^2}\, dt - \gamma(x)}{1}$$

and tends to G. It follows that

$$x \int_0^x \frac{\gamma(t)}{t^2}\, dt \to G \quad (x\to\infty),$$

and, from (IV,5), $\gamma(x) \to G\,(x\to\infty)$. Lemma 2 is proved.

19. LEMMA 3. *Assume $f(x)$ L integrable in $\langle 1,\infty)$. Consider the three conditions, where $\varphi(x)$ is defined by* (IV,3):

$$\exists \int_1^\infty \frac{f(t)}{t^2}\, dt =: K; \tag{IV,6}$$

$$\varphi(x)/x^2 \to 0 \ (x\to\infty), \quad \exists \int_1^\infty \frac{\varphi(t)}{t^3}\, dt = K/2; \tag{IV,7}$$

$$x \int_x^\infty \frac{f(t)}{t^2}\, dt = 2x \int_x^\infty \frac{\varphi(t)}{t^3}\, dt - \frac{\varphi(x)}{x} \quad (x\geqq 1), \tag{IV,8}$$

where both integrals in (IV,8) *are assumed as existing.*

   Then (IV,6) *is equivalent with* (IV,7) *and, if these conditions are satisfied,* (IV,8) *follows.*

20. *Proof.* Assume (IV,6) satisfied. Then the Bernoulli-L'Hospital Rule can be applied for $x\to\infty$ to

$$\frac{2x^2 \displaystyle\int_1^x \frac{\varphi(t)}{t^3}\, dt}{x^2},$$

as $x^2 \to \infty$ $(x \to \infty)$. The quotient of the derivatives is, by (IV,4),

$$2\int_1^x \frac{\varphi(t)}{t^3}\, dt + \frac{\varphi(x)}{x^2} \to K. \tag{IV,9}$$

Therefore $2\int_1^x (\varphi(t)/t^3)\, dt \to K$ and it follows from (IV,9) that $\varphi(x)/x^2 \to 0$. We see that (IV,7) follows from (IV,6).

On the other hand it is seen immediately from (IV,4) that (IV,6) follows from (IV,7).

21. Assume now that (IV,6) and (IV,7) are satisfied. We obtain with $x \to \infty$ from (IV,4) the formula

$$\int_1^\infty \frac{f(t)}{t^2}\, dt = 2\int_1^\infty \frac{\varphi(t)}{t^3}\, dt.$$

Subtracting from this formula the formula (IV,4) we obtain

$$\int_x^\infty \frac{f(t)}{t^2}\, dt = 2\int_x^\infty \frac{\varphi(t)}{t^3}\, dt - \frac{\varphi(x)}{x^2},$$

and, multiplying by x, the formula (IV,8). Lemma 3 is proved.

22. Assume now that (IV,1) holds. Then (IV,6), (IV,7) and (IV,8) hold too and from the second formula (IV,1) it follows that the right side expression in (IV,8) tends to L. But then the condition (IV,5) of lemma 2 is satisfied with $\gamma(x) := \varphi(x)/x$, $G := L$. By lemma 2 it follows now that $\varphi(x)/x \to L$, that is the condition (IV,2) with $M(f) = L$.

23. Assume on the other hand that (IV,2) holds. Then the condition (IV,7) follows and therefore also the conditions (IV,6) and (IV,8).

But now it follows from (IV,7), if we put $\gamma(x):=\varphi(x)/x$ and $G:=M(f)$, that $\gamma(x)\to G\ (x\to\infty)$ and therefore the relation (IV,5) in lemma 2. This signifies that the right side expression in (IV,8) tends to $M(f)$ and the second formula in (IV,1) follows with $L=M(f)$.

V. Corollaries from Theorem A

24. LEMMA 4. *Put*

$$m(f):=\lim_{x\downarrow 0} x\int_{x}^{1}\frac{f(t)}{t^2}\,dt, \qquad\qquad (V,1)$$

if this limit exists. Putting $f(1/t)=:F(t)$, $f(ct)=:g(t)$ $(c>0)$, *and using* (I,7), *the relation holds*

$$m(f)=M(F)=m(g), \qquad\qquad (V,2)$$

provided $m(f)$ *or* $M(F)$ *exists.*

Proof. Indeed, if $m(f)$ exists we have

$$m(f)=\lim_{x\downarrow 0} x\int_{x}^{1}\frac{F(1/t)}{t^2}\,dt=\lim_{x\downarrow 0} x\int_{1}^{1/x} F(\tau)\,d\tau=\lim_{x\to\infty}\frac{1}{x}\int_{1}^{x} F(\tau)\,d\tau=M(F),$$

while, if the existence of $M(F)$ is assumed, the above transformation can be read from the right to the left.

Further

$$m(g)=\lim_{x\downarrow 0} x\int_{x}^{1}\frac{f(ct)}{t^2}\,dt=\lim_{x\downarrow 0} cx\int_{cx}^{c}\frac{f(\tau)}{\tau^2}\,d\tau=m(f).$$

25. B. *Assume* $f(x)$ L *integrable in* $(0,\infty)$. *Then we have, if both* $m(f)$ *and* $M(f)$ *exist, for any positive* a, b,

$$\int_{0}^{\infty}\frac{f(at)-f(bt)}{t}\,dt=(M(f)-m(f))\,\lg\frac{a}{b}. \qquad\qquad (V,3)$$

Conversely, if the integral in (V,3) is convergent for a set of couples of positive values of a and b, such that a/b runs through a set of positive measure, both M (f) and m (f) exist.

26. *Proof.* If we introduce $\tau := bt$ as a new integration variable and denote a/b by ϱ, the formula (V,3) goes over into the formula

$$\int_0^\infty \frac{f(\varrho t)-f(t)}{t}\, dt = (M(f)-m(f))\lg \varrho \quad (\varrho > 0). \tag{V,4}$$

Define $\pi(x)$ and $\mu(x)$ by (I,3). Then we see that (V,4) holds if both formulas

$$\int_0^\infty \frac{\pi(\varrho t)-\pi(t)}{t}\, dt = M(f)\lg \varrho, \tag{V,5}$$

$$\int_0^\infty \frac{\mu(\varrho t)-\mu(t)}{t}\, dt = -m(f)\lg \varrho \tag{V,6}$$

hold. Further, for any $\varrho > 0$, the integral in (V,4) converges, then and only then, when the integrals in (V,5) and (V,6) converge.

27. Clearly

$$M(f)=M(\pi), \qquad m(f)=m(\mu). \tag{V,7}$$

But now, if $M(f)$ exists, the formula (V,5) follows immediately from theorem A, replacing there $f(t)$ with $\pi(t)$, and conversely, if the integral in (V,5) converges for all ϱ from a set of positive measure, $M(f)$ exists.

In order to reduce (V,6) to (V,5), put $\mu(1/t) =: P(t)$. Then, by (I,5)

$$\int_0^\infty \frac{\mu(\varrho t)-\mu(t)}{t}\, dt = \int_0^\infty \frac{P(t/\varrho)-P(t)}{t}\, dt$$

and (V,6) becomes

$$\int_0^\infty \frac{P(\tau/\varrho)-P(\tau)}{\tau}\, d\tau = -m(\mu)\lg \varrho = M(P)\lg \frac{1}{\varrho}. \tag{V,8}$$

This follows from (V,5) if $m(\mu)=M(P)$ exists, while, if the integral in (V,6) converges for a ϱ-set of positive measure, $M(P)=m(f)$ exists. Theorem B is proved.

28. In many cases the value of $M(f)$ can easily be obtained from the

LEMMA 5. *Let p be a positive constant and $f(x)$ L integrable in (x_0,∞). Assume that with $x\to\infty$:*

$$\frac{1}{p}\int_{x}^{x+p} f(t)\,dt \to \alpha. \qquad (V,9)$$

Then $M(f)=\alpha$.

Indeed, putting $\varphi(x):=\int_{x_0}^{x} f(t)\,dt$, (V,9) becomes

$$\frac{\varphi(x+p)-\varphi(x)}{p} \to \alpha.$$

Since $\varphi(x)$ is bounded in $\langle x_0,\infty)$, it follows by a theorem of Cauchy [1] that $\varphi(x)/x \to \alpha\ (x\to\infty)$.

From lemma 5 follows in particular that $M(f)=f(\infty)$, if $f(\infty):=\lim_{x\to\infty} f(x)$ exists. It follows further, from (V,2): if $f(0):=\lim_{x\downarrow 0} f(x)$ exists, then $m(f)=f(0)$.

29. The most important case is that of an L integrable function $f(x)$ which is *periodic with the period p*. As in this case $\int_{x}^{x+p} f(t)\,dt/p$ is independent of x, we have then

$$M(f)=\frac{1}{p}\int_{x}^{x+p} f(t)\,dt. \qquad (V,10)$$

For such a periodic function our formula (V,3) becomes

$$\int_{0}^{\infty} \frac{f(at)-f(bt)}{t}\,dt = \left(\frac{1}{p}\int_{0}^{p} f(t)\,dt - m(f)\right)\lg\frac{a}{b}, \qquad (V,11)$$

assuming that $m(f)$ exists.

30. Using the formula (V,11), the following lemma is useful:

LEMMA 6. *If $f(t)/t$ is integrable into $t=0$.*

$$\exists \int_0^p \frac{f(t)}{t}\, dt, \qquad p>0, \tag{V,12}$$

then

$$m(f)=0\ {}^{6}). \tag{V,13}$$

Proof. Put

$$\varphi(t):=f(t)/t, \qquad \psi(x):=\int_x^p \varphi(t)\, dt.$$

Then, by (V,1), $m(f)$ is the limit, with $\varepsilon\downarrow 0$, of

$$\varepsilon \int_\varepsilon^p \frac{\varphi(t)}{t}\, dt \equiv \varepsilon \int_\varepsilon^p \frac{\psi'(t)}{t}\, dt = \frac{\varepsilon\psi(p)}{p} - \psi(\varepsilon) + \varepsilon \int_\varepsilon^p \frac{\psi(t)}{t^2}\, dt,$$

that is $-\psi(0)+m(\psi)$. As $\psi(x)$ is continuous from the right at $t=0$, (V,13) follows.

COROLLARY. *If for a constant A and a $p>0$, $\int_0^p (f(t)-A)/t\, dt$ exists, then* $m(f)=A$.

31. We give now some examples for the formulas (V,3) and (V,11).

(a) It is known from the theory of the Gamma function, that

$$\frac{2}{\pi} \int_0^{\pi/2} tg^\alpha x\, dx = \frac{1}{\cos\alpha\dfrac{\pi}{2}} \qquad (|\alpha|<1).$$

---

[6] The special case of the formula (V,11), where (V,12) holds and therefore $m(f)=0$, has been found independently by Tricomi and published in Tricomi [1].

Further, under the assumption that (V,12) holds (and therefore $m(f)=0$), a formula analogous to (V,3) has been found independently and published in Tricomi [1], however, under more special assumptions about $M(f)$, namely that not only $M(f)=\lim_{x\to\infty}(1/x)\int_p^x f(t)\, dt$ exists, but that the difference $1/x\int_p^x f(t)\, dt - M(f)$ is not only $o(1)$ but even $O(1/x)$.

Therefore

$$\frac{1}{\pi} \int_0^\pi |tg\,x|^\alpha \, dx = \frac{1}{\cos \alpha \dfrac{\pi}{2}} \qquad (0 < \alpha < 1)$$

and by (V,11) with $m(f) = 0$:

$$\int_0^\infty (|tg\,ax|^\alpha - |tg\,bx|^\alpha) \frac{dx}{x} = \frac{\lg(a/b)}{\cos \alpha \dfrac{\pi}{2}} \qquad (0 < \alpha < 1,\ a \wedge b > 0), \tag{V,14}$$

since $tg\,x$ vanishes for $x = 0$.

(b) From the well-known integral

$$\int_0^{\pi/2} \lg \cos x \, dx = \frac{\pi}{2} \lg \tfrac{1}{2}, \qquad \frac{1}{\pi} \int_0^\pi \lg |\cos x| \, dx = \lg \tfrac{1}{2}$$

it follows by (V,11), since $\lg|\cos x|$ vanishes for $x = 0$,

$$\int_0^\infty \lg \left| \frac{\cos ax}{\cos bx} \right| \frac{dx}{x} = \lg \tfrac{1}{2} \lg a/b. \tag{V,15}$$

(c) From the representation of the Bessel function $J(u) = J_0(u)$,

$$J(u) = \frac{1}{2\pi} \int_{-\pi}^\pi \cos(u \sin x) \, dx$$

(see for instance Courant-Hilbert [1]), it follows by (V,11), since $\cos(u \sin x)$ becomes 1 for $x = 0$,

$$\int_0^\infty \frac{\cos(u \sin ax) - \cos(u \sin bx)}{x} \, dx = (J(u) - 1) \lg a/b. \tag{V,16}$$

(d) In the theory of Riemann's Zeta function the following relation is derived (see for instance Titchmarsh [1]):

$$\frac{1}{T}\int_0^T |\zeta(\sigma+it)|^2\, dt \to \zeta(2\sigma) \qquad (T\to\infty,\ \sigma>\tfrac{1}{2},\ \sigma\neq 1).$$

It follows therefore by (V,3)

$$\int_0^\infty \frac{|\zeta(\sigma+iat)|^2-|\zeta(\sigma+ibt)|^2}{t}\, dt = (\zeta(2\sigma)-|\zeta(\sigma)|^2)\,\lg a/b \qquad (\sigma>\tfrac{1}{2},\ \sigma\neq 1),$$

$$(V,17)$$

32. Our result can be applied to a type of integrals considered by Lerch [2] and rediscovered independently, in a different form, by Hardy [1]. Consider

$$\int_0^\infty \sum_{v=0}^n A_v F(a_v x)\frac{dx}{x^m}, \tag{V,18}$$

where the $n+1$ constants A_v and $n+1$ positive constants a_v satisfy the m conditions

$$\sum_{v=0}^n A_v a_v^\mu = 0 \qquad (\mu=0,\,1,\,\ldots,\,m-1). \tag{V,19}$$

Suppose that we have for $F(x)$:

$$F(x)=P(x)+x^{m-1}f(x), \tag{V,20}$$

where $f(x)$ is L integrable in $(0,\infty)$ and $m(f)$ as well as $M(f)=M(F/x^{m-1})$ exist, while $P(x)$ is a polynomial of degree $\leqq m-2$. Then we will prove

$$\int_0^\infty \sum_{v=0}^n A_v F(a_v x)\frac{dx}{x^m} = (M(f)-m(f))\sum_{v=0}^n A_v a_v^{m-1}\lg a_v. \tag{V,21}$$

It follows from (V,19) immediately that

$$\sum_{v=0}^{n} A_v P(a_v x) \equiv 0, \qquad \int_{\alpha}^{\beta} \sum_{v=0}^{n} A_v P(a_v x) \frac{dx}{x^m} \equiv 0 \qquad (0 \le \alpha < \beta \le \infty).$$

We can therefore, proving (V,21), assume without loss of generality that $P(x) \equiv 0$. Put

$$B_v \equiv A_v a_v^{m-1}, \qquad \sum_{v=0}^{n} B_v = 0.$$

Then we can write

$$\int_{0}^{\infty} \sum_{v=0}^{n} A_v F(a_v x) \frac{dx}{x^m} = \int_{0}^{\infty} \sum_{v=0}^{n} B_v f(a_v x) \frac{dx}{x} = \sum_{v=1}^{n} B_v \int_{0}^{\infty} \frac{f(a_v x) - f(a_0 x)}{x} dx,$$

and this is, by (V,3),

$$(M(f) - m(f)) \sum_{v=1}^{n} B_v \lg \frac{a_v}{a_0} = (M(f) - m(f)) \sum_{v=0}^{n} B_v \lg a_v,$$

which proves (V,21)[7].

VI. Discussion of the Means $m_a^{\pm}(f)$

33. $m(f(t))$ in (V,1), if it exists, serves to replace $\lim_{x \downarrow 0} f(x)$. In order to find a convenient expression to replace $\lim_{x \downarrow a} f(x)$, we will of course use

$$m(f(t+a)) = \lim_{x \downarrow 0} x \int_{x}^{p} \frac{f(t+a)}{t^2} dt = \lim_{x \downarrow 0} x \int_{x+a}^{p+a} \frac{f(t)}{(t-a)^2} dt =$$

$$= \lim_{x \downarrow a} (x-a) \int_{x}^{p+a} \frac{f(t)}{(t-a)^2} dt = : m_a^{+}(f(t)) \equiv m_a^{+}(f). \qquad (\text{VI},1)$$

---

[7] The special case of this formula, when $F(x)$ is analytic at $x=0$ and continuous in $(0, \infty)$, while $\int^{\infty} (F(x)/x^m) dx$ is convergent, has been given by Hardy, 1905 [1]. Lerch, 1893 (Lerch [1]), has the corresponding formula in the assumption that $f(x)$ in (V,20) has finite limits for $x \to \infty$ and $x \to 0$, while it is integrable in $(0, \infty)$.

p is here an arbitrary positive number, but such that $f(t)$ is L integrable in $(a, a+p\rangle$.

34. If we have to replace $\lim_{x\uparrow a} f(x)$, we will correspondingly use

$$m\left(f(a-t)\right)=\lim_{x\downarrow 0} x \int_{x}^{p} \frac{f(a-t)}{t^2}\, dt = -\lim_{x\downarrow 0} x \int_{a-x}^{a-p} \frac{f(t)}{(t-a)^2}\, dt =$$

$$=\lim_{x\uparrow a}(x-a) \int_{x}^{a-p} \frac{f(t)}{(t-a)^2}\, dt =: m_a^-\left(f(t)\right)\equiv m_a^-\left(f\right)=m_0^+\left(f(a-t)\right). \tag{VI.2}$$

In particular we have obviously

$$m_0^+\left(f\right)=m(f), \tag{VI,3}$$

$$m_0^-\left(f(t)\right)=m(f(-t)). \tag{VI,4}$$

If in these formulas a is to be replaced by ∞ or $-\infty$, the corresponding definitions will be

$$m_\infty^-\left(f\right):=M\left(f\right), \qquad m_{-\infty}^+\left(f\right):=M\left(f(-t)\right)=m_\infty^-\left(f(-t)\right). \tag{VI,5}$$

(V,2) can now be written as

$$m_0^+\left(f\right)=M\left(f(1/t)\right)=m_\infty^-\left(f(1/t)\right). \tag{VI,6}$$

Using again (VI,5) and (VI,4), we have further

$$m_0^-\left(f\right)=M\left(f(-1/t)\right)=m_{-\infty}^+\left(f(1/t)\right). \tag{VI,6a}$$

35. In the following part of this chapter we will use ε for $+$ or $-$. $\varepsilon=\text{sign}\,\alpha$, for a real $\alpha\neq 0$ denotes then the sign of α.

If $a\neq b$ are two real numbers, we will use the formula

$$m_a^\varepsilon\left(f(t)\right)=m_b^\varepsilon\left(f(t+a-b)\right)=m_0^\varepsilon\left(f(t+a)\right), \tag{VI,7}$$

valid if one of the three expressions in (VI,7) exists.

To prove this formula, use (VI,1), (VI,2) and (VI,4), and introduce instead of t, and x new variables τ, y defined by

$$t-a=:\tau-b, \qquad x-a=:y-b.$$

We obtain

$$m_a^\varepsilon(f(t))= \lim_{x\to a+\varepsilon\cdot 0}(x-a)\int_x^{a+\varepsilon p}\frac{f(t)}{(t-a)^2}\,dt= \lim_{y\to b+\varepsilon\cdot 0}(y-b)\int_y^{b+\varepsilon p}\frac{f(\tau+a-b)}{(\tau-b)^2}\,d\tau=$$

$$=m_b^\varepsilon(f(t+a-b))=m_0^\varepsilon(f(t+a)).$$

Further it is easy to prove that always

$$m(f(a-t))=m_a^-(f(t))=m_b^+(f(a+b-t)). \tag{VI,8}$$

Indeed, using the transformations

$$t-a=:b-\tau, \qquad x-a=:b-y,$$

we obtain from (VI,2)

$$m_a^-(f(t))=\lim_{x\uparrow a}(x-a)\int_x^{a-p}\frac{f(t)}{(t-a)^2}\,dt=$$

$$=\lim_{y\downarrow b}(y-b)\int_y^{b+p}\frac{f(a+b-\tau)}{(\tau-b)^2}\,d\tau=m_b^+(f(a+b-t)).$$

36. LEMMA 7. *Consider two functions, $u(x)$ and $v(x)$, for which in a certain limiting process in x,*

$$\varepsilon:=\operatorname{sgn}u(x)=(\operatorname{sgn}v(x)$$

remains constant and $v(x)/u(x)$ tends to a positive limit, γ.
If $m_0^\varepsilon(f)$ exists and both $u(x)$ and $v(x)$ tend to 0, then

$$\int_{u(x)}^{v(x)}\frac{f(t)}{t}\,dt \to m_0^\varepsilon(f)\lg\gamma. \tag{VI,9}$$

If $m_{\varepsilon\cdot\infty}^{-\varepsilon}(f)$ exists and both $u(x)$ and $v(x)$ tend to $\varepsilon\cdot\infty$, then

$$\int_{u(x)}^{v(x)} \frac{f(t)}{t}\, dt \rightarrow m_{\varepsilon\cdot\infty}^{-\varepsilon}(f)\, \lg\gamma. \qquad\qquad (VI,10)$$

37. *Proof.* Using (VI,6) and (VI,6a), it is immediately seen that (VI,9) follows from (VI,10), if we replace in the integral in (VI,9) the integration variable, t, by $\tau := 1/t$.

Using the second formula (VI,5), we see that the case $\varepsilon = -$ follows from the case $\varepsilon = +$ if we introduce a new variable of integration, $\tau := -t$.

If suffices therefore to prove (VI,10) and to assume $\varepsilon = +$, so that the formula to be proved becomes, using the first formula (VI,5),

$$\int_{u(x)}^{v(x)} \frac{f(t)}{t}\, dt \rightarrow M(f)\, \lg\gamma, \qquad u(x) \wedge v(x) \rightarrow \infty. \qquad\qquad (VI,11)$$

Introducing $F(x)$ by (III,3) we obtain, applying partial integration, similarly as in sec. 14,

$$\int_{u(x)}^{v(x)} \frac{f(t)}{t}\, dt = F(v(x)) - F(u(x)) + \int_{u(x)}^{v(x)} \frac{F(t)}{t}\, dt.$$

Since $F(x) \rightarrow M(f)$ $(x \rightarrow \infty)$, the difference of the two first terms on the right tends to 0, while, applying the mean value theorem, we obtain

$$\int_{u(x)}^{v(x)} \frac{F(t)}{t}\, dt = F(\xi(x)) \int_{u(x)}^{v(x)} \frac{dt}{t} = F(\xi(x))\, \lg\frac{v(x)}{u(x)},$$

where $\xi(x)$ lies between $u(x)$ and $v(x)$. But then $\xi(x) \rightarrow \infty$, $F(\xi(x)) \rightarrow M(f)$ and (VI,11) follows. Lemma 7 is proved.

38. LEMMA 8. *Let*

$$\exists \int_{\alpha}^{\beta} |f(x)|\, dx \qquad\qquad (VI,12)$$

exist, where $-\infty \leqq \alpha < \beta \leqq \infty$. Then, for any finite x_0 with $\alpha \leqq x_0 \leqq \beta$ and for any $q(x)$ which is measurable and bounded in a neighborhood of x_0 in $\langle \alpha, \beta \rangle$,

$$m^{\varepsilon}_{x_0}((x-x_0)\,q(x)\,f(x))=0, \qquad \varepsilon = +\vee -. \tag{VI,13}$$

If, on the other hand, $x_0 = \varepsilon \cdot \infty$ is α or β, and if, for x going to $\varepsilon \cdot \infty$, $q(x) = O(x^2)$, then

$$m^{-\varepsilon}_{\varepsilon \cdot \infty}(q(x)\,f(x)/x)=0. \tag{VI,14}$$

39. *Proof.* If $|x_0| < \infty$, then, using (VI,7), we can assume $x_0 = 0$, and using (VI,4), that $\varepsilon = +$. We can then assume, without loss of generality, that $\alpha = 0$.

Let p be a positive number $< \beta$ and such that $q(x)$ is bounded and measurable in $\langle 0, p \rangle$. Then we can obviously replace β in (VI,12) with p and $q(x)f(x)$ with $f(x)$, that is to say we can assume in the proof $q(x) \equiv 1$ and we have to prove that then from (VI,12) it follows that $m(xf(x))=0$.

But writing $xf(x) =: \varphi(x)$, (VI,12) can be written as

$$\exists \int_0^p \frac{\varphi(x)}{x}\,dx,$$

and now it follows from lemma 6 in sec. 30 indeed that $m(\varphi(x))=0$.

40. In the case that $x = \varepsilon \cdot \infty$, we can, without loss of generality, assume $\varepsilon = +$ and we have to prove that

$$M(q(x)\,f(x)/x)=0, \qquad \frac{1}{x}\int_p^x q(x)\,f(x)\,\frac{dx}{x} \to 0,$$

with $x \to \infty$ for a convenient $p > 0$.

Assume that $|q(x)| \leq Cx^2$ $(x \geq p)$. For an arbitrarily small $\delta > 0$ choose $P > p$, so that

$$\int_P^\infty |f(x)|\,dx < \frac{\delta}{C}.$$

Then we can write, if $x > P$,

$$\frac{1}{x}\int_P^x q(t)\,f(t)\,\frac{dt}{t} \leq C\int_P^x \frac{t}{x}\,|f(t)|\,dt < C\int_P^x |f(t)|\,dt < \delta,$$

and therefore

$$\overline{\lim}\,\frac{1}{x}\left|\int_{p}^{x} q(t)\,\frac{f(t)}{t}\,dt\right|\leq\delta+\lim\frac{1}{x}\int_{p}^{P}|q(t)|\,\frac{|f(t)|}{t}\,dt=\delta\,.$$

(VI,14) follows immediately.

41. The assumption (VI,12) of lemma 8 is not necessarily satisfied even in the case of the existence of the integral

$$\exists\int_{\alpha}^{\beta} f(x)\,dx\,. \qquad\qquad\text{(VI,15)}$$

In this case the assertions of lemma 8 can still be proved if $q(x)$ satisfies some more special conditions.

LEMMA 9. *Let* (VI,15) *exist with* $-\infty\leqq\alpha<\beta\leqq\infty$. *Then the relation* (VI, 13) *holds for any finite* x_0 *with* $\alpha\leqq x_0\leqq\beta$ *and for any* $q(x)$ *which is totally continuous in* (α,β) *and for which* $Q_0:=\lim q(x)$ *with* x *going to* x_0 *from* (α,β) *exists and*

$$m_{x_0}^{\varepsilon}((x-x_0)\,|q'(x)|)=0\,. \qquad\qquad\text{(VI,16)}$$

If on the other hand $x_0=\varepsilon\cdot\infty$, *then the relation* (VI, 14) *holds as soon as* $q(x)$ *is totally continuous in* (α,β) *and*

$$m_{\varepsilon\cdot\infty}^{-\varepsilon}\left(\frac{|q'(x)|}{x}\right)=0\,. \qquad\qquad\text{(VI,17)}$$

42. *Proof.* We prove first the relation (VI,14) under the condition (VI,17). Without loss of generality, we can assume $\varepsilon=+$, so that (VI,17) becomes, with $x\to\infty$,

$$\frac{1}{x}\int_{p}^{x}|q'(t)|\,\frac{dt}{t}\to 0 \qquad (x\to\infty)\,, \qquad\qquad\text{(VI,18)}$$

and we have to prove that

$$\frac{1}{x}\int_p^x q(t)\, f(t)\,\frac{dt}{t}\to 0 \qquad (x\to\infty) \tag{VI,19}$$

for some positive p.

We begin by proving that

$$q(x)=o(x^2). \tag{VI,20}$$

Put

$$Q(x):=\int_p^x |q'(t)|\, dt.$$

We can then write (VI,18) as

$$R(x):=\int_p^x Q'(t)\,\frac{dt}{t}=o(x).$$

But then, since $q(x)$ is totally continuous, $q(x)-q(p)=\int_p^x q'(t)\, dt$,

$$|q(x)-q(p)|\leqq \int_p^x \frac{Q'(t)}{t}\, t\, dt = \int_p^x R'(t)\, t\, dt = R(t)\, t\Big|_p^x - \int_p^x R(t)\, dt.$$

Here, the integrated part is, by definition of $R(t)$, $o(x^2)$. As to the right hand integral, the limit of its quotient through x^2 is obtained immediately from the Bernoulli-L'Hospital Rule, as $\lim_{x\to\infty}(1/2x)\, R(t)=0$. (VI,20) is proved.

43. Put now, using (VI, 20),

$$s(x):=q(x)/x=o(x).$$

Then obviously

$$s'(x)=\frac{q'(x)-s(x)}{x}.$$

Put, using (VI,15),

$$\varphi(x) := \int_x^\infty f(t)\, dt, \qquad \varphi(x) \to 0 \quad (x \to \infty).$$

Then we can write the integral in (VI,19) as

$$-\int_p^x s(t)\, \varphi'(t)\, dt = s(t)\, \varphi(t)\Big|_x^p + \int_p^x \varphi(t)\, \frac{q'(t)}{t}\, dt - \int_p^x \varphi(t)\, \frac{s(t)}{t}\, dt.$$

Here, the integrated part on the right is obviously $o(x)$ as $s(x) = o(x)$. The modulus of the first integral on the right is

$$\leq \int_p^x |\varphi(t)|\, \frac{|q'(t)|}{t}\, dt = o(x),$$

in virtue of (VI,18) as $|\varphi(t)|$ is bounded. As to the last integral on the right, by the Bernoulli-L'Hospital Rule its quotient through x has the limit

$$\lim_{x \to \infty} \varphi(x)\, \frac{s(x)}{x} = 0.$$

The formula (VI,19) and therefore the formula (VI,14) is proved.

44. We consider now the case of a *finite* x_0. We can assume, without loss of generality, that $\varepsilon = +$ and $\alpha = x_0 = 0$. Then our assumptions can be written as

$$\exists \int_0^p f(\tau)\, d\tau, \qquad t \int_t^p |q'(\tau)|\, d\tau/\tau \to 0 \quad (t{\downarrow}0), \tag{VI,21}$$

for a positive $p > 0$, with $t \downarrow 0$, and we have to prove that

$$t \int_t^p q(\tau)\, f(\tau)\, d\tau/\tau \to 0. \tag{VI,22}$$

Introducing into the formulas (VI,21) and (VI,22) a new integration variable, $\xi := 1/\tau$, they become, if we write $x := 1/t$, $p_1 := 1/p > 0$, and put $Q(\xi) := q(\tau)$ and $F(\xi) := f(\tau)$, with $x \to \infty$, respectively

$$\exists \int_{p_1}^{\infty} F(\xi)\, d\xi/\xi^2, \qquad \frac{1}{x}\int_{p_1}^{x} \xi\, |Q'(\xi)|\, d\xi \to 0, \qquad \frac{1}{x}\int_{p_1}^{x} Q(\xi)\, F(\xi)\, d\xi/\xi \to 0, \qquad \text{(VI,23)}$$

since $-Q'(\xi) = q'(\tau)/\xi^2$. Putting $G(x) := \int_{p_1}^{x} F(\xi)\, d\xi/\xi^2$ it follows

$$\int_{p_1}^{x} Q(\xi)\, F(\xi)\, d\xi/\xi = \int_{p_1}^{x} \xi Q(\xi)\, G'(\xi)\, d\xi =$$

$$= xQ(x)\, G(x) - \int_{p_1}^{x} G(\xi)\, Q(\xi)\, d\xi - \int_{p_1}^{x} \xi G(\xi)\, Q'(\xi)\, d\xi.$$

This is obviously $= o(x)$ if $Q(\xi) = $ const. Otherwise, putting $Q(\xi) - Q_0 =: Q_1(\xi)$, we have to prove that

$$xQ_1(x)\, G(x) - \int_{p_1}^{x} G(\xi)\, Q_1(\xi)\, d\xi - \int_{p_1}^{x} \xi G(\xi)\, Q_1'(\xi)\, d\xi = o(x). \qquad \text{(VI,24)}$$

But here obviously the first two terms are $o(x)$, while the same follows for the third term from the second relation (VI,23). (VI,24) and lemma 9 are proved.

VII. The Three Functions Formula

45. **C.** *Consider the open interval, J, between a and b, $a \gtrless b$, where a and b could also have the values $+\infty$ or $-\infty$. Assume in the whole statement of theorem C that x only runs through J.*

Consider two functions $\varphi(x)$, $\psi(x)$, absolutely continuous in J and assume that

$$\varphi(x) \wedge \psi(x) \to a' \qquad (x \to a), \qquad\qquad\qquad \text{(VII,1)}$$

$$\varphi(x) \wedge \psi(x) \to b' \qquad (x \to b), \qquad\qquad\qquad \text{(VII,2)}$$

where

$$-\infty \leqq a' < b' \leqq \infty \qquad\qquad\qquad \text{(VII,3)}$$

and $\varphi(x)$ and $\psi(x)$ only assume values from the open interval (a', b').

Assume further the existence of two positive finite numbers γ^+ and γ^-, defined by

$$0 < \gamma^+ := \lim_{x \to a} \begin{cases} \dfrac{\varphi(x)-a'}{\psi(x)-a'} & (a' > -\infty) \\[2ex] \dfrac{\varphi(x)}{\psi(x)} & (a' = -\infty), \end{cases} \tag{VII,4}$$

$$0 < \gamma^- := \lim_{x \to b} \begin{cases} \dfrac{\varphi(x)-b'}{\psi(x)-b'} & (b' < \infty) \\[2ex] \dfrac{\varphi(x)}{\psi(x)} & (b' = \infty). \end{cases} \tag{VII,5}$$

Consider $g(x)$, L integrable and bounded in (a', b'), and put

$$G_+(x) := \begin{cases} (x-a')\,g(x) & (a' > -\infty) \\ x g(x) & (a' = -\infty), \end{cases} \tag{VII,6}$$

$$G_-(x) := \begin{cases} (x-b')\,g(x) & (b' < \infty) \\ x g(x) & (b' = \infty). \end{cases} \tag{VII,7}$$

Assume finally that the following mean values exist:

$$\exists\, m_{a'}^+(G_+) \wedge m_{b'}^-(G_-). \tag{VII,8}$$

Then the following integral converges and has the indicated value:

$$\int_a^b \{\psi'(x)\, g(\psi(x)) - \varphi'(x)\, g(\varphi(x))\}\, dx = L_+ - L_-, \tag{VII,9}$$

$$L_+ := m_{a'}^+(G_+)\, \lg \gamma^+, \qquad L_- := m_{b'}^-(G_-)\, \lg \gamma^-. \tag{VII,10}$$

46. *Proof.* Assume two numbers A, B from J; then we can write

$$\int_A^B (\psi' g(\psi) - \varphi' g(\varphi))\, dx = \int_A^B \psi' g(\psi)\, dx - \int_A^B \varphi' g(\varphi)\, dx =$$

$$= \int_{\psi(A)}^{\psi(B)} g(y)\, dy - \int_{\varphi(A)}^{\varphi(B)} g(y)\, dy = \int_{\psi(A)}^{\varphi(A)} g(y)\, dy - \int_{\psi(B)}^{\varphi(B)} g(y)\, dy. \tag{VII,11}$$

(VII,9) will be proved if we show that

$$\int_{\psi(x)}^{\varphi(x)} g(y)\,dy \to L_+ \quad (x \to a), \qquad \int_{\psi(x)}^{\varphi(x)} g(y)\,dy \to L_- \quad (x \to b). \tag{VII,12}$$

Consider first the first integral (VII,12). Using (VII,6) it can be written as

$$\int_{\psi(x)}^{\varphi(x)} \frac{G_+(y)}{y-a'}\,dy, \tag{VII,13}$$

where, if $a' = -\infty$, the denominator, $y-a'$, has to be replaced with y. If now $a' = \infty$, then our assertion follows at once from the second part of lemma 7 in sec. 36, replacing there respectively $u(x)$, $v(x)$, ε, $f(t)$, γ with $\psi(x)$, $\varphi(x)$, $+$, $G_+(t)$ and γ^+.

47. If, on the other hand, a' is *finite*, the integral (VII,13) becomes, introducing $t := y - a'$ as a new integration variable,

$$\int_{\psi(x)-a'}^{\varphi(x)-a'} \frac{G_+(t+a')}{t}\,dt. \tag{VII,14}$$

To this integral lemma 7 can be applied, replacing respectively $u(x)$, $v(x)$, ε, $f(t)$ with $\psi(x)-a'$, $\varphi(x)-a'$, $+$, $G_+(t+a')$. Then to γ in lemma 7 corresponds, in virtue of (VII,4), γ^+, and the integral (VII,14) has the limit $m_0^+ (G_+(a'+t)) \lg \gamma^+$. This is, by (VI,7), just L_+.

The proof of the second formula (VII,12) is completely symmetric to that of the first one. Theorem C is proved.

48. In order to obtain (V,3) from (VII,9) it is sufficient to assume in (VII, 9) $a := 0$, $b := \infty$, and to replace $g(t)$, $\varphi(x)$ and $\psi(x)$ in the formula (VII,9) respectively with $f(t)/t$, bx, ax; then, we obtain $a' = 0$, $b' = \infty$, $\gamma^+ = \gamma^- = b/a$ and $G_+(t) = G_-(t) = f(t)$, while $m_{a'}^+ (G_+)$, $m_{b'}^- (G_-)$ become respectively $m(f)$, $M(f)$. We see that theorem B follows, indeed, from theorem C.

49. Applying the Three Functions Formula, in many cases the consideration of two special cases which do not fall completely under the wording of theorem C, can be useful:

LEMMA 10. *If in theorem C, the integral*

$$\int_{\beta}^{b'} g(y)\, dy, \qquad \beta < b',$$

(VII,15)

exists, the condition (VII,5) *and the second condition* (VII,8) *can be dropped, while the formula* (VII,9) *is valid with* $L_- = 0$.

Similarly, if the integral

$$\int_{a'}^{\alpha} g(y)\, dy, \qquad \alpha > a',$$

(VII,16)

exists, the conditon (VII,4) *and the first condition* (VII,8) *can be dropped, and the formula* (VII,9) *is valid with* $L_+ = 0$.

Indeed, in the first case we use, for the second limit in (VII,12),

$$\int_{\psi(x)}^{\varphi(x)} g(y)\, dy = \int_{\psi(x)}^{b'} g(y)\, dy - \int_{\varphi(x)}^{b'} g(y)\, dy \to 0,$$

and we see that in (VII,9) L_- can be replaced with 0.

Similarly, in the second case, it follows, as $x \to a$,

$$\int_{\psi(x)}^{\varphi(x)} g(y)\, dy = \int_{a'}^{\varphi(x)} g(y)\, dy - \int_{a'}^{\psi(x)} g(y)\, dy \to 0 = L_+ .$$

50. The special conditions (VII,4) and (VII,5) which are *sufficient* for the convergence of the integral in (VII,9), are also *necessary* if we require, for instance, that the integral in (VII,9) converges for any function $g(t)$ satisfying our conditions. It is even necessary if we restrict ourselves to the functions $g(t) := 1/(t-a')$, $g(t) := 1/(t-b')$, or, if a' or b' are $\mp \infty$, $g(t) := 1/t$.

Indeed, it follows from the decomposition (VII,11) that, for $g(t) := 1/(t-a')$, the integral

$$\int_{\psi(A)}^{\varphi(A)} \frac{dt}{t-a'} = \lg \left| \frac{\varphi(A)-a'}{\psi(A)-a'} \right|$$

must have a finite limit, if, with $A \to a$,

$$\varphi(A) \wedge \psi(A) \to a'.$$

But this is only possible if the corresponding condition (VII,4) is satisfied. The argument is obviously the same in the other cases.

VIII. Special Cases of the Three Functions Formula

51. A. If $f(x)$ is L integrable in $(0,1)$ and $m(f)$ as well as the following integrals exist:

$$\exists \int_0^1 f(x)\,dx, \qquad \exists \int_{1/2}^1 \frac{f(x)}{x}\,dx, \tag{VIII,1}$$

we have

$$\int_0^{\pi/2} \frac{\cos x\, f(\sin x) - f\left(\operatorname{tg}\dfrac{x}{2}\right)}{\sin x}\,dx = m(f)\lg 2. \tag{VIII,2}$$

To prove (VIII,2) put in (VII,9)

$$g(t) := f(t)/t, \qquad \psi(x) := \sin x, \qquad \varphi(x) := \operatorname{tg}\frac{x}{2}, \qquad a=0,\ b=\frac{\pi}{2}.$$

Since then

$$a'=0,\ b'=1,\ \psi'(x)=\cos x, \qquad \frac{\varphi'(x)}{\operatorname{tg}\dfrac{x}{2}} = \frac{1}{2\cos^2\dfrac{x}{2}\operatorname{tg}\dfrac{x}{2}} = \frac{1}{\sin x},$$

the integral in (VII,9) becomes that in (VIII,2).

As to γ^+ we obtain, by the Bernoulli-L'Hospital Rule,

$$\gamma^+ = \lim_{x\downarrow 0} \frac{\sin x}{\operatorname{tg}\dfrac{x}{2}} = 2.$$

But now the formula (VIII,2) follows immediately from the lemma 10.

52. B. If we take in (VII,9) $\psi(t)\equiv t$, this formula becomes

$$\int_a^b \left[g(t)-\varphi'(t)\,g(\varphi(t))\right] dt=$$

$$=m_a^+\left((x-a)\,g(x)\right)\lg\varphi'(a)-m_b^-\left((x-b)\,g(x)\right)\lg\varphi'(b),\qquad\qquad\text{(VIII,3)}$$

if $a<b$ are finite and $\varphi'(a)\wedge\varphi'(b)$ exist and are positive.

Indeed, in this case we have $a'=a$, $b'=b$, and γ^+, γ^- become resp. $\varphi'(a)$, $\varphi'(b)$ [8].

If $b=\infty$, we have in the last right hand term of (VIII,3), instead of $\varphi'(b)$, $\lg\lim_{x\to\infty}(\varphi(x)/x)$, assuming that $0<\lim_{x\to\infty}(\varphi(x)/x)<\infty$. If $\varphi'(\infty):=\lim_{x\to\infty}\varphi'(x)$ exists and is positive, then, by the Bernoulli-L'Hospital Rule, we can replace $\varphi'(b)$ with $\varphi'(\infty)$. The procedure is similar if $a=-\infty$.

Take, for instance, in (VIII,3)

$$\varphi(x):=\gamma\sqrt[3]{x^3+3x+1}\,.$$

Since here $\varphi'(0)=\varphi'(\infty)=\gamma$, we obtain, taking $a=0$,

$$\int_0^\infty\left[g(t)-\frac{\gamma(t^2+1)}{\sqrt[3]{t^3+3t+1}^{\,2}}\,g(\sqrt[3]{t^3+3t+1})\right]dt=\gamma\left[m(xg(x))-M(xg(x))\right].$$

$g(x)$ is here assumed to be L integrable and bounded in (a, b).

53. C. Consider the functions $\alpha(x)$, $\beta(x)$, totally continuous in $(0, 1)$ and such that

$$\lim_{x\downarrow0}\alpha(x)=\lim_{x\downarrow0}\beta(x)=0,\qquad\lim_{x\uparrow1}\alpha(x)=\lim_{x\uparrow1}\beta(x)=1,$$

$$\alpha(x)\wedge\beta(x)\in(0, 1)\qquad(0<x<1).$$

Assume further that

$$\gamma:=\lim_{x\uparrow1}\frac{\beta(x)-1}{\alpha(x)-1}\qquad\qquad\text{(VIII,4)}$$

---

[8] This formula is due to Lerch [2], under the assumption that the limits of $(x-a)\,g(x)$ $(x\downarrow a)$, $(x-b)\,g(x)$ $(x\uparrow b)$ exist. Observe that in the case of Lerch from the formula (VIII,3) a special case of the Three Functions Formula is obtained by subtraction.

exists and is positive, and finally that $f(x)$ is L integrable and bounded in $(0,1)$, while the following expressions exist:

$$\exists \int_0^p f(x)\,dx, \quad 0<p<1; \quad \exists m_1^-(f). \tag{VIII,5}$$

Then the following formula holds:

$$\int_0^1 \left[\frac{\alpha'(t)f(\alpha(t))}{1-\alpha(t)} - \frac{\beta'(t)f(\beta(t))}{1-\beta(t)}\right] dt = m_1^-(f)\,\lg\gamma. \tag{VIII,6}$$

54. Indeed, if we take

$$\varphi(x):=1-\beta(x), \quad \psi(x):=1-\alpha(x), \quad g(x):=\frac{f(1-x)}{x}, \quad a=1, \quad b=0,$$

it follows in the theorem C and the lemma 10, $a'=0$, $b'=1$, and the corresponding condition (VII,4) is satisfied with $\gamma^+:=\gamma$.

On the other hand, as $1/x$ is monotonic and bounded between p and 1, the integral $\int_p^1 (f(1-x)/x)\,dx$ exists. Therefore the condition (VII,15) of lemma 10 is satisfied in this case, so that we can take $L_-=0$ and the formula (VIII,6) follows.

If we assume that

$$\exists f(1):=\lim_{x\uparrow 1} f(x), \quad \exists\alpha'(1)\wedge\beta'(1)$$

in the assumption $\alpha(1):=1$, $\beta(1):=1$ and $\beta'(1)/\alpha'(1)>0$, the formula (VIII,6) becomes

$$\int_0^1 \left[\frac{\alpha'(t)f(\alpha(t))}{1-\alpha(t)} - \frac{\beta'(t)f(\beta(t))}{1-\beta(t)}\right] dt = f(1)\,\lg\frac{\beta'(1)}{\alpha'(1)}\; {}^{9)}. \tag{VIII,7}$$

55. D. Assume, in the general hypotheses of theorem C, $a'=0$, $b'=\infty$, and assume, instead of the assumption (VII,5), that, putting $g(x):=f(x)/x$,

$$\exists \int_1^\infty \frac{f(x)}{x}\,dx. \tag{VIII,8}$$

---

[9] See Cauchy [2].

Then we can apply lemma 10 and obtain the formula

$$\int_a^b \left[\frac{\psi'(t)}{\psi(t)} f(\psi(t)) - \frac{\varphi'(t)}{\varphi(t)} f(\varphi(t)) \right] dt = m(f) \lg \lim_{t \to a} \frac{\varphi(t)}{\psi(t)}. \tag{VIII,9}$$

If in particular f, φ, ψ are continuous in a, and $\varphi'(a) \wedge \psi'(a)$ exist with $\varphi'(a) \psi'(a) > 0$, the formula (VIII,9) becomes

$$\int_a^b \left[\frac{\psi'(t)}{\psi(t)} f(\psi(t)) - \frac{\varphi'(t)}{\varphi(t)} f(\varphi(t)) \right] dt = f(a) \lg \frac{\varphi'(a)}{\psi'(a)} \,^{10}). \tag{VIII,10}$$

REFERENCES

AGNEW, R. P.   [1] *Limits of integrals*, Duke M. J. *9* (1942), 10–19.

[2] *Mean values and Frullani integrals*, Proc. Am. Math. Soc. *2* (1951), 237–241.

[3] *Frullani integrals and variants of the Egoroff theorem on essentially uniform convergence*, Publ. de l'Institut Math. de l'Académic Serbe des Sc. VI (1954), 12–16.

BANACH, S.   [1] *Sur l'équation fonctionelle* $f(x+y) = f(x) + f(y)$, Fund. Math. *I* (1920), 123–124.

CAUCHY, A.   [1] *Analyse Algébrique*, Oeuvres compl. (2) III, première partie, chap. II, §III, Th. I, p. 541.

[2] *J. Ec. Pol. XIXe cah.*, XII, 1823; Oeuvres compl. (2) I, 335, 339.

[3] *Exercises de Mathématiques*, 1827, Oeuvres compl. (2) VII, p. 157.

[4] *Ex. d'Analyse*, II, 1841; Oeuvres compl. (2) XII, 416–417.

COURANT-HILBERT   [1] *Methoden der mathematischen Physik*, 1. Auflage, Bd. 1 (1924), 393.

FRÉCHET, M.   [1] *L'enseignement mathématique* XV (1913), 390–393.

FRULLANI, G.   [1] *Sopra Gli Integrali Definiti*, Memorie della Societa Italiana delle Scienze, Modena *20* (1928), pp. 448–467. See, however, for the publication date the footnote [2] to sec. 1.

HARDY, G. H.   [1] *A generalisation of Frullani's integral*, Mess. of Math. (2) *34* (1904), 11–18, 102; Collected Papers, V, pp. 371–379.

IYENGAR, K. S. K.   [1] *On Frullani integrals*, J. Indian math. Soc. (2) *4* (1940), 145–150, reprinted as

[2] *On Frullani integrals*, Proc. Cambridge phil. Soc. *37* (1941), 9–13.

LERCH, M.   [1] *Sur une extension de la formule de Frullani*, Verhandl. der Prager Akad., math.-phys. Klasse I$_2$, 1891, pp. 123–131.

[2] *Généralisation du théorème de Frullani*, Sitz.-Berichte der Kgl. Böhm. Ges. der Wiss., Prag, 1893.

OSTROWSKI, A. M.   [1] *On some generalisations of the Cauchy-Frullani integral*, Proc. Nat. Ac. Sc., Washington, *35* (1949), 612–616.

SIERPINSKI, W   [1] *Sur l'équation fonctionelle* $f(x+y) = f(x) + f(y)$, Fund. Math. *I* (1920), 116–122.

---

[10] This formula is due to Cauchy [4], who gives however, instead of the condition, that the integral (VIII,8) exists, erroneously the condition $f(y) \to 0$ $(y \to \infty)$.

TITCHMARSH, E. C. [1] *The Zeta-function of Riemann*, Cambridge Tracts in Math. and math. Physics, 1930, p. 30.

TRICOMI, F. G.   [1] *On the theorem of Frullani*, Am. Math. Monthly LVII (1951), 158–164.

Mathematisches Institut
Rheinsprung 21
4000 Basel

Received September 12, 1975

On Validity Conditions
for J. Bertrand's Theorem on Jacobians.

Sunto. – *Peano rilevò l'inesattezza di un teorema di Bertrand sui determinanti jacobiani nella sua formulazione originale e diede successivamente qualche condizione sufficiente per la validità dell'affermazione di Bertrand. Nel presente lavoro si danno condizioni più generali di quelle di Peano che risultano insufficienti per varie applicazioni e si applicano le condizioni stesse nella risoluzione di un problema riguardante le trasformazioni a jacobiano non nullo.*

1. – J. BERTRAND gives in his « Traitè de Calcul Diffèrentiel » (1869, pp. 63-69) an important theorem on Jacobians, without however arriving at the formulation of the complete validity conditions for this theorem (*). G. PEANO, in his Notes to Genocchis's text on Calculus, Torino (1889), Annotazioni p. XXVII, shows that the original formulation of Bertrand was too general. PEANO himself, in a later note in Giornale di Matematica, XXVII (1889), pp. 226-228, and G. KOWALEWSKI, in « Einführung in die Determinantentheorie », Leipzig 1909, pp. 290-295, indicated a set of conditions under which Bertrand's assertion holds indeed. However, these conditions are too restricted in view of different applications of Betrand's theorem.

We discuss first the situation in the case of 2 functions in 2 variables, discuss then an alternate set of conditions and a somewhat generalized assertion of the theorem and give then the formulations and the proofs in the general case. Finally we give an application to the theory of transformations with non-vanishing Jacobian, which is of interest in some problems of Numerical Analysis.

(*) J. BERTRAND uses l.c. the language of infinitesimals which, even if introduced rigorously, does not allow the formulation of finer points.

2. – Consider a point P_0 in $\mathbf{R}^2$ and 2 further points P_1, P_2 in a neighborhood of P_0, which are not collinear with P_0. Denote by ϱ_1, ϱ_2 respectively the distances of P_1, P_2 from P_0. Denote generally the coordinates of P_i by (x_i, y_i) $(i = 0, 1, 2)$. Consider 2 functions of the point P in $\mathbf{R}^2$, $F(P), G(P)$, assume that they have a total differential at P_0 and form the determinants

$$(1) \qquad \Delta(P_0; P_1, P_2) = \begin{vmatrix} F(P_1) - F(P_0) & G(P_1) - G(P_0) \\ F(P_2) - F(P_0) & G(P_2) - G(P_0) \end{vmatrix},$$

$$(2) \qquad \delta(P_0; P_1, P_2) = \begin{vmatrix} x_1 - x_0 & y_1 - y_0 \\ x_2 - x_0 & y_2 - y_0 \end{vmatrix}.$$

Denote further the Jacobian of F, G at a point P (if it exists) by $J(P)$.

3. – The formulation given by Bertrand amounts then to the assertion that

$$(3) \qquad \frac{\Delta(P_0; P_1, P_2)}{\delta(P_0; P_1, P_2)} \to J(P_0) \qquad (\varrho_1 \wedge \varrho_2 \to 0).$$

The additional condition of Peano-Kowalewski is

$$(4) \qquad \varrho_1 \varrho_2 / |\delta(P_0; P_1, P_2)| = O(1) \; (*).$$

The meaning of this condition is the following. Consider the triangle P_0, P_1, P_2 and denote generally the inner angle of this triangle at P_i by α_i. Then (4) is aequivalent to the fact that for an arbitrary but fixed positive p,

$$(5) \qquad |\sin \alpha_0| \geqslant p > 0.$$

4. – We will now show that if we assume that F and G belong to the differentiability class C^1 in a neighborhood of P_0, the con-

---

(*) As a matter of fact, PEANO does not formulate the precise differentiability conditions for the above criterion. It is however probable, that the proof which he had in view and which is left to the reader, assumes the continuity of the derivatives at the point in question, since the precise notion of the total differential as one of the basic concepts, came somewhat later.

dition (5) can be replaced by a more general one

$$(6) \qquad \operatorname*{Max}_{i} |\sin \alpha_i| \geqslant p > 0 \, .$$

This theorem follows again from a more general one in which we assume that the non collinear points P_0, P_1, P_2 lie in a neighborhood of a point P^* and tend to P^* in such a way that the condition (6) remains true. Then, if F and G belong to the class C^1 in a neighborhood of P^*, we have

$$(7) \qquad \frac{\Delta(P_0; P_1, P_2)}{\delta(P_0; P_1, P_2)} \to J(P^*) \, .$$

5. – We consider an open set, Ω, in $\mathbf{R}^n$ and n functions $f_\nu(P)$ ($\nu = 1, \ldots, n$) defined for the general point (or vector) $P = (x_1, \ldots, x_n)$ of Ω, and assume that the f_ν belong to the continuity class $C^1(\Omega)$. The Jacobian of the f_ν in P—if it exists—will be denoted by

$$J(P) := \frac{\partial(f_1, \ldots, f_n)}{\partial(x_1, \ldots, x_n)} \, .$$

We consider further $n + 1$ variable points $P_\nu = (x_1^{(\nu)} \ldots, x_n^{(\nu)})$ ($\nu = 0, \ldots, n$) from Ω which all tend to a fixed point $P^* \in \Omega$. We denote generally by $\varrho_{\varkappa\lambda}$ the distance between $P_\varkappa$ and P_λ:

$$(8) \qquad \varrho_{\varkappa\lambda} := |P_\varkappa - P_\lambda| \qquad (\varkappa \neq \beta) \, (*) \, .$$

We introduce further

$$(9) \qquad \varrho^* := \operatorname*{Max}_{\nu} |P_\nu - P^*|, \qquad \varrho := \operatorname*{Max}_{\varkappa, \lambda} \varrho_{\varkappa\lambda} \leqslant 2\varrho^* \, .$$

We have obviously under the above assumptions $\varrho_{\varkappa\lambda} \to 0$. We consider now the following two determinants

$$(10) \qquad \delta := \delta(P_0, \ldots, P_n) := |x_\mu^{(\nu)} - x_\mu^{(0)}| \qquad (\mu, \nu = 1, \ldots, n) \, ,$$

$$(11) \qquad \Delta := \Delta(P_0, \ldots, P_n) := |f_\mu(P_\nu) - f_\mu(P_0)| \qquad (\mu, \nu = 1, \ldots, n) \, .$$

(*) We denote generally for a n-dimensional vector V by the symbol $|V|$ the euclidean length of V.

It is easily seen that these determinants can be written as

$$(12)\qquad \delta = \begin{vmatrix} 1 & \cdots\cdots\cdots & 1 \\ x_1^{(0)} & \cdots\cdots\cdots & x_1^{(n)} \\ \vdots & & \vdots \\ x_n^{(0)} & \cdots\cdots\cdots & x_n^{(n)} \end{vmatrix},$$

$$(13)\qquad \varDelta = \begin{vmatrix} 1 & \cdots\cdots\cdots & 1 \\ f_1(P_0) & \cdots\cdots\cdots & f_1(P_n) \\ \vdots & & \vdots \\ f_n(P_0) & \cdots\cdots\cdots & f_n(P_n) \end{vmatrix}.$$

We assume for the following that $\delta \neq 0$ that is that $P_0, \ldots, P_n$ do not lie on a linear submanifold of $\boldsymbol{R}^n$.

6. – We are now going to discuss sufficient conditions for the relation

$$(14)\qquad \varDelta/\delta \to J(P^*) .$$

The Peano-Kowalewski condition corresponds to the case that the fixed limit point P^* coincides with P_0. It amounts to

$$(15)\qquad |\delta|/\varrho_{01}\ldots\varrho_{0n} \geqslant p > 0$$

for an arbitrary but fixed positive p. Observe that here the left hand expression is by Hadamard's inequality $\leqslant 1$. This condition bears on the solid angle of the simplex $P_0, \ldots, P_n$ at the point P_0. In our case where *all* points P_ν are variable, we shall replace the solid angle at P_0 by the solid angle at an arbitrarily chosen one of the P_ν and even assume more generally that

$$(16)\qquad |\delta| \geqslant p \operatorname*{Min}_{\varkappa=0,\ldots,n} \prod_{\lambda\neq\varkappa} \varrho_{\varkappa\lambda}, \qquad p > 0 .$$

The reader may however be reminded that in the Peano-Kowalewski case Kowalewski's discussion uses only that the $f_\nu(P)$ have total differentials *at the point* P_0, which is, of course, considerably less than our assumption about the class C^1.

We are now going to prove the

THEOREM 1. – (14) *holds under the condition* (16) *for arbitrary but fixed positive* p.

7. – PROOF. – Observe that the quotient $\varDelta/\delta$ remains invariant if we interchange P_0 with an arbitrary one of the points P_ν, $\nu > 0$. Indeed, it follows from the representations (12) and (13) that both $\varDelta$ and δ are then multiplied by $(-1)^\nu$. We discuss first the determinant $\varDelta$ in the form (11).

Put generally

$$(17) \qquad \alpha_{\mu\nu} := f'_{\mu x_\nu}(P_0) \qquad (\mu, \nu = 1, \ldots, n) \,.$$

Obviously

$$J(P_0) = |\alpha_{\mu\nu}| \qquad (\mu, \nu = 1, \ldots, n) \,.$$

Consider a closed subset, U, of $\varOmega$ which contains P^*, and assume that the distance of U from the boundery of $\varOmega$ is $\geqslant 2\sigma > 0$. Consider further the closed set U^* which consists of all points of $\varOmega$ which have a distance $\leqslant \sigma$ from U, and therefore contains U. The function

$$\left(\sum_{\mu,\nu=0}^{n} f'^2_{\mu x_\nu}(P) \right)^{\frac{1}{2}}$$

is continuous in U^* and there exists therefore a constant A such that

$$(18) \qquad \left(\sum_{\mu,\nu=1}^{n} f'^2_{\mu x_\nu}(P) \right)^{\frac{1}{2}} \leqslant A \qquad (P \in U^*) \,.$$

Put

$$B := \frac{2}{p} n^{\frac{1}{2}} (A + 1)^{n-1} \,.$$

We have by hypotheses of the theorem $\varrho^* \to 0$ and we can therefore assume that all P_ν $(\nu = 0, 1, \ldots, n)$ lie in U^*.

Consider the gradients of the f_μ,

$$\operatorname{grad} f_\mu(P) \qquad (\mu = 1, \ldots, n) \,,$$

for $P \in U^*$. Since these vectors are continuous in $\varOmega$ and U^* is closed, to any positive ε there exists a positive $\varrho_0 = \varrho_0(\varepsilon)$ such that if 2 points P', P'' in U^* have the distance $|P' - P''| \leqslant \varrho_0$, we have both relations

$$(19) \qquad |\operatorname{grad} f_\mu(P') - \operatorname{grad} f_\mu(P'')| \leqslant \frac{\varepsilon}{B} \,(\mu = 1, \ldots, n) \,,$$

$$(20) \qquad |J(P') - J(P'')| \leqslant \frac{\varepsilon}{2} \,.$$

Choosing a positive $\varepsilon < B/\sqrt{n}$ arbitrarily we assume from now on that $\varrho^* \leqslant \varrho_0(\varepsilon)/4$. We shall assume, without loss of generality, that $\varrho_0(\varepsilon)$ is $\leqslant \sigma$.

8. – Denote the general entry of (11) by

$$(21) \qquad \Delta_{\mu\nu} := f_\mu(P_\nu) - f_\mu(P_0) \qquad (\mu, \nu = 1, \ldots, n) .$$

Applying to this difference the mean value formula we can write

$$\Delta_{\mu\nu} = (P_\nu - P_0) \operatorname{grad} f_\mu(P')$$

where P' is a point situated on the segment $\langle P_0, P_\nu \rangle$. If we put further

$$(22) \qquad D_{\mu\nu} := (P_\nu - P_0) \operatorname{grad} f_\mu(P_0) \qquad (\mu, \nu = 1, \ldots, n)$$

we can write

$$\Delta_{\mu\nu} - D_{\mu\nu} = (P_\nu - P_0)\big(\operatorname{grad} f_\mu(P') - \operatorname{grad} f_\mu(P_0)\big) .$$

Since here the distance $|P' - P_0|$ is $\leqslant \varrho_{0\nu} \leqslant \varrho \leqslant 2\varrho^* \leqslant \varrho_0(\varepsilon)/2$, it follows

$$|\Delta_{\mu\nu} - D_{\mu\nu}| \leqslant \varepsilon \varrho_{0\nu}/B .$$

We can therefore write further, with convenient $\theta_{\mu\nu}$,

$$(23) \qquad \Delta_{\mu\nu} = D_{\mu\nu} + \theta_{\mu\nu}\varepsilon\varrho_{0\nu}/B , \qquad\qquad |\theta_{\mu\nu}| \leqslant 1 .$$

Applying to (22) Schwarz' inequality we obtain from (18)

$$(24) \qquad |D_{\mu\nu}| \leqslant \varrho_{0\nu} A_\mu \qquad \left(A_\mu := \Big(\sum_{\nu=1}^{n} \alpha_{\mu\nu}^2 \Big)^{\frac{1}{2}} \right) .$$

9. – In order to decompose now (11) in a convenient way we introduce the following *column* vectors

$$(25) \qquad \Delta_\nu := (\Delta_{1\nu}, \ldots, \Delta_{n\nu})' , \qquad D_\nu := (D_{1\nu}, \ldots, D_{n\nu})' .$$

Here it follows from (18) and (24)

$$(26) \qquad |D_\nu| \leqslant \varrho_{0\nu} \left(\sum_{\mu=1}^{n} A_\mu^2 \right)^{\frac{1}{2}}$$

$$= \varrho_{0\nu} \left(\sum_{\mu,\nu=1}^{n} \alpha_{\mu\nu}^2 \right)^{\frac{1}{2}} \leqslant A \varrho_{0\nu} .$$

Further, if we consider the column vector

$$E_\nu := (\theta_{1\nu}, \dots, \theta_{n\nu})' ,$$

we can write, using (23),

$$(27) \qquad \Delta_\nu = D_\nu + \varrho_{0\nu} \varepsilon E_\nu / B ,$$

and therefore, since by (23), $|E_\nu| \leqslant \sqrt{n}$, as $\varepsilon \sqrt{n}/B < 1$

$$(28) \qquad |\Delta_\nu| \leqslant |D_\nu| + \varrho_{0\nu} \varepsilon \sqrt{n}/B \leqslant \varrho_{0\nu}(A+1) .$$

Using (27) the determinant (11) can be now written as a determinant of a matrix consisting of n column vectors, $\Delta_1, \dots, \Delta_n$, and decomposed as follows:

$$(29) \quad \Delta = |\Delta_1 \dots \Delta_n| = |D_1 \dots D_n| + \sum_{\lambda=1}^{n} \varrho_{0\lambda} \frac{\varepsilon}{B} |\Delta_1 \dots \Delta_{\lambda-1} E_\lambda D_{\lambda+1} \dots D_n| .$$

The first right hand determinant is here by the definitions (22) and (25)

$$(30) \qquad |D_1 \dots D_n| = J(P_0) \delta .$$

In the right hand sum (29), the determinant corresponding to $\lambda = 1$ does not contain Δ-columns but begins with the column E_1, while the determinant corresponding to $\lambda = n$ does not contain the D-columns at all and ends with the column E_n.

10. – Applying to (29) the inequalities (26) and (28) we obtain by Hadamard's inequality

$$\varrho_{0\lambda}(\varepsilon/B) |\Delta_1 \dots \Delta_{\lambda-1} E_\lambda D_{\lambda+1} \dots D_n| \leqslant$$

$$\leqslant (A+1)^{\lambda-1} \varrho_{01} \dots \varrho_{0\lambda} \varepsilon \sqrt{n} A^{n-\lambda} \varrho_{0\lambda+1} \dots \varrho_{0n}/B ,$$

and this is, using the value of B in sec. 7,

$$\leqslant \varepsilon \sqrt{n}(A+1)^{n-1}\varrho_{01}\cdots\varrho_{0n}/B \leqslant \frac{\varepsilon p}{2n}\prod_{\lambda=1}^{n}\varrho_{c\lambda}.$$

It follows from (29)

$$(31) \qquad |\varDelta - J(P_0)\delta| \leqslant \frac{p\varepsilon}{2}\prod_{\lambda=1}^{n}\varrho_{0\lambda}.$$

Since as already mentioned, interchanging P_0 with a P_ν, both $\varDelta$ and δ are multiplied by $(-1)^\nu$ we obtain from (31) immediately the more general formula

$$(32) \qquad |\varDelta - J(P_\nu)\delta| \leqslant \frac{p\varepsilon}{2}\prod_{\lambda\neq\nu}\varrho_{\nu\lambda} \qquad (\nu = 0, 1, \ldots, n).$$

But for each position of $P_0, \ldots, P_n$ we can choose in (32) $\nu = \nu_0$ in such a way that, in virtue of (16), the product $\prod_{\lambda\neq\nu_0}\varrho_{\nu_0\lambda}$ is $\leqslant |\delta|/p$. Introducing this into (32) and dividing by $|\delta|$, we obtain

$$(33) \qquad |\varDelta/\delta - J(P_{\nu_0})| \leqslant \frac{\varepsilon}{2}.$$

It follows now further

$$(34) \qquad |\varDelta/\delta - J(P^*)| \leqslant \frac{\varepsilon}{2} + |J(P_{\nu_0}) - J(P^*)|.$$

But we have $|P_{\nu_0} - P^*| \leqslant \varrho^* \leqslant \varrho_0$ and, by (20), the second right hand term is $\leqslant \varepsilon/2$. It follows

$$(35) \qquad |\varDelta/\delta - J(P^*)| \leqslant \varepsilon$$

and, since ε can be chosen arbitrarily small, the theorem 1 is proved.

11. – Observe that the estimate (34) is independent of the position of P^* in U. It follows therefore

THEOREM 2. – *Consider under the hypotheses of theorem 1 an* *arbitrary closed subset U of Ω. Then (14) holds uniformly for all P^* in U in the sense that (35) holds as soon as we have*

$$(36) \qquad \varrho^* := \operatorname*{Max}_{\nu} |P_\nu - P^*| \leqslant \varrho_1 = \varrho_1(U, p, A) ,$$

where the positive constant ϱ_1 depends only on U, p and A, and A depends only on U, Ω and the functions f_μ.

Indeed, it is sufficient to take $\varrho_1 := \varrho_0/4$.

12. – In order to apply our result to the general transformations between euclidean spaces we make the following general assumptions.

Consider an open connected subset, Ω, of $\boldsymbol{R}^n$ and n functions $f_\mu(P)$ $(\mu = 1, ..., n)$ belonging to the class $C^1(\Omega)$ and such that their Jacobian $J(P)$ remains $\neq 0$ in Ω and therefore has a constant sign throughout Ω. The transformation

$$(37) \qquad\qquad y_\mu = f_\mu(P) \qquad\qquad (\mu = 1, ..., n)$$

maps Ω into an open and connected subset Ω^* of the euclidean $\boldsymbol{n}$ dimensional $\boldsymbol{y}$ space, $\boldsymbol{R}_1^n$.

The orientation remains invariant by (37) if $\operatorname{sgn} J(P) = +1$ and is reversed if $\operatorname{sgn} J(P) = -1$. Since we can always interchange two of the f_μ we can assume, without loss of generality, that

$$(38) \qquad\qquad J(P) > 0 \qquad (P \in \Omega) .$$

13. – We discuss first for simplicity sake the case $n = 2$ and assume also that the transformation (37) is *bijective* (that is a one-to-one transformation). Then any simple curve $C \subset \Omega$ is transformed into a simple curve $C^* \subset \Omega^*$ and the positive sense along C is transformed into the positive sense along C^*. However, this can be different if we consider the general configuration of three non-collinear points P_0, P_1, P_2 in Ω. If these points in the given order follow in the positive sense with respect to the triangle $\Delta P_0 P_1 P_2$, it can very well happen, that their image points denoted respectively by Q_0, Q_1, Q_2, follow, in this order, in the *negative* sense around the triangle $\Delta Q_0 Q_1 Q_2$. Consider for instance the curves C and C^* given in the figures 1 and 2. While here the points P_0, P_1, P_2 follow in

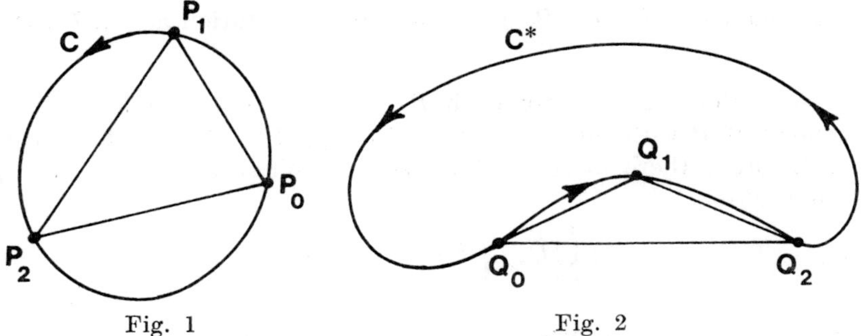

Fig. 1   Fig. 2

the positive sense with respect to $\Delta P_0 P_1 P_2$, their respective image points Q_0, Q_1, Q_2 follow in the negative sense with respect to the corresponding triangle.

14. – However, using our theorem 2 it follows easily that for any closed subset U of Ω and any positive p there exists a $\varrho_1 > 0$ such that the « orientation » of the points P_0, P_1, P_2 is conserved by (37) if the following conditions are satisfied:

    a) $P_0 \wedge P_1 \wedge P_2 \in U$;

    b) the tree sides of the triangle $\Delta P_0 P_1 P_2$ are $\leqslant \varrho_1$;

    c) the angles of the $\Delta P_0 P_1 P_2$ satisfy the inequality (6).

Indeed, from Analytic Geometry we know that the orientation of the points P_0, P_1, P_2 is positive or negative according to the sign of the corresponding determinant (2). Therefore the orientation of Q_0, Q_1, Q_2 is characterized by the sign of the determinant (1) and both determinants have the same sign if the quotient in (3) is positive. This is, however, assured by (35) if we take $\varepsilon < \underset{P \in U}{\text{Min}}\, J(P)$.

15. – *We now drop the assumption that the transformation* (37) *is bijective.*

We proceed then as follows. Consider an arbitrary but fixed point $P \in \Omega$. Then the mapping (37) remains bijective in a sufficiently small open spherical neighborhood around P, $S(P) \subset \Omega$. Denote the radius of $S(P)$ by $3r$, $r = r(P)$, and consider the *closed* spherical neighborhood of P with the radius $2r$, $\overline{U}_{2r}(P)$. Then we can apply the result proved in the sec. 14 replacing there Ω with

393

$S(P)$ and U with $\overline{U}_{2r}(P)$, and it follows that there exists a positive constant $\varrho_1 = \varrho_1(P)$ such that if the points P_0, P_1, P_2 lie in $\overline{U}_{2r}(P)$, satisfy the condition (6) and form a triangle with sides $< \varrho_1(P)$, the image points of P_0, P_1, P_2 have the same orientation as P_0, P_1, P_2.

16. – Consider now for each $P \in \Omega$ the closed spherical neighborhood of P with the radius $r = r(P)$, $\overline{U}_{r(P)}(P)$. By Borel's covering theorem there exists a finite set of points of U, $P^{(1)}, ..., P^{(k)}$, such that

$$(39) \qquad U \subset \bigcup_{\varkappa=1}^{k} \overline{U}_{r_\varkappa}(P^{(\varkappa)}), \qquad r_\varkappa := r(P^{(\varkappa)}).$$

Put

$$(40) \qquad \bar{r} := \underset{\varkappa=1,...,k}{\mathrm{Min}}\, r_\varkappa, \qquad \bar{\varrho} := \underset{\varkappa=1,...,k}{\mathrm{Min}}\, \varrho_1(P^{(\varkappa)}).$$

Then I say that the orientation of P_0, P_1, P_2 is conserved by (37) if the conditions $a)$, $b)$, $c)$ of sec. 14 are satisfied, replacing ϱ_1 in the condition $b)$ by $\mathrm{Min}\,(\bar{\varrho}, \bar{r})$. Indeed, if the points P_0, P_1, P_2 satisfy then the conditions $a)$, $b)$, $c)$, P_0 lies in one of the neighborhoods $\overline{U}_{r_\varkappa}(P^{(\varkappa)})$ and therefore all the points P_0, P_1, P_2 lie in the closed set $\overline{U}_{2r_\varkappa}(P^{(\varkappa)})$. But for this closed set the conservation of the orientation follows immediately since we have

$$|P_i - P_j| \leqslant \bar{\varrho} \leqslant \varrho_1(P^{(\varkappa)}) \qquad (i, j = 0, 1, 2),$$

and our assertion is proved.

17. – Returning now to the general case of $n \geqslant 2$ observe that in this case the orientation of the simplex $P_0 P_1 ... P_n$ is *defined* as *positive* or *negative* according as the sign of the determinant δ in (12) is $+1$ or -1. From there on the discussion proceeds exactly in the same way as in the sections 14-16, and we can therefore formulate

THEOREM 3. – *Assume the hypotheses of sec. 12. Consider an arbitrary positive p and a closed subset U of Ω. Then there exists a positive $\varrho_1 = \varrho_1(\Omega, U, p, f_\mu)$ such that, whenever $n+1$ points $P_0, P_1, ..., P_n$ lie in U and satisfy the condition (16) as well as the inequality*

$$(41) \qquad\qquad |P_\mu - P_\nu| \leqslant \varrho_1 \qquad\qquad (\mu \wedge \nu = 0, ..., n),$$

the orientation of the simplex $P_0 P_1 ... P_n$ is the same as of the simplex $Q_0 Q_1 ... Q_n$ where generally Q_ν is the image of P_ν by (37).

Pervenuta alla Segreteria dell' U. M. I.
il 25 giugno 1974

NOTE ON THE BERNOULLI–L'HOSPITAL RULE

A. M. OSTROWSKI

1. The Bernoulli-L'Hospital Rule on the convergence of $f(x)/g(x)$ in the case that $g(x) \to \infty$ can be formulated as follows (See [2], 45–46; [3], 128–129):

I. Consider a fixed one of the following limiting processes:

$$(1) \qquad x \uparrow \infty, \quad x \downarrow -\infty, \quad x \uparrow x_0, \quad x \downarrow x_0,$$

where x_0 is finite. Assume that $f(x)$ and $g(x)$, for the corresponding x, are continuous and have a derivative. Assume that $g'(x)$ is either always < 0 or always > 0 and that $|g(x)| \to \infty$. Then we have

$$(2) \qquad \underline{\lim} \, f'(x)/g'(x) \leqq \overline{\underline{\lim}} \, f(x)/g(x) \leqq \overline{\lim} \, f'(x)/g'(x).$$

If this formulation has to be applied in the case where $f(x)$ or $g(x)$ are defined as integrals, the difficulty arises that the relation

$$\left(\int^x \varphi(x)dx \right)' = \varphi(x)$$

generally only holds **save at a set of measure 0**, unless $\varphi(x)$ is continuous. On the other hand the above formulation is no longer true if the existence of the derivatives is only assumed **save at a set of measure 0**, as will be shown by means of a counter-example in Section 2.

It is therefore of interest, that the above formulation remains true if the assumption that $f(x)$ and $g(x)$ are continuous is replaced with the assumption that $f(x)$ and $g(x)$ are absolutely continuous. We prove this in the Sections 3–7.

In the following sections, 8–12, we prove some results which can still be obtained if we drop the assumption of the absolute continuity of $g(x)$.

2. Consider a function $\gamma(x)$ which is strictly monotonically increasing and bounded in the interval $[0, 1]$, and such that $\gamma(0) = 0$ and, with the exception of a set of measure 0, $\gamma'(x) = 0$. The existence of such a function $\gamma(x)$ follows for instance from the Theorem 12 in section 509 of [1]. (Instead of this reference, the reader may also consult [4].)

Continue the definition of $\gamma(x)$ for $x \geq 1$ using recurrently in each interval $(\nu, \nu + 1]$, $\nu = 1, 2, \cdots$, the definition

$$(3) \qquad \gamma(x) := \gamma(\nu) + \gamma(x - \nu) \qquad (1 \leq \nu < x \leq \nu + 1),$$

so that we have for $x > 0$: $\gamma(x) \to \infty$ and almost everywhere $\gamma'(x) = 0$.

Put

$$(4) \qquad g(x) = -\frac{1}{x} + \gamma(x), \qquad f(x) = -\frac{1}{x}.$$

Then we have almost everywhere

$$f'(x) = g'(x) = 1/x^2, \qquad f'(x)/g'(x) = 1,$$

after a set of measure 0 has been removed, while obviously

$$f(x)/g(x) \to 0 \qquad (x \to \infty).$$

3.   We prove first the

LEMMA. *Assume $f(x)$ absolutely continuous for $x \geq a$ and $g(x)$ monotonically increasing to ∞ for $a \leq x \to \infty$. Assume further that, save at a set, Ω, of measure 0, $f'(x)$ and $g'(x) > 0$ exist for $x \geq a$. Finally assume that for a constant B:*

$$(5) \qquad \frac{f'(x)}{g'(x)} < B \qquad (x \geq a, \; x \notin \Omega).$$

Then

$$(6) \qquad \overline{\lim_{x \to \infty}} \frac{f(x)}{g(x)} \leq B,$$

if either $g(x)$ is absolutely continuous for $x \geq a$, or $B \geq 0$.

4. *Proof.* Observe that by well-known properties of monotonically increasing functions

$$(7) \qquad g(x) = g(a) + \int_a^x g'(x)dx + P(x),$$

where $P(x)$ is non-negative (by a theorem due to de la Vallée Poussin, see [1], sec. 508, Theorem 10). If $g(x)$ is absolutely continuous, $P(x)$ vanishes. Thence, using (5), since $f(x)$ is absolutely continuous,

$$\frac{f(x)}{g(x)} - B = \frac{\int_a^x f'(x)dx + f(a)}{g(x)} - B < \frac{B\int_a^x g'(x)dx + f(a)}{g(x)} - B$$

$$= \frac{B\int_a^x g'(x)dx + f(a) - Bg(x)}{g(x)}.$$

This becomes, introducing the expression (7) of $g(x)$ into the numerator,

$$\frac{f(x)}{g(x)} - B < \frac{f(a) - Bg(a) - BP(x)}{g(x)}.$$

For a non-negative B the numerator is here bounded from the right and therefore the whole expression has $\overline{\lim} \leqq 0$, since $g(x) \to \infty$. If $P(x) \equiv 0$, that is if $g(x)$ is absolutely continuous, the same argument holds for any B. Our lemma is proved.

5. II. *If both $f(x)$ and $g(x)$ are absolutely continuous, the assertion of Theorem I remains true, if in the computation of $\overline{\lim} f'(x)/g'(x)$ an arbitrary set of measure 0, Ω, is left out, provided that in the remaining points of the range of x, $f'(x)$ and $g'(x)$ exist, and either always $g'(x) > 0$ or always $g'(x) < 0$.*

6. *Proof.* Proving II it is sufficient to consider only the first one, $x \uparrow \infty$, of the limiting processes enumerated in (1), since the three other cases are reduced to this one by one of the transformations

$$x = -y, \qquad x = x_0 \pm 1/y,$$

and the range of values of $f'(x)/g'(x)$ does not change by these transformations.

Further, we can assume, without loss of generality, that $g'(x) > 0$ almost everywhere for $x \geqq a$, since otherwise it would be sufficient to multiply $g(x)$ with -1.

Finally, it is sufficient to prove the *right side inequality* in (2) since, changing $f(x)$ into $-f(x)$, both inequalities in (2) are interchanged.

7. Put $\overline{\lim} f'(x)/g'(x) = \beta$. As there is nothing to prove for $\beta = \infty$, we can assume $\beta < \infty$. Then for any constant $B > \beta$ we have, save at a set of measure 0,

$$(8) \qquad \frac{f'(x)}{g'(x)} < B \qquad (x \geqq a'),$$

choosing an $a' > a$, sufficiently large. But then the assumptions of the lemma of Section 3 are satisfied, replacing a with a'. It follows therefore

$$\overline{\lim_{x \to \infty}} \frac{f(x)}{g(x)} \leqq B.$$

As this relation holds for any $B > \beta$, the assertion of the theorem follows with $B \downarrow \beta$.

8. If we drop in the hypotheses of Theorem II the assumption that $g(x)$ is absolutely continuous we can still obtain a partial result, not as strong as in II, but still of some interest.

III. *If in the assumptions of Theorem II the continuity of $g(x)$ is dropped, the relation*

$$(9) \qquad \underline{\lim} \, \mathrm{Min}\left(0, \frac{f'(x)}{g'(x)}\right) \leqq \overline{\underline{\lim}} \, \frac{f(x)}{g(x)} \leqq \overline{\lim} \, \mathrm{Max}\left(0, \frac{f'(x)}{g'(x)}\right)$$

holds, where in the computation of both extreme terms the points of Ω have to be omitted.

9. *Proof.* Observe that in this case, again, we need only to consider the limiting process $x \uparrow \infty$ and to assume $g'(x) > 0$ $(x \notin \Omega)$. Further it is sufficient to prove the *right side inequality* in (9),

$$(10) \qquad \overline{\lim} \frac{f(x)}{g(x)} \leqq \overline{\lim} \operatorname{Max}\left(0, \frac{f'(x)}{g'(x)}\right) = \beta.$$

Indeed, if we replace $f(x)$ with $-f(x)$ in (10), it is seen immediately that the result is equivalent with the left side inequality in (9).

10. Proving (10) we can obviously assume that $\beta < \infty$. Assume now a $B > \beta$. Then we have, for a convenient $a' > a$,

$$\frac{f'(x)}{g'(x)} < B \qquad (x \geqq a', \ x \notin \Omega).$$

Since here B is $\geqq 0$, the lemma of Section 3 can be applied and it follows again that

$$\overline{\lim_{x \to \infty}} \frac{f(x)}{g(x)} \leqq B,$$

and, also, if we let B go to β, the formula (10). Theorem III is proved.

11. As a corollary of III we give finally a theorem which, in an important special case, contains the essential parts of II and III in a particularly concise form.

IV. *Assume that for one of the limiting processes* (1), *save on a set* Ω *of measure* 0 *in the range of* x, $f'(x)$ *and* $g'(x)$ *exist,* $g'(x)$ *is either always* > 0 *or always* < 0 *and* $g(x)$ *tends monotonically to* $+\infty$ *or* $-\infty$. *Assume further that we have for a finite constant* α,

$$(11) \qquad \frac{f'(x)}{g'(x)} \longrightarrow \alpha, \quad |\alpha| < \infty \qquad (x \notin \Omega),$$

and that $f(x) - \alpha g(x)$ *is absolutely continuous. Then the relation*:

$$(12) \qquad \frac{f(x)}{g(x)} \to \alpha \qquad holds.$$

12. *Proof.* Putting $h(x) = f(x) - \alpha g(x)$, (11) becomes $h'(x)/g'(x) \to 0$ $(x \notin \Omega)$. If we replace in III $f(x)$ with $h(x)$, the assumptions of III are verified, while in the assertion (9) both the first and the last terms become $= 0$. From $h(x)/g(x) \to 0$, (12) follows immediately.

Sponsored in part by the Swiss National Science Foundation and in part by the Grant DA-ERO-75-G-035 of the European Research Office, United States Army, to the Institute of Mathematics, University of Basel.

References

1. C. Carathéodory, Vorlesungen über reelle Funktionen, 1918. Repr. Chelsea, New York.
2. O. Haupt and G. Aumann, Differential- und Integralrechnung, 2, W. de Gruyter, Berlin, 1938.
3. A. Ostrowski, Vorlesungen über Differential- und Integralrechnung, 2, Birkhäuser, Basel, 1961.
4. H. L. Royden, Real Analysis, 2nd ed., 1968.

MATHEMATISCHES INSTITUT, RHEINSPRUNG 21, CH 4051 BASEL, SWITZERLAND.

XI Differential Equations

Über Dirichletsche Reihen und algebraische Differentialgleichungen.

Inhaltsübersicht.

Einleitung.

§ 1. Über die Eigenschaft einer Klasse von Dirichletschen Reihen, keiner algebraischen Differenzendifferentialgleichung zu genügen.

§ 2. Beweis der Eigenschaft der Reihe $x + \dfrac{x^2}{2^s} + \dfrac{x^3}{3^s} + \ldots$ und analog gebauter Reihen, keiner algebraischen partiellen Differentialgleichung zu genügen.

§ 3. Über eine Klasse analytischer Funktionen von zwei Variablen.

§ 4. Der Hauptsatz für beliebige konvergente Dirichletsche Reihen und einige Erweiterungen des Hauptsatzes.

§ 5. Über den Begriff der algebraisch-transzendenten Funktion.

§ 6. Über den Begriff der algebraisch-transzendenten Funktion bei mehreren Variablen.

§ 7. Über algebraisch-transzendente Dirichletsche Reihen und Potenzreihen, die nach beliebigen Potenzen der unabhängigen Veränderlichen fortschreiten.

§ 8. Potenzreihen, die keiner analytischen Differentialgleichung genügen.

Einleitung.

Nachdem Hölder bewiesen hat, daß die *Gammafunktion* keiner algebraischen Differentialgleichung genügt[1]), wurde dieselbe Eigenschaft für viele Funktionen bewiesen. Zu den interessantesten Resultaten in dieser Beziehung dürfte der Satz von Hilbert gehören, daß die *Riemann-*

---

[1]) Math. Ann., **28** (1887), S. 1—13, für andere Beweise des Satzes vgl. E. H. Moore, Math. Ann., **48** (1897), S. 49—74; N. Nielsen, Handbuch der Theorie der Gammafunktion, Leipzig, Teubner (1906); A. Ostrowski, Math. Ann., **79** (1919), S. 286—284.

401

sche ζ-Funktion keiner algebraischen Differentialgleichung genügt[2]). Im ersten Paragraphen der vorliegenden Abhandlung werde ich nun beweisen, daß dieselbe Eigenscheft *allen Dirichletschen Reihen*

$$\sum \frac{a_n}{n^s}$$

zukommt, bei denen *alle Koeffizienten a_n von 0 verschieden* sind, oder auch nur *solche Koeffizienten von 0 verschieden bleiben, daß die Indizes n dieser Koeffizienten a_n durch unendlich viele verschiedene Primzahlen teilbar sind*. Noch allgemeiner, jede Dirichletsche Reihe

$$\sum a_n e^{-\lambda_n s}$$

besitzt diese Eigenschaft, bei der alle λ_n sich nicht durch endlich viele unter ihnen linear ganzzahlig ausdrücken lassen, insbesondere also, wenn unter den λ_n unendlich viele linear unabhängig sind. Wir werden diesen Satz in einer insofern noch allgemeineren Gestalt beweisen (Satz 1 u. 6), als wir die Unmöglichkeit einer algebraischen *Differenzendifferentialgleichung* nachweisen, also einer Funktionalgleichung von der Form

$$F\left(x, f(x), f'(x), \ldots, f^{(\nu)}(x), f(x+h_1), \ldots, f^{(\nu_1)}(x+h_1), \ldots,\right.$$
$$\left. f(x+h_\mu), \ldots, f^{(\nu_\mu)}(x+h_\mu)\right) = 0,$$

wo $h_1, h_2, \ldots, h_\mu$ reelle Zahlen sind, F aber ein Polynom in den in F auftretenden Argumenten ist. Dies ist insofern von Wichtigkeit, als sich mit Hilfe der hierin enthaltenen Tatsache, daß die Riemannsche ζ-Funktion keiner algebraischen *Differenzen*differentialgleichung genügt, die Richtigkeit des von Hilbert vor etwa 20 Jahren vermutungsweise als „wahrscheinlich" ausgesprochenen und seitdem noch nicht bewiesenen Satzes nachweisen läßt, daß die Funktion $\zeta(x, s)$, die für $x \leq 1$, $\Re(s) > 1$ durch die Reihe definiert wird:

$$\zeta(x, s) = \frac{x}{1^s} + \frac{x^2}{2^s} + \frac{x^3}{3^s} + \cdots,$$

als Funktion der beiden Variablen x, s aufgefaßt, keiner algebraischen partiellen Differentialgleichung genügt[3]). Dieser Nachweis wird im § 2

---

[2]) **Hilbert**, Mathematische Probleme, C. R. du 2. congrès international des math., Paris 1902, S. 100. Die Ausführung des Beweises gibt V. E. E. **Stadigh**, Dissertation, Helsingfors 1902. Wegen Literaturangaben über Funktionen, die keiner algebraischen Differentialgleichung genügen, sei überhaupt auf die Einleitung zur Dissertation von **Stadigh**, sowie auf die Abhandlung von R. D. **Carmichael**, Trans. Am. M. Soc., **14** (1913), S. 311 verwiesen.

[3]) **Mathematische Probleme**, l. c. S. 101.

erbracht (Satz 2), und zwar mit Hilfe der von Hilbert l. c. angegebenen Funktionalgleichung

$$x \frac{\partial \zeta(x, s)}{\partial x} = \zeta(x, s - 1),$$

der $\zeta(x, s)$ genügt. Dann geben wir aber für diesen Satz einen zweiten Beweis, der weder von der Hilbertschen Funktionalgleichung noch von den Entwickelungen des ersten Paragraphen Gebrauch macht, und in dessen Verlauf die Eigenschaft, keiner partiellen algebraischen Differentialgleichung zu genügen, z. B. für alle Reihen von der Form

$$\sum \frac{f_n(x)}{n^s}$$

nachgewiesen wird, wo $f_n(x)$ ein beliebiges Polynom genau vom n-ten Grade ist, und die Konvergenzbedingungen erfüllt sind (Satz 3). Im § 3 ziehen wir aus der in § 2 bewiesenen Eigenschaft von $\zeta(x, s)$ weitere Folgerungen. Es ergibt sich z. B., daß es unmöglich ist, $\zeta(x, s)$ aus beliebigen analytischen Funktionen einer Variablen und beliebigen algebraischen Funktionen mehrerer Variablen durch sukzessive Einschachtelung zu gewinnen (Satz 4)[4]. Die beim Beweis erforderlichen Eliminationen lassen sich vollständig streng und besonders einfach und übersichtlich mit Hilfe eines (selbstverständlich längst bekannten) algebraischen Lemmas durchführen, für welches ich im § 4 den auf körpertheoretischen Betrachtungen beruhenden Beweis nachtrage, und das sich bei vielen verwandten Untersuchungen in ähnlicher Weise benutzen läßt. Nachdem im § 4 noch einige Ergänzungen zu den Entwicklungen von § 1 gegeben werden, untersuchen wir im § 5 allgemeiner die Eigenschaften von analytischen Funktionen, die algebraischen Differentialgleichungen genügen können — *„algebraisch-transzendenten Funktionen"*. Die Ergebnisse von § 5 gestatten uns dann, die Sätze von § 1 und § 4 auf Potenzreihen zu übertragen. Es ergibt sich dabei z. B. der Satz, daß man aus jeder Potenzreihe durch Multiplikation gewisser Glieder mit — 1 auf unendlich viele verschiedene Weisen Potenzreihen erhalten kann, die keiner algebraischen Differentialgleichung genügen (Satz 11), und einige andere Resultate, aus denen ich etwa den Satz hervorheben möchte, daß die Reihe

$$\frac{x}{1^s} + \frac{x^2}{2^s} + \frac{x^3}{3^s} + \cdots$$

für keinen konstanten rationalen gebrochenen Wert von s einer algebraischen Differentialgleichung genügt. Für *irrationale* Werte von s liegt

---

[4] Diese Fragestellung ist' durch den bekannten Satz von Hilbert angeregt, daß es analytische Funktionen von drei Variablen gibt, die sich nicht durch endlich vielmalige Verkettung von Funktionen von zwei Variablen bilden lassen. l. c. S. 92

wohl diese Eigenschaft sehr nahe, ich konnte jedoch keinen strengen Beweis hierfür erbringen. Im nächsten Paragraphen (§ 6) kann ich jedoch als Korollar aus einem allgemeineren Satz folgern, daß die Menge der Werte von s, für die $\zeta(x, s)$ einer algebraischen Differentialgleichung genügt, *abzählbar* ist. — Im § 6 greife ich nun die allgemeine Frage an, welche Dirichletsche Reihen überhaupt algebraischen Differentialgleichungen genügen können. Aus den Ergebnissen der beiden ersten Paragraphen folgt, daß eine solche Dirichletsche Reihe vom Typus

$$\sum{}' \frac{a_n}{n^s}$$

die Form haben muß

$$F\left(n_1^{-s}, n_2^{-s}, \ldots, n_\mu^{-s}\right),$$

wo $F(x_1, x_2, \ldots, x_\mu)$ eine Potenzreihe in ihren μ Argumenten ist. Und man kann leicht solche Potenzreihen F bilden, die für jede Wahl der ganzen Zahlen $n_1, n_2, \ldots, n_\mu$ Funktionen von s darstellen, die algebraischen Differentialgleichungen genügen. Denn es gibt Funktionen $F(x_1, \ldots, x_\mu)$ mit der Eigenschaft, daß $F(\varphi_1(x), \varphi_2(x), \ldots, \varphi_\mu(x))$ stets einer algebraischen Differentialgleichung genügt, sobald das gleiche für $\varphi_1(x), \varphi_2(x), \ldots, \varphi_\mu(x)$ der Fall ist. Wir beweisen nun, daß eine Funktion $F(x_1, \ldots, x_\mu)$ dann und nur dann diese letzte Eigenschaft besitzt, wenn sie einem sogenannten Mayerschen System algebraischer partieller Differentialgleichungen genügt (Satz 15). (Unser Beweisverfahren führt zu einem noch schärferen Satz.) Genügt eine allgemeine Dirichletsche Reihe vom Typus

$$\sum{}' a_n e^{-\lambda_n s}$$

einer algebraischen Differentialgleichung, so läßt sie sich, nach den Ergebnissen der §§ 1 und 2 in der Form darstellen

$$F\left(e^{-\lambda_1 s}, e^{-\lambda_2 s}, \ldots, e^{-\lambda_\mu s}\right),$$

wo F eine Potenzreihe ist, die nach positiven *und* negativen Potenzen ihrer Argumente fortschreitet, $\lambda_1, \lambda_2, \ldots, \lambda_\mu$ aber reelle positive linear unabhängige Zahlen sind. Für Dirichletsche Reihen vom Typus

$$\sum{}' \frac{a_n}{n^s}$$

schreitet die Potenzreihe F nach positiven Potenzen ihrer Argumente fort, und nur in diesem Fall kann man auf die Existenz einer analytischen Funktion schließen, die durch die in einem gewissen Gebiete konvergente Potenzreihe F dargestellt wird. Jedenfalls kann wohl selbst im Falle der Existenz einer solchen Funktion F daraus, daß sie für ein gewisses Wertsystem linear unabhängiger $\lambda_1, \ldots, \lambda_\mu$ zu einer eine algebraische Differentialgleichung befriedigenden Dirichletschen Reihe führt, noch nicht geschlossen werden, daß sie die im oben angegebenen Satz vorausgesetzte Eigenschaft besitzt. Es läßt sich aber beweisen, daß sie einer algebraischen partiellen Differentialgleichung genügt (Satz 19), und diese Eigenschaft bleibt sogar dann bestehen, wenn die Potenzreihe $F(x_1, \ldots, x_\mu)$ keinen 2μ-dimensionalen Konvergenzbereich besitzt. In diesem Falle gibt es eine partielle algebraische Differentialgleichung, der die Potenzreihe $F(x_1, \ldots, x_\mu)$ *formal* genügt. Dagegen kann bewiesen werden, und ich gebe diesen Beweis am Schlusse des § 7, daß, wenn die Funktionen $F(e^{-\lambda_1 s}, e^{-\lambda_2 s}, \ldots, e^{-\lambda_\mu s})$ für jedes linear unabhängige Wertsystem der positiven λ einer algebraischen Differentialgleichung genügen, dasselbe stets auch für

$$F(\varphi_1(s), \varphi_2(s), \ldots, \varphi_\mu(s))$$

gilt, sobald $\varphi_1(s), \ldots, \varphi_\mu(s)$ algebraischen Differentialgleichungen genügen (Satz 20). Auch diese letzten Ergebnisse lassen sich auf die nach beliebigen Potenzen von x entwickelten Integrale algebraischer Differentialgleichungen übertragen, worauf ich ebenfalls im § 7 eingehe. Diese Resultate hängen eng zusammen mit den von Poincaré, Picard und anderen entwickelten Methoden zur Untersuchung von Integralen von Systemen gewöhnlicher Differentialgleichungen 1. Ordnung in der Umgebung kritischer Stellen[5]).

In § 8 beweise ich endlich (Satz 21 und 22), daß eine Potenzreihe

$$\sum a_i x^{n_i} \qquad (n_{i-1} < n_i < \ldots \text{ad inf.}),$$

in der nicht alle n_i sich linear ganzzahlig durch endlich viele unter ihnen darstellen lassen, keiner an der dem Wert $x = 0$ entsprechenden Stelle *analytischen* Differentialgleichung genügen kann. (Für komplexe n_i sind noch einige weitere Voraussetzungen nötig.) Durch diesen Satz wird ein Beispiel von so schweren (Verzweigungs-) Singularitäten gegeben, daß die mit ihnen behafteten Funktionen nicht einmal als Lösungen von an der entsprechenden Stelle *analytischen* Differentialgleichungen erhalten werden können. Der Beweis verläuft ganz nach demselben Schema, wie in § 1, abgesehen von einem Punkt, der bei algebraischen Differentialgleichungen selbstverständlich ist. Es handelt sich um eine Tatsache, in der insbesondere der Satz enthalten ist, daß, wenn eine analytische Funktion einer analytischen Differentialgleichung genügt, sie auch einer solchen analytischen Differentialgleichung genügt, bei der sie kein *singuläres Integral* ist. Ein direkter Beweis dieser Tatsache bietet Schwierigkeiten, da der Weierstraßsche Vorbereitungssatz bei Potenzreihen in

---

[5]) E. Picard, Traité d'Analyse, **3** (2. éd.), S. 1—40.

mehreren Variablen bekanntlich im allgemeinen erst nach einer geeigneten linearen Transformation anwendbar ist, eine solche aber bei Differentialgleichungen nicht zulässig ist. Daher mußte diese Schwierigkeit auf einem Umwege überwunden werden.

Die Hilfsmittel, mit denen die Beweise geführt werden, sind sehr elementar. Aus der Theorie der Dirichletschen Reihen wird nur der Eindeutigkeitssatz benutzt, nach dem in einer konvergenten, nach wachsendem λ geordneten Dirichletschen Reihe $\sum a_i e^{-\lambda_i s}$, die als Funktion von s für alle hinreichend große positive s verschwindet, alle Koeffizienten a_i verschwinden. Im übrigen haben sich die meisten Beweise auf einfache formal algebraische Schlüsse zurückführen lassen [6]).

§ 1.

Über die Eigenschaft einer Klasse von Dirichletschen Reihen, keiner algebraischen Differenzendifferentialgleichung zu genügen.

Definition. *Unter einer algebraischen Differenzendifferentialgleichung verstehen wir eine Funktionalgleichung von der Form:*

$$(1) \qquad F(x, f^{(v)}(x + h_\mu)) = 0,$$

wo $h_1, h_2, \ldots$ endlich viele reelle Zahlen sind, und F eine Polynom in seinen Argumenten ist.

Hilfssatz 1. *Genügt eine analytische Funktion $\varphi(x)$ einer algebraischen Differenzendifferentialgleichung von der Form (1), so genügt sie auch einer Differenzendifferentialgleichung*

$$F(f^{(v)}(x + h_\mu)) = 0,$$

in der F die unabhängige Variable x explizit nicht enthält.

Wir können annehmen, daß F ein in seinen Argumenten irreduzibles Polynom vom Grade n ist. Differenzieren wir (1) total nach x, so entsteht eine neue Differenzendifferentialgleichung für φ

$$F^*(x, f^{(v)}(x + h_\mu)) = 0,$$

wo $F^*(x, f^{(v)}(x + h_\mu))$ ein Polynom in seinen Argumenten ist, *dessen Grad nicht höher als n ist.* Andererseits enthält F^* sicher wenigstens einen bei der Differentiation hinzukommenden Ausdruck $f^{(v)}(x + h_\mu)$, der in F nicht vorkommt. Daher kann F^* durch F nicht teilbar sein, und da F irreduzibel ist, wird die Resultante der Polynome F und F^* in bezug auf x ein nicht identisch verschwindendes Polynom $F^{**}(f^{(v)}(x + h_\mu))$ sein.

---

[6]) Die vorliegende Abhandlung stellt einen Abdruck einer von der philosophischen Fakultät der Universität Göttingen angenommenen Inauguraldissertation dar.

Denn sonst hätten die Polynome F und F^* einen gemeinsamen Teiler, der in bezug auf x ganz, in den Ausdrücken $f^{(\nu)}(x + h_\mu)$ rational wäre. Daher würden sie nach den bekannten Sätzen über die eindeutige Zerlegung von Polynomen in irreduzible Faktoren auch einen gemeinsamen Teiler besitzen, der in x und $f^{(\nu)}(x + h_\mu)$ *ganz* wäre, und dies ist unmöglich. Nun gilt eine Identität

$$F^{**} = M_1 F + M_2 F^*,$$

wo M_1 und M_2 Polynome in x, $f^{(\nu)}(x + h_\mu)$ sind. Daher genügt $\varphi(x)$ auch der algebraischen Differenzendifferentialgleichung

$$F^{**}(f^{(\nu)}(x + h_\mu)) = 0,$$

in der x explizite nicht vorkommt, w. z. b. w.

Durch sukzessive Anwendung desselben Beweisverfahrens beweist man ohne weiteres, daß *wenn eine analytische Funktion $\varphi(x, y, \ldots)$ einer algebraischen partiellen Differentialgleichung genügt, sie auch einer solchen algebraischen partiellen Differentialgleichung genügt, in der $x, y, \ldots$ explizit nicht vorkommen.*

Hilfssatz 2. *Es seien $\tau, \varkappa$ ganze positive Zahlen, $k_1, k_2, \ldots, k_\varkappa$ reelle untereinander verschiedene Zahlen und es werde ein Ausdruck betrachtet*

$$L(\lambda) = \sum c_{t,i}\, \lambda^t\, e^{\lambda k_i} \quad (t = 0, 1, \ldots, \tau; \; i = 1, 2, \ldots, \varkappa),$$

in dem nicht alle c verschwinden. Dann besitzt dieser Ausdruck als Funktion von λ nur endlich viele reelle Wurzeln.

Beweis. Besitzt $L(\lambda)$ unendlich viele reelle Wurzeln $\lambda_1, \lambda_2, \ldots$, so können wir aus ihnen jedenfalls eine Teilfolge von solchen Wurzeln herausgreifen, die gegen $+\infty$ oder $-\infty$ konvergieren. Denn sonst würden die λ_i eine Häufungsstelle im Endlichen haben, und da $L(\lambda)$ in jedem endlichen Punkte regulär ist, so müßte $L(\lambda)$ für jeden Wert von λ verschwinden, und dann kann man für $\lambda_1, \lambda_2, \ldots$ etwa die Zahlen $1, 2, 3, \ldots$ annehmen. Es habe daher bereits die Folge

$$\lambda_1, \; \lambda_2, \; \lambda_3, \; \ldots \qquad (\lambda_i \neq 0, \; i = 1, 2, 3 \ldots)$$

der Wurzeln von $L(\lambda)$ die Eigenschaft, daß etwa $\lim_{i=\infty} \lambda_i = \infty$ ist. (Der Fall daß $\lim_{i=\infty} \lambda_i = -\infty$ ist, wird auf diesen zurückgeführt, indem man anstatt $L(\lambda)$ den Ausdruck $L(-\lambda)$ betrachtet.) Es sei $c_{t_1, i_1}\lambda^{t_1} e^{\lambda k_{i_1}}$ dasjenige Glied von $L(\lambda)$ mit $c_{t_1, i_1} \neq 0$, welches das größte k_i und unter allen Gliedern von $L(\lambda)$ mit diesem k_i das größte t hat. Lassen wir in der Gleichung

$$\frac{1}{c_{t_1, i_1}} \lambda_i^{-t_1} e^{-\lambda_i k_{i_1}} L(\lambda_i) = 1 + \sum{}' \frac{c_{t, p}}{c_{t_1, i_1}} \lambda_i^{t - t_1} e^{\lambda_i (k_p - k_{i_1})} = 0$$

i unendlich werden, so erhalten wir einen Widerspruch, w. z. b. w.

Es sei nun $\varphi(s) = \sum a_i e^{-\lambda_i s}$ eine Dirichletsche Reihe, über deren Konvergenz nichts bekannt zu sein braucht, jedoch sei $\operatorname*{Lim}_{i=\infty} \lambda_i = +\infty$.

Es sei $F(f^{(\nu)}(s + h_\mu)) = 0$ eine algebraische Differenzendifferentialgleichung, in der s explizite nicht vorkommt. Man denke sich $\varphi(s)$ in den Ausdruck F für $f(s)$ eingetragen und das Resultat rein formal ausgerechnet und in eine Dirichletsche Reihe umgeordnet. Verschwinden alle Glieder der so entstehenden Dirichletschen Reihe, so sagen wir, $\varphi(s)$ genüge *formal* der Gleichung $F(f^{(\nu)}(s + h_\mu)) = 0$.

Wir werden im Folgenden bei jedem Ausdruck von der Form $e^{-\lambda s}$ stets λ als seinen *Exponenten* bezeichnen.

Hilfssatz 3. *Genügt eine Dirichletsche Reihe*

$$\varphi(s) = \sum_0^\infty a_i e^{-\lambda_i s} \qquad (\lambda_0 < \lambda_1 < \dots \text{ ad inf.})$$

formal einer algebraischen Differenzendifferentialgleichung

$$(2) \qquad F(f^{(\nu)}(s + h_\mu)) = 0,$$

in der s explizite nicht vorkommt, so läßt sich von einem bestimmten λ_i an jedes λ_i linear ganzzahlig durch die vorhergehenden λ_i ausdrücken.

Es sei n der Gesamtgrad des Polynoms F in bezug auf die Argumente $f^{(\nu)}(s + h_\mu)$. Wir können annehmen, daß n den kleinstmöglichen Wert hat, so daß $\varphi(s)$ gewiß keiner algebraischen Differenzendifferentialgleichung formal genügt, deren Gesamtgrad kleiner als n ist. Wir bilden nun die Ausdrücke

$$F_{\varrho,\sigma}(f^{(\nu)}(s + h_\mu)) = \frac{\partial F(f^{(\nu)}(s + h_\mu))}{\partial (f^{(\varrho)}(s + h_\sigma))}.$$

Fassen wir einen dieser Ausdrücke $F_{\varrho,\sigma}$ ins Auge, so ist er ein Polynom in $f^{(\nu)}(s + h_\mu)$, dessen Gesamtgrad kleiner als n ist. Tragen wir daher in $F_{\varrho,\sigma}$ für $f(s)$ die Reihe $\varphi(s)$ ein und rechnen das Resultat formal in eine Dirichletsche Reihe um, so können nicht alle Glieder dieser Dirichletschen Reihe verschwinden. Es sei das erste nicht verschwindende Glied der entstehenden Dirichletschen Reihe gleich $b_{\varrho,\sigma} e^{-\lambda_{\varrho,\sigma} s}$. Wir denken uns diese Anfangsglieder für jedes in Betracht kommende Zahlenpaar ϱ, σ berechnet.

Da die λ_i von einem gewissen i an positiv werden, und bei der Bildung von $F_{\varrho,\sigma}(\varphi^{(\nu)}(s + h_\mu))$ die einzelnen Glieder der Reihen $\varphi^{(\nu)}(s + h_\mu)$ höchstens $(n-1)$ mal miteinander multipliziert werden, so ist klar, daß nur endlich viele Glieder der Reihen $\varphi^{(\nu)}(s + h_\mu)$ zur Bildung der Glieder $b_{\varrho,\sigma} e^{-\lambda_{\varrho,\sigma} s}$ oder der vorhergehenden Glieder in $F_{\varrho,\sigma}(\varphi^{(\nu)}(s + h_\mu))$, die sich weggehoben haben, beitragen können. Es gibt daher eine solche positive

Zahl $\varLambda$, daß, wenn wir die Reihe $\varphi(s)$ bei irgendeinem Glied mit dem Exponenten $\lambda_i > \varLambda$ abbrechen und den so entstehenden, nur aus endlich vielen Gliedern bestehenden Ausdruck in $F_{\varrho,\sigma}(f^{(\nu)}(s + h_\mu))$ für $f(s)$ eintragen, die Resultate wieder die Anfangsglieder $b_{\varrho,\sigma} e^{-\lambda_{\varrho,\sigma} s}$ haben werden.

Die kleinste unter den Zahlen $\lambda_{\varrho,\sigma}$ möge mit $\varLambda_1$ bezeichnet werden, und es seien etwa $\lambda_{\varrho_1,\sigma_1} = \lambda_{\varrho_2,\sigma_2} = \ldots = \lambda_{\varrho_m,\sigma_m} = \varLambda_1$, während alle übrigen $\lambda_{\varrho,\sigma} > \varLambda_1$ sein mögen.

Es werde nun für ein $\lambda_i > \varLambda$

$$\varphi(s) = A_i(s) + R_i(s), \qquad A_i(s) = \sum_0^{i-1} a_t e^{-\lambda_t s}, \qquad R_i(s) = \sum_i^\infty a_t e^{-\lambda_t s}$$

gesetzt. Tragen wir $A_i(s) + R_i(s)$ in $F(f^{(\nu)}(s + h_\mu))$ für $f(s)$ ein und entwickeln nach dem Taylorschen Lehrsatze, so entsteht

$$(3) \quad F(\varphi^{(\nu)}(s + h_\mu)) = F(A_i^{(\nu)}(s + h_\mu)) + \sum F_{\varrho,\sigma}(A_i^{(\nu)}(s + h_\mu))\frac{d^\varrho R_i(s + h_\sigma)}{ds^\varrho}$$
$$+ \sum_2 \varPsi_2(R_i^{(\nu)}(s + h_\mu)) F_2(A_i^{(\nu)}(s + h_\mu)) + \cdots$$

Hier sind $F_2, F_3, \ldots$ die zweiten, dritten usw. Ableitungen von F nach seinen Argumenten, $\varPsi_2, \varPsi_3, \ldots$ sind aber gewisse *homogene* Formen zweiter, dritter usw. Dimension in den $R_i^{(\nu)}(s + h_\mu)$. Daher sind die Exponenten der Anfangsglieder von $\varPsi_2(R^{(\nu)}(s + h_\mu))$, $\varPsi_3(R^{(\nu)}(s + h_\mu))$, $\ldots$ wenigstens gleich $2\lambda_i$, $3\lambda_i$, usw. Da aber andererseits die Gesamtgrade der Polynome $F_2, F_3, \ldots$ höchstens $n-2$, $n-3$, $\ldots$ sind, so erhalten wir für die Exponenten der Anfangsglieder des dritten, vierten usw. Bestandteils von (3) als Abschätzungen nach unten $2\lambda_i - (n-2)|\lambda_0|$, $3\lambda_i - (n-3)|\lambda_0|$, $\ldots$

Fassen wir jetzt den zweiten Bestandteil der rechten Seite von (3) ins Auge, so erhalten wir für sein Anfangsglied den Ausdruck

$$(4) \qquad a_i e^{-(\varLambda_1 + \lambda_i)s} \sum b_{\varrho_t,\sigma_t}(-\lambda_i)^{\varrho_t} e^{-\lambda_i h_{\sigma_t}},$$

sofern die Summe

$$\sum b_{\varrho_t,\sigma_t}(-\lambda)^{\varrho_t} e^{-\lambda h_{\sigma_t}}$$

für $\lambda = \lambda_i$ von 0 verschieden bleibt. Nach dem Hilfssatz 2 besitzt aber diese Summe als Funktion von λ nur endlich viele reelle Wurzeln. Bezeichnen wir ihre größte Wurzel durch $\varLambda_2$, so wird für $\lambda_i > \varLambda + |\varLambda_1| + |\varLambda_2| + n|\lambda_0|$ das Glied (4) sich mit keinem anderen Gliede aus dem zweiten, dem dritten usw. Bestandteil der rechten Seite von (3) wegheben können. Da aber nach unserer Annahme jedes Glied der rechten Seite von (3) sich weghebt, so kommt unter den Gliedern von $F(A_i^{(\nu)}(s + h_\mu))$ ein Glied mit dem Exponenten $\varLambda_1 + \lambda_i$ vor. Daher setzt sich der Exponent $\varLambda_1 + \lambda_i$ linear ganzzahlig aus den Exponenten $\lambda_0, \lambda_1, \ldots, \lambda_{i-1}$ der Glieder von

$A_i(s)$ zusammen. Andererseits setzt sich auch $\varLambda_1$ linear ganzzahlig aus $\lambda_0, \lambda_1, \ldots, \lambda_{i-1}$ zusammen, da $\lambda_i > \varLambda_1 + n\,|\lambda_0|$ ist. Daher ist λ_i eine lineare ganzzahlige Funktion von $\lambda_0, \lambda_1, \ldots, \lambda_{i-1}$, w. z. b. w.

Unter den Bedingungen des Hilfssatzes 3 lassen sich alle λ_i als ganzzahlige Linearformen derjenigen Exponenten λ darstellen, die kleiner als $\varLambda + |\varLambda_1| + |\varLambda_2| + n\,|\lambda_0| + 1$ sind. Das Exponentensystem λ_i von $\varphi(s)$ besitzt also, wie wir sagen werden, *eine endliche lineare Basis aus den Zahlen* λ_i *selbst*. Es sei etwa λ_j das letzte λ, das $< \varLambda + |\varLambda_1| + |\varLambda_2| + n\,|\lambda_0| + 1$ ist. $\lambda_0, \lambda_1, \ldots, \lambda_j$ brauchen natürlich nicht linear unabhängig zu sein. Ist die Anzahl der linear unabhängigen unter ihnen etwa α, so lassen sich bekanntlich α solche ganzzahlige Linearformen $\omega_1, \omega_2, \ldots, \omega_\alpha$ von $\lambda_0, \lambda_1, \ldots, \lambda_j$ bilden, daß sich umgekehrt $\lambda_0, \lambda_1, \ldots, \lambda_j$ und daher auch alle λ_i linear ganzzahlig durch $\omega_1, \omega_2, \ldots, \omega_\alpha$ ausdrücken lassen. Setzen wir nun in die Reihe $\varphi(s)$ diese Ausdrücke der λ_i ein, so läßt sich $\varphi(s)$ auch schreiben:

$$\varPhi\left(e^{-\omega_1 s}, e^{-\omega_2 s}, \ldots, e^{-\omega_\alpha s}\right),$$

wo $\varPhi(x_1, x_2, \ldots, x_\alpha)$ eine nach ganzen positiven und negativen Potenzen von $x_1, \ldots, x_\alpha$ fortschreitende Potenzreihe ist, die allerdings vorläufig nur formal hingeschrieben werden kann, solange über die Konvergenz von $\varphi(s)$ nichts bekannt ist. — Dabei können alle ω_i positiv angenommen werden.

Aus dem Hilfssatz 3 folgt insbesondere, daß unter den Exponenten λ_i nicht unendlich viele linear unabhängig sein können, falls $\varphi(s)$ der Gleichung (2) formal genügt. Um uns über die Tragweite dieses Resultates Rechenschaft zu geben, betrachten wir speziell Dirichletsche Reihen vom Typus

$$(5) \qquad\qquad \sum \frac{a_n}{n^s} = \sum a_n\, e^{-s\log n}.$$

Aus der Eindeutigkeit der Zerlegung der natürlichen Zahlen in Primfaktoren folgt, daß die Logarithmen sämtlicher Primzahlen linear unabhängig sind. Sind nun unter allen Zahlen $\log n$, die in (5) wirklich vorkommen, nur endlich viele linear unabhängige, so sind von einem gewissen n an alle in (5) auftretenden Zahlen $\log n$ von gewissen endlich vielen Logarithmen natürlicher Zahlen linear abhängig, etwa von $\log n_1, \log n_2, \ldots, \log n_j$. Dann enthalten aber alle in (5) wirklich auftretenden Nenner n nur solche Primfaktoren, die in $n_1, n_2, \ldots, n_j$ vorkommen. Sind also die Indizes n der von 0 verschiedenen a_n in (5) durch unendlich viele verschiedene Primzahlen teilbar, so kann (5) sicher keiner Gleichung (2) formal genügen. Kommen aber in den in (5) wirklich auftretenden Nennern nur endlich viele Primzahlen $p_1, p_2, \ldots, p_\beta$ vor, so kann man (5) formal in der Form schreiben

$$\varPsi\left(p_1^{-s}, p_2^{-s}, \ldots, p_\beta^{-s}\right),$$

wo $\Psi(x_1, x_2, \ldots, x_\beta)$ eine nach positiven Potenzen von $x_1, \ldots, x_\beta$ fortschreitende Potenzreihe ist. Besitzt aber (5) einen Konvergenzbereich (daher auch einen Bereich absoluter Konvergenz), so besitzt auch $\Psi(x_1, \ldots, x_\beta)$ einen Bereich absoluter Konvergenz und stellt in ihm eine analytische Funktion von $x_1, \ldots, x_\beta$ dar.

Satz 1. *Besitzt eine Dirichletsche Reihe*

$$\varphi(s) = \sum a_i e^{-\lambda_i s}$$

einen Bereich Ω absoluter Konvergenz und genügt die durch sie in Ω dargestellte analytische Funktion einer algebraischen Differenzendifferentialgleichung, so besitzt das System der Zahlen λ_i eine endliche lineare Basis aus den Zahlen λ_i.

Beweis. Genügt die analytische Funktion $\varphi(s)$ in Ω einer algebraischen Differenzendifferentialgleichung, so genügt sie auch, nach dem Hilfssatz 1 einer Gleichung von der Form (2) des Hilfssatzes 3. Setzen wir $\varphi(s)$ in jene Gleichung ein, und bedenken, daß auch die Reihen $\varphi^{(\nu)}(s + h_\mu)$ in einem gewissen Bereich absolut konvergieren und dort die analytischen Funktionen $\varphi^{(\nu)}(s + h_\mu)$ darstellen, so dürfen wir, da das formal gebildete Produkt von endlich vielen absolut konvergenten Dirichletschen Reihen ebenfalls einen absoluten Konvergenzbereich besitzt und in ihm das Produkt der entsprechenden Funktionen darstellt, mit der Reihe $\varphi(s)$ formal rechnen. Die so entstehende Reihe $D(s)$ besitzt einen absoluten Konvergenzbereich und stellt in ihm das Resultat der Einsetzung von $\varphi(s)$ in die linke Seite der Differenzendifferentialgleichung dar. Da aber dieses Resultat identisch verschwindet, so muß nach dem Eindeutigkeitssatze auch die Reihe $D(s)$ identisch verschwinden. Daher genügt $\varphi(s)$ *formal* einer algebraischen Differenzendifferentialgleichung von der Art der Gleichung (2) im Hilfssatz 3 und die Anwendung des Hilfssatzes 3 beweist den Satz.

§ 2.

Beweis der Eigenschaft der Reihe $x + \dfrac{x^2}{2^s} + \dfrac{x^3}{3^s} + \ldots$ und analog gebauter Reihen, keiner algebraischen partiellen Differentialgleichung zu genügen.

Wir können nun den Beweis des von Hilbert in seinem Pariser Vortrag über „Mathematische Probleme" als „wahrscheinlich" bezeichneten Satzes erbringen:

Satz 2. *Die Funktion*

$$\zeta(x, s) = x + \frac{x^2}{2^s} + \frac{x^3}{3^s} + \ldots$$

genügt als Funktion der Variablen x, s keiner partiellen algebraischen Differentialgleichung.

411

Die Funktion $\zeta(x, s)$ genügt, wie man sofort nachrechnet, der von Hilbert angegebenen Funktionalgleichung:

$$(6) \qquad x\,\frac{\partial \zeta(x, s)}{\partial x} = \zeta(x, s - 1).$$

Aus dieser Funktionalgleichung erhält man sofort die allgemeineren

$$(7) \qquad \left(x\,\frac{\partial}{\partial x}\right)^{\mu} \zeta(x, s - \nu) = \zeta(x, s - \mu - \nu)$$

und

$$(8) \qquad \left(x\,\frac{\partial}{\partial x}\right)^{\mu} \left(\frac{\partial}{\partial s}\right)^{\lambda} \zeta(x, s - \nu) = \frac{\partial^{\lambda} \zeta}{\partial s^{\lambda}}(x, s - \mu - \nu).$$

Es genüge nun $\zeta(x, s)$ einer partiellen algebraischen Differentialgleichung

$$\Phi(\zeta_{\mu, \lambda}(x, s)) = 0,$$

wo $\zeta_{\mu, \lambda}(x, s)$ für $\dfrac{\partial^{\mu}\,\partial^{\lambda}}{\partial x^{\mu}\,\partial s^{\lambda}} \zeta(x, s)$ gesetzt ist, und Φ ein Polynom in seinen Argumenten ist, das wir von x, s frei voraussetzen können, wegen der an den Hilfssatz 2 geknüpften Folgerung.

Die Funktionalgleichung (6) gestattet nun, die Ableitungen von $\zeta(x, s)$ nach x durch die Größen $\zeta(x, s - \nu)$ sukzessive auszudrücken:

$$(9) \qquad \frac{\partial^{\mu} \zeta(x, s)}{\partial x^{\mu}} = \frac{1}{x^{\mu}} \zeta(x, s - \mu) + c_{\mu, \mu - 1}\, \zeta(x, s - \mu + 1) + \ldots + c_{\mu, 1}\, \zeta(x, s - 1).$$

Hier sind die Koeffizienten c rationale Funktionen von x. Die Gleichungen (9) lassen sich offenbar nach den Größen $(x, s - \nu)$ auflösen:

$$(10) \qquad \zeta(x, s - \mu) = x^{\mu}\,\frac{\partial^{\mu} \zeta(x, s)}{\partial x^{\mu}} + \gamma_{\mu, \mu - 1}\,\frac{\partial^{\mu - 1} \zeta(x, s)}{\partial x^{\mu - 1}} + \ldots + \gamma_{\mu, 1}\,\frac{\partial \zeta(x, s)}{\partial x},$$

und γ sind ebenfalls rationale (sogar ganze) Funktionen von x. Differentiieren wir die Gleichungen (9) und (10) λ mal nach s, so erhalten wir:

$$(11) \qquad \frac{\partial^{\mu + \lambda} \zeta(x, s)}{\partial x^{\mu}\,\partial s^{\lambda}} = \frac{1}{x^{\mu}}\,\frac{\partial^{\lambda} \zeta(x, s - \mu)}{\partial s^{\lambda}} + c_{\mu, \mu - 1}\,\frac{\partial^{\lambda} \zeta(x, s - \mu + 1)}{\partial s^{\lambda}} + \ldots$$
$$+ c_{\mu, 1}\,\frac{\partial^{\lambda} \zeta(x, s - 1)}{\partial s^{\lambda}},$$

$$(12) \qquad \frac{\partial^{\lambda} \zeta(x, s - \mu)}{\partial s^{\lambda}} = x^{\mu}\,\frac{\partial^{\mu + \lambda} \zeta(x, s)}{\partial x^{\mu}\,\partial s^{\lambda}} + \gamma_{\mu, \mu - 1}\,\frac{\partial^{\mu + \lambda - 1} \zeta(x, s)}{\partial x^{\mu - 1}\,\partial s^{\lambda}} + \ldots$$
$$+ \gamma_{\mu, 1}\,\frac{\partial^{\lambda + 1} \zeta(x, s)}{\partial x\,\partial s^{\lambda}},$$

da c und γ von s unabhängig sind. Und auch hier bilden für jeden Wert von λ die entsprechenden Gleichungssysteme (11) und (12) Auflösungen voneinander. Setzt man nun in das Polynom $\Phi(\zeta_{\mu, \lambda}(x, s))$ für die Ableitungen $\dfrac{\partial^{\mu + \lambda} \zeta(x, s)}{\partial x^{\mu}\,\partial s^{\lambda}}$ die Ausdrücke (11) ein, so entsteht ein Polynom

$$\psi\left(\frac{\partial^\varrho \zeta(x, s - \nu)}{\partial s^\varrho}\right)$$

in den Ausdrücken $\dfrac{\partial^\varrho \zeta(x, s - \nu)}{\partial s^\varrho}$, dessen Koeffizienten rationale Funktionen von x sind. Setzen wir in das Polynom ψ aber für seine Argumente die Ausdrücke (12) ein, so ergibt sich wieder Φ. Daher kann ψ nicht identisch verschwinden.

Wir multiplizieren nun das Polynom ψ mit einer solchen Potenz von x, daß ψ ganz auch in bezug auf x wird und dividieren durch eine möglichst große Potenz von $x - 1$, falls das entstehende Polynom dann durch $x - 1$ teilbar ist. Setzen wir dann $x = 1$ für hinreichend große s, so entsteht aus $\zeta(x, s)$ die Dirichletsche Reihe

$$\zeta(s) = 1 + \frac{1}{2^s} + \frac{1}{3^s} + \frac{1}{4^s} + \cdots,$$

aus den Ausdrücken $\dfrac{\partial^\varrho \zeta(x, s - \nu)}{\partial s^\varrho}$ die Ausdrücke $\zeta^{(\varrho)}(s - \nu)$, und aus der Gleichung

$$\psi\left(\frac{\partial^\varrho \zeta(x, s - \nu)}{\partial s^\varrho}\right) = 0$$

eine algebraische Differenzendifferentialgleichung für $\zeta(s)$. Nach dem Satz 1 und den Bemerkungen, die wir an den Beweis des Hilfssatzes 3 geknüpft haben, genügt aber $\zeta(s)$ keiner algebraischen Differenzendifferentialgleichung. Damit ist der Satz 2 bewiesen.

Wir haben bei dem Beweis des Satzes 2 die Funktionalgleichung (6) benutzt, der $\zeta(x, s)$ genügt. Man kann aber durch direkte Verwendung derselben Methode, die uns zum Beweis des Hilfssatzes 3 führte, ein viel allgemeineres Resultat erhalten.

Es sei

$$F(x, s) = \sum' \varphi_i(x)\, e^{-\lambda_i s} \qquad (\lambda_0 < \lambda_1 < \ldots \text{ ad inf.})$$

eine in einem gewissen Bereiche der x-Ebene und einer gewissen s-Halbebene (ebenso wie ihre sämtliche partielle Ableitungen nach x) absolut und gleichmäßig konvergente Reihe, und es seien $\varphi_i(x)$ nicht identisch verschwindende Polynome in x, deren genaue Grade durch m_i bezeichnet werden mögen. Es genüge $F(x, s)$ einer algebraischen partiellen Differentialgleichung

$$\Phi(F_{\mu, \nu}(x, s)) = 0,$$

deren linke Seite als ein von x und s freies Polynom in den partiellen Ableitungen $F_{\mu, \nu}(x, s) = \dfrac{\partial^{\mu + \nu} F}{\partial x^\mu \partial s^\nu}$ angenommen werden kann. Bezeichnen wir allgemein die partiellen Ableitungen Φ nach $F_{\mu, \nu}$ durch $\Phi_{\mu, \nu}$, so dürfen wir annehmen, daß $F(x, s)$ keiner der partiellen Differentialgleichungen

$$\Phi_{\mu,\nu}(F_{\sigma,\varrho}) = 0$$

genügt. Setzt man die Reihenentwicklung für $F(x, s)$ in $\Phi_{\mu,\nu}(F_{\sigma,\varrho})$ ein und ordnet das Resultat formal wie eine gewöhnliche Dirichletsche Reihe, so kann die so entstehende Reihenentwicklung

$$(13) \qquad \sum \psi_i(x) e^{-\varkappa_i s}$$

nicht identisch verschwinden. Denn da die Reihe für $F(x, s)$ und ihre sämtlichen partiellen Ableitungen in einem gewissen Bereich absolut konvergieren, konvergiert jedenfalls auch die Reihe (13) absolut in einem gewissen Bereich und stellt in jenem Bereich die analytische Funktion $\Phi_{\mu\nu}(F_{\sigma,\varrho})$ dar. Es sei nun das erste Glied in (13) mit nicht identisch verschwindendem ψ_i etwa $\psi_1 e^{-\varkappa_1 s}$. Brechen wir die Reihe $F(x, s)$ bei einem hinreichend großen i ab, so ändert sich dieses erste Glied nicht.

Wir stellen nun für jedes in Betracht kommende Wertepaar von μ, ν solche erste Glieder auf und suchen den kleinsten der in ihnen auftretenden Exponenten $\varkappa_1$ — er sei etwa durch Λ bezeichnet und trete etwa bei $\Phi_{\mu_\tau, \nu_\tau}$ $(\tau = 1, 2, \ldots)$ auf. Die entsprechenden Polynome $\psi_1(x)$ seien durch $\psi^{(\tau)}(x)$, ihre genauen Grade durch $m^{(\tau)}$ bezeichnet.

Wir setzen nun

$$F(x, s) = A_i(x, s) + R_i(x, s),$$

$$A_i(x, s) = \sum_0^{i-1} \varphi_t(x) e^{-\lambda_t s}, \qquad R_i(x, s) = \sum_i^{\infty} \varphi_t(x) e^{-\lambda_t s},$$

und tragen $A_i + R_i$ in Φ ein. So entsteht:

$$(14) \qquad \Phi(F_{\sigma,\varrho}) = \Phi\left(\frac{\partial^{\sigma+\varrho} A_i}{\partial x^\sigma \partial s^\varrho}\right) + \sum_{\mu,\nu} \Phi_{\mu,\nu}\left(\frac{\partial^{\sigma+\varrho} A_i}{\partial x^\sigma \partial s^\varrho}\right) \frac{\partial^{\mu+\nu} R_i}{\partial x^\mu \partial s^\nu}$$

$$+ \sum_2 \Phi_2\left(\frac{\partial^{\sigma+\varrho} A_i}{\partial x^\sigma \partial s^\varrho}\right) \Psi_2\left(\frac{\partial^{\mu+\nu} R_i}{\partial x^\mu \partial s^\nu}\right) + \ldots .$$

Hier sind $\Phi_2, \Phi_3, \ldots$ zweite, dritte, ... Ableitungen von Φ nach seinen Argumenten, $\Psi_2, \Psi_3, \ldots$ sind aber gewisse homogene Formen zweiter, dritter, ... Dimension in den Ableitungen von R_i.

Wir nehmen jetzt an, daß $\operatorname*{Lim}_{i=\infty} m_i = \infty$ *ist*, und suchen unter dieser Voraussetzung dasjenige Glied der Reihenentwicklung des zweiten, dritten usw. Bestandteils von (14), dessen Exponent möglichst klein ist. Dieses Glied ist für hinreichend große i

$$(15) \qquad \sum_\tau \psi^{(\tau)}(x) \frac{\partial^{\mu_\tau} \varphi_i(x)}{\partial x^{\mu_\tau}} (-\lambda_i)^{\nu_\tau} e^{-(\lambda_i + \Lambda) s} ,$$

sofern es nicht identisch in x verschwindet. Denn einerseits ist für andere Werte von μ, ν der Exponent des Anfangsgliedes von $\Phi_{\mu,\nu}\left(\dfrac{\partial^{\sigma+\varrho} A_i}{\partial x^\sigma \partial s^\varrho}\right)$ größer als Λ, andererseits ist der Exponent des Anfangsgliedes von Ψ_2, Ψ_3, $\ldots$ wenigstens gleich $2\lambda_i$ für hinreichend große i. Da nun $\Phi(F_{\sigma,\varrho})$ identisch verschwindet, so ist für jedes hinreichend große i das Glied (15) gleich 0, oder es hebt sich mit einem Glied aus $\Phi\left(\dfrac{\partial^{\sigma+\varrho} A_i}{\partial x^\sigma \partial s^\varrho}\right)$ weg. Das zweite wird nun sicher unendlich oft *nicht* der Fall sein, falls entweder: 1. die Exponenten λ_i besitzen keine endliche lineare Basis, oder 2. $\operatorname*{Lim\,sup}\limits_{i=\infty} \dfrac{\lambda_i}{\lambda_{i-1}} = \infty$ ist. Unter jeder von diesen Annahmen muß also

$$(16) \qquad \sum_\tau \psi^{(\tau)}(x)\, \frac{\partial^{\mu_\tau} \varphi_i(x)}{\partial x^{\mu_\tau}} (-\lambda_i)^{\nu_\tau}$$

für unendlich viele i verschwinden. Setzen wir in (16) den Koeffizient der höchsten Potenz von x gleich 0, so erhalten wir eine Gleichung von der Form

$$(17) \qquad \Theta(m_i, \lambda_i) = 0,$$

wo Θ ein Polynom in m_i, λ_i mit konstanten von i unabhängigen und nicht sämtlich verschwindenden Koeffizienten ist.

Diese letzte Gleichung kann aber sicher nicht für unendlich viele i bestehen, falls entweder m_i rascher wächst als jede Potenz von λ_i, oder λ_i rascher wächst als jede Potenz von m_i, falls also

$$\text{entweder} \quad \operatorname*{Lim}_{i=\infty} \frac{\log m_i}{\log \lambda_i} = \infty \quad \text{oder} \quad \operatorname*{Lim}_{i=\infty} \frac{\log \lambda_i}{\log m_i} = \infty$$

ist. Um zu einem schärferen Resultat zu gelangen, entwickeln wir die mit i unendlich werdenden Wurzeln m_i von (17) nach Potenzen von λ_i in der Umgebung der unendlich fernen Stelle. Wir erhalten endlich viele nach gebrochenen abnehmenden Potenzen von λ_i fortschreitende Reihenentwicklungen, die mit einer positiven Potenz von λ_i beginnen. Daraus folgt, daß unter den Häufungswerten von $\dfrac{\log m_i}{\log \lambda_i}$ endlich viele von 0 verschiedene rationale Zahlen vorkommen müssen. — Wir fassen das Resultat zusammen im

Satz 3. *Es sei*

$$F(x,s) = \sum' \varphi_i(x)\, e^{-\lambda_i s} \qquad (\lambda_0 < \lambda_1 < \ldots \text{ ad inf.})$$

eine in einem gewissen Bereiche der x-Ebene und einer gewissen s-Halbebene (ebensowie ihre sämtliche partielle Differentialquotienten nach x) absolut und gleichmäßig konvergente Reihe, und es seien $\varphi_i(x)$ Polynome in x mit *genauen Graden* m_i, *die mit wachsendem* i *über alle Grenzen wachsen. Es komme unter den Häufungswerten von* $\dfrac{\log m_i}{\log \lambda_i}$ *keine von* 0 *verschiedene rationale Zahl vor* (*dies ist sicher der Fall, falls* $\underset{i=\infty}{\mathrm{Lim}} \dfrac{\log m_i}{\log \lambda_i}$ *gleich* 0 *oder* ∞ *ist*). *Ist eine von den beiden Bedingungen erfüllt:*

    1. *die Exponenten* λ_i *besitzen keine endliche lineare Basis,*

    2. *es ist* $\underset{i=\infty}{\mathrm{Lim\ sup}} \dfrac{\lambda_i}{\lambda_{i-1}} = \infty$,

so genügt $F(x, s)$ *keiner algebraischen partiellen Differentialgleichung.*

An diesem Satz ist besonders bemerkenswert, daß in ihm nur über Gradzahlen der Polynome $\varphi_i(x)$ Annahmen gemacht werden, nicht aber über ihre Koeffizienten, abgesehen von den Annahmen, die in den Konvergenzforderungen enthalten sind. Er läßt sich offenbar nach mehreren Richtungen verschärfen, insbesondere ist, wie man leicht beweisen kann, die Forderung der *absoluten* Konvergenz unwesentlich.

Da $\underset{n=\infty}{\mathrm{Lim}} \dfrac{\log n}{\log \log n} = \infty$ ist, ist der Satz 2 im Satz 3 enthalten.

§ 3.

Über eine Klasse analytischer Funktionen von zwei Variablen.

Wir werden in diesem Paragraphen beweisen, daß die im vorigen Paragraphen betrachteten Funktionen sich nicht aus beliebigen analytischen Funktionen einer Variablen und algebraischen Funktionen mehrerer Variablen durch sukzessive Einschachtelungen erhalten lassen. Die bei diesem Beweis (und bei den weiteren Betrachtungen dieses Paragraphen) vorkommenden Eliminationen lassen sich vollständig streng und besonders einfach und übersichtlich mit Hilfe des folgenden sehr leicht durch körpertheoretische Betrachtungen beweisbaren Lemmas begründen:

Es genüge jede der $n + 1$ *Funktionen*

$$f_1(x_1, \ldots, x_n), \quad f_2(x_1, \ldots, x_n), \ldots, \quad f_{n+1}(x_1, \ldots, x_n)$$

einer algebraischen Gleichung, deren Koeffizienten Polynome in $x_1, \ldots, x_n$ *mit Koeffizienten aus einem beliebigen Körper* K *sind. Dann besteht zwischen den Funktionen* $f_1, f_2, \ldots, f_{n+1}$ *eine algebraische Relation in bezug auf den Körper* K, *d. h. es gibt ein solches Polynom* $\Phi(y_1, y_2, \ldots, y_{n+1})$ *mit Koeffizienten aus dem Körper* K, *die nicht sämtlich verschwinden, daß*

$$\Phi(f_1(x_1, \ldots, x_n), f_2(x_1, \ldots, x_n), \ldots, f_{n+1}(x_1, \ldots, x_n)) = 0$$

identisch in x_i *ist.*

Wir werden nun den Begriff einer *uneigentlichen* Funktion von

416

2 Variablen x, s einführen, und zwar werden wir für die Zwecke des Beweises uneigentliche Funktionen verschiedenen *Ranges* unterscheiden.

Als eine uneigentliche Funktion *ersten* Ranges werden wir jede analytische Funktion bezeichnen, die nur von einer der beiden Variablen x, s abhängt. Als eine uneigentliche Funktion *zweiten* Ranges $\varphi(x, s)$ bezeichnen wir jede algebraische Funktion von mehreren uneigentlichen Funktionen ersten Ranges, die ein gemeinsames Existenzgebiet in x, s besitzen. Als eine uneigentliche Funktion *dritten* Ranges bezeichnen wir eine analytische Funktion $\psi(\varphi(x, s))$ von einer uneigentlichen Funktion $\varphi(x, s)$ zweiten Ranges, unter der Voraussetzung, daß das Existenzgebiet von ψ einen Teil des Wertgebietes von φ enthält, der dem gemeinsamen Existenzgebiet der in φ vorkommenden Funktionen ersten Ranges entspricht. Allgemein soll unter einer uneigentlichen Funktion $2n$-ten Ranges eine algebraische Funktion von mehreren uneigentlichen Funktionen $(2n-1)$-ten Ranges, unter einer uneigentlichen Funktion $(2n+1)$-ten Ranges eine analytische Funktion von einer uneigentlichen Funktion $2n$-ten Ranges verstanden werden. Dabei ist aber stets an der Voraussetzung festzuhalten, daß die Existenz- und die entsprechenden Wertgebiete sämtlicher vorkommenden Funktionen *zueinander passen.*

Jede analytische Funktion von zwei Variablen, die nicht eine uneigentliche Funktion von irgendeinem endlichen Rang ist, bezeichnen wir als *eigentliche Funktion von zwei Variablen.* Die uneigentlichen Funktionen ungeraden Ranges, die zum Aufbau einer uneigentlichen Funktion dienen, bezeichnen wir als deren *Komponenten.* Eine solche Komponente besteht aus einer analytischen Funktion in einer Variablen, in die statt der Variablen eine uneigentliche Funktion geraden Ranges eingesetzt ist. Diese analytische Funktion einer Variable bezeichnen wir als die *Hauptfunktion* der Komponente. So hat z. B. die uneigentliche Funktion vierten Ranges

$$\varphi(\psi(x) + \varphi(s)) + \varphi(x) + \varphi(s)$$

vier Komponenten

$$\varphi(\psi(x) + \varphi(s)), \quad \psi(x), \quad \varphi(x), \quad \varphi(s)$$

mit den Hauptfunktionen $\varphi(z), \quad \psi(z), \quad \varphi(z), \quad \varphi(z).$

Hat eine Komponente die Form $\varphi(\Phi(x, s))$, so bezeichnen wir die Funktion $\varphi^{(\varkappa)}(\Phi(x, s))$, wo $\varphi^{(\varkappa)}(z)$ die $\varkappa$-te Ableitung der Hauptfunktion $\varphi(z)$ ist, als die *$\varkappa$-te Derivierte der Komponente.* (Sie ist also nicht etwa mit einer der partiellen Ableitungen der Komponente identisch.)

Diese Unterscheidungen werden wichtig bei der Bildung der partiellen Ableitungen einer uneigentlichen Funktion. Es sei $\Phi(x, s)$ eine uneigentliche Funktion m-ten Ranges, und sie enthalte μ Komponenten. Bilden wir eine $\varkappa$-te partielle Ableitung von $\Phi(x, s)$, so ist sie offenbar eine algebraische Funktion der ersten $\varkappa$ Derivierten aller Komponenten von Φ, also eine algebraische Funktion von höchstens $\varkappa\mu$ Argumenten. Folglich hängen $\dfrac{(\varkappa+1)(\varkappa+2)}{2}$ erste partielle Ableitungen von Φ bis zur $\varkappa$-ten Ordnung algebraisch höchstens von $\varkappa\mu$ Argumenten ab. Und da für ein hinreichend großes $\varkappa$ die Zahl $\dfrac{(\varkappa+1)(\varkappa+2)}{2}$ größer als $\varkappa\mu$ ist, so folgt hieraus nach unserem Lemma, daß jede uneigentliche Funktion von 2 Variablen einer algebraischen partiellen Differentialgleichung genügt. Und hieraus folgt insbesondere der

Satz 4. *Sowohl die Funktion*

$$\zeta(x,\,s)=\frac{x}{1^{s}}+\frac{x^{2}}{2^{s}}+\frac{x^{3}}{3^{s}}+\cdots$$

als auch allgemeiner jede Funktion, die durch eine den Bedingungen des Satzes 3 genügende Reihe dargestellt ist, ist eine eigentliche Funktion von 2 Variablen, läßt sich also nicht durch Verkettung von analytischen Funktionen einer Variable mit algebraischen Funktionen mehrerer Variablen gewinnen.

Wir können indessen darüber hinaus noch zeigen, daß die Funktionen, von denen im Satze 4 die Rede ist, nicht einmal einer partiellen Differentialgleichung genügen können, deren Koeffizienten uneigentliche Funktionen von x und s sind. Genauer gilt der

Satz 5. *Genügt eine analytische Funktion $f(x,\,s)$ von zwei Variablen einer partiellen Differentialgleichung, deren linke Seite ein Polynom in der unbekannten Funktion und ihren Ableitungen ist mit Koeffizienten, die uneigentliche Funktionen von zwei Variablen sind, so genügt sie auch einer solchen partiellen Differentialgleichung, deren linke Seite ein Polynom in der unbekannten Funktion und ihren Ableitungen mit Zahlenkoeffizienten ist.*

Es sei die Differentialgleichung, — unter $f_{i,\,k}$ allgemein $\dfrac{\partial^{i+k}f(x,\,s)}{\partial x^{i}\partial s^{k}}$ verstanden, —

$$(18) \qquad\qquad \Phi(f_{i,\,k})=0,$$

der $f(x,\,s)$ genügt. von der m-ten Ordnung, und es sei Φ ein Polynom in bezug auf f und die partiellen Ableitungen von f, dessen Koeffizienten uneigentliche Funktionen von $x,\,s$ sind. Es möge zugleich Φ eine solche Differentialgleichung von kleinstmöglicher Ordnung sein. Die Anzahl der verschiedenen Komponenten, die in den Koeffizienten von Φ auftreten, bezeichnen wir durch μ. Es sei $f_{i,\,m-i}$ eine in Φ wirklich auftretende Ableitung m-ter Ordnung, bei der i möglichst groß gewählt sei. Den partiellen Differentialquotienten von Φ nach dieser Ableitung bezeichnen wir durch S. Da wir m möglichst klein angenommen haben, ist S von 0 verschieden.

Bilden wir nun die $\varkappa + 1$ Gleichungen, die aus (18) durch $\varkappa$-malige „totale" Differentiation nach x und s hervorgehen,

$$\frac{d^\varkappa \Phi}{dx^\varkappa} = 0, \quad \frac{d^\varkappa \Phi}{dx^{\varkappa-1}ds} = 0, \ldots, \quad \frac{d^\varkappa \Phi}{ds^\varkappa} = 0,$$

so haben sie die Gestalt

$$(19) \quad S f_{i+\varkappa, m-i} = \varphi_1(f_{e,n}), \; S f_{i+\varkappa-1, m-i+1} = \varphi_2(f_{e,n}), \ldots, S f_{i, m-i+\varkappa} = \varphi_{\varkappa+1}(f_{e,n}),$$

wo die φ Polynome in solchen $f_{e,n}$ sind, deren Ordnungen $e + n$ höchstens gleich $m + \varkappa$ sind. Von den $f_{e,n}$ aber, deren Ordnungen gleich $m + \varkappa$ sind, enthält $\varphi_{\varkappa+1}$ nur solche mit $e < i$, $\varphi_\varkappa$ nur solche mit $e < i + 1$, ..., φ_1 nur solche mit $e < i + \varkappa$. Daher können wir von den Gleichungen (19) durch sukzessive Substitutionen zu den Gleichungen von der Form gelangen

$$(20) \quad S^l f_{i+\varkappa, m-i} = \psi_1(f_{e,n}), \; S^l f_{i+\varkappa-1, m-i+1} = \psi_2(f_{e,n}), \ldots, S^l f_{i, m-i+\varkappa} = \psi_{\varkappa+1}(f_{e,n}).$$

Hier sind die Argumente $f_{e,n}$ der ψ partielle Ableitungen von f bis zur $(m + \varkappa)$-ten Ordnung, von den Ableitungen $(m + \varkappa)$-ter Ordnung kommen jedoch in den ψ die Ableitungen $f_{e,n}$, bei denen $e \geq i$, $n \geq m - i$ ist, *nicht* vor, und die Gleichungen (20) dienen gerade dazu, diese $f_{e,n}$ durch die übrigen partiellen Ableitungen m-ter Ordnung und die partiellen Ableitungen niedrigerer Ordnung auszudrücken. Lassen wir $\varkappa$ alle ganzen Werte durchlaufen von 1 bis $\varkappa'$ und benutzen sukzessive die Gleichungen (20) für kleinere Werte von $\varkappa$, so kommen wir endlich zu den Ausdrücken, die alle $f_{e,n}$ mit $m < e + n \leq m + \varkappa'$, $e \geq i$, $n \geq m - i$ durch die übrigen partiellen Ableitungen bis zur $(m + \varkappa')$-ten Ordnung rational darzustellen gestatten. Bezeichnen wir die $\frac{\varkappa'(\varkappa'+3)}{2}$ Ableitungen $f_{e,n}$ mit $m < e + n \leq m + \varkappa'$, $e \geq i$, $n \geq m - i$ in irgendeiner Reihenfolge mit $p_1, p_2, \ldots$, die übrigen partiellen Ableitungen von f bis zur $(m + \varkappa')$-ten Ordnung mit $q_1, q_2, \ldots$, so haben wir Darstellungen von der Form

$$(21) \qquad S^l p_t = \chi_t(q_g) \qquad \left(t = 1, 2, \ldots, \frac{\varkappa'(\varkappa'+3)}{2}\right).$$

Hier sind χ und S Polynome in den Argumenten q_g mit Koeffizienten, die algebraisch in den Derivierten verschiedener Komponenten der Koeffizienten von Φ bis zur $\varkappa'$-ten Ordnung sind, also in höchstens $\mu(\varkappa' + 1)$ Größen. Fassen wir die Größen q_g als Unbestimmte auf und bezeichnen den durch ihre Adjunktion zum Körper aller komplexer Zahlen hervorgehenden Körper durch K, die in S und den χ vorkommenden Derivierten aller Komponenten der Koeffizienten von Φ und diese Komponenten selbst in irgendeiner Reihenfolge durch $x_1, x_2, \ldots$, und nehmen wir

$\varkappa' > 2\mu$ an, so läßt sich das obige Lemma anwenden, und wir sehen, daß zwischen den Funktionen $\dfrac{\varkappa_t}{S}$ der x eine identische Relation mit Koeffizienten aus dem Körper K besteht. Daher besteht zwischen den p_t eine Relation

$$(22) \qquad\qquad \Psi(p_t; q_g) = 0,$$

deren linke Seite ein Polynom in den p_t ist mit nicht identisch verschwindenden Koeffizienten, die rationale Funktionen der q_g sind. Wir können nun diese Koeffizienten offenbar auch als Polynome in den q_g annehmen und erhalten aus (22) eine algebraische partielle Differentialgleichung für $f(x, s)$. — Es liegt nahe zu vermuten, daß die Sätze 4 und 5 auch dann bestehen bleiben, wenn wir die Definition der uneigentlichen Funktionen in der Richtung erweitern, daß die zu ihrem Aufbau benutzten Funktionen einer Variablen nur stetig, nicht aber analytisch zu sein brauchen, wenn nur die uneigentlichen Funktionen selbst analytisch sind; daß also die Funktionen des Satzes 4 sich nicht aus beliebigen stetigen Funktionen einer Variablen und algebraischen Funktionen mehrerer Variablen aufbauen lassen. Es ist mir jedoch nicht gelungen, einen lückenlos strengen Beweis hierfür zu erbringen.

§ 4.

Der Hauptsatz für beliebige konvergente Dirichletsche Reihen und einige Erweiterungen des Hauptsatzes.

Satz 6. *Genügt die durch eine konvergente Dirichletsche Reihe dargestellte Funktion*

$$\varphi(s) = \sum a_i e^{-\lambda_i s}$$

einer algebraischen Differenzendifferentialgleichung, so besitzt das System der Exponenten λ_i eine endliche lineare Basis.

Beweis. Genügt die analytische Funktion $\varphi(s)$ einer algebraischen Differenzendifferentialgleichung, so genügt sie nach dem Hilfssatz 1 auch einer solchen

$$(23) \qquad\qquad F(f^{(\nu)}(s + h_\mu)) = 0,$$

in der F ein von s unabhängiges Polynom in seinen Argumenten ist. Es wird daher genügen, um unseren Satz zu beweisen, zu zeigen, daß die Reihe $\varphi(s)$ auch *formal* der Gleichung (23) genügt, da dann die Behauptung aus dem Hilfssatz 3 folgt. Nehmen wir nun an, daß die Dirichletsche Reihe

$$(24) \qquad\qquad F(\varphi^{(\nu)}(s + h_\mu)),$$

420

die sich durch das formale Umrechnen ergibt, nicht identisch verschwindet, und es sei $a\,e^{-\lambda s}$ ihr erstes nicht verschwindendes Glied. Zur Bildung des Exponenten λ in (24) und der Exponenten der vorhergehenden Glieder von (24), die sich weggehoben haben, haben offenbar nur endlich viele Exponenten λ_i von $\varphi(s)$ beigetragen. Z. B. sind bereits alle Exponenten $\lambda_i > n\,|\,\lambda_0\,| + |\,\lambda\,|$, wo n den Gesamtgrad von F bedeutet, sicher ohne jeden Einfluß. Ändern wir daher $\varphi(s)$ in solchen Gliedern irgendwie ab, denen $\lambda_i > n\,|\,\lambda_0\,| + |\,\lambda\,|$ entsprechen, so ist das Anfangsglied des Resultats der Einsetzung der so abgeänderten Reihe wieder $a\,e^{-\lambda s}$. Brechen wir die Reihe $\varphi(s)$ bei irgendeinem hinreichend großen λ_i ab, so ist die Differenz zwischen $\varphi(s)$ und dem entstehenden Abschnitt

$$A_i(s) = \sum_{0}^{i-1} a_i\, e^{-\lambda_p s}$$

von $\varphi(s)$ eine Funktion $R_i(s)$, die sich wegen der gleichmäßigen Konvergenz Dirichletscher Reihen in der Form schreiben läßt

$$e^{-\lambda_i s}\, S(s),$$

wo $\mathrm{Lim}_{s=\infty} S(s) = a_i$ ist. — Hier und im folgenden ist die Bezeichnung $\mathrm{Lim}_{s=\infty}$ so zu verstehen, daß dabei s durch reelle positive Werte läuft. — Und ebenso läßt sich dann schreiben

$$(25) \qquad \varphi^{(\nu)}(s + h_\mu) = A_i^{(\nu)}(s + h_\mu) + e^{-\lambda_i s}\, S^{(\nu,\,\mu)}(s),$$

wo $\mathrm{Lim}_{s=\infty} S^{(\nu,\,\mu)}(s)$ eine endliche Konstante ist. Setzt man jetzt in die Gleichung (23) $\varphi(s) = A_i(s) + e^{-\lambda_i s}\, S(s)$ und die Ausdrücke (25) ein, und entwickelt nach dem Taylorschen Lehrsatz, so entsteht eine Gleichung von der Form

$$(26) \qquad F\big(A_i^{(\nu)}(s + h_\mu)\big) + e^{-(\lambda_i - n\,|\,\lambda_0\,|)s}\, \Phi(s) = 0,$$

wo $\mathrm{Lim}_{s=\infty} \Phi(s)$ *endlich* ist. Andererseits läßt sich $F\big(A_i^{(\nu)}(s + h_\mu)\big)$ in der Form schreiben

$$e^{-\lambda s}\, P(s),$$

wo $\mathrm{Lim}_{s=\infty} P(s) = a \neq 0$ ist, sofern $\lambda_i > |\,\lambda\,| + n\,|\,\lambda_0\,|$ ist. Setzen wir aber dies in (26) ein, multiplizieren mit $e^{\lambda s}$ und lassen dann s gegen $+\infty$ konvergieren, so erhalten wir, sobald $\lambda_i > |\,\lambda\,| + n\,|\,\lambda_0\,|$ ist, $a = 0$, was der Annahme widerspricht. W. z. b. w.

Kehren wir noch einmal zum Beweis des Hilfssatzes 3 im § 1 zurück und namentlich zur Gleichung (3). Wir hatten aus ihr gefolgert, daß für jedes hinreichend große λ_i in $F\big(A_i^{(\nu)}(s + h_\mu)\big)$ ein Glied mit dem

Exponenten $\varLambda_1 + \lambda_i$ vorkommt. Da aber F vom Gesamtgrade n ist, entsteht jeder Exponent, der bei den Gliedern von $F(A_i^{(\nu)}(s + h_\mu))$ auftritt, aus höchstens n Zahlen durch Addition, von denen jede einer der Zahlen $\lambda_1, \lambda_2, \ldots, \lambda_{i-1}$ gleich ist. Wir erhalten daher für λ_i die Relation $|\varLambda_1 + \lambda_i| \leqq n |\lambda_{i-1}|$, aus der, da $\varLambda_1$ konstant ist,

$$\operatorname*{Lim\ sup}_{i=\infty} \frac{\lambda_i}{\lambda_{i-1}} \leqq n$$

folgt. Wir gelangen zu dem Satze:

Satz 7. *Eine konvergente Dirichletsche Reihe*

$$\sum a_i e^{-\lambda_i s},$$

bei der

$$\operatorname*{Lim\ sup}_{i=\infty} \frac{\lambda_i}{\lambda_{i-1}} = \infty$$

ist, kann keiner algebraischen Differenzendifferentialgleichung genügen.

Wir fassen nun wieder die Gleichung (3) des Beweises des Hilfssatzes 3 ins Auge, nehmen jetzt jedoch an, daß alle Zahlen $h_\mu = 0$ sind, daß also die Gleichung $F(f^{(\nu)}(s + h_\mu)) = 0$ sich auf die Form $F(f^{(\nu)}(s)) = 0$ reduziert und daher zu einer *Differential*gleichung wird. Dann muß der Ausdruck, der aus (4) entsteht, wenn wir noch für b_{ϱ_t, σ_t} einfach b_{ϱ_t} setzen,

$$(27) \qquad\qquad a_i e^{-(\varLambda_1 + \lambda_i)s} \sum b_{\varrho_t} (-\lambda_i)^{\varrho_t}$$

in $F(A_i^{(\nu)}(s))$ für hinreichend große i enthalten sein, daher muß der Koeffizient

$$a_i \sum b_{\varrho_t} (-\lambda_i)^{\varrho_t}$$

von (27) sich rational mit rationalen Koeffizienten durch die Koeffizienten von F, durch $a_0, \ldots, a_{i-1}, \lambda_0, \lambda_1, \ldots, \lambda_{i-1}$ ausdrücken lassen. Da aber sich alle λ_i ganzzahlig linear durch endlich viele unter ihnen ausdrücken lassen, so können wir alle a_i sukzessive durch die Koeffizienten von F, durch b_{ϱ_t} und eine endliche Anzahl gewisser Zahlen unter a_i und λ_i, also durch *endlich viele Zahlen* rational mit rationalen Koeffizienten darstellen. — Wir werden sagen, daß ein System von Zahlen $k_1, k_2, \ldots$ *eine endliche Basis* besitzt, wenn es endlich viele solche Zahlen $\varkappa_1, \varkappa_2, \ldots, \varkappa_r$ gibt, daß sich alle k_i als rationale Funktionen mit rationalen Koeffizienten von $\varkappa_1, \ldots, \varkappa_r$ darstellen lassen. Das System der Zahlen $\varkappa_1, \ldots, \varkappa_r$ wollen wir dann als *Basis* der Zahlen k_i bezeichnen. Mit Hilfe dieser Bezeichnung können wir dann den Satz aussprechen:

Satz 8. *Eine Dirichletsche Reihe*

$$\sum a_i e^{-\lambda_i s},$$

bei der das System der Koeffizienten a_i keine endliche Basis besitzt, genügt keiner algebraischen Differentialgleichung.

Die Anwendung dieses Satzes wird dadurch vereinfacht, daß es im Falle der Existenz einer Basis genügt, für die Zahlen der Basis des Systems der a_i gewisse *unter den a_i selbst* zu nehmen. Es gilt nämlich der

Hilfssatz 4. *Besitzt ein System von Zahlen k_1, k_2, ... eine endliche Basis, so besitzt es auch eine endliche Basis, deren Elemente in diesem System selbst enthalten sind.*

Der Beweis erfordert den Nachweis der Ausführbarkeit gewisser Eliminationen, der auf direktem Wege mit Hilfe der allgemeinen Eliminationstheorie nur sehr umständlich zu führen wäre. Diese Schwierigkeiten lassen sich aber umgehen, wenn man gewisse körpertheoretische Betrachtungen heranzieht. Wir stützen uns dabei auf einige Sätze aus der grundlegenden Arbeit von E. Steinitz: *Algebraische Theorie der Körper*[7]), und namentlich aus dem § 22 der Steinitzschen Arbeit.

Man lege einen Körper $\Re$ zugrunde und betrachte im übrigen nur Größen, die in einem festen $\Re$ umfassenden Körper Ω (einer „Erweiterung" von $\Re$) enthalten sind. Eine Größe a von Ω nennt man *algebraisch* in bezug auf $\Re$, wenn sie Wurzel eines Polynoms in einer Variablen mit Koeffizienten aus $\Re$ ist. Ist $\Im$ ein System von Größen, so nennt man eine Größe a *algebraisch abhängig* von $\Im$ (in bezug auf $\Re$), wenn a in bezug auf den Körper $\Re(\Im)$ algebraisch ist, der aus $\Re$ durch Adjunktion aller Größen von $\Im$ entsteht. Ein Größensystem $\Im'$ nennt man algebraisch abhängig von $\Im$, wenn jede Größe von $\Im'$ von $\Im$ algebraisch abhängt. Es gilt nun der Satz: Hängt $\Im_3$ von $\Im_2$, $\Im_2$ von $\Im_1$ algebraisch ab, so hängt $\Im_3$ von $\Im_1$ algebraisch ab. Daher sind wir berechtigt, zwei Systeme $\Im_1$ und $\Im_2$ *äquivalent* zu nennen, wenn jedes vom anderen algebraisch abhängt. Ein System $\Im$, welches keinem echten Teil von sich äquivalent ist und nicht aus einer in bezug auf $\Re$ algebraischen Größe besteht, nennt man *irreduzibel*. Wir werden nun folgende Sätze zu benutzen haben:

1) *Ein irreduzibles System $\mathfrak{B}$, welches von einem endlichen System $\mathfrak{U}$ algebraisch abhängt, kann nicht mehr Elemente enthalten als dieses*[8]).

2) *Es seien $\mathfrak{U}$ und $\mathfrak{B}$ endliche irreduzible Systeme von m bzw. n Größen, und es sei $\mathfrak{B}$ algebraisch abhängig von $\mathfrak{U}$. Dann sind im Falle $m = n$ die Systeme $\mathfrak{U}$ und $\mathfrak{B}$ äquivalent, im Falle $n < m$ ist aber $\mathfrak{U}$ einem irreduziblen System äquivalent, welches aus $\mathfrak{B}$ und $m - n$ Größen von $\mathfrak{U}$ besteht*[9]).

---

[7]) Crelles Journal für Mathematik, **137** (1910), S. 167—309.
[8]) l. c. S. 292.
[9]) l. c. S. 291—292.

Bevor wir weiter gehen, wollen wir aus 1) eine Folgerung ziehen, die wir bereits angewandt haben und die auch in den folgenden Paragraphen, wiederholt zu verwenden sein wird. Dies ist das folgende

Lemma. *Zwischen beliebigen $n+1$ algebraischen Funktionen der n Variablen $x_1, \ldots, x_n$*

$$f_1(x_1, \ldots, x_n), \ldots, f_{n+1}(x_1, \ldots, x_n)$$

mit Koeffizienten aus einem Körper K besteht stets eine algebraische Relation mit Koeffizienten aus K, d. h. es gibt ein solches Polynom $\Phi(y_1, \ldots, y_{n+1})$ mit Koeffizienten aus K, die nicht alle 0 sind, daß die Größe

$$\Phi(f_1(x_1, \ldots, x_n), f_2(x_1, \ldots, x_n), \ldots, f_{n+1}(x_1, \ldots, x_n))$$

für unbestimmte x verschwindet [10]).

In der Tat, das System $\mathfrak{B}$ der $n+1$ Größen $f_1(x_i), \ldots, f_{n+1}(x_i)$ hängt algebraisch vom System $\mathfrak{U}$ der n Größen $x_1, \ldots, x_n$ in bezug auf K ab, kann daher nach 1. nicht irreduzibel sein, da es mehr als n Größen enthält. Es ist daher einem echten Teil von sich äquivalent, etwa

$$(28) \qquad f_1(x_i), f_2(x_i), \ldots, f_n(x_i).$$

Folglich hängt $f_{n+1}(x_i)$ vom System (28) algebraisch ab, genügt also einer Gleichung

$$\Phi(z, f_1, \ldots, f_n) \equiv a_0(f_k)z^l + a_1(f_k)z^{l-1} + \ldots + a_l(f_k) = 0,$$

in der $a_0(f_k), a_1(f_k), \ldots, a_l(f_k)$ Größen des Körpers $K(f_1, \ldots, f_n)$ sind. Wir können sie nun als Polynome in $f_1, \ldots, f_n$ annehmen, indem wir nötigenfalls Φ mit einem Polynom in $f_1, \ldots, f_n$ multiplizieren. Sind aber $a_0, \ldots, a_l$ Polynome in den f_k, so hat das Polynom $\Phi(y_1, y_2, \ldots, y_{n+1})$ die im Lemma behauptete Eigenschaft.

Wir kehren nun zum Beweise des Hilfssatzes 4 zurück und nehmen an, daß das System (k_i) eine endliche Basis aus den Zahlen $\varkappa_1, \varkappa_2, \ldots, \varkappa_a$ besitzt. Den Körper der rationalen Zahlen bezeichnen wir durch R und legen ihn den folgenden Betrachtungen zugrunde, als den Körper $\mathfrak{K}$ der Steinitzschen Sätze. Sind alle Zahlen $\varkappa$ algebraisch, so ist der Körper $R(k_i)$ im endlichen Körper $R(\varkappa_i)$ enthalten, ist daher mit einem seiner Teiler, den wir etwa mit R_1 bezeichnen wollen, identisch. Ist etwa α eine primitive Zahl von R_1, so muß sich α durch endlich viele k_i rational mit rationalen Koeffizienten ausdrücken, etwa durch $k_1, k_2, \ldots, k_r$. Da aber auch jedes k_i sich durch α rational mit rationalen Koeffizienten

---

[10]) Hieraus folgt natürlich sofort, daß $f_1, \ldots, f_{n+1}$ auch im gewöhnlichen Sinne, als analytische Funktionen von $x_1, \ldots, x_n$ aufgefaßt, abhängig sind.

ausdrückt, bilden die Zahlen k_1, k_2, ..., k_r eine endliche Basis des Systems (k_i). — Sind aber nicht alle $\varkappa_i$ algebraisch, so ist $\mathfrak{S} = (\varkappa_i)$ entweder irreduzibel oder einem irreduziblen Teilsystem $\varSigma$ äquivalent, welches aus b Zahlen $\varkappa_i$ bestehen mag, etwa aus $\varkappa_1$, $\varkappa_2$, ..., $\varkappa_b$. Dann sind alle übrigen Zahlen $\varkappa_i$, sofern nicht $a = b$ ist, algebraisch in bezug auf $R(\varkappa_1, ..., \varkappa_b)$.

Andererseits muß auch das System (k_i) einem aus endlich vielen Zahlen k_i bestehenden irreduziblen System äquivalent sein, sofern nicht alle k_i algebraische Zahlen sind. Denn ist etwa $T = (k_1, k_2, ..., k_c)$ ein irreduzibles Teilsystem der k_i, so ist T von $\varSigma$ algebraisch abhängig, und daher ist nach 1) $c \leqq b$. Ist aber T so gewählt, daß $c > 0$ und den größtmöglichen Wert hat, so ist jedes k_i algebraisch abhängig von T. Denn das System (T, k_i) besteht aus $c + 1$ Größen und muß daher einem irreduziblen Teilsystem T' äquivalent sein, von dem dann k_i algebraisch abhängig ist. Andererseits ist T von (T, k_i) algebraisch abhängig, daher auch von T'. Dann muß nach 1) die Anzahl der Größen von T' gleich c sein, nach 2) müssen T und T' äquivalent sein, daher ist k_i auch von T algebraisch abhängig, und T mit (k_i) äquivalent.

Das System T ist, falls nicht alle k_i algebraische Zahlen sind, von $\varSigma$ algebraisch abhängig. Daher ist dann 2) anwendbar, und das System $\varSigma$ ist einem System $(k_1, k_2. ..., k_c, y_1, y_2, ..., y_{b-c})$ äquivalent. Wir wollen k_1, k_2, ..., k_c lieber durch x_1, x_2, ..., x_c bezeichnen, wobei diese Größen gar nicht aufzutreten brauchen, falls alle k_i algebraische Zahlen sind, und c also $= 0$ ist. Adjungieren wir zum Körper $R(x_1, ..., x_c, y_1, ..., y_{b-c})$ alle $\varkappa_i$, so entsteht eine endliche àlgebraische Erweiterung K, in der alle Größen k_i enthalten sind. Dabei sind aber k_i bereits in bezug auf $R(x_1, ..., x_c)$ algebraisch. Ist nun $b = c$, so treten keine Größen y auf, und alle k_i sind in einem endlichen Körper über $R(x_1, ..., x_c)$ enthalten, bestimmen daher selbst einen endlichen Körper über $R(x_1, ..., x_c)$, dessen irgendeine primitive Größe durch β bezeichnet werden mag. Dann drückt sich β rational mit rationalen Koeffizienten durch endlich viele k_i und x_1, ..., x_c aus. Andererseits drücken sich alle k_i rational mit rationalen Koeffizienten durch β und x_1, ..., x_c aus. Und da x_1, ..., x_c selbst gewisse unter den k_i sind, so ist in diesem Falle der Hilfssatz 4 bewiesen.

Es sei jetzt $b > c$. Adjungieren wir alle k_i zum Körper $R(x_1, ..., x_c)$, bzw., falls $c = 0$ ist, zum Körper R, so entsteht ein algebraischer Körper K über $R(x_1, ..., x_c)$, und es genügt zu beweisen, daß K endlich in bezug auf $R(x_1, ..., x_c)$ ist. Denn dann drücken sich alle k_i durch eine primitive Größe γ von K und x_1, ..., x_c rational mit rationalen Koeffizienten aus, und da x_1, ..., x_c gewisse unter den k_i sind, ist dann der Hilfssatz 4 bewiesen. Ist nun aber m der Grad von K in bezug auf $R(x_1, ..., x_c$,

$y_1, \ldots, y_{b-c}$), so behaupten wir, daß der Grad von K in bezug auf $R(x_1, \ldots, x_c)$ höchstens m ist, d. h. daß zwischen $m+1$ beliebigen Größen

$$(29) \qquad k', k'', \ldots, k^{(m+1)}$$

von K eine Relation mit nicht sämtlich verschwindenden $u_t(x_i)$ besteht:

$$(30) \qquad u_1(x_i)\, k' + u_2(x_i)\, k'' + \ldots + u_{m+1}(x_i)\, k^{(m+1)} = 0,$$

in der die Größen $u_t(x_i)$ aus $R(x_1, \ldots, x_c)$ rationale Funktionen der x mit rationalen Koeffizienten sind, bzw. rationale Zahlen, falls $c = 0$ ist. Da der Grad von K gleich m ist und die Zahlen (29) dem Körper K angehören, besteht eine Relation

$$(31) \qquad v_1(x_i, y_i)\, k' + v_2(x_i, y_i)\, k'' + \ldots + v_{m+1}(x_i, y_i)\, k^{(m+1)} = 0,$$

in der $v_t(x_i, y_i)$ rationale Funktionen in den x_i, y_i mit rationalen Koeffizienten sind und nicht sämtlich verschwinden. Wir können offenbar alle v_t als *Polynome* in den x_i, y_i annehmen. Kommen in ihnen y_i gar nicht vor, so ist unsere Behauptung bewiesen. Enthalten aber die v auch gewisse y, so ordnen wir (31) rein formal nach Potenzprodukten der y um. So erhalten wir eine Gleichung von der Form

$$(32) \qquad \sum_j Y_j \left(w_1^{(j)}(x_i)\, k' + w_2^{(j)}(x_i)\, k'' + \ldots + w_{m+1}^{(j)}(x_i)\, k^{(m+1)} \right) = 0,$$

in der nicht alle $w_t^{(j)}(x_i)$ verschwinden. Besteht nun keine Relation von der Form (30), so sind in (32) nicht alle Koeffizienten verschiedener Potenzprodukte der y gleich 0. Dividieren wir (32) durch den größten gemeinsamen Teiler aller Potenzprodukte Y_j, so muß nach Division wenigstens ein y in (32) wirklich vorkommen, da in (32) sonst nur ein Y vor der Division auftreten würde, was eine Gleichung von der Form (30) nach sich zieht. Es würde also ein gewisses Polynom in $y_1, \ldots, y_{b-c}$, dessen Koeffizienten algebraisch von $x_1, \ldots, x_c$ abhängen und nicht sämtlich 0 sind, verschwinden. Dies widerspricht aber der Annahme, daß das System $x_1, \ldots, x_c, y_1, \ldots, y_{b-c}$ irreduzibel ist. Damit ist der Hilfssatz 4 vollständig bewiesen [11]).

Aus diesem Hilfssatz ergibt sich folgende Verschärfung des Satzes 8:

Satz 8′. *Gibt es ein solches Teilsystem $\mathfrak{S}$ der Koeffizienten a_i einer Dirichletschen Reihe*

$$(33) \qquad \sum a_i e^{-\lambda_i s},$$

---

[11]) Die im letzten Teil des Beweises bewiesene Tatsache ist im wesentlichen mit einem von Herrn I. Schur, Berliner Sitzungsber. (1911), S. 619 ff. bewiesenen Hilfssatz identisch.

dessen Zahlen sich nicht durch endlich viele, demselben Teilsystem angehörende Zahlen rational mit rationalen Koeffizienten ausdrücken lassen, so genügt diese Reihe keiner algebraischen Differentialgleichung.

Insbesondere genügt also (33) keiner algebraischen Differentialgleichung, wenn unter den Zahlen a_i unendlich viele algebraische Zahlen vorkommen, die in keinem endlichen algebraischen Zahlkörper alle zugleich enthalten sind, z. B. unendlich viele verschiedene Einheitswurzeln.

§ 5.

Über den Begriff der algebraisch-transzendenten Funktion.

Um die in den vorhergehenden Paragraphen gefundenen Resultate weiter ausbauen und auch auf Potenzreihen anwenden zu können, müssen wir zuerst auf allgemeine Eigenschaften von Funktionen einer Variablen eingehen, die algebraischen Differentialgleichungen genügen. Mit E. H. Moore werden wir solche Funktionen, die einer algebraischen Differentialgleichung genügen, als *algebraisch-transzendente Funktionen* bezeichnen[12]).

Als einen *Rationalitätsbereich* R wollen wir in diesem Paragraphen einen Körper von analytischen Funktionen verstehen, die alle einen gemeinsamen Existenzbereich $G(R)$ besitzen, in welchem jede von ihnen bis auf isolierte Punkte regulär analytisch ist. Außerdem wollen wir annehmen, daß mit jeder in R vorkommenden Funktion auch ihre sämtlichen Ableitungen in R vorkommen. Eine in $G(R)$ existierende Funktion $f(x)$, die einer Differentialgleichung

$$\Phi(f^{(i)}) = 0$$

genügt, wo Φ ein Polynom in f und den Ableitungen von f mit Koeffizienten aus R ist, nennen wir *algebraisch-transzendent in bezug auf R*.

Es sei nun $g(x)$ eine algebraisch-transzendente Funktion in bezug auf R, $f(x)$ eine algebraisch-transzendente Funktion in bezug auf den Rationalitätsbereich $R(g)$, der aus R durch Adjunktion von $g(x)$ und sämtlichen Ableitungen von $g(x)$ hervorgeht. Wir behaupten, daß *dann $f(x)$ algebraisch-transzendent in bezug auf R ist*. Es genüge $g(x)$ einer Differentialgleichung m-ter Ordnung

$$(34) \qquad \Phi(g^{(i)}) = 0,$$

deren linke Seite ein Polynom in $g, g', \ldots, g^{(m)}$ mit Koeffizienten aus R ist, aber keiner solchen Differentialgleichung niedrigerer Ordnung oder derselben Ordnung und vom niedrigeren Grad in $g^{(m)}$. Dann läßt sich durch sukzessive Differentiation der Gleichung (34) jede der weiteren Ableitungen

---

12) Math. Ann., **48** (1897), S. 49.

$g^{(m+1)}$, $g^{(m+2)}$, ... von g rational mit Koeffizienten aus R durch g, g', ..., $g^{(m)}$ darstellen, wobei als Nenner eine Potenz von $S = \dfrac{\partial \Phi}{\partial g^{(m)}}$ auftritt, dieser letzte Ausdruck aber sicher nicht identisch verschwindet. Es genüge nun $f(x)$ einer Differentialgleichung n-ter Ordnung

$$(35) \qquad \psi(f^{(i)}) = 0,$$

wo $\psi(f^{(i)})$ ein Polynom in $f, f', \ldots, f^{(n)}$ mit Koeffizienten aus $R(g)$ ist, und keiner Differentialgleichung niedrigerer Ordnung, oder n-ter Ordnung und vom niedrigeren Grad in bezug auf $f^{(n)}$. Daher ist $T = \dfrac{\partial \psi}{\partial f^{(n)}}$ sicher von 0 verschieden. Durch sukzessive Differentiation der Gleichung (35) kann man alle weiteren Ableitungen $f^{(n+1)}$, $f^{(n+2)}$, ... rational durch $f, f', \ldots, f^{(n)}$ und $g, g', \ldots$ ausdrücken, wobei als Nenner nur eine Potenz von T auftritt. Setzt man für $g^{(m+1)}$, $g^{(m+2)}$, ... ihre Ausdrücke ein, so kann man alle Ableitungen $f^{(n+1)}$, $f^{(n+2)}$, ... rational durch $f, f', \ldots, f^{(n)}$, $g, g', \ldots, g^{(m)}$ mit Koeffizienten aus R ausdrücken, wobei als Nenner nur Potenzenprodukte von T und S auftreten. Die Anwendung des Lemmas aus § 3 beweist die Existenz einer rationalen Relation mit Koeffizienten aus R zwischen einer hinreichend großen Anzahl der Ableitungen von f. Damit ist unsere Behauptung bewiesen.

Es seien nun $g_1, g_2, \ldots, g_k$ in bezug auf R algebraisch-transzendente Funktionen, und f sei algebraisch-transzendent in bezug auf $R(g_1, g_2, \ldots, g_k)$. Dann ist nach dem soeben Bewiesenen f algebraisch-transzendent in bezug auf $R(g_2, g_3, \ldots, g_k)$, daher auch in bezug auf $R(g_3, \ldots, g_k)$ usw., daher auch in bezug auf R selbst. Hieraus folgt:

Satz 9. *Genügt eine analytische Funktion $f(x)$ einer Differential-gleichung*

$$\Phi(f^{(i)}) = 0,$$

deren linke Seite ein Polynom in $f, f', f'', \ldots$ ist mit Koeffizienten, die algebraisch-transzendent in bezug auf einen Rationalitätsbereich R, so ist $f(x)$ selbst algebraisch-transzendent in bezug auf R, falls $f(x)$ im Definitionsbereich von R existiert.

Dieser letzte Zusatz ist nötig, da $f(x)$ von $G(R)$ durch eine natürliche Grenze getrennt sein könnte, während der gemeinsame Existenzbereich der Koeffizienten von Φ sowohl $G(R)$ als auch den Existenzbereich von $f(x)$ enthalten könnte.

Außerdem aber folgt aus der obigen Betrachtung, daß *jede rationale Funktion von algebraisch-transzendenten Funktionen in bezug auf R selbst algebraisch-transzendent in bezug auf R ist.*[13]) Und allgemeiner

---

[13]) Diesen Satz gibt Stadigh (l. c. S. 5).

gilt dasselbe auch für jede *algebraische* Funktion von algebraisch-transzendenten Funktionen in bezug auf R. —

Wir spezialisieren nun R zum Körper aller Konstanten, betrachten also von jetzt an nur algebraisch-transzendente Funktionen schlechthin. Es seien $g(x)$ und $f(x)$ algebraisch-transzendente Funktionen, und es habe der Wertbereich von $g(x)$ ein gemeinsames Gebiet mit dem Existenzbereich von $f(x)$. Betrachten wir die Funktion $f(g(x)) = \varphi(x)$. Man kann, falls $g(x)$ keine Konstante ist, die Funktionen $f^{(i)}(g(x))$, die aus den Ableitungen von $f(x)$ durch das Einsetzen von $g(x)$ entstehen, rational durch die Ableitungen von $\varphi(x)$ und von $g(x)$ ausdrücken, wobei als Nenner eine Potenz von $g'(x)$ auftritt. Nun genügt $f(x)$ nach dem Hilfssatz 1 einer algebraischen Differentialgleichung mit konstanten Koeffizienten, in der also x nicht explizit vorkommt. Setzen wir in sie für $f(x), f'(x), f''(x), \ldots$ die Ausdrücke von $f(g(x)), f'(g(x)), f''(g(x)), \ldots$ in den Ableitungen von $\varphi(x)$ und von $g(x)$ ein, so entsteht eine rationale Relation zwischen den Ableitungen von $\varphi(x)$ und $g(x)$, die nicht identisch besteht, da sie für $g(x) = x$, $\varphi(x) = f(x)$ wieder zur Ausgangsdifferentialgleichung für $f(x)$ wird. Aus dem Satz 9 folgt nun, daß $\varphi(x) = f(g(x))$ *selbst eine algebraische-transzendente Funktion ist.*

Diese Tatsache gibt uns die Möglichkeit, analytische Funktionen mehrerer Variablen zu konstruieren, die die Eigenschaft besitzen, daß, wenn man in sie für die Variablen algebraisch-transzendente Funktionen von x einsetzt, sich wieder eine algebraisch-transzendente Funktion ergibt. Man bilde beliebige algebraische Funktionen von algebraisch-transzendenten Funktionen irgendwelcher Variablen $x, y, z, \ldots$ So erhaltene Funktionen setze man wieder in beliebige algebraisch-transzendente Funktionen als Variablen ein, von den so entstehenden Funktionen nehme man wieder beliebige algebraische Funktionen usw. Man wiederhole also den Prozeß, der im § 3 zur Bildung von uneigentlichen Funktionen von zwei Variablen geführt hat, nur mit dem Unterschied, daß jetzt nicht mehr *beliebige analytische* Funktionen einer Variablen und algebraische Funktionen von zwei Variablen kombiniert werden, sondern *algebraisch-transzendente* Funktionen einer Variablen und algebraische Funktionen *beliebig vieler* Variablen. Und ebenso wie dort ist darauf zu achten, daß die Existenz- und die entsprechenden Wertgebiete der vorkommenden Funktionen zueinander passen. Jede so entstehende Funktion $f(x, y, z, \ldots)$ hat nach unseren Sätzen in der Tat die Eigenschaft, daß $f(\varphi(x), \psi(x), \chi(x), \ldots)$ algebraisch-transzendent ist, sobald $\varphi(x), \psi(x), \chi(x), \ldots$ es sind. Im nächsten Paragraphen werden wir die allgemeinsten Funktionen aufstellen, die diese Eigenschaft besitzen. — Wir bemerken noch, daß wenn eine solche Funktion

$f(x, y, z, \ldots)$ nach ganzen positiven Potenzen von $x, y, z, \ldots$ entwickelbar ist, insbesondere die Dirichletsche Reihe

$$f(e^{-\lambda_1 s},\ e^{-\lambda_2 s},\ \ldots)$$

für positive $\lambda_1, \lambda_2, \ldots$ auch eine algebraisch-transzendente Funktion ist.

Aus jeder Potenzreihe

$$f(x) = a_0 + a_1 x + a_2 x^2 + \ldots,$$

die in einer Umgebung des Nullpunktes konvergiert und eine algebraisch-transzendente Funktion darstellt, geht durch die Substitution $x = e^{-s}$ nach dem oben Bewiesenen eine Dirichletsche Reihe hervor, die (einen Bereich absoluter Konvergenz besitzt und dort) eine algebraisch-transzendente Funktion darstellt. Wir können daher die Sätze 7 und 8' auf gewöhnliche Potenzreihen übertragen. Aus dem Satz 8' erhalten wir den

Satz 10. *Gibt es ein Teilsystem der Koeffizienten einer in einer Umgebung des Nullpunktes konvergenten Potenzreihe*

$$f(x) = a_0 + a_1 x + a_2 x^2 + \ldots,$$

dessen Elemente sich nicht durch endlich viele unter ihnen rational mit rationalen Koeffizienten darstellen lassen, so ist die durch diese Potenzreihe dargestellte Funktion $f(x)$ nicht algebraisch-transzendent.

Hieraus folgt z. B., daß die Reihe

$$(36) \qquad\qquad \zeta(x, \nu) = \frac{x}{1^\nu} + \frac{x^2}{2^\nu} + \frac{x^3}{3^\nu} + \ldots$$

für jedes rationale nicht ganze ν keiner algebraischen Differentialgleichung als Funktion von x genügt. Denn die algebraischen Zahlen $2^\nu, 3^\nu, \ldots$ können in keinem endlichen Zahlkörper liegen, z. B. weil sonst die Diskriminante dieses Zahlkörpers durch die Diskriminante jedes Unterkörpers teilbar sein müßte, also, wie etwa aus den Sätzen von Landsberg[14]) folgt, durch jede Primzahl. Für ganze ν genügt diese Reihe stets einer algebraischen Differentialgleichung. Für irrationale ν ist es vermutlich nie der Fall, doch ich habe es nicht zu beweisen vermocht. Aus den Sätzen des nächsten Paragraphen folgt aber, daß *die Menge der ν, für welche die Funktion* (36) *algebraisch-transzendent ist, abzählbar ist.* — Es läßt sich andererseits, worauf mich Herr G. Pólya aufmerksam machte, und wie ich mit seiner freundlichen Erlaubnis hier noch anführen möchte, leicht zeigen, daß $\zeta(x, \nu)$ für irrationale ν *nicht algebraisch* ist, wenn man das Verhalten von $\zeta(x, \nu)$ für $x = 1$ betrachtet. Es genügt, wegen der Funktionalgleichung, $0 < \nu < 1$ anzunehmen. Nun ist aber dann (man vgl. etwa E. Picard, Traité d'Analyse, 1. (2. éd.), p. 230) $\underset{x=1}{\mathrm{Lim}}\,(1 - x)^{1-\nu}\,\zeta(x, \nu)$ gleich $\Gamma(1 - \nu) \neq 0$,

---

[14]) Crelles Journal für Mathematik, **117** (1897), S. 140 ff.

wenn x aus dem Inneren des Einheitskreises radial an den Punkt $x = 1$ herankommt, $\zeta(x, \nu)$ wird also für $x = 1$ von einer irrationalen Ordnung unendlich.

Aus dem Satze 7 ergibt sich, daß eine Potenzreihe

$$a_1 x^{n_1} + a_2 x^{n_2} + \cdots,$$

in der die wirklich vorkommenden ganzen nicht negativen Exponenten $n_1, n_2, \ldots$ so stark wachsen, daß $\overline{\underset{i=\infty}{\operatorname{Lim}}}\, \dfrac{n_i}{n_{i-1}} = \infty$ ist, keiner algebraischen Differentialgleichung genügt. Dieser Satz ist bekannt und stammt von Grönwall[15]. Aus ihm läßt sich der folgende Satz folgern, der einem bekannten Satz von G. Pólya über nicht fortsetzbare Potenzreihen[16] analog ist:

Satz 11. *Aus jeder unendlichen in einer Umgebung des Nullpunktes konvergenten Potenzreihe kann man auf unendlich viele Weisen durch Multiplikation gewisser Koeffizienten mit — 1 solche Potenzreihen ableiten, die keine algebraisch-transzendente Funktionen darstellen.*

In der Tat, es sei

$$Q(x) = a_{n_1} x^{n_1} + a_{n_2} x^{n_2} + \cdots$$

eine aus gewissen Gliedern von

$$P(x) = a_0 + a_1 x + a_2 x^2 + a_3 x^3 + \cdots$$

derart aufgebaute Potenzreihe, daß sie schon infolge des Anwachsens der Exponenten keine algebraisch-transzendente Funktion ist. Genügt $P(x)$ einer algebraischen Differentialgleichung, so kann die aus ihr durch Änderung des Vorzeichens bei allen auch in $Q(x)$ vorkommenden Gliedern entstehende Potenzreihe $P_1(x)$ keiner algebraischen Differentialgleichung genügen, da sonst dasselbe auch für $Q(x) = \frac{1}{2}(P(x) - P_1(x))$ der Fall sein müßte. Ist aber $P(x)$ nicht algebraisch transzendent, und gibt es unter den Potenzreihen

$$\pm a_0 \pm a_1 x \pm a_2 x^2 \pm a_3 x^3 \pm \cdots$$

wenigstens eine algebraisch-transzendente, so können wir unseren Schluß an sie anknüpfen und $Q(x)$ auf unendlich viele verschiedene Weisen wählen. — Aus einer Dirichletschen Reihe

$$\sum a_i e^{-\lambda_i s}$$

---

[15] Öfversigt af Vetensk. Akademiens Förhandlingar, **55** (Stockholm, 1898), S. 387 ff.

[16] Acta Mathematica, **40** (1916), S. 179—183.

entsteht durch die Substitution $e^{-s} = x$ eine nach ins Unendliche wachsenden Potenzen von x fortschreitende Reihe

$$\sum a_i x^{\lambda_i},$$

bei der die Exponenten λ_i nicht mehr ganz, ja nicht einmal rational zu sein brauchen. Da solche Reihenentwicklungen sehr oft bei der Untersuchung des Verhaltens von Integralen gewöhnlicher Differentialgleichungen auftreten, so ist es von Interesse, die für solche Reihen aus dem Satz 6 sich ergebende Folgerung zu formulieren:

Satz 12. *Sind in der in einer gewissen Umgebung des Nullpunktes konvergenten Reihe*

$$\sum a_i x^{\lambda_i}$$

die Exponenten λ_i reelle ins Unendliche wachsende Zahlen, und besitzen diese Exponenten keine endliche lineare Basis, so kann die durch diese Reihe dargestellte analytische Funktion keiner algebraischen Differentialgleichung genügen.

Der Satz läßt sich unter gewissen Einschränkungen auch auf den Fall verallgemeinern, daß λ_i komplexe Werte durchlaufen. Für diesen Fall wird sich jedoch aus den Untersuchungen des letzten Paragraphen ein direkter Beweis ergeben.

Dabei verstehen wir (hier und im folgenden) unter x^λ stets $e^{\lambda \log x}$ wo der Koeffizient von $\sqrt{-1}$ in $\log x$ nicht negativ und kleiner als 2π zu nehmen ist.

§ 6.

Über den Begriff der algebraisch-transzendenten Funktion bei mehreren Variablen.

Im vorhergehenden Paragraphen haben wir eine gewisse Klasse von analytischen Funktionen mehrerer Variablen $f(x, y, z, \ldots)$ erwähnt, mit der folgenden Eigenschaft: Setzt man in $f(x, y, z, \ldots)$ für $x, y, z, \ldots$ irgendwelche algebraisch-transzendente Funktionen $\varphi_1(s), \varphi_2(s), \varphi_3(s), \ldots$ einer Variablen s ein, so ist die so entstehende Funktion

$$f(\varphi_1(s), \varphi_2(s), \varphi_3(s), \ldots)$$

wieder eine algebraisch-transzendente Funktion, falls die Wert- und Existenzbereiche der φ zueinander und zum Existenzbereiche von f passen. Wir stellen uns nun die Aufgabe, alle Funktionen mehrerer Variablen mit dieser Eigenschaft aufzustellen. Wir wollen diese Eigenschaft kurz als *Eigenschaft A* bezeichnen. Es sei etwa $f(x, y, z)$ eine solche Funktion. Dann ist $f(x, y, z)$ für jeden konstanten Wert von y, z algebraisch-transzendent als Funktion von x. Man betrachte nun die Menge aller Potenzprodukte aus einer unbestimmten Funktion $\Phi(t)$ und ihren Ableitungen beliebiger Ordnung. Diese Menge ist abzählbar, da bei jedem solchen Potenzprodukt

$$(37) \qquad \Phi(t)^{\alpha} \, \Phi'(t)^{\beta} \ldots \Phi^{(i)}(t)^{\gamma} \ldots$$

die Summe $\alpha + 1\beta + \ldots + i\gamma + \ldots$ endlich ist und zu jedem Wert dieser Summe nur endlich viele Potenzprodukte gehören. Weiter ist aber auch die Menge U aller *endlichen* Untermengen der Menge der Potenzprodukte (37) abzählbar, wie bekannt und sofort zu beweisen ist. Für jeden Wert von y, z gibt es nun ein System von Potenzprodukten:

$$(38) \qquad \Pi_1(\Phi^{(i)}), \; \Pi_2(\Phi^{(i)}), \; \ldots, \; \Pi_k(\Phi^{(i)})$$

von der Form (37) und von der Eigenschaft, daß für jene y, z

$$(39) \quad c_1 \, \Pi_1(f^{(i)}(x, y, z)) + c_2 \, \Pi_2(f^{(i)}(x, y, z)) + \ldots + c_k \Pi_k(f^{(i)}(x, y, z)) = 0$$

ist, wo die Zeichen der Ableitungen bei $f(x, y, z)$ sich nur auf x beziehen, und $c_1, c_2, \ldots, c_k$ nicht sämtlich verschwindende Konstanten sind. Halten wir nun $z = z_0$ fest und lassen y alle Punkte einer beliebig kleinen Strecke $a \leq y \leq b$ im entsprechenden Regularitätsbereich ($a \leq y \leq b, c \leq x \leq d$) von f durchlaufen, so nimmt dabei y eine Menge von Werten an von der Mächtigkeit des Kontinuums. Und da die Mächtigkeit der Menge U kleiner ist, so gibt es wenigstens ein System von Potenzprodukten (38), zwischen denen eine Relation von der Form (39) für unendlich viele y besteht. Die Koeffizienten $c_1, \ldots, c_k$ können dabei aber natürlich noch vom jeweiligen Werte von y abhängen. Bilden wir nun die Wronskische Determinante der Funktionen

$$(40) \quad \Pi_1(f^{(i)}(x, y, z_0)), \; \Pi_2(f^{(i)}(x, y, z_0)), \; \ldots, \; \Pi_k(f^{(i)}(x, y, z_0))$$

in bezug auf x, so entsteht eine analytische Funktion $F(x, y)$, die für unendlich viele y aus dem Intervall $a \leq y \leq b$ identisch in x verschwindet. Sie hat daher für jedes feste x, als Funktion von y, unendlich viele Wurzeln im Intervall $a \leq y \leq b$, verschwindet daher identisch in y für jeden Wert von x, ist also für jenen festen Wert von z identisch in x, y gleich 0. Daher besteht zwischen den Funktionen (40) eine Relation von der Form

$$c_1(y) \, \Pi_1(f^{(i)}(x, y, z_0)) + c_2(y) \, \Pi_2(f^{(i)}(x, y, z_0)) + \ldots + c_k(y) \, \Pi_k(f^{(i)}(x, y, z_0)) = 0,$$

in der, wie aus dem bekannten Beweis des Satzes über die Wronskische Determinante unmittelbar folgt, $c_1(y), c_2(y), \ldots, c_k(y)$ als nicht sämtlich identisch verschwindende *analytische* Funktionen von y für $a \leq y \leq b$ angenommen werden können. Man differenziere nun die Relation (41)

$(k-1)$ mal nach x partiell. Wir erhalten dann $k-1$ weitere Gleichungen von der Form

$$(42)\quad c_1(y)\,\Pi_1^{(\nu)}(f^{(i)}(x,y,z_0)) + c_2(y)\,\Pi_2^{(\nu)}(f^{(i)}(x,y,z_0)) + \ldots + c_k(y)\,\Pi_k^{(\nu)}(f^{(i)}(x,y,z_0))$$

für $\nu = 1, 2, \ldots, k-1$. Hier bedeutet $\Pi_l^{(\nu)}(\Phi^{(i)})$ den Differentialausdruck, der aus $\Pi_l(\Phi^{(i)})$ durch ν-malige Differentiation nach der unabhängigen Variablen entsteht. Betrachten wir die Determinante

$$\begin{vmatrix} \Pi_1(\Phi^{(i)}) & \Pi_2(\Phi^{(i)}) \ldots \Pi_k(\Phi^{(i)}) \\ \Pi_1^{(1)}(\Phi^{(i)}) & \Pi_2^{(1)}(\Phi^{(i)}) \ldots \Pi_k^{(1)}(\Phi^{(i)}) \\ \vdots \\ \Pi_1^{(k-1)}(\Phi^{(i)}) & \Pi_2^{(k-1)}(\Phi^{(i)}) \ldots \Pi_k^{(k-1)}(\Phi^{(i)}) \end{vmatrix} = T(\Phi^{(i)}).$$

Diese Determinante stellt einen *nicht identisch verschwindenden* Differentialausdruck in Φ dar. Denn verschwände er identisch, und setzen wir für Φ etwa die Riemannsche ζ-Funktion $\zeta(s)$ ein, so entsteht aus ihm die Wronskische Determinante der k Funktionen $\Pi_1(\zeta^{(i)}(s))$, $\Pi_2(\zeta^{(i)}(s))$, $\ldots$, $\Pi_k(\zeta^{(i)}(s))$. Aus ihrem Verschwinden folgt die Existenz einer Relation

$$(43)\quad c_1\,\Pi_1(\zeta^{(i)}(s)) + c_2\,\Pi_2(\zeta^{(i)}(s)) + \ldots + c_k\,\Pi_k(\zeta^{(i)}(s)) = 0$$

mit nicht sämtlich verschwindenden c. Da nun $\Pi_1, \Pi_2, \ldots, \Pi_k$ lauter voneinander verschiedene Potenzprodukte der Funktion Φ und ihren Ableitungen sind, so ergibt (43) eine algebraische Differentialgleichung, der $\zeta(s)$ genügt. Dies widerspricht aber dem Hilbertschen Satz, daß $\zeta(s)$ keiner algebraischen Differentialgleichung genügt.

Folglich genügt $f(x, y, z)$ für jeden Wert z_0 von z einer algebraischen Differentialgleichung in bezug auf x mit konstanten Koeffizienten:

$$T(f^{(i)}(x, y, z_0)) = 0.$$

Wir lassen jetzt z variieren und gelangen durch Wiederholung derselben Schlußweise zu einer Relation von der Form

$$(44)\quad c_1(y,z)\,\overline{\Pi}_1(f^{(i)}(x,y,z)) + c_2(y,z)\,\overline{\Pi}_2(f^{(i)}(x,y,z)) + \ldots$$
$$+ c_{k'}(y,z)\,\overline{\Pi}_{k'}(f^{(i)}(x,y,z)) = 0,$$

in der wieder $\overline{\Pi}_1(\Phi^{(i)}), \ldots, \overline{\Pi}_{k'}(\Phi^{(i)})$ Potenzprodukte aus der Funktion Φ und ihren Ableitungen sind. Differentiieren wir nun (44) $(k'-1)$ mal nach x, so erhalten wir durch dieselbe Überlegung wie oben eine algebraische Differentialgleichung in bezug auf x, der $f(x, y, z)$ identisch in x, y, z genügt. Der Beweis ist offenbar von der Anzahl der Variablen unabhängig. Wir formulieren das Resultat im

Hilfssatz 5. *Hat eine analytische Funktion $f(x, y, z, \ldots)$ die Eigenschaft, in der Umgebung eines regulären Punktes für jeden Wert von $y, z, \ldots$ als Funktion von x einer algebraischen Differentialgleichung zu genügen, so genügt sie identisch in $x, y, z, \ldots$ einer gewöhnlichen algebraischen Differentialgleichung in bezug auf x mit konstanten Koeffizienten.*

Haben wir nur zwei Variable x, y, so liefert unser Beweis mehr. Wir haben in ihm nur benutzt, daß die Mächtigkeit der Menge der y-Werte, für die $f(x, y)$ algebraisch-transzendent ist, größer ist als die Mächtigkeit einer abzählbaren Menge. Und daraus können wir schließen, daß $f(x, y)$ für *jeden* Wert von y algebraisch-transzendent ist, für den die Funktion $f(x, y)$ analytisch in x bleibt. Hieraus folgt

Satz 13. *Gibt es auch nur einen einzigen Wert von y, für den eine analytische Funktion $f(x, y)$ analytisch in x bleibt und keiner algebraischen Differentialgleichung in bezug auf x genügt, so gibt es höchstens abzählbar viele Werte von y, für die $f(x, y)$ analytisch in x bleibt und algebraisch-transzendent ist.*

Insbesondere sehen wir, daß die Potenzreihe

$$\frac{x}{1^{\nu}} + \frac{x^2}{2^{\nu}} + \frac{x^3}{3^{\nu}} + \cdots$$

nur für eine abzählbare Menge der ν-Werte einer algebraischen Differentialgleichung in bezug auf x genügt, da sie für rationale nicht ganze ν nicht algebraisch-transzendent ist (für jedes ganze ν dagegen algebraisch-transzendent, wie man leicht einsieht).

Weiter folgt aus dem Bewiesenen der schärfere

Satz 14. *Gibt es zu jedem positiven M ein y derart, daß die analytische Funktion $f(x, y)$ für dieses y analytisch bleibt und keiner algebraischen Differentialgleichung genügt, deren Ordnung kleiner als M ist, so gibt es nur abzählbar viele y, für die $f(x, y)$ analytisch in x bleibt und algebraisch-transzendent ist.*

Kehren wir nun zu unserer Aufgabe zurück. Aus unseren Prämissen können wir jetzt folgern, daß $f(x, y, z, \ldots)$ in bezug auf jede ihrer Variablen einer gewöhnlichen algebraischen Differentialgleichung mit konstanten Koeffizienten genügt:

$$(45) \qquad \Phi_x\big(f^{(i)}(x, y, z, \ldots)\big) = 0, \qquad \Psi_y\big(f^{(i)}(x, y, z, \ldots)\big) = 0,$$

$$X_z\big(f^{(i)}(x, y, z, \ldots)\big) = 0, \ldots$$

Hieraus folgt, daß jeder partielle Differentialquotient von f von einer gewissen Ordnung $m + 1$ an sich algebraisch durch f und die Ableitungen von f bis zur m-ten Ordnung ausdrücken läßt. Denn es sei $\Phi_x = 0$ von der Ordnung α, $\Psi_y = 0$ von der Ordnung β, $X_z = 0$ von der Ordnung γ usw. Dann kann man für m die Zahl $\alpha + \beta + \gamma + \ldots - 1$ nehmen. Denn es genügt dann zu beweisen, daß jede Ableitung

$$(46) \qquad \frac{\partial^{a+b+c+\ldots} f}{\partial x^a \, \partial y^b \, \partial z^c \ldots},$$

wo $a + b + c + \ldots \geq \alpha + \beta + \gamma$ ist, sich algebraisch durch die partiellen Ableitungen von f bis zur Ordnung $a + b + c + \ldots - 1$ ausdrücken läßt. Wegen $a + b + c + \ldots \geq \alpha + \beta + \gamma + \ldots$ folgt entweder $a \geq \alpha$ oder $b \geq \beta$ oder $c \geq \gamma, \ldots$ Es sei etwa $a \geq \alpha$. Wir bilden dann die Differentialgleichung

$$(47) \qquad \frac{\partial^{a-\alpha+b+c+\ldots} \Phi_x (f^{(i)}(x,y,z,\ldots))}{\partial x^{a-\alpha} \, \partial y^b \, \partial z^c \ldots} = 0.$$

In ihr kommt die partielle Ableitung (46) linear vor, multipliziert mit

$$(48) \qquad \frac{\partial \Phi_x}{\partial f^{(\alpha)}},$$

wo $f^{(\alpha)}$ die α-te Ableitung von f nach x ist. Und da wir annehmen können, daß (45) Gleichungen niedrigster Ordnung und unter diesen vom niedrigsten Gesamtgrad sind, ist (48) von 0 verschieden. Andererseits sind alle in (47) vorkommenden Ableitungen, abgesehen von (46), von niedrigerer Ordnung als $a + b + c + \ldots$ Damit ist unsere Behauptung bewiesen.

Ein System von partiellen Differentialgleichungen für eine Funktion $f(x, y, z, \ldots)$, welches gestattet, alle Differentialquotienten von einer gewissen Ordnung an durch die Differentialquotienten niedrigerer Ordnung auszudrücken, nennt man ein *Mayersches System*. Sind die linken Seiten der Differentialgleichungen eines Mayerschen Systems Polynome in den Ableitungen, deren Koeffizienten algebraisch in den unabhängigen Veränderlichen sind, so sprechen wir von einem *algebraischen* Mayerschen System. *Genügt nun eine Funktion $f(x, y, z, \ldots)$ einem algebraischen Mayerschen System, so genügt sie stets auch in bezug auf jede ihrer Variablen einer gewöhnlichen Differentialgleichung mit konstanten Koeffizienten.* Denn man kann nach Definition jede der partiellen Ableitungen $\dfrac{\partial^a f(x, y, z, \ldots)}{\partial x^a}$ algebraisch ausdrücken durch endlich viele partielle Ableitungen von f und durch $x, y, z, \ldots$; daraus folgt aber nach dem Lemma des § 3, daß zwischen einer hinreichend großen Anzahl von partiellen Ableitungen $\dfrac{\partial^a f(x, y, z, \ldots)}{\partial x^a}$ eine rationale Gleichung mit konstanten Koeffizienten besteht. Hieraus und aus dem oben Bewiesenen geht weiter hervor, daß jede Funktion, die einem algebraischen Mayerschen System genügt, auch einem solchen Mayerschen System genügt, dessen Differentialgleichungen auf der linken Seite Polynome in den Ableitungen mit *konstanten* Koeffizienten haben. — Ein Mayersches System läßt sich auch noch anders charakterisieren. Das allgemeine Integral eines solchen Systems hängt nicht von willkürlichen Funktionen, sondern nur von endlich vielen willkürlichen Konstanten ab. Umgekehrt ist nach einem häufig ausgesprochenen Satze ein jedes System von Differentialgleichungen, dessen allgemeines Integral nur von endlich vielen willkürlichen Konstanten abhängt, ein Mayersches System. Ein strenger Beweis dieses letzten Satzes findet sich indessen in der Literatur nicht vor. Er dürfte wohl erst aus den Untersuchungen von Riquier abzuleiten sein, in denen eine Normalform für Systeme partieller Differentialgleichungen aufgestellt wurde, an der die Anzahl und die Art der willkürlichen Elemente im allgemeinen Integral unmittelbar abzulesen ist, und in die jedes System von partiellen Differentialgleichungen durch Differentiationen und Eliminationen übergeführt werden kann[17]).

Unser oben erhaltenes Resultat lautet jetzt, daß jede Funktion mit der Eigenschaft A einem algebraischen Mayerschen System genügt. Dieses Resultat läßt sich nun auch umkehren, so daß sich ergibt:

Satz 15. *Besitzt eine analytische Funktion $f(x, y, z, \ldots)$ die Eigenschaft, jedesmal eine algebraisch-transzendente Funktion von s zu ergeben, sobald man für $x, y, z, \ldots$ algebraisch-transzendente Funktionen von s einsetzt, deren Wert- und Existenzbereiche zueinander und zum Existenzbereich von $f(x, y, z, \ldots)$ passen, — oder auch nur dann, wenn für alle Variablen $x, y, z, \ldots$, bis auf eine, beliebige Zahlen aus gewissen nicht abzählbaren Mengen eingesetzt werden, und diese eine gleich s gesetzt wird, so genügt sie einem algebraischen Mayerschen System und umgekehrt.*

Der Beweis der Umkehrung bietet keine Schwierigkeiten. Wir verbinden ihn mit einigen allgemeineren und weitergehenden Betrachtungen.

Die analytischen Funktionen, die einem algebraischen Mayerschen System genügen, bilden nämlich die richtige Verallgemeinerung der algebraisch-transzendenten Funktionen einer Variablen. Für sie gelten ganz analoge Sätze, wie für jene, so daß sie ebenfalls ein in gewissem Sinne abgeschlossenes System bilden. Wir bezeichnen sie als *algebraisch-transzendente Funktionen mehrerer Variablen.* Um diesen Begriff noch zu verallgemeinern, definieren wir als einen *Rationalitätsbereich R* einen

---

[17]) Riquier, Les systèmes d'équations aux dérivées partielles. Paris, Gauthier-Villars, 1910.

Körper von analytischen Funktionen gewisser Variablen $x, y, z, \ldots$, die alle einen gemeinsamen Existenzbereich $G(R)$ besitzen, in dem jede von ihnen bis auf $(n-1)$-dimensionale singuläre Mannigfaltigkeiten regulär analytisch ist. Außerdem verlangen wir, daß R mit jeder Funktion von $x, y, z, \ldots$ auch ihre sämtlichen partiellen Ableitungen aller Ordnungen enthält. Wir nennen nun eine analytische Funktion $f(x, y, z, \ldots)$ *algebraisch-transzendent in bezug auf R*, wenn sie einem Mayerschen System genügt, dessen Differentialgleichungen durch das Nullsetzen von Polynomen in f und ihren Ableitungen mit Koeffizienten aus R entstehen.

Ist R der Körper aller Konstanten, so wird $f(x, y, z, \ldots)$ algebraisch-transzendent schlechthin. Ebenso wie oben können wir zeigen: 1. Jede algebraisch-transzendente Funktion $f(x, y, z, \ldots)$ in bezug auf R genügt in bezug auf jede ihrer Variablen einer gewöhnlichen Differentialgleichung, deren linke Seite ein Polynom in f und ihren Ableitungen nach jener Variablen mit Koeffizienten aus R ist. 2. Genügt eine analytische Funktion $f(x, y, z, \ldots)$ in bezug auf jede Variable einer gewöhnlichen Differentialgleichung, deren linke Seite ein Polynom in f und ihren Ableitungen nach jener Variablen mit Koeffizienten aus R ist, so ist f algebraisch-transzendent in bezug auf R. — Und nun gelten die Sätze:

Satz 16. *Ist $f(x, y, z, \ldots)$ algebraisch-transzendent in bezug auf den Rationalitätsbereich $R(g, h, \ldots)$, der aus einem Rationalitätsbereich R durch Adjunktion gewisser in bezug auf R algebraisch-transzendenter Funktionen $g, h, \ldots$ und ihrer sämtlichen Ableitungen entsteht, so ist $f(x, y, z, \ldots)$ auch algebraisch-transzendent in bezug auf R.*

Es genügt, beim Beweise nur den Fall zu betrachten, wo zu R nur *eine* Funktion $g(x, y, z, \ldots)$ mit ihren Ableitungen adjungiert wird. Denn hieraus folgt durch sukzessive Anwendung dieses Falles die Richtigkeit des Satzes für den Fall, daß zu R nur *endlich viele* Funktionen $g, h, \ldots$ mit ihren sämtlichen Ableitungen adjungiert werden. Andererseits lassen sich alle Differentialgleichungen des Mayerschen System, dem f in bezug. auf $R(g, h, \ldots)$ genügt, aus endlich vielen Differentialgleichungen ableiten, z. B. aus den gewöhnlichen Differentialgleichungen, denen f in bezug auf jede einzelne Variable genügt. Daher kommt es nur auf endlich viele Größen von $R(g, h, \ldots)$ und ihre Ableitungen an.

Lassen sich nun alle partiellen Ableitungen von f durch μ unter ihnen und die Größen von $R(g)$ algebraisch ausdrücken, lassen sich weiter sämtliche Ableitungen von g durch ν unter ihnen und die Größen von R algebraisch ausdrücken, so muß zwischen $\mu + \nu + 1$ beliebigen partiellen Ableitungen von f eine ganze rationale Relation mit Koeffizienten aus R bestehen, wie aus dem Lemma des § 3 folgt. Es sei nun λ die kleinste

Zahl von der Eigenschaft, daß zwischen λ beliebigen partiellen Ableitungen von f eine ganze rationale Relation mit Koeffizienten aus R besteht, und es seien etwa $p_1, p_2, \ldots, p_{\lambda-1}$ solche $\lambda - 1$ partielle Ableitungen von f, zwischen welchen eine solche Relation nicht besteht. Dann ist jede partielle Ableitung von f eine algebraische Funktion von $p_1, \ldots, p_{\lambda-1}$ und von Größen von R, w. z. b. w.[18]).

Satz 17. *Setzt man in eine algebraisch-transzendente Funktion* $f(x, y, z, \ldots)$ *für* $x, y, z, \ldots$ *irgendwelche algebraisch-transzendente Funktionen* $\varphi(\xi, \eta, \zeta, \ldots), \psi(\xi, \eta, \zeta, \ldots), \chi(\xi, \eta, \zeta, \ldots), \ldots$ *von irgendwelchen Variablen* $\xi, \eta, \zeta, \ldots$ *ein, so entsteht wieder eine algebraisch-transzendente Funktion von* $\xi, \eta, \zeta, \ldots$

In diesem Satz ist insbesondere die Umkehrung des Satzes 15 als spezieller Fall enthalten. Er ist nur für *algebraisch-transzendente Funktionen schlechthin* ausgesprochen. — Will man ihn auf algebraisch-transzendente Funktionen in bezug auf einen beliebigen Rationalitätsbereich verallgemeinern, so ist es hierzu nötig, den Begriff des Rationalitätsbereiches R enger zu fassen. Wir müssen nämlich verlangen, daß aus jeder Funktion von R durch Einsetzen von beliebigen Funktionen von R wieder eine Funktion von R oder wenigstens eine in bezug auf R algebraisch-transzendente Funktion entsteht.

Zum Beweise des Satzes bezeichnen wir mit μ die kleinste Zahl von der Eigenschaft, daß sich jede Ableitung von $f(x, y, z, \ldots)$ algebraisch (mit konstanten Koeffizienten) durch μ unter ihnen ausdrücken läßt. Durch $\nu_1, \nu_2, \nu_3, \ldots$ bezeichnen wir die entsprechenden Zahlen für $\varphi(\xi, \eta, \zeta, \ldots)$, $\psi(\xi, \eta, \zeta, \ldots), \chi(\xi, \eta, \zeta, \ldots), \ldots$ Setzen wir in alle Ableitungen von $f(x, y, z, \ldots)$ für $x, y, z, \ldots$ die Funktionen $\varphi, \psi, \chi, \ldots$, so mögen die entstehenden Funktionen von $\xi, \eta, \zeta, \ldots$ durch p_i bezeichnet werden. Auch die p_i haben die Eigenschaft, daß zwischen $\mu + 1$ beliebigen Funktionen p_i eine ganze rationale Relation mit Zahlenkoeffizienten besteht. Es sei nun λ die kleinste Zahl von der Eigenschaft, daß zwischen $\lambda + 1$ Funktionen p_i stets eine ganze rationale Relation mit Zahlenkoeffizienten besteht. Dann lassen sich alle p_i algebraisch durch gewisse λ unter ihnen ausdrücken. Jede partielle Ableitung von $f(\varphi, \psi, \chi, \ldots)$ ist aber eine ganze rationale Funktion der p_i und der Ableitungen von $\varphi, \psi, \chi, \ldots$, läßt sich also als algebraische Funktion von $\lambda + \nu_1 + \nu_2 + \nu_3 + \ldots$ Größen darstellen. Daher besteht

---

[18]) Für analytische Funktionen $F(x, y, z, \ldots)$, für die eine einzige partielle Differentialgleichung vorgegeben ist, kann man ein Analogon dieses Satzes auf demselben Wege ohne Schwierigkeit beweisen: Genügt $F(x, y, z, \ldots)$ einer partiellen Differentialgleichung, deren linke Seite ein Polynom an den Ableitungen von F ist, mit Koeffizienten, die algebraisch-transzendente Funktionen mehrerer Variablen sind, so genügt F einer algebraischen partiellen Differentialgleichung.

nach dem Lemma des § 3 zwischen $\lambda + \nu_1 + \nu_2 + \nu_3 + \ldots + 1$ Ableitungen von $f(\varphi, \psi, \chi, \ldots)$ eine ganze rationale Relation mit Zahlenkoeffizienten. Daher lassen sich alle diese Ableitungen durch endlich viele (höchstens $\lambda + \nu_1 + \nu_2 + \nu_3 + \ldots$) unter ihnen algebraisch ausdrücken, w. z. b. w.

§ 7.

Über algebraisch-transzendente Dirichletsche Reihen und Potenzreihen, die nach beliebigen Potenzen der unabhängigen Veränderlichen fortschreiten.

Ist die durch eine Dirichletsche Reihe dargestellte Funktion

$$(49) \qquad f(s) = \sum_{i=0}^{i=\infty} a_i e^{-\lambda_i s}$$

algebraisch-transzendent, so kann die Reihe (49) nach den Sätzen 1 und 6 in der Form geschrieben werden

$$(50) \qquad F\left(e^{-\lambda^{(1)}s}, \; e^{-\lambda^{(2)}s}, \; \ldots, \; e^{-\lambda^{(\mu)}s}\right),$$

wo $F(x, y, z, \ldots)$ eine zunächst formal hingeschriebene Potenzreihe ist, die nach ganzen positiven und negativen Potenzen von $x, y, z, \ldots$ fortschreitet. Die reellen Zahlen $\lambda^{(1)}, \lambda^{(2)}, \ldots, \lambda^{(\mu)}$ können dabei positiv und linear unabhängig angenommen werden. Ist nun F eine nach *positiven* Potenzen von $x, y, z, \ldots$ fortschreitende Reihe, oder hat sie nur endlich viele negative Glieder, so ist sie in einem gewissen Bereich absolut konvergent, sobald (49) einen Konvergenzbereich besitzt; wir sehen, daß in diesem Falle (50) (und (49)) auch stets einen Bereich absoluter Konvergenz besitzt. Dies ist insbesondere stets der Fall, wenn (49) eine Reihe vom „zahlentheoretischen Typus" ist:

$$\sum \frac{a_n}{n^s}.$$

Es genüge nun (49) einer algebraischen Differentialgleichung mit Zahlenkoeffizienten

$$(51) \qquad \Phi\left(f^{(i)}(s)\right) = 0.$$

Wir setzen nun in die Entwicklung (49) für die Zahlen a_i Unbestimmte u_i und tragen die so entstehende Reihe $\varphi(s)$, die natürlich nur eine formale Bedeutung hat, in Φ ein. Es entsteht nach rein formaler Umordnung eine Entwicklung von der Form

$$\sum A_{n_1, n_2, \ldots, n_\mu} \, e^{-\left(n_1 \lambda^{(1)} + n_2 \lambda^{(2)} + \ldots + n_\mu \lambda^{(\mu)}\right)s},$$

wo die Exponentiellen nach wachsenden Exponenten geordnet sind, die ganzen Zahlen $n_1, n_2, \ldots, n_\mu$ aber gewisse ganze positive und negative Werte durchlaufen. $A_{n_1, n_2, \ldots, n_\mu}$ ist ein Polynom in den u_i, den λ_i und

440

den Koeffizienten von Φ. In $A_{n_1, n_2, \ldots, n_\mu}$ können aber nicht alle Potenzprodukte der u_i vorkommen, sondern nur diejenigen, die eine gewisse Gewichtsbedingung erfüllen. Um diese abzuleiten, stellen wir den allgemeinen Exponenten λ_i von (49) linear mit ganzen Koeffizienten durch $\lambda^{(1)}, \lambda^{(2)}, \ldots, \lambda^{(\mu)}$ dar:

$$\lambda_i = \alpha_i^{(1)} \lambda^{(1)} + \alpha_i^{(2)} \lambda^{(2)} + \ldots + \alpha_i^{(\mu)} \lambda^{(\mu)} .$$

Da bei der Differentiation eines Gliedes von (49) der Exponent unverändert bleibt, so muß bei jedem Potenzprodukt der u_i in $A_{n_1, n_2, \ldots, n_\mu}$:

$$u_{j_1} u_{j_2} u_{j_3} \ldots ,$$

wo $j_1, j_2, j_3, \ldots$ gleiche oder verschiedene Indizes sind, wegen der linearen Unabhängigkeit der $\lambda^{(\varkappa)}$ das System der Bedingungen erfüllt sein:

$$\alpha_{j_1}^{(\nu)} + \alpha_{j_2}^{(\nu)} + \alpha_{j_3}^{(\nu)} + \ldots = n_\nu \qquad (\nu = 1, 2, \ldots, \mu).$$

Sind nun $c_1, c_2, \ldots, c_\mu$ beliebige Zahlen, so multipliziere man jedes u_i mit

$$c_1^{\alpha_i^{(1)}} c_2^{\alpha_i^{(2)}} \ldots c_\mu^{\alpha_i^{(\mu)}} .$$

Dann multipliziert sich jedes $A_{n_1, n_2, \ldots, n_\mu}$ mit $c_1^{n_1} c_2^{n_2} \ldots c_\mu^{n_\mu}$. Verschwinden nun alle A, falls man die Unbestimmten u_i durch die Zahlen a_i ersetzt, so verschwinden sie auch, falls man alle u_i durch $a_i c_1^{\alpha_i^{(1)}} c_2^{\alpha_i^{(2)}} \ldots c_\mu^{\alpha_i^{(\mu)}}$ ersetzt. Auch jede so entstehende Dirichletsche Reihe genügt also formal der Differentialgleichung (51). Die so entstehenden Reihen sind aber

$$F\left(c_1 e^{-\lambda^{(1)} s}, c_2 e^{-\lambda^{(2)} s}, \ldots, c_\mu e^{-\lambda^{(\mu)} s}\right),$$

und konvergieren für hinreichend kleine $c_1, c_2, \ldots, c_\mu$, falls F nach positiven Potenzen von $x, y, z, \ldots$ fortschreitet und konvergent ist. Wir formulieren dies im

Satz 18. *Ist $F(x, y, z, \ldots)$ eine nach ganzen positiven Potenzen von $x, y, z, \ldots$ (mit höchstens endlich vielen negativen Potenzen) fortschreitende, in einer Umgebung des Nullpunktes konvergente Potenzreihe und genügt für irgendein System positiver linear unabhängiger $\lambda^{(1)}, \lambda^{(2)}, \lambda^{(3)}, \ldots$ die Dirichletsche Reihe*

$$(52) \qquad F\left(e^{-\lambda^{(1)} s}, e^{-\lambda^{(2)} s}, e^{-\lambda^{(3)} s}, \ldots\right)$$

einer algebraischen Differentialgleichung mit Zahlenkoeffizienten, so genügt für jeden Wert der Konstanten $c_1, c_2, c_3, \ldots$ die Funktion

$$(53) \qquad F\left(c_1 e^{-\lambda^{(1)} s}, c_2 e^{-\lambda^{(2)} s}, c_3 e^{-\lambda^{(3)} s}, \ldots\right),$$

sofern sie für diese Werte der Konstanten existiert, derselben Differentialgleichung. Ist $F(x, y, z, \ldots)$ eine formale Laurentsche Entwicklung, *und genügt* (52) *formal einer algebraischen Differentialgleichung mit konstanten Koeffizienten, so genügt auch jede Reihe* (53) *formal derselben Differentialgleichung.*

Aus diesem Satz können wir nun sofort den weiteren Satz folgern:

Satz 19. *Ist* $F(x, y, z, \ldots)$ *eine nach ganzen positiven Potenzen von* $x, y, z, \ldots$ *(höchstens mit endlich vielen negativen Potenzen) fortschreitende, in einer Umgebung des Nullpunktes konvergente Potenzreihe und genügt für irgendein System positiver linear unabhängiger* $\lambda^{(1)}, \lambda^{(2)}, \ldots$ *die Dirichletsche Reihe*

$$(54) \qquad f(s) = F\left(e^{-\lambda^{(1)}s},\, e^{-\lambda^{(2)}s},\, \ldots\right)$$

einer algebraischen Differentialgleichung

$$(55) \qquad \Phi\left(f^{(i)}(s)\right) = 0,$$

so genügt $F(x, y, z, \ldots)$ *einer algebraischen partiellen Differentialgleichung. Ist* $F(x, y, z, \ldots)$ *eine beliebige Laurentsche Entwicklung und genügt* (54) *formal einer algebraischen Differentialgleichung, so genügt* $F(x, y, z, \ldots)$ *formal einer algebraischen partiellen Differentialgleichung.*

Wir können $\Phi(f^{(i)})$ als ein Polynom in den $f^{(i)}(s)$ mit konstanten Koeffizienten annehmen. Dann genügt auch $F\left(c_1\,e^{-\lambda^{(1)}s},\, c_2\,e^{-\lambda^{(2)}s},\, \ldots\right)$ der Differentialgleichung (55). Nun setzt sich jede Ableitung von $F\left(c_1\,e^{-\lambda^{(1)}s},\, c_2\,e^{-\lambda^{(2)}s},\, \ldots\right)$ nach s aus partiellen Ableitungen von $F(x, y, z, \ldots)$ nach seinen Argumenten, für die nachträglich die Werte $c_1\,e^{-\lambda^{(1)}s}, c_2\,e^{-\lambda^{(2)}s}, \ldots$ eingesetzt werden, zusammen, außerdem aus den Exponentiellen $c_1\,e^{-\lambda^{(1)}s}, \ldots$ und den Zahlen $\lambda^{(i)}$. Ist (55) etwa von der Ordnung m, so beachten wir, daß die m-te Ableitung von $F\left(c_1\,e^{-\lambda^{(1)}s}, \ldots\right)$ gleich ist:

$$\sum \left[\frac{\partial^m F(x, y, z, \ldots)}{\partial x^a\,\partial y^b \ldots}\right]_{\substack{x = c_1\,e^{-\lambda^{(1)}s} \\ y = c_2\,e^{-\lambda^{(2)}s} \\ \vdots}} c_1^a\,(-\lambda^{(1)})^a\,e^{-a\lambda^{(1)}s}\,c_2^b\,(-\lambda^{(2)})^b\,e^{-b\lambda^{(2)}s}\ldots + \ldots$$

Bei den Ableitungen niedrigerer Ordnung von $F\left(c_1\,e^{-\lambda^{(1)}s}, \ldots\right)$ nach s treten die m-ten partiellen Ableitungen von $F(x, y, z, \ldots)$ noch nicht auf. Setzen wir nun $s = 0$, so entsteht aus (55) eine algebraische partielle Differentialgleichung m-ter Ordnung für $F(c_1, c_2, c_3, \ldots)$ als Funktion der Konstanten $c_1, c_2, \ldots$, die nun wieder durch die Variablen $x, y, z, \ldots$ ersetzt werden können. W. z. b. w.

Wir kehren nun wieder zu den Potenzreihen zurück, die nach beliebigen wachsenden Potenzen von x fortschreiten und algebraisch-transzendente Funktionen darstellen. Ein auf solche Reihen bezügliches Resultat, welches der ersten Hälfte des Satzes 19 entspricht, ließe sich aus diesem Satze durch direkte Übertragung ableiten. Wir schlagen jedoch einen direkten

Weg ein, bei dem sich die den Sätzen 18 und 19 entsprechenden Sätze in größerer Allgemeinheit ergeben. Es seien $\lambda_1, \ldots, \lambda_\mu$ beliebige *linear unabhängige* Zahlen, die auch komplex sein können. $F(x, y, \ldots)$ sei eine beliebige Laurentsche Entwicklung in μ Variablen $x, y, \ldots$, und es genüge $F(x^{\lambda_1}, x^{\lambda_2}, \ldots)$ einer algebraischen Differentialgleichung in x. Wir nehmen dabei an, daß $F(x^{\lambda_1}, x^{\lambda_2}, \ldots)$, nach Potenzen von x entwickelt, eine Folge von Exponenten mit einer einzigen Häufungsstelle im Unendlichen hat. Es sei etwa

$$F(x^{\lambda_1}, x^{\lambda_2}, \ldots) = f(x) = \sum a_i x^{n_i} \qquad \operatorname*{Lim}_{i=\infty} n_i = \infty \,.$$

Es seien nun zunächst λ_i reell und es besitze $f(x)$ (daher auch jede Ableitung von $f(x)$) einen Bereich absoluter Konvergenz. Ein m-maliger Umlauf um den Nullpunkt führt $F(x^{\lambda_1}, x^{\lambda_2}, \ldots)$ in ein anderes Integral $F(e^{2m\pi\lambda_1 i} x^{\lambda_1}, e^{2m\pi\lambda_2 i} x^{\lambda_2}, \ldots)$ derselben Differentialgleichung $\Phi(f^{(i)}(x)) = 0$ über. Die Koeffizienten von Φ mögen dabei rational in x sein. Ist keine lineare ganzzahlige Kombination der λ_i rational, so können wir die Exponentiellen $e^{2m\pi\lambda_1 i}, e^{2m\pi\lambda_2 i}, \ldots$ nach einem bekannten Satz über diophantische Approximationen beliebig vorgegebenen Zahlen $c_1, c_2, \ldots$ vom absoluten Betrage 1 beliebig nahe bringen. Lassen wir daher m in geeigneter Weise unendlich werden, so ergibt sich, daß auch $F(c_1 x^{\lambda_1}, c_2 x^{\lambda_2}, \ldots)$ der Differentialgleichung $\Phi(f^{(i)}(x)) = 0$ genügt. Und hieraus folgt durch dieselbe Schlußweise wie oben, daß $F(x, y, \ldots)$ einer algebraischen partiellen Differentialgleichung genügt. Besteht zwischen den λ_i eine Relation von der Form $p_1\lambda_1 + p_2\lambda_2 + \ldots + p_\mu\lambda_\mu = p$, wo $p_1, \ldots p_\mu, p$ ganze Zahlen sind und $p \neq 0$ ist, so können wir ganz analog wie oben in das Integral $F(x^{\lambda_1}, \ldots, x^{\lambda_\mu})$ willkürliche Konstanten $c_1, c_2, \ldots, c_{\mu-1}$ vom absoluten Betrage 1 einführen: $F(c_1^{p_\mu} x^{\lambda_1}, c_2^{p_\mu} x^{\lambda_2}, \ldots, c_1^{-p_1} c_2^{-p_2} \ldots c_{\mu-1}^{-p_{\mu-1}} x^{\lambda_\mu})$. Hieraus folgt weiter durch Substitution $x = cx'$, daß auch $F(\gamma_1 x^{\lambda_1}, \ldots, \gamma_\mu x^{\lambda_\mu})$ einer algebraischen Differentialgleichung in x genügt, wenn $\gamma_1, \ldots, \gamma_\mu$ beliebige Konstanten vom absoluten Betrage 1 sind, — wenn auch nicht notwendig derselben Gleichung $\Phi(f^{(i)}) = 0$. Hieraus schließen wir wieder, daß $F(x, y, z, \ldots)$ einer algebraischen partiellen Differentialgleichung genügt. In beiden Fällen braucht $F(x, y, z, \ldots)$ keinen Konvergenzbereich im gewöhnlichen Sinne zu besitzen, und dann genügt $F(x, y, z, \ldots)$ *formal* einer algebraischen partiellen Differentialgleichung.

Wir lassen jetzt die Annahme der absoluten Konvergenz von $f(s)$ fallen, und nehmen an, daß $f(s)$ einer algebraischen Differentialgleichung *formal* genügt. Wir nehmen aber außerdem an, daß alle Exponenten n_i bis auf endlich viele in einem und demselben Winkel von der Öffnung $\gamma < \pi$ liegen. Wir betrachten zugleich mit $f(s)$ die Reihe

$$\varphi(x) = \sum u_i x^{n_i},$$

wo u_i Unbestimmte sind. Setzt man $\varphi(x)$ in $\Phi(\varphi^{(i)})$ ein, so entsteht

$$\sum A_k(u_i) x^{m_k},$$

wo auch $\mathop{\mathrm{Lim}}\limits_{i=\infty} m_i = \infty$ ist und $A_k(u_i)$ nur von endlich vielen u_i abhängt, nach unserer Annahme über die n_i. Dabei ist $A_k(a_i) = 0$ für jedes k. Wieder unterscheiden wir zwei Fälle: 1. Es sei keine lineare ganzzahlige Kombination der λ_i rational, oder es gebe eine rationale lineare Verbindung der λ_i, die rational ist, Φ hänge aber dann von x nicht explizit ab. Ersetzt man dann $F(x^{\lambda_1}, \ldots, x^{\lambda_\mu})$ durch $F(c_1 x^{\lambda_1}, \ldots, c_\mu x^{\lambda_\mu})$, wo $c_1, \ldots, c_\mu$ willkürliche Konstanten sind, so multipliziert sich jedes a_i mit einem Potenzprodukt der c_i; ebenso multiplizieren sich aber auch alle $A_k(a_i)$ einfach mit einem Potenzprodukt der c_i, bleiben also sämtlich gleich 0. Wir sehen, daß auch $F(c_1 x^{\lambda_1}, \ldots, c_\mu x^{\lambda_\mu})$ der Differentialgleichung $\Phi(f^{(i)})$ genügt. Und daraus können wir wiederum schließen, daß $F(x, y, z, \ldots)$ einer algebraischen partiellen Differentialgleichung genügt. Besteht aber 2. eine lineare Relation $p_1 \lambda_1 + \ldots + p_\mu \lambda_\mu = p$, wo $p_1, \ldots, p_\mu, p$ ganz sind und p von 0 verschieden ist, und enthält Φ die unabhängige Variable x explizit, so bilden wir wieder, unter $c_1, c_2, \ldots, c_{\mu-1}$ willkürliche von 0 verschiedene Konstanten verstanden, die Reihe

$$(56) \qquad F\big(c_1^{p_\mu} x^{\lambda_1},\ c_2^{p_\mu} x^{\lambda_2},\ \ldots,\ c_1^{-p_1} c_2^{-p_2} \ldots c_{\mu-1}^{-p_{\mu-1}} x^{\lambda_\mu}\big).$$

Tragen wir sie in Φ ein, so multiplizieren sich wieder die Ausdrücke $A_k(a_i)$ nur mit einem Potenzprodukt der c_i, bleiben also gleich 0. Daher genügt auch (56) formal der Differentialgleichung $\Phi(f^{(i)}) = 0$, und von hier aus schließen wir wieder ganz analog wie oben, für den Fall der absoluten Konvergenz von $f(s)$, daß $F(x, y, z, \ldots)$ formal einer algebraischen partiellen Differentialgleichung genügt. Besitzt dann $F(x, y, z, \ldots)$ einen Konvergenzbereich im gewöhnlichen Sinne, so genügt auch die durch sie dargestellte *Funktion* jener Differentialgleichung.

Die zuletzt angegebenen Resultate über Potenzreihen, die nach beliebigen Potenzen der unabhängigen Variablen fortschreiten, sind insofern von Interesse, als solche Reihenentwicklungen sehr oft beim Studium des Verhaltens der Integrale von gewöhnlichen Differentialgleichungen in der Nähe eines singulären Punktes auftreten. Hier wurde besonders von Poincaré, Picard und anderen[19]) eine Methode ausgebildet, die Aufsuchung der Reihenentwicklungen solcher Integrale auf die Aufstellung gewisser Funktionen mehrerer Variablen $F(x, y, z, \ldots)$ zu reduzieren,

---

[19]) Vgl. E. Picard, Traité d'Analyse **3**, (2. éd.), S. 1—40.

die gewissen, aus der vorgegebenen gewöhnlichen leicht ableitbaren partiellen Differentialgleichungen genügen, und aus denen solche Reihenentwicklungen nach der Formel

$$f(x) = F(c_1\, x^{\lambda_1},\, c_2\, x^{\lambda_2},\, \ldots)$$

erhalten werden. Allerdings sind diese Entwicklungen bei Poincaré und Picard an sehr viele verschiedene Annahmen geknüpft, und das Auftreten von partiellen Differentialgleichungen erscheint wie ein sehr merkwürdiger Kunstgriff. Die obigen Resultate geben für algebraische Differentialgleichungen gewissermaßen eine *Umkehrung* dieser Methoden. — Im nächsten Paragraphen werden wir auf den Fall der analytischen Differentialgleichungen eingehen, und insbesondere den Satz 12 auf den Fall komplexer Exponenten verallgemeinern. —

Wir knüpfen jetzt wieder an den Beweis des Satzes 19 an, machen aber jetzt die Voraussetzung, daß die dortige Funktion (54)

$$(54) \qquad\qquad F\left(e^{-\lambda^{(1)}s},\ e^{-\lambda^{(2)}s},\ \ldots\right)$$

für *beliebige hinreichend große positive* $\lambda^{(i)}$ *der von den* $\lambda^{(i)}$ *unabhängigen Differentialgleichung* (55) *genügt.* Ähnlich wie dort können wir wieder in das Integral (54) willkürliche Konstanten einführen, die aber jetzt mit $x, y, z, \ldots,$ bezeichnet werden mögen. Wir erhalten dann die Funktion

$$f(s) = F\left(x\,e^{-\lambda^{(1)}s},\ y\,e^{-\lambda^{(2)}s},\ \ldots\right)$$

die einer von den $x, y, z, \ldots, \lambda^{(1)}, \lambda^{(2)}, \ldots$ unabhängigen algebraischen Differentialgleichung $\Phi(f^{(i)}) = 0$ in s genügt. Wir setzen nun die Differentialgleichung in eine partielle Differentialgleichung in bezug auf $x, y, z, \ldots$ um, wobei s vorerst unbestimmt bleiben mag. Wir erhalten so eine partielle Differentialgleichung, in der die höchsten — m-ten — partiellen Ableitungen von F in der Verbindung vorkommen:

$$\sum \left[\frac{\partial^m F(x',\, y',\, \ldots)}{\partial x'^a\, \partial y'^b}\right]_{\substack{x'\,=\,x\,e^{-\lambda^{(1)}s}\\ y'\,=\,y\,e^{-\lambda^{(2)}s}}} x^a\, y^b \ldots \left(-\lambda^{(1)}\right)^a \left(-\lambda^{(2)}\right)^b \ldots e^{-a\lambda^{(1)}s\,-b\lambda^{(2)}s\,-\,\cdots}$$

$$\vdots$$

Drücken wir $x, y, \ldots,$ durch $x' = x\,e^{-\lambda^{(1)}s},\ y' = y\,e^{-\lambda^{(2)}s}, \ldots$ aus, so erhalten wir eine partielle Differentialgleichung für $F(x',\, y',\, z',\, \ldots)$, in der die höchsten Ableitungen von F in der Verbindung vorkommen:

$$\sum \left(\frac{\partial^m F(x',\, y',\, \ldots)}{\partial x'^a\, \partial y'^b\, \ldots}\right) x'^a\, y'^b \ldots \left(-\lambda^{(1)}\right)^a \left(-\lambda^{(2)}\right)^b \ldots$$

Da diese Differentialgleichung für beliebige Werte der $\lambda^{(i)}$ gilt, so gestattet sie, die m-ten partiellen Ableitungen von $F(x',\, y',\, \ldots)$ durch die Ableitungen niedrigerer Ordnung und $x',\, y',\, \ldots$ algebraisch auszudrücken —

$F(x', y', \ldots)$ *genügt also einem algebraischen* $M\,ayer\,schen$ *System.* Dieses Resultat ist deshalb von Bedeutung, weil wir jetzt beweisen werden: *Hat eine analytische Funktion* $F(x, y, \ldots)$ *die Eigenschaft, daß für beliebige reelle Wertsysteme von* $\lambda_1, \lambda_2, \ldots$, *die linear unabhängig sind und in beliebig vorgegebenen Intervallen liegen, die Funktion* $F(e^{-\lambda_1 s}, e^{-\lambda_2 s}, \ldots)$ *von* s *algebraisch-transzendent ist, so genügt* $F(e^{-\lambda_1 s}, e^{-\lambda_2 s}, \ldots)$ *für alle* λ_i *einer festen algebraischen Differentialgleichung.* Dies folgt nicht direkt aus dem Hilfssatz 5, da wir $\lambda_1, \lambda_2, \ldots$ linear unabhängig annehmen wollen, läßt sich aber durch dasselbe Verfahren beweisen, wie der Hilfssatz 5 Wir wollen etwa den Fall von drei Variablen ins Auge fassen und λ_1 gleich -1 annehmen, was nach den Sätzen von § 5 erlaubt ist. Geben wir λ_3 irgendeinen festen irrationalen Wert λ_0, so genügt $F(e^s, e^{-\lambda_2 s}, e^{-\lambda_0 s})$ einer algebraischen Differentialgleichung für jeden von 1 und λ_0 linear unabhängigen irrationalen Wert von λ_2 aus dem vorgeschriebenen Intervall. Daher gibt es solche Potenzprodukte aus den Ableitungen von $F(e^s, e^{-\lambda_2 s}, e^{-\lambda_0 s})$, die für unendlich viele λ_2 aus einem bestimmten Intervall linear abhängige Funktionen von s werden:

$$\varPi_1, \varPi_2, \ldots, \varPi_k.$$

Daher verschwindet ihre Wronskische Determinante identisch in s, λ_2, und es besteht eine Relation

$$c_1(\lambda_2)\,\varPi_1 + c_2(\lambda_2)\,\varPi_2 + \ldots + c_k(\lambda_2)\,\varPi_k = 0,$$

aus der wir durch Differentiation und die wie im § 6 zu begründende Elimination der $c_i(\lambda_2)$ endlich eine Differentialgleichung für $F(e^s, e^{-\lambda_2 s}, e^{-\lambda_0 s})$ erhalten, der $F(e^s, e^{-\lambda_2 s}, e^{-\lambda_0 s})$ für jeden Wert von λ_2 genügt. Da es nun für jeden irrationalen Wert λ_0 von λ_3 aus einem bestimmten Intervall eine solche Differentialgleichung gibt, so führt uns ebenso wie im § 6 eine Wiederholung desselben Verfahrens zu einer algebraischen Differentialgleichung, der $F(e^s, e^{-\lambda_2 s}, e^{-\lambda_3 s})$ für jeden Wert von λ_2, λ_3 genügt. Und hieraus folgt nach den Sätzen des § 5, daß auch $F(e^{-\lambda_1 s}, e^{-\lambda_2 s}, e^{-\lambda_3 s})$ einer festen algebraischen Differentialgleichung für jedes Wertsystem von $\lambda_1, \lambda_2, \lambda_3$ genügt. — Wir bemerken noch, daß wir durch sukzessive Differentiationen und Eliminationen, die mit Hilfe des Lemmas aus dem § 3 ohne weiteres zu begründen sind, erreichen können, daß die Koeffizienten der algebraischen Differentialgleichung, der $F(e^{-\lambda_1 s}, e^{-\lambda_2 s}, e^{-\lambda_3 s})$ genügt, von $\lambda_1, \lambda_2, \lambda_3$ unabhängig und gewöhnliche rationale Zahlen werden. — Wir können jetzt den Satz formulieren, der sich dem Satz 15 und dem Hilfssatz 5 an die Seite stellt:

Satz 20: *Hat eine analytische Funktion* $F(x, y, z, \ldots)$ *die Eigenschaft, daß* $F(e^{-\lambda_1 s}, e^{-\lambda_2 s}, e^{-\lambda_3 s}, \ldots)$ *für beliebige reelle, oder auch nur für beliebige reelle linear unabhängige in den festen vorgeschriebenen*

Intervallen liegende $\lambda_1, \lambda_2, \lambda_3, \ldots$ *algebraisch-transzendent in s wird, so ist $F(x, y, z, \ldots)$ selbst eine algebraisch-transzendente Funktion von $x, y, z, \ldots$, genügt also einem Mayerschen System algebraischer partieller Differentialgleichungen.*

$$\S\ 8.$$

Potenzreihen, die keiner analytischen Differentialgleichung genügen.

Das Hauptziel der Entwickelungen dieses Paragraphen ist der Beweis von später bezüglich der Konvergenzfragen durch den Satz 22 zu ergänzenden

Satz 21. *Es sei $F(x, y, y', \ldots, y^{(n)})$ eine Potenzreihe, die nach positiven Potenzen von $x, y - c, y' - c_1, \ldots, y^{(n)} - c_n$ fortschreitet und in einer gewissen Umgebung des Punktes $x = 0, y = c, y' = c_1, \ldots, y^{(n)} = c_n$ konvergiert. In den Differenzen $y^{(i)} - c_i$ sind c_i Konstanten. Einige von ihnen können unendlich werden. Dann ist unter $y^{(i)} - c_i$ wie üblich $\dfrac{1}{y^{(i)}}$ zu verstehen. Es genüge die Reihe*

$$(57) \qquad y = \sum_{i=0}^{i=\infty} a_i x^{n_i}$$

formal der Differentialgleichung

$$(58) \qquad F(x, y, y', \ldots, y^{(n)}) = 0.$$

Dabei sind die n_i reelle oder komplexe Konstanten, über die folgende Annahmen zu machen sind: Ihre reellen Teile sind mit i von einem i an zunehmend geordnet und konvergieren gegen $+\infty$. Sind nicht alle n_i reell, so sei etwa n_k ein nicht reeller Exponent, dessen reeller Teil r möglichst klein ist. Sind dann die reellen Exponenten n_i, die kleiner als r sind, ganze nicht negative Zahlen, oder gibt es keine reellen Exponenten $< r$, so müssen wir voraussetzen, daß r keinen nicht negativen ganzzahligen Wert hat, und daß es nur einen Exponenten n_i gibt, dessen reeller Teil gleich r ist.

Die Zahlen $c, c_1, \ldots$ seien die „Werte" von y und der Ableitungen von y für $x = 0$.

Ist eine der Zahlen c_i (und dann auch alle folgenden) ∞, so muß die formal gebildete i-te Ableitung von y mit einer Potenz von x anfangen, deren Exponent einen negativen reellen Teil hat. Dann läßt sich $\dfrac{1}{y^{(i)}}$ nach unseren Annahmen über die n_i in eine nach Potenzen von x fortschreitende Reihe formal entwickeln, deren sämtliche Exponenten positiven reellen Teil haben. Diese Entwicklungen sind dann in F für $\dfrac{1}{y^{(i)}}$ einzusetzen.

Unter diesen Annahmen lassen sich alle n_i linear mit ganzen rationalen Koeffizienten durch endlich viele unter ihnen ausdrücken.

Wir bezeichnen die Größen x, $y - c$, $\ldots$, $y^{(i)} - c_i$, $\ldots$ $\left(\text{bzw. } \dfrac{1}{y^{(i)}}\right)$ durch $z_1, z_2, \ldots, z_{i+2}, \ldots$ und können dann (58) in der Form schreiben:

$$(59) \qquad \Phi(z_1, z_2, \ldots) = 0,$$

wo Φ eine gewöhnliche Potenzreihe in $z_1, z_2, \ldots$ ist, die im Nullpunkt verschwindet und in einer Umgebung des Nullpunktes konvergiert. Wir bezeichnen die ersten partiellen Ableitungen von Φ nach $z_1, z_2, \ldots$ durch $\Phi_1(z_i)$, $\Phi_2(z_i)$, $\ldots$ und behaupten, *daß die Gleichung* (59) *sich nötigenfalls durch eine solche ersetzen läßt, daß keine der Gleichungen*

$$(60) \qquad \Phi_1(z_i) = 0, \quad \Phi_2(z_i) = 0, \ldots$$

formal besteht. Im Nachweis der Richtigkeit dieser Behauptung liegt die eigentliche Schwierigkeit der folgenden Entwicklungen.

Wir müssen zunächst an einige Tatsachen aus der Theorie der Teilbarkeit von Potenzreihen in mehreren Variablen in der Umgebung eines Punktes erinnern[20]). — Von allen Potenzreihen, die wir dabei betrachten, setzen wir voraus, daß sie in einer Umgebung des Nullpunktes konvergieren. — Eine Potenzreihe $\psi_1(z_i)$ heißt durch eine andere $\psi_2(z_i)$ *teilbar*, wenn eine Gleichung besteht:

$$\psi_1(z_i) = \psi_2(z_i)\, m(z_i),$$

wo $m(z_i)$ eine Potenzreihe ist. Ist jede der Potenzreihen $\psi_1(z)$, $\psi_2(z)$ durch die andere teilbar, so heißen sie *äquivalent*. Dann verschwindet $m(z_i)$ im Nullpunkt nicht. Eine Potenzreihe $\psi(z_i)$ heißt *irreduzibel*, wenn sie nur durch solche Potenzreihen teilbar ist, die ihr äquivalent sind, wenn sie sich also nicht in der Form schreiben läßt:

$$\psi(z_i) = \psi_1(z_i)\, \psi_2(z_i),$$

wo beide Potenzreihen $\psi_1(z_i)$ und $\psi_2(z_i)$ im Nullpunkt verschwinden. Sieht man äquivalente irreduzible Potenzreihen nicht als verschieden an, so läßt sich jede im Nullpunkt verschwindende Potenzreihe nur auf eine einzige Weise als ein Potenzprodukt von irreduziblen Potenzreihen darstellen. Der Beweis dieses letzten Satzes beruht auf dem *Vorbereitungssatz* von **Weierstraß**. Der Vorbereitungssatz besagt: Kommt in einer im Nullpunkt verschwindenden Potenzreihe $\psi(z_1, z_2, z_3, \ldots)$ eine Potenz von z_1 allein vor, ist also $\psi(z_1, 0, 0, \ldots)$ nicht identisch in z_1 gleich 0, so ist

---

[20]) Man vergleiche etwa **Weierstraß**, Einige auf die Theorie der analytischen Funktionen mehrerer Veränderlichen sich beziehende Sätze, Gesammelte Werke, 2, S. 135—188.

$\psi(z_1, z_2, \ldots)$ einer Potenzreihe äquivalent, die in bezug auf z_1 ein *Polynom* ist, d. h. es gilt:

$$\psi(z_1, z_2, z_3, \ldots) = (z_1^m + A_1(z_2, z_3, \ldots) z_1^{m-1} + \ldots + A_m(z_2, z_3, \ldots)) E(z_1, z_2, \ldots),$$

wo $E(z_1, z_2, z_3, \ldots)$ im Nullpunkt nicht verschwindet und $A_1(z_2, z_3, \ldots), \ldots,$ $A_m(z_2, z_3, \ldots)$ Potenzreihen in $z_2, z_3, \ldots$ sind. — Kommt aber in $\psi(z_1, z_2, \ldots)$ keine Potenz von z_1 allein, oder von z_2 allein usw. vor, so kann man durch eine lineare Transformation der Variablen z_i erreichen, daß in ψ von jeder der neuen Variablen eine von den anderen Variablen freie Potenz vorkommt, und dann ist der Vorbereitungssatz anwendbar.

Wäre nun der Vorbereitungssatz stets ohne vorherige lineare Transformation anwendbar, so würde der Beweis unserer obigen Behauptung keine Schwierigkeiten bieten. Denn dann könnten wir mit Hilfe des Vorbereitungssatzes aus der Gleichung $\Phi(z_i) = 0$ und der etwa noch außerdem bestehenden $\Phi_i(z_i) = 0$ die Variable z_{n+2} eliminieren und dadurch eine analytische Differentialgleichung erhalten, der y formal genügt und die von *niedrigerer* Ordnung wäre. Und eine endlichmalige Anwendung dieses Verfahrens würde uns zum Ziele führen. Da aber der Vorbereitungssatz nicht immer anwendbar ist, so scheint es, daß unsere heutigen Kenntnisse über analytische Funktionen mehrerer Variablen eine direkte Elimination einer *bestimmten* Variablen aus zwei analytischen Gleichungen nicht immer ermöglichen[21]). In unserem Falle gelingt es jedoch, auf einem Umwege zum Ziele zu kommen. —

Es kann vorkommen, daß eine Potenzreihe in μ Variablen z_i nach einer linearen homogenen umkehrbaren Transformation der z_i einer solchen Potenzreihe äquivalent ist, die von weniger als μ Variablen abhängt. Die kleinste Zahl ϱ von der Eigenschaft, daß $\psi(z_i)$ nach einer linearen homogenen umkehrbaren Transformation der z_i einer Potenzreihe in ϱ Variablen äquivalent ist, wollen wir als den *Rang* von $\psi(z_i)$ bezeichnen.

Ist $\psi(z_i)$ vom Range ϱ, so ist auch jeder Teiler von $\psi(z_i)$ vom Range ϱ. Denn transformieren wir die Variablen z_i in neue Variablen ζ_i, so geht dabei jeder Teiler von $\psi(z_i)$ in einen Teiler der transformierten Potenzreihe über; ist aber die transformierte Potenzreihe einer solchen äqui-

---

[21]) Es sei etwa das folgende Problem genannt: Zwei gewöhnliche Potenzreihen $f(x, y, z)$, $g(x, y, z)$ konvergieren in einer Umgebung des Nullpunktes und verschwinden im Nullpunkt. Gibt es stets eine Potenzreihe $h(x, y)$, die in einer Umgebung des Nullpunktes konvergiert, und dort für alle und nur diejenigen Wertepaare hinreichend kleiner x, y verschwindet, die mit einem hinreichend kleinen z beide Potenzreihen f, g zu 0 machen? M. a. W.: Man betrachte die Schnittkurve von zwei Flächen, die im Nullpunkte algebraischen Charakter haben. Hat stets ihre Projektion auf eine beliebige durch den Nullpunkt hindurchgehende Ebene im Nullpunkt algebraischen Charakter?

valent, die nur von ϱ Variablen ζ_i abhängt, so gilt auch für jeden ihrer Teiler dasselbe, nach dem Satze über die Eindeutigkeit der Zerlegung einer Potenzreihe in irreduzible Faktoren.

Wir kehren nun zu unserer Frage zurück und wählen für $\Phi(z_i)$ eine Differentialgleichung, der y formal genügt, und bei der $\Phi(z_i)$ vom möglichst niedrigen Range ϱ ist. Ist $\Phi(z_i) = \Phi^{(1)}(z_i)\,\Phi^{(2)}(z_i)$, wo $\Phi^{(1)}$ und $\Phi^{(2)}$ Potenzreihen sind, so genügt y formal einer der Gleichungen

$$\Phi^{(1)}(z_i) = 0, \quad \Phi^{(2)}(z_i) = 0.$$

Daher können wir für $\Phi(z_i)$ eine *irreduzible* Potenzreihe vom Range ϱ nehmen. Es gibt also eine lineare homogene umkehrbare Transformation

$$(61) \qquad z_i = \sum' \sigma_{ik}\zeta_k, \quad \zeta_i = \sum' s_{ik} z_k,$$

durch welche $\Phi(z_i)$ in eine Potenzreihe $\overline{\Phi}(\zeta_i)$ übergeführt wird, für die die Darstellung gilt

$$\Phi(z_i) = \overline{\Phi}(\zeta_i) = \Psi(\zeta_i)\,E(\zeta_i),$$

wo $\Psi(\zeta_i)$ nur von ϱ der Variablen ζ_i abhängt, etwa von $\zeta_1, \ldots, \zeta_\varrho$, und E im Nullpunkt nicht verschwindet. Ist $\dfrac{1}{E(\zeta_i)} = e(z_i)$, so können wir, indem wir nötigenfalls $\Phi(z_i)$ durch $\Phi(z_i)\,e(z_i)$ ersetzen, erreichen, daß $\Phi(z_i)$ durch (61) *direkt* in eine Potenzreihe $\Psi(\zeta_i)$ übergeführt wird, die nur von ϱ Variablen $\zeta_1, \ldots, \zeta_\varrho$ abhängig ist. *Die Differentialgleichung* $\Phi(z_i) = 0$ *hat dann die gewünschte Eigenschaft.* Denn angenommen, es befriedigte y formal auch noch eine Gleichung $\Phi_1(z_i) = \dfrac{\partial\,\Phi(z_i)}{\partial z_1} = 0$ etwa. Aus der Identität:

$$\Phi_1(z_i) = \frac{\partial\,\Phi(z_i)}{\partial z_1} = \sum' s_{k1}\frac{\partial\,\Psi(\zeta_i)}{\partial \zeta_k} = \Psi^*(\zeta_i)$$

folgt, daß auch $\Phi_1(z_i)$ durch (61) in eine Potenzreihe $\Psi^*(\zeta_i)$ von $\zeta_1, \ldots, \zeta_\varrho$ übergeht. Wir wenden nun auf $\Psi(\zeta_i)$ und $\Psi^*(\zeta_i)$ eine weitere lineare homogene Substitution an

$$(62) \qquad \zeta_i = \sum \tau_{ik} u_k, \quad u_i = \sum t_{ik}\zeta_k, \quad (i = 1, \ldots, \varrho;\; k = 1, \ldots, \varrho),$$

durch welche wir erreichen, daß auf beide Potenzreihen der Weierstraßsche Vorbereitungssatz anwendbar wird. Und zwar können wir erreichen, daß in Ψ und Ψ^* nach Transformation freie Potenzen einer und derselben Variablen, etwa u_1, vorkommen. Denn sind die Aggregate der Glieder niedrigster Dimension in $\Psi(\zeta_i)$ und $\Psi^*(\zeta_i)$ etwa $a(\zeta_i)$ und $b(\zeta_i)$, so brauchen wir (62) nur so einzurichten, daß nach der Transformation (62) in den homogenen Formen a und b alle nach Dimension zulässige Potenzprodukte der u_i wirklich vorkommen. Wir können daher schreiben

$$\Psi(\zeta_i) = X(u_i) = E(u_i)\,\Pi(u_i) = E(u_i)(u_1^{\mu} + A^{(1)}(u_i)\,u_1^{\mu-1} + \ldots + A^{(\mu)}(u_i))$$

$$\Psi^*(\zeta) = X^*(u_i) = E^*(u_i)\,\Pi^*(u_i) =$$

$$= E^*(u_i)\,(u_1^{\nu} + A^{*(1)}(u_i)\,u_1^{\nu-1} + \ldots + A^{*(\nu)}(u_i)).$$

Hier sind $E(u_i)$, $E^*(u_i)$ im Nullpunkt nicht verschwindende Potenzreihen, $A^{(i)}$ und $A^{*(i)}$ aber Potenzreihen in $u_2, \ldots, u_\varrho$. Bilden wir nun die Resultante $P(u_2, \ldots, u_\varrho)$ von Π und Π^* in bezug auf u_1, so besteht eine Identität:

$$P(u_2, \ldots, u_\varrho) = B(u_i)\,\Pi(u_i) + B^*(u_i)\,\Pi^*(u_i)$$

oder

$$(63)\qquad P(u_2, \ldots, u_\varrho) = C(u_i)\,X(u_i) + C^*(u_i)\,X^*(u_i).$$

Gehen wir nun zurück zu den ζ_i und z_i, so entsteht aus $P(u_2, \ldots, u_\varrho)$ eine Potenzreihe $R(z_i)$, deren Rang höchstens gleich $\varrho - 1$ ist, und für die sich aus (63) eine identische Beziehung ergibt von der Form

$$R(z_i) = D(z_i)\,\Phi(z_i) + D_1(z_i)\,\Phi_1(z_i).$$

Hieraus würde aber folgen, daß y auch der Gleichung $R(z_i) = 0$ formal genügt, und $R(z_i)$ ist vom Range $\varrho - 1$. Damit ist unsere obige Behauptung bewiesen.

Wir können also annehmen, daß keine der Gleichungen (60) formal befriedigt ist. Setzt man daher in eine von den Potenzreihen $\Phi_i(z)$ in (60) die Reihenentwicklung für y ein, und ordnet das Resultat nach reellen Teilen der Exponenten der einzelnen Glieder, was nach unseren Annahmen möglich ist, so werden nicht alle Glieder identisch verschwinden, und die Entwicklung wird mit einigen Gliedern anfangen, bei denen die reellen Teile der Exponenten einen möglichst kleinen Wert haben, etwa ν_i. Diese Glieder seien etwa:

$$(64)\qquad c_{i,\varkappa}\,x^{\lambda_{i,\varkappa}}.$$

Aus unseren Prämissen folgt weiter: Bricht man die Reihe für y irgendwo hinreichend weit ab, so ändern sich die Anfangsglieder der Entwicklungen der $\Phi_i(z)$ nicht. Die Exponenten $\lambda_{i,\varkappa}$ sind also lineare homogene ganzzahlige Kombinationen aus gewissen n_i. Wir trennen nun die Reihe für y in zwei Teile

$$y = A_t(x) + R_t(x) = \sum_{i=0}^{i=t-1} a_i x^{n_i} + \sum_{i=t}^{i=\infty} a_i x^{n_i}$$

und nehmen dabei t von vornherein so groß, daß bereits von diesem t an bei der Einsetzung von $A_t(x)$ für y die Anfangsglieder der Φ_i die Aggregate der Ausdrücke (64) sind. Wir bezeichnen nun $A_t(x)$, $A_t'(x)$, $\ldots$, $A_t^{(n)}(x)$ mit $u_2, u_3, \ldots, u_{n+2}$, und $R_t(x)$, $R_t'(x)$, $\ldots$, $R_t^{(n)}(x)$ mit $v_2, v_3, \ldots, v_{n+2}$, wo die Indizes denen der z_i entsprechend gewählt sind. Die u_i und v_i hängen dabei noch von t ab.

Wir wollen nun $\Phi(z_i)$ nach Potenzen der v_i entwickeln. Zu dem Zwecke bedenken wir, daß, solange der reelle Teil des Anfangsgliedes von $y^{(i)}$ nicht negativ ist, $z_{i+2} = y^{(i)} - c_i = (u_{i+2} - c_i) + v_{i+2}$ ist, so daß wir zur Entwicklung nach Potenzen dieser v_{i+2} einfach den Taylorschen Lehrsatz direkt zu benutzen haben. Hat dagegen das Anfangsglied $b_i x^{\mu_i}$ von $y^{(i)}$ einen Exponenten mit negativem reellem Teil, so ist

$$(65) \quad z_{i+2} = \frac{1}{u_{i+2} + v_{i+2}} = \frac{1}{b_i} x^{-\mu_i} \frac{1}{\dfrac{u_{i+2}}{b_i x^{\mu_i}} + \dfrac{v_{i+2}}{b_i x^{\mu_i}}} = \frac{1}{b_i} x^{-\mu_i} \sum_{k=0}^{\infty} \left(\frac{u_{i+2}}{b_i x^{\mu_i}} - 1 + \frac{v_{i+2}}{b_i x^{\mu_i}} \right)^k.$$

Hier haben $\dfrac{u_{i+2}}{b_i x^{\mu_i}} - 1$ und $\dfrac{v_{i+2}}{b_i x^{\mu_i}}$ lauter Glieder mit verschiedenen Exponenten, und die reellen Teile der Exponenten aller Glieder von $\dfrac{v_{i+2}}{b_i x^{\mu_i}}$ sind, sobald t hinreichend groß genommen ist, größer als die Exponenten der Glieder von $\dfrac{u_{i+2}}{b_i x^{\mu_i}}$. Wir bemerken endlich, daß die Entwicklungen der aus (65) formal gebildeten Ableitungen von z_{i+2} nach v_{i+2} für $v_{i+2} = 0$ lauter Exponenten haben, deren reelle Teile nicht negativ sind. Die Formel (65) zeigt, daß man bei der Entwicklung von $\Phi(z_i)$ nach Potenzen der v_i den Taylorschen Lehrsatz benutzen kann. Bezeichnen wir noch für $i \geqq 0$ allgemein $u_{i+2} - c_i$ bzw. $\dfrac{1}{u_{i+2}}$ durch w_{i+2} $\left(\text{es ist also} \right.$ $w_{i+2} = (z_{i+2})_{v_{i+2}=0} \Big)$, so gilt die Entwicklung

$$(66) \quad \Phi(z) = \Phi(x, w) + \sum v_i \left(\frac{\partial \Phi(x, z)}{\partial v_i} \right)_{z_s = w_s} + \sum v_i v_k \left(\frac{\partial^2 \Phi(x, z)}{\partial v_i \partial v_k} \right)_{z_s = w_s} + \cdots$$

Hier sind alle Differentiationen so auszuführen, daß man zuerst nach z_i differentiiert und dann z_i nach v_i $\left(\text{entweder aus } z_i = u_i + v_i, \text{ oder aus} \right.$ $z_i = \dfrac{1}{u_i + v_i} \Big)$ differentiiert. Nun bedenken wir aber, daß die Exponenten der einzelnen Glieder in den Entwicklungen der Ableitungen von z_i nach v_i nicht negativen reellen Teil haben. Ebenso enthalten die partiellen Ableitungen von $\Phi(z_i)$ nach den z_i nur solche Glieder, deren Exponenten nicht negative reelle Teile haben, und dies ist auch dann der Fall, wenn wir die z_i durch die w_i ersetzen. Aus alledem folgt, daß die reellen Teile der Exponenten der einzelnen Glieder in den Summen

$$\sum v_i v_k \left(\frac{\partial^2 \Phi(x, z)}{\partial v_i \partial v_k} \right)_{z_s = w_s}, \qquad \sum v_i v_k v_l \left(\frac{\partial^3 \Phi(x, z)}{\partial v_i \partial v_k \partial v_l} \right)_{z_s = w_s}, \cdots$$

nicht kleiner sind als $2\sigma_t$, wo σ_t der reelle Teil des Exponenten von $a_i x^{n_i}$ ist.

Wir haben oben den Taylorschen Lehrsatz benutzt, obgleich die Bedeutung der Entwicklung (66) natürlich eine ganz andere ist als gewöhnlich. Die u_i und v_i sind nicht hinreichend kleine *Zahlen*, sondern Potenzreihen in x. Die Gleichung (66) bedeutet, daß, wenn man rechts und links für die z_i und für die v_i ihre Reihenentwicklungen in x einsetzt und rein formal umordnet, auf der rechten und linken Seite genau dieselben Glieder vorkommen. Dieses Umordnen ist aber stets ohne Ausführung von Grenzprozessen möglich, da nach unseren Voraussetzungen über die u_i stets nur *endlich* viele Glieder entstehen können, die dieselben Exponenten haben.

Wir könnten die Gleichungen (65), (66) auch als *Kongruenzen* deuten nach hinreichend hohen positiven Potenzen x^ϱ von x als Modul, in dem Sinne, daß von allen Potenzen von x, deren Exponenten den reellen Teil größer als ϱ haben, abzusehen ist. Dann kommen auf beiden Seiten der Gleichungen (65) und (66) für jedes ϱ stets nur endlich viele Glieder in Betracht, und die Gleichungen (65), (66) besagen, daß die entsprechenden Kongruenzen für jedes ϱ gelten. — Und da bei unseren Entwicklungen, die zur Gleichung (66) führen, stets als Koeffizienten Potenzreihen in x auftreten, bei denen die Exponenten der einzelnen Glieder nichtnegative reelle Teile haben, so ist klar, warum wir den Taylorschen Lehrsatz (und die Regel über die Differentiation einer Funktion von einer Funktion) benutzen dürfen.

Wir fassen nun die erste Summe auf der rechten Seite von (66) ins Auge

$$\sum v_i \left(\frac{\partial \Phi(x,z)}{\partial v_i} \right)_{z_s = w_s}.$$

Ist für irgend ein $i > 1$ das zugehörige $z_i = u_i + v_i$, so ist der Koeffizient von v_i gleich

$$\Phi_i(x, w_2, \ldots, w_{n+2}).$$

Ist aber $z_i = \dfrac{1}{u_i + v_i}$, so ist der Koeffizient von v_i gleich

$$\Phi_i(x, w_2, \ldots, w_{n+2}) \cdot \frac{-1}{u_{i+2}^2}.$$

Wir suchen nun die Glieder von (66), deren Exponenten den kleinsten reellen Teil haben. Für i, für welche $z_i = u_i + v_i$ ist, sind die Anfangsglieder von $v_i \left(\dfrac{\partial \Phi}{\partial v_i} \right)_{z_s = w_s}$ für hinreichend große t gleich

$$(67) \qquad (i-2)! \binom{n_t}{i-2} a_t\, x^{n_t - i + 2}\, c_{i,\varkappa}\, x^{\lambda_{i,\varkappa}} \qquad (\varkappa = 1, 2, \ldots).$$

Ist der reelle Teil von n_t gleich σ_t, so ist der reelle Teil der Exponenten der Glieder (67) gleich $\sigma_t + \nu_i - i + 2$. Ist aber $z_i = \dfrac{1}{u_i + v_i}$, so kommt

$$(68) \qquad - (i-2)! \binom{n_t}{i-2} a_t\, x^{n_t - i + 2} c_{i,\varkappa}\, x^{\lambda_{i,\varkappa}} \frac{1}{b_i^2}\, x^{-2\mu_i} \qquad (\varkappa = 1, 2, \ldots),$$

wo $b_i x^{\mu_i}$ das Anfangsglied von u_i ist. Ist der reelle Teil von μ_i gleich ϱ_i, so ist der reelle Teil der Exponenten von (68) gleich

$$\sigma_t + \nu_i - 2\varrho_i - i + 2.$$

Hier sind die Zahlen ν_i, ϱ_i von t unabhängig. Wir bringen im Aggregat der Glieder (67) und (68) $a_t x^{n_t}$ vor die Klammer und ordnen dann die Glieder innerhalb der Klammer nach ihren Exponenten. Wir erhalten dann

$$a_t x^{n_t} \sum{}' \varphi_s(n_t)\, x^{k_s},$$

wo k_s lauter verschiedene komplexe Zahlen sind, $\varphi_s(n_t)$ aber Polynome in n_t mit festen von t unabhängigen Zahlenkoeffizienten. Alle $\varphi_s(n_t)$ können offenbar nicht identisch in n_t verschwinden, da in (67) und (68) i lauter verschiedene Werte annimmt, und daher n_t in n-ter Potenz nur einmal — in $\binom{n_t}{n}$ — vorkommt. Ist nun k etwa ein k_s, bei dem der reelle Teil möglichst klein ist, und der Koeffizient $\varphi(n_t)$ von x^k von 0 verschieden, so kann $\varphi(n_t)$ jedenfalls nur für endlich viele n_t verschwinden. Von einem gewissen t an muß sich also das Glied

$$a_t \varphi(n_t)\, x^{n_t + k}$$

entweder mit einem Glied aus der zweiten, dritten Summe auf der rechten Seite von (66) wegheben, oder mit einem Glied von $\Phi(x, w)$. Die reellen Teile der Exponenten der Glieder der zweiten, dritten, ... Summe der rechten Seite von (66) sind aber nicht kleiner als $2\sigma_t$, also von einem gewissen t an sicher größer als der reelle Teil von $\sigma_t + k$. Daher muß bei der Entwickelung von $F(x, w_2, \ldots, w_{n+2})$ sich wenigstens ein Glied ergeben, dessen Exponent gleich $n_t + k$ ist. Die Exponenten der Glieder von $\Phi(x, w)$ setzen sich aber linear ganzzahlig aus $1, n_0, n_1, \ldots, n_{t-1}$ zusammen. Ebenso setzt sich k aus 1 und endlich vielen n_i linear ganzzahlig zusammen. Daraus folgt aber, daß alle n_i sich linear ganzzahlig durch endlich viele aus ihnen ausdrücken lassen, w. z. b. w.

Im Satz 21 haben wir für sehr ausgedehnte Klassen von nach beliebigen Potenzen des Argumentes fortschreitenden Reihen die Eigenschaft formuliert, keiner analytischen partiellen Differentialgleichung *formal* zu genügen. Wir wollen nun diese Eigenschaft auf durch solche Reihen darstellbare *Funktionen* ausdehnen.

Um dies zu erreichen, verlangen wir von den Exponenten $n_i = \sigma_i + \sqrt{-1}\,\tau_i$ erstens, daß $\lim\limits_{i=\infty} \sigma_i = +\infty$ ist, zweitens, daß $\left|\dfrac{\tau_i}{\sigma_i}\right|$ von einem gewissen i an beschränkt bleibt. Dies bedeutet, geometrisch gesprochen, daß alle n_i von einem gewissen i an innerhalb eines Winkels von der Öffnung $\gamma < \pi$ liegen, der den positiven Teil der reellen Aches einschließt, die imaginäre Achse dagegen (bis auf den Nullpunkt) vollständig außerhalb läßt.

Um die auf die Konvergenz der Reihe (57) bezügliche Annahme zu formulieren, führen wir den Begriff der *absoluten Konvergenz im schärferen Sinne* ein. Wir nennen eine Reihe $\sum a_i x^{n_i}$ mit komplexen Exponenten $n_i = \sigma_i + \sqrt{-1}\,\tau_i$, die den obigen Bedingungen genügen, absolut konvergent im schärferen Sinne für $|x| = \nu$, falls die Reihe $\sum |a_i|\,\nu^{\sigma_i} e^{2\pi|\tau_i|}$ konvergiert. Eine solche Reihe konvergiert absolut auf dem ganzen Kreise $|x| = \nu$, sowie in jedem vom Nullpunkt verschiedenen Punkt innerhalb dieses Kreises, und absolut im schärferen Sinn auf jedem konzentrischen Kreise mit kleinerem Radius. Konvergiert $\sum a_i x^{n_i}$ für $|x| = \nu$ absolut im schärferen Sinn, so konvergiert die formal gebildete Ableitung $\sum n_i a_i x^{n_i-1}$ dieser Reihe absolut im schärferen Sinn für $|x| = \nu - \varepsilon$, wo ε eine beliebig kleine feste positive Größe ist. Denn um dies zu beweisen, haben wir aus der Konvergenz von $\sum \alpha_i \nu^{\sigma_i} e^{2\pi|\tau_i|}$, wo $|a_i| = \alpha_i$ gesetzt ist, die Konvergenz der Reihe $\sum \alpha_i \,|\sigma_i + \sqrt{-1}\,\tau_i|\,(\nu - \varepsilon)^{\sigma_i-1} e^{2\pi|\tau_i|}$ zu folgern. Dies folgt aber aus

$$\operatorname*{Lim}_{i=\infty} \left| \sigma_i + \sqrt{-1}\,\tau_i \right| \frac{(\nu-\varepsilon)^{\sigma_i-1}}{\nu^{\sigma_i}} = \left| \frac{\sigma_i + \sqrt{-1}\,\tau_i}{\sigma_i} \right| \sigma_i \frac{(\nu-\varepsilon)^{\sigma_i-1}}{\nu^{\sigma_i}} = 0.$$

Denn $\dfrac{\sigma_i + \sqrt{-1}\,\tau_i}{\sigma_i}$ ist von einem gewissen i an absolut beschränkt und $\lim\limits_{i=\infty} \sigma_i \left(\dfrac{\nu-\varepsilon}{\nu}\right)^{\sigma_i} = 0$. Hieraus folgt, daß jede formal gebildete Ableitung von $\sum a_i x^{n_i}$ absolut im schärferen Sinn für $|x| = \nu - \varepsilon$ konvergiert. Und aus der Gleichmäßigkeit der Konvergenz, die sich aus dem weiter unten folgenden Beweis des Eindeutigkeitssatzes ergibt, folgt, daß die formal gebildeten Ableitungen die Ableitungen der durch die ursprüngliche Reihe dargestellten Funktion darstellen.

Konvergiert $\sum a_i x^{n_i}$ absolut im schärferen Sinn, und sind alle σ_i positiv, so wird auch, wie wir sofort ausführlich beweisen werden, die Majorante $\sum \alpha_i \nu^{\sigma_i} e^{2\pi|\tau_i|}$ mit kleiner werdendem ν beliebig klein. Daraus folgt, daß auch das Resultat der Einsetzung von (57) in die linke Seite von (58) auf einem gewissen Kreise um den Nullpunkt absolut im schärferen Sinne konvergiert und dort das Resultat der Einsetzung der durch (57) dargestellten Funktion in (58) darstellt. Es bleibt daher nur die Eindeutigkeit zu beweisen: Konvergiert eine Reihe $\sum a_i x^{n_i}$ auf einem Kreise um den Nullpunkt absolut im schärferen Sinn, und ist dort die durch sie dargestellte Funktion gleich 0, so verschwinden alle Koeffizienten a_i.

Wir können offenbar annehmen, daß alle $n_i = \sigma_i + \sqrt{-1}\,\tau_i$ untereinander verschieden sind und daß σ_i mit i nichtabnehmend geordnet sind. Wir können weiter annehmen, daß die ersten $k\,(k>0)\,\sigma_i$ verschwinden, da dies sonst durch Multiplikation mit $x^{-\sigma_0}$ zu erreichen ist. Es sei also $\sigma_0 = \ldots = \sigma_k = 0$, $\sigma_{k+1} > 0$. Wir behaupten zuerst, daß jedem positiven ε ein solches δ zugeordnet werden kann, daß $\left| \sum\limits_{k+1}^{\infty} a_i x^{n_i} \right| < \varepsilon$ ist, sobald $|x| < \delta$ wird. Es sei allgemein $|a_i| = \alpha_i$. Aus der absoluten Konvergenz im schärferen Sinn von $\sum a_i x^{n_i}$ folgt, daß die Dirichletsche Reihe

$$(69) \qquad \sum_{i=k+1}^{\infty} \alpha_i \, e^{2\pi |\tau_i|}\, e^{-\sigma_i s}$$

in einer gewissen s-Halbebene absolut und daher gleichmäßig konvergiert. Daraus folgt, daß man ein solches δ_1 angeben kann, daß der absolute Betrag von (69) kleiner als ε wird, sobald der reelle Teil von s größer als δ_1 wird. Daraus folgt aber, daß der absolute Betrag von $\sum\limits_{i=k+1}^{\infty} a_i x^{n_i}$ kleiner als ε wird, sobald $|x| < \delta = e^{-\delta_1}$ wird.

Infolgedessen müßte, wenn alle Koeffizienten $a_0, \ldots, a_k$ von 0 verschieden wären, die Summe $a_0 x^{\sqrt{-1}\,\tau_0} + \ldots + a_k x^{\sqrt{-1}\,\tau_k}$ zugleich mit x gegen 0 konvergieren. Es wird also genügen, zu zeigen, daß eine solche Folge der reellen ins Unendliche wachsenden Werte von s existiert, daß

$$f(s) = a_0\, e^{\sqrt{-1}\,s\tau_0} + \ldots + a_k\, e^{\sqrt{-1}\,s\tau_k}$$

gegen einen von 0 verschiedenen Wert konvergiert. Die ganze Funktion $f(s)$ kann nicht identisch verschwinden. Denn sonst müßte sie auch für rein imaginäre $s = \sqrt{-1}\,t$ verschwinden, und in $f(s)$ würde für hinreichend großes t ein Glied überwiegen, da $\tau_0, \ldots, \tau_k$ untereinander verschieden sind. Es sei für ein reelles $s = s_0$ etwa $f(s_0) \neq 0$. Es sei m eine beliebig große ganze positive Zahl. Dann gibt es bekanntlich eine solche von 0 verschiedene mit Hilfe der bekannten Dirichletschen Schlußweise zu findende ganze positive Zahl s_m, daß die Zahlen $s_m \tau_0, \ldots, s_m \tau_k$ sich von gewissen ganzzahligen Vielfachen von 2π um weniger als $\dfrac{1}{m^2}$ unterscheiden. Und folglich wird der Wert von $f(s_0 + m s_m)$ mit wachsendem m gegen $f(s_0) \neq 0$ konvergieren. W. z. b. w.

Wir können das Resultat zusammenfassen im

S a t z 22. *Hat eine absolut im schärferen Sinn konvergente Reihe*

$$y(x) = \sum a_i x^{n_i} \qquad\qquad (n_i = \sigma_i + \sqrt{-1}\,\tau_i)$$

die Eigenschaft, daß 1. Lim $\sigma_i = +\infty$ *ist*; 2. $\left|\frac{\tau_i}{\sigma_i}\right|$ *von einem gewissen i an beschränkt bleibt*; 3. *ist σ_i das kleinste σ, zu dem ein von 0 verschiedenes τ gehört, und sind alle kleineren σ ganze nicht negative Zahlen, so ist σ_i keine ganze nicht negative Zahl und es gibt keinen zweiten Exponenten n mit demselben σ_i; genügt ferner die Funktion $y(x)$ einer Differentialgleichung, deren linke Seite analytisch in x, $y - c$, $y' - c_1$, ...,*
$$y^{(n)} - c_n, \frac{1}{y^{(n+1)}}, \ldots, \frac{1}{y^{(n+m)}}$$ *ist, wo die reellen Teile der Exponenten der Anfangsglieder von x, $y - c$, $y' - c_1$, ..., $y^{(n)} - c_n$, $\frac{1}{y^{(n+1)}}$, ..., $\frac{1}{y^{(n+m)}}$ nicht negativ und $c_1, c_2, \ldots, c_n$ endliche Konstanten sind, so besitzen die Exponenten n_i eine endliche ganzzahlige Basis.*

In diesem Satze ist zugleich eine Verallgemeinerung des Satzes 12 auf den Fall enthalten, wo die Exponenten komplex sind[22]). Die Substitution $x = e^{-s}$ führt dann zu einem dem Satz 12 ganz analogen Satz über Dirichletsche Reihen $\sum a_i e^{-\lambda_i s}$, wo λ_i komplex sind, und eine analog zu formulierende Forderung der absoluten Konvergenz im schärferen Sinn zu stellen ist.

Bei der Formulierung des am Anfang dieses Paragraphen aufgestellten Satzes haben wir über die Gestalt der Differentialgleichung (58) Annahmen gemacht, die noch etwas allgemeiner gefaßt werden könnten. Indessen gilt wahrscheinlich der Satz, daß unter den Exponenten n_i nur endlich viele linear unabhängige vorkommen, auch dann, wenn F eine nach beliebigen ganzen positiven und negativen Potenzen ihrer Argumente fortschreitende, in einer gewissen Umgebung des Nullpunktes konvergente Potenzreihe ist. Dieser Fall ist jedoch den Methoden, die in diesem Paragraphen zur Anwendung gebracht worden waren, nicht mehr zugänglich. Der Grund, warum die Gültigkeit des Satzes 21 und 22 auch in diesem Falle plausibel erscheint, ist leicht zu übersehen. Würden unter den Exponenten n_i unendlich viele linear unabhängige vorkommen, so würden wir durch wiederholten Umlauf um den Nullpunkt wenigstens formal unendlich viele willkürliche Konstanten in das Integral hineinbringen können. Diese Schlußweise läßt sich in vielen Fällen vollständig durchführen. So kann man z. B. mit ihrer Hilfe beweisen, daß Funktion
$$\sum_{i=1}^{\infty} x^{\log p_i},$$ wo p_i die i-te Primzahl ist, keiner Differentialgleichung

---

[22]) In der Tat läßt sich jede algebraische Differentialgleichung, deren linke Seite ein Polynom in x, der unbekannten Funktion und ihren Ableitungen ist, eventuell durch Division mit einem Potenzprodukt aus der unbekannten Funktion und ihren Ableitungen auf die Form (58) bringen.

genügt, deren linke Seite in einer Umgebung des Nullpunktes eine eindeutige im allgemeinen analytische Funktion der Ableitungen wäre. Und analoge Potenzreihen lassen sich bei mehreren Variablen bilden. So läßt sich z. B. die analoge Tatsache für die Reihe

$$\sum x^n y^{\log n}$$

beweisen, die aus der Reihe $\sum x^n n^{-s}$ durch eine einfache Substitution entsteht. Und damit ist dann ein neuer — dritter — Beweis der Eigenschaft der Reihe $\sum x^n n^{-s}$ gegeben, keiner algebraischen partiellen Differentialgleichung zu genügen. Ich werde diese Bemerkungen an einer anderen Stelle ausführen und dabei auf den engen Zusammenhang eingehen, in dem sie mit einer bekannten, zuerst von Herrn H. Bohr in der Theorie der Riemannschen ζ-Funktion verwendeten Schlußweise stehen.

(Eingegangen am 3. Februar 1919.)

Mathematische Miszellen. XIII.

Über Abhängigkeit linearer Systeme und Integrabilitätsbedingungen für Systeme linearer Differentialgleichungen in mehreren Variabeln.

Im folgenden behandle ich die Frage nach den Integrabilitätsbedingungen des Systems

$$\frac{\partial A_{\mu\nu}}{\partial x_\varrho} - \sum_{\varkappa=1}^{m} \Gamma^{(\varrho)}_{\mu\varkappa} A_{\varkappa\nu} = 0 \qquad \begin{aligned} &\mu,\nu = 1, 2, 3, \ldots, m \\ &\varrho = 1, 2, 3, \ldots, r \end{aligned}$$

nach einer Methode, die vielleicht wegen der beiden dabei benutzten allgemeinen Sätze über lineare Abhängigkeit von Funktionensystemen (Sätze 1 und 2) ein gewisses Interesse darbieten dürfte. An sich sind die Integrabilitätsbedingungen für das obige Gleichungssystem oft untersucht worden, da sie in der Riemannschen Geometrie in der Theorie der Parallelverschiebung eine wichtige Rolle spielen. Wohl die schärfste und eleganteste Behandlungsweise für diese Fragen ist erst kürzlich von Herrn Schlesinger entwickelt worden.[1]) Das von Schlesinger benutzte Hilfsmittel der Matrizenproduktintegration gestattet jedenfalls, die Sätze unter besonders weitreichenden Voraussetzungen über die $\Gamma^{(\varrho)}_{\mu\nu}$ zu beweisen, während jeder sich auf Differentiation stützende Ansatz wohl zu weitgehenden Einschränkungen in dieser Richtung verurteilt ist. — In unserem Beweis wird vorausgesetzt, daß die $\Gamma^{(\varrho)}_{\mu\nu}$ beliebig oft differenzierbar sind, was natürlich eine besonders weitgehende Einschränkung darstellt. Indessen legen die folgenden Ausführungen vor allem auf den formalen Ansatz, der in einer gewissen Richtung besonders direkt erscheint, Nachdruck.

Satz 1. *Es seien* $X_{\mu\nu}$ *($u = 1, 2, 3, \ldots, m$; $\nu = 1, 2, 3, \ldots, n$)* m *Funktionensysteme von je n Elementen, die von den Variablen* $v_1, v_2, \ldots$ *abhängig und nach diesen Variablen* $(m-1)$*-mal stetig differenzierbar in einem Gebiet* G *sein mögen. Für die Existenz eines solchen von* $v_1, v_2, \ldots$ *freien Systems von m nicht sämtlich verschwindenden Größen*

$$C_1, C_2, \ldots, C_m,$$

---

1) L. Schlesinger, Parallelverschiebung und Krümmungstensor. Math. Ann. 99 (1928), S. 413—434.

daß identisch in $v_1, v_2, \ldots$ *in G Beziehungen bestehen:*

$$
\text{(1)} \quad
\begin{aligned}
C_1 X_{11} + C_2 X_{21} + \cdots + C_m X_{m1} &= 0 \\
&\ \cdots\cdots\cdots \\
C_1 X_{1n} + C_2 X_{2n} + \cdots + C_m X_{mn} &= 0,
\end{aligned}
$$

ist notwendig, daß die Matrix

$$
\text{(2)} \quad
\begin{vmatrix}
X_{11} & \cdots & & \cdots & X_{m1} \\
\cdots & & & & \cdots \\
X_{1n} & \cdots & & \cdots & X_{mn} \\
\dfrac{\partial X_{11}}{\partial v_1} & \cdots & & \cdots & \dfrac{\partial X_{m1}}{\partial v_1} \\
\cdots & & & & \cdots \\
\dfrac{\partial^i X_{1\alpha}}{\partial v_1\,\partial v_2 \cdots} & \cdots & & \cdots & \dfrac{\partial^i X_{m\alpha}}{\partial v_1\,\partial v_2 \cdots} \\
\cdots & & & & \cdots
\end{vmatrix}
$$

in der alle Ableitungen der $X_{\mu\nu}$ *nach den* $v_1, v_2, \ldots$ *bis zur* $(m-1)$*-ten Ordnung auftreten, höchstens den Rang* $m-1$ *hat; sind in keinem Punkte von G alle Unterdeterminanten* $(m-1)$*-ter Ordnung von (2), an denen eine der ersten n Zeilen beteiligt ist, zugleich gleich Null, so ist dies auch hinreichend.*

Beweis: Die notwendige Bedingung ergibt sich durch Differentiation von (1) unmittelbar.

Ist der Rang von (2) $< m$, und ist die Zusatzbedingung erfüllt, so benutze ich ein Kriterium für lineare Abhängigkeit von m Funktionen $f_1, f_2, \ldots, f_m$ von k Variablen $x_1, x_2, \ldots, x_k$, das so lautet: Sind $f_1, f_2, \ldots, f_m$ in einem Gebiet G des $(x_1, x_2, \ldots, x_k)$-Raumes m-mal stetig differenzierbar, so ist für das Bestehen einer linearen Beziehung in G mit von den x unabhängigen Koeffizienten

$$
c_1 f_1 + \cdots + c_m f_m = 0
$$

notwendig, daß alle Determinanten

$$
\text{(3)} \quad
\begin{vmatrix}
f_\mu, & \dfrac{\partial^{k_1} f_\mu}{\partial x_1^{\alpha_1'} \cdots \partial x_n^{\alpha_n'}}, & \cdots, & \dfrac{\partial^{k_{m-1}} f_\mu}{\partial x_1^{\alpha_1^{(m-1)}} \cdots \partial x_n^{\alpha_n^{(m-1)}}}
\end{vmatrix}
\qquad
\begin{aligned}
\mu &= 1, \ldots, m \\
k_\nu &\leqq m-1
\end{aligned}
$$

verschwinden. Dies ist auch hinreichend, z. B. wenn die Funktionen f in G analytisch sind; ferner, wenn in keinem Punkte des Gebietes G alle für je $(m-1)$ unter den m Funktionen f_μ gebildeten Determinanten (3) $(m-1)$-ter Ordnung zugleich verschwinden.[1]

---

[1] Vgl. A. Ostrowski, Über ein Analogon der Wronskischen Determinante bei Funktionen mehrerer Veränderlichen, Math. Zeitschr. 4 (1919), S. 223 ff.; W. Sternberg, Über die lineare Abhängigkeit von Funktionen mehrerer Variablen, Math. Zeitschr. 14 (1922), S. 169 ff. Das obige Kriterium folgt unmittelbar aus dem in der

Man bilde nun unter Einführung von n neuen Veränderlichen $u_1, u_2, \ldots, u_n$ die m Funktionen von $u_1, u_2, \ldots, u_n, v_1, v_2, \ldots$:

$$U_\mu = \sum_{\nu=1}^{n} X_{\mu\nu} u_\nu.$$

Die für diese Funktionen von den Variablen $u_1, \ldots, u_n, v_1, v_2, \ldots$ gebildeten Determinanten (3) verschwinden offenbar, wenn alle Determinanten m-ter Ordnung aus der Matrix (2) verschwinden. Es sei nun P ein Punkt von G, $\varDelta$ eine in P von 0 verschiedene Unterdeterminante $(m-1)$-ter Ordnung von (2)

$$\varDelta = \begin{vmatrix} X_{1\,i} & \cdots & \cdots & X_{m-1,\,i} \\ X_{1\,i_1} & \cdots & \cdots & X_{m-1,\,i_1} \\ \cdots & \cdots & \cdots & \cdots \\ \dfrac{\partial^k X_{i\,1}}{\partial v_1^\alpha \, \partial v_2^\beta} & \cdots & \cdots & \cdots \\ \cdots & \cdots & \cdots & \cdots \end{vmatrix}$$

Es sei $\varOmega$ eine Umgebung von P in G, in der durchweg $|\varDelta| \geqq \delta > 0$ ist. Es seien die absoluten Beträge aller anderen Unterdeterminanten von (2) in $\varOmega$ kleiner als C. Dann gibt es eine für $U_1, U_2, \ldots, U_m$ gebildete Determinante D von der Form (3), die bis auf die erste Zeile mit $\varDelta$ übereinstimmt, in der ersten Zeile aber $U_1, \ldots, U_m$ enthält. Wähle ich nun ein Gebiet ω des u-Raumes, in dem der absolute Betrag von u_i wenigstens um das $\left(m\,\dfrac{c}{\delta}\right)$-fache größer ist als die absoluten Beträge der übrigen u_ν, so wird D im Gebiet des u, v-Raumes, das den beiden Gebieten $\varOmega$ und ω entspricht, stets von 0 verschieden sein, so daß die Existenz eines linearen Relationensystems (1) in $\varOmega$ gesichert ist.

Aus dem Nichtverschwinden von $\varDelta$ folgt aber, daß die Konstanten $c_1, c_2, \ldots, c_m$ bis auf einen Homogenitätsfaktor eindeutig bestimmt sind. Ist nun P_1 ein anderer Punkt von G, $\varOmega_1$ ein Gebiet um P_1, in dem die Existenz der Relationen (1) und ihre Eindeutigkeit bis auf eine beliebige Konstante nachgewiesen ist, so folgt aus dem Überdeckungssatze, daß man zwischen $\varOmega$ und $\varOmega_1$ endlich viele Gebiete $\varOmega', \ldots, \varOmega^{(k)}$ einschalten kann, so daß in jedem von diesen Gebieten die Relationen (1) bestehen und bis auf einen Homogenitätsfaktor eindeutig bestimmt sind,

---

ersten der zitierten Arbeiten bewiesenen allgemeineren Satze. In der oben formulierten spezielleren Form wird es in der zweiten Arbeit bewiesen, allerdings mit einer etwas *engeren* hinreichenden Bedingung. Man vergleiche ferner noch die folgenden Arbeiten, in denen verschiedene Kriterien für lineare Abhängigkeit bewiesen werden: Pasch, Crelles Journal Bd. 80, S. 178 ff.; Kellogg, Zeitschr. f. Math. u. Phys. Bd. 63, S. 159 ff.

und daß Ω mit Ω', Ω' mit Ω'', $\ldots$, $\Omega^{(k)}$ mit Ω_1 ein gemeinsames Teilgebiet besitzt. Daraus folgt, daß in Ω_1 dieselben Relationen (1) wie in Ω gelten, die damit für das ganze Gebiet nachgewiesen sind. Damit ist der Satz 1 bewiesen.

Satz 2. *Es seien m (n-dimensionale) Vektoren gegeben*

$$A_1, A_2, \ldots, A_m,$$

wo die n Komponenten von A_i durch

$$A_{i1}, A_{i2}, \ldots, A_{in}$$

bezeichnet werden mögen. Diese Vektoren mögen von den Variablen $u_1, u_2, \ldots$, $v_1, v_2, \ldots$ abhängen und nach $v_1, v_2, \ldots$ beliebig oft in einem Gebiete G differenzierbar sein. Man fasse ins Auge die lineare Schar von ∞^m Vektoren

(S)
$$C_1 A_1 + C_2 A_2 + \cdots + C_m A_m,$$

wo die Koeffizienten C_μ skalare Größen sind, die nur von $v_1, v_2, \ldots$ abhängen und nach diesen Variablen in G beliebig oft differenzierbar sind.

Wenn als Basis der Schar S m Vektoren gewählt werden können, die von $v_1, v_2, \ldots$ unabhängig sind, muß die Ableitung jedes Vektors A_i nach jeder der Variablen $v_1, v_2, \ldots$ ebenfalls der Schar S angehören.

Diese Bedingung ist auch hinreichend, wenn z. B. entweder

1. $m = n$ ist und die Determinante $|A_{ik}| \neq 0$ für ein festes Wertesystem (u') der u-Variablen und alle in Betracht kommende Werte der v ist; oder

2. wenn die A_{ik} eindeutige meromorphe Funktionen der Variablen u, v auf der in Betracht kommenden Menge sind und von den skalaren Faktoren C_μ dasselbe verlangt wird.

Ich bezeichne ein Wertsystem der u-Variablen mit einem Buchstaben u. Werden daneben weitere Wertsysteme der u-Variablen betrachtet, so sollen sie mit u' bzw. u'' usw. bezeichnet werden. — Ein Wertsystem der v-Variablen sei mit v bezeichnet.

Die Notwendigkeit unserer Bedingung ist klar. Wir beweisen nun zunächst, daß sie im Falle 1. hinreichend ist. Zu diesem Zwecke betrachte ich für ein i mit $1 \leq i \leq m = n$ die Matrix mit $m + 1$ Zeilen

$$\left| \begin{array}{cccccc} A_{11}(u', v), & A_{21}(u', v), & \cdots, & A_{m1}(u', v) & \cdots & \dfrac{\partial^k A_{\mu 1}(u', v)}{\partial v_1^\alpha \partial v_2^\beta} \cdots \\[2ex] \cdot \quad \cdot \quad \cdot & \cdot \quad \cdot \quad \cdot & & \cdot \quad \cdot \quad \cdot & & \cdot \quad \cdot \quad \cdot \\[2ex] A_{1m}(u', v), & A_{2m}(u', v), & \cdots, & A_{mm}(u', v) & \cdots & \dfrac{\partial^k A_{\mu m}(u', v)}{\partial v_1^\alpha \partial v_2^\beta} \cdots \\[2ex] A_{1i}(u, v), & A_{2i}(u, v), & \cdots, & A_{mi}(u, v) & \cdots & \dfrac{\partial^k A_{\mu i}(u, v)}{\partial v_1^\alpha \partial v_2^\beta} \end{array} \right| .$$

In den Kolonnen dieser Matrix kommen alle Ableitungen der $A_{\mu\nu}(u', v)$ bzw. $A_{\mu\nu}(u, v)$ nach den v-Variablen bis zur m-ten Ordnung vor. Da nun nach Voraussetzung jede die Ableitungen enthaltende Kolonne dieser Matrix sich linear durch die m ersten Kolonnen ausdrücken läßt, ist der Rang dieser Matrix höchstens m, und da die Determinante $|A_{ik}(u', v)| \neq 0$ ist, folgt aus dem Satz 1, daß die Relationen bestehen

$$(4) \qquad A_{ki}(u, v) = \sum_{\mu=1}^{m} C_{\mu}^{(i)} A_{k\mu}(u', v) \qquad\qquad k = 1, 2, \ldots, m.$$

Definiere ich nun m neue Vektoren $\Gamma_1, \ldots, \Gamma_m$ durch die Festsetzung, daß die Komponenten des μ-ten Vektors Γ_μ die Werte haben

$$\Gamma_{\mu 1} = C_{\mu}^1, \; \ldots, \; \Gamma_{\mu m} = C_{\mu}^{(m)},$$

so folgt aus (4) $\qquad A_\varkappa = \sum_{\mu=1}^{m} A_{\varkappa\mu}(u', v)\, \Gamma_\mu,$

und da $|A_{\varkappa\mu}(u', v)| \neq 0$ ist, sind auch umgekehrt die Γ_μ durch die A_μ linear mit Koeffizienten ausdrückbar, die von den u-Variablen unabhängig sind. Damit ist der Fall 1. erledigt.

Im Falle 2. gehen wir folgendermaßen vor:

Wir dürfen annehmen, daß keiner der Vektoren sich durch die übrigen linear mit nur von den v-Variablen abhängigen Koeffizienten ausdrücken läßt.

Wir betrachten nun zuerst die ersten Komponenten $A_{11}, A_{21}, \ldots, A_{m1}$ der Vektoren $A_1, \ldots, A_m$ und fassen ins Auge die eventuell bestehenden Relationen

$$(5) \qquad V_1 A_{11} + \cdots + V_m A_{m1} = 0,$$

in denen $V_1, \ldots, V_m$ nur von den v-Variablen abhängig und in G meromorph sind. Bestehen k solche unabhängige Relationen, so kann man nach einer geeigneten Transformation der Basis annehmen, daß sie die Form haben

$$(6) \qquad A_{k_1+1,1} = 0, \; \ldots, \; A_{m1} = 0;$$

dann besteht zwischen den ersten Komponenten $A_{11}, \ldots, A_{k_1 1}$ der ersten k_1 Vektoren keine solche Abhängigkeit. Ist $k_1 < m$, so betrachten wir die zweiten Komponenten der letzten $m - k_1$ Vektoren

$$A_{k_1+1,2}, \; \ldots, \; A_{m2}.$$

Wir dürfen annehmen, daß nicht alle diese Komponenten verschwinden, da keiner der Vektoren A_μ lauter verschwindende Komponenten hat und wir die letzten $m - 1$ Komponenten beliebig umnumerieren können. Wir suchen nach den zwischen diesen Komponenten bestehenden Relationen von der Form (5). Gibt es solche Relationen, so können sie nach einer geeigneten Transformation der Vektoren $A_{k_1+1}, \ldots, A_m$ in der Form vorausgesetzt werden

$$(7) \qquad A_{k_2+1,2} = 0, \ldots, A_{m2} = 0,$$

wobei gleichzeitig auch (6) gültig bleibt. Zwischen den Komponenten $A_{k_1+1,2}, \ldots, A_{k_2 2}$ bestehen keine Relationen von der Form (5). Ist $k_2 < m$, so gehen wir ebenso weiter vor und erreichen, daß für ein $k_3 > k_2$ $A_{k_2+1,3} = 0, \ldots A_{m3} = 0$ gilt, während zwischen $A_{k_2+1,3}, \ldots, A_{k_3 3}$ keine Relation (5) besteht. Wir müssen so einmal zuerst zum Wert $k_r = m$ gelangen, da sonst beim Vektor A_m alle Komponenten schließlich als 0 erwiesen werden würden, was der Unabhängigkeit der A_μ widerspricht. Wir betrachten nunmehr für $1 \leq i \leq m$ die folgende Matrix, in der, wie von nun an wiederholt, die funktionale Abhängigkeit von v nicht explizite zum Ausdruck gebracht wird,

$$(8) \qquad \begin{vmatrix} A_{11}(u'), & \cdots\cdots, & A_{m1}(u') & \cdots & \dfrac{\partial^p A_{\mu 1}(u')}{\partial v_1^\alpha \, \partial v_2^\beta \cdots} \\ \cdot & \cdots\cdots & \cdot & \cdots & \cdot \\ A_{11}(u^{(k_1)}), & \cdots\cdots, & A_{m1}(u^{(k_1)}) & \cdots & \dfrac{\partial^p A_{\mu 1}(u^k)}{\partial v_1^\alpha \, \partial v_2^\beta \cdots} \\ A_{12}(u^{(k_1+1)}), & \cdots, & A_{m2}(u^{(k_1+1)}) & \cdots & \cdot \\ \cdot & \cdots\cdots & \cdot & \cdots & \cdot \\ A_{12}(u^{k_2}), & \cdots\cdots, & A_{m2}(u^{k_2}) & \cdots & \cdot \\ \cdot & \cdots\cdots & \cdot & \cdots & \cdot \\ A_{1r}(u^{(m)}), & \cdots\cdots, & A_{mr}(u^{(m)}) & \cdots & \dfrac{\partial^p A_{\mu r}(u^{(m)})}{\partial v_1^\alpha \, \partial v_2^\beta \cdots} \\ A_{1i}(u,v), & \cdots\cdots, & A_{mi}(u,v) & \cdots & \dfrac{\partial^p A_{\mu i}(u,v)}{\partial v_1^\alpha \, \partial v_2^\beta \cdots} \end{vmatrix}$$

Ihr Rang ist nach der Voraussetzung höchstens gleich m, da sich jede Kolonne mit den Ableitungen durch die ersten m Kolonnen ausdrücken läßt. Wir behaupten nun, daß ihre Unterdeterminante m-ter Ordnung aus den ersten m Kolonnen und ersten m Zeilen nicht identisch in $u', \ldots, u^{(m)}$ verschwindet. In der Tat ist diese Determinante gleich dem Produkt der Determinanten

$$(9) \qquad \begin{vmatrix} A_{11}(u') & \cdots\cdots & A_{k_1 1}(u') \\ \cdot & \cdots\cdots & \cdot \\ A_{11}(u^{(k_1)}) & \cdots & A_{k_1 1}(u^{k_1}) \end{vmatrix} \begin{vmatrix} A_{k_1+1,2}(u^{(k_1+1)}) & \cdots & A_{k_2 2}(u^{k_1+1}) \\ \cdot & \cdots\cdots & \cdot \\ A_{k_1+1,2}(u^{k_2}) & \cdots\cdots & A_{k_2 2}(u^{(k_2)}) \end{vmatrix} \cdots$$

Nun gilt der folgende leicht zu beweisende Satz:

Ist $Q_1(\xi_1, \ldots, \xi_n), \ldots, Q_\varrho(\xi_1, \ldots, \xi_n)$ ein beliebiges System von Funktionen, so ist für die lineare Abhängigkeit dieser Funktionen auf einer (ξ_ν)-Menge Ω notwendig und hinreichend, daß die Determinante

$$\left| Q_i\left(\xi_1^{(k)}, \ldots, \xi_n^{(k)}\right) \right| \qquad \begin{matrix} i = 1, 2, \ldots, \varrho \\ k = 1, 2, \ldots, \varrho \end{matrix}$$

für ϱ beliebig gewählte Punkte $\left(\xi_\nu^{(k)}\right)$ $(k = 1, 2, 3, \ldots, \varrho)$ von Ω verschwindet.[1]

Nach diesem Satze lassen sich die Wertesysteme $u', \ldots, u^{(m)}$ so wählen, daß das Produkt (9) von 0 verschieden bleibt, also nicht identisch in den v-Variablen verschwindet. Daher läßt sich auf die Matrix (8) der Satz 1 anwenden, und es folgt das Bestehen eines Relationensystems

$$A_{\mu i} = C_1^{(i)} A_{\mu 1}(u') + C_2^{(i)} A_{\mu 1}(u'') + \cdots + C_m^{(i)} A_{\mu r}(u^{(m)}).$$

Setzt man daher allgemein $\Gamma_{\mu i} = C_\mu^{(i)}$, so folgt für die m Vektoren $\Gamma_1, \ldots \Gamma_m$

$$A_\mu = A_{\mu 1}(u')\, \Gamma_1 + A_{\mu 1}(u'')\, \Gamma_2 + \cdots + A_{\mu r}(u^{(m)})\, \Gamma_m,$$

und diese Relationen lassen sich nach $\Gamma_1, \ldots \Gamma_m$ auflösen, da ihre Determinante nach dem eben Gesagten nicht identisch in den v-Variablen verschwindet. Damit haben wir eine Basis Γ_μ der Schar S von der gewünschten Beschaffenheit gebildet. —

Wir betrachten nunmehr ein System von Differentialgleichungen

$$(10) \qquad \frac{\partial A_{\mu v}}{\partial x_\varrho} = \sum_{\varkappa=1}^{m} \Gamma_{\mu \varkappa}^{(\varrho)} A_{\varkappa v}, \qquad \begin{matrix} \mu = 1, 2, \ldots, m \\ v = 1, 2, \ldots, m \\ \varrho = 1, 2, \ldots, r \end{matrix}$$

wo $A_{\mu v}$ als m^2 Funktionen der r Variablen x_ϱ gesucht werden und $\Gamma_{\mu v}^{(\varrho)}$ $m^2 \cdot r$ in einem Gebiet G gegebene und dort beliebig oft differenzierbare Funktionen der x_ϱ sind.

Wir fragen, wann man zu einer beliebig vorgegebenen Zahlenmatrix $(a_{\mu v})$ mit von 0 verschiedener Determinante eine Lösung $(A_{\mu v})$ des Systems (10) im Gebiet G finden kann, die an einer beliebig vorgegebenen Stelle des Gebietes G sich auf $(a_{\mu v})$ reduziert. Bezeichnet man für ein festes ϱ die Matrix $\left(\Gamma_{\mu v}^{(\varrho)}\right)$ mit ω_ϱ, so reduziert sich das System (10) auf r Matrizen-Differentialgleichungen

$$(11) \qquad \frac{\partial A}{\partial x_\varrho} - \omega_\varrho A = 0,$$

unter A die gesuchte Matrix $(A_{\mu v})$ verstanden. Wir behaupten nun, daß für die Lösbarkeit unseres Problems notwendig ist, daß die r Operatoren

$$\frac{\partial}{\partial x_\varrho} - \omega_\varrho, \qquad \varrho = 1, \ldots, r$$

---

1) Vgl. Weitzenböck, Palermo Rend. Bd. 34, S. 176; E. Fischer, Crelles Journal Bd. 148, S. 53.

untereinander vertauschbar sind, d. h. daß

$$\omega_{\varrho,\varrho'} \equiv \omega_{\varrho}\omega_{\varrho'} - \omega_{\varrho'}\omega_{\varrho} + \left(\frac{\partial \omega_{\varrho}}{\partial x_{\varrho'}} - \frac{\partial \omega_{\varrho'}}{\partial x_{\varrho}}\right) \equiv 0$$

für alle $\varrho \gtrless \varrho'$ **in** G **gilt. In der Tat gilt für jede Lösungsmatrix von** (11)

$$\left\{\left(\frac{\partial}{\partial x_{\varrho}} - \omega_{\varrho}\right)\left(\frac{\partial}{\partial x_{\varrho'}} - \omega_{\varrho'}\right) - \left(\frac{\partial}{\partial x_{\varrho'}} - \omega_{\varrho}\right)\left(\frac{\partial}{\partial x_{\varrho}} - \omega_{\varrho'}\right)\right\} A = 0,$$

d. h.
$$\omega_{\varrho\varrho'} A = 0.$$

Da aber A nach der Annahme an jeder Stelle $= (a_{\mu\nu})$ gemacht werden kann, gilt an jeder Stelle

$$\omega_{\varrho,\varrho'}(a_{\mu\nu}) = 0, \quad \text{d. h.} \quad \omega_{\varrho,\varrho'} \equiv 0.$$

— Unsere Vertauschbarkeitsbedingung ist hier die sogenannte Integrabilitätsbedingung. —

Wir beweisen nun, daß sie auch hinreichend ist, und daß, wenn sie erfüllt ist, die Matrix $(A_{\mu\nu})$ eindeutig bestimmt ist.

Wir benutzen dabei gewisse längst bekannte Resultate über Systeme von linearen Differentialgleichungen, die in der hier für uns in Betracht kommenden Gestalt so formuliert werden können:

Es läßt sich stets eine von einer Variablen x abhängige Matrix mit m^2 Elementen $A = (A_{\mu\nu})$ finden, die der Matrizen-Differentialgleichung

$$\frac{dA}{dx} = \omega A$$

in einem zusammenhängenden Wertbereich G von x genügt, wenn ω eine von x in diesem Bereich abhängige beliebig oft differenzierbare Matrix ist, und zwar kann man A in einem beliebigen Punkte von G beliebig als eine konstante Matrix mit von 0 verschiedener Determinante vorschreiben. Dann ist A in G eindeutig bestimmt und die Determinante von A verschwindet in G nicht.[1])

Man kann dieses Resultat auch in die Vektorsprache übersetzen. Dann ergibt sich: Die Vektordifferentialgleichung

$$\frac{dA}{dx} = \omega A,$$

wo A als ein Vektor mit m Komponenten gesucht wird, hat m linear unabhängige Lösungen

$$A', \ldots, A^{(m)},$$

---

1) Vgl. S c h l e s i n g e r, a. a. O. S. 415—416; auch das Nichtverschwinden der Determinante von A ergibt sich aus der Methode von S c h l e s i n g e r sehr einfach.

deren Determinante $\left| A_\nu^\mu \right|$ in G *durchweg* von 0 verschieden ist. —
Und unsere Behauptung besagt, daß das *System* der Vektordifferentialgleichungen

$$(11) \qquad \frac{\partial A}{\partial x_\varrho} = \omega_\varrho A \qquad\qquad \varrho = 1, \ldots, r$$

in G m linear unabhängige Lösungsvektoren besitzt, deren Determinante
in G durchweg von 0 verschieden ist.

Wir betrachten nun zunächst das Gleichungssystem (11), das sich
auf x_1 bezieht:
$$\frac{dA}{dx_1} - \omega_1 A = 0.$$

Es besitzt nach dem obigen m linear unabhängige Lösungen
$$A', A'', \ldots, A^{(m)};$$
die allgemeinste Lösung ist dann
$$\Gamma_1 A' + \Gamma_2 A'' + \cdots + \Gamma_m A^{(m)},$$
wo die Γ_μ nur von $x_2, \ldots, x_m$ abhängen — die $A^{(\mu)}$ hängen von allen
m Variablen $x_1, x_2, \ldots$ ab. Diese Lösung setzen wir in das zweite, auf x_2
bezügliche System (11) ein:

$$(12) \quad \frac{d\left(\Gamma_1 A' + \cdots + \Gamma_m A^{(m)}\right)}{\partial x_2} - \omega_2\left(\Gamma_1 A' + \cdots + \Gamma_m A^{(m)}\right)$$

$$= A' \frac{d\Gamma_1}{dx_2} + \cdots + A^{(m)} \frac{d\Gamma_m}{dx_2} + \sum_{\mu=1}^{m} \Gamma_\mu \left(\frac{dA^{(\mu)}}{dx_2} - \omega_2 A^{(\mu)}\right) = 0.$$

Die Determinante der m^2 Größen $A_\nu^{(\mu)}$ [1]) verschwindet aber im ganzen
Gebiet G nicht. Daher haben wir in unseren neuen Differentialgleichungen
ein Differentialsystem derselben Art, welches also m linear unabhängige
Lösungssysteme besitzt:

$$\Gamma^{(\mu)} = \left(\Gamma_1^{(\mu)}, \Gamma_2^{(\mu)}, \ldots, \Gamma_m^{(\mu)}\right) \qquad\qquad \mu = 1, 2, \ldots, m.$$

Die allgemeinste Lösung von (12) hat dann die Form
$$X_1 \Gamma^{(1)} + \cdots + X_m \Gamma^{(m)}$$
$$= \left(X_1 \Gamma_1^{(1)} + \cdots + X_m \Gamma_1^{(m)}, \cdots, X_1 \Gamma_m^{(1)} + \cdots + X_m \Gamma_m^{(m)}\right),$$

wo die X_μ von $x_1, x_3, \ldots, x_m$ abhängen. Die $\Gamma_\nu^{(\mu)}$ hängen aber von allen
m Variablen $x_1, \ldots, x_m$ ab. Wir können dagegen nur Lösungen brauchen,
die von x_1 unabhängig sind. Wir behaupten nun, daß in der obigen
Lösungsschar als Basen $\Gamma^{(\mu)}$ solche Systeme gewählt werden können, die
von x_1 unabhängig sind. Zum Beweis wenden wir auf die obigen Gleichungen (12) für $\Gamma_1^{(\mu)}, \ldots, \Gamma_m^{(\mu)}$ den Prozeß
$$\frac{\partial}{\partial x_1} - \omega_1$$

____

1) Wir bezeichnen allgemein die Komponente des Vektors $A^{(\mu)}$ mit $A_1^{(\mu)}, \ldots, A_m^{(\mu)}$.

an und berücksichtigen die Integrabilitätsbedingungen. Dann entsteht

$$A' \frac{\partial^2 \Gamma_1^{(\mu)}}{\partial x_1 \partial x_2} + \cdots + A^{(m)} \frac{\partial^2 \Gamma_m^{(\mu)}}{\partial x_1 \partial x_2} + \sum_\varkappa \frac{\partial \Gamma_\varkappa^{(\mu)}}{\partial x_1} \left(\frac{\partial A^{(\varkappa)}}{\partial x_2} - \omega_2 A^{(\varkappa)} \right) = 0;$$

daher genügt für jedes μ auch das System

$$\frac{\partial \Gamma^{(\mu)}}{\partial x_1}$$

denselben Differentialgleichungen wie die $\Gamma^{(\mu)}$, ist also in der obigen Schar enthalten. Folglich lassen sich nach dem obigen Satz 2 $\Gamma^{(\mu)}$ frei von x_1 wählen, und man erhält alle für uns in Betracht kommende Lösungen, wenn man $X_1, \ldots, X_m$ alle beliebig oft differenzierbare Funktionen von $x_3, \ldots, x_m$ durchlaufen läßt. Man erhält schließlich als gemeinsames Lösungssystem der beiden bis jetzt betrachteten Gleichungssysteme

$$(13) \qquad C_1 B^{(1)} + C_2 B^{(2)} + \cdots + C_m B^{(m)},$$

wo $C_1, \ldots, C_m$ nur von $x_3, \ldots x_m$ abhängige Funktionen und $B^{(\mu)}$ in dem ganzen Gebiet G lineare unabhängige Vektoren sind. Setzt man dies in das dritte System von Differentialgleichungen ein, so erhält man für die Systeme $C_1, \ldots, C_m$ ein Differentialsystem m-ter Ordnung und beweist ganz analog wie oben, daß m linear unabhängige Lösungen frei von x_1, x_2 gewählt werden können. Daher erhalten wir schließlich als Lösungen unserer ersten drei Gleichungssysteme

$$C_1 B^{(1)} + \cdots + C_m B^{(m)},$$

wo die $C_1, C_2, \ldots, C_m$ jetzt von x_1, x_2, x_3 unabhängig sind, während $B^{(\mu)}$ m in G durchweg linear unabhängige Vektoren sind. Und die wiederholte Anwendung desselben Verfahrens gibt uns endlich eine Lösung in der obigen Form, wo $C_1, \ldots, C_m$ Konstanten sind.

Die Eindeutigkeit der Lösung ergibt sich aus dem linearen Charakter und den bekannten Sätzen über gewöhnliche lineare Differentialgleichungen unmittelbar.

Damit ist unser Satz bewiesen.

(Eingegangen am 1. 8. 28.)

Zur Theorie der partiellen Differentialgleichungen erster Ordnung

Inhalt

Kap. I. Zum Eindeutigkeitsprinzip der Charakteristikentheorie

§ 1. Problemstellung

Die CAUCHYsche Charakteristikentheorie einer partiellen Differentialgleichung erster Ordnung

$$(1) \qquad F(z, p, q, x, y) = 0, \qquad p = \frac{\partial z}{\partial x}, \qquad q = \frac{\partial z}{\partial y},$$

beruht unter anderem auf dem folgenden Prinzip, das wir als das *Eindeutigkeitsprinzip* bezeichnen wollen:

Wird eine Integralfläche $z = \varphi(x, y)$ der Differentialgleichung (1) von einem Flächenelement

$$(2) \qquad z^0, p^0, q^0, x^0, y^0$$

tangiert, so wird sie auch von dem ganzen durch (2) bestimmten charakteristischen Streifen der Differentialgleichung (1) tangiert.

Dieses Prinzip wird in den klassischen Darstellungen der CAUCHYSCHEN Theorie unter der Annahme der Analytizität von F und φ exakt bewiesen[1]. Im reellen Gebiet dürfte als erster W. GROSS[2] eine Fassung des Eindeutigkeitsprinzips bewiesen haben.

---

[1] Vgl. GOURSAT, E.: Leçons sur l'intégration des équations aux dérivées partielles du premier ordre, 2. éd., pp. 170—172. 1921.

[2] GROSS, W.: Bemerkungen zum Existenzbeweise bei den partiellen Differentialgleichungen erster Ordnung. Sitzgsber. der Akad. Wiss., Math.-naturwiss. Kl., Wien, Abt. IIa **123**, 2233—2251 (1914).

469

Die einfachste und zugleich bisher schärfste Formulierung verdankt man E. KAMKE[3]), der das Eindeutigkeitsprinzip unter der Annahme der *zweimal stetigen Differenzierbarkeit* von φ und der *einmal stetigen Differenzierbarkeit* von F bewiesen hat.

Was die über $\varphi(x, y)$ zu machenden Voraussetzungen anbetrifft, so hat sich anscheinend in der Literatur die Ansicht festgewurzelt, daß man unter die Annahme der zweimal stetigen Differenzierbarkeit nicht herunterkommen kann. So sagt z.B. A. HAAR 1928 in einem Vortrag auf dem Mathematikerkongreß in Bologna: „Diese zweimalige Differenzierbarkeit ist dabei unerläßlich, da der Satz, daß jede Lösung von (1) von Charakteristiken umsponnen wird, nur für zweimal differenzierbare Lösungen abgeleitet werden kann[4]).‟

Im folgenden soll nun vor allem eine hinsichtlich der Voraussetzungen über φ schärfere Formulierung des Eindeutigkeitsprinzips bewiesen werden, bei der über φ im wesentlichen nur vorausgesetzt wird, daß die ersten Ableitungen von φ einer LIPSCHITZ-Bedingung von der Ordnung α, $\frac{1}{2} < \alpha \leq 1$, genügen, wofür dann allerdings über F vorauszusetzen ist, daß die ersten Ableitungen von F in bezug auf p und q eine LIPSCHITZ-Bedingung von der Ordnung $> \dfrac{1}{\alpha} - 1$ befriedigen. Damit gelingt es, die Forderung der zweimaligen Differenzierbarkeit von φ abzuschwächen. Die über F zu machenden Annahmen treffen auf jeden Fall zu, wenn z.B. F zweimal stetig differenzierbar ist.

§ 2. Formulierung des Satzes

Um unseren Satz genau formulieren zu können, wollen wir allgemein von einer Funktion $f(y_1, y_2, \ldots, y_n)$ sagen, sie gehöre in einem bestimmten y-Gebiete G zur Klasse $L_\varkappa$ in bezug auf die y_ν, wenn für ein gewisses C, das nur von f und G abhängt, die Ungleichung

$$\left| f(y_\nu) - f(y_\nu') \right| \leq C \left(\sum_\nu |y_\nu - y_\nu'| \right)^\varkappa$$

gilt, für alle Punktepaare (y_ν), (y_ν') aus G. Hängt f noch von gewissen Parametern ab, die sich in geeigneten Wertebereichen bewegen, so ist klar, was unter der Aussage zu verstehen ist, f gehöre in G in bezug auf die y_ν zur Klasse $L_\varkappa$ *gleichmäßig* in bezug auf jene Parameter.

Andererseits werden wir sagen, f gehöre in G zur Klasse $l_\varkappa$ in bezug auf die y_ν, wenn für jedes positive ε für beliebige Punktepaare (y_ν), (y_ν') aus G die Relation gilt:

$$\left| f(y_\nu) - f(y_\nu') \right| \leq \varepsilon \left(\sum_\nu |y_\nu - y_\nu'| \right)^\varkappa,$$

---

[3]) KAMKE, E.: Differentialgleichungen reeller Funktionen, 2. Aufl., pp. 351—352. Leipzig 1930.

[4]) HAAR, A.: Über Eindeutigkeit und Analytizität der Lösungen partieller Differentialgleichungen. Atti Congr. Internaz. Matemat., Bologna **3**, 5—10 (1928), insbesondere p. 6 oben. Vgl. auch HAAR, A.: Zur Charakteristikentheorie. Acta litterarum ac scientiarum regiae univ. Hungaricae Francisco-Josephinae, sect. scientiarum mathematicarum, Szeged **4**, 106—114 (1928), sowie die Note in den Comptes Rendus **187**, 23—25 (1928), A. HAAR, Sur l'unicité des solutions etc.

sobald $\sum\limits_{\nu} |y_\nu - y_\nu'|$ klein genug geworden ist, $< \delta(\varepsilon)$. Auch hier ist klar, was unter der Aussage zu verstehen ist, f gehöre in G in bezug auf die y_ν zur Klasse $l_\varkappa$ *gleichmäßig* in gewissen Parametern.

Die Klasse l_0 ist offenbar die Klasse der in G stetigen Funktionen in bezug auf die y_ν.

Um nun die obigen LIPSCHITZ-Klassen zu verallgemeinern, wollen wir im folgenden eine Funktion $\psi(\varrho)$ als einen LIPSCHITZ-*Modul* bezeichnen, wenn sie für hinreichend kleine $\varrho \geq 0$ definiert und stetig ist und für monoton gegen 0 abnehmende ϱ selbst monoton gegen 0 abnimmt. Wir sagen dann, wenn die Relation

$$|f(y_\nu) - f(y_\nu')| \leq C\, \psi\Big(\sum_\nu |y_\nu - y_\nu'|\Big)$$

für ein gewisses C für alle Punktepaare (y_ν), (y_ν') aus G erfüllt ist, daß f in G zur Klasse L_ψ gehört. Gilt aber diese Relation für jedes noch so kleine positive C, sobald $\sum |y_\nu - y_\nu'|$ hinreichend klein geworden ist, so sagen wir, f gehöre in G zur Klasse l_ψ. Und es ist wiederum klar, was unter der Aussage zu verstehen ist, f gehöre in G in bezug auf die y_ν zur Klasse L_ψ bzw. l_ψ *gleichmäßig* in gewissen Parametern.

Wir werden im folgenden neben dem LIPSCHITZ-Modul $\psi(\varrho)$ noch einen zweiten LIPSCHITZ-Modul $\Psi(\varrho)$ betrachten, der erstens die Eigenschaft besitzt, daß für jede positive Konstante c

(a)$\qquad\qquad\qquad \Psi(c\,\varrho) = 0\,\{\Psi(\varrho)\} \qquad\qquad (\varrho \downarrow 0)$

gilt; zweitens der Bedingung genügt

(b)$\qquad\qquad\qquad\qquad \varrho = 0\,\{\Psi(\varrho)\} \qquad\qquad (\varrho \downarrow 0);$

und endlich mit $\psi(\varrho)$ durch die Funktionalrelation

(c)$\qquad\qquad\qquad\qquad \psi\,\Psi(\psi) = 0\,(\varrho) \qquad\qquad (\varrho \downarrow 0)$

verknüpft ist. Wir werden dann sagen, Ψ sei ein zu ψ komplementärer LIPSCHITZ-Modul[5]. Aus der Relation (b) folgt dann offenbar, daß $\psi = 0\,\{\Psi(\psi)\}$, $\psi^2 = 0\,\{\psi\,\Psi(\psi)\}$ und daher wegen (c)

(d)$\qquad\qquad\qquad\qquad \psi(\varrho) = 0\,(\varrho^{\frac{1}{2}})_! \qquad\qquad (\varrho \downarrow 0)$

gilt. Zum Beispiel könnte $\psi(\varrho)$ die Gestalt

(e)$\qquad\qquad\qquad \psi(\varrho) = \varrho^\alpha \lg^{\alpha_1} \frac{1}{\varrho} \lg_2^{\alpha_2} \frac{1}{\varrho} \ldots \lg_n^{\alpha_n} \frac{1}{\varrho}$

---

[5] Die Bedingung (b) ergibt sich übrigens zwangsläufig, wenn die zugehörige LIPSCHITZ-Klasse L_Ψ oder l_Ψ nichtkonstante Funktionen überhaupt enthält.

Wäre nämlich dann für eine gegen 0 fallende Zahlenfolge ϱ_ν: $\dfrac{\Psi(\varrho_\nu)}{\varrho_\nu} \to 0$, so würde daraus folgen, daß in bezug auf jede einzelne Variable z.B. die beiden rechtsseitigen derivierten Zahlen einer Funktion f aus der Klasse L_Ψ in jedem Punkte jener Umgebung die Null zwischen sich enthalten. Dann wäre aber f nach den Sätzen von DINI in dieser Umgebung überhaupt konstant.

haben und $\Psi(\varrho)$ ein analoger Ausdruck sein, wobei dann zu verlangen wäre, daß

$$(f) \qquad \Psi(\varrho) = 0\left(\varrho^{\frac{1}{\alpha}-1}\lg^{-\frac{\alpha_1}{\alpha}}\frac{1}{\varrho}\ldots\lg_n^{-\frac{\alpha_n}{\alpha}}\frac{1}{\varrho}\right) \qquad (\varrho\downarrow 0)$$

gilt. Die einfachsten Beispiele sind $\psi(\varrho)=\varrho^\alpha$, $\Psi(\varrho)=\varrho^{\frac{1}{\alpha}-1}$ $(\alpha\geq\frac{1}{2})$.

Unsere Fassung des Eindeutigkeitsprinzips läßt sich nun im folgenden Satze formulieren:

Satz 1. *Es sei*

$$(3) \qquad z = \varphi(x,y)$$

eine in einer Umgebung U_1 des Punktes (x^0, y^0) einmal stetig differenzierbare Funktion, und es werde gesetzt

$$(4) \qquad \begin{cases} p = \dfrac{\partial\varphi}{\partial x}, \qquad q = \dfrac{\partial\varphi}{\partial y}; \\[2mm] z^0 = \varphi(x^0, y^0), \quad p^0 = \dfrac{\partial\varphi}{\partial x}(x^0, y^0), \quad q^0 = \dfrac{\partial\varphi}{\partial y}(x^0, y^0). \end{cases}$$

Es sei $F(z, p, q, x, y)$ eine in einer Umgebung U_2 der Punkte $(z^0, p^0, q^0, x^0, y^0)$ differenzierbare Funktion, für die in U_2 die fünf Größen

$$(5) \qquad F_z', F_p', F_q', F_x', F_y'$$

stetig sind, und es sei die Gleichung (1) für die durch (3) und (4) gegebenen Werte von z, p, q für alle x, y aus U_1 erfüllt.

Es sei ferner $\psi(\varrho)$ ein der Bedingung (d) genügender LIPSCHITZ-*Modul, der einen komplementären* LIPSCHITZ-*Modul $\Psi(\varrho)$ besitzt, und es möge eine der folgenden Bedingungen erfüllt sein:*

A. $p(x, y)$, $q(x, y)$ gehören in U_1 zur Klasse l_ψ in bezug auf die x, y; ferner gehören F_p', F_q' zur Klasse L_Ψ in bezug auf die p, q aus U_2 gleichmäßig in z, x, y aus U_2.

B. $p(x, y)$, $q(x, y)$ gehören in U_1 zur Klasse L_ψ in bezug auf die x, y; ferner gehören F_p', F_q' zur Klasse l_Ψ in bezug auf die p, q aus U_2 gleichmäßig in z, x, y aus U_2.

Dann besitzt das System der fünf Differentialgleichungen

$$(6) \quad z' = pF_p' + qF_q', \quad -p' = F_x' + pF_z', \quad -q' = F_y' + qF_z', \quad x' = F_p', \quad y' = F_q'$$

mit der unabhängigen Variablen t, wo die Striche ohne unteren Index die Differentiationen nach t bedeuten, eine in der Umgebung von $t=0$ aus fünf stetig differenzierbaren Funktionen

$$(7) \qquad z(t), p(t), q(t), x(t), y(t)$$

bestehende Lösung, wobei die Funktionen (7) in einer Umgebung von $t=0$ die Relationen (3) und (4) erfüllen und sich für $t=0$ auf die Zahlen z^0, p^0, q^0, x^0, y^0 reduzieren.

§ 3. Beweis des Satzes 1

Beweis. Das System der Differentialgleichungen

$$(8) \quad \begin{cases} x'(t) = F_p'\big(\varphi(x, y), \varphi_x'(x, y), \varphi_y'(x, y), x, y\big), \\ y'(t) = F_q'\big(\varphi(x, y), \varphi_x'(x, y), \varphi_y'(x, y), x, y\big) \end{cases}$$

ist für hinreichend kleine t mit den Anfangsbedingungen $x'(0) = x^0$, $y'(0) = y^0$ auflösbar und liefert eine stetig differenzierbare Kurve durch (x^0, y^0) in der x-y-Ebene[6]). Die entsprechenden Werte von $\varphi, \varphi_x', \varphi_y'$ seien mit $z(t), p(t), q(t)$ bezeichnet.

Aus $z(t) = \varphi\big(x(t), y(t)\big)$ folgt durch Differentiation $z'(t) = p(t) x'(t) + q(t) y'(t)$ oder

$$(9) \quad z' = p F_p' + q F_q'.$$

Im folgenden sind z, p, q, x, y Werte dieser Funktionen für absolut hinreichend kleines t. Wir erteilen x einen beliebigen Zuwachs h und bezeichnen die zugehörigen Zuwächse von $z(x, y), p(x, y)$ und $q(x, y)$ bzw. mit k, π und $\varkappa$:

$$(10) \quad \begin{cases} k = \varphi(x + h, y) - \varphi(x, y), \quad \pi = p(x + h, y) - p(x, y), \\ \varkappa = q(x + h, y) - q(x, y). \end{cases}$$

Dann folgt aus (1)

$$[F(z, p + \pi, q + \varkappa, x, y) - F(z, p, q, x, y) +$$
$$+ F(z + k, p + \pi, q + \varkappa, x + h, y) - F(z, p + \pi, q + \varkappa, x, y)] = 0.$$

In der ersten eckigen Klammer wenden wir den Mittelwertssatz auf die beiden Variablen p und q an. In der zweiten Klammer wird für konstante $p, q, \pi, \varkappa, y$ der Mittelwertssatz angewandt auf x als unabhängige Variable, wobei z als Funktion $\varphi(x, y)$ von x aufgefaßt wird, da dann der h entsprechende Zuwachs von z gleich k ist. Dann ergibt sich

$$(11) \quad \begin{cases} [\pi F_p' + \varkappa F_q'] (z, p + \vartheta\pi, q + \vartheta\varkappa, x, y) + \\ + h[F_x' + p^* F_z'] (\varphi(x + \vartheta_1 h, y), p + \pi, q + \varkappa, x + \vartheta_1 h, y) = 0, \end{cases}$$

wo ϑ und ϑ_1 zwischen 0 und 1 liegen und $p^* = \varphi_x'(x + \vartheta_1 h, y)$ ist.

Ersetzten wir hier p^* durch p und die übrigen Argumente bzw. durch p, q, x, y, so ist das Korrekturglied im ersten Term links wegen (c) im Falle der Annahme A

$$O\{(|\pi| + |\varkappa|) \, \Psi(|\pi| + |\varkappa|)\} = o\{\psi(|h|) \, \Psi(\psi(|h|))\} = o(h)$$

und im Falle der Annahme B

$$o\{(|\pi| + |\varkappa|) \, \Psi(|\pi| + |\varkappa|)\} = o\{\psi(|h|) \, \Psi(\psi(|h|))\} = o(h).$$

Im zweiten Glied rechts in (11) folgt aus der Stetigkeit von F_x', p, F_z', daß das Korrekturglied gleichfalls $o(h)$ ist. Daher folgt nach der Division durch h,

---

[6]) Vgl. z.B. KAMKE, E.: l. c. pp. 126—130.

wenn F_p', F_q', F_x', F_y' wieder im Punkte (z, p, q, x, y) genommen werden, wegen (8) und (10):

$$(12)\qquad \frac{(p(x+h,y)-p(x,y))\,x' + (q(x+h,y)-q(x,y))\,y'}{h} = -(F_x' + p\,F_z') + \varepsilon(h),$$

wo $\varepsilon(h)$ mit $h \to 0$ gleichmäßig in t gegen 0 konvergiert. Der Ausdruck links ist aber gleich

$$\left[\frac{\varphi(x+h,y)-\varphi(x,y)}{h}\right]_t'.$$

Integriert man daher beide Seiten von (12) nach t von 0 bis t, so folgt

$$(13)\qquad \frac{\varphi(x+h,y)-\varphi(x,y)}{h} - \frac{\varphi(x^0+h,y^0)-\varphi(x^0,y^0)}{h} = -\int_0^t (F_x' + p\,F_z')\,dt + t\,\varepsilon_1(h),$$

wo $\varepsilon_1(h)$ mit $h \to 0$ gleichmäßig in t gegen 0 strebt.

Für $h \to 0$ folgt weiter aus (13)

$$p(x,y) - p(x^0,y^0) \equiv p(t) - p(0) = -\int_0^t (F_x' + p\,F_z')\,dt$$

und daher durch Differentiation nach t

$$(14)\qquad p'(t) = -(F_x' + p\,F_z').$$

Aus Symmetriegründen gilt

$$(15)\qquad q'(t) = -(F_y' + q\,F_z').$$

Die Differentialgleichungen (8), (9), (14) und (15) sind aber gerade die Differentialgleichungen (6) des charakteristischen Streifens, womit der Satz 1 bewiesen ist.

Kap. II. Eine Verschärfung des Involutionsprinzips

§ 4. Problemstellung

Mit Hilfe der soeben bewiesenen Formulierung des Eindeutigkeitsprinzips läßt sich auch die übliche Formulierung der folgenden Tatsache verschärfen, die wir als das *Involutionsprinzip* bezeichnen wollen:

Genügt $z = \varphi(x, y)$ *den beiden partiellen Differentialgleichungen erster Ordnung*

$$F(z, p, q, x, y) = 0, \qquad G(z, p, q, x, y) = 0,$$

so ist für z *auch die folgende Bedingung erfüllt:*

$$(16)\qquad \left\{ \begin{aligned} [F, G] &\equiv F_p'(G_x' + p\,G_z') - G_p'(F_x' + p\,F_z') + \\ &\quad + F_q'(G_y' + q\,G_z') - G_q'(F_y' + q\,F_z') = 0. \end{aligned} \right.$$

Bei den üblichen Beweisen dieser Tatsache[7] wird über F und G die Stetigkeit der ersten partiellen Ableitungen und über $\varphi(x, y)$ die Stetigkeit

---

[7] Vgl. KAMKE, E.: l. c. pp. 364—365.

der ersten und zweiten partiellen Ableitungen vorausgesetzt. Wir beweisen nun, daß (3) gilt, wenn über φ und etwa F die zu unserem Beweis des Eindeutigkeitsprinzips notwendigen Annahmen gemacht werden, während über G nur die Stetigkeit der ersten partiellen Ableitungen vorausgesetzt wird.

§ 5. Formulierung und Beweis des Satzes 2

Satz 2. *Sind die Voraussetzungen des Satzes 1 erfüllt und genügt $z = \varphi(x, y)$ in U_1 noch einer weiteren Differentialgleichung*

$$(17) \qquad G(z, p, q, x, y) = 0,$$

wo G eine in der Umgebung U_2 des Punktes $(z^0, p^0, q^0, x^0, y^0)$ einmal stetig differenzierbare Funktion ihrer fünf Argumente ist, so erfüllt $z = \varphi(x, y)$ im Punkte (x^0, y^0) auch die Involutionsgleichung (16).

Bemerkung. *Ist der Satz 2 einmal in der obigen Fassung bewiesen, so kann in der Behauptung dieses Satzes offenbar der Punkt (x^0, y^0) durch jeden Punkt (x, y) aus U_1 ersetzt werden, für den (z, p, q, x, y) in U_2 liegt.*

Beweis. Da für die nach Satz 1 in einer Umgebung von $t = 0$ existierenden Funktionen (7) die Relationen (3) und (4) erfüllt sind, gilt auch in einer Umgebung von $t = 0$ die Relation:

$$(18) \qquad G\big(z(t), p(t), q(t), x(t), y(t)\big) = 0.$$

Differenzieren wir (18) nach t für $t = 0$ und berücksichtigen die Gleichungen (6), so folgt im Punkte (x^0, y^0):

$$G_z'(p F_p' + q F_q') - G_p'(F_x' + p F_z') - G_q'(F_y' + q F_z') + G_x' F_p' + G_y' F_q' = 0.$$

Dies ist aber genau die behauptete Relation (16).

Sowohl die Sätze 1 und 2 als auch unsere Beweise übertragen sich wörtlich auf den Fall von beliebig vielen unabhängigen Variabeln.

Kap. III. Zum Existenzprinzip der Charakteristikentheorie

§ 6. Problemstellung

Die Cauchysche Charakteristikentheorie einer partiellen Differentialgleichung erster Ordnung (1) beruht neben dem Eindeutigkeitsprinzip auf der folgenden Tatsache, die wir als das *Existenzprinzip* der Charakteristikentheorie bezeichnen wollen.

Man setze das System der „Charakteristischen Differentialgleichungen" an:

$$(19) \quad x' = F_p',\; y' = F_q',\; z' = p F_p' + q F_q',\; -p' = F_x' + p F_z',\; -q' = F_y' + q F_z',$$

wobei als unabhängige Veränderliche t zu benutzen ist. Ein Integral

$$(20) \qquad x(t; x^0, y^0, z^0, p^0, q^0),\; y(t; x^0, \ldots, q^0),\; \ldots,\; q(t; x^0, \ldots, q^0)$$

von (19), das zu den Anfangswerten $x^0, \ldots, q^0$ für $t = 0$ gehört, stellt dann einen charakteristischen Streifen von Flächenelementen dar, der durch das Flächenelement $(x^0, \ldots, q^0)$ hindurchgeht. Ist nun ein beliebiger „Integral-Elementen-

Streifen" gegeben, d.h. eine von einem Parameter τ abhängige Schar von Flächenelementen

$$(21) \qquad x(\tau),\, y(\tau),\, \ldots,\, q(\tau),$$

wobei die Relation

$$(22) \qquad z'(\tau) = p\, x'(\tau) + q\, y'(\tau)$$

erfüllt sein muß und

$$(23) \qquad F\big(z(\tau),\, \ldots,\, y(\tau)\big) = 0$$

identisch in τ gilt, und legt man durch jedes Flächenelement des Streifens (21) *einen charakteristischen Streifen hindurch, so erhält man „im allgemeinen" eine Integralmannigfaltigkeit von* (1)[8]*.

Zur scharfen Formulierung des Existenzprinzips sind allerdings Präzisierungen nötig. Setzt man in (20)

$$(24) \qquad x^0 = x(\tau),\, \ldots,\, q^0 = q(\tau),$$

so werden die Funktionen (20) zu

$$(25) \qquad X(t, \tau),\, Y(t, \tau),\, Z(t, \tau),\, P(t, \tau),\, Q(t, \tau)$$

und der springende Punkt der Theorie besteht im Nachweis der Relation

$$(26) \qquad dZ(t, \tau) = P(t, \tau)\, dX(t, \tau) + Q(t, \tau)\, dY(t, \tau),$$

wobei als unabhängige Variablen t und τ zugrunde zu legen sind[9].

---

[8]) Damit man in (25) eine wirklich zweifach unendliche Schar von Flächenelementen erhält, muß vorausgesetzt werden, daß der Streifen (21) nicht selbst ein charakteristischer Streifen ist. Es wäre daher auf jeden Fall zu verlangen, daß *in keinem τ-Intervall der Streifen* (21) *die Differentialgleichungen* (19) *erfüllt*. Doch ist diese Bedingung für unsere weiteren Entwicklungen unwesentlich.

[9]) Ist die Relation (26) einmal bewiesen, so liefert ihre weitere Diskussion unter geeigneten Annahmen verschiedene Präzisierungen des Existenzsatzes. Kann man z.B. als unabhängige Variabeln X und Y wählen, so ist

$$Z = \varphi(X, Y),\quad P = \varphi'_x(X, Y),\quad Q = \varphi'_y(X, Y)$$

eine Integralfläche von (1). Um dies aber in einer Umgebung von $t = 0$ zu sichern, könnte man etwa voraussetzen, daß dort die Funktionaldeterminante

$$(*) \qquad \frac{\partial(X, Y)}{\partial(t, \tau)} = \begin{vmatrix} F'_p & F'_q \\ X'_\tau & Y'_\tau \end{vmatrix} \neq 0$$

ist. Für $t = 0$ bekommt man den Ausdruck $\begin{vmatrix} F'_p & F'_q \\ x'(\tau) & y'(\tau) \end{vmatrix}$, und sein Nichtverschwinden bedeutet, daß die Trägerkurve der Schar (21) in keinem Punkte eine charakteristische Kurve, d.h. einen Elementarkegel von (1) berührt.

Verschwindet aber die Determinante (*) identisch, so wäre es immerhin möglich, daß man X und Z oder Y und Z als Parameter zugrunde legen kann. Und man bekommt dann eine Integralfläche, die zur Differentialgleichung (1) gehört, wobei man allerdings diese Differentialgleichung erst auf homogene Richtungskoordinaten umschreiben müßte. Hängen aber die drei Funktionen X, Y, Z nur von *einem* wesentlichen Parameter ab, so hat man es in (25) mit einer zweifach unendlichen Integralmannigfaltigkeit zu tun, deren Trägerort aber nicht eine Fläche, sondern eine Kurve ist.

§ 7. Diskussion der Fragestellung

Damit die Relation (26) überhaupt einen Sinn hat, müssen $X(t, \tau)$, $Y(t, \tau)$ und $Z(t, \tau)$ auch nach τ differenzierbar sein. Damit nun die Integrale der Differentialgleichungen (19) nach dem in die Anfangswerte eingehenden Parameter τ differenzierbar sind, ist es z.B. *hinreichend*[10]), daß die rechten Seiten dieser Differentialgleichungen in bezug auf die Größen x, y, z, p, q stetig differenzierbar sind. Doch ist dies natürlich durchaus nicht etwa auch notwendig. Andererseits ergibt sich aus der Annahme der stetigen Differenzierbarkeit der rechten Seiten von (19) auch noch die Existenz der gemischten Ableitungen $\dfrac{d^2 x}{dt\,d\tau}$, $\dfrac{d^2 y}{dt\,d\tau}$, die bei der berühmten, von CAUCHY herrührenden Methode des Nachweises der Relation (26) in die Rechnung eingehen[11]).

Man kann nun, wie wir im folgenden zeigen werden, diesen Nachweis so führen, daß dabei die Benutzung der obigen gemischten Ableitungen vermieden wird. Dies bedeutet: *Werden die Größen*

$$(27) \qquad F_z', F_p', F_q', F_x', F_y'$$

als stetig vorausgesetzt, und sind die aus (19), (20), (24) *hervorgehenden Funktionen* $X(t, \tau)$, ..., $Q(t, \tau)$ *sowohl nach* t *als auch nach* τ *stetig differenzierbar, so gilt die Relation* (26).

Man kann hier aber noch einen Schritt weiter gehen: In der Relation (26) kommen ja die Ableitungen von P und Q gar nicht vor. Man wird sich daher fragen, ob nicht die auf P und Q bezügliche Voraussetzung der Differenzierbarkeit fallen gelassen oder abgeschwächt werden kann. In einem gewissen Maße ist dies uns gelungen. Setzt man z.B. über $P(t, \tau)$ und $Q(t, \tau)$ voraus, daß sie in bezug auf τ gleichmäßig in t zur LIPSCHITZ-Klasse[12]) L_α, $\alpha > \tfrac{1}{2}$, oder zur LIPSCHITZ-Klasse l_α, $\alpha \geq \tfrac{1}{2}$ gehören, so kann man die Relation (26) immer noch herleiten, wenn man allerdings über F_p', F_q' voraussetzt, daß sie in bezug auf p, q gleichmäßig in den übrigen Variablen zur LIPSCHITZ-Klasse $l_{\frac{1}{\alpha}-1}$ bzw. $L_{\frac{1}{\alpha}-1}$ gehören.

Wenn also insbesondere die Größen F_p', F_q' in bezug auf p und q der LIPSCHITZ-Bedingung von der Ordnung 1 genügen, bleibt der Existenzsatz richtig, wenn $P(t, \tau)$ und $Q(t, \tau)$ zur LIPSCHITZ-Klasse $l_{\frac{1}{2}}$ in bezug auf τ gleichmäßig in t gehören[13]).

Daß aber auf diese Weise in der Tat die Gültigkeitsgrenzen der Theorie über das Bisherige hinaus erweitert werden, zeigen die in § 13 besprochenen Beispiele.

Wir formulieren allerdings den Satz 3 noch etwas allgemeiner, indem wir von vornherein die zu den LIPSCHITZ-Moduln $\psi(\varrho)$, $\Psi(\varrho)$ des § 2 gehörenden LIPSCHITZ-Klassen einführen.

---

[10]) Vgl. KAMKE, E.: l. c. pp. 164—166.

[11]) Vgl. KAMKE, E.: l. c. pp. 356—357.

[12]) Vgl. § 2.

[13]) Übrigens ergibt sich (26) unter der Annahme der LIPSCHITZ-Bedingung der Ordnung 1 für die ersten partiellen Ableitungen von F und der LIPSCHITZ-Bedingung der Ordnung 1 für die Funktionen (21) von τ aus dem wichtigen Resultate von T. WAŻEWSKI, Math. Z. **43**, 522—532 (1932); vgl. auch HAAR, A.: Comptes Rendus **187**, 23—25 (1928).

§ 8. Formulierung des Satzes 3

Zusammengefaßt lautet die zu beweisende Formulierung wie folgt:

Satz 3. *Es seien im τ-Intervall $\langle \tau', \tau'' \rangle$ die fünf Funktionen (21) von τ stetig, $x(\tau), y(\tau), z(\tau)$ seien dort stetig differenzierbar, und es seien die Relationen (22) und (23) erfüllt.*

Es seien F und die Größen (27) in einer Umgebung jedes der Wertsysteme (21) vorhanden und stetig.

Von den fünf aus (20) vermöge des Ansatzes (24) hervorgehenden Funktionen (25) seien X, Y und Z in bezug auf τ in $\langle \tau', \tau'' \rangle$ stetig differenzierbar.

Durchläuft τ das Intervall $\langle \tau', \tau'' \rangle$ und t eine geeignete Umgebung des Nullpunktes, so sei der von den fünf Größen (25) durchlaufene Teilbereich des fünfdimensionalen Raumes mit U bezeichnet. Es sei dann $\psi(\varrho)$ ein der Bedingung (d) von § 2 genügender LIPSCHITZ-Modul, der einen komplementären LIPSCHITZ-Modul $\Psi(\varrho)$ besitzt, und es möge eine der folgenden Bedingungen erfüllt sein:

A. $P(t, \tau), Q(t, \tau)$ gehören in bezug auf τ in $\langle \tau', \tau'' \rangle$ gleichmäßig in t in einer Umgebung von $t = 0$ zur Klasse l_ψ und F_p', F_q' zur Klasse L_Ψ in bezug auf p und q aus U gleichmäßig in z, x, y aus U.

B. $P(t, \tau), Q(t, \tau)$ gehören in bezug auf τ in $\langle \tau', \tau'' \rangle$ gleichmäßig in t in einer Umgebung von $t = 0$ zur Klasse L_ψ und F_p', F_q' zur Klasse l_Ψ in bezug auf p und q aus U gleichmäßig in z, x, y aus U.

Dann gilt für alle τ in $\langle \tau', \tau'' \rangle$ und für alle t in einer Umgebung von $t = 0$ die Relation (26).

Dem Beweise schicken wir einige Lemmata voraus.

§ 9. Ein Lemma über die GREENsche Umformung

Lemma 1. *Sei R ein abgeschlossenes Rechteck in der t, τ-Ebene[14]), und U, V seien zwei mit ihren partiellen Ableitungen erster Ordnung auf R stetige Funktionen. Dann gilt*

$$(28) \qquad \oint_R U \, dV = \iint_R (U_t' V_\tau' - U_\tau' V_t') \, dt \, d\tau.$$

Beweis [15]). Wir setzen zunächst voraus, daß U, V und ihre partiellen Ableitungen erster Ordnung auch noch außerhalb von R in einer gewissen Umgebung des Randes existieren und stetig sind.

Bekanntlich[16]) lassen sich dann zwei Polynomfolgen $P_\nu(t, \tau)$ und $Q_\nu(t, \tau)$ finden, derart, daß mit $\nu \to \infty$ gleichmäßig auf dem abgeschlossenen Rechteck R

$$(29) \qquad \begin{cases} P_\nu \Rightarrow U, \ P_{\nu t}' \Rightarrow U_t', \ P_{\nu\tau}' \Rightarrow U_\tau'; \\ Q_\nu \Rightarrow V, \ Q_{\nu t}' \Rightarrow V_t', \ Q_{\nu\tau}' \Rightarrow V_\tau' \end{cases}$$

---

[14]) Dabei sollen hier und im folgenden die t- und τ-Achsen so orientiert werden, daß die t-Achse der x-Achse und die τ-Achse der y-Achse entspricht.

[15]) Vgl. SCHMIDT, E.: Bemerkungen zum Fundamentalsatz der Theorie der Systeme linearer partieller Differentialgleichungen erster Ordnung. Wien. Mh. Math. Phys. **48**, 426—432 (1940), wo man einen anderen Beweis des obigen Lemmas findet.

[16]) Siehe z.B. DE LA VALLÉE POUSSIN: Cours d'Analyse Infinitésimale, 2. Aufl., tome II, pp. 133—135, 1912.

gilt. Die CLAIRAUTsche Umformung des Linienintegrals liefert dann

$$\oint_R P_\nu (Q'_{\nu t}\, dt + Q'_{\nu \tau}\, d\tau) = \iint_R \left(\frac{\partial (P_\nu\, Q'_{\nu t})}{\partial t} - \frac{\partial (P_\nu\, Q'_{\nu \tau})}{\partial \tau} \right) dt\, d\tau$$

$$= \iint_R (P'_{\nu t}\, Q'_{\nu \tau} - P'_{\nu \tau}\, Q'_{\nu t})\, dt\, d\tau,$$

d.h. (28) für P_ν, Q_ν. Für $\nu \to \infty$ folgt daraus wegen (29) die Behauptung des Lemmas.

Wir lassen nun die Annahme fallen, daß die Stetigkeitsvoraussetzungen über U, V und ihre ersten Ableitungen noch außerhalb von R in einer Umgebung des Randes gelten. Es sei dann R_ν eine Folge von ineinander geschachtelten Rechtecken in R, die für $\nu \to \infty$ gegen R konvergieren und aus R durch Ähnlichkeitstransformationen in bezug auf den Mittelpunkt von R hervorgehen. Nach dem bewiesenen Fall des Satzes gilt (28) für jedes Rechteck R_ν. Für $\nu \to \infty$ strebt das über R_ν erstreckte Doppelintegral in (28) gegen das über R erstreckte Doppelintegral. Um dasselbe für die Linienintegrale in (28) zu beweisen, sei s eine Seite von R und s_ν die entsprechende Seite von R_ν.

Dann ist, wenn die einander entsprechenden Endpunkte von s, s_ν in geeigneter Reihenfolge mit P, p_ν; Q, q_ν bezeichnet werden, die Relation zu beweisen:

$$(30) \qquad \int_{p_\nu}^{q_\nu} U\, dV \to \int_P^Q U\, dV.$$

Ist π der allgemeine Punkt der Strecke s, so sei der ihm bei der Ähnlichkeitstransformation in bezug auf den Mittelpunkt von R entsprechende Punkt auf s_ν mit π_ν bezeichnet. Wir setzen dann

$$U(\pi_\nu) = U_\nu(\pi), \qquad V(\pi_\nu) = V_\nu(\pi).$$

Dann geht (30) über in

$$\int_P^Q U_\nu\, dV_\nu \to \int_P^Q U\, dV$$

oder

$$\int_P^Q U_\nu (V'_{\nu t}\, dt + V'_{\nu \tau}\, d\tau) \to \int_P^Q U(V'_t\, dt + V'_\tau\, d\tau),$$

und dies folgt unmittelbar daraus, daß, wegen der vorausgesetzten Stetigkeit von U, V und ihrer ersten Ableitungen auf R, die $U_\nu, V_\nu, V'_{\nu t}, V'_{\nu \tau}$ gleichmäßig auf s mit $\nu \to \infty$ bzw. gegen U, V, V'_t, V'_τ konvergieren.

Das Lemma 1 wird im folgenden nur zum Beweis des Lemmas 2 gebraucht.

§ 10. Zwei Lemmata über Integralapproximationen

Lemma 2. *Sei T das Rechteck: $t_0 \leq t \leq t_1$, $\tau' \leq \tau \leq \tau''$ in der t, τ-Ebene. Das Intervall $\langle \tau', \tau'' \rangle$ sei in n Teilintervalle zerlegt durch die Teilpunkte $\tau' = \tau_0 < \tau_1 < \tau_2 < \cdots < \tau_n = \tau''$ und damit das Rechteck T in n Rechtecke T_ν, wobei τ in T_ν zwischen $\tau_{\nu-1}$ und τ_ν verläuft, $\nu = 1, \ldots, n$.*

Es seien ferner $n+1$ in $\langle t_0, t_1\rangle$ stetig differenzierbare Funktionen von t gegeben:

$$U_\nu(t) \qquad (\nu = 0, \ldots, n).$$

Wir setzen dann $U^*(t, \tau) = U_\nu(t)$ für $\tau_{\nu-1} < \tau \leq \tau_\nu$ für $\nu = 1, \ldots, n$ und $U^*(t, \tau_0) = U_0(t)$.

$V(t, \tau)$ sei einmal stetig differenzierbar nach t und τ auf T. Dann gilt

$$(31) \qquad \oint_T U^* \, dV - \iint_T U_t^* \, V_\tau' \, dt \, d\tau = - \int_{t_0}^{t_1} dt \sum_{\nu=1}^{n} V_t'(t, \tau_{\nu-1}) \left(U_\nu(t) - U_{\nu-1}(t)\right).$$

Beweis. Die linke Seite von (31) ist gleich

$$(32) \qquad \sum_{\nu=1}^{n} \left[\oint_{T_\nu} U^* \, dV - \iint_{T_\nu} U_t^{*\prime} \, V_\tau' \, dt \, d\tau \right].$$

Im zweiten Integral innerhalb der Klammer ist $U_t^{*\prime}$ beschränkt und innerhalb des Rechteckes T_ν gleich $U_\nu'(t)$. Daher ist dieses Flächenintegral gleich

$$\iint_{T_\nu} U_\nu'(t) \, V_\tau' \, dt \, d\tau.$$

Im ersten Integral innerhalb der Klammer in (32) ist U^* auf drei Seiten des Rechteckes T_ν gleich $U_\nu(t)$ und nur auf der vierten Seite, $\tau = \tau_{\nu-1}$, $t_0 \leq t \leq t_1$, die von t_0 nach t_1 durchlaufen wird [vgl. [14]], ist $U^* = U_{\nu-1}(t)$. Daher gilt

$$\oint_{T_\nu} U^* \, dV = \oint_{T_\nu} U_\nu \, dV - \int_{t_0}^{t_1} V_t'(t, \tau_{\nu-1}) \left(U_\nu(t) - U_{\nu-1}(t)\right) dt.$$

Damit wird der Ausdruck in der Klammer in (32) zu

$$\left[\oint_{T_\nu} U_\nu \, dV - \iint_{T_\nu} U_\nu'(t) \, V_\tau' \, dt \, d\tau \right] - \int_{t_0}^{t_1} V_t'(t, \tau_{\nu-1}) \left(U_\nu(t) - U_{\nu-1}(t)\right) dt.$$

Hier ist aber die erste Differenz nach dem Lemma 1 gleich

$$- \iint_{T_\nu} \left(\frac{\partial}{\partial \tau} U_\nu \right) V_t' \, dt \, d\tau = 0,$$

da U_ν von τ unabhängig ist. Daher reduziert sich die Summe (32) auf die rechte Seite von (31), womit das Lemma 2 bewiesen ist.

Dieses Lemma wird im folgenden nur zum Beweis des Lemmas 3 benutzt.

Lemma 3. *Es sei $U(t, \tau)$ eine auf dem Rechteck T des Lemmas 2 stetige und einmal stetig nach t differenzierbare Funktion, ferner $V(t, \tau)$ eine auf T stetige und einmal stetig nach t, τ differenzierbare Funktion. Wird das Intervall $\langle \tau', \tau''\rangle$ in n Teilintervalle zerlegt durch die Teilpunkte τ_ν mit $\tau' = \tau_0 < \tau_1 < \cdots < \tau_n = \tau$, so bezeichnen wir diese Zerlegung mit λ und setzen $l_\lambda = \operatorname*{Max}_\nu (\tau_\nu - \tau_{\nu-1})$, so daß l_λ das Maß für die Feinheit der Intervalleinteilung ist. Dann gilt für $l_\lambda \to 0$*

$$(33) \qquad \lim_{l_\lambda \to 0} \int_{t_0}^{t_1} \sum_{\nu=1}^{n} V_t'(t, \tau_{\nu-1}) \left(U(t, \tau_\nu) - U(t, \tau_{\nu-1})\right) dt = \iint_T U_t' \, V_\tau' \, dt \, d\tau - \oint_T U \, dV.$$

Beweis. Wir setzen

$$U_\nu(t) = U(t, \tau_\nu)$$

und bilden mit diesen Funktionen $U_\nu(t)$ nach der Vorschrift des Lemmas 2 die Funktionen $U^*(t, \tau)$. Dann konvergieren für $l_\lambda \to 0$, auf T gleichmäßig, $U^*(t, \tau)$ und $U_t^{*\prime}(t, \tau)$ bzw. gegen $U(t, \tau)$ und $U_t'(t, \tau)$. Andererseits gilt nach Lemma 2

$$\int_{t_0}^{t_1} \sum_{\nu=1}^{n} V_t'(t, \tau_{\nu-1}) \left[U(t, \tau_\nu) - U(t, \tau_{\nu-1}) \right] dt = \iint_T U_t^{*\prime} V_\tau' \, dt \, d\tau - \oint U^* \, dV.$$

Für $l_\lambda \to 0$ strebt aber dies gegen die rechte Seite von (33), womit (33) bewiesen ist.

§ 11. Beginn des Beweises von Satz 3

Wir gehen nun zum Beweise des Satzes 3 über.

Sei $h > 0$ so beschaffen, daß im t-Intervall

$$(34) \qquad\qquad -h \leq t \leq h$$

die Voraussetzungen des Satzes zutreffen. Wir setzen für ein ganzes $n > 1$:

$$\Delta = \frac{\tau'' - \tau'}{n}, \qquad \tau_\nu = \tau' + \nu \Delta, \qquad \nu = 0, \dots, n$$

und für $0 \leq \nu \leq n$:

$$Z(t, \tau_\nu) = z_\nu, \quad P(t, \tau_\nu) = p_\nu, \quad Q(t, \tau_\nu) = q_\nu, \quad X(t, \tau_\nu) = x_\nu, \quad Y(t, \tau_\nu) = y_\nu,$$

sowie für $1 \leq \nu \leq n$:

$$z_\nu - z_{\nu-1} = \zeta_\nu, \quad p_\nu - p_{\nu-1} = \pi_\nu, \quad q_\nu - q_{\nu-1} = \varkappa_\nu, \quad x_\nu - x_{\nu-1} = \xi_\nu, \quad y_\nu - y_{\nu-1} = \eta_\nu.$$

Da F sowohl für $z_\nu, p_\nu, q_\nu, x_\nu, y_\nu$ als auch für $z_{\nu-1}, p_{\nu-1}, \dots, y_{\nu-1}$ verschwindet, gilt identisch, wenn wir für den Augenblick den Index $\nu - 1$ weglassen, also unter $z, p, \dots, y$ die Größen $z_{\nu-1}, p_{\nu-1}, \dots, y_{\nu-1}$ verstehen,

$$(35) \quad \begin{cases} F(z, p + \pi_\nu, q + \varkappa_\nu, x, y) - F(z, p, q, x, y) \\ = -\left[F(z + \zeta_\nu, p + \pi_\nu, q + \varkappa_\nu, x + \xi_\nu, y + \eta_\nu) - F(z, p + \pi_\nu, q + \varkappa_\nu, x, y) \right]. \end{cases}$$

Die linke Seite von (35) ist nach dem Mittelwertsatz, angewandt auf die beiden Variablen p, q, für ein ϑ mit $0 \leq \vartheta \leq 1$, gleich

$$(\pi_\nu F_p' + \varkappa_\nu F_q')(z, p + \vartheta \pi_\nu, q + \vartheta \varkappa_\nu, x, y),$$

und dies unterscheidet sich für $\Delta \to 0$, nach Voraussetzung des Satzes, von $(\pi_\nu F_p' + \varkappa_\nu F_q')(z, p, q, x, y)$ um

$$(36) \quad O\left[(|\pi_\nu| + |\varkappa_\nu|)\, \Psi(|\pi_\nu| + |\varkappa_\nu|)\right] \quad \text{oder} \quad o\left[(|\pi_\nu| + |\varkappa_\nu|)\, \Psi(|\pi_\nu| + |\varkappa_\nu|)\right]$$

je nachdem, welche der Bedingungen A, B gilt. In beiden Fällen ist aber der entsprechende Ausdruck (36), wegen der Relation (c) in § 2, gleich $o(\Delta)$, so daß die linke Seite von (35) gleichmäßig in (34) gleich

$$(\pi_\nu F_p' + \varkappa_\nu F_q')(z, p, q, x, y) + o(\Delta)$$

oder, wegen der beiden ersten Gleichungen (19),

$$(37) \qquad \pi_\nu X_t'(t, \tau_{\nu-1}) + \varkappa_\nu Y_t'(t, \tau_{\nu-1}) + o(\varDelta)$$

wird.

Um die rechte Seite von (35) geeignet darzustellen, wenden wir auf F als Funktion von z, x, y den Mittelwertsatz an und erhalten für ein ϑ_1 mit $0 \leq \vartheta_1 \leq 1$ den Ausdruck

$$- (\zeta_\nu F_z' + \xi_\nu F_x' + \eta_\nu F_y')\,(z + \vartheta_1 \varkappa_\nu,\, p + \pi_\nu,\, q + \varkappa_\nu,\, x + \vartheta_1 \xi_\nu,\, y + \vartheta_1 \eta_\nu),$$

oder, wegen der vorausgesetzten Stetigkeit von F_z', F_x', F_y',

$$- [(\zeta_\nu F_z' + \xi_\nu F_x' + \eta_\nu F_y')\,(z, p, q, x, y) + o(|\zeta_\nu| + |\xi_\nu| + |\eta_\nu|)].$$

Hier ist aber das o-Glied zugleich $o(\varDelta)$, da die Ableitungen von Z, X, Y in bezug auf τ gleichmäßig beschränkt sind.

Andererseits gilt, wegen der vorausgesetzten Stetigkeit von $Z_\tau', X_\tau', Y_\tau'$,

$$\zeta_\nu = \varDelta Z_\tau'(t, \tau_{\nu-1}) + o(\varDelta),\quad \xi_\nu = \varDelta X_\tau'(t, \tau_{\nu-1}) + o(\varDelta),\quad \eta_\nu = \varDelta Y_\tau'(t, \tau_{\nu-1}) + o(\varDelta),$$

so daß wir für die rechte Seite von (35) schließlich erhalten

$$- \varDelta(Z_\tau' F_z' + X_\tau' F_x' + Y_\tau' F_y') + o(\varDelta),$$

wo $Z_\tau', X_\tau', Y_\tau'$ im Punkte $(t, \tau_{\nu-1})$ und F_z', F_x', F_y' entsprechend im Punkte (z, p, q, x, y) zu nehmen sind. So ergibt sich schließlich aus (35) für $\varDelta \to 0$

$$(38) \quad X_t'(t, \tau_{\nu-1})\,\pi_\nu + Y_t'(t, \tau_{\nu-1})\,\varkappa_\nu = - (Z_\tau' F_z' + X_\tau' F_x' + Y_\tau' F_y')\,\varDelta + o(\varDelta)$$

gleichmäßig in (34), wo rechts alle Argumente im Punkte $(t, \tau_{\nu-1})$ zu nehmen sind.

§ 12. Zuendeführung des Beweises von Satz 3

Summieren wir (38) über ν von 1 bis n und integrieren sodann über t von t_0 bis t_1, wo t_0 und t_1 im Intervall (34) liegen, so folgt

$$(39) \qquad \left\{ \begin{aligned} &\int_{t_0}^{t_1} \sum_{\nu=1}^{n} \left(X_t'(t, \tau_{\nu-1})\,\pi_\nu + Y_t'(t, \tau_{\nu-1})\,\varkappa_\nu \right) dt \\ &= - \int_{t_0}^{t_1} \varDelta \sum_{\nu=1}^{n} (Z_\tau' F_z' + X_\tau' F_x' + Y_\tau' F_y')\,dt + o(1). \end{aligned} \right.$$

Hier lassen wir nun n ins Unendliche gehen und bestimmen die Grenzwerte der beiden Seiten. Rechts konvergiert der *Integrand* mit $n \to \infty$ gleichmäßig in bezug auf t in (34) gegen das Integral[17]

$$\int_{\tau'}^{\tau''} (F_z' Z_\tau' + F_x' X_\tau' + F_y' Y_\tau')\,d\tau,$$

---

[17] Man beachte, daß $Z_\tau', X_\tau', Y_\tau'$ stetig in den beiden Variablen t, τ sind.

so daß die ganze rechte Seite von (39) zum Grenzwert das Doppelintegral über das Rechteck $T(t_0 \leq t \leq t_1,\ \tau' \leq \tau \leq \tau'')$,

$$(40) \qquad -\iint_T (F_z' Z_\tau' + F_x' X_\tau' + F_y' Y_\tau')\, d\tau\, dt$$

hat. Um den Grenzwert der linken Seite von (39) zu ermitteln, zerlegen wir sie in die beiden Summanden

$$\int_{t_0}^{t_1} \sum_{\nu=1}^{n} X_t'(t, \tau_{\nu-1})\, \pi_\nu\, dt, \qquad \int_{t_0}^{t_1} \sum_{\nu=1}^{n} Y_t'(t, \tau_{\nu-1})\, \varkappa_\nu\, dt$$

und wenden auf die beiden Integrale die Formel (33) des Lemmas 3 an, wobei für V und U einmal X und P, das andere Mal Y und Q einzusetzen sind. Dann ergibt sich als Grenzwert der linken Seite von (39)

$$\iint_T (X_\tau' P_t' + Y_\tau' Q_t')\, d\tau\, dt - \oint_T (P\, dX + Q\, dY),$$

oder, wenn wir für P_t' und Q_t' ihre Werte aus den Differentialgleichungen (19) einsetzen,

$$(41) \qquad -\iint_T (F_x' X_\tau' + F_y' Y_\tau' + F_z'(P X_\tau' + Q Y_\tau'))\, d\tau\, dt - \oint_T (P\, dX + Q\, dY).$$

Daher ergibt sich schließlich aus (39)

$$\oint_T (P\, dX + Q\, dY) = \iint_T F_z'(Z_\tau' - P X_\tau' - Q Y_\tau')\, d\tau\, dt.$$

Beachten wir andererseits, daß $\oint_T dZ$ verschwindet, so folgt hieraus ferner

$$(42) \qquad \oint_T (dZ - P\, dX - Q\, dY) = -\iint_T F_z'(Z_\tau' - P X_\tau' - Q Y_\tau')\, d\tau\, dt.$$

Das Linienintegral links ist hier gleich

$$\int_{t_0}^{t_1} [(Z_t' - P X_t' - Q Y_t')_{\tau=\tau'} - (Z_t' - P X_t' - Q Y_t')_{\tau=\tau''}]\, dt -$$

$$- \int_{\tau'}^{\tau''} [(Z_\tau' - P X_\tau' - Q Y_\tau')_{t=t_0} - (Z_\tau' - P X_\tau' - Q Y_\tau')_{t=t_1}]\, d\tau,$$

und hier verschwindet wegen der ersten drei Differentialgleichungen (19) das erste Integral. Setzen wir ferner $t_0 = 0$ und bedenken, daß für $t = 0$ nach (22) $Z_\tau' = P X_\tau' + Q Y_\tau'$ ist, so ergibt sich schließlich

$$(43) \qquad \int_{\tau'}^{\tau''} (Z_\tau' - P X_\tau' - Q Y_\tau')_{t=t_1}\, d\tau = -\int_{\tau'}^{\tau''} \int_0^{t_1} F_z'(Z_\tau' - P X_\tau' - Q Y_\tau')\, dt\, d\tau.$$

Ersetzen wir hier, was offenbar erlaubt ist, τ'' durch einen beliebigen Wert τ zwischen τ' und τ'' und differenzieren auf beiden Seiten nach τ, so ergibt sich

$$(Z'_\tau - P X'_\tau - Q Y'_\tau)_{t=t_1} = - \int_0^{t_1} F'_z (Z'_\tau - P X'_\tau - Q Y'_\tau)\, dt.$$

Hier darf man offenbar für t_1 jeden Wert t aus dem Intervall (34) einsetzen. Dann folgt aus dieser Gleichung, daß ihre rechte Seite in (34) nach t differenzierbar ist, so daß, wenn

$$U(t, \tau) = Z'_\tau - P X'_\tau - Q Y'_\tau$$

gesetzt wird, U die Differentialgleichung erfüllt:

$$\frac{\partial U}{\partial t} = - F'_z\, U.$$

Und hieraus folgt endlich durch klassische Schlüsse, da U für $t=0$ verschwindet, daß U für alle t aus (34) und alle τ im Intervall $\langle \tau', \tau'' \rangle$ verschwindet, woraus (26) unmittelbar folgt. Damit ist unser Satz bewiesen.

§ 13. Schlußbemerkungen und Beispiele

Es sei noch hervorgehoben, daß die Überlegungen der §§ 10 und 11 nur dann nötig sind, wenn man die Bedingungen A und B unseres Satzes benutzt. Wird dagegen die stetige Differenzierbarkeit von P und Q nach τ vorausgesetzt, so sind diese Betrachtungen unnötig und unser Beweis vereinfacht sich ganz wesentlich.

Endlich ist noch zu bemerken, daß der Satz 3 sich unmittelbar auf den Fall verallgemeinern läßt, in dem $n \geq 2$ unabhängige Variablen vorausgesetzt werden. Man kann dann insbesondere mit den drei obigen Lemmata auskommen und nur in den §§ 11 und 12 sind einige sofort ersichtliche Änderungen anzubringen.

Ein *erstes Beispiel* für die Anwendung des Satzes wird geliefert durch die partielle Differentialgleichung

$$(44) \qquad p - q^3 = 0,$$

wobei als Anfangselementenstreifen

$$x = 0, \quad y = \tau, \quad z = \tau^{\frac{5}{3}}, \quad p = \frac{125}{27}\, \tau^2, \quad q = \frac{5}{3}\, \tau^{\frac{2}{3}}$$

angenommen wird. Dafür sind (44) und (22) sofort zu verifizieren. Die Differentialgleichungen des charakteristischen Streifens sind hier

$$x' = 1, \quad y' = - 3 q^2, \quad z' = - 2 q^3, \quad p' = 0, \quad q' = 0,$$

und daraus folgt sofort durch Integration

$$X(t, \tau) = t, \quad Y(t, \tau) = - \frac{25}{3}\, \tau^{\frac{4}{3}} t + \tau, \quad Z(t, \tau) = - \frac{250}{27}\, \tau^2 t + \tau^{\frac{5}{3}},$$

$$P(t, \tau) = \frac{125}{27}\, \tau^2, \quad Q(t, \tau) = \frac{5}{3}\, \tau^{\frac{2}{3}}.$$

Hier ist F analytisch. X, Y, Z, P sind überall nach τ differenzierbar, während Q in bezug auf τ zur LIPSCHITZ-Klasse $L_{\frac{2}{3}}$ gehört. Daher ist unser Satz anwendbar, und in der Tat sieht man sofort, daß die Relation (26) erfüllt ist, denn es gilt

$$- \frac{500}{27}\, \tau t + \frac{5}{3}\, \tau^{\frac{2}{3}} = Z'_\tau = P X'_\tau + Q Y'_\tau = \frac{5}{3}\, \tau^{\frac{2}{3}}\left(- \frac{100}{9}\, \tau^{\frac{1}{3}} t + 1\right).$$

Um in diesem Falle die Darstellbarkeit von z durch x und y für kleine x und y diskutieren zu können, setze man $\tau = u^3$. Dann ergibt sich zwischen x, y, u die Gleichung 4. Grades

$$(45) \qquad\qquad u^3 - \frac{25}{3}\, x\, u^4 - y = 0.$$

Für kleine x und y ist nun eine Wurzel von (45) in bezug auf u sehr groß. Mit $x \to 0$ ist diese Wurzel $\sim \dfrac{3}{25\, x}$.

Da andererseits die Ableitung der linken Seite von (45) nach u neben der für kleine x sehr großen Wurzel $\sim \dfrac{9}{100\, x}$ nur eine Doppelwurzel im Nullpunkt besitzt, hat (45) für kleine $y \neq 0$ genau *eine* weitere reelle Wurzel, der entsprechend u durch (45) als eine für kleine x und y *eindeutige* mit $x \to 0$, $y \to 0$ gegen 0 konvergierende Funktion definiert ist. Daher läßt sich auch z für kleine x und y als eine *eindeutige* Funktion von x, y darstellen.

Für die partiellen Ableitungen von u nach x, y erhält man aus (45)

$$\frac{\partial u}{\partial x} = \frac{25\, u^2}{9 - 100\, x\, u}\,, \qquad \frac{\partial u}{\partial y} = \frac{1}{u^2}\, \frac{3}{9 - 100\, x\, u}\,,$$

so daß die ersten partiellen Ableitungen von

$$z = - \frac{250}{27}\, x\, u^6 + u^5$$

nach x und y bis in den Nullpunkt hinein stetig bleiben.

In diesem Beispiel gestattet der Existenzsatz von WAŻEWSKI [l. c. [13])] keinen Nachweis der Lösbarkeit des CAUCHYSCHEN Problems. — Allerdings läßt sich dieses Beispiel mit Hilfe des Existenzsatzes von WAŻEWSKI behandeln, wenn man von vornherein statt τ einen neuen Parameter u durch $\tau = u^3$ einführt.

Ein *zweites Beispiel* liefert die Differentialgleichung

$$(46) \qquad\qquad p - 5\, q^{\frac{5}{3}} = 0$$

mit dem Anfangselementenstreifen

$$x(\tau) = 0, \quad y(\tau) = \tau, \quad z(\tau) = \frac{1}{3}\, \tau^3, \quad p(\tau) = 5\, \tau^{\frac{10}{3}}, \quad q(\tau) = \tau^2.$$

Hier lauten die Differentialgleichungen des charakteristischen Streifens

$$x' = 1, \quad y' = - \frac{25}{3}\, q^{\frac{2}{3}}, \quad z' = - \frac{10}{3}\, q^{\frac{5}{3}}, \quad p' = 0, \quad q' = 0,$$

und ihre Integration liefert

$$X = t, \quad Y = -\frac{25}{3}\,\tau^{\frac{4}{3}}X + \tau, \quad Z = -\frac{10}{3}\,\tau^{\frac{10}{3}}X + \frac{1}{3}\,\tau^3, \quad P = 5\,\tau^{\frac{10}{3}}, \quad Q = \tau^2.$$

Hier sind X, Y, Z stetig differenzierbar nach τ, übrigens auch P und Q, während F_q' zur Lipschitz-Klasse $L_{\frac{2}{3}}$ gehört. Daher muß nach unserem Satz die Relation (26) erfüllt sein, wie man auch durch direkte Rechnung sofort verifiziert.

Andererseits läßt sich auch hier z in der Umgebung des Nullpunktes eindeutig durch x und y darstellen, da für $\tau = u^3$ zwischen u, x, y sich wiederum die Relation (45) ergibt und z im Nullpunkt in hinreichend hoher Ordnung verschwindet. Auch in diesem Fall ist der allgemeine Existenzsatz von Ważewski [1. c.[13])] nicht anwendbar.

Es sei endlich noch bemerkt, daß die Resultate dieser Abhandlung 1948 in einem Vortrag anläßlich der Tagung der Italienischen Mathematischen Gesellschaft in Pisa mitgeteilt wurden.

Basel, Mathematische Anstalt der Universität

(Eingegangen am 2. März 1956)

On Lancaster's Decomposition
of a Matrix Differential Operator

1. In the theory of linear vibrations of damped systems a matrix differential equation of the form

$$(1) \qquad \left(A \frac{d^2}{dt^2} + B \frac{d}{dt} + C\right) \xi(t) = \zeta(t),$$

with $(n \times n)$ matrices A, B, C and $(n \times 1)$ vectors $\xi(t), \zeta(t)$, usually plays a central role. Closely connected with this equation are the non-linear eigenvalue problems

$$(2) \qquad (A \lambda^2 + B \lambda + C) \xi = 0, \qquad \eta(A \lambda^2 + B \lambda + C) = 0,$$

where ξ, η are the eigenvectors and λ is the corresponding eigenvalue.

In this connection P. LANCASTER [1] has recently discovered a decomposition of the operator in (1) which holds under fairly general conditions and appears to be very useful.

Since LANCASTER's proof is imbedded in a rather cumbersome general investigation and is not very accessible, I shall give an independent formulation in Section 2 and a very simple proof of this result in Section 3.

The decomposition in question uses only one half of the right and left eigenvectors of (2). In Sections 4, 5 of this note I give simple expressions for the remaining eigenvectors and use these expressions in Section 6 to present LANCASTER's solution of (1) by quadratures in an alternate form which may in some cases be easier to handle than the expression given by LANCASTER.

It has been found convenient to use notations different from LANCASTER's.

2. **Theorem.** *Consider the differential operator*

$$(3) \qquad A D^2 + B D + C,$$

where A, B, C are constant $(n \times n)$-matrices and D is the differentiation operator with respect to t. Assume that the $2n$ roots of the equation

$$|A \sigma^2 + B \sigma + C| = 0$$

can be distributed in two sets, of n roots each,

$$S_1 = (\sigma_1', \ldots, \sigma_n'), \qquad S_2 = (\sigma_1'', \ldots, \sigma_n''),$$

such that none of the roots in S_1 equals any root in S_2, and such that there are n independent right eigenvectors $\xi_1, \ldots, \xi_n$ corresponding to the $\sigma_1', \ldots, \sigma_n'$ and n

independent left eigenvectors $\eta_1, \ldots, \eta_n$, corresponding to $\sigma_1'', \ldots, \sigma_n''$. Put

$$(4) \qquad \Lambda_1 = \begin{pmatrix} \sigma_1' & 0 & \cdots & 0 \\ 0 & \sigma_2' & \cdots & 0 \\ \cdot & \cdot & \cdots & \cdot \\ 0 & 0 & \cdots & \sigma_n' \end{pmatrix}, \qquad \Lambda_2 = \begin{pmatrix} \sigma_1'' & 0 & \cdots & 0 \\ 0 & \sigma_2'' & & \\ \cdot & \cdot & \cdots & \cdot \\ 0 & 0 & \cdots & \sigma_n'' \end{pmatrix},$$

and define two $(n \times n)$-matrices Q, R by

$$(5) \qquad R_1 = (\xi_1, \ldots, \xi_n), \qquad L_2 = \begin{pmatrix} \eta_1 \\ \eta_2 \\ \vdots \\ \eta_n \end{pmatrix}.$$

Then

$$(6) \qquad A D^2 + B D + C = L_2^{-1}(I D - \Lambda_2) L_2 A R_1 (I D - \Lambda_1) R_1^{-1}.$$

3. **Proof.** Multiplying (3) from the right by R_1 and from the left by L_2, we reduce the general case to the case where both R_1 and L_2 are unity matrices. Then each ξ_k is the kth coordinate unity vector $e_k = (\delta_{\mu k})$ corresponding to σ_k', while η_k is also $e_k' = (\delta_{k\mu})$ corresponding to σ_k''. We have then

$$(A \sigma_i'^2 + B \sigma_i' + C) e_i = 0 \qquad (i = 1, \ldots, n),$$

and, taking here the kth row and putting

$$A = (a_{\mu\nu}), \qquad B = (b_{\mu\nu}), \qquad C = (c_{\mu\nu}),$$

$$(7) \qquad a_{ki} \sigma_i'^2 + b_{ki} \sigma_i' + c_{ki} = 0 \qquad (i, k = 1, \ldots, n).$$

In the same way we have

$$e_k' (A \sigma_k''^2 + B \sigma_k'' + C) = 0,$$

or, considering the ith column,

$$(8) \qquad a_{ki} \sigma_k''^2 + b_{ki} \sigma_k'' + c_{ki} = 0 \qquad (i, k = 1, \ldots, n).$$

From (7) and (8) we have

$$(9) \qquad b_{ki} = - a_{ki}(\sigma_i' + \sigma_k''), \qquad c_{ki} = a_{ki} \sigma_i' \sigma_k'';$$

this can be written as

$$(10) \qquad B = - (\Lambda_2 A + A \Lambda_1), \qquad C = \Lambda_2 A \Lambda_1,$$

and these relations give (6). Our theorem is proved.

4. Under the hypotheses of our theorem it follows from the Fredholm alternative that to the roots σ_ν'' in S_2 correspond n linearly independent right eigenvectors $\xi_1^{(1)}, \ldots, \xi_n^{(1)}$, and to the σ_ν' in S_1 n linearly independent left eigenvectors $\eta_1^{(1)}, \ldots, \eta_n^{(1)}$. Further, under our hypotheses, A is not singular.

To obtain the $\xi_\nu^{(1)}$ observe that if we write

$$(11) \qquad L_2 A R_1 = T^{-1}, \qquad R_1^{-1} A^{-1} L_2^{-1} = T = (t_{\mu\nu}),$$

to the decomposition (6) corresponds the decomposition

$$(12) \qquad A\,\lambda^2 + B\,\lambda + C = L_2^{-1}(I\,\lambda - \varLambda_2)\,T^{-1}(I\,\lambda - \varLambda_1)\,R_1^{-1}.$$

A right eigenvector $\xi_\nu^{(1)}$ corresponding to σ_ν'' is obtained from the equation

$$L_2^{-1}(I\,\sigma_\nu'' - \varLambda_2)\,T^{-1}(I\,\sigma_\nu'' - \varLambda_1)\,R_1^{-1}\,\xi_\nu^{(1)} = 0,$$

or, putting

$$(13) \qquad T^{-1}(I\,\sigma_\nu'' - \varLambda_1)\,R_1^{-1}\,\xi_\nu^{(1)} = \hat{\xi},$$

$$(14) \qquad (I\,\sigma_\nu'' - \varLambda_2)\,\hat{\xi} = 0.$$

Then (14) is satisfied by $\hat{\xi} = e_\nu = (\delta_{\mu\nu})$, and we obtain from (13)

$$(15) \qquad \xi_\nu^{(1)} = R_1(I\,\sigma_\nu'' - \varLambda_1)^{-1}\,T\,e_\nu.$$

5. From now on we use the notation $A^{(\nu)}$ for the column vector formed by the νth column of A. Observe that we have then from the law of multiplication of matrices

$$(16) \qquad (A\,B)^{(\nu)} = A \cdot B^{(\nu)}.$$

Further, we introduce the $(n \times n)$-matrix

$$(17) \qquad \varOmega = \left(\frac{t_{\mu\nu}}{\sigma_\nu'' - \sigma_\mu'}\right) \qquad (\mu, \nu = 1, \ldots, n).$$

We have then from (15)

$$T\,e_\nu = T^{(\nu)}, \qquad (I\,\sigma_\nu'' - \varLambda_1)^{-1}\,T^{(\nu)} = \varOmega^{(\nu)},$$

$$(18) \qquad \xi_\nu^{(1)} = (R_1\,\varOmega)^{(\nu)}.$$

Here $R_1\varOmega$ is not singular, and therefore (18) gives for any multiple root σ_ν'' independent eigenvectors equal in number to the multiplicity of σ_ν''. We see that the matrix

$$(19) \qquad R_2 = R_1\,\varOmega$$

consists of n linearly independent right eigenvectors corresponding to the eigenvalues of S_2 and ordered in the same way as in S_2 and $\varLambda_2$. A completely symmetric discussion gives us the matrix

$$(20) \qquad L_1 = -\,\varOmega\,L_2.$$

6. The differential equation (1) becomes, in virtue of (6) and (11),

$$(21) \qquad L_2^{-1}\left(I\,\frac{d}{dt} - \varLambda_2\right)T^{-1}\left(I\,\frac{d}{dt} - \varLambda_1\right)R_1^{-1}\,\xi(t) = \zeta(t),$$

or, putting

$$(22) \qquad T^{-1}\left(I\,\frac{d}{dt} - \varLambda_1\right)R_1^{-1}\,\xi(t) = \alpha(t),$$

$$(23) \qquad L_2^{-1}\left(I\,\frac{d}{dt} - \varLambda_2\right)\alpha(t) = \zeta(t).$$

An integral of (23) is given, as is immediately verified by differentiation, by

$$(24) \qquad \alpha(t) = e^{A_2 t} \int_c^t e^{-A_2 \tau} L_2 \zeta(\tau) \, d\tau,$$

and we have in the same way from (22) and (24)

$$\xi(t) = R_1 e^{A_1 t} \int_c^t e^{-A_1 \tau'} T \alpha(\tau') \, d\tau',$$

$$(25) \qquad \xi(t) = R_1 e^{A_1 t} \int_c^t \int_c^{\tau'} e^{-A_1 \tau'} T e^{A_2 \tau'} e^{-A_2 \tau} L_2 \zeta(\tau) \, d\tau \, d\tau'.$$

Interchanging the order of integrations by Dirichlet's rule, we have

$$(26) \qquad \xi(t) = R_1 e^{A_1 t} \int_c^t K(\tau) \, e^{-A_2 \tau} L_2 \zeta(\tau) \, d\tau,$$

$$(27) \qquad K(\tau) = \int_\tau^t e^{-A_1 \tau'} T e^{A_2 \tau'} d\tau'.$$

If we consider in the matrix (27) the element in the μth row and the νth column, we obtain for the indefinite integral, denoting by $t_{\mu\nu}$ the corresponding component of T,

$$\frac{1}{\sigma_\nu'' - \sigma_\mu'} e^{-\sigma_\mu' t} t_{\mu\nu} e^{\sigma_\nu'' t},$$

and this is, by (17), the corresponding element of the matrix

$$e^{-A_1 t} \Omega \, e^{A_2 t}.$$

We have therefore from (27) and (26)

$$K(\tau) = e^{-A_1 t} \Omega \, e^{A_2 t} - e^{-A_1 \tau} \Omega \, e^{A_2 \tau},$$

$$(28) \qquad \xi(t) = R_1 \int_c^t (\Omega \, e^{A_2(t-\tau)} - e^{A_1(t-\tau)} \Omega) L_2 \zeta(\tau) \, d\tau,$$

or, using (19) and (20),

$$(29) \qquad \xi(t) = \int_c^t (R_2 e^{A_2(t-\tau)} L_2 + R_1 e^{A_1(t-\tau)} L_1) \zeta(\tau) \, d\tau.$$

(28) is equivalent to the formula (39) in LANCASTER's paper [1].

Sponsored by the United States Army under Contract No. DA-11-022-ORD-2059 with the Mathematics Research Center of the U.S.Army, Madison, Wisconsin.

Reference

[1] LANCASTER, P : Inversion of Lambda-Matrices and Application to the Theory of Linear Vibrations. Arch. Rational Mech. Anal. 6, 105—114 (1960).

Certenago-Montagnola
Ticino, Switzerland

(Received May 4, 1961)

XII   Differential Transformations

Mathematische Miszellen XIX, XX, XXI.[1])

XIX. Zur integrallosen Bestimmung
der Berührungstransformationen vom Range 1.

I.

Eine Berührungstransformation des $(n + 1)$-dimensionalen Raumes ist bekanntlich durch ein Formelsystem gegeben

$$
(1) \quad
\begin{aligned}
X_0 &= X_0\,(x_0,\, x_\mu,\, p_\mu)\,, \\
X_\nu &= X_\nu\,(x_0,\, x_\mu,\, p_\mu)\,, \quad \mu,\ \nu = 1,\, \ldots,\, n\,, \\
P_\nu &= P_\nu\,(x_0,\, x_\mu,\, p_\mu)\,, \quad \mu,\ \nu = 1,\, \ldots,\, n\,,
\end{aligned}
$$

das die PFAFF'sche Relation

$$
d\,X_0 - \sum_{\nu=1}^{n} P_\nu\, d\,X_\nu = \varrho \left(d\,x_0 - \sum_{\nu=1}^{n} p_\nu\, d\,x_\nu \right)
$$

mit einem $\varrho \neq 0$ befriedigt. Eliminiert man aus den Gleichungen (1) die Grössen P_ν, p_ν, so erhält man eine Anzahl $k > 0$ von Relationen

$$
(2) \quad \Omega_\varkappa\,(X_0,\, X_\nu,\, x_0,\, x_\nu) = 0,\ \varkappa = 1,\, \ldots,\, k
$$

durch die eine Korrespondenz zwischen den beiden Räumen $S\,(X_0, X_1, \ldots, X_n)$ und $s\,(x_0, x_1, \ldots, x_n)$ definiert wird. Ist k möglichst klein gewählt, so wird bei der Korrespondenz (2) jedem allgemeinen Punkt von S eine $(n - k + 1)$-dimensionale Mannigfaltigkeit in s und umgekehrt jedem allgemeinen Punkt

---

[1]) Die ersten 18 Mitteilungen dieser Serie sind 1925—1933 in den Bänden 33—43 des Jahresberichts der Deutschen Mathematikervereinigung erschienen.

von s eine $(n - k + 1)$-dimensionale Mannigfaltigkeit von S zugeordnet. Von einer solchen Korrespondenz (2), ebenso wie
von der zugehörigen Berührungstransformation (1) sagen wir,
sie seien vom Range $n - k + 1$.

Geht man umgekehrt von der Korrespondenz (2) vom
Range $n - k + 1$ aus, so kann man die sie erzeugende Berührungstransformation (1) mit Hilfe der Formeln finden:

$$
(3) \qquad - p_\nu = \frac{\sum_{\varkappa = 1}^{k} \lambda_\varkappa \, \Omega'_{\varkappa x_\nu}}{\sum_{\varkappa = 1}^{k} \lambda_\varkappa \, \Omega'_{\varkappa x_0}} \quad , \quad - P_\nu = \frac{\sum_{\varkappa = 1}^{k} \lambda_\varkappa \, \Omega'_{\varkappa X_\nu}}{\sum_{\varkappa = 1}^{k} \lambda_\varkappa \, \Omega'_{\varkappa X_0}} \quad ,
$$

die nach Elimination der $\lambda_\varkappa$ zusammen mit den Gleichungen (2),
nach X_0, X_ν, P_ν aufgelöst, gerade (1) liefern.

Gibt man andererseits die Korrespondenz (2) vom Range
$n - k + 1$ a priori vor, so wird im allgemeinen vermittelst
der Formeln (3) eine Berührungstransformation definiert, die
wiederum auf die Korrespondenz (2) führt. Es kann hier
indessen Ausnahmefälle geben, wenn nämlich die Gleichungen (2), (3) sich gar nicht nach den Grössen X_0, X_ν auflösen
lassen. Die Bedingungen für das Auftreten dieses Ausnahme-
falles hat nun LIE untersucht und gefunden, dass dafür notwendig und hinreichend ist, dass eine gewisse Determinante
von der Ordnung $n + k + 1$, deren Elemente die ersten partiellen
Ableitungen der $\Omega_\varkappa$ und die zweiten partiellen Ableitungen
der Grösse

$$
W = \lambda_1 \, \Omega_1 + \ldots + \lambda_k \, \Omega_k
$$

sind, identisch vermöge der Gleichungen (2) in allen Grössen X_0,
$x_0, X_\nu, x_\nu, P_\nu, p_\nu, \lambda_\varkappa$ verschwindet[1]).

Unter den Korrespondenzen (2) sind die geometrisch
interessantesten diejenigen vom Range 1, die also durch $k = n$
Gleichungen (2) definiert sind. Gerade für solche Korrespondenzen wird aber die LIE'sche Determinante vom Grade $2\,n + 1$,
so dass die LIE'sche Bedingung für die Existenz der zugehörigen
Berührungstransformation besonders umständlich wird.

Im Folgenden wollen wir nun beweisen: Notwendig
und hinreichend, damit die Korrespondenz (2) vom
Range 1 vermöge der Formeln (3) eine Berührungstransformation definiert, ist, dass sich die Defini-

---

[1]) Vgl. LIE-ENGEL, Theorie der Transformationsgruppen, Bd. II (1890),
pp. 150/151.

tionsgleichungen (2) der Korrespondenz nicht sämtlich in der „separierten" Form

$$(4) \qquad F_\varkappa(X_\nu) - f_\varkappa(x_\nu) = 0 \, , \quad \varkappa = 1, \ldots, n \, ,$$

wählen lassen.

Was die Funktionen $\Omega_\varkappa$ anbetrifft, so wird über sie dabei vorausgesetzt, dass jede der beiden Matrizen

$$(5) \qquad (\Omega'_{\varkappa x_\nu}) \, , \quad \varkappa = 1, \ldots, n \, , \quad \nu = 0, \ldots, n$$
$$(6) \qquad (\Omega'_{\varkappa X_\nu}) \, , \quad \varkappa = 1, \ldots, n \, , \quad \nu = 0, \ldots, n$$

den Rang n besitzt: die erste für einen allgemeinen Punkt von S im allgemeinen Punkt der ihm vermöge (2) entsprechenden Kurve in s; die zweite für den allgemeinen Punkt von s und im allgemeinen Punkt der ihm vermöge (2) entsprechenden Kurve in S. Bezeichnen wir die $n+1$ Determinanten der Matrix (5), die jeweils durch das Weglassen einer Kolonne entstehen, mit $\Delta_0, \Delta_1, \ldots, \Delta_n$, so ist dafür, dass sich die die Korrespondenz (2) bestimmenden Gleichungen sämtlich in der Form (4) schreiben lassen, notwendig und hinreichend, dass die Quotienten der Determinanten Δ_ν sich vermöge (2) durch die von den Variablen X_ν unabhängigen Grössen darstellen lassen.

II.

Man kann das Resultat der Elimination der $\lambda_\varkappa$ aus den ersten n Gleichungen (3) offenbar in der Form schreiben

$$\left| \, \Omega'_{\nu x_0} \, p_\mu + \Omega'_{\nu x_\mu} \, \right| = 0 \, , \quad \nu, \mu = 1, \ldots, n \, ,$$

das heisst

$$(7) \qquad \Delta_0 + p_1 \Delta_1 - \cdots \pm p_n \Delta_n = 0 \, .$$

Wegen der bezüglich der Matrix (6) oben festgelegten Bedingung lassen sich n von den $n+1$ Grössen X_ν, $\nu = 0,1\ldots,n$, ausdrücken durch die $(n+1)$-te unter ihnen, die wir mit X bezeichnen wollen.

Tragen wir diese Ausdrücke in die Determinanten Δ_ν in (7) ein, so ergibt sich eine Relation von der Form

$$(8) \qquad \Delta_0\,(x_\nu, X) + \sum_{\mu=1}^{n} \pm p_\mu \, \Delta_\mu\,(x_\nu, X) = 0 \, .$$

495

Es sei nun ν_0 ein Index für den

$$\Delta_{\nu_0} \neq 0 \; .$$

Man kann dann offenbar vermöge der Gleichungen (2) die Grössen x_μ, $\mu \neq \nu_0$, durch x_{ν_0} und die X_ν ausdrücken. Es gilt dann insbesondere wegen den Gleichungen (2)

$$(9) \qquad \pm \frac{\Delta_\mu}{\Delta_{\nu_0}} = \frac{\partial x_\mu}{\partial x_{\nu_0}} \; , \quad \mu \neq \nu_0 \; .$$

Würden nun alle Δ_μ mit $\mu \neq \nu_0$ verschwinden, so müssten offenbar alle $\Omega_{\varkappa x_{\nu_0}}$ verschwinden (vermöge (2)). Die Gleichungen (3) links sind aber dann für allgemeine p_ν nur möglich,

wenn jede der $n + 1$ Summen $\sum\limits_{\varkappa = 1}^{n} \lambda_\varkappa \, \Omega'_{\varkappa x_\nu}$, $\nu = 0$, $\ldots$, n

vermöge (2) verschwindet, so dass man nur n Gleichungen (2) für $X_0 , \ldots , X_n$ hätte. Andererseits müssen dann wegen (9) die durch Auflösung von (2) gefundenen Werte der x_μ $(\mu \neq \nu_0)$ von x_{ν_0} unabhängig sein, so dass die Gleichungen (2) sich durch die n Gleichungen ersetzen lassen:

$$x_\varkappa - F_\mu (X_\nu) = 0 \; , \quad \mu = 0 \; , \; \ldots \; , \; n \; , \; \mu \neq \nu_0 \; ,$$

und in diesem Falle unsere erste Behauptung zutrifft. Ferner sind die n Quotienten $\dfrac{\Delta_\mu}{\Delta_{\nu_0}} = 0$, $\mu \neq \nu_0$, so dass in diesem Falle auch unsere zweite Behauptung zutrifft.

Wir dürfen daher bei der weiteren Diskussion annehmen, dass wenigstens zwei unter den Determinanten Δ_ν von 0 verschieden sind. Daher darf insbesondere angenommen werden, dass $\nu_0 > 0$ ist. Dann darf die Gleichung (8) in der Form geschrieben werden:

$$(10) \qquad p_{\nu_0} = \pm \frac{\Delta_0}{\Delta_{\nu_0}} - \sum\limits_{\substack{\mu = 1 \\ \mu \neq \nu_0}}^{n} \pm p_\mu \frac{\Delta_\mu}{\Delta_{\nu_0}} \; ,$$

so dass sich (8) dann und nur dann nach X auflösen lässt, wenn nicht alle Quotienten der Determinanten Δ_ν sich durch die $x_0 , \ldots , x_n$ allein ausdrücken lassen.

III.

Nehmen wir nun an, es seien die Quotienten $\dfrac{\varDelta_\mu}{\varDelta_{\nu_0}}$ von X unabhängig, so dass man mit (9) aus (2) ein System von n Differentialgleichungen hergeleitet hat

$$(11) \qquad \frac{\partial x_\mu}{\partial x_{\nu_0}} = f_\mu(x_\nu) \ , \quad \mu \neq \nu_0 \ ,$$

wo die Funktionen $f_\mu(x_\nu)$ von X unabhängig sind.

Es seien $g_\varkappa(x_0, \ldots, x_n)$ n unabhängige Integrale des Systems (11), so dass die Werte dieser Funktionen „Integrationskonstanten", d. h. von den x unabhängig sind und sich daher durch die „Parameter" X allein, vermöge der Gleichungen (2) darstellen lassen. Damit hat man aus (2) ein System von n Gleichungen in separierter Form gefolgert:

$$(12) \qquad g_\varkappa(x_\nu) - G_\varkappa(X_\nu) = 0 \ ,$$

und die Gleichungen (2) sind dann offenbar den Gleichungen (12) äquivalent, wie man sofort einsieht, wenn man die Funktionen $g_\varkappa$ als n neue Variablen einführt.

Lässt sich umgekehrt das Gleichungssystem (2) in der Form (12) schreiben, so folgen daraus für einen gewissen Index ν_0 für die Ableitungen $\dfrac{d x_\mu}{d x_{\nu_0}}$ durch Differentiation von (12) Ausdrücke, die von den X_ν unabhängig sind. Wegen (9) lassen sich aber dann die Quotienten der $\varDelta_\nu$ in der Tat frei von den X_ν darstellen. Damit sind unsere sämtlichen Behauptungen bewiesen.

Aus unserer auf die Darstellung in der Form (4) bezüglichen Formulierung folgt übrigens sofort, dass, wenn das Gleichungssystem (2), (3) sich nach den X_ν auflösen lässt, es sich auch nach den x_ν auflösen lässt und umgekehrt. Es ist dies eine Tatsache, die Lie im Falle beliebigen Ranges daraus gefolgert hat, dass seine in I. erwähnte Determinante symmetrisch in bezug auf die beiden Variablensysteme aufgebaut ist.

*   *   *

XX. Ueber eine Klasse von Berührungstransformationen.

I.

Im Folgenden sollen alle **homogenen** Berührungstransformationen von der Form ($n \geq 2$)

$$(1) \quad X_1 = X_1(x_1, p_1, \ldots, p_n), \quad \ldots, \quad X_n = X_n(x_n, p_1, \ldots, p_n)$$

aufgestellt werden, wo jede der neuen Ortskoordinaten X_ν nur von **einer**, ihr entsprechenden, unter den alten Ortskoordinaten x_ν — und von den alten Richtungskoordinaten p_ν — abhängt.

Wir haben dann die Funktionen X_ν so zu wählen, dass für geeignete Grössen $P_\nu(x_1, \ldots, x_n, p_1, \ldots, p_n)$ die Relation erfüllt ist.

$$(2) \quad \sum_{\nu=1}^{n} P_\nu \, dX_\nu = \sum_{\nu=1}^{n} p_\nu \, dx_\nu \, .$$

Über die Funktionen X_ν wird dabei vorausgesetzt, dass sie **einmal** stetig differenzierbar nach ihren $n+1$ Argumenten sind und dass die Ableitungen $X'_{\nu x_\nu}$ ($\nu = 1, \ldots, n$) in dem in Betracht kommenden Bereiche nicht verschwinden. Über die P_ν wird nur die Stetigkeit vorausgesetzt[1]).

Unser Resultat lautet:

$$(3) \quad \begin{cases} X_\nu = \varphi_\nu\big(x_\nu + T'_{p_\nu}(p_1, \ldots, p_n)\big), & \nu = 1, \ldots, n, \\[2mm] \dfrac{p_\nu}{P_\nu} = \varphi'_\nu\big(x_\nu + T'_{p_\nu}(p_1, \ldots, p_n)\big), & \nu = 1, \ldots, n, \end{cases}$$

wo die „willkürliche" Funktion $T(p_1, \ldots, p_n)$ zweimal stetig differenzierbar und homogen von der Dimension 1 ist, während die $\varphi_\nu(t)$ „willkürliche", einmal stetig differenzierbare Funktionen von t sind, deren Ableitungen in dem in Betracht kommenden Bereiche nicht verschwinden.

----

[1]) Man darf übrigens die Voraussetzung der stetigen Differenzierbarkeit der X_ν ersetzen durch die Annahme, dass sie **differentiabel** sind, d. h. dass sie totale Differentiale besitzen. Dann sind in den Formeln (3) die $\varphi_\nu(t)$ als differenzierbar schlechthin anzunehmen, während bei T die Annahme der Stetigkeit der zweiten Ableitungen durch die Annahme zu ersetzen ist, dass die ersten Ableitungen von T differentiabel sind. Am Beweis braucht dabei nichts geändert zu werden. (Vgl. zum Begriff einer differentiablen Funktion: De La Vallée-Poussin, Cours d'analyse infinitésimale T. I, 3-iéme édition (1914), pp. 140 f., 151 f., 167 f., wo man auch die wichtigsten Sätze über solche Funktionen findet.)

Bei der üblichen Begründung der Theorie der (homogenen) Berührungstransformationen, die von der Relation (2) ausgeht, setzt man die Grössen X_ν und P_ν als zweimal stetig differenzierbar voraus, um zu den charakteristischen Klammerrelationen gelangen zu können. Da wir aber wesentlich geringere Voraussetzungen machen, bedienen wir uns im Folgenden einer spezielleren, auf das vorliegende Problem zugeschnittenen Methode.

Die unseren homogenen Transformationen entsprechenden inhomogenen ergeben sich, falls etwa x_n bzw. X_n als abhängige Variable z bzw. Z aufgefasst werden und

$$\frac{\partial z}{\partial x_\nu} = q_\nu = -\frac{p_\nu}{p_n}\,,\quad \frac{\partial Z}{\partial X_\nu} = Q_\nu = -\frac{P_\nu}{P_n}\,,\quad \nu = 1,\ldots,n-1$$

gesetzt wird, dem Ansatz entsprechend

$$Z = Z(z, q_1, \ldots, q_{n-1})\,,\quad X_\nu = X_\nu(x_\nu, q_1, \ldots, q_{n-1})\,,$$
$$\nu = 1, \ldots, n-1\,,$$

durch die Formeln

$$(4)\quad \begin{cases} X_\nu = \varphi_\nu(x_\nu - U'_{q_\nu})\,,\quad \nu = 1,\ldots,n-1 \\[2mm] Z = \varphi_n\left(z - U + \sum_{\varkappa=1}^{n-1} q_\varkappa U'_{q_\varkappa}\right) \\[2mm] Q_\nu = q_\nu\,\dfrac{\varphi'_n\left(z - U + \sum_{\varkappa=1}^{n-1} q_\varkappa U'_{q_\varkappa}\right)}{\varphi'_\nu(x_\nu - U'_{q_\nu})}\quad \nu = 1,\ldots,n-1\,, \end{cases}$$

wo U eine „willkürliche" zweimal differenzierbare Funktion von $q_1, \ldots, q_{n-1}$ ist.

Für $n = 2$ erhält man insbesondere, wenn noch $\varphi_1(t) = \varphi_2(t) \equiv t$ angenommen wird:

$$(5)\qquad X = x - U'_q\,,\quad Z = z - U + q U'_q\,,\quad Q = q\,.$$

Es sind dies die allgemeinsten mit allen Translationen vertauschbaren Berührungstransformationen der Ebene[1]).

II.

Die Relation (2) liefert, wenn man die Differentiale der X_ν links einsetzt und beiderseitig die Koeffizienten bei den $dx_\varkappa$ und $dp_\varkappa$ vergleicht, die Gleichungen

___

[1]) Vgl. LIE-SCHEFFERS: Geometrie der Berührungstransformationen, Bd. 1 (1896), pp. 59—60.

$$P_\varkappa \, X'_{\varkappa\, x_\varkappa} = p_\varkappa \; , \quad \sum_{\nu=1}^{n} P_\nu \, X'_{\nu\, p_\varkappa} = 0 \; , \quad \varkappa = 1, \ldots, n \; .$$

Eliminiert man hieraus die $P_\varkappa$, so ergeben sich die Gleichungen

$$(6) \qquad\qquad P_\nu = \frac{p_\nu}{X'_{\nu\, x_\nu}} \; , \quad \nu = 1, \ldots, n \, ,$$

$$(7) \qquad\qquad \sum_{\nu=1}^{n} p_\nu \, \frac{X'_{\nu\, p_\varkappa}}{X'_{\nu\, x_\nu}} = 0 \; , \quad \varkappa = 1, \ldots, n \; .$$

Drücken wir andererseits vermöge der Gleichungen (1) jedes x_ν durch X_ν und $p_1, \ldots, p_n$ aus:

$$(8) \qquad\qquad x_\nu = \xi_\nu \, (X_\nu, p_1, \ldots, p_n) \, ,$$

— dies ist wegen der Voraussetzung $X'_{\nu\, x_\nu} \neq 0$ möglich —, so erhält man n wiederum einmal stetig differenzierbare Funktionen ξ_ν, die homogen von der Dimension 0 in $p_1, \ldots, p_n$ sind. Zugleich folgt nach der Differentiationsregel für implizite Funktionen:

$$(9) \qquad\qquad \frac{\partial \xi_\nu}{\partial p_\varkappa} = - \, \frac{X'_{\nu\, p_\varkappa}}{X'_{\nu\, x_\nu}} \; .$$

Unter Benützung von (9) verwandelt sich (7) in

$$\sum_{\nu=1}^{n} p_\nu \, \frac{\partial \xi_\nu}{\partial p_\varkappa} = 0 \; , \quad \varkappa = 1, \ldots, n \; .$$

Setzen wir daher

$$(10) \qquad\qquad \sum_{\nu=1}^{n} p_\nu \, \xi_\nu = \omega \, (X_1, \ldots, X_n, p_1, \ldots, p_n) \, ,$$

so folgt

$$(11) \qquad\qquad \frac{\partial \omega}{\partial p_\nu} = \xi_\nu \, ,$$

und ω ist offenbar einmal stetig differenzierbar nach allen $2n$ Variablen und homogen von der Dimension 1 in $p_1, \ldots, p_n$.

Es sei nun $\mu \neq \nu$. Da ξ_ν von X_μ unabhängig ist, folgt $\dfrac{\partial^2 \omega}{\partial X_\mu \partial p_\nu} = 0$. Daher ist nach dem SCHWARZ'schen Satz $\dfrac{\partial \omega}{\partial X_\mu}$ differenzierbar nach p_ν $(\mu \neq \nu)$ und diese Ableitung ist $= 0$, so dass $\dfrac{\partial \omega}{\partial X_\nu}$ nur von den $X_\varkappa$ und p_ν abhängt.

Andererseits ist nach der Definition von ω

$$\frac{\partial \omega}{\partial X_\nu} = p_\nu \frac{\partial \xi_\nu}{\partial X_\nu} ,$$

so dass $\dfrac{\partial \omega}{\partial X_\nu}$ auch nur von X_ν als der einzigen unter den neuen Ortskoordinaten abhängt. Daher folgt schliesslich:

$$\frac{\partial \xi_\nu}{\partial X_\nu} = \Psi_\nu (X_\nu, p_\nu) = \Psi_\nu (X_\nu, 1) ,$$

da $\dfrac{\partial \xi_\nu}{\partial X_\nu}$ homogen von der Dimension 0 in $p_1, \ldots, p_n$ ist.

Setzen wir daher $\Psi_\nu (X_\nu, 1) = \psi'_\nu$, so ergibt sich schliesslich

$$(12) \qquad \frac{\partial \xi_\nu}{\partial X_\nu} = \psi'_\nu (X_\nu) .$$

Es sei nun

$$T = \sum_{\nu=1}^{n} p_\nu \, \psi_\nu (X_\nu) - \omega (X_1, \ldots, X_n, p_1, \ldots, p_n).$$

Dann verschwinden wegen (10) und (12) die ersten Ableitungen von T in bezug auf $X_1, \ldots, X_n$, so dass T nur von $p_1, \ldots, p_n$ abhängt und zugleich homogen von der Dimension 1 in diesen Grössen ist. Nunmehr folgt aus (8), (11) und (12):

$$(13) \qquad x_\nu = \xi_\nu = \psi_\nu (X_\nu) - T'_{p_\nu} ,$$

woraus wegen

$$\psi'_\nu (X_\nu) = \frac{1}{X'_{\nu\, x_\nu}} \doteq 0$$

die Ausdrücke (3) der X_ν folgen. Dass die zweiten Ableitungen von T stetig sind, folgt wegen (13) aus der stetigen Differenzierbarkeit der ξ_ν.

Das zweite Formelsystem (3) folgt nunmehr aus (6) ohne weiteres.

Dass umgekehrt die Relation (2) für die Ausdrücke (3) erfüllt ist, ist sofort zu verifizieren.

$$* \qquad * \qquad *$$

XXI. Ueber eine Klasse von kanonischen Transformationen.

I.

Im Folgenden sollen alle kanonischen Transformationen von der Form

$$(1) \quad X_1 = X_1(x_1, p_1, \ldots, p_n), \quad \ldots, \quad X_n = X_n(x_n, p_1, \ldots, p_n),$$

$$(2) \quad P_\nu = P_\nu(x_1, \ldots, x_n, p_1, \ldots, p_n), \quad \nu = 1, \ldots, n$$

aufgestellt werden, wo jede der neuen Ortskoordinaten X_ν nur von einer, ihr entsprechenden, unter den alten Ortskoordinaten x_ν — und von den alten Impulskoordinaten p_ν — abhängt. Die Funktionen X_ν und P_ν sind dann der Bedingung

$$(3) \qquad \sum_{\nu=1}^{n} P_\nu \, dX_\nu - \sum_{\nu=1}^{n} p_\nu \, dx_\nu = d\,\Omega$$

gemäss zu bestimmen, wo $d\,\Omega$ ein totales Differential ist. Über die Funktionen X_ν und Ω wird dabei vorausgesetzt, dass sie einmal stetig differenzierbar nach ihren Argumenten sind und dass die Ableitungen $X'_{\nu x_\nu}$ $(\nu = 1, \ldots, n)$ in dem in Betracht kommenden Bereiche nicht verschwinden. Über die P_ν wird nur die Stetigkeit vorausgesetzt[1].

Unser Resultat lautet

$$(4) \qquad X_\nu = \varphi_\nu\left(p_\nu,\, x + T'_{p_\nu}(p_1, \ldots, p_n)\right), \quad \nu = 1, \ldots, n$$

$$(5) \qquad P_\nu = \int^{p_\nu} \frac{d\,p_\nu}{\varphi'_{\nu x_\nu}\left(p_\nu,\, x_\nu + T'_{p_\nu}\right)} + U'_{X_\nu}(X_1, \ldots, X_n),$$

wo die „willkürlichen" Funktionen $U(X_1, \ldots, X_n)$ einmal, $T(p_1, \ldots, p_n)$ zweimal stetig differenzierbar, während die $\varphi_\nu(u, v)$ n „willkürliche", einmal stetig differenzierbare Funk-

---

[1] Es würde übrigens genügen, die Annahme der stetigen Differenzierbarkeit der X_ν und von Ω durch die Annahme zu ersetzen, dass sie differentiabel sind. An der folgenden Diskussion braucht dabei nichts geändert zu werden, wenn man in den benützten Sätzen der Differentialrechnung die Voraussetzung der Stetigkeit der Ableitungen durch diejenige der „Differentiabilität" der betreffenden Funktionen ersetzt. (Vgl. z. B. De La Vallée-Poussin: Cours d'analyse infinitésimale, T. 1, 3ème édition, 1914, pp. 140 f., 151 f., 167 f.)

tionen von u und v sind, deren Ableitungen nach v in dem in Betracht kommenden Bereiche nicht verschwinden[1]).

Auch beim Beweis der aufgestellten Behauptung müssen wir, ebenso wie in der vorhergehenden Mitteilung, eine speziellere Methode benützen; sie beruht darauf, dass man die in Betracht kommenden Grössen durch die **neuen** Ortskoordinaten X_ν und die **alten** Impulskoordinaten p_ν ausdrückt, was nach den Annahmen über $X'_{\nu x_\nu}$ offenbar möglich ist.

II.

Wird $\Omega = \Omega(X_1, \ldots, X_n, p_1, \ldots, p_n)$ ebenso wie $x_1, \ldots, x_n$ durch die X_x, p_x ausgedrückt:

$$(6) \qquad x_\nu = \xi_\nu(X_\nu, p_1, \ldots, p_n) ,$$

so läuft die Bedingung (3) auf die folgenden $2n$ Bedingungen hinaus

$$(7) \qquad p_\nu \frac{\partial \xi_\nu}{\partial X_\nu} = P_\nu - \frac{\partial \Omega}{\partial X_\nu} , \quad \nu = 1, \ldots, n$$

$$(8) \qquad \sum_{\nu=1}^{n} p_\nu \frac{\partial \xi_\nu}{\partial p_x} = - \frac{\partial \Omega}{\partial p_x} , \quad x = 1, \ldots, n .$$

Setzt man

$$(9) \qquad \omega(X_1, \ldots, X_n, p_1, \ldots, p_n) = \sum_{\nu=1}^{n} p_\nu \xi_\nu + \Omega ,$$

so nehmen die Gleichungen (8) die Form

$$(10) \qquad \xi_\nu = \frac{\partial \omega}{\partial p_\nu}$$

an. Da nun ξ_ν für $\mu \neq \nu$ von X_μ unabhängig ist, gilt $\frac{\partial^2 \omega}{\partial X_\mu \partial p_\nu} = 0$, und daher nach dem SCHWARZ'schen Satze $\left(\frac{\partial \omega}{\partial X_\mu}\right)'_{p_\nu} = 0$, so dass, wenn man μ mit ν vertauscht, $\frac{\partial \omega}{\partial X_\nu}$ nur von p_ν als der einzigen Impulsvariablen abhängen kann. Um die Struktur

---

[1]) Wird die Annahme der stetigen Differenzierbarkeit der X_ν und von Ω durch diejenige ihrer „Differentiabilität" ersetzt, so sind die φ_ν als differentiable Funktionen von u und v anzunehmen, während bei T die Annahme der Stetigkeit der zweiten Ableitungen durch die Annahme der Differentiabilität der ersten Ableitungen zu ersetzen ist.

von ω feststellen zu können[1]), wollen wir im Folgenden für ein festes v mit p_μ die Gesamtheit der $n-1$ von p_ν verschiedenen alten Impulsvariablen und mit X_μ die Gesamtheit der $n-1$ von X_ν verschiedenen neuen Ortsvariablen bezeichnen. Ebenso schreiben wir $p_\varkappa$ für die Gesamtheit aller alten Impulsvariablen und $X_\varkappa$ für die Gesamtheit aller neuen Ortsvariablen. Dann folgt aus dem Obigen:

$$\frac{\partial \omega}{\partial X_\nu} = f\,(p_\nu\,,\,X_\varkappa)\,,\ \frac{\partial \omega}{\partial p_\nu} = g\,(X_\nu,\,p_\varkappa)\,.$$

Wegen dieser Relationen lässt ω die folgende Doppeldarstellung zu:

$$\omega = F\,(p_\nu,\,X_\varkappa) + G\,(p_\varkappa,\,X_\mu) = f\,(X_\nu,\,p_\varkappa) + g\,(X_\varkappa,\,p_\mu)\,.$$

Nach F aufgelöst, liefert dies $F\,(p_\nu,\,X_\varkappa) = f + g - G\,.$

Da F von den p_μ unabhängig ist, dürfen hier rechts in f, g und G die p_μ durch geeignete Konstanten ersetzt werden. Bezeichnet man die dann aus f, g und G entstehenden Funktionen resp. mit f_0, g_0, G_0, so gilt

$$F\,(p_\nu,\,X_\varkappa) = f_0\,(p_\nu,\,X_\nu) + g_0\,(X_\varkappa) - G_0\,(p\ ,\,X_\varkappa)\,.$$

Setzt man diesen Wert für F in die obige Doppelgleichung für ω ein, so ergibt sich

$$G\,(p_\varkappa,\,X_\mu) - G_0\,(p_\nu,\,X_\mu) = (f - f_0) + (g - g_0)\,,$$

wo die linke Seite von X_ν unabhängig ist. Setzt man daher in den Ausdrücken rechts für X_ν einen geeigneten Zahlenwert ein und bezeichnet die dann aus den beiden Klammerausdrücken entstehenden Funktionen bzw. mit f_1 und g_1, so ergibt sich

$$G\,(p_\varkappa,\,X_\mu) - G_0\,(p_\nu,\,X_\mu) = f_1\,(p_\varkappa) + g_1\,(p_\mu,\,X_\mu)\,.$$

Daher ergibt sich durch Addition der erhaltenen Ausdrücke für F und G:

$$\omega = f_0\,(p_\nu,\,X_\nu) + g_1\,(p_\mu,\,X_\mu) + f_1\,(p_\varkappa) + g_0\,(X_\varkappa)\,.$$

---

[1]) Die folgende Diskussion liesse sich etwas vereinfachen, wenn man von der Stetigkeit von $\dfrac{\partial X_\nu}{\partial x_\nu}$ Gebrauch machen würde. Die Diskussion im Text ist indessen auch für den Fall ohne weiteres anwendbar, dass von den X_ν nur die Differentiabilität vorausgesetzt wird.

Es sei nun p_ν^0 ein Zahlenwert von p_ν, für den ω nach X_ν differenzierbar ist und ebenso X_ν^0 ein Zahlenwert von X_ν, für den ω nach p_ν differenzierbar ist. Wir setzen

$$\Phi_\nu (X_\nu, p_\nu) = f_0 (p_\nu, X_\nu) - f_0 (p_\nu, X_\nu^0) - f_0 (p_\nu^0, X_\nu)$$

und

$$f_1 (p_\varkappa) + f_0 (p_\nu, X_\nu^0) = h (p_\varkappa) ,$$
$$g_0 (X_\varkappa) + f_0 (p_\nu^0, X_\nu) = k (X_\varkappa) .$$

Dann ergibt sich

$$(11) \qquad \omega = \Phi_\nu (X_\nu, p_\nu) + g_1 (p_\mu, X_\mu) + h (p_\varkappa) + k (X_\varkappa) .$$

Setzt man hier $p_\nu = p_\nu^0$, so werden die drei ersten Summanden rechts von X_ν unabhängig, während $k (X_\varkappa)$ unverändert bleibt. Daher ist $k (X_\varkappa)$ nach X_ν differenzierbar. Andererseits ist für „allgemeine p_ν" nach Voraussetzung ω, daher auch $\Phi_\nu + k$ nach X_ν differenzierbar. Daher ist $\Phi_\nu (p_\nu, X_\nu)$ nach X_ν differenzierbar.

Genau analog sieht man ein, dass $h (p_\varkappa)$ und $\Phi (X_\nu, p_\nu)$ nach p_ν differenzierbar sind. Nun folgt aus (10) und (11)

$$\xi_\nu = \frac{\partial \omega}{\partial p_\nu} = \frac{\partial \Phi_\nu}{\partial p_\nu} + h'_{p_\nu} (p_\varkappa) .$$

Da ξ_ν nach Voraussetzung nach X_ν differenzierbar ist, folgt hieraus

$$\frac{\partial^2 \omega}{\partial X_\nu \, \partial p_\nu} = \frac{\partial^2 \Phi_\nu}{\partial X_\nu \, \partial p_\nu} .$$

Bildet man nunmehr

$$\omega^* = \omega - \sum_{\nu = 1}^{n} \Phi_\nu (X_\nu, p_\nu) ,$$

so folgt:

$$\frac{\partial^2 \omega^*}{\partial X_\nu \, \partial p_\mu} = 0 , \quad \nu = 1, \ldots, n , \quad \mu \pm \nu ,$$

so dass ω^* die Form hat

$$\omega^* = U (X_\varkappa) - T (p_\varkappa) ,$$

wo U und T nach ihren Argumenten differenzierbar sind, und wir daher schliesslich für ω erhalten:

$$(12) \qquad \omega = \sum_{\nu = 1}^{n} \Phi_\nu (X_\nu, p_\nu) - T (p_\varkappa) + U (X_\varkappa) .$$

Setzt man nun

(13)
$$\frac{\partial \Phi_\nu}{\partial p_\nu} = \Psi_\nu (p_\nu, X_\nu)\,,$$

so folgt

(14)
$$\xi_\nu = \Psi_\nu (X_\nu, p_\nu) - T'_{p_\nu} (p_\varkappa)\,.$$

Berücksichtigt man nun, dass

$$\frac{\partial \Psi_\nu}{\partial X_\nu} = \frac{1}{\dfrac{\partial X_\nu}{\partial x_\nu}} \doteq 0$$

ist, so ergibt sich nunmehr aus (14) die Darstellung (4) der X_ν ohne weiteres. Zugleich folgt aus der stetigen Differenzierbarkeit der ξ_ν nach allen $p_\varkappa$ und aus $\Psi_\nu (\mathrm{p}_\nu, X_\nu^0) = 0$, dass T zweimal stetig differenzierbar ist.

Um nunmehr P_ν zu ermitteln, beachte man, dass wegen (9), (12) und (13) Ω in der Gestalt geschrieben werden kann:

(15)
$$\Omega = \sum_{\nu=1}^{n} \int^{p_\nu} \Psi_\nu (X_\nu, p_\nu)\, dp_\nu - T - \sum_{\nu=1}^{n} p_\nu\, \xi_\nu + U (X_1, \ldots, X_n)\,,$$

so dass

$$\frac{\partial \Omega}{\partial X_\nu} = \int^{p_\nu} \Psi'_{\nu\, X_\nu} (X_\nu, p_\nu)\, dp_\nu - p_\nu\, \frac{\partial \xi_\nu}{\partial X_\nu}$$
$$+ U'_{X_\nu} (X_1, \ldots, X_n)$$

ist. Daher gilt wegen (7), wenn man berücksichtigt, dass $\Psi'_{\nu\, X_\nu} = \dfrac{1}{\varphi'_{\nu\, x_\nu}}$ ist, der Ausdruck (5) für P_ν.

Dass umgekehrt für die Ausdrücke (4), (5) die Relation (3) erfüllt ist, folgt daraus, dass dann ja die mit ihr äquivalenten Relationen (7) und (8), d. h. (7) und (10) befriedigt sind.

Manuskript eingegangen am 5. November 1940.

Sur une classe de transformations différentielles dans l'espace à trois dimensions. I.

Introduction

Si z est une fonction indéterminée de x, on peut toujours introduire deux variables X, Z par des équations

$$X = f\left(x, z, \frac{dz}{dx}\right) \quad ; \quad Z = g\left(x, z, \frac{dz}{dx}\right) , \tag{1}$$

mais, en considérant Z comme fonction de X, l'expression de $\dfrac{dZ}{dX}$ contient en général $\dfrac{d^2 z}{dx^2}$. Or, on peut choisir les fonctions f et g de sorte que l'expression de $\dfrac{dZ}{dX}$ ne dépende que de x, de z et de $\dfrac{dz}{dx}$:

$$\frac{dZ}{dX} = h\left(x, z, \frac{dz}{dx}\right) , \tag{2}$$

et qu'en plus x et z puissent être tirés des relations (1) et (2) en fonctions de X, Z et $\dfrac{dZ}{dX}$. On a alors affaire à une *transformation de contact*. Par exemple, en posant avec Euler et Legendre

$$X = \frac{dz}{dx} \quad , \quad Z = z - x\frac{dz}{dx} , \tag{3}$$

on a

$$\frac{dZ}{dX} = \frac{\dfrac{dz}{dx} - \dfrac{dz}{dx} - x\dfrac{d^2 z}{dx^2}}{\dfrac{d^2 z}{dx^2}} = -x . \tag{4}$$

Il existe aussi des transformations de cette sorte dans le cas d'une fonction z d'un nombre quelconque n de variables indépendantes $x_1, \ldots, x_n$. Ce sont des transformations de contact dans l'espace à $n+1$ dimensions, dont la théorie, amorcée par Euler, Legendre, Ampère et Jacobi et poursuivie par Du Bois-Reymond et Darboux, a été surtout développée dans l'œuvre magnifique de Sophus Lie et complétée par S. Cantor et F. Engel.

156

On peut se demander s'il existe aussi des transformations analogues dans le cas par exemple *de plusieurs fonctions d'une variable indépendante*. Mais il est facile de montrer que, si par exemple, y_1 et y_2 sont deux fonctions indéterminées d'une variable indépendante x, on obtient, en posant

$$\xi = f\left(x, y_1, y_2, \frac{dy_1}{dx}, \frac{dy_2}{dx}\right), \quad \eta_1 = g(\ldots), \quad \eta_2 = h\ldots),$$

pour les dérivées $\dfrac{d\eta_1}{d\xi}, \dfrac{d\eta_2}{d\xi}$ des expressions dépendant des dérivées secondes de y_1 et y_2 et que ces dérivées ne disparaissent de ξ, η_1, η_2 que si les fonctions f, g, h sont indépendantes de $\dfrac{dy_1}{dx}$ et $\dfrac{dy_2}{dx}$, c'est-à-dire, si notre transformation est une transformation ponctuelle.

Toutefois, en combinant par exemple la transformation (3) avec la transformation identique $U = u$, u étant une fonction indéterminée de x, on exprime au moins les fonctions z et u de x par Z, U et X et par les dérivées $\dfrac{dZ}{dX}, \dfrac{dU}{dX}$, bien que l'expression de la dérivée $\dfrac{dU}{dX} = \dfrac{du}{dx}\Big/\dfrac{d^2z}{dx^2}$ contienne la dérivée seconde de z. On a ici affaire à une transformation qui est *réversible* sans être une transformation de contact.

Plus généralement, si $y_\nu(x)$, $(\nu = 1, \ldots, n)$ sont n fonctions indéterminées de x, il existe des transformations

$$\xi = \xi(x, y, \ldots, y^{(k)}) \quad ; \quad \eta_\nu = \eta_\nu(\ldots),$$

telles qu'en dérivant ces relations, on puisse exprimer x et les y_ν en fonctions de ξ, η_ν et des dérivées des η_ν par rapport à ξ jusqu'à l'ordre k. Nous appelons des transformations de cette sorte *transformations réversibles d'éléments de ligne d'ordre k*. Si $k = 1$, nous parlerons tout simplement de *transformations R*.

Le présent mémoire est consacré à l'étude des transformations R pour $n = 2$, c'est-à-dire dans l'espace à trois dimensions. Dans un mémoire suivant nous établirons les principaux théorèmes concernant les transformations R dans l'espace à un nombre quelconque de dimensions.

Si ξ, η_1 et η_2 sont donnés en fonctions de x, y_1, y_2, $\dfrac{dy_1}{dx} = p_1$, $\dfrac{dy_2}{dx} = p_2$ de manière à conduire à une transformation R, nous montrons tout d'abord que les expressions de ξ, η_1, η_2 dépendent d'une même fonction de p_1, p_2, c'est-à-dire qu'il existe une fonction

$$r = r(x, y_1, y_2, p_1, p_2),$$

157

telle que ξ, η_1, η_2 s'expriment tous les trois par x, y_1, y_2 et r. La fonction r jouit, en fonction de p_1 et p_2, de la propriété que ses courbes de niveau sont des droites. r peut être choisi naturellement de différentes façons. Nous choisissons r d'une manière ,,canonique``, de sorte que $r$ est univoquement déterminé par l'équation ,,Pfaffienne`` $ds = 0$, où

$$ds = edy_1 - a(x, y_1, y_2, r)\, dy_2 - b(x, y_1, y_2, r)\, dx\ .$$

Ici l'on a ou bien $e = 1$, $a = r$ (type I), ou bien $e = 1$, $b = r$, $\dfrac{\partial a}{\partial r} = 0$ (type II), ou bien $e = 0$, $a = -1$, $b = r$ (type III).

La forme ds sera appelée la *première forme adjointe* rattachée à notre transformation R. En considérant les expressions de x, y_1, y_2 en fonctions de ξ, η_1, η_2, $\dfrac{d\eta_1}{d\xi} = \pi_1$, $\dfrac{d\eta_2}{d\xi} = \pi_2$, on exprime de la même façon x, y_1, y_2 par ξ, η_1, η_2 et par une grandeur

$$\varrho = \varrho(\xi, \eta_1, \eta_2, \pi_1, \pi_2)\ ,$$

définie univoquement par une équation $d\sigma = 0$, où

$$d\sigma = \varepsilon d\eta_1 - \alpha(\xi, \eta_1, \eta_2, \varrho)\, d\eta_2 - \beta(\xi, \eta_1, \eta_2, \varrho)\, d\xi\ ,$$

la *seconde forme adjointe* rattachée à notre transformation R, satisfait aux conditions analogues à celles énoncées pour ds.

Notre transformation R se réduit alors à une transformation ponctuelle entre deux espaces à 4 dimensions

$$(x, y_1, y_2, r) \qquad \text{et} \qquad (\xi, \eta_1, \eta_2, \varrho)\ ,$$

satisfaisant à la condition

$$d\sigma = \mu ds \tag{5}$$

(théorème I).

Ici les formes adjointes ds et $d\sigma$ peuvent être choisies arbitrairement (théorème III), et chaque transformation satisfaisant à (5) définit une transformation R.

De l'autre côté, si la forme ds est donnée, il suffit de choisir les expressions de ξ, η_1, η_2 en fonctions des x, y_1, y_2, r de sorte qu'elles satisfassent à une certaine équation différentielle (24,4) du texte, pour qu'il soit possible, en leur adjoignant une quatrième fonction $\varrho(x, y_1, y_2, r)$, d'obtenir une transformation R (théorème IV). Toutefois il y a certains cas d'exception.

158

Les transformations R ne forment pas un groupe, mais si l'on ne considère que les transformations R dont les deux formes adjointes sont égales entre elles quand on remplace $\xi, \eta_1, \eta_2, \varrho$ dans $d\sigma$ resp. par x, y_1, y_2, r — les transformations R *symétriques* — l'ensemble des transformations R symétriques appartenant à une forme adjointe fixe forme un groupe.

Dans notre discussion, nous faisons généralement abstraction des transformations R provenant d'une transformation ponctuelle entre x, y_1, y_2 d'un côté et ξ, η_1, η_2 de l'autre. Toutefois, nous montrons (théorème II) que la condition nécessaire et suffisante pour qu'une forme adjointe $d\sigma$ puisse être transformée par une transformation ponctuelle en la forme adjointe $dy_1 - rdx$ est que les coefficients de $d\sigma$ soient des polynomes au plus linéaires en ϱ. (Une telle forme adjointe sera appelée axiale.)

L'intérêt de ce résultat consiste en ceci que les transformations R symétriques correspondant à la forme $dy_1 - rdx$ se réduisent aux transformations de contact dans *le plan des x, y_1*.

Ces résultats sont développés dans le chapitre I du présent mémoire. Le § 1 de ce chapitre contient la démonstration que les transformations de contact dans le sens de Sophus Lie n'existent pas dans notre cas. Le § 2 est consacré à la définition des fonctions r et ϱ. Dans le § 3 nous démontrons le théorème I qui peut être considéré comme le résultat principal de ce chapitre, et nous ajoutons quelques remarques sur les transformations R du point de vue de la théorie des groupes.

Dans le § 4, les théorèmes II et III sur l'équivalence des formes adjointes sont démontrés. Relevons qu'il résulte du No. 62 du § 10 du second chapitre, que notre procédé de démonstration du théorème III contient une solution de l'équation différentielle aux dérivées partielles du premier ordre à deux variables indépendantes dans le cas général. Dans le § 5 nous démontrons le théorème IV, et nous ajoutons au § 6 quelques remarques sur l'intégration de l'équation différentielle (24,4).

Pour un nombre $n > 2$ de fonctions de x, la solution du problème de trouver toutes les transformations R sera obtenue en généralisant les considérations du chapitre I. Mais dans le cas spécial $n = 2$ on obtient une solution particulièrement simple de notre problème en faisant usage des transformations de contact dans l'espace à trois dimensions. Cette solution est exposée dans le chapitre II.

En éliminant r et ϱ des 4 relations existant pour une transformation R entre x, y_1, y_2, r et $\xi, \eta_1, \eta_2, \varrho$, on obtient une correspondance entre les espaces $S(x, y_1, y_2)$ et $\Sigma(\xi, \eta_1, \eta_2)$, définie par un couple d'équations

159

$$\Omega_\nu(x, y_1, y_2, \xi, \eta_1, \eta_2) = 0 \,, \qquad \nu = 1, 2 \,. \tag{6}$$

C'est une *correspondance de rang 1 entre S et Σ*. Nous montrerons dans le § 7 que réciproquement la transformation R est univoquement déterminée par la correspondance (6) et par ds, à l'exception de certaines transformations R, *transformations R singulières*, qu'on peut facilement toutes former (théorème V).

Dans le § 8 on part d'une correspondance (6) donnée à priori, et l'on cherche des conditions sous lesquelles, en choisissant une première forme adjointe ds, on obtient une transformation R. Cette recherche se réduit à la discussion du problème de caractériser certaines formes ds que nous appelons *singulières relativement à* (6).

Notre résultat est que chaque forme ds est singulière relativement à (6), si la correspondance (6) est *intransitive*, c'est-à-dire, si les équations (6) peuvent être choisies dans la forme

$$f_\nu(x, y_1, y_2) - \varphi_\nu(\xi, \eta_1, \eta_2) = 0 \,, \qquad \nu = 1, 2 \,.$$

Si la correspondance (6) est *transitive*, elle définit dans chaque point de l'espace S un „cône élémentaire" d'éléments de ligne. Si ce cône dégénère dans chaque point de S et devient un élément de surface, on a affaire à une correspondance *faiblement transitive dans S*.

Le résultat principal de la discussion du § 8 consiste en ceci que les formes singulières ds n'existent dans le cas de (6) transitive que si (6) est *faiblement* transitive dans S, et qu'on peut caractériser les formes singulières comme certaines formes axiales satisfaisant à une certaine relation linéaire qu'on établit facilement à partir des cônes élémentaires (dégénérés) définis dans S par (6).

Or, une correspondance (6) (du rang 1) définit d'après S. Lie une transformation de contact T. On peut alors (§ 9) interpréter nos formules au moyen de T. A chaque forme adjointe ds correspond un ensemble D de ∞^4 éléments de surface de S tel que par le point général de S passent ∞^1 éléments de surface de D. D sera appelé le *champ d'éléments de surface* correspondant à ds. D définit évidemment dans S une équation différentielle aux dérivées partielles du premier ordre. Maintenant, si Δ est le champ d'éléments de surface correspondant dans Σ à $d\sigma$, *D est transformé dans Δ par la transformation de contact T*.

On peut dès lors obtenir les équations de notre transformation R de manière suivante: Chaque élément de ligne (x, y_1, y_2, p_1, p_2) général dans S est situé dans un élément de surface du champ D. Si à cet élément

160

de surface correspond par T un élément de surface de Δ passant par le point (ξ, η_1, η_2), on a en exprimant ξ, η_1, η_2 en fonctions de x, y_1, y_2, p_1, p_2, notre transformation R.

Toutefois, le résultat obtenu n'est pas applicable aux transformations singulières. Pour caractériser les transformations singulières, on peut utiliser les transformations de contact qui se rattachent à une *correspondance du rang 2*, définie par *une seule relation*

$$\Omega(x, y_1, y_2, \xi, \eta_1, \eta_2) = 0 \, . \tag{7}$$

On obtient alors (§ 10) le théorème VI qui est le théorème fondamental du présent mémoire: *Chaque fois qu'une transformation de contact entre S et Σ transforme un champ D d'éléments de surface de S dans un champ Δ d'éléments de surface de Σ, on obtient par la règle énoncée plus haut une transformation R, et chaque transformation R peut être obtenue de cette façon.*

Toutefois, en appliquant ce théorème, il faut tenir compte de certaines singularités dues à la non-uniformité des transformations impliquées.

Nous avons dû dans la discussion des §§ 8, 9 plus entrer dans les détails que dans la première partie du mémoire. Cela a été nécessaire, puisque les transformations des équations différentielles aux dérivées partielles par une transformation de contact générale ne sont pas étudiées en détail dans les grands traités de Lie-Scheffers, Lie-Engel, Goursat et Campbell.

Cependant, une discussion générale de cette sorte se heurte à un obstacle apparemment infranchissable autant qu'on ne fait pas d'hypothèses très particulières sur les fonctions entrant dans le calcul. Une équation de la forme

$$F(r, x, y_1, y_2) = 0 \tag{8}$$

peut très bien n'admettre aucune solution par rapport à r, même si r entre effectivement dans F et si F est une fonction holomorphe en r, x, y_1, y_2. Par exemple F pourrait être de la forme $e^{G(r, x, y_1, y_2)}$, G étant une fonction entière de ses arguments. Il est donc impossible en général de ,,tirer la valeur de r de l'équation (8)`` comme on est accoutumé de le faire dans les discussions générales de la théorie des équations différentielles aux dérivées partielles, surtout quand on utilise des considérations géométriques. Dans de tels cas on est forcé de se borner aux conditions nécessaires qui deviennent suffisantes dès que la solubilité des équations est assurée, par exemple dès que les fonctions entrant dans le calcul sont

161

algébriques. Quand on a atteint des conditions de cette sorte qu'on pourrait appeler des *conditions algébriquement complètes*, on n'a naturellement pas résolu complètement le problème, mais on a peut-être fait tout ce qu'on peut faire sans introduire des hypothèses trop spéciales.

C'est dans ce sens seulement qu'on peut considérer les résultats du § 8 comme définitifs.

C H A P I T R E   I

Etude directe des Transformations R

§ 1. Préliminaires, exemples

1. Soit x une variable indépendante, et y_1, y_2 deux fonctions indéterminées de x ; p_1, p_2 leurs dérivées premières, z_1, z_2 leurs dérivées secondes.

Soit σ :

$$\left.\begin{aligned}
\xi &= \xi\,(x\,,y_1\,,y_2\,,p_1\,,p_2) \\
\eta_1 &= \eta_1\,(x\,,y_1\,,y_2\,,p_1\,,p_2) \\
\eta_2 &= \eta_2\,(x\,,y_1\,,y_2\,,p_1\,,p_2)
\end{aligned}\right\} \tag{1,1}$$

une transformation telle qu'en calculant au moyen de (1,1)

$$\pi_1 = \frac{d\eta_1}{d\xi} \quad \text{et} \quad \pi_2 = \frac{d\eta_2}{d\xi} \ ;$$

$$\pi_1 = \frac{\eta'_{1x} + p_1\,\eta'_{1y_1} + p_2\,\eta'_{1y_2} + z_1\,\eta'_{1p_1} + z_2\,\eta'_{1p_2}}{\xi'_x + p_1\,\xi'_{y_1} + p_2\,\xi'_{y_2} + z_1\,\xi'_{p_1} + z_2\,\xi'_{p_2}} = \pi_1(x, y_1, y_2, p_1, p_2, z_1, z_2),$$

$$\tag{1,2}$$

$$\pi_2 = \frac{\eta'_{2x} + p_1\,\eta'_{2y_1} + p_2\,\eta'_{2y_2} + z_1\,\eta'_{2p_1} + z_2\,\eta'_{2p_2}}{\xi'_x + p_1\,\xi'_{y_1} + p_2\,\xi'_{y_2} + z_1\,\xi'_{p_1} + z_2\,\xi'_{p_2}} = \pi_2(x, y_1, y_2, p_1, p_2, z_1, z_2),$$

on obtienne premièrement comme l'inverse de σ une transformation s :

$$\left.\begin{aligned}
x &= x\,(\xi\,,\eta_1\,,\eta_2\,,\pi_1\,,\pi_2) \\
y_1 &= y_1\,(\xi\,,\eta_1\,,\eta_2\,,\pi_1\,,\pi_2) \\
y_2 &= y_2\,(\xi\,,\eta_1\,,\eta_2\,,\pi_1\,,\pi_2)
\end{aligned}\right\} \tag{1,3}$$

et, deuxièmement, en posant

$$\zeta_1 = \frac{d^2\eta_1}{d\xi^2} \ , \quad \zeta_2 = \frac{d^2\eta_2}{d\xi^2} \ ,$$

et en dérivant (1,3), des expressions pour p_1, p_2 analogues aux formules (1,2). Les transformations s et σ de ce type seront appelées au cours du présent mémoire transformations R. Elles présentent une certaine analogie (assez incomplète, il est vrai) avec les transformations de contact (Cf. No. 3).

162

513

Quand peut-on dire que les transformations s et σ sont inverses l'une de l'autre? Ceci est équivalent aux deux hypothèses suivantes:

I. En substituant dans (1,1) les expressions (1,3) de x, y_1, y_2 et les expressions correspondantes de p_1, p_2, les 3 équations (1,1) deviennent des identités pour le couple ,,général`` des deux fonctions η_1, η_2 de ξ [1]).

II. En substituant dans les équations (1,3) les expressions (1,1) et (1,2), ces équations deviennent des identités pour le couple ,,général`` des deux fonctions y_1, y_2 de x.

Il est évident qu'alors le système (1,1) possède en général pour chaque couple de fonctions η_1, η_2 de ξ des solutions, et chaque solution est donnée par (1,3). Le fait analogue subsiste pour le système (1,3).

Si l'on retient l'hypothèse I, l'hypothèse II peut être remplacée par l'hypothèse suivante:

II⁰. Le système (1,3) possède une solution pour le couple ,,général`` des deux fonctions y_1, y_2 de x.

En effet, désignons par y_1^0, y_2^0 un couple général de fonctions de x et par p_1^0, p_2^0 leurs dérivées premières. Soit alors ξ^0, η_1^0, η_2^0 une solution des équations (1,3), et désignons par π_1^0, π_2^0 les dérivées de η_1^0, η_2^0 par rapport à ξ^0. Cette solution est alors donnée d'après l'hypothèse I par les formules

$$\xi^0 = \xi(x, y_\nu^0, p_\nu^0) \; ; \; \eta_\mu^0 = \eta_\mu(x, y_\nu^0, p_\nu^0) \, , \quad \begin{matrix} \nu = 1,2 \, , \\ \mu = 1,2 \, , \end{matrix} \qquad (1,4)$$

et l'on a

$$x = x(\xi^0, \eta_\mu^0, \pi_\mu^0) \, , \; y_\nu^0 = y_\nu(\xi^0, \eta_\mu^0, \pi_\mu^0) \, , \; \left\{ \begin{matrix} \nu = 1,2 \, , \\ \mu = 1,2 \, . \end{matrix} \right. \qquad (1,5)$$

Alors, on a en substituant les expressions (1,4) dans (1,5):

$$x\left(\xi(x, y_\nu^0, p_\nu^0), \eta_\mu(x, y_\nu^0, p_\nu^0), \pi_\mu(x, y_\nu^0, p_\nu^0, z_\nu^0) \right) = x$$

$$y\left(\xi(x, y_\nu^0, p_\nu^0), \eta_\mu(x, y_\nu^0, p_\nu^0), \pi_\mu(x, y_\nu^0, p_\nu^0, z_\nu^0) \right) = y_\lambda^0 \, , \quad \lambda = 1,2 \, .$$

Donc, en substituant les expressions (1,1) et (1,2) dans (1,3), ces équations deviennent des identités pour le couple ,,général`` y_1, y_2.

---

[1]) Si l'on dit qu'une assertion est valable pour un couple général de deux fonctions, on entend par là qu'il existe une expression différentielle Φ en deux fonctions, telle que l'assertion en question reste valable autant que l'expression Φ ne devient pas 0. Toutefois, cette notion s'applique généralement dans les recherches sur le comportement *local*, de sorte que les fonctions ,,générales`` pourraient très bien posséder des espaces lacunaires, même si elles sont analytiques.

163

Dans ce qui suit nous supposons partout que les substitutions (σ) et (s) sont inverses l'une de l'autre dans le sens de ce No.

2. Si les fonctions ξ, η_1, η_2 dans (1,1) ne contiennent pas p_1, p_2, les fonctions x, y_1, y_2 de (1,3) sont indépendantes de π_1, π_2.

En effet, les 3 fonctions dans (1,1) sont assurément indépendantes, puisque dans le cas contraire il existerait une relation entre ξ, η_1, η_2 et alors les équations (1,3) ne seraient pas résolubles pour le couple „général" y_1, y_2.

Donc on peut exprimer x, y_1, y_2 comme fonctions de ξ, η_1, η_2. Mais d'un autre côté, d'après nos hypothèses, ces 3 fonctions sont exprimables par les expressions de droite en (1,3). Donc, si ces 3 expressions n'étaient pas indépendantes de π_1, π_2, on obtiendrait du moins une équation différentielle pour $\eta_1(\xi)$, $\eta_2(\xi)$ et le couple η_1, η_2 ne serait pas „général".

Il s'agit donc dans ce cas d'une transformation ponctuelle et de son inverse.

Dans ce qui suit nous allons supposer, si le contraire n'est pas dit explicitement, que les transformations (1,1), (1,3) ne se réduisent pas à des transformations ponctuelles. Alors au moins l'une des variables p_1, p_2 entre effectivement dans (1,1), et au moins l'une des variables π_1, π_2 entre effectivement dans (1,3).

3. Les expressions (1,2) de π_1, π_2 contiennent z_1, z_2. Nous allons maintenant montrer que *ces expressions contiennent effectivement au moins l'une des variables z_1, z_2, s'il ne s'agit pas d'une transformation ponctuelle.*

En effet, si π_1 et π_2 étaient indépendantes de z_1, z_2, il résulte des formules (1,2) que le rang de la matrice

$$
\begin{pmatrix}
\eta'_{1\,p_1} & \eta'_{1\,p_2} \\
\eta'_{2\,p_1} & \eta'_{2\,p_2} \\
\xi'_{p_1} & \xi'_{p_2}
\end{pmatrix}
$$

serait égal à 1. Mais alors les 3 fonctions η_1, η_2, ξ, considérées comme fonctions de p_1, p_2, seraient toutes les 3 exprimables par l'une d'elles. Il existerait donc une fonction $p = p(x, y_1, y_2, p_1, p_2)$ telle que ξ, η_1, η_2 pourraient être exprimés en fonctions de 4 variables x, y_1, y_2, p :

$$
\begin{aligned}
\xi &= \bar{\xi}\,(x, y_1, y_2, p) \quad, \\
\eta_1 &= \bar{\eta}_1\,(x, y_1, y_2, p) \quad, \\
\eta_2 &= \bar{\eta}_2\,(x, y_1, y_2, p) \quad.
\end{aligned}
$$

164

Alors on a pour η_1 et η_2 :

$$\pi_1 = \frac{\overline{\eta}'_{1x} + p_1\overline{\eta}'_{1y_1} + p_2\overline{\eta}'_{1y_2} + \overline{\eta}'_{1p}\dfrac{dp}{dx}}{\overline{\xi}'_x + p_1\overline{\xi}'_{y_1} + p_2\overline{\xi}'_{y_2} + \overline{\xi}'_p\dfrac{dp}{dx}} \ ,$$

$$\pi_2 = \frac{\overline{\eta}'_{2x} + p_1\overline{\eta}'_{2y_1} + p_2\overline{\eta}'_{2y_2} + \overline{\eta}'_{2p}\dfrac{dp}{dx}}{\overline{\xi}'_x + p_1\overline{\xi}'_{y_1} + p_2\overline{\xi}'_{y_2} + \overline{\xi}'_p\dfrac{dp}{dx}} \ .$$

Or,

$$\frac{dp}{dx} = z_1 p'_{p_1} + z_2 p'_{p_2} + p_1 p'_{y_1} + p_2 p'_{y_2} + p'_x$$

contient effectivement une des variables z_1 et z_2 qui n'entrent pas d'après notre hypothèse dans π_1 , π_2. On a donc

$$\pi_1 = \frac{\overline{\eta}'_{1p}}{\overline{\xi}'_p} \quad , \quad \pi_2 = \frac{\overline{\eta}'_{2p}}{\overline{\xi}'_p} \ ;$$

mais les expressions de droite ne dépendant ici que de x, y_1, y_2, p, nous aurions exprimé 5 grandeurs

$$\xi, \eta_1, \eta_2, \pi_1, \pi_2 \tag{3,1}$$

en fonctions de 4 grandeurs x, y_1, y_2, p.

Il existerait donc une relation non-identique entre les 5 grandeurs (3,1) tandis que η_1, η_2 est un couple „général" de fonctions de ξ.

En particulier il n'est donc pas possible que dans une transformation (1,1) qui ne se réduit pas à une transformation ponctuelle, les 5 expressions (3,1) s'expriment au moyen de x, y_1, y_2, p_1, p_2.

Les transformations de contact dans le sens étroit de Sophus Lie ne peuvent donc pas être généralisées au cas de 2 fonctions d'une variable indépendante si l'on ne veut pas se borner aux transformations ponctuelles [2]).

4. *Exemples.* I. Posons

$$\eta_2 = p_1 + p_2, \quad \eta_1 = y_1 + y_2 - x(p_1 + p_2), \quad \xi = y_2 - x(p_1 + p_2) . \tag{4,1}$$

On a évidemment

$$\pi_1 = \frac{\dfrac{d\eta_1}{dx}}{\dfrac{d\xi}{dx}} = \frac{-x(p_1 + p_2)'_x}{-x(p_1 + p_2)'_x - p_1} \ , \quad \pi_2 = \frac{(p_1 + p_2)'_x}{-x(p_1 + p_2)'_x - p_1} \ ,$$

donc

---

[2]) Cf. Lie-Scheffers, Geometrie der Berührungstransformationen, T. I. (1896), pp. 478 — 480.

165

$$x = -\frac{\pi_1}{\pi_2} \;,\; y_1 = \eta_1 - \xi \;,\; y_2 = \xi - \frac{\pi_1}{\pi_2}\,\eta_2 \;. \qquad (4,1^0)$$

II. Pour

$$\xi = p_2, \qquad \eta_1 = y_1, \qquad \eta_2 = y_2 - xp_2 \qquad (4,2)$$

on obtient

$$\pi_1 = \frac{p_1}{p'_{2x}} \;,\; \pi_2 = \frac{p_2 - p_2 - x\,p'_{2x}}{p'_{2x}} = -x \;,$$

$$x = -\pi_2, \qquad y_1 = \eta_1, \qquad y_2 = \eta_2 - \xi\pi_2, \qquad (4,2^0)$$

c'est essentiellement la transformation de Legendre.

III. En posant

$$\xi = x \;,\; \eta_1 = \frac{p_1}{p_2} \;,\; \eta_2 = y_1 - \frac{p_1}{p_2}\,y_2 \;, \qquad (4,3)$$

on a

$$\pi_1 = \left(\frac{p_1}{p_2}\right)'_x \;,\; \pi_2 = p_1 - p_2\frac{p_1}{p_2} - y_2\left(\frac{p_1}{p_2}\right)'_x \;,$$

$$y_2 = -\frac{\pi_2}{\pi_1} \;,\; y_1 = \eta_2 - \frac{\pi_2}{\pi_1}\,\eta_1 \;,\; x = \xi \;. \qquad (4,3^0)$$

IV. Des formules

$$\xi = \frac{p_1}{p_2}\,x \;,\; \eta_1 = y_1 \;,\; \eta_2 = y_2 \;, \qquad (4,4)$$

il résulte

$$\pi_1 = \frac{p_1}{\dfrac{p_1}{p_2} + x\left(\dfrac{p_1}{p_2}\right)'_x} \;,\; \pi_2 = \frac{p_2}{\dfrac{p_1}{p_2} + x\left(\dfrac{p_1}{p_2}\right)'_x} \;,\; \frac{\pi_1}{\pi_2} = \frac{p_1}{p_2}$$

$$x = \frac{\pi_2}{\pi_1}\,\xi \;,\; y_1 = \eta_1 \;,\; y_2 = \eta_2 \;. \qquad (4,4^0)$$

Dans cette transformation, chaque point se déplace suivant une parallèle
à l'axe des x, le facteur dont se multiplie x étant proportionnel à la
tangente de l'angle formé par la projection de l'élément de ligne sur le
plan des y_1, y_2 avec l'axe des y_2.

V. Une généralisation de l'exemple précédent est donnée par les
formules:

166

$$\xi = X\left(\frac{p_1}{p_2}, x\right), \quad \eta_1 = y_1, \quad \eta_2 = y_2, \tag{4,5}$$

si

$$D = X'_{\frac{p_1}{p_2}} \not\equiv 0, \quad X'_x \not\equiv 0.$$

En effet, on a

$$\pi_1 = \frac{p_1}{X'_x + D\left(\dfrac{p_1}{p_2}\right)'_x}, \quad \pi_2 = \frac{p_2}{X'_x + D\left(\dfrac{p_1}{p_2}\right)'_x}, \quad \frac{\pi_1}{\pi_2} = \frac{p_1}{p_2},$$

donc en résolvant la première équation (4,5) par rapport à x :

$$x = \Xi\left(\frac{\pi_1}{\pi_2}, \xi\right), \quad y_1 = \eta_1, \quad y_2 = \eta_2. \tag{4,5⁰}$$

VI. Enfin, si

$$\xi = \frac{p_2}{p_1 x}, \quad \eta_1 = y_1 - 2\frac{p_2}{p_1}, \quad \eta_2 = y_2 - \frac{p_2^2}{p_1^2}, \tag{4,6}$$

on obtient

$$\pi_1 = x^2 \frac{p_1 - 2\left(\dfrac{p_2}{p_1}\right)'_x}{x\left(\dfrac{p_2}{p_1}\right)'_x - \dfrac{p_2}{p_1}}, \quad \pi_2 = x^2 \frac{p_2 - 2\dfrac{p_2}{p_1}\left(\dfrac{p_2}{p_1}\right)'_x}{x\left(\dfrac{p_2}{p_1}\right)'_x - \dfrac{p_2}{p_1}}, \quad \frac{\pi_2}{\pi_1} = \frac{p_2}{p_1},$$

$$x = \frac{\pi_2}{\pi_1 \xi}, \quad y_1 = \eta_1 + 2\frac{\pi_2}{\pi_1}, \quad y_2 = \eta_2 + \frac{\pi_2^2}{\pi_1^2}. \tag{4,6⁰}$$

§ 2. Les fonctions r et ϱ

5. Désignons par

$$\kappa\,(\xi, \eta_1, \eta_2, \pi_1, \pi_2)$$

une fonction de ses 5 arguments jouissant de la propriété de rester indépendante de z_1, z_2 quand on y exprime les arguments $\xi, \ldots, \pi_2$ par $x, y_1, y_2, p_1, p_2, z_1, z_2$. Par exemple, les 3 fonctions x, y_1, y_2 dans (1,3) jouissent de cette propriété.

Posons

$$\delta = \frac{\partial}{\partial x} + p_1\frac{\partial}{\partial y_1} + p_2\frac{\partial}{\partial y_2}. \tag{5,1}$$

Alors on peut écrire (1,2) dans la forme

$$\pi_\nu = \frac{\delta\eta_\nu + z_1\eta'_{\nu\,p_1} + z_2\eta'_{\nu\,p_2}}{\delta\xi + z_1\xi'_{p_1} + z_2\xi'_{p_2}}, \quad \nu = 1, 2. \tag{5,2}$$

167

Donc, en dérivant κ par rapport à z_1 et z_2 :

$$\left(\eta'_{1\,p_1}(\delta\xi + \xi'_{p_2}z_2) - \xi'_{p_1}(\delta\eta_1 + \eta'_{1\,p_2}z_2)\right)\kappa'_{\pi_1} + $$
$$+ \left(\eta'_{2\,p_1}(\delta\xi + \xi'_{p_2}z_2) - \xi'_{p_1}(\delta\eta_2 + \eta'_{2\,p_2}z_2)\right)\kappa'_{\pi_2} = 0 \ . \tag{5,3}$$

$$\left(\eta'_{1\,p_2}(\delta\xi + \xi'_{p_1}z_1) - \xi'_{p_2}(\delta\eta_1 + \eta'_{1\,p_1}z_1)\right)\kappa'_{\pi_1} + $$
$$+ \left(\eta'_{2\,p_2}(\delta\xi + \xi'_{p_1}z_1) - \xi'_{p_2}(\delta\eta_2 + \eta'_{2\,p_1}z_1)\right)\kappa'_{\pi_2} = 0 \ . \tag{5,4}$$

Les deux relations (5,3), (5,4) ne sont pas satisfaites identiquement en κ, sans quoi π_1 et π_2 seraient indépendantes de z_1 et z_2. Donc on obtient pour κ une équation différentielle :

$$\gamma\,\kappa'_{\pi_1} + \kappa'_{\pi_2} = 0 \ , \tag{5,5}$$

où γ est indépendant du choix de κ. En plus, γ ne dépend évidemment pas de z_1, z_2, et l'on obtient de (5,3), (5,4) les trois expressions pour γ :

$$\gamma = \frac{\eta'_{1\,p_1}\xi'_{p_2} - \eta'_{1\,p_2}\xi'_{p_1}}{\eta'_{2\,p_1}\xi'_{p_2} - \eta'_{2\,p_2}\xi'_{p_1}} \ , \tag{5,6}$$

$$\gamma = \frac{\eta'_{1\,p_2}(\xi'_x + p_1\xi'_{y_1} + p_2\xi'_{y_2}) - \xi'_{p_2}(\eta'_{1\,x} + p_1\eta'_{1\,v_1} + p_2\eta'_{1\,v_2})}{\eta'_{2\,p_2}(\xi'_x + p_1\xi'_{y_1} + p_2\xi'_{y_2}) - \xi'_{p_2}(\eta'_{2\,x} + p_1\eta'_{2\,v_1} + p_2\eta'_{2\,v_2})} \ , \tag{5,7}$$

$$\gamma = \frac{\eta'_{1\,p_1}(\xi'_x + p_1\xi'_{y_1} + p_2\xi'_{y_2}) - \xi'_{p_1}(\eta'_{1\,x} + p_1\eta'_{1\,v_1} + p_2\eta'_{1\,v_2})}{\eta'_{2\,p_1}(\xi'_x + p_1\xi'_{y_1} + p_2\xi'_{y_2}) - \xi'_{p_1}(\eta'_{2\,x} + p_1\eta'_{2\,v_1} + p_2\eta'_{2\,v_2})} \ , \tag{5,8}$$

dont l'une au moins ne devient pas indéterminée.

6. La condition (5,5) est évidemment nécessaire et suffisante pour que κ jouisse de la propriété en question. Or, $\gamma = \gamma(\xi, \eta_1, \ldots, \pi_2)$, jouit aussi de la propriété de rester, exprimé par $x, y_1, \ldots$, indépendant de z_1 et z_2. Donc

$$\gamma\,\gamma'_{\pi_1} + \gamma'_{\pi_1} = 0 \ . \tag{6,1}$$

γ pourrait très bien être 0 ou ∞ (dans ce dernier cas, l'équation (5,5) se réduit à $\kappa'_{\pi_1} = 0$) ou bien, plus généralement, être indépendant de π_1 et π_2. Nous distinguons trois cas :

1. γ est fini et indépendant de π_1, π_2. Alors, nous posons

$$\varrho = \pi_1 - \gamma\,(\xi, \eta_1, \eta_2)\,\pi_2 \ . \tag{6,2}$$

2. γ dépend au moins d'une des variables π_1, π_2. Alors, nous posons

$$\varrho = \gamma \, . \tag{6,3}$$

3. γ est égal à ∞. Alors, nous posons

$$\varrho = \pi_2 . \tag{6,4}$$

7. Dans le cas 2. $\varrho = \gamma$, ϱ est aussi une intégrale de (5,5), donc chaque fonction $\varkappa$ s'exprime par ϱ, en adjoignant ξ, η_1, η_2. Or l'expression $\pi_1 - \varrho\pi_2$ satisfait elle aussi la condition (5,5). Donc cette expression s'exprime par ξ, η_1, η_2, ϱ :

$$\pi_1 - \varrho\pi_2 = \varphi\,(\varrho \,;\, \xi,\, \eta_1,\, \eta_2) \, . \tag{7,1}$$

Dans les cas 1. et 3, $\varkappa$ est une fonction de $\pi_1 - \gamma\pi_2$ ou de π_2. Donc, dans tous les trois cas $\varkappa$ est une fonction de ξ, η_1, η_2, ϱ.

Nous supposons dès maintenant que x, y_1, y_2 dans (1,3) sont exprimés en fonctions de ξ, η_1, η_2, ϱ, et les dérivées partielles sont à calculer dans cette hypothèse.

Dans l'exemple II du No. 4 on a $\varrho = \pi_2$, dans les exemples I, III$-$VI :

$$\varrho = \frac{\pi_1}{\pi_2}$$

8. Considérons maintenant une fonction $k\,(x,\, y_1,\, y_2,\, p_1,\, p_2)$ qui, exprimée par les variables grecques, ne dépend pas de ζ_1, ζ_2. Il résulte évidemment d'un raisonnement complètement symétrique au précédent que notre fonction k satisfait à une équation différentielle

$$c k'_{p_1} + k'_{p_2} = 0 \, , \quad c = c\,(x,\, y_1,\, y_2,\, p_1,\, p_2) \, , \tag{8,1}$$

où la fonction c appartient, elle aussi, à la classe des fonctions k et satisfait à l'équation différentielle

$$c c'_{p_1} + c'_{p_2} = 0 \tag{8,2}$$

De même, posons $r = c$, si c dépend effectivement d'une des variables p_1, p_2. Si c est indépendant de p_1, p_2 et fini, posons

$$r = p_1 - c\,(x,\, y_1,\, y_2)\, p_2 \,; \tag{8,3}$$

Enfin, pour $c = \infty$, soit

$$r = p_2 \, . \tag{8,4}$$

Dans le cas $c = r$ il existe une fonction $f\,(r\,;\, x,\, y_1,\, y_2)$ telle que

$$p_1 - r p_2 = f\,(r\,;\, x,\, y_1,\, y_2) \, . \tag{8,5}$$

169

Dans tous les trois cas chaque fonction k s'exprime par x, y_1, y_2, r.

Dans ce qui suit nous supposerons que ξ, η_1, η_2 en (1,1) sont exprimés en fonctions de x, y_1, y_2, r, et leurs dérivées partielles sont à calculer dans cette hypothèse.

Or, ϱ, exprimé en fonction des variables latines, appartient évidemment à la classe des fonctions k. Il en résulte que ϱ peut être exprimé par x, y_1, y_2, r:

$$\varrho = \varrho\,(x, y_1, y_2, r) \ . \tag{8,6}$$

De même r s'exprime par $\xi, \eta_1, \eta_2, \varrho$:

$$r = r\,(\xi, \eta_1, \eta_2, \varrho) \ . \tag{8,7}$$

Dans les exemples I, II du No. 4 on a resp.: $r = p_1 + p_2$; $r = p_2$; et dans les exemples III—VI : $r = \dfrac{p_1}{p_2}$.

9. La fonction $r = r(p_1, p_2, x, y_1, y_2)$, définie par (8,3) au moyen d'une fonction arbitraire $c(x, y_1, y_2)$, ou bien par (8,5) au moyen d'une fonction arbitraire $f(r, x, y_1, y_2)$, ou bien par (8,4) comme p_2, possède la propriété qu'en posant $r = c_0$ et en variant la constante c_0, on obtienne un *champ de droites* dans le plan des p_1, p_2. Les variables x, y_1, y_2 sont alors à considérer comme paramètres.

Or, il est facile de voir que, réciproquement, au champ le plus général de droites $\mathfrak{F}$ du plan des p_1, p_2, dépendant des paramètres x, y_1, y_2, correspond une et une seule fonction $r(p_1, p_2, x, y_1, y_2)$, définie comme en haut, telle que le champ $\mathfrak{F}$ consiste en les lignes de niveau de r.

En effet, soit

$$A\,(t)p_1 + B\,(t)p_2 = C\,(t) \tag{9,1}$$

l'équation de la droite générale de $\mathfrak{F}$, dont on obtient les droites individuelles pour les valeurs particulières de t.

Alors, si $A(t) \neq 0$, on peut supposer dès le commencement $A\,(t) \equiv 1$. Maintenant, si $B(t)$ ne dépend pas de t, posons $c = -\,B(t)$, alors

$$r = p_1 - c\,p_2 \tag{9,2}$$

est une fonction dont les lignes de niveau forment le champ $\mathfrak{F}$.

Si $B(t)$ dépend effectivement de t, posons $B(t) = -\,r$ et exprimons $C(t)$ par r:

$$C\,(t) = f(r, x, y_1, y_2) \ .$$

170

Alors l'équation générale des droites de $\mathfrak{F}$ est

$$p_1 - r p_2 = f(r, x, y_1, y_2) \; . \tag{9,3}$$

Donc $\mathfrak{F}$ est l'ensemble des lignes de niveau de la fonction r tirée de (9,3).

Si enfin $A(t) = 0$, l'équation (9,1) se réduit à

$$p_2 = \frac{C(t)}{B(t)} = r \; ;$$

donc $\mathfrak{F}$ consiste, dans ce cas aussi, en les lignes de niveau de la fonction $r = p_2$.

10. Supposons de l'autre côté que la fonction $F(p_1, p_2)$ soit une fonction générale dont les lignes de niveau sont des droites. Alors, l'inclinaison de la tangente le long d'une ligne de niveau $F(p_1, p_2) = c$ étant constante, F'_{p_1}/F'_{p_2} doit être une fonction de F:

$$\frac{F'_{p_1}}{F'_{p_2}} = \varphi(F) \; ;$$

donc, en écrivant que le Jacobien des deux fonctions F et $\dfrac{F'_{p_1}}{F'_{p_2}}$ est 0 :

$$F'^2_{p_2} F''_{p_1 p_1} - 2 F'_{p_1} F'_{p_2} F''_{p_1 p_2} + F'^2_{p_1} F''_{p_2 p_2} = 0 \quad {}^3) \; . \tag{10,1}$$

11. En interprétant p_1, p_2 comme des grandeurs caractéristiques d'un élément de ligne issu du point $P(x, y_1, y_2)$, on a une relation linéaire entre p_1 et p_2 pour $r = $ const., donc un élément de surface passant par x, y_1, y_2. Un ensemble de ∞^4 éléments de surface, tel que par chaque point général de l'espace passent ∞^1 éléments de surface de cet ensemble, sera appelé dans la suite un *champ d'éléments de surface*.

La fonction $r(p_1, p_2, x, y_1, y_2)$ fait correspondre à chaque point P de l'espace S des (x, y_1, y_2) à trois dimensions, ∞^1 éléments de surface passant par P, caractérisés par la valeur de r. L'ensemble de ces ∞^1 éléments de surface forme donc un champ D d'éléments de surface. Le fait analogue étant exact pour l'espace Σ des (ξ, η_1, η_2), on voit donc que notre transformation est une transformation entre les deux champs D et Δ d'éléments de surface, ainsi définis au moyen des deux fonctions r et ϱ.

Le champ D peut être caractérisé dans les trois cas considérés au No. 8, comme l'ensemble des éléments de surface appartenant à une équation différentielle aux dérivées partielles du premier ordre.

${}^3)$ Dans notre discussion est évidemment contenue la détermination de l'intégrale générale de l'équation (10,1).

171

Dans le cas I, où la fonction r est donnée par (8,5), les éléments de ligne passant par $P(x, y_1, y_2)$ et correspondant à un r fixe, satisfont à la relation

$$dy_1 - r\,dy_2 - f(r, x, y_1, y_2)\,dx = 0 , \qquad (11,1;\text{I})$$

et sont donc situés sur l'élément de surface passant par P et dont les coordonnées de direction p, q ont les valeurs

$$p = \frac{\partial y_1}{\partial x} = f(r, x, y_1, y_2) \quad , \quad q = \frac{\partial y_1}{\partial y_2} = r .$$

Ces éléments de surface appartiennent à l'équation différentielle aux dérivées partielles:

$$\frac{\partial y_1}{\partial x} = f\left(\frac{\partial y_1}{\partial y_2} , y_1, y_2, x\right) . \qquad (\text{I})$$

Dans le cas II, où r est donné par (8,3), on a pour une valeur fixe de r l'élément de surface

$$dy_1 - c(x, y_1, y_2)\,dy_2 - r\,dx = 0 \qquad (11,1;\text{II})$$

aux coordonnées de direction

$$p = \frac{\partial y_1}{\partial x} = r \quad , \quad q = \frac{\partial y_1}{\partial y_2} = c(x, y_1, y_2) .$$

L'équation différentielle aux dérivées partielles correspondante est

$$\frac{\partial y_1}{\partial y_2} = c(x, y_1 \cdot y_2) . \qquad (\text{II})$$

Dans ce cas, les ∞^1 éléments de surface passant par un point P tournent autour d'un axe orthogonal à l'axe des x, mais non parallèle à l'axe des y_1 .

Enfin, dans le cas III, où r est donné par (8,4), l'élément de surface correspondant à un r fixe, est donné par

$$dy_2 - r\,dx = 0 . \qquad (11,1;\text{III})$$

Ces éléments de surface sont tous parallèles à l'axe des y_1. Dans l'équation différentielle correspondante on prendra y_2 comme fonction de x et y_1, et l'on aura

$$\frac{\partial y_2}{\partial y_1} = 0 . \qquad (\text{III})$$

172

Il est évident qu'en permutant les variables x, y_1, y_2 convenablement, chacun des cas II, III se réduit au cas I.

On peut aussi caractériser les éléments de surface au moyen des cosinus directeurs de la normale:

$$\alpha = \cos (n, x) , \qquad \beta = \cos (n, y_1) , \qquad \gamma = \cos (n, y_2) , \qquad (11,2)$$

de sorte que l'on ait

$$p : q : -1 = \alpha : \gamma : \beta , \qquad p = -\frac{\alpha}{\beta} , \qquad q = -\frac{\gamma}{\beta} . \qquad (11,3)$$

On obtient alors dans les cas I, II, III resp. pour les champs d'éléments de surface correspondant à ces cas:

$$\text{I} \quad \frac{\alpha}{\beta} = -f(-\frac{\gamma}{\beta} , x , y_1 , y_2) , \quad \beta \neq 0 ;$$

$$\text{II} \quad \frac{\gamma}{\beta} = -c(x , y_1 , y_2) , \quad \beta \neq 0 ;$$

$$\text{III} \quad \beta = 0 .$$

Les équations différentielles correspondant aux exemples I, II, III du No. 4 sont:

$$\frac{\partial y_1}{\partial y_2} = -1 \; ; \; \frac{\partial y_2}{\partial y_1} = 0 \; ; \; \frac{\partial y_1}{\partial x} = 0 .$$

Relevons enfin qu'une équation différentielle aux dérivées partielles du premier ordre à deux variables indépendantes

$$F\left(\frac{\partial z}{\partial x} , \frac{\partial z}{\partial y} , x , y , z\right) = 0 \qquad (11,4)$$

peut toujours être réduite à une des formes (I), (II), (III).

Si F contient $\frac{\partial z}{\partial x}$, (11,4) équivaut à (I). Si F ne contient que $\frac{\partial z}{\partial y}$, (11,4) se réduit à (II). Enfin (III) est le cas limite de (II) pour $c = \infty$.

Notre transformation R correspond donc à une transformation d'une équation différentielle aux dérivées partielles du premier ordre dans S en une équation analogue dans Σ.

Nous verrons au § 10 que notre transformation entre D et Δ s'obtient au moyen d'une transformation de contact, faisant correspondre les deux équations différentielles en question l'une à l'autre.

Les champs d'éléments de surface correspondant aux équations *linéaires* jouent dans la suite un rôle particulier. Ces champs sont carac-

173

térisés par le fait que leurs éléments de surface passant par un point général P tournent autour d'un élément de ligne — l'*axe du champ dans* P. Un tel champ d'éléments de surface sera appelé *linéaire*.

Aux cas des types II et III correspondent toujours des champs linéaires. Quant au type I, la condition nécessaire et suffisante pour que le champ correspondant soit linéaire, est que f soit un polynôme en r, au plus linéaire.

En désignant les cosinus directeurs de l'axe l par

$$\alpha_0 = \cos(l, x), \qquad \beta_0 = \cos(l, y_1), \qquad \gamma_0 = \cos(l, y_2), \qquad (11,5)$$

et en posant dans le cas I: $f(r, x, y_1, y_2) = A(x, y_1, y_2)r + B(x, y_1, y_2)$, on a pour les cosinus directeurs d'un élément de surface général du champ dans les cas I, II, III resp.:

$$\text{(I)} \quad \alpha + B\beta - A\gamma = 0, \qquad \text{(II)} \quad c\beta + \gamma = 0, \qquad \text{(III)} \quad \beta = 0, \qquad (11,6)$$

donc pour l'axe du champ:

$$\alpha_0 : \beta_0 : \gamma_0 = \begin{cases} 1 : B : -A \, , \; f = A\,r + B & \text{(I)} \\ 0 : C : 1 & \text{(II)} \\ 0 : 1 : 0 & \text{(III)} \end{cases} \qquad (11,7)$$

§ 3. Les formes adjointes et la réduction aux transformations ponctuelles en 4 variables

12. Posons

$$d\sigma = \begin{cases} d\eta_1 - \varrho\,d\eta_2 - \varphi\,d\xi & \text{(I)} \\ d\eta_1 - \gamma\,d\eta_2 - \varrho\,d\xi & \text{(II)} \\ \qquad d\eta_2 - \varrho\,d\xi & \text{(III)} \end{cases} \qquad (12,1)$$

suivant que γ contient effectivement l'une des deux variables η_1, η_2, en est indépendant, ou devient ∞.

De même soit

$$ds = \begin{cases} dy_1 - r\,dy_2 - f\,dx & \text{(I)} \\ dy_1 - c\,dy_2 - r\,dx & \text{(II)} \\ \qquad dy_2 - r\,dx & \text{(III)} \end{cases} \qquad (12,2)$$

suivant que c contient effectivement l'une des variables p_1, p_2, en est indépendant, ou devient ∞.

174

Les formes ds et $d\sigma$ seront appelées dans la suite la première et la seconde *forme adjointe correspondant à la transformation R* considérée. Nous distinguerons les formes adjointes des types I, II, III, suivant que la première, la deuxième ou la troisième des formules (12,1) respectivement (12,2) est valable.

En posant

$$d\sigma = \varepsilon \, d\eta_1 - \alpha \, d\eta_2 - \beta \, d\xi \;, \tag{12,3}$$

$$ds = e \, dy_1 - a \, dy_2 - b \, dx \;, \tag{12,4}$$

il résulte de (6,2), (6,4), (7,1), (8,3), (8,4) et (8,5):

$$e p_1 = a p_2 + b \;, \tag{12,5}$$

$$\varepsilon \pi_1 = \alpha \pi_2 + \beta \;. \tag{12,6}$$

13. En utilisant les expressions de ξ, η_1, η_2 par x, y_1, y_2, r, on remplacera les formules (5,2) par

$$\pi_\nu = \frac{\delta \eta_\nu + \eta'_{\nu r} \, w}{\delta \xi + \xi'_r \, w} \;\; ; \;\; w = r'_{p_1} z_1 + r'_{p_2} z_2 \;. \tag{13,1}$$

Il en résulte pour $\beta = \varepsilon \pi_1 - \alpha \pi_2$:

$$\beta = \frac{(\varepsilon \, \delta \eta_1 - \alpha \, \delta \eta_2) + w(\varepsilon \, \eta'_{1 r} - \alpha \, \eta'_{2 r})}{\delta \xi + \xi'_r \, w} \;.$$

Or, β étant dans tous les cas indépendant de z_1, z_2, donc de w, il résulte

$$\beta \, \delta \xi + \alpha \, \delta \eta_2 = \varepsilon \, \delta \eta_1 \;\; ; \;\; \beta \, \xi'_r + \alpha \, \eta'_{2 r} = \varepsilon \, \eta'_{1 r} \;. \tag{13,2}$$

Mais, d'après (5,1) et (12,5), pour $e = 1$:

$$\left. \begin{aligned} \delta \xi &= (\xi'_x + b \, \xi'_{y_1}) + p_2 (\xi'_{y_2} + a \, \xi'_{y_1}) \\ \delta \eta_\nu &= (\eta'_{\nu x} + b \, \eta'_{\nu y_1}) + p_2 (\eta'_{\nu y_2} + a \, \eta'_{\nu y_1}) \;, \; \nu = 1, 2 \;. \end{aligned} \right\} \tag{13,3}$$

En introduisant ces valeurs dans la première des relations (13,2), on obtient:

$$\{ \beta (\xi'_x + b \, \xi'_{y_1}) + \alpha (\eta'_{2 x} + b \eta'_{2 y_1}) - \varepsilon (\eta'_{1 x} + b \eta'_{1 y_1}) \} +$$

$$+ p_2 \{ \beta (\xi'_{y_2} + a \, \xi'_{y_1}) + \alpha (\eta'_{2 y_2} + a \eta'_{2 y_1}) - \varepsilon (\eta'_{1 y_2} + a \eta'_{1 y_1}) \} = 0 \;.$$

175

Or, les expressions entre parenthèses étant indépendantes de p_2, cette relation se décompose en deux, que nous écrivons avec la deuxième des équations (13,2):

$$\left.\begin{aligned}
\beta\,(\xi'_x + b\,\xi'_{y_1}) + \alpha\,(\eta'_{2x} + b\,\eta'_{2y_1}) &= \varepsilon\,(\eta'_{1x} + b\,\eta'_{1y_1})\;, \\
\beta\,(\xi'_{y_2} + a\,\xi'_{y_1}) + \alpha\,(\eta'_{2y_2} + a\,\eta'_{2y_1}) &= \varepsilon\,(\eta'_{1y_2} + a\,\eta'_{1y_1})\;, \\
\beta\,\xi'_r + \alpha\,\eta'_{2r} &= \varepsilon\,\eta'_{1r}\;.
\end{aligned}\right\} \qquad (13,4)$$

Multiplions ces 3 équations respectivement par dx, dy_2, dr et faisons la somme; on obtient

$$\beta\,(d\xi - \xi'_{y_1}\,ds) + \alpha\,(d\eta_2 - \eta'_{2y_1}\,ds) - \varepsilon\,(d\eta_1 - \eta'_{1y_1}\,ds) = 0\;,$$

$$d\sigma = \mu\,ds\;, \qquad (13,5)$$

$$\mu = \varepsilon\,\eta'_{1y_1} - \alpha\,\eta'_{2y_1} - \beta\,\xi'_{y_1}\;. \qquad (13,6)$$

La formule (13,6) s'obtient du reste immédiatement de (13,5), en y comparant des deux côtés les coefficients de dy_1. Pour $e = 0$ on obtient les relations correspondant à (13,3) en permutant les indices 1 et 2 et en posant $a = 0$. Les formules correspondant aux équations (13,4) s'obtiennent de la même façon, et l'on arrive dans ce cas aussi aux formules (13,5) et (13,6).

14. Nous pouvons maintenant formuler le résultat suivant:

Théorème I. Les substitutions σ et s d'une transformation R s'obtiennent à partir d'une transformation ponctuelle de l'espace à 4 dimensions:

$$\left.\begin{aligned}
\xi &= \xi(x, y_1, y_2, r)\;; & \varrho &= \varrho(x, y_1, y_2, r)\;; \\
\eta_1 &= \eta_1(x, y_1, y_2, r)\;; & \eta_2 &= \eta_2(x, y_1, y_2, r)\;,
\end{aligned}\right\} \qquad (14,1)$$

et de son inverse

$$\left.\begin{aligned}
x &= x(\xi, \eta_1, \eta_2, \varrho)\;; & r &= r(\xi, \eta_1, \eta_2, \varrho)\;; \\
y_1 &= y_1(\xi, \eta_1, \eta_2, \varrho)\;; & y_2 &= y_2(\xi, \eta_1, \eta_2, \varrho)\;;
\end{aligned}\right\} \qquad (14,2)$$

satisfaisant à l'équation (13,5), en y remplaçant r et ϱ par les expressions tirées suivant le cas, la première d'une des équations

$$p_1 - r\,p_2 = f(r, y_1, y_2, x), \quad r = p_1 - c(x, y_1, y_2)\,p_2, \quad r = p_2, \qquad (14,3)$$

et la seconde d'une des équations

$$\pi_1 - \varrho\,\pi_2 = \varphi(\varrho, \eta_1, \eta_2, \xi)\;, \quad \varrho = \pi_1 - \gamma(\xi, \eta_1, \eta_2)\,\pi_2, \quad \varrho = \pi_2. \qquad (14,4)$$

176

Chaque couple des substitutions σ, s obtenu de cette façon, appartient à une transformation R. — Nous avons encore à démontrer la dernière assertion de ce théorème.

Supposons en effet que, étant donné un couple de deux fonctions arbitraires:

$$f = f(r, y_1, y_2, x)_2 \quad \text{ou} \quad c = c(x, y_1, y_2) \quad \text{ou} \quad c = \infty \, ;$$
$$\varphi = \varphi(\varrho, \eta_1, \eta_2, \xi) \quad \text{ou} \quad \gamma = \gamma(\xi, \eta_1, \eta_2) \quad \text{ou} \quad \gamma = \infty \, ,$$

la transformation ponctuelle (14,1), (14,2) satisfasse à la condition (13,5); alors je dis, qu'en remplaçant ϱ et r resp. par des fonctions de π_1, π_2, η_1, η_2, ξ ou de p_1, p_2, y_1, y_2, x, tirées de (14,3) et (14,4), on obtient deux transformations σ, s, inverses l'une de l'autre.

En effet, supposons que y_1, y_2 soient deux fonctions indéterminées de x, et p_1, p_2 leurs dérivées premières. Alors la forme différentielle $e\,dy_1 - a\,dy_2 - b\,dx$ devient $(e p_1 - a p_2 - b)\,dx$, donc 0. Il en résulte que l'expression de gauche en (13,5) disparaît aussi. Donc on a

$$\pi_1 - \varrho\,\pi_2 = \varphi(\varrho) \quad \text{ou} \quad \pi_1 - \gamma\,\pi_2 = \varrho \quad \text{ou bien} \quad \pi_2 = \varrho \, ,$$

et l'on a pour la grandeur ϱ obtenue de (14,1), la relation correspondante (14,4). Donc, d'après (14,2), x, y_1, y_2 s'expriment par ξ, η_1, η_2, π_1, π_2; et, le même raisonnement étant applicable à partir de la transformation (14,2) et des fonctions η_1, η_2 de ξ, les hypothèses du No. 2 sont en effet satisfaites.

La transformation (14,1), (14,2), ainsi que les expressions r, ϱ, et les formes adjointes ds, $d\sigma$ sont évidemment, d'après notre discussion, univoquement déterminées par la transformation R donnée.

Quant à la question, dans quelle mesure la transformation (14,1), (14,2) et les formes adjointes ds, $d\sigma$ peuvent être choisies arbitrairement, nous nous en occuperons dans les §§ 4 et 5. Dans le § 4 nous montrerons que les deux formes ds, $d\sigma$ peuvent être choisies arbitrairement. Dans le § 5 nous établirons les conditions sous lesquelles une transformation ponctuelle de l'espace de 4 dimensions peut conduire, au sens du théorème I, à une transformation R.

Dans le cas, où dans une forme adjointe ds le coefficient b est linéaire et entier en r, c'est-à-dire correspond à un champ linéaire d'éléments de surface et à une équation différentielle linéaire, nous parlons d'une forme adjointe *axiale*, et les axes du champ correspondant d'éléments de surface sont aussi appelées les *axes de ds*.

177

Voici les formes ds, $d\sigma$ correspondant aux exemples I, II et III $-$ VI du No. 4:

$$ds = dy_1 + dy_2 - r\,dx\,, \qquad d\sigma = d\eta_1 - \varrho\,d\eta_2\,, \tag{I}$$

$$ds = dy_2 - r\,dx\,, \qquad d\sigma = d\eta_2 - \varrho\,d\xi\,, \tag{II}$$

$$ds = dy_1 - r\,dy_2\,, \qquad d\sigma = d\eta_1 - \varrho\,d\eta_2\,. \tag{III—VI}$$

15. Considérons parallèlement à la transformation R, σ, $(1,1)$, satisfaisant à la condition $(13,5)$, une transformation R, S, appliquée aux variables ξ, η_ν, π_ν:

$$\begin{aligned}
X &= X(\xi, \eta_1, \eta_2, \pi_1, \pi_2) \\
Y_\mu &= Y_\mu(\xi, \eta_1, \eta_2, \pi_1, \pi_2)\,, \quad \mu = 1, 2,
\end{aligned} \tag{15,1}$$

et satisfaisant à la condition

$$dS = \mu_1\,d\sigma_1 \tag{15,2}$$

analogue à $(13,5)$.

Formons le „produit" $S\sigma$ en substituant dans $(15,1)$ les valeurs $(1,1)$ et $(1,2)$. Sous quelle condition la transformation résultante sera-t-elle aussi une transformation R?

Tout d'abord les expressions de gauche en $(15,1)$ devraient posséder la propriété de devenir indépendantes de z_1, z_2 quand on y exprime les arguments $\xi, \ldots, \pi_2$ par $x, y_1, y_2, p_1, p_2, z_1, z_2$. Mais alors, ces fonctions sont des fonctions du type des fonctions κ, considérées au No. 5, et sont exprimables en fonction de 4 arguments $\xi, \eta_1, \eta_2, \varrho$, où ϱ est la fonction définie pour la transformation σ. On a donc

$$d\sigma_1 = d\sigma\,, \tag{15,3}$$

et la transformation $S\sigma$ satisfait à la relation

$$dS = \mu_1\mu\,d\sigma\,. \tag{15,4}$$

16. Il résulte de $(15,3)$ en particulier, que le produit σ^2 d'une transformation σ par elle-même ne peut être une transformation R que si l'on a

$$\varrho = r(\pi_1, \pi_2, \xi, \eta_1, \eta_2)\,. \tag{16,1}$$

Une transformation de ce type, pour laquelle les 2 formes adjointes s'expriment de la même façon au moyen des variables et des différentielles correspondantes, sera appelée *symétrique*.

Il résulte maintenant de $(15,3)$ que toutes les transformations R

178

formant un groupe donné, sont des transformations symétriques avec la même forme adjointe. Les transformations ponctuelles en 4 variables, correspondant aux transformations R d'un groupe, possèdent alors leur forme adjointe comme un invariant relatif.

S'il s'agit en particulier de la forme adjointe

$$dy_1 = p_1 dx \, , \qquad r = p_1 \, , \qquad \varrho = \pi_1 \, , \tag{16,2}$$

les transformations R correspondantes se réduisent évidemment aux transformations de contact au sens de Lie, dans le plan des x, y_1, en y adjoignant une transformation de la forme

$$\eta_2 = F(x, y_1, y_2, p_1) \, . \tag{16,3}$$

Si deux formes adjointes $d\sigma$, ds se correspondent par des transformations σ, s, du type (14,1), (14,2), elles sont *équivalentes*.

Soit maintenant S une transformation générale du type (14,1), qui possède $d\sigma$ comme un invariant relatif. Alors on obtient évidemment la transformation générale possédant ds comme un invariant relatif, dans la forme

$$\sigma S \sigma^{-1} \, .$$

Les groupes de transformations appartenant aux formes adjointes équivalentes sont isomorphes. Or, *toutes les formes adjointes sont équivalentes entre elles*, comme nous le montrerons au § 4. Il en résulte que les groupes de transformations R appartenant à une forme adjointe $d\sigma$, sont isomorphes aux groupes appartenant à la forme adjointe (16,2), qu'on obtient de la théorie des transformations de contact du plan.

§ 4. Equivalence des formes adjointes

17. Nous allons d'abord dire quelques mots sur l'*équivalence de deux formes adjointes par rapport à une transformation ponctuelle en trois variables*. Soit donnée une forme adjointe dans Σ:

$$d\sigma = d\eta_1 - \alpha d\eta_2 - \beta d\xi \, . \tag{17,1}$$

Considérons une transformation ponctuelle entre S et Σ:

$$\left. \begin{array}{ll} x = x(\xi, \eta_\mu) \, , & y_\nu = y_\nu(\xi, \eta_\mu) \, , \\ \xi = \xi(x, y_\nu) \, , & \eta_\mu = \eta_\mu(x, y_\nu) \, , \end{array} \right\} \quad \mu, \nu = 1, 2 \, . \tag{17,2}$$

$d\sigma$ devient par cette transformation:

$$d\sigma = \mu ds = \mu(dy_1 - a dy_2 - b dx) \, , \tag{17,3}$$

179

où l'on a, en exprimant les différentielles des variables grecques par celles des variables latines:

$$-a = \frac{\eta'_{1y_2} - \alpha\,\eta'_{2y_2} - \beta\,\xi'_{y_2}}{\eta'_{1y_1} - \alpha\,\eta'_{2y_1} - \beta\,\xi'_{y_1}} \quad , \quad -b = \frac{\eta'_{1x} - \alpha\,\eta'_{2x} - \beta\,\xi'_{x}}{\eta'_{1y_1} - \alpha\,\eta'_{2y_1} - \beta\,\xi'_{y_1}} \quad , \tag{17,4}$$

si

$$\eta'_{1y_1} - \alpha\,\eta'_{2y_1} - \beta\,\xi'_{y_1} \neq 0 \quad . \tag{17,5}$$

18. On voit facilement dans l'hypothèse (17,5) que l'une au moins des expressions a, b dépend effectivement de ϱ. En effet, s'il en était autrement, on pourrait écrire:

$$\left. \begin{aligned} \eta'_{1x} - \alpha\,\eta'_{2x} - \beta\,\xi'_{x} &= a_0\,\varrho_0 \;, \\ \eta'_{1y_1} - \alpha\,\eta'_{2y_1} - \beta\,\xi'_{y_1} &= a_1\,\varrho_0 \;, \\ \eta'_{1y_2} - \alpha\,\eta'_{2y_2} - \beta\,\xi'_{y_2} &= a_2\,\varrho_0 \;, \end{aligned} \right\} \tag{18,1}$$

où a_0, a_1, a_2 ne dépendent que de x, y_1, y_2.

Donc, le Jacobien de ξ, η_1, η_2 en (17,2) par rapport à x, y_1, y_2 étant $\neq 0$, les trois expressions $\dfrac{1}{\varrho_0}$, $\dfrac{\alpha}{\varrho_0}$, $\dfrac{\beta}{\varrho_0}$ s'exprimeraient par x, y_1, y_2, donc aussi par ξ, η_1, η_2. Mais alors il en serait de même pour α et β, tandis que l'une de ces deux grandeurs est toujours égale à ϱ. —

Mais alors, si a dépend effectivement de ϱ, on posera $r = a$, $b = f(r, x, y_1, y_2)$. Et si a ne dépend pas de ϱ, on posera $a = c$, $b = r$, et ds pourra s'écrire dans l'une des deux formes (12,2).

Si, enfin, (17,5) n'est pas valable:

$$\eta'_{1y_1} - \alpha\,\eta'_{2y_1} - \beta\,\xi'_{y_1} = 0 \quad , \tag{18,2}$$

l'équation

$$\eta'_{1y_2} - \alpha\,\eta'_{2y_2} - \beta\,\xi'_{y_2} = 0 \tag{18,3}$$

est assurément impossible. En effet, dans le cas contraire, les deux équations (18,2) et (18,3) seraient compatibles, tandis que α et β ne sont pas assurément toutes les deux, exprimables par x, y_1, y_2. Donc, l'une de ces deux équations serait conséquence de l'autre, et le Jacobien de ξ, η_1, η_2 par rapport à x, y_1, y_2 serait 0. — On peut donc écrire

$$d\sigma = (\eta'_{1y_2} - \alpha\,\eta'_{2y_2} - \beta\,\xi'_{y_2})\,(dy_2 - D\,dx) \quad , \tag{18,4}$$

où

$$-D = \frac{\eta'_{1x} - \alpha\,\eta'_{2x} - \beta\,\xi'_{x}}{\eta'_{1y_2} - \alpha\,\eta'_{2y_2} - \beta\,\xi'_{y_2}} \tag{18,5}$$

180

n'est pas indépendant de ϱ; en effet, dans le cas contraire, on aurait encore les trois équations (18,1) avec $a_1 = 0$, et le même raisonnement serait applicable. On peut donc poser $r = D$, un cas qui se ramène au cas $a = c$, $b = r$ en interchangeant les variables y_1, y_2; ds a alors la troisième des formes (12,2).

On voit donc que, étant donnée une transformation ponctuelle (17,2) et une forme adjointe (17,1), il existe une fonction

$$r = r(\xi, \eta_\mu, \varrho) \tag{18,6}$$

telle qu'en adjoignant (18,6) aux expressions (17,2) de x et y_ν, on obtienne une transformation de l'espace $(\xi, \eta_1, \eta_2, \varrho)$ dans l'espace (x, y_1, y_2, r), satisfaisant à la condition (17,3). a, b et *la fonction (18,6) sont alors univoquement déterminées par (17,1) et (17,2).*

19. Supposons maintenant qu'on ait en particulier $\alpha = 0$, $\beta = \varrho$, un cas qui se ramène, comme nous l'avons dit plus haut, aux transformations de contact du plan.

On obtient alors pour $-a$, $-b$ les expressions

$$-a = \frac{\eta'_{1\,y_2} - \varrho\,\xi'_{y_2}}{\eta'_{1\,y_1} - \varrho\,\xi'_{y_1}} \;,\quad -b = \frac{\eta'_{1\,x} - \varrho\,\xi'_{x}}{\eta'_{1\,y_1} - \varrho\,\xi'_{y_1}}\;. \tag{19,1}$$

en supposant que $\eta'_{1\,y_1}$, ξ'_{y_1} ne deviennent pas 0 tous les deux.

Supposons que a contienne effectivement ϱ. On a alors un ds du type I:

$$r = a\;;\qquad f(r, x, y_1, y_2) = b = kr + l\,, \tag{19,2}$$

où k et l s'obtiennent en résolvant les équations

$$\left.\begin{aligned} k\,\eta'_{1\,y_2} - l\,\eta'_{1\,y_1} - \eta'_{1\,x} &= 0\,, \\ k\,\xi'_{y_2} - l\,\xi'_{y_1} - \xi'_{x} &= 0\,. \end{aligned}\right\} \tag{19,3}$$

Or, je dis qu'*on peut faire k et l égales à deux fonctions arbitraires de x, y_1, y_2 en choisissant convenablement la transformation* (17,2). Il suffit en effet de déterminer η_1 et ξ de manière à satisfaire (19,3), c'est-à-dire de prendre pour ξ, η_1 deux intégrales indépendantes de l'équation aux dérivées partielles

$$z'_x + l z'_{y_1} - k z'_{y_2} = 0\;, \tag{19,4}$$

qu'on obtient à partir de deux équations différentielles

$$\frac{dy_1}{dx} = - l(x, y_1, y_2) \ , \qquad \frac{dy_2}{dx} = - k(x, y_1, y_2) \ , \qquad (19,5)$$

en exprimant les deux constantes c_1, c_2 dont dépend l'intégrale générale de (19,5), en fonctions de x, y_1, y_2 :

$$c_\nu = z_\nu(x, y_1, y_2) \ , \qquad \nu = 1, 2 \ . \qquad (19,6)$$

En posant

$$z_1 = \eta_1 \ , \qquad z_2 = \xi \ ,$$

le déterminant

$$\begin{vmatrix} \eta'_{1\,y_1} & \eta'_{1\,y_2} \\ \xi'_{y_1} & \xi'_{y_2} \end{vmatrix}$$

ne sera pas identiquement 0, y_1, y_2 étant exprimables par x, z_1, z_2. Donc, a dépend effectivement de ϱ, et notre assertion est démontrée.

De l'autre côté, une forme adjointe du type II en (12,2) se réduit, en permutant y_2 et x, à une forme adjointe du type I, dans laquelle b est indépendant de r. Donc chaque forme adjointe du type II est équivalente à $d\eta_1 - \varrho\, d\xi$. Et, quant à la forme adjointe $dy_2 - r\, dx$, elle se réduit évidemment à $d\eta_1 - \varrho\, d\xi$, en posant

$$\eta_1 = y_2 \ , \qquad \eta_2 = y_1 \ , \qquad \xi = x \ .$$

Donc :

Théorème II. Pour qu'une forme adjointe ds soit équivalente, par une transformation ponctuelle, à $dy_1 - r\, dx$, il est nécessaire et suffisant qu'elle soit axiale.

En particulier, toutes les formes axiales sont équivalentes entre elles par des transformations ponctuelles. — D'ailleurs notre résultat est presque immédiat en termes des équations linéaires correspondantes. Il se réduit à ce que deux équations *linéaires* aux dérivées partielles sont toujours équivalentes par des transformations ponctuelles. En effet, si, dans le cas de trois variables par exemple, $f_1 = c$, $f_2 = c$ sont deux intégrales indépendantes de la première équation, $F_1 = c$, $F_2 = c$ deux intégrales indépendantes de la seconde, il suffit de considérer une transformation ponctuelle par laquelle f_1, f_2 deviennent F_1, F_2.

20. Nous allons maintenant démontrer le théorème annoncé à la fin du No. 16 :

Théorème III : Soient

$$\left. \begin{aligned} d\sigma &= \varepsilon\, d\eta_1 - \alpha\, d\eta_2 - \beta\, d\xi \\ ds &= e\, dy_1 - a\, dy_2 - b\, dx \end{aligned} \right\} \qquad (20,1)$$

182

deux formes adjointes. Il existe toujours une transformation R entre les espaces Σ et S, satisfaisant à la condition (13,5).

Démonstration : Il suffit de considérer le cas où $d\sigma$ se réduit à la forme $d\eta_2 - \varrho\, d\xi$. On a alors à satisfaire à la condition

$$d\eta_2 - \varrho\, d\xi = \mu\, (e\, dy_1 - a\, dy_2 - b\, dx)\,. \tag{20,2}$$

On peut évidemment supposer $e = 1$, puisque dans le cas contraire ds se réduit à $dy_2 - r\, dx$ et il suffirait de prendre la transformation identique. Alors (20,2) se réduit à

$$\eta'_{2r} - \varrho\, \xi'_r = 0 \qquad , \qquad \eta'_{2y_1} - \varrho\, \xi'_{y_1} = \mu \ ,$$
$$\eta'_{2y_2} - \varrho\, \xi'_{y_2} = -\mu a \ , \qquad \eta'_{2x} - \varrho\, \xi'_x = -\mu b \ ,$$

ou bien, en éliminant μ :

$$\left.
\begin{aligned}
\eta'_{2r} \qquad\qquad - \varrho\, \xi'_r \qquad\qquad &= 0 \ , \\
(\eta'_{2y_2} + a\, \eta'_{2y_1}) - \varrho\, (\xi'_{y_2} + a\, \xi'_{y_1}) &= 0 \ , \\
(\eta'_{2x} + b\, \eta'_{2y_1}) - \varrho\, (\xi'_x + b\, \xi'_{y_1}) &= 0 \ .
\end{aligned}
\right\} \tag{20,3}$$

Mais si η'_{2r} et ξ'_r ne sont pas tous les deux 0, il résulte de (20,3) l'existence de deux fonctions λ, κ, telles que le système des deux équations différentielles

$$z'_{y_2} + a\, z'_{y_1} - \lambda z'_r = 0 \ ,$$
$$z'_x + b\, z'_{y_1} - \kappa z'_r = 0 \tag{20,4}$$

soit satisfait pour $z = \eta_2$ et pour $z = \xi$.

21. De l'autre côté, si le système (20,4) possède deux intégrales indépendantes, on aura, en les désignant par η_2, ξ, les relations (20,3), où ϱ est une fonction de x, y_1, y_2, r.

En effet, le système

$$z'_r = 0 \ , \ z'_{y_2} + a\, z'_{y_1} = 0 \ , \ z'_x + b\, z'_{y_1} = 0 \tag{21,1}$$

n'est pas complet, puisqu'en combinant la première équation (21,1) avec la deuxième et la troisième, on obtient $a'_r\, z'_{y_1} = 0$, $b'_r\, z'_{y_1} = 0$, donc, l'une des deux fonctions a, b étant $= r$, la relation

$$z'_{y_1} = 0 \ , \tag{21,2}$$

183

qui n'est pas une combinaison linéaire de (21,1). Donc, puisque ξ n'est pas constant, l'une au moins des expressions en (21,1) ne s'annule pas pour $z = \xi$, et l'on obtient une expression finie pour ϱ.

Il suffit donc de démontrer qu'en choisissant convenablement λ et κ, le système (20,4) possède au moins deux intégrales indépendantes.

22. Posons

$$X_1 = \frac{\partial}{\partial y_2} + a \frac{\partial}{\partial y_1} - \lambda \frac{\partial}{\partial r} \; ,$$

$$X_2 = \frac{\partial}{\partial x} + b \frac{\partial}{\partial y_1} - \kappa \frac{\partial}{\partial r} \; .$$

Alors on a

$$X_1 X_2 - X_2 X_1 = (b'_{y_2} - a'_x + a b'_{y_1} - b a'_{y_1} - \lambda b'_r + \kappa a'_r) \frac{\partial}{\partial y_1} +$$

$$+ (\lambda \kappa'_r - \kappa \lambda'_r + \lambda'_x - \kappa'_{y_2} + b \lambda'_{y_1} - a \kappa'_{y_1}) \frac{\partial}{\partial r} \; .$$

Or, supposons que les coefficients de $\dfrac{\partial}{\partial y_1}$ et $\dfrac{\partial}{\partial r}$ soient ici identiquement 0. Alors le système (20,4) est *complet* et possède en effet $4 - 2 = 2$ intégrales indépendantes. Il suffit donc de choisir λ et κ de manière à satisfaire aux deux équations différentielles

$$\kappa a'_r - \lambda b'_r + b'_{y_2} - a'_x + a b'_{y_1} - b a'_{y_1} = 0 \; , \qquad (22,2)$$

$$\lambda \kappa'_r - \kappa \lambda'_r + \lambda'_x - \kappa'_{y_2} + b \lambda'_{y_1} - a \kappa'_{y_1} = 0 \; . \qquad (22,3)$$

On considérera ici deux cas, suivant que $a = r$ ou $b = r$. Dans le *premier* cas il résulte de (22,2).

$$\kappa = \lambda f'_r - f'_{y_2} - r f'_{y_1} \; . \qquad (22,4)$$

En introduisant cette valeur dans (22,3), on obtient

$$\lambda^2 f''_{rr} - 2 \lambda f''_{r y_2} - 2 \lambda r f''_{r y_1} - \lambda f'_{y_1} + \lambda'_r (f'_{y_2} + r f'_{y_1}) + \lambda'_{y_1} (f - r f'_r) - \lambda'_{y_2} f'_r +$$

$$+ \lambda'_x + f''_{y_2 y_2} + 2 r f''_{y_1 y_2} + r^2 f''_{y_1 y_1} = 0 \; . \qquad (22,5)$$

Il suffit donc de prendre pour λ une solution de (22,5) et d'en déduire la valeur de κ par (22,4).

23. Dans le second cas où $b = r$, $a = c\,(x, y_1, y_2)$, on permutera dans les équations (22,2), (22,3) λ et κ, a et b, y_2 et x, c'est-à-dire les deux équations (20,4). On obtient donc dans ce cas un résultat correspondant

184

au précédent en effectuant les mêmes permutations dans (22,4) et (22,5), et en y remplaçant f par $c(x, y_1, y_2)$.

Donc, on peut toujours choisir λ et κ de façon à satisfaire (22,2) et (22,3).

Nous avons encore à montrer que la fonction ϱ déduite de (20,3) est indépendante de ξ et η_2. Or, soient u, v deux fonctions de r, x, y_1, y_2 formant avec ξ et η_2 quatre fonctions indépendantes. En introduisant ξ, η_2, u, v comme nouvelles variables indépendantes, les équations (21,1) déviennent

$$X_\nu(z) \equiv \gamma_\nu z'_u + \delta_\nu z'_v + \lambda_\nu z'_\xi + \kappa_\nu z'_{\eta_2} = 0 \ , \ \nu = 1 \ , \ 2 \ , \ 3 \qquad (23,1)$$

et il résulte de (20,3):

$$\varrho = \frac{\kappa_\nu}{\lambda_\nu} \ , \ \nu = 1 \ , \ 2 \ , \ 3 \ ,$$

où tous les κ_ν, λ_ν ne s'annulent pas, puisque dans le cas contraire les X_ν, donc aussi les équations (21,1) ne seraient pas linéairement indépendantes.

Mais alors les équations $X_\nu = 0$ sont des combinaisons linéaires des équations

$$z'_u = 0 \ , \ z'_v = 0 \ , \ z'_\xi + \varrho z'_{\eta_2} = 0 \ , \qquad (23,2)$$

les équations (23,2) sont donc équivalentes aux équations (21,1), et le système (23,2) n'est pas complet. Donc ϱ ne peut s'exprimer par ξ et η_2 seuls, puisque, si ϱ était indépendant de u et v, le système (23,2) serait évidemment complet.

Le théorème III est démontré.

Une autre démonstration du théorème III résultera des considérations du § 10.

§ 5. Equations différentielles pour ξ, η_1, η_2

24. Quelles conditions doivent être remplies par les fonctions ξ, η_1, η_2 dans (1,1), pour que cette transformation soit une transformation R?

Tout d'abord, ces trois fonctions, comme fonctions de p_1, p_2, doivent être exprimables par l'une d'elles. Donc le rang de la matrice

$$\begin{pmatrix} \xi'_{p_1} & \eta'_{1\,p_1} & \eta'_{2\,p_1} \\ \xi'_{p_2} & \eta'_{1\,p_2} & \eta'_{2\,p_2} \end{pmatrix} \qquad (24,1)$$

doit être égal à 1. En plus, les lignes de niveau de chacune de ces fonctions dans le plan des p_1, p_2 doivent être des droites. Donc chacune de ces 3 fonctions satisfait à l'équation (10,1).

185

De l'autre côté, si ces conditions sont satisfaites, il existe d'après le No. 9, une fonction $r = r(p_1, p_2, y_1, y_2, x)$ définie par (8,3), (8,4) ou (8,5), telle que ξ, η_1, η_2 soient exprimables par r, x, y_1, y_2.

Nous supposerons donc que les fonctions ξ, η_1, η_2 soient données dans la forme

$$\left.\begin{aligned}
\xi &= \xi(r, x, y_1, y_2), \\
\eta_1 &= \eta_1(r, x, y_1, y_2), \\
\eta_2 &= \eta_2(r, x, y_1, y_2).
\end{aligned}\right\} \tag{24,2}$$

Nous allons maintenant déduire les conditions sous lesquelles, en ajoutant aux fonctions (24,2) une quatrième fonction $\varrho = \varrho(r, x, y_1, y_2)$ convenablement choisie, on obtient une transformation satisfaisant à la condition (13,5) avec la forme adjointe ds donnée.

En comparant les coefficients de dr, dy_1, dy_2, dx des deux côtés de (13,5) on obtient

$$\left.\begin{aligned}
\varepsilon\,\eta'_{1r} - \alpha\,\eta'_{2r} - \beta\,\xi'_r &= 0, \\
\varepsilon\,\eta'_{1y_1} - \alpha\,\eta'_{2y_1} - \beta\,\xi'_{y_1} - e\,\mu &= 0, \\
\varepsilon\,\eta'_{1y_2} - \alpha\,\eta'_{2y_2} - \beta\,\xi'_{y_2} + a\,\mu &= 0, \\
\varepsilon\,\eta'_{1x} - \alpha\,\eta'_{2x} - \beta\,\xi'_x + b\,\mu &= 0.
\end{aligned}\right\} \tag{24,3}$$

Donc, une des quantités α, β étant $= \varrho$ et $\neq 0$, on a comme *première condition nécessaire* pour ξ, η_1, η_2:

$$\begin{vmatrix}
\xi'_r & \eta'_{1r} & \eta'_{2r} & 0 \\
\xi'_{y_1} & \eta'_{1y_1} & \eta'_{2y_1} & -e \\
\xi'_{y_2} & \eta'_{1y_2} & \eta'_{2y_2} & a \\
\xi'_x & \eta'_{1x} & \eta'_{2x} & b
\end{vmatrix} = 0. \tag{24,4}$$

Dès que la condition (24,4) est satisfaite pour trois fonctions indépendantes ξ, η_1, η_2, les rapports de $\varepsilon, \alpha, \beta$ en (24,3) sont univoquement déterminés. Il résulte alors de la comparaison de (12,3) et (12,1) comme *seconde condition nécessaire*, que l'un au moins des trois rapports $\dfrac{\alpha}{\varepsilon}, \dfrac{\beta}{\varepsilon}, \dfrac{\beta}{\alpha}$ est indépendant de ξ, η_1, η_2 (donc en particulier est $\neq 0, \neq \infty$).

25. Or il est facile de montrer que, si les trois fonctions ξ, η_1, η_2 de r, x, y_1, y_2 sont indépendantes et satisfont aux conditions déduites au No. précédent, on peut leur adjoindre une quatrième fonction $\varrho =$

186

$\varrho\,(r,\,x,\,y_1,\,y_2)$ indépendante de $\xi,\,\eta_1,\,\eta_2$, telle que (13,3) soit satisfait. — On suppose naturellement que a et b soient choisis conformément à (12,2).

En effet, supposons d'abord qu'en résolvant (24,3), on ait $\varepsilon \neq 0$. On pourra alors supposer $\varepsilon = 1$. Or, si alors α est indépendant de $\xi,\,\eta_1,\,\eta_2$ comme fonctions de $r,\,x,\,y_1,\,y_2$, on posera

$$\varrho = \varrho\,(r,\,x,\,y_1,\,y_2) = \alpha\,(r,\,x,\,y_1,\,y_2)$$

et exprimera β par $\varrho,\,\xi,\,\eta_1,\,\eta_2$:

$$\beta\,(r,\,x,\,y_1,\,y_2) = \varphi\,(\varrho,\,\xi,\,\eta_1,\,\eta_2)\ ;$$

$d\sigma$ aura alors la première des formes (12,1). ·

De l'autre côté, si α est exprimable par $\xi,\,\eta_1,\,\eta_2$, mais β en est indépendant, on posera
$$\alpha = \gamma\,(\xi,\,\eta_1,\,\eta_2)\,, \qquad \beta = \varrho\,,$$

et $d\sigma$ aura la deuxième des formes (12,1).

Supposons maintenant qu'on ait $\varepsilon = 0$. Alors, d'après nos hypothèses, le rapport $\dfrac{\beta}{\alpha}$ est $\neq 0,\ \neq \infty$. On pourra donc poser $\alpha = 1,\ -\beta = \varrho = \varrho\,(x,\,y_1,\,y_2,\,r)$, où ϱ sera indépendant de $\xi,\,\eta_1,\,\eta_2$. L'équation (13,5) est alors vérifiée en prenant pour $d\sigma$ la troisième des formes différentielles (12,1).

26. Nous arrivons au résultat :

Théorème IV : Une forme adjointe ds en $r,\,x,\,y_1,\,y_2$ étant donnée ; pour qu'aux trois fonctions indépendantes (24,2) puisse être adjointe une quatrième fonction $\varrho = \varrho\,(r,\,x,\,y_1,\,y_2)$, indépendante de $\xi,\,\eta_1,\,\eta_2$, de manière à satisfaire à une condition (13,5), il est nécessaire et suffisant que $\xi,\,\eta_1,\,\eta_2$ satisfassent à (24,4) et que l'un au moins des rapports des $\varepsilon,\,\alpha,\,\beta$, tirés de (24,3), soit indépendant de $\xi,\,\eta_1,\,\eta_2$.

Il est d'ailleurs facile de montrer que la condition (24,4), à elle seule, ne suffit pas pour assurer la validité du théorème III. Posons par exemple

$$ds = dy_1 - r\,dy_2 + dx, \qquad e = 1, \qquad a = r, \qquad b = -1$$

et

$$\xi = r\,, \qquad \eta_1 = x + y_1\,, \qquad \eta_2 = y_2\,.$$

La relation (24,4) est vérifiée immédiatement, tandis qu'il est impossible de satisfaire à une condition (13,5). En effet, choisissons r conformément à la règle du théorème I. On obtient

$$r = \frac{1 + p_1}{p_2} = \frac{1 + \dfrac{dy_1}{dx}}{\dfrac{dy_2}{dx}} \; .$$

Mais alors on a

$$\xi = r = \frac{\dfrac{d\,(x + y_1)}{dx}}{\dfrac{dy_2}{dx}} = \frac{\dfrac{d\eta_1}{dx}}{\dfrac{d\eta_2}{dx}} = \frac{\dfrac{d\eta_1}{d\xi}}{\dfrac{d\eta_2}{d\xi}} \; ,$$

et les fonctions $\eta_1(\xi)$, $\eta_2(\xi)$ satisfont à l'équation différentielle

$$\xi \frac{d\eta_2}{d\xi} - \frac{d\eta_1}{d\xi} = 0 \; .$$

La transformation obtenue n'est donc certainement pas réversible.

27. De l'autre côté on peut se poser le problème, dans quelle mesure les fonctions x, y_1, y_2 de ξ, η_1, η_2, ϱ dans la transformation (14,2) peuvent être choisies arbitrairement.

En multipliant les 4 lignes du déterminant (24,4) resp. par

$$\frac{\partial r}{\partial \varrho} \; , \; \frac{\partial y_1}{\partial \varrho} \; , \; \frac{\partial y_2}{\partial \varrho} \; , \; \frac{\partial x}{\partial \varrho}$$

et en ajoutant trois lignes à la quatrième, on obtient les relations

$$\left(b \frac{\partial x}{\partial \varrho} + a \frac{\partial y_2}{\partial \varrho} - e \frac{\partial y_1}{\partial \varrho} \right) \varDelta_\nu = 0 \; , \quad \nu = 1 , 2 , 3 , 4 ,$$

où les facteurs $\varDelta_\nu$ sont les 4 Jacobiens de ξ, η_1, η_2 par rapport aux variables r, y_1, y_2, x. Donc, ξ, η_1, η_2 étant indépendants, on obtient la relation

$$b \frac{\partial x}{\partial \varrho} + a \frac{\partial y_2}{\partial \varrho} - e \frac{\partial y_1}{\partial \varrho} = 0 \; , \tag{27,1}$$

équivalente à l'équation (24,4). Cette relation s'obtient du reste immédiatement de la relation (13,5), en y comparant les coefficients de $d\varrho$ des deux côtés.

Supposons maintenant que ds et les trois fonctions x, y_1, y_2 de ξ, η_1, η_2, ϱ soient données. Alors, en remplaçant dans a, b les x, y_1, y_2 par leurs valeurs, la relation (27,1) permet *en général* de déterminer r en fonction de ξ, η_1, η_2, ϱ, et cette fonction de ξ, η_1, η_2, ϱ sera *en général*

188

indépendante de x, y_1, y_2. Alors, la transformation (14,2), appliquée à la forme ds, la transforme en une forme différentielle

$$E\,d\eta_1 - A\,d\eta_2 - B\,d\xi\,, \qquad\qquad (27,2)$$

où E, A, B sont des fonctions de ξ, η_1, η_2, ϱ. Mais alors, afin que (26,2) soit un multiple d'une forme adjointe ds, il est nécessaire et suffisant que ou bien 1) $\dfrac{A}{E}$ soit égal à ϱ, ou bien 2) $\dfrac{A}{E}$ soit indépendant de ϱ et $\dfrac{B}{E}$ soit égal à ϱ, ou bien 3) que E s'annule et $\dfrac{B}{A}$ soit égal à ϱ.

On voit qu'en général, ds étant donné, il ne correspond aux trois fonctions x, y_1, y_2 de ξ, η_1, η_2, ϱ aucune transformation R.

Toutefois, il résulte de cette discussion, qu'en général, x, y_1, y_2 étant donnés en fonctions de ξ, η_1, η_2, ϱ, on peut trouver r et un ds du type I, de sorte qu'il en résulte une transformation R avec un $d\sigma$ du type I. En effet, en posant $e = 1$, $a = r$ et en calculant E et A, la condition $\dfrac{A}{E} = \varrho$ se réduit à

$$(x'_{\eta_1}\varrho - x'_{\eta_2})\,b + (y'_{2\,\eta_1}\varrho - y'_{2\,\eta_2})\,r = y'_{1\,\eta_1}\varrho - y'_{1\,\eta_2}\,.$$

De l'autre côté, par (27,1):

$$x'_\varrho b + y'_{2\varrho} r = y'_{1\varrho}\,.$$

Donc, en résolvant par rapport à r et b:

$$r = \frac{\varrho\,\dfrac{\partial(y_1,x)}{\partial(\varrho,\eta_1)} - \dfrac{\partial(y_1,x)}{\partial(\varrho,\eta_2)}}{\varrho\,\dfrac{\partial(y_2,x)}{\partial(\varrho,\eta_1)} - \dfrac{\partial(y_2,x)}{\partial(\varrho,\eta_2)}}\,,\quad b = \frac{\varrho\,\dfrac{\partial(y_2,y_1)}{\partial(\varrho,\eta_1)} - \dfrac{\partial(y_2,y_1)}{\partial(\varrho,\eta_2)}}{\varrho\,\dfrac{\partial(y_2,x)}{\partial(\varrho,\eta_1)} - \dfrac{\partial(y_2,x)}{\partial(\varrho,\eta_2)}}\,,\quad (27,3)$$

et l'on obtient une transformation R, si la valeur trouvée de r ne peut être exprimée en fonction de x, y_1, y_2.

§ 6. Intégration des équations différentielles pour ξ, η_1, η_2; exemples

28. Quant à la détermination des solutions ξ, η_1, η_2 de l'équation différentielle (24,4), elle peut être effectuée de la manière suivante: Il existe évidemment 4 fonctions A, B, C, D de r, x, y_1, y_2, telles que l'on ait

189

$$A\,\xi'_r + B\,\xi'_{y_1} + C\,\xi'_{y_2} + D\,\xi'_x = 0$$
$$A\,\eta'_{1r} + B\,\eta'_{1y_1} + C\,\eta'_{1y_2} + D\,\eta'_{1x} = 0 \qquad (28,1)$$
$$A\,\eta'_{2r} + B\,\eta'_{2y_1} + C\,\eta'_{2y_2} + D\,\eta'_{2x} = 0$$

$$Be = aC + bD \,. \qquad (28,2)$$

Donc, ξ, η_1, η_2 sont des intégrales de l'équation différentielle

$$A z'_r + B z'_{y_1} + C z'_{y_2} + D z'_x = 0 \,, \qquad (28,3)$$

où A, B, C, D sont assujettis à la condition (28,2).

D'un autre côté, en prenant 4 fonctions A, B, C, D satisfaisant à (28,2), mais autrement arbitraires, l'équation différentielle (28,3) possède des systèmes de trois intégrales indépendantes qu'on peut prendre comme ξ, η_1, η_2.

Dans les expressions de ξ, η_1, η_2 entrent trois fonctions arbitraires de trois variables, ce qui correspond à une transformation ponctuelle de Σ. Une telle transformation n'affecte pas les grandeurs A, B, C, D.

Enfin, quant à la résolution de l'équation (28,3), elle s'effectue en intégrant le système différentiel ordinaire du troisième ordre

$$dr : dy_1 : dy_2 : dx = A : B : C : D \,,$$

et en exprimant les trois constantes arbitraires c_ν, $\nu = 1, 2, 3$ en fonctions de r, x, y_1, y_2 :

$$c_\nu = z_\nu(r, x, y_1, y_2) \,.$$

Les trois fonctions z_ν représentent alors un système d'intégrales indépendantes de (28,3).

29. On peut se poser la question, dans quelle mesure, les 3 fonctions indépendantes ξ, η_1, η_2 de r, x, y_1, y_2 étant données, on peut leur adjoindre une forme adjointe ds de manière à satisfaire aux conditions du théorème IV. On obtient évidemment de (24,4) les conditions pour e, a, b. Posons

$$J_1 = \frac{\partial(\xi, \eta_1, \eta_2)}{\partial(r, y_1, y_2)} \,, \quad J_2 = \frac{\partial(\xi, \eta_1, \eta_2)}{\partial(r, y_1, x)} \,, \quad J_3 = \frac{\partial(\xi, \eta_1, \eta_2)}{\partial(r, y_2, x)} \,. \qquad (29,1)$$

Alors (24,4) se réduit à

$$J_1 b - J_2 a - J_3 e = 0 \,. \qquad (29,2)$$

190

Si l'on cherche ds dans la première forme (2,2), on aura la relation

$$J_1 b - J_2 r - J_3 = 0 , \qquad (29,3)$$

qui peut toujours être résolue par rapport à b, si $J_1 \neq 0$. Dans ce cas il y a donc exactement une forme ds du premier type (12,2), qui peut être adjointe aux fonctions ξ, η_1, η_2.

Si d'autre part $J_1 = 0$, (29,3) ne peut être satisfait que si

$$J_2 r + J_3 = 0 , \qquad (29,4)$$

mais alors pour *toute* valeur de b, de sorte qu'alors, *chaque* forme ds du premier type de (12,2) peut être adjointe à ξ, η_1, η_2.

Si l'on cherche ds du deuxième type de (12,2), on obtient la relation

$$J_1 r - J_2 c - J_3 = 0 \qquad (29,5)$$

qui devrait être satisfaite pour une fonction c indépendante de r, ce qui n'est possible qu'exceptionnellement.

Enfin, pour une forme ds du troisième type de (12,2), on obtient la relation

$$J_1 r + J_2 = 0 . \qquad (29,6)$$

D'ailleurs il est très bien possible qu'à un système des trois fonctions ξ, η_1, η_2 puissent être adjointes exactement une forme ds de chaque type, comme nous allons le montrer sur un exemple.

30. *Exemple I :* Posons

$$\xi = r , \qquad \eta_1 = y_1 , \qquad \eta_2 = y_2 - rx . \qquad (30,1)$$

On a

$$J_1 = \begin{vmatrix} 1 & 0 & -x \\ 0 & 1 & 0 \\ 0 & 0 & 1 \end{vmatrix} = 1, \quad J_2 = \begin{vmatrix} 1 & 0 & -x \\ 0 & 1 & 0 \\ 0 & 0 & -r \end{vmatrix} = -r, \quad J_3 = \begin{vmatrix} 1 & 0 & -x \\ 0 & 0 & 1 \\ 0 & 0 & -r \end{vmatrix} = 0.$$

Avec ces valeurs on tire de (29,3) : $b = -r^2$, de (29,5) : $c = -1$, et la condition (29,6) est, elle aussi, satisfaite. On obtient donc les trois formes suivantes de ds:

$$dy_1 - r dy_2 + r^2 dx \qquad (30,2)$$

$$dy_1 + dy_2 - r dx \qquad (30,3)$$

$$dy_2 - r dx . \qquad (30,4)$$

191

Les équations (24,3) deviennent pour nos valeurs de ξ, η_1, η_2:

$$x\alpha - \beta = 0 \, , \quad \varepsilon - e\mu = 0 \, , \quad \alpha - a\mu = 0 \, , \quad r\alpha + b\mu = 0 \, .$$

La quatrième de ces équations est équivalente à la troisième, puisqu'on a dans tous les trois cas $\dfrac{b}{a} = -r$. On obtient donc pour $\mu = 1$:

$$\varepsilon = e \, , \qquad \alpha = a \, , \qquad \beta = xa \, . \tag{30,5}$$

Maintenant, si $e = 1$, c'est-à-dire dans les cas (30,2), (30,3), il en résulte, suivant que l'on a affaire à (30,2) ou (30,3),

$$\varepsilon = 1 \, , \qquad \alpha = r \, , \qquad \beta = xr \, ,$$
$$\varepsilon = 1 \, , \qquad \alpha = -1 \, , \qquad \beta = -x \, .$$

Dans le premier cas on a $\alpha = \xi$ et l'on posera $\varrho = xr$. $d\sigma$ sera alors

$$d\eta_1 - \xi d\eta_2 - \varrho d\xi \, , \qquad \varrho = xr \, . \tag{30,2^0}$$

Dans le deuxième cas on obtient pour $d\sigma$:

$$d\eta_1 + d\eta_2 - \varrho d\xi \, , \qquad \varrho = -x \, . \tag{30,3^0}$$

Enfin dans le troisième cas on obtient

$$\varepsilon = 0 \, , \qquad \alpha = -1 \, , \qquad \beta = -x = \varrho \, ,$$

et la forme do sera (Cf. exemple II au No. 4).

$$d\eta_2 - \varrho d\xi \, , \qquad \varrho = -x \, . \tag{30,4^0}$$

Dans le cas des formes (30,2), (30,2^0) on obtient d'après le théorème I pour r et ϱ les expressions suivantes par les dérivées p_1, p_2; π_1, π_2:

$$r = \frac{p_2 \pm \sqrt{p_2^2 - 4p_1}}{2} \, , \quad \varrho = \pi_1 - \xi \pi_2 \, . \tag{30,6}$$

Maintenant, les équations finies de notre transformation R deviennent

$$\left. \begin{aligned} &\xi = \frac{p_2 \pm \sqrt{p_2^2 - 4p_1}}{2} \, , \; \eta_1 = y_1 \, , \; \eta_2 = y_2 - x\,\frac{p_2 \pm \sqrt{p_2^2 - 4p_1}}{2} \, , \\[2ex] &x = \frac{\pi_1 - \xi \pi_2}{\xi} \, , \; y_1 = \eta_1 \, , \; y_2 = \eta_2 + \pi_1 - \xi \pi_2 \, . \end{aligned} \right\} \tag{30,2$^{\circ\circ}$}$$

192

Dans le cas des formes (30,3), (30,3⁰) on a

$$r = p_1 + p_2 \,, \qquad \varrho = \pi_1 + \pi_2$$

et les équations finies de la transformation R correspondante deviennent

$$\left. \begin{aligned} \xi = p_1 + p_2 \,, \; \eta_1 = y_1 \,, \; \eta_2 = y_2 - x(p_1 + p_2) \,, \\ -x = \pi_1 + \pi_2 \,, \; y_1 = \eta_1 \,, \; y_2 = \eta_2 - \xi(\pi_1 + \pi_2) \,. \end{aligned} \right\} \quad (30,3^{\circ\circ})$$

Enfin pour les formes (30,4), (30,4⁰) on a

$$\left. \begin{aligned} \xi = p_2 \,, \; \eta_1 = y_1 \,, \; \eta_2 = y_2 - x\, p_2 \,, \\ -x = \pi_2 \,, \; y_1 = \eta_1 \,, \; y_2 = \eta_2 - \xi \pi_2 \,, \end{aligned} \right\} \quad (30,4^{\circ\circ})$$

une transformation qui revient évidemment à la transformation de Legendre dans le plan des x, y_2.

On voit donc que dans ces cas aux fonctions (30,1) correspondent trois transformations R différentes.

31. *Exemple II :* Posons

$$\xi = x \,, \qquad \eta_1 = r \,, \qquad \eta_2 = y_1 - r y_2 \,. \tag{31,1}$$

Ici l'on a

$$J_1 = \begin{vmatrix} 0 & 1 & -y_2 \\ 0 & 0 & 1 \\ 0 & 0 & -3 \end{vmatrix} = 0 \,, \; J_2 = \begin{vmatrix} 0 & 1 & -y_2 \\ 0 & 0 & 1 \\ 1 & 0 & 0 \end{vmatrix} = 1 \,, \; J_3 = \begin{vmatrix} 0 & 1 & -y_2 \\ 0 & 0 & -r \\ 1 & 0 & 0 \end{vmatrix} = -r \,.$$

Pour ces valeurs de J_1, J_2, J_3 l'équation (29,3) est satisfaite pour chaque b. On obtient donc une forme adjointe

$$dy_1 - r dy_2 - f(r, x, y_1, y_2)\, dx \,, \tag{31,2}$$

f étant une fonction arbitraire de ses 4 arguments.

Quant aux conditions (29,5), (29,6), la deuxième n'est pas satisfaite, tandis qu'on tire de la première une valeur de c qui n'est pas indépendante de r.

Les équations (24,3) deviennent avec nos valeurs de $\xi, \eta_1, \eta_2, e, a, b$:

$$\varepsilon + \alpha y_\xi = 0 \,, \quad \alpha + \mu = 0 \,, \quad \alpha r + \mu r = 0 \,, \quad \beta - f\mu = 0 \,,$$

dont la deuxième et la troisième sont équivalentes. On en tire les valeurs

$$\varepsilon = 1 \,, \quad \alpha = -\frac{1}{y_2} \,, \quad \beta = \frac{f}{y_2} \,.$$

193

Donc, α étant indépendant de ξ, η_1, η_2, on posera $\varrho = -\dfrac{1}{y_2}$ et l'on aura pour $d\sigma$:

$$d\eta_1 - \varrho\, d\eta_2 + \varrho f\left(\eta_1 , \xi , \eta_2 - \frac{\eta_1}{\varrho} , \frac{-1}{\varrho}\right) d\xi \ . \qquad (31,3)$$

On obtient ici les expressions de r et ϱ par p_1, p_2 et π_1, π_2, en résolvant les équations

$$\begin{aligned}
p_1 - r\, p_2 - f(r , x , y_1 , x_2) &= 0 \\
\pi_1 - \varrho\, \pi_2 + \varrho f\left(\eta_1 , \xi , \eta_2 - \frac{\eta_1}{\varrho} , -\frac{1}{\varrho}\right) &= 0 \ .
\end{aligned} \qquad\qquad (31,4)$$

Les équations de notre transformation deviennent alors

$$\begin{aligned}
\xi = x , \eta_1 &= r(p_1 , p_2 , x , y_1 , y_2) , \ \eta_2 = y_1 - y_2\, r(p_1 , p_2 , x , y_1 , y_2) \\
x = \xi , y_1 &= \eta_2 - \frac{\eta_1}{\varrho(\pi_1 , \pi_2 , \xi , \eta_1 , \eta_2)} , \ y_2 = - \frac{1}{\varrho(\pi_1 , \pi_2 , \xi , \eta_1 , \eta_2 \ .}
\end{aligned} \qquad (31,5)$$

En choisissant p. ex. $f \equiv 0$, on a $r = \dfrac{p_1}{p_2}$, $\varrho = \dfrac{\pi_1}{\pi_2}$ et l'on obtient la transformation (cf. exemple III au No. 4)

$$\begin{aligned}
\xi = x \ , \ \eta_1 &= \frac{p_1}{p_2} \ , \ \eta_2 = y_1 - \frac{p_1}{p_2} y_2 \ , \\
x = \xi \ , \ y_1 &= \eta_2 - \frac{\pi_2}{\pi_1} \eta_1 \ , \ y_2 = - \frac{\pi_2}{\pi_1} \ ,
\end{aligned} \qquad (31,6)$$

à laquelle correspond le couple des formes adjointes

$$ds = dy_1 - r\, dy_2 , \qquad d\sigma = d\eta_1 - \sigma\, d\eta_2 \ .$$

Fin du premier chapitre.

(Reçu le 3 octobre 1940.)

Sur une classe de transformations différentielles dans l'espace à trois dimensions. II.

C H A P I T R E II

Transformations R et Transformations de contact

**§ 7. Représentation des transformations R sans intégration,
à partir d'une correspondance de rang 1**

32. Soit T une transformation R. En exprimant x, y_1, y_2 comme fonctions de ϱ, ξ, η_1, η_2 et en éliminant ϱ, on obtient un système de deux équations entre les 6 variables ξ, η_1, η_2, x, y_1, y_2 :

$$\left.\begin{aligned}
\Omega_1(\xi,\eta_1,\eta_2,x,y_1,y_2) &= 0\ , \\
\Omega_2(\xi,\eta_1,\eta_2,x,y_1,y_2) &= 0\ ,
\end{aligned}\right\} \tag{32,1}$$

que nous appellerons *équations directrices* de T. Ces équations définissent une *correspondance* entre les espaces S et Σ, telle que les points de Σ correspondant aux différents éléments de ligne passant par un point $P(x,y_1,y_2)$ de S forment une courbe donnée par (32,1), et de même à un point général de Σ correspond par (32,1) une courbe de S; une telle correspondance sera appelée dans la suite une *correspondance de rang 1*. Or, puisqu'il n'existe pas d'autres relations entre nos 6 variables, indépendantes de (32,1), chaque relation linéaire entre les différentielles de ces 6 variables doit être de la forme

$$\left.\begin{aligned}
(\lambda_1\Omega'_{1\xi} + \lambda_2\Omega'_{2\xi})\,d\xi + (\lambda_1\Omega'_{1\eta_1} + \lambda_2\Omega'_{2\eta_1})\,d\eta_1 + \cdots + \\
+\ (\lambda_1\Omega'_{1v_2} + \lambda_2\Omega'_{2v_2})\,dy_2 = 0\ .
\end{aligned}\right\} \tag{32,2}$$

Mais la relation (13,5) devient, en posant $\mu = \dfrac{1}{m}$,

$$m\varepsilon\,d\eta_1 - m\alpha\,d\eta_2 - m\beta\,d\xi - e\,dy_1 + a\,dy_2 + b\,dx = 0\ , \tag{32,3}$$

où α, β, a, b, m peuvent être exprimés en fonctions de ξ, η_1, η_2, x, y_1, y_2. On a donc en choisissant convenablement les fonctions λ_1 et λ_2

23

$$\lambda_1 \Omega'_{1\,v_1} + \lambda_2 \Omega'_{2\,v_1} = -e \quad , \qquad\qquad (32,4)$$

$$\lambda_1 \Omega'_{1\,v_2} + \lambda_2 \Omega'_{2\,v_2} = a \quad , \qquad\qquad (32,5)$$

$$\lambda_1 \Omega'_{1\,x} + \lambda_2 \Omega'_{2\,x} = b \quad , \qquad\qquad (32,6)$$

$$\lambda_1 \Omega'_{1\,\eta_1} + \lambda_2 \Omega'_{2\,\eta_1} = m\,\varepsilon \quad , \qquad\qquad (32,7)$$

$$\lambda_1 \Omega'_{1\,\eta_2} + \lambda_2 \Omega'_{2\,\eta_2} = -m\,\alpha \, , \qquad\qquad (32,8)$$

$$\lambda_1 \Omega'_{1\,\xi} + \lambda_2 \Omega'_{2\,\xi} = -m\,\beta \, , \qquad\qquad (32,9)$$

33. Les 6 relations $(32,4)$—$(32,9)$ permettent en général de retrouver la transformation T à partir du système $(32,1)$, si l'on suppose la forme ds connue. En effet, on obtient en éliminant λ_1 et λ_2 des trois équations $(32,4)$—$(32,6)$, et en remplaçant e, a, b par leurs expressions en r, x, y_1, y_2:

$$\Omega \equiv \Delta_3 b + \Delta_2 a - \Delta_1 e = 0 \, , \qquad\qquad (33,1)$$

où l'on a

$$\Delta_1 = \begin{vmatrix} \Omega'_{1\,v_2} & \Omega'_{2\,v_2} \\ \Omega'_{1\,x} & \Omega'_{2\,x} \end{vmatrix} \quad , \qquad \Delta_2 = \begin{vmatrix} \Omega'_{1\,x} & \Omega'_{2\,x} \\ \Omega'_{1\,v_1} & \Omega'_{2\,v_1} \end{vmatrix} \quad , \qquad \Delta_3 = \begin{vmatrix} \Omega'_{1\,v_1} & \Omega'_{2\,v_1} \\ \Omega'_{1\,v_2} & \Omega'_{2\,v_2} \end{vmatrix} \, . \qquad (33,2)$$

Si alors $(33,1)$, considérée comme équation en ξ, η_1, η_2, peut être combinée avec les équations $(32,1)$ pour les valeurs générales des r, x, y_1, y_2, de sorte que ces trois équations soient résolubles par rapport à ξ, η_1, η_2, on tirera d'elles ξ, η_1, η_2 en fonctions de r, x, y_1, y_2.

En substituant ces valeurs et celles des λ_1, λ_2 dans les trois équations $(32,7)$ — $(32,9)$, on arrive à exprimer ϱ en fonction de r, x, y_1, y_2. En effet, si la valeur de $m\varepsilon$, obtenue de $(32,7)$ est $\neq 0$, on aura $\varepsilon = 1$ et l'on exprimera α et β en fonctions de r, x, y_1, y_2. Si l'expression de α, obtenue de cette façon, est indépendante des expressions des ξ, η_1, η_2, on aura évidemment $\alpha = \varrho$, et β pourra être exprimé en fonction de ϱ, ξ, η_1, η_2. $d\sigma$ appartiendra au type I. Et si α est exprimable par ξ, η_1, η_2, on aura évidemment affaire à une forme $d\sigma$ du type II. Alors on exprimera $\varrho = \beta$ en fonction de r, x, y_1, y_2 au moyen des relations $(32,9)$ et $(32,7)$. Enfin, si la valeur de $m\varepsilon$, obtenue de $(32,7)$ est $= 0$, notre $d\sigma$ appartient au type III, et la valeur de $\varrho = -\dfrac{\beta}{\alpha}$ s'obtiendra des relations $(32,8)$, $(32,9)$.

— Nous avons maintenant à analyser la condition portant sur $(33,1)$.

34. Puisque les équations $(32,1)$ proviennent d'une transformation R donnée, il est clair que $(33,1)$ est *compatible* avec $(32,1)$.

Nous avons donc à nous demander, s'il est possible, pour une transformation R donnée, de choisir les équations (32,1) de sorte que l'équation (33,1) ne soit pas satisfaite pour chaque valeur de r, en vertu de (32,1).

Dans ce qui suit, nous appelons *transformation singulière* chaque transformation R pour laquelle, pour chaque choix de couples équivalents d'équations $\Omega_1 = 0$, $\Omega_2 = 0$, où Ω_1 et Ω_2 sont supposées douées de dérivées continues du premier et du second ordre, l'équation (33,1) est satisfaite en vertu de (32,1).

Or, on pourra en tous cas représenter le résultat d'élimination de r et de ϱ dans une forme résolue par rapport à deux des trois variables x, y_1, y_2. Nous pouvons donc supposer dès le début, que le rang de la matrice

$$\begin{pmatrix} \Omega'_{1\,y_1} & \Omega'_{1\,y_2} & \Omega'_{1\,x} \\ \Omega'_{2\,y_1} & \Omega'_{2\,y_2} & \Omega'_{2\,x} \end{pmatrix} \tag{34,1}$$

reste $= 2$ pour le point général du lieu géométrique donné par (32,1).

Alors, il est facile de voir que, si b ne se réduit pas à un polynôme linéaire en r (ds est alors une forme adjointe du type I):

$$\left. \begin{aligned} ds &= dy_1 - r\,dy_2 - f\,dx \\ \frac{\partial^2 f}{\partial r^2} &\neq 0 \ , \quad \text{en vertu de (32,1)} \ , \end{aligned} \right\} \tag{34,2}$$

(33,1) n'est pas satisfaite en vertu de (32,1) pour chaque valeur de r. En effet, dans le cas contraire, on aurait en dérivant (33,1) par rapport à r: $\Delta_3 f'_r + \Delta_2 = 0$. Mais alors, f'_r étant variable avec r, on aurait $\Delta_3 = \Delta_2 = 0$ et Δ_1 reste d'après notre hypothèse $\neq 0$ en vertu de (32,1). Alors l'équation (33,1) se réduit à $\Delta_1 = 0$, et, cette équation n'étant pas satisfaite identiquement en vertu de (32,1), les expressions (14,1) des ξ, η_1, η_2 en fonctions de x, y_1, y_2, r seraient indépendantes de r. Notre transformation serait ponctuelle, contrairement à l'hypothèse formulée au § 1.

35. Considérons maintenant la transformation R, T_0, donnée par

$$y_1 = \eta_1, \quad y_2 = \eta_2, \quad x = X(\varrho, \xi, \eta_1, \eta_2), \quad r = \varrho \tag{35,1}$$

et correspondant aux formes adjointes

$$ds = dy_1 - r\,dy_2 , \qquad d\sigma = d\eta_1 - \varrho\,d\eta_2 . \tag{35,2}$$

Ici on a naturellement à supposer que

$$\frac{\partial X}{\partial \xi} \neq 0 , \qquad \frac{\partial X}{\partial \varrho} \neq 0 . \tag{35,3}$$

Je dis que T_0 est une transformation singulière.

25

En effet, si une fonction $\Omega(y_1, \eta_1, y_2, \eta_2, x, \xi)$, douée de dérivées continues du premier et du second ordre, devient 0 pour $y_1 = \eta_1$, $y_2 = \eta_2$, on obtient, en appliquant à chacune les deux parenthèses de droite dans la décomposition

$$\Omega = \{\Omega - \Omega(y_1, y_1, y_2, \eta_2, x, \xi)\} + \{\Omega(y_1, y_1, y_2, \eta_2, x, \xi)\}$$

le théorème des accroissements finis, une représentation de la forme

$$\Omega = L(y_1 - \eta_1) + M(y_2 - \eta_2) ,$$

où les dérivées de L et M du premier ordre restent continues. Donc, pour notre T_0, les fonctions Ω_1, Ω_2 auront en tous cas la forme

$$\Omega_\nu = L_\nu(y_1 - \eta_1) + M_\nu(y_2 - \eta_2) , \qquad \nu = 1, 2 ,$$

où L_1, L_2, M_1, M_2 possèdent des dérivées continues du premier ordre. Mais alors, en éliminant λ_1, λ_2 des (32,4) — (32,6) pour ces Ω_ν et pour la forme adjointe ds (35,2), on obtient un déterminant, dont la dernière ligne sera la suivante :

$$L'_{1x}(y_1 - \eta_1) + M'_{1x}(y_2 - \eta_2) \; ; \; L'_{2x}(y_1 - \eta_1) + M'_{2x}(y_2 - \eta_2) \; ; \; 0 \; ;$$

l'équation (33,1) est donc satisfaite identiquement pour $y_1 = \eta_1$, $y_2 = \eta_2$.

36. Nous allons maintenant montrer que *chaque transformation singulière se réduit à une transformation du type T_0, (35,1), correspondant aux formes adjointes (35,2), par transformations ponctuelles dans les espaces S et Σ*. Montrons d'abord, qu'une transformation singulière conserve cette propriété, si l'on effectue des transformations ponctuelles dans les espaces S et Σ.

Pour l'espace Σ, c'est évident, puisque les dérivées dans (33,2) ne se rapportent qu'aux variables x, y_1, y_2.

Soit de l'autre côté

$$y_1 = y_1^*(X, Y_1, Y_2) , \;\; y_2 = y_2^*(X, Y_1, Y_2) , \;\; x = x^*(X, Y_1, Y_2) , \quad (36,1)$$

une transformation ponctuelle dont naturellement le Jacobien Δ est $\neq 0$. D'après les calculs du n° 17, la forme adjointe ds se transforme en

$$E\,dY_1 - A\,dY_2 - B\,dX = M\,dS , \tag{36,2}$$

où dS est la forme adjointe transformée et

26

$$E = \quad e\,\frac{\partial y_1}{\partial Y_1} \;-\; a\,\frac{\partial y_2}{\partial Y_1} \;-\; b\,\frac{\partial x}{\partial Y_1}\;,$$

$$A = -\,e\,\frac{\partial y_1}{\partial Y_2} \;+\; a\,\frac{\partial y_2}{\partial Y_2} \;+\; b\,\frac{\partial x}{\partial Y_2}\;, \qquad\qquad (36,3)$$

$$B = -\,e\,\frac{\partial y_1}{\partial X} \;+\; a\,\frac{\partial y_2}{\partial X} \;+\; b\,\frac{\partial x}{\partial X}\;.$$

Mais alors le déterminant correspondant à (33,1) devient, en négligeant un facteur $\neq 0$, $\neq \infty$:

$$\begin{vmatrix} \Omega'_{1Y_1} & \Omega'_{2Y_1} & -E \\ \Omega'_{1Y_2} & \Omega'_{2Y_2} & A \\ \Omega'_{1X} & \Omega'_{2X} & B \end{vmatrix} = \Delta \begin{vmatrix} \Omega'_{1v_1} & \Omega'_{2v_1} & -e \\ \Omega'_{1v_2} & \Omega'_{2v_2} & a \\ \Omega'_{1x} & \Omega'_{2x} & b \end{vmatrix}\;. \qquad (36,4)$$

Donc ce déterminant s'annule en vertu de $\Omega_1 = 0$, $\Omega_2 = 0$ pour chaque valeur de r, et la transformation résultante est encore singulière.

37. De l'autre côté, comme nous l'avons vu à la fin du n° 19, chaque forme adjointe du premier type, où b est linéaire et entier en r, est équivalente, par une transformation ponctuelle, à la forme adjointe $dy_1 - rdx$, qui est de son côté équivalente à $dy_1 - rdy_2$, la permutation de x et y_2 étant une transformation ponctuelle. Il en résulte d'après le résultat du n° 34 qu'une transformation singulière T^* se réduit par une transformation ponctuelle à une transformation R singulière T', pour laquelle la forme adjointe ds devient

$$dy_1 - r\,dy_2\;. \qquad\qquad (37,1)$$

Soit maintenant (32,1) un couple d'équations directrices, correspondant à T'. L'expression $\Delta_2 r - \Delta_1$ s'annulant en vertu de (32,1) pour chaque valeur de r, on a évidemment

$$\Delta_2 = \Delta_1 = 0 \qquad\qquad (37,2)$$

en vertu de (32,1). Donc, si le rang de la matrice (34,1) reste 2 dans le point général de (32,1), on a $\Delta_3 \neq 0$, et les équations (32,1) peuvent être résolues par rapport à y_1 et y_2. On peut donc écrire ces deux équations dans la forme

$$y_1 - T_1(x,\,\xi,\,\eta_1,\,\eta_2) = 0 \;,\qquad y_2 - T_2(x,\,\xi,\,\eta_1,\,\eta_2) = 0\;. \qquad (37,3)$$

Mais alors, il résulte de (37,2) que T'_{1x} et T'_{2x} s'annulent dans le point général de (37,3), donc identiquement. On obtient donc

27

$$y_1 = T_1(\xi, \eta_1, \eta_2) , \qquad y_2 = T_2(\xi, \eta_1, \eta_2) ,$$

où T_1 et T_2 sont naturellement deux fonctions indépendantes des ξ, η_1, η_2. En effectuant une transformation ponctuelle dans Σ, on peut faire les fonctions T_1, T_2 respectivement égales à η_1, η_2. Alors les équations (32,1) deviennent

$$y_1 = \eta_1 , \qquad y_2 = \eta_2 . \tag{37,4}$$

En exprimant x par $\varrho, \xi, \eta_1, \eta_2$, on obtient

$$x = X(\varrho, \xi, \eta_1, \eta_2) , \tag{37,5}$$

et (37,1) se transforme en $d\eta_1 - r d\eta_2$, donc on a $r = \varrho$.

Mais alors X doit contenir effectivement ξ et n'est certainement pas indépendant de ϱ, T n'étant pas une transformation ponctuelle. Donc on a

$$\frac{\partial X}{\partial \xi} \not\equiv 0 \quad , \qquad \frac{\partial X}{\partial \varrho} \not\equiv 0 \quad ,$$

et la transformation T' devient une transformation du type T_0, considéré au n° 35.

38. Il est facile à caractériser géométriquement les correspondances (32,1) déduites des transformations singulières. Généralement, aux points de Σ correspondent ∞^3 courbes de S. Or, pour la correspondance (37,4), on n'obtient que ∞^2 courbes de S, qui correspondent aux points (ξ, η_1, η_2), et il en est évidemment de même pour chaque transformée de la correspondance (37,4) par transformations ponctuelles, c'est-à-dire pour chaque correspondance déduite des transformations singulières. Supposons inversement que, pour la correspondance (32,1), aux points (ξ, η_1, η_2) ne correspondent que ∞^2 courbes L dans S. Alors les points de Σ auxquels correspond une courbe particulière L, forment eux-mêmes une courbe Λ dans Σ. Et à chaque point de Σ situé sur Λ, correspond L, en vertu de notre correspondance. Nous appellerons les correspondances (32,1), jouissant de cette propriété, *correspondance intransitives*.

Or, en introduisant des nouvelles coordonnées dans S et Σ, on peut faire de sorte, que les lignes L, Λ deviennent des droites ($y_1 =$ const.; $y_2 =$ const.); ($\eta_1 =$ const.; $\eta_2 =$ const.), dès lors, en effectuant une transformation entre les η_1, η_2, on obtient $y_1 = \eta_1$, $y_2 = \eta_2$, c'est-à-dire (37,4).

Enfin, si les équations (32,1) possèdent la forme (37,4), il résulte de

28

(33,1): $b = 0$. Donc la forme (37,1) est la seule qui puisse être combinée avec (37,4).

En rassemblant les résultats de ce paragraphe, on obtient:

Théorème V : Chaque transformation R, sauf les transformations singulières, peut être déduite d'un couple convenable (32,1) de ses équations directrices en résolvant les équations (32,4) — (32,9).

Les transformations singulières peuvent être caractérisées par la propriété qu'elles sont, par des transformations ponctuelles dans Σ et S, équivalentes à une transformation du type (35,1) correspondant aux formes adjointes (35,2).

Pour qu'une correspondance (32,1) soit déduite d'une transformation singulière, il est nécessaire et suffisant qu'elle soit intransitive. Une correspondance intransitive C ne peut être combinée qu'avec les formes adjointes qui proviennent de (37,1) par les transformations ponctuelles transformant (37,4) en C, et ne se déduit que des transformations singulières dans lesquelles se transforment les transformations (35,1) par ces transformations ponctuelles.

§ 8. Formation des transformations R à partir d'une correspondance de rang 1, donnée à priori

39. Le but principal de ce paragraphe est de montrer qu'en appliquant les calculs du n⁰ 33 à un système de deux équations

$$\Omega_\nu(x, y_1, y_2, \xi, \eta_1, \eta_2) = 0 , \qquad \nu = 1, 2, \tag{39,1}$$

et à une forme adjointe ds, *données à priori*, on obtient en général une transformation R.

Quant aux équations (39,1), nous supposons qu'elles définissent une correspondance entre S et Σ, de sorte qu'à un point général de l'un de ces espaces corresponde une courbe dans l'autre. Plus précisément, nous faisons les hypothèses suivantes:

1) Les équations (39,1) sont, pour un point général de Σ, résolubles par rapport à un couple convenable des trois variables x, y_1, y_2, pour la valeur générale de la troisième de ces trois variables. Le même fait subsiste, si l'on interchange les espaces S et Σ.

2) Les fonctions Ω_1, Ω_2 sont douées de dérivées continues du premier ordre pour le point général P de chacun de nos espaces, et pour le point général de la courbe qui correspond à P dans l'autre.

29

3) Chacune des deux matrices

$$\begin{pmatrix} \Omega'_{1\,y_1} & \Omega'_{2\,y_1} \\[2mm] \Omega'_{1\,y_2} & \Omega'_{2\,y_2} \\[2mm] \Omega'_{1\,x} & \Omega'_{2\,x} \end{pmatrix} \qquad \begin{pmatrix} \Omega'_{1\,\eta_1} & \Omega'_{2\,\eta_1} \\[2mm] \Omega'_{1\,\eta_2} & \Omega'_{2\,\eta_2} \\[2mm] \Omega'_{1\,\xi} & \Omega'_{2\,\xi} \end{pmatrix} \qquad (39,2)$$

conserve le rang 2 pour le point général P de chacun de nos espaces, et pour le point général de la courbe qui correspond à P dans l'autre.

40. Nous allons d'abord analyser la „transitivité" de la correspondance (39,1). La définition de l'intransitivité, donnée au n° 38, revient à ce que les équations (39,1) peuvent être supposées dans la forme „séparée"

$$\Phi_\nu(\xi,\,\eta_1,\,\eta_2) = F_\nu(x,\,y_1,\,y_2)\,, \qquad \nu = 1,\,2\,. \qquad (40,1)$$

Si la correspondance (39,1) n'est pas intransitive, elle sera appelée *transitive*.

Pour déduire la condition d'existence d'*une* relation (40,1), résolvons (39,1) par rapport à deux des trois variables $\xi,\,\eta_1,\,\eta_2$. Supposons, pour fixer les idées, que l'on ait

$$\eta_\nu = \eta_\nu(\xi,\,x,\,y_1,\,y_2)\,, \qquad \nu = 1,\,2\,.$$

Alors une relation (40,1) représente une relation entre $F,\,\eta_1,\,\eta_2$ en fonctions de $x,\,y_1,\,y_2$, en considérant ξ comme un paramètre. Donc, le Jacobien de $\eta_1,\,\eta_2,\,F$ par rapport à $x,\,y_1,\,y_2$ s'annule identiquement en $\xi,\,x,\,y_1,\,y_2$.

Réciproquement, si cette dernière condition est satisfaite, il existe une relation entre $F,\,\eta_1,\,\eta_2$, dans laquelle ξ entre comme paramètre, et en résolvant cette relation par rapport à F, on obtient une relation de la forme (40,1).

Or, en calculant, au moyen des équations (39,1) les dérivées partielles de $\eta_1,\,\eta_2$ par rapport à $x,\,y_1,\,y_2$ et en introduisant ces valeurs dans l'équation $\dfrac{\partial(\eta_1,\,\eta_2,\,F)}{\partial(x,\,y_1,\,y_2)} = 0$, on obtient par un calcul immédiat la condition $\dfrac{\partial(\Omega_1,\,\Omega_2,\,F)}{\partial(x,\,y_1,\,y_2)} = 0$, c'est-à-dire

$$\Delta_1 F'_{y_1} + \Delta_2 F'_{y_2} + \Delta_3 F'_x = 0 \quad . \qquad (40,2)$$

Donc, pour qu'il soit possible de déduire des (39,1) une relation de la forme (40,1), il est nécessaire et suffisant que F satisfasse à l'équation linéaire (40,2), en vertu des équations (39,1).

30

41. Maintenant, pour que (39,1) soit intransitive, il est évidemment nécessaire et suffisant que l'équation linéaire (40,2) possède *deux intégrales indépendantes* F_1, F_2 qui ne dépendent pas de ξ, η_1, η_2. Mais alors, Δ_1, Δ_2, Δ_3 sont proportionnels, en vertu de (39,1), aux trois Jacobiens de ces deux intégrales, donc à trois fonctions indépendantes, en ξ, η_1, η_2.

Réciproquement, si l'on peut mettre, en vertu de (39,1), l'équation (40,2) sous la forme

$$T\left(D_1 F'_{y_1} + D_2 F'_{y_2} + D_3 F'_x\right) = 0 \ , \qquad (41,1)$$

où D_1, D_2, D_3 ne dépendent pas de ξ, η_1, η_2, l'équation linéaire $D_1 F'_{y_1} + D_2 F'_{y_2} + D_3 F'_x = 0$ possède deux intégrales indépendantes qui ne dépendent naturellement pas de ξ, η_1, η_2. Donc:

Une condition nécessaire et suffisante pour que la correspondance (39,1) *soit intransitive est, que les quotients des* Δ_1, Δ_2, Δ_3 *deviennent, en vertu de* (39,1), *trois fonctions indépendantes, en* ξ, η_1, η_2.

Il résulte immédiatement du résultat obtenu:

Une condition nécessaire et suffisante pour que (39,1) *soit intransitive est qu'il existe deux relations:*

$$P_1\Delta_1 + P_2\Delta_2 + P_3\Delta_3 = 0 \ , \qquad Q_1\Delta_1 + Q_2\Delta_2 + Q_3\Delta_3 = 0 \ ,$$

où les P_ν *et* Q_ν *ne dépendent que de* x, y_1, y_2 *et où le rang de la matrice*

$$\begin{pmatrix} P_1 & P_2 & P_3 \\ Q_1 & Q_2 & Q_3 \end{pmatrix}$$

est $= 2$. — Deux relations linéaires jouissant de cette propriété seront appelées dans la suite „*essentiellement différentes entre elles*".

En particulier, (39,1) est intransitif, si deux des trois déterminants Δ_1, Δ_2, Δ_3 s'annulent.

De l'autre côté, si (39,1) est transitif, il peut très bien exister, en vertu de (39,1), *une* relation

$$P_1\Delta_1 + P_2\Delta_2 + P_3\Delta_3 = 0 \ , \qquad (41,2)$$

où P_1, P_2, P_3 sont indépendants de ξ, η_1, η_2. La correspondance (39,1) sera alors appelée *faiblement transitive dans l'espace* S.

Il est facile d'interpréter géométriquement la relation (41,2) en termes de la correspondance (39,1). Pour un point général (ξ, η_1, η_2) de Σ, les cosinus directeurs α, β, γ de la tangente à la courbe (39,1) dans un point

31

correspondant (x, y_1, y_2) de S sont évidemment proportionnels aux déterminants $\varDelta_3, \varDelta_1, \varDelta_2$. De l'autre côté, l'équation de Pfaff

$$P_3 dx + P_1 dy + P_2 dy_2 = 0 \tag{41,3}$$

définit un élément de surface passant par (x, y_1, y_2). Et l'équation (41,2) dit que toutes les courbes (39,1) de S passant par le point (x, y_1, y_2) sont tangentes à l'élément de surface (41,3).

Quant aux conditions d'existence pour une relation (41,2) on peut les déduire facilement, en éliminant au moyen de (39,1) deux des trois variables ξ, η_1, η_2 de $\varDelta_1, \varDelta_2, \varDelta_3$, et en formant le Wronskien des fonctions résultantes par rapport à la troisième variable. Mais on n'obtient ainsi qu'une condition relativement compliquée.

42. Pour déduire de la correspondance (39,1) une transformation R, on écrira les équations (32,4) — (32,9) et l'on procédera comme au n⁰ 33. L'élimination de λ_1 et λ_2 des trois équations (32,4) — (32,6) conduit à l'équation (33,1). Supposons que la condition suivante soit satisfaite:

1) *On peut tirer de* (33,1) *et* (39,1) *les valeurs de* ξ, η_1, η_2 *en fonctions des* r, x, y_1, y_2, *et l'une au moins de ces valeurs dépend effectivement de* r.

En substituant ces valeurs et celles de λ_1, λ_2 dans les équations (32,7) — (32,9), on pourra identifier $\varepsilon, \alpha, \beta$ avec les coefficients d'une forme adjointe $d\sigma$, si les deux conditions suivantes sont satisfaites avec 1):

2) *Les expressions de* ξ, η_1, η_2 *en fonctions des* r, x, y_1, y_2 *sont indépendantes.*

3) *Pour deux des expressions de gauche dans* (32,7) — (32,9), *convenablement choisies, le quotient est une fonction de* r, x, y_1, y_2, *qui ne peut pas être exprimée en fonction de* ξ, η_1, η_2 *seuls.*

Si les trois conditions indiquées sont satisfaites, on parvient toujours à une transformation R pour laquelle les équations (39,1) sont un couple d'équations directrices.

43. Quant à la *deuxième* des trois conditions du numéro précédent, on montre facilement qu'elle est toujours satisfaite avec la première.

En effet, supposons qu'il existe une relation

$$\varPhi(\xi, \eta_1, \eta_2) = 0$$

entre les valeurs de ξ, η_1, η_2 tirées des équations (33,1) et (39,1). On peut

32

alors, en introduisant des coordonnées convenables dans l'espace Σ, supposer que cette relation se réduise à

$$\xi = 0 \ . \tag{43,1}$$

De l'autre côté, on peut supposer, d'après les hypothèses du n° 39, que les équations (39,1) sont données dans la forme résolue par rapport à deux des trois variables x, y_1, y_2, par exemple:

$$y_\nu - \Omega_\nu^* (x, \xi, \eta_1, \eta_2) = 0 \ , \qquad \nu = 1, 2 \ . \tag{43,2}$$

Mais alors, puisque (43,1) et (43,2) sont compatibles, on a:

$$y_\nu = \Omega_\nu^* (x, 0, \eta_1, \eta_2) \ , \qquad \nu = 1, 2 \ . \tag{43,3}$$

Ce couple d'équations n'est assurément pas résoluble par rapport à η_1, η_2, puisque dans le cas contraire η_1 et η_2 seraient indépendants de r. Donc, le Jacobien de Ω_1^* et Ω_2^* par rapport à η_1 et η_2 s'annule identiquement en x, η_1 et η_2. Il en résulte une relation identique entre x, Ω_1^* et Ω_2^*, donc en vertu de (43,3), entre x, y_1 et y_2:

$$F (x, y_1, y_2) = 0 \ . \tag{43,4}$$

Mais alors, si (43,4) est une conséquence des équations (39,1) et (33,1), ce système n'est assurément résoluble par rapport à ξ, η_1, η_2 que dans l'hypothèse (43,4), ce qui est contraire à la première des conditions du numéro précédent.

44. Nous allons maintenant analyser la *première* des conditions énumérées au n° 42, à savoir celle qui se rapporte à l'équation (33,1). Pour pouvoir arriver aux critères maniables sans faire des hypothèses trop spéciales sur *la nature fonctionnelle* des fonctions Ω_ν, nous allons poser la question sous une forme différente.

Une forme adjointe ds sera appelée *régulière relativement à la correspondance* (39,1), si elle possède la propriété suivante:

Exprimons au moyen des équations (39,1) *deux des trois variables* ξ, η_1, η_2, *choisies convenablement, en fonctions de la troisième de ces variables que nous appelons* η, *et de* x, y_1, y_2. *Introduisons ces valeurs dans l'expression* Ω *en* (33,1) *et désignons respectivement par*

$$\Omega^* = \Delta_3^* b + \Delta_2^* a - \Delta_1^* e \tag{44,1}$$

et par Δ_1^*, Δ_2^*, Δ_3^* *ce que deviennent* Ω, Δ_1, Δ_2, Δ_3 *après cette substitution.*

33

Alors, Ω^* contient effectivement chacune des deux variables η et r et ne peut pas être décomposé en produit $F_1(\eta)\,F_2(r)$ des deux fonctions $F_1(\eta)$, $F_2(r)$ dont la première est indépendante de r et la seconde indépendante de η.

Si une forme adjointe ds n'est pas régulière relativement à (39,1), elle sera appelée *singulière relativement à* (39,1). On a alors la relation identique:

$$\Delta_3^*\, b + \Delta_2^*\, a - \Delta_1^*\, e = F_1(\eta)\,F_2(r) \ . \tag{44,2}$$

Naturellement, si ds est régulière relativement à (39,1), il n'en résulte pas encore dans tous les cas que la première condition du n° 42 soit satisfaite. L'équation $\Omega^* = 0$ pourrait très bien ne pas posséder de racines en η pour les valeurs générales de r. Mais elle permet certainement d'exprimer η en fonction de r, si par exemple les fonctions Ω_ν sont algébriques — en admettant naturellement des solutions imaginaires. Dans le cas des fonctions Ω_ν transcendantes, la discussion ultérieure dépend déjà des propriétés spéciales de ces fonctions, qui doivent être spécifiées dans chaque cas particulier.

On peut donc dire que *la condition ,,algébriquement complète`` pour que la première condition du n° 42 soit satisfaite, est que ds soit régulière relativement à* (39,1).

45. Il s'agit maintenant de trouver toutes les formes adjointes singulières relativement à la correspondance (39,1).

Tout d'abord, il résulte de la relation (36,4), où Δ est indépendant de r, ξ, η_1, η_2, que par une transformation ponctuelle dans l'espace S, les formes singulières se transforment en formes singulières et vice versa. De même, il suit immédiatement de la définition des formes singulières que par une transformation ponctuelle dans l'espace Σ aussi, les formes singulières se transforment en formes singulières et vice versa.

Il en résulte que pour une correspondance intransitive, toutes les formes adjointes sont singulières. En effet, par transformations ponctuelles dans les espaces S et Σ, les équations directrices d'une correspondance intransitive (39,1) peuvent être transformées en

$$\eta_1 - y_1 = 0 \, , \qquad \eta_2 - y_2 = 0 \ .$$

Mais alors, l'expression Ω^* en (44,1) se réduit à une fonction qui ne dépend ni de η_1, ni de η_2, ni de ξ, quelle que soit la forme adjointe ds.

Nous admettrons donc dans la discussion suivante que (39,1) est transitive et nous allons démontrer d'abord que, *si* (39,1) *possède des formes adjointes singulières, la correspondance* (39,1) *est faiblement transitive dans S, c'est-à-dire qu'il existe une relation identique:*

34

$$P_1 \Delta_1^* + P_2 \Delta_2^* + P_3 \Delta_3^* = 0 \ , \qquad\qquad (45,1)$$

où P_1, P_2, P_3 ne dépendent que de x, y_1, y_2 et l'un au moins des coefficients P_1, P_2, P_3 ne s'annule pas identiquement.

Supposons d'abord que $F_2(r)$ dans (44,2) s'annule identiquement. Alors, on obtient de (44,2) pour $r = r_1$ et $r = r_2$, $r_1 \neq r_2$, deux relations de la forme (45,1), essentiellement différentes entre elles. En effet, l'une des deux grandeurs — a, e est toujours identique à 1. De l'autre côté, l'une des deux grandeurs a, b est toujours identique à r, et devient dans nos deux relations égale à r_1, $r_2 \neq r_1$.

Mais alors, d'après ce que nous avons dit au n⁰ 42, la correspondance (39,1) est intransitive. Nous pouvons donc admettre dans la suite que $F_2(r)$ ne s'annule pas identiquement.

Ecrivons la relation (44,2) pour une valeur r_0 de r, telle que $F_2(r_0) \neq 0$, et désignons les valeurs correspondantes de a, b, $F_2(r)$ respectivement par a_0, b_0, f_0. On obtient

$$\Delta_3^* b_0 + \Delta_2^* a_0 - \Delta_1^* e = F_1(\eta) f_0 \ .$$

En éliminant $F_1(\eta)$ entre cette relation et la relation (44,2), on obtient

$$(b_0 F_2(r) - b f_0) \Delta_3^* + (a_0 F_2(r) - a f_0) \Delta_2^* - e (F_2(r) - f_0) \Delta_1^* = 0. \quad (45,2)$$

Or, s'il existe une valeur r_1 de r pour laquelle $F_2(r) \neq f_0$, l'un des deux derniers coefficients dans (45,2) reste $\neq 0$ pour $r = r_1$, puisque ou bien e, ou bien — a a la valeur 1. Si de l'autre côté, on a pour chaque valeur de r: $F_2(r) = f_0$, il résulte de (45,2), en divisant par f_0:

$$(b_0 - b) \Delta_3^* + (a_0 - a) \Delta_2^* = 0 \ ,$$

et dans cette relation l'un des coefficients reste $\neq 0$ pour $r = r_1 \neq r_0$, puisque ou bien a, ou bien b est identique à r.

Donc, la relation (45,2) se réduit dans tous les cas à une relation (45,1),

C. Q. F. D.

Nous allons maintenant montrer que *dans une forme adjointe singulière correspondant à la correspondance (39,1), le coefficient b est un polynome au plus linéaire en r, c'est-à-dire qu'une forme singulière est toujours axiale.* Il suffit évidemment de considérer le cas d'une forme du type I, on pourra donc faire $e = 1$, $a = r$. Or, d'après ce que nous avons dit au n⁰ 41, la relation (45,2) ne peut, pour aucune valeur de r, être essentiellement différente de la relation (45,1). Il en résulte que l'on a pour un M convenablement choisi:

35

$$b_0 F_2(r) - b f_0 = M P_3, \quad r_0 F_2(r) - r f_0 = M P_2, \quad F_2(r) - f_0 = M P_1, \quad (45,3)$$

donc, en éliminant de ces trois relations $F_2(r)$, f_0 et M:

$$\begin{vmatrix} b & P_3 & b_0 \\ r & P_2 & r_0 \\ 1 & P_1 & 1 \end{vmatrix} = 0 \; . \qquad\qquad (45,4)$$

Or, l'une au moins des deux grandeurs P_1, P_2 ne s'annule pas identiquement, puisque dans le cas contraire on aurait des deux dernières équations (45,3): $r = r_0$. Donc, on peut choisir r_0 de sorte que $P_2 - r_0 P_1$ ne s'annule pas. Mais alors on obtient de (45,4) une expression de b, qui est au plus linéaire en r, C. Q. F. D.

46. Nous allons maintenant démontrer que *la condition nécessaire et suffisante pour que ds soit singulière par rapport à (39,1) est que l'axe de ds soit situé dans l'élément de surface*

$$P_3 dx + P_1 dy_1 + P_2 dy_2 = 0$$

correspondant à la relation (45,1).

Il résulte d'abord de (44,2), b étant au plus linéaire en r, que $F_2(r)$ peut être écrit dans la forme

$$F_2(r) = C(x,\, y_1,\, y_2)r + D(x,\, y_1,\, y_2) \; . \qquad\qquad (46,1)$$

Supposons maintenant que *ds* soit du type I, on a alors

$$a = r, \quad e = 1, \quad b = A(x,\, y_1,\, y_2)r + B(x,\, y_1,\, y_2)$$

et la relation (44,2) se réduit, en comparant les coefficients des différentes puissances de r, aux deux relations

$$A \varDelta_3^* + \varDelta_2^* = C F_1 \; , \quad B \varDelta_3^* - \varDelta_1^* = D F_1 \; ,$$

dont on peut toujours déduire $F_1(\eta)$, si la relation

$$(AD - BC) \varDelta_3^* + D \varDelta_2^* + C \varDelta_1^* = 0 \; ,$$

obtenue en éliminant F_1, est satisfaite. Donc, en vertu de (45,1), il existe une fonction $M(x,\, y_1,\, y_2)$, telle que

$$AD - BC = M P_3, \quad D = M P_2, \quad C = M P_1,$$

36

et la condition nécessaire et suffisante pour que D et C puissent être déduites de ces trois relations est:

$$P_3 - P_2A + P_1B = 0 \ .$$

Or, eu égard aux expressions (11,7) des cosinus directeurs de l'axe de ds, cette relation se réduit à

$$\alpha_0 P_3 + \beta_0 P_1 + \gamma_0 P_2 = 0 \ , \qquad (46,2)$$

conformément à notre assertion.

Si ds appartient au type II, on a

$$b = r, \quad a = c(x, y_1, y_2), \quad e = 1$$

et la relation (44,2) conduit aux deux relations

$$\Delta_3^* = CF_1 \ , \quad c\Delta_2^* - \Delta_1^* = DF_1 \ ,$$

donc, en éliminant F_1:

$$D\Delta_3^* - cC\Delta_2^* + C\Delta_1^* = 0$$

et, en comparant avec (45,1):

$$D : -cC : C = P_3 : P_2 : P_1 \ ,$$

d'où la relation $cP_1 + P_2 = 0$, qui se réduit en vertu de (11,7) à (46,2).

Enfin, dans le cas III:

$$b = -r, \quad a = 1, \quad e = 0,$$

on obtient de (44,2):

$$-\Delta_3^* = CF_1 \ , \quad \Delta_2^* = DF_1 \ , \quad D\Delta_3^* + C\Delta_2^* = 0 \ ,$$

donc, en comparant avec (45,1): $P_1 = 0$, ce qui réduit en vertu de (11,7), dans ce cas aussi, à (46,2), et notre assertion est complètement démontrée.

Relevons enfin que, dans certains cas, même une forme adjointe *régulière* relativement à (39,1) peut conduire à une transformation R qui ne se réduit pas complètement à une transformation ponctuelle, mais, étant multiforme, possède des composantes qui se réduisent aux transformations ponctuelles. Pour cela il est nécessaire et suffisant que l'identité suivante, analogue à l'identité (44,2), ait lieu:

$$\Delta_3^* b + \Delta_2^* a - \Delta_1^* e = F_1(\eta) \, F_2(\eta, r) \ , \qquad (46,3)$$

37

où $F_1(\eta)$ contient effectivement η, mais est indépendant de r et ne divise pas toutes les trois expressions Δ_ν^*, tandis que $F_2(\eta, r)$ contient effectivement les deux variables η et r, et ne possède plus de facteurs du type $F_1(\eta)$.

Dans ce cas on pourrait obtenir, en résolvant l'équation $F_1(\eta) = 0$, une transformation ponctuelle, tandis que la résolution de l'équation $F_2(\eta, r) = 0$ conduit à une transformation R ne se réduisant pas à une transformation ponctuelle.

On peut montrer que l'identité (46,3) est, en général, réalisable pour chaque correspondance (39,1), même pour celles qui ne sont pas faiblement transitives dans S, en choisissant convenablement la forme axiale ds (Cf. n⁰ 63).

47. Passons maintenant à la *troisième* des conditions énoncées au n⁰ 42. Supposons que cette condition ne soit pas satisfaite pour la forme adjointe ds, c'est-à-dire que les 3 expressions de gauche dans les relations (32,7)— (32,9) soient proportionnelles, en vertu des équations (32,1), (32,4)— (32,6), aux trois fonctions de ξ, η_1, η_2 :

$$
\left.
\begin{aligned}
\lambda_1 \Omega'_{1\,\eta_1} + \lambda_2 \Omega'_{2\,\eta_1} &= \quad \kappa E(\xi, \eta_1, \eta_2) \ , \\
\lambda_1 \Omega'_{1\,\eta_2} + \lambda_2 \Omega'_{2\,\eta_2} &= - \kappa A(\xi, \eta_1, \eta_2) \ , \\
\lambda_1 \Omega'_{1\,\xi} + \lambda_2 \Omega'_{2\,\xi} &= - \kappa B(\xi, \eta_1, \eta_2) \ ,
\end{aligned}
\right\}
\qquad (47,1)
$$

où les fonctions E, A, B sont indépendantes des x, y_1, y_2, r. Alors, en éliminant de ces trois équations $\lambda_1, \lambda_2, \kappa$:

$$
\begin{vmatrix}
\Omega'_{1\,\xi} & \Omega'_{2\,\xi} & B \\
\Omega'_{1\,\eta_1} & \Omega'_{2\,\eta_1} & -E \\
\Omega'_{1\,\eta_2} & \Omega'_{2\,\eta_2} & A
\end{vmatrix} = 0
\qquad (47,2)
$$

Désignons la relation (47,2) par

$$
T(x, y_1, y_2 \ ; \ \xi, \eta_1, \eta_2) = 0 \ .
\qquad (47,3)
$$

Nous avons vu que cette relation est une conséquence des cinq relations (32,1), (32,4) — (32,6), c'est-à-dire qu'elle est satisfaite pour chaque système $(x, y_1, y_2 \ ; \ \xi, \eta_1, \eta_2)$, tel qu'il existe trois nombres λ_1, λ_2, r satisfaisant à ces 5 relations. Or, on peut supposer que les relations (32,1) soient résolues par rapport à deux des trois variables ξ, η_1, η_2, p. ex.

38

par rapport à η_1, η_2. Alors nos cinq relations deviennent, après l'élimination des λ_1, λ_2 en notation du n° 44:

$$\eta_\nu = \omega_\nu(\xi\,;\,x,\,y_1,\,y_2)\,, \qquad \nu = 1,\,2, \qquad (47,4)$$

$$\Delta_3^*\,b + \Delta_2^*\,a - \Delta_1^*\,e = 0\,. \qquad (47,5)$$

En introduisant les expressions (47,4) dans (47,3), on obtient la relation

$$t(\xi\,;\,x,\,y_1,\,y_2) = 0\,, \qquad (47,6)$$

qui doit être satisfaite en vertu de la relation (47,5).

Or, supposons que les deux premières conditions du n° 42 soient satisfaites, donc en particulier que ds soit une forme adjointe régulière relativement à la correspondance (32,1).

Alors on a en particulier pour ξ une relation

$$\xi = U(r,\,x,\,y_1,\,y_2)\,,$$

où U dépend effectivement de r, puisque dans le cas contraire, d'après (47,4), η_1, η_2 seraient aussi indépendants de r.

Donc, en résolvant cette relation par rapport à r:

$$r = R(\xi,\,x,\,y_1,\,y_2)\,, \qquad (47,7)$$

et la relation (47,6), valable en vertu de (47,7), l'est identiquement. Donc, (47,2) est valable en vertu de (32,1) et *notre correspondance est faiblement transitive dans l'espace* Σ.

48. Supposons inversement que la correspondance (32,1) soit faiblement transitive dans Σ. Les expressions A, B, E dans la relation (47,2) sont, à un facteur de proportionnalité près, univoquement déterminées, la correspondance (32,1) étant transitive. Or, ceci permet généralement de déterminer les formes ds pour lesquelles la condition dont il s'agit ici, n'est pas satisfaite. En effet, dans ce cas on peut remplacer les équations (32,7) — (32,9) par les trois équations (47,1). En supposant les deux équations (32,1) résolues p. ex. par rapport à η_1, η_2:

$$\eta_\nu - \omega_\nu(\xi,\,x,\,y_1,\,y_2) = 0\,, \qquad \nu = 1,\,2\,, \qquad (48,1)$$

les 6 équations (32,4) — (32,9) deviennent, pour $m = -\varkappa$:

$$\left.\begin{aligned}
\lambda_1\,\omega'_{1\,y_1} + \lambda_2\,\omega'_{2\,y_1} &= e\,, \\
\lambda_1\,\omega'_{1\,y_2} + \lambda_2\,\omega'_{2\,y_2} &= -a\,, \\
\lambda_1\,\omega'_{1\,x} + \lambda_2\,\omega'_{2\,x} &= -b\,,
\end{aligned}\right\} \qquad (48,2)$$

39

$$\lambda_1 = - \kappa E \ , \quad \lambda_2 = \kappa A \ , \quad \lambda_1 \, \omega'_{1\,\xi} + \lambda_2 \, \omega'_{2\,\xi} = - \kappa B \ , \qquad (48,3)$$

tandis que la relation (47,2) devient ici

$$B = E \, \omega'_{1\,\xi} - A \, \omega'_{2\,\xi} \ . \qquad (48,4)$$

Ici, la troisième des relations (48,3) résulte des valeurs de λ_1, λ_2 en vertu de (48,4), et les 3 relations (48,2) se réduisent aux trois relations suivantes:

$$\left.\begin{array}{l}
A \, \omega'_{2\,y_1} - E \, \omega'_{1\,y_1} = \dfrac{e}{\kappa} \ , \\[2ex]
A \, \omega'_{2\,y_2} - E \, \omega'_{1\,y_2} = - \dfrac{a}{\kappa} \ , \\[2ex]
A \, \omega'_{2\,x} - E \, \omega'_{1\,x} = - \dfrac{b}{\kappa} \ .
\end{array}\right\} \qquad (48,5)$$

De ces trois relations il résulte que les expressions e, a, b, donc la forme ds, conduisant à notre cas d'exception sont univoquement déterminées.

Quant à l'existence de ds, il est clair que, si l'un des quotients des trois expressions de gauche en (48,5) ne peut pas être exprimé par x, y_1, y_2 seuls, on peut toujours trouver une forme ds satisfaisant aux relations (48,5). Il suffit en effet de procéder comme aux nos 25 et 26.

De l'autre côté, si les trois expressions de gauche en (48,5) sont proportionnelles aux trois fonctions P_1, P_2, P_3 ne dépendant que de x, y_1, y_2, il résulte la relation

$$\begin{vmatrix}
\omega'_{2\,y_1} & \omega'_{1\,y_1} & P_1 \\[1ex]
\omega'_{2\,y_2} & \omega'_{1\,y_2} & P_2 \\[1ex]
\omega'_{2\,x} & \omega'_{1\,x} & P_3
\end{vmatrix} = 0 \ ,$$

donc notre correspondance est faiblement transitive dans l'espace S.

On voit donc que, si notre correspondance n'est pas faiblement transitive dans S aussi, notre cas d'exception se présente pour une seule forme adjointe ds.

Supposons enfin que la correspondance (39,1) soit faiblement transitive relativement à deux espaces S et Σ. Alors, d'après un théorème de S. Lie[4]), on peut réduire, par des transformations ponctuelles dans les espaces S et Σ les deux équations (39,1) à la forme

$$\eta_1 = y_1 \ , \qquad \eta_2 = \omega\,(x, y_1, y_2, \xi) \ ,$$

---

[4]) Cf. S. Lie, Oeuvres complètes, T. II², p. 809, No. 28.

40

de sorte que (48,4) soit satisfait pour $E = 1$, $A = B = 0$. Mais alors il résulte de (48,5):

$$e = 1 \, , \qquad a = b = 0 \, .$$

Il n'existe donc pas dans ce cas de forme adjointe ds pour laquelle la troisième condition du n^0 42 ne soit pas satisfaite.

§ 9. Réduction des transformations R aux transformations de contact de rang 1

49. Comme nous avons vu au n^0 32, à une transformation R, T, se rattache une correspondance (32,1) de rang 1 entre S et Σ, qui fait correspondre au point général de S une courbe de Σ, et vice versa. Or, cette correspondance (32,1) définit de son côté une *transformation de contact de rang* 1 qu'on obtient des formules

$$\Omega_\nu(x, y_1, y_2; \xi, \eta_1, \eta_2) = 0 \, , \qquad \nu = 1, 2 \, , \qquad (49,1)$$

$$\left. \begin{aligned} -p &= \frac{W'_x}{W'_{y_1}} \, , \qquad -\pi = \frac{W'_\xi}{W'_{\eta_1}} \, , \\[2mm] -q &= \frac{W'_{y_2}}{W'_{y_1}} \, , \qquad -\kappa = \frac{W'_{\eta_2}}{W'_{\eta_1}} \, , \end{aligned} \right\} \qquad W = \lambda_1 \Omega_1 + \lambda_2 \Omega_2 \qquad (49,2)$$

$$p = \frac{dy_1}{dx} \, , \quad q = \frac{dy_1}{dy_2} \, ; \quad \pi = \frac{d\eta_1}{d\xi} \, , \quad \kappa = \frac{d\eta_1}{d\eta_2} \, , \qquad (49,3)$$

en éliminant λ_1, λ_2, et en résolvant par rapport aux variables ξ, η_1, η_2, π, κ, ainsi que par rapport aux variables x, y_1, y_2, p, q. Toutefois, les fonctions Ω_1, Ω_2 doivent satisfaire à la condition que cette résolution soit possible. Cette condition se réduit d'après S. Lie à ce que tous les éléments de surface (x, y_1, y_2, p, q), satisfaisant à (49,1), (49,2), après l'élimination de λ_1, λ_2, n'appartiennent pas au même champ d'éléments de surface, défini par une équation différentielle aux dérivées partielles.

50. Nous allons d'abord montrer que la condition nécessaire et suffisante pour que, la correspondance C (49,1) étant donnée, les équations (49,1), (49,2) soient résolubles par rapport à ξ, η_1, η_2 pour un choix convenable de Ω_1, Ω_2, est que C soit transitive.

En effet, on peut représenter C par deux équations résolues par rapport à deux des trois variables ξ, η_1, η_2, choisies convenablement. Supposons, pour fixer les idées, que C soit donnée par les équations

$$\eta_\nu = \eta_\nu^*(\xi, x, y_1, y_2) \, , \qquad \nu = 1, 2 \, . \qquad (50,1)$$

41

Ces deux équations doivent être résolubles par rapport à deux des trois variables x, y_1, y_2. Donc, un des trois déterminants

$$\Delta_3^0 = \begin{vmatrix} \eta'_{1y_1} & \eta'_{2y_1} \\ \eta'_{1y_2} & \eta'_{2y_2} \end{vmatrix} \; , \quad \Delta_1^0 = \begin{vmatrix} \eta'_{1y_2} & \eta'_{2y_2} \\ \eta'_{1x} & \eta'_{2x} \end{vmatrix} \; , \quad \Delta_2^0 = \begin{vmatrix} \eta'_{1x} & \eta'_{2x} \\ \eta'_{1y_1} & \eta'_{2y_1} \end{vmatrix} \qquad (50,2)$$

ne s'annule pas identiquement. Donc, en éliminant λ_1 et λ_2 des deux premières équations (49,2), l'équation résolvante peut être écrite dans la forme

$$\Delta_3^0 p + \Delta_2^0 q - \Delta_1^0 = 0 \; . \qquad (50,3)$$

Supposons qu'il soit impossible de tirer ξ de cette équation en fonction de p, q. — Dans certains cas exceptionnels, il pourrait être possible de tirer de l'équation (50,3) la valeur de ξ, en fonction de x, y_1, y_2. Mais alors on obtiendrait une transformation ponctuelle, et les transformations de cette espèce restent ici hors de considération. — On a à considérer deux cas:

a) Supposons que l'on ait identiquement $\Delta_3^0 \equiv \Delta_2^0 \equiv 0$. Mais ceci, puisque Δ_1^0 ne s'annule pas identiquement, n'est possible que si

$$\eta'_{1y_1} \equiv \eta'_{2y_1} \equiv 0 \; .$$

On obtient alors, en résolvant (50,1) par rapport à x, y_2, deux équations de la forme

$$x = x^*(\xi, \eta_1, \eta_2) \; , \qquad y_2 = y_2^*(\xi, \eta_1, \eta_2) \; ,$$

et C est intransitive.

b) L'un au moins des deux déterminants Δ_3^0, Δ_2^0 ne s'annule pas identiquement. Supposons, pour fixer les idées, que ce soit Δ_3^0. Alors on obtient entre p et q la relation

$$p = -\frac{\Delta_2}{\Delta_3} \, q + \frac{\Delta_1}{\Delta_3} \equiv A q + B \; . \qquad (50,4)$$

Or, si l'expression de droite dépendait effectivement de ξ, on pourrait tirer de (50,1) ξ en fonction de p et q, contrairement à notre hypothèse. Donc A et B ne dépendent que de x, y_1, y_2, et notre assertion résulte de la condition déduite au n° 41.

On obtient donc deux équations de la forme

$$V_\nu(x, y_1, y_2) = \Phi_\nu(\xi, \eta_1, \eta_2) \; , \qquad \nu = 1, 2, \qquad (50,5)$$

qui peuvent remplacer les équations (49,1).

42

51. Supposons de l'autre côté que C soit intransitive, c'est-à-dire puisse être défini par deux équations de la forme (50,5). Alors chaque couple (49,1) d'équations représentant C peut être écrit dans la forme

$$\Omega_\nu \equiv \Lambda_\nu (V_1 - \Phi_1) + M_\nu (V_2 - \Phi_2) \ , \qquad \nu = 1, 2,$$

où $\Lambda_1, \Lambda_2, M_1, M_2$ sont des fonctions de $x, y_1, y_2, \xi, \eta_1, \eta_2$. Puisque (50,5) est valable pour C, les équations (49,2), relatives à p, q, se réduisent aux suivantes:

$$p = - \frac{\kappa_1 V'_{1x} + \kappa_2 V'_{2x}}{\kappa_1 V'_{1y_1} + \kappa_2 V'_{2y_1}} \ , \qquad q = - \frac{\kappa_1 V'_{1y_2} + \kappa_2 V'_{2y_2}}{\kappa_1 V'_{1y_1} + \kappa_2 V'_{2y_1}} \ , \tag{51,1}$$

en posant

$$\lambda_1 \Lambda_1 + \lambda_2 \Lambda_2 = \kappa_1 \ , \qquad \lambda_1 M_1 + \lambda_2 M_2 = \kappa_2 \ .$$

Or, en éliminant κ_1, κ_2 de (51,1), on obtient

$$\begin{vmatrix} V'_{1x} & V'_{2x} & p \\ V'_{1y_2} & V'_{2y_2} & q \\ V'_{1y_1} & V'_{2y_1} & -1 \end{vmatrix} = 0 \ ,$$

et cette relation n'est pas satisfaite identiquement en (x, y_1, y_2, p, q), V_1 et V_2 étant deux fonctions indépendantes en x, y_1, y_2.

Donc, *pour que les équations* (49,1), (49,2) *soient résolubles par rapport à* ξ, η_1, η_2, *il est nécessaire et suffisant que la correspondance C soit transitive*[5]).

Il en résulte en particulier que, dès que les équations (49,1), (49,2) sont résolubles par rapport à ξ, η_1, η_2, elles sont aussi résolubles par rapport à x, y_1, y_2, ce qui est un résultat général, valable d'après S. Lie pour un nombre quelconque de variables et un nombre quelconque d'équations directrices.

En particulier, d'après ce que nous avons dit au n⁰ 38, à la correspondance, définie par une transformation R du premier ordre, se rattache toujours une transformation de contact, si cette transformation R n'est pas singulière.

Posons maintenant, si C est transitif, pour les expressions des ξ, η_1, η_2, tirées de (49,1) et (49,2):

$$\xi = \Xi(x, y_1, y_2, p, q) \ , \qquad \eta_\mu = H_\mu(x, y_1, y_2, p, q) \ , \qquad \mu = 1, 2. \tag{51,2}$$

52. Soit ds une forme adjointe du type I ou II, donnée par (12,4) avec $e = 1$. On obtient alors les expressions de ξ, η_1, η_2, correspondant à (32,1), en résolvant (49,1) et les trois équations (32,4) — (32,6) par rapport à ξ, η_1, η_2.

---

[5]) C'est un cas spécial d'un théorème général. Cf. A. Ostrowski, Mathematische Miszellen XIX, Zur integrallosen Bestimmung der Berührungstransformationen vom Range 1. Verh. Nat. Ges. Basel (1941), LII, pp. 35—39.

43

Pour cela, il suffit évidemment de remplacer dans les équations (49,2) p, q respectivement par b, a. On obtient donc de (51,2)

$$\xi = \varXi(x, y_1, y_2, b, a), \qquad \eta_\mu = \varXi_\mu(x, y_1, y_2, b, a), \qquad \mu = 1, 2, \qquad (52,1)$$

où l'on doit naturellement remplacer r par son expression en fonction de p_1, p_2, tirée de la relation

$$p_1 - a\,p_2 - b = 0 \qquad (52,2)$$

Or, on a d'après (52,2) pour un élément de ligne $dy_1 = p_1 dx$, $dy_2 = p_2 dx$:

$$dy_1 - a\,dy_2 - b\,dx = 0 \ . \qquad (52,3)$$

De l'autre côté, on a pour un élément de surface aux coordonnées p, q :

$$dy_1 - p\,dx - q\,dy_2 = 0 \ . \qquad (52,4)$$

Donc, l'élément de ligne satisfaisant à (52,3) pour une valeur de r, est situé sur l'élément de surface, donné par (52,4) pour

$$p = b \ , \qquad q = a \ . \qquad (52,5)$$

Les équations (52,5) définissent, si l'on varie x, y_1, y_2, r dans a, b, un champ de ∞^4 éléments de surface, correspondant pour un ds du type I à l'équation différentielle

$$\frac{\partial y_1}{\partial x} = f\left(\frac{\partial y_1}{\partial y_2} \, , \ y_1 \, , y_2 \, , x\right) \, , \qquad (52,6)$$

et pour une forme du type II à l'équation différentielle

$$\frac{\partial y_1}{\partial y_2} = c\,(x \, , y_1 \, , y_2) \ . \qquad (52,7)$$

On obtient donc le point ξ, η_1, η_2, correspondant à l'élément de ligne

$$(x, y_1, y_2, p_1, p_2) \, , \qquad (52,8)$$

en déterminant dans le champ (52,5) l'élément de surface

$$(x, y_1, y_2, p, q) \, , \qquad (52,9)$$

dans lequel est situé (52,8), et en cherchant le point de $\varSigma$, correspondant à (52,9) en vertu de la transformation de contact (49,2).

44

53. Si la forme adjointe ds est du type III, on arrive à un résultat analogue, en permutant y_2 et y_1. On obtient donc dans ce cas la transformation R, en appliquant au champ d'éléments de surface, rattaché à l'équation

$$\frac{\partial y_2}{\partial y_1} = 0 \; , \tag{53,1}$$

la transformation de contact déduite de (49,1) et (49,2) en y permutant y_1 et y_2.

D'ailleurs, pour traiter tous les trois types des formes adjointes de la même façon, il suffirait d'utiliser, au lieu de la transformation de contact définie par (49,1), (49,2), la transformation *homogène* de contact se rattachant à la correspondance (49,1).

Réciproquement, soit T une transformation de contact de rang 1, déduite de la correspondance (49,1). Soit D un champ d'éléments de surface dans S. A ce champ correspond une équation différentielle aux dérivées partielles de premier ordre d'un des trois types I, II, III du n° 11, donc une forme adjointe ds.

En appliquant T au champ D, on obtient *généralement* un champ $\varDelta$ d'éléments de surface de $\varSigma$ auquel correspond une forme adjointe $d\sigma$.

Or, en faisant correspondre à chaque élément de ligne dt de S l'élément de surface $d\tau$ de D sur lequel dt est situé, et à $d\tau$ le point (ξ, η_1, η_2) de $\varSigma$ qui lui correspond en vertu de T, on obtient évidemment une correspondance entre l'ensemble des éléments de ligne de S et l'espace $\varSigma$, qui est *en général* une transformation R.

En effet, il suffit pour obtenir cette transformation R de remplacer les équations (49,2) par les équations (32,4) — (32,6).

54. Toutefois, nous avons encore à discuter les conditions sous lesquelles, la correspondance (49,1) définissant une transformation de contact T, on obtient, en appliquant T à un champ donné D d'éléments de surface, une transformation R au sens du n° 53.

Pour cela il est nécessaire

1) qu'on obtienne par T, des ∞^4 éléments de surface de D un ensemble $\varDelta$ de ∞^4 éléments de surface dans $\varSigma$;

2) que les ∞^4 éléments de surface de $\varDelta$ se repartissent sur ∞^3 points de $\varSigma$ de sorte que par le point général de $\varSigma$ passent ∞^1 éléments de surface de $\varDelta$;

3) que la transformation obtenue ne soit pas une transformation ponctuelle, c'est-à-dire qu'aux ∞^1 éléments de surface de D passant par le

45

point général de S, correspondent ∞^1 éléments de surface de Δ qui se repartissent sur ∞^1 points de Σ.

On peut ordonner les conditions de 1), 2), 3), différemment en exigeant:

I) que les images des éléments de surface de D par T passent par le point général de Σ;

II) que les images des éléments de surface de D passant par le point général de S, passent par ∞^1 points de Σ.

III) que l'ensemble d'images des éléments de surface de D par T contienne ∞^4 éléments de surface de l'espace Σ.

55. Les conditions I), II) sont respectivement équivalentes aux conditions 2), 1) du n° 42. Donc, d'après le n° 43, la condition I) est satisfaite avec la condition II).

Quant à la condition II), le résultat de la discussion des nos 46—48 peut être interprété géométriquement en utilisant quelques résultats de S. Lie[6], qui se rattachent à la correspondance (32,1).

A un point général P de S correspond par (32,1) une courbe $\lambda(P)$ de Σ. A chaque point de $\lambda(P)$ — donc à chaque élément de ligne de $\lambda(P)$ — correspond une courbe passant par P, donc un élément de ligne passant par P. A la correspondance (32,1) se rattache donc une correspondance entre deux ensembles k respectivement κ des ∞^4 éléments de ligne dans les espaces S et Σ. Les éléments de ligne de k passant par un point général P de S y forment un „*cône élémentaire*“. Les images de ces ∞^1 éléments de ligne dans l'ensemble κ s'ordonnent le long d'une courbe $\lambda(P)$ qui est la courbe (32,1) correspondant au point P. Et cela reste vrai si l'on interchange les espaces S et Σ. L'existence d'une relation du type (41,2), c'est-à-dire la transitivité faible est d'après n° 41 équivalent avec la dégénération des cônes élémentaires dans l'espace correspondant. Dans ce cas, le cône élémentaire appartenant à un point P de S se réduit à l'élément de surface (41,3) passant par P.

Le résultat de la discussion des n°s 46—48 peut être énoncé comme il suit:

La condition II) *est toujours satisfaite, sauf dans le cas où*

1) *le cône élémentaire appartenant au point général P de S dégénère en élément de surface (41,3) et*

2) *la forme adjointe ds est axiale et son axe pour le point général P de S appartient à l'ensemble k.*

---

[6]) Cf. S. Lie, Liniengeometrie und Berührungstransformationen, Oeuvres complètes, T. II², pp. 640 — 688.

46

On peut se demander si l'on n'obtient pas de T une transformation ponctuelle déjà dès que l'axe de ds appartient à l'ensemble k, même si le cône élémentaire ne dégénère pas. En effet, si dl est l'axe de ds, passant par le point général P de S, les éléments de surface du champ D passant par P tournent autour de dl. Mais alors, si $d\lambda$ est l'élément de ligne de κ correspondant à dl, au faisceau d'éléments de surface tournant autour de dl correspond par notre correspondance le faisceau d'éléments de surface tournant autour de $d\lambda$. Donc au point P correspond le point π de Σ situé sur $d\lambda$.

Or, il est vrai qu'on obtient de cette façon une transformation ponctuelle entre S et Σ. Mais cette transformation n'est pas la transformation complète, la correspondance entre les éléments de surface de D et leurs images dans Σ *n'étant pas uniforme*. En effet, chaque élément de surface passant par dl contient, *si le cône élémentaire n'est pas dégénéré*, et p. ex. algébrique, encore d'autres éléments de ligne dont les images dans κ sont différents de $d\lambda$ et ne passent pas par π. Donc, dans ce cas la transformation ponctuelle n'est qu'une composante de la transformation R totale, obtenue en appliquant T au champ D. Ceci correspond au cas de l'identité (46,3).

Quant à la condition III), elle est évidemment équivalente à la troisième condition du n° 42. On obtient donc de la discussion des n°ˢ 47 et 48 le résultat suivant :

Supposons que les conditions I) et II) soient satisfaites. Alors :

α) *si le cône élémentaire dans le point général de Σ n'est pas dégénéré, la condition III) est toujours satisfaite ;*

β) *si les cônes élémentaires dans les points généraux de S et de Σ sont dégénérés, la condition III) est toujours satisfaite ;*

γ) *si le cône élémentaire est dégénéré dans le point général de Σ et ne l'est pas dans le point général de S, il existe exactement un champ D d'éléments de surface pour lequel la condition III) n'est pas satisfaite.*

§ 10. Transformations R et transformations de contact du rang 2. Le théorème fondamental

56. Rappelons qu'il existe dans l'espace à trois dimensions *deux classes* de transformations de contact, sans compter celles dérivées des transformations ponctuelles :

a) les transformations de contact dites de rang 1, engendrées d'après les formules (49,1) — (49,3) par une correspondance de rang 1 faisant cor-

47

respondre à chaque point de l'un des deux espaces une courbe de l'autre; et

b) les transformations de contact, dites de rang 2, engendrées par une correspondance (de rang 2)

$$\Omega\,(x,\,y_1,\,y_2,\,\xi,\,\eta_1,\,\eta_2) = 0 \tag{56,1}$$

faisant correspondre à un point de S une surface de Σ et à un point de Σ une surface de S.

On obtient la transformation de contact engendrée par (56,1) moyennant les formules

$$
p = -\,\frac{\Omega'_x}{\Omega'_{y_1}}\;,\quad \pi = -\,\frac{\Omega'_\xi}{\Omega'_{\eta_1}}\;,
$$
$$
q = -\,\frac{\Omega'_{y_2}}{\Omega'_{y_1}}\;,\quad \kappa = -\,\frac{\Omega'_{\eta_2}}{\Omega'_{\eta_1}}\;,
\tag{56,2}
$$

où

$$
p = \frac{\partial y_1}{\partial x} = -\,\frac{\cos\,(n\,,x)}{\cos\,(n\,,y_1)}\;,\quad q = \frac{\partial y_1}{\partial y_2} = -\,\frac{\cos\,(n\,,y_2)}{\cos\,(n\,,y_1)}
$$

sont les coordonnées de direction d'un élément de surface dans S passant par $(x,\,y_1,\,y_2)$, s'exprimant comme il est indiqué par les cosinus directeurs de la normale, et π, κ jouent le rôle analogue dans Σ. (Pour les éléments de surface parallèles à l'axe des x, resp. à l'axe des ξ, on permutera les variables dans les formules (56,1), (56,2), ou bien l'on introduira des *coordonnées homogènes de direction*.)

Toutefois, pour que la correspondance (56,1) puisse conduire à une transformation de contact, cette correspondance doit satisfaire, outre les conditions immédiates de continuité et de dérivabilité, à la condition que les équations (56,1) et (56,2) permettent d'exprimer ξ, η_1, η_2 en fonctions de x, y_1, y_2, p, q et, de même, x, y_1, y_2 en fonctions de ξ, η_1, η_2, π, κ. Cette condition se réduit d'après S. Lie[7]) à ce que la fonction Ω ne satisfait pas à une certaine équation différentielle.

57. Les résultats des §§ 7—9 permettent de pressentir le théorème fondamental suivant:

VI. A) *Soit T_c une transformation de contact entre S et Σ par laquelle un champ D d'éléments de surface de S se transforme dans un champ Δ d'éléments de surface de Σ. Soient ds respectivement dσ les formes adjointes dans S, Σ, correspondant aux champs D, Δ. Faisons correspondre à un élément de ligne*

---

7) Cf. S. Lie, Oeuvres complètes, T. II², pp. 704 — 705.

48

général dl de S l'élément de surface de D dans lequel dl est situé, et à cet élément de surface le point correspondant de Σ. On obtient de cette façon une transformation R, T_r, entre S et Σ, aux formes adjointes ds et dσ.

B) *Réciproquement, soit T_r une transformation R entre S et Σ correspondant aux formes adjointes ds, dσ. Soient D, Δ les champs d'éléments de surface dans S, Σ, correspondant respectivement à ds, dσ. Alors, il existe une transformation de contact T_c entre S et Σ transformant D en Δ, qui conduit à la transformation T_r d'après la règle contenue dans la première partie de ce théorème.*

La partie A) de ce théorème a déjà été démontrée aux §§ 8, 9 pour les transformations de contact de rang 1. Quant à la partie B), sa démonstration est contenue dans les résultats des §§ 7, 9 pour le cas où T_r n'est pas une transformation singulière. Et nous avons même vu que dans ce cas T_c peut être choisie comme une transformation de contact du rang 1.

Il nous reste encore à traiter les transformations de contact de rang 2. Dans cette discussion il ne sera plus nécessaire de traiter en détail les cas d'exception dont nous avons eu à nous occuper dans les §§ 8, 9.

58. Supposons que les hypothèses de la partie A) du théorème VI soient satisfaites pour une transformation T_c de rang 2, donnée par les formules (56,1), (56,2). En permutant convenablement les variables, on pourra supposer que les formes adjointes ds, dσ soient toutes les deux du type I:

$$ds = dy_1 - r\,dy_2 - f\,dx \quad ; \quad f = f(r, x, y_1, y_2) \, ,$$

$$d\sigma = d\eta_1 - \varrho\,d\eta_2 - \varphi\,d\xi \quad ; \quad \varphi = \varphi(\varrho, \xi, \eta_1, \eta_2) \, .$$

On exprime les coordonnées de direction p, q pour les éléments de surface de D au moyen du paramètre r par les formules

$$q = r \, , \quad p = f(r, x, y_1, y_2)$$

et, de même, pour les éléments de surface de Δ en introduisant le paramètre ϱ:

$$\kappa = \varrho \, , \quad \pi = \varphi(\varrho, \xi, \eta_1, \eta_2) \, .$$

Donc, les équations

$$\frac{\Omega'_{y_2}}{\Omega'_{y_1}} = -r \, , \quad \frac{\Omega'_{x}}{\Omega'_{y_1}} = -f \, , \quad \frac{\Omega'_{\eta_2}}{\Omega'_{\eta_1}} = -\varrho \, , \quad \frac{\Omega'_{\xi}}{\Omega'_{\eta_1}} = -\varphi \, , \quad (58,1)$$

combinées avec (56,1) permettent d'exprimer ϱ, ξ, η_1, η_2 en fonctions des r, x, y_1, y_2 et vice versa. On en obtient pour ds et dσ:

49

$$ds = \frac{\Omega'_{y_2}}{\Omega'_{y_1}}\, dy_2 + \frac{\Omega'_x}{\Omega'_{y_1}}\, dx + dy_1\ ,$$

$$d\sigma = \frac{\Omega'_{\eta_2}}{\Omega'_{\eta_1}}\, d\eta_2 + \frac{\Omega'_\xi}{\Omega'_{\eta_1}}\, d\xi + d\eta_1\ ,$$

et, d'après (56,1)

$$\Omega'_{y_1}\, ds + \Omega'_{\eta_1}\, d\sigma = d\Omega = 0\ ,$$

$$d\sigma = -\frac{\Omega'_{y_1}}{\Omega'_{\eta_1}}\, ds\ . \tag{58,2}$$

A notre transformation de contact T_c correspond donc en effet une transformation entre les espaces aux 4 dimensions $(x,\, y_1,\, y_2,\, r)$, $(\xi,\, \eta_1,\, \eta_2,\, \varrho)$, satisfaisant à la relation (58,2) et engendrant d'après le théorème I, une transformation $R,\, T_r$. Soit maintenant

$$dl = (dx,\, dy_1,\, dy_2)$$

un élément de ligne passant par $(x,\, y_1,\, y_2)$. La condition que dl soit situé dans l'élément de surface aux coordonnées de direction $p,\, q$, est: $dy_1 - pdx - qdy_2 = 0$, donc, si cet élément de surface appartient au champ D:

$$ds = dy_1 - rdy_2 - f(r,\, x,\, y_1,\, y_2)dx = 0\ . \tag{58,3}$$

Or, si r est déterminé par la relation (58,3), on a un élément de surface t de D auquel correspond l'élément de surface de $\varDelta$ passant par $(\xi,\, \eta_1,\, \eta_2)$. Pour la valeur du paramètre ϱ correspondant à τ, on a d'après (58,2)

$$d\sigma = 0\ .$$

Donc, les valeurs de $\xi,\, \eta_1,\, \eta_2$ obtenues par la règle de la partie A) du théorème VI sont en effet celles données par T_r, et la partie A) du théorème VI est démontrée.

59. Pour démontrer la partie B) du théorème VI, il suffit, d'après les n°s 35—37, de supposer que la transformation T_r soit la transformation singulière donnée par

$$y_1 = \eta_1,\qquad y_2 = \eta_2,\qquad x = X(\varrho,\, \xi,\, \eta_1,\, \eta_2),\qquad r = \varrho, \tag{59,1}$$

et correspondant aux formes adjointes

$$ds = dy_1 - rdy_2,\qquad d\sigma = d\eta_1 - \varrho d\eta_2, \tag{59,2}$$

où

$$\frac{\partial X}{\partial \xi} \neq 0\ ,\qquad \frac{\partial X}{\partial \varrho} \neq 0\ .$$

50

Tirons ϱ de la troisième des équations (59,1):

$$\varrho = R(x, \xi, \eta_1, \eta_2) , \qquad R'_x \not\equiv 0 ,$$

et posons

$$\Omega \equiv \left(y_2 - \eta_2 - \frac{y_1 - \eta_1}{R}\right) \frac{1}{R'_x} = 0 . \tag{59,3}$$

On a, en appliquant la transformation de contact engendrée par (59,3) au champ d'éléments de surface correspondant à notre ds, pour $f = 0$, d'après les deux premières des équations (58,1):

$$\frac{\Omega'_{y_2}}{\Omega'_{y_1}} = -r , \qquad \frac{\Omega'_x}{\Omega'_{y_1}} = 0 ,$$

$$-\frac{\dfrac{1}{R'_x}}{\dfrac{1}{R\,R'_x}} = -r , \qquad -\frac{R''_{xx}}{R'_x}\,\Omega + \frac{y_1 - \eta_1}{R^2} = 0 ,$$

donc, d'après (59,3):

$$r = R = \varrho , \qquad y_1 - \eta_1 = 0 , \qquad y_2 - \eta_2 = 0 ,$$

c'est-à-dire, exactement la transformation (59,1). Il résulte maintenant évidemment de la partie A) du théorème VI que les deux dernières équations (58,1) sont satisfaites pour $\varphi = 0$, c'est-à-dire pour $d\sigma$, puisque ds se transforme en $d\sigma$ par T_r, et la démonstration du théorème VI est terminée.

60. Il est facile, pour une transformation R, T_r, déduite d'une transformation de contact de rang 2, d'obtenir les équations (32,1) de la correspondance de rang 1 qui lui est adjointe. En effet, on peut supposer que ds soit du type I. Mais alors, en éliminant r des deux premières équations (58,1), on a évidemment

$$\Omega = 0 , \quad \frac{\Omega'_x}{\Omega'_{y_1}} + f\left(-\frac{\Omega'_{y_2}}{\Omega'_{y_1}}, x, y_1, y_2\right) = 0 , \tag{60,1}$$

et aucune de ces deux équations ne peut être une conséquence de l'autre, puisque dans le cas contraire, il serait impossible d'exprimer ξ, η_1, η_2 en fonctions de r, x, y_1, y_2. —

De l'autre côté, nous avons vu que chaque transformation R, sauf les transformations singulières, peut être obtenue au moyen d'une transformation de contact de rang 1. Il est donc naturel de se demander, si l'on

51

peut obtenir chaque transformation R, T_r, au moyen d'une transformation de contact de rang 2. Supposons, ce qui est permis, que le ds correspondant soit du type I et que T_r ne soit pas singulière. Alors, il suffit de trouver une fonction $\Omega(x, y_1, y_2, \xi, \eta_1, \eta_2)$, telle que les deux équations (60,1) soient équivalentes aux deux équations (32,1) appartenant à T_r. En posant pour Ω:

$$\Omega = \Omega_1 + \mu\,\Omega_2, \tag{60,2}$$

où μ est à choisir convenablement comme une fonction de x, y_1, y_2, ξ, η_1, η_2, on obtient pour la deuxième équation (60,1):

$$F(\mu, x, y_1, y_2, \xi, \eta_1, \eta_2) \equiv$$
$$\equiv \frac{\Omega'_{1x} + \mu\Omega'_{2x}}{\Omega'_{1y_1} + \mu\Omega'_{2y_1}} + f\left(-\frac{\Omega'_{1y_2} + \mu\Omega'_{2y_2}}{\Omega'_{1y_1} + \mu\Omega'_{2y_1}}, x, y_1, y_2\right) = 0. \tag{60,3}$$

Il suffit donc de trouver une constante $\tau \neq 0$ de sorte que l'équation

$$F(\mu, x, y_1, y_2, \xi, \eta_1, \eta_2) + \tau\Omega_2 = 0 \tag{60,4}$$

puisse être résolue par rapport à μ.

61. Or, en formant la dérivée de l'expression de gauche en (60,4) par rapport à μ, on a après multiplication par $(\Omega'_{1y_1} + \mu\Omega'_{2y_1})^2$:

$$(\Omega'_{2x}\Omega'_{1y_1} - \Omega'_{2y_1}\Omega'_{1x}) -$$
$$- (\Omega'_{2y_2}\Omega'_{1y_1} - \Omega'_{2y_1}\Omega'_{1y_2})\, f'_r\left(-\frac{\Omega'_{1y_2} + \mu\Omega'_{2y_2}}{\Omega'_{1y_1} + \mu\Omega'_{2y_1}}, x, y_1, y_2\right) \tag{61,1}$$

c'est-à-dire, la dérivée par rapport à r du déterminant

$$- \begin{vmatrix} \Omega'_{1y_1} & \Omega'_{2y_1} & -e \\ \Omega'_{1y_2} & \Omega'_{2y_2} & r \\ \Omega'_{1x} & \Omega'_{2x} & f \end{vmatrix}, \tag{61,2}$$

dans laquelle on a remplacé r par $-\dfrac{\Omega'_{1y_2} + \mu\Omega'_{2y_2}}{\Omega'_{1y_1} + \mu\Omega'_{2y_1}}$.

Si la transformation T_r n'est ni singulière, ni ponctuelle, la dérivée de (61,2) par rapport à r ne s'annule pas, d'après le n° 34, au point général de (32,1). Donc, si

$$\Omega'_{2y_2}\Omega'_{1y_1} - \Omega'_{2y_1}\Omega'_{1y_2} \tag{61,3}$$

52

ne s'annule pas en vertu de (32,1), l'expression (61,1) ne s'annule pas identiquement en μ, x, y_1, y_2, ξ, η_1, η_2.

De l'autre côté, si (61,3) s'annule en vertu de (32,1), (61,1) se réduit à

$$\Omega'_{2x}\,\Omega'_{1y_1} - \Omega'_{2y_1}\,\Omega'_{1x}\;,$$

ce qui ne s'annule pas dans le point général de (32,1), puisque dans le cas contraire, (61,2) serait indépendant de r.

Soient μ_0 et

$$(x^{(0)}\,,\;y_1^{(0)}\,,\;y_2^{(0)}\,,\;\xi^{(0)}\,,\;\eta_1^{(0)}\,,\;\eta_2^{(0)}) \tag{61,4}$$

choisis de sorte que Ω_2, F, F'_μ restent $\neq 0$. Pour ces valeurs l'équation (60,4) peut être résolue par rapport à τ. La valeur résultante de la constante $\tau \neq 0$, $\neq \infty$ étant une fois fixée, l'équation (60,4) peut être alors résolue par rapport à μ dans le voisinage total du point (61,4). Les équations (58,1) correspondant à notre choix de Ω, peuvent évidemment être résolues, combinées avec $\Omega = 0$, puisque ces équations sont équivalentes aux équations correspondantes du n° 32.

Nous pouvons donc énoncer comme **complément au théorème fondamental :**

Chaque transformation R peut être engendrée par une transformation de contact de rang 2. Chaque transformation R, sauf les transformations singulières, peut être engendrée par une transformation de contact de rang 1.

62. Nous avons vu qu'aux transformations R transformant ds en $d\sigma$, correspondent des transformations de contact transformant le champ D correspondant à ds en le champ Δ correspondant à $d\sigma$, donc aussi transformant les équations différentielles aux dérivées partielles du premier ordre attachée à ds et $d\sigma$, l'une dans l'autre. Le théorème III se réduit donc maintenant au théorème que, deux équations différentielles aux dérivées partielles du premier ordre étant données, il existe toujours une transformation de contact transformant l'une dans l'autre. C'est le fait qu'exprime S. Lie en disant que les équations différentielles aux dérivées partielles du premier ordre ne possèdent pas des invariants pour le groupe de toutes les transformations de contact. De ce résultat de S. Lie résulte donc une nouvelle démonstration du théorème III.

En particulier, en réduisant une équation différentielle aux dérivées partielles du premier ordre en deux variables indépendantes, $T = 0$, à l'équation $\dfrac{\partial y_1}{\partial x} = 0$, on obtient évidemment une solution générale de l'équation $T = 0$. Notre procédé de démonstration du théorème III,

53

développé aux nos 20—23, contient donc une méthode de résolution de l'équation générale $T = 0$.

Quant au résultat déduit aux nos. 60, 61, il permet évidemment de préciser un peu le résultat de S. Lie, mentionné plus haut. En effet, il en résulte que, si $T_1 = 0$ et $T_2 = 0$ sont deux équations aux dérivées partielles du premier ordre en deux variables indépendantes, on peut toujours transformer $T_1 = 0$ en $T_2 = 0$, aussi bien par une transformation de contact du rang 1 que par une transformation de contact de rang 2.

Il est vrai que dans l'énoncé du n° 61 les transformations singulières forment un cas exceptionnel. Mais dans ce cas, il s'agit des équations

$$\frac{\partial y_1}{\partial x} = 0 \ , \quad \frac{\partial \eta_1}{\partial \xi} = 0 \ ,$$

et l'on vérifie aisément que ces deux équations se transforment l'une dans l'autre par les transformations de contact de rang 1 dont les deux fonctions directrices, Ω_1, Ω_2, satisfont, en vertu de (32,1), à la condition

$$\frac{\partial(\Omega_1 , \Omega_2)}{\partial(x , \xi)} = 0 \ .$$

§ 11. Exemples

63. *Exemple I*. Nous partons de la correspondance suivante

$$\Omega_1 \equiv \eta_1 - y_1 = 0 \ , \qquad \Omega_2 \equiv \eta_2 - y_2 + x \xi = 0 \ . \tag{63,1}$$

Les équations (49,2) de la transformation de contact qui correspond à (63,1), deviennent ici

$$p = \frac{\lambda_2}{\lambda_1} \xi \ , \quad q = -\frac{\lambda_2}{\lambda_1} \ , \quad \pi = -\frac{\lambda_2}{\lambda_1} x \ , \quad \kappa = -\frac{\lambda_2}{\lambda_1} \ ,$$

donc:

$$\left. \begin{aligned} \xi &= -\frac{p}{q} \ , \ \eta_1 = y_1 \ , \ \eta_2 = y_2 + x \frac{p}{q} \ , \ \pi = xq \ , \ \kappa = q \ . \\ x &= \frac{\pi}{\kappa} \ , \ y_1 = \eta_1 \ , \ y_2 = \eta_2 + \xi \frac{\pi}{\kappa} \ , \ p = -\xi\kappa \ , \ q = \kappa \ . \end{aligned} \right\} \tag{63,2}$$

La correspondance (63,1) est *transitive* et en particulier faiblement transitive dans chacun des espaces S, Σ.

On obtient donc de (63,1), d'après la théorie générale du § 8, pour chaque *ds* non-axiale une transformation R. Ce résultat se vérifie immédiatement dans notre cas. Les valeurs des déterminants $\Delta_1, \Delta_2, \Delta_3$ étant respectivement 0, ξ, 1, l'équation (33,1) devient ici

$$b + \xi a = 0 \ . \tag{63,3}$$

54

Donc, pour qu'on puisse tirer de cette équation ξ en fonction de r, variable avec r, il est nécessaire et suffisant que

$$1. \quad a \not\equiv 0 \ , \quad 2. \ \left(\frac{b}{a}\right)'_r \not\equiv 0 \ . \tag{63,4}$$

Dans le cas où $a \not\equiv 0$, mais $\dfrac{b}{a} = -f(x, y_1, y_2)$ est indépendant de r, on tire de nos relations une transformation ponctuelle entre S et Σ :

$$\xi = f(x, y_1, y_2) \ , \quad \eta_1 = y_1 \ , \quad \eta_2 = y_2 - xf(x, y_1, y_2) \ , \tag{63,5}$$

si toutefois le Jacobien de cette transformation reste $\neq 0$.

Or, ce Jacobien est $ff'_{y_2} + f'_x$. Si cette expression s'annule, on a évidemment le long d'une ligne de niveau de la fonction f dans le plan des x, y_2 : $-\dfrac{f'_x}{f'_{y_2}} = f$. Ces lignes de niveau sont des droites au coefficient angulaire f. Il en résulte qu'on obtient l'intégrale générale de l'équation différentielle aux dérivées partielles $ff'_{y_2} + f'_x = 0$ en résolvant par rapport à f l'équation

$$y_2 - fx = F(y_1, f) \ , \tag{63,6}$$

où F est une fonction arbitraire de ses deux arguments.

Donc, on obtient une transformation ponctuelle si ds est une forme

$$dy_1 - r dy_2 + r f(x, y_1, y_2) dx \ , \quad ff'_{y_2} + f'_x \neq 0 \ . \tag{63,7}$$

On obtient alors par un calcul facile $\varrho = -r$ et

$$d\sigma = d\eta_1 - \varrho \, d\eta_2 - \varrho x \, d\xi \ .$$

De l'autre côté, la relation (45,1) entre $\varDelta_1$, $\varDelta_2$, $\varDelta_3$ correspond ici aux valeurs $P_1 = 1$, $P_2 = P_3 = 0$, donc, d'après le n° 46, l'axe d'une forme ds singulière doit être situé dans l'élément de surface $dy_1 = 0$, c'est-à-dire être orthogonal à l'axe des y_1. Or, d'après $(11,7)^8)$, ceci se réduit à $a \equiv 0$ pour une forme singulière du type II et $\dfrac{b}{a} = \dfrac{b}{r} \equiv A(x, y_1, y_2)$ pour les formes singulières du type I, conformément aux conditions (63,4).

64. *Exemple II.* La correspondance

$$\varOmega_1 \equiv \eta_1 - y_1 + 2x\xi = 0 \ , \quad \varOmega_2 \equiv \eta_2 - y_2 + x^2 \xi^2 = 0 \tag{64,1}$$

---

[8]) Notons une faute d'impression dans la formule (11,7) p. 174, où, au lieu de C, il faut lire c.

n'est pas *faiblement transitive dans S*. En effet, les valeurs des déterminants Δ_ν sont ici:

$$\Delta_1 = 2\,\xi\,, \qquad \Delta_2 = 2\,x\,\xi^2\,, \qquad \Delta_3 = 1\,,$$

et une relation

$$2\,P_1(x,\,y_1,\,y_2)\,\xi + 2\,x P_2(x,\,y_1,\,y_2)\,\xi^2 + P_3(x,\,y_1,\,y_2) = 0$$

ne peut subsister en vertu de (64,1), donc identiquement, que si $P_1 \equiv P_2 \equiv P_3 \equiv 0$. Les équations (49,2) deviennent ici

$$- p = \frac{2\,\lambda_1\,\xi + 2\,\lambda_2\,x\,\xi^2}{-\,\lambda_1}\,, \qquad - q = \frac{-\,\lambda_2}{-\,\lambda_1}\,,$$

$$- \pi = \frac{2\,\lambda_1\,x + 2\,\lambda_2\,x^2\,\xi}{\lambda_1}\,, \qquad - \kappa = \frac{\lambda_2}{\lambda_1}\,.$$

Donc, en posant $t = x\,\xi$, on obtient pour la transformation de contact engendrée par (64,1):

$$\left.\begin{aligned}
\xi = \frac{t}{x}\,,\ \eta_1 = y_1 - 2\,t\,,\ \eta_2 = y_2 - t^2\,,\ \kappa = q\,,\ \pi = 2\,q\,x\,t - 2\,x\,,\\
x = \frac{t}{\xi}\,,\ y_1 = \eta_1 + 2\,t\,,\ y_2 = \eta_2 + t^2\,,\ q = \kappa\,,\ p = -2\,\kappa\,\xi\,t + 2\,\xi\,,
\end{aligned}\right\} \quad (64,2)$$

où t est à tirer, suivant le cas, de l'une des deux équations

$$2\,q\,t^2 - 2\,t + p\,x = 0\,, \qquad 2\,\kappa\,t^2 - 2\,t - \pi\,\xi = 0\,. \qquad (64,3)$$

D'après notre théorie générale, on obtient de la transformation (64,2), en l'appliquant à chaque champ d'éléments de surface dans S, une transformation R. Toutefois, t dépendant d'une équation quadratique, il serait possible qu'à une *branche de valeurs de t* corresponde une transformation R se réduisant à une transformation ponctuelle. Nous avons vu au n° 45 que ce cas se présente pour un champ linéaire d'éléments de surface, dont l'axe est situé dans le cône élémentaire de S, défini par la correspondance (64,1).

65. Pour notre correspondance, ces cas sont faciles à caractériser directement. Nous avons à déterminer les champs D d'éléments de surface, pour lesquels la première équation (64,3) possède une solution indépendante de p, q.

Supposons que D soit déterminé par une relation

$$p = f(q,\,x,\,y_1,\,y_2)\,.$$

On obtient alors pour un $t = t(x, y_1, y_2)$ la relation

$$2qt^2 - 2t + xf(q) = 0 , \qquad (65,1)$$

identique en q, x, y_1, y_2. En dérivant par rapport à q, on a

$$2t^2 = - xf'_q(q, x, y_1, y_2) ,$$

donc f'_q est indépendant de q et l'on obtient

$$f(q, x, y_1, y_2) \equiv A(x, y_1, y_2)q + B(x, y_1, y_2) .$$

Il résulte alors de (65,1):

$$t = \frac{xB(x, y_1, y_2)}{2} , \quad 2t^2 + xA(x, y_1, y_2) = 0 ,$$

donc, en particulier,

$$xB^2 + 2A = 0 , \qquad (65,2)$$

comme condition pour D. L'équation (65,1) se réduit alors à

$$2qt^2 - 2t + xB - \frac{x^2 B^2 q}{2} \equiv (2t - xB) \left(qt + \frac{xqB}{2} - 1\right) = 0$$

et possède, en plus de la racine $t = \dfrac{xB}{2}$ indépendante de q, la racine

$$t = - \frac{xB}{2} + \frac{1}{q}$$

qui conduit à une transformation R ne se réduisant pas à une transformation ponctuelle.

Notre champ D correspond évidemment à la forme adjointe ds du type I:

$$ds = dy_1 - r\,dy_2 + \frac{B}{2}(xBr - 2)\,dx , \qquad (65,3)$$

où B est une fonction arbitraire en x, y_1, y_2.

Pour une forme adjointe du type II, q s'exprime en fonction de $c(x, y_1, y_2)$ par x, y_1, y_2. Mais dans ce cas, la relation

$$2c(x, y_1, y_2)t^2 - 2t + px = 0$$

ne peut évidemment posséder une racine finie, indépendante de p, et le cas d'un ds du type II est impossible.

Le cas de la forme ds du type III se réduit enfin en permutant y_1 et y_2 au cas II, est donc également impossible.

57

Quant à la forme (65,3), on obtient par (11,7) pour les cosinus directeurs de son axe

$$\alpha_0 \,:\, \beta_0 \,:\, \gamma_0 = 1 \,:\, B \,:\, \frac{x\,B^2}{2}\;. \tag{65,4}$$

Pour vérifier que cet axe est situé sur le cône élémentaire qui se rattache d'après le n° 55 à notre correspondance, déduisons l'équation de ce cône. On obtient les équations des courbes (64,1) correspondant aux différents points de Σ et passant par un point fixe (x, y_1, y_2) de S, en éliminant η_1 et η_2 des 4 équations

$$\eta_1 - Y_1 + 2X\,\xi = 0\,, \qquad \eta_2 - Y_2 + X^2\,\xi^2 = 0\,,$$
$$\eta_1 - y_1 + 2x\,\xi = 0\,, \qquad \eta_2 - y_2 + x^2\,\xi^2 = 0\,,$$

où X, Y_1, Y_2 sont des coordonnées courantes. On obtient

$$Y_1 - y_1 - 2\,\xi\,(X - x) = 0\,, \quad Y_2 - y_2 - (X^2 - x^2)\,\xi^2 = 0, \tag{65,5}$$

on a donc dans le point (x, y_1, y_2) pour les différentielles dx, dy_1, dy_2 le long d'une courbe correspondant à une valeur de ξ :

$$dx : dy_1 : dy_2 = 1 : 2\,\xi : 2\,x\,\xi^2\,, \tag{65,6}$$

et l'équation de notre cône élémentaire est

$$2\,\frac{dy_2}{dx} - x\left(\frac{dy_1}{dx}\right)^2 = 0\;. \tag{65,7}$$

Il est maintenant évident que pour $\xi = B$ l'élément de ligne caractérisé par (65,4) est situé sur le cône (65,7).

66. *Exemple III.* Considérons maintenant la correspondance de rang 2

$$\Omega \equiv x\,\xi + y_1\,\eta_1 + y_2\,\eta_2 - 1 = 0 \tag{66,1}$$

qui se réduit évidemment à la polarité par rapport à la sphère-unité. On obtient immédiatement par les formules (56,2) la transformation de contact qui s'y rattache:

$$\left.\begin{aligned}
\eta_1 &= \frac{1}{y_1 - x\,p - y_2\,q}\,, &\quad \xi &= -\frac{p}{y_1 - x\,p - y_2\,q}\,, \\[2mm]
\eta_2 &= -\frac{q}{y_1 - x\,p - y_2\,q}\,, &\quad \pi &= -\frac{x}{y_1}\,, \quad \kappa = -\frac{y_2}{y_1}\,,
\end{aligned}\right\} \tag{66,2}$$

58

$$
y_1 = \frac{1}{\eta_- - \xi\pi - \eta_2\kappa} \; , \quad x = -\frac{\pi}{\eta_1 - \xi\pi - \eta_2\kappa} \; , \atop
y_2 = -\frac{\kappa}{\eta_- - \xi\pi - \eta_2\kappa} \; , \quad p = -\frac{\xi}{\eta_1} \; , \quad q = -\frac{\eta_2}{\eta_1} \; . \tag{66,3}
$$

A une forme adjointe ds du type I correspond le champ d'éléments de surface défini par $p = f(q, x, y_1, y_2)$. En introduisant ici les valeurs de p, q, x, y_1, y_2 données par (66,3), on obtient la relation

$$
\frac{\xi}{\eta_1} + f\left(-\frac{\eta_2}{\eta_1}, \frac{-\pi}{\eta_1 - \xi\pi - \eta_2\kappa}, \frac{1}{\eta_1 - \xi\pi - \eta_2\kappa}, \frac{-\kappa}{\eta_1 - \xi\pi - \eta_2\kappa} \right) = 0 \; ,
\tag{66,4}
$$

qui définit le champ correspondant Δ d'éléments de surface dans Σ. La forme adjointe $d\sigma$ qui se rattache à Δ est du type I, si l'on peut tirer π de (66,4) en fonction de π, ξ, η_1, η_2. $d\sigma$ est du type II, si (66,4) ne définit que κ en fonction de ξ, η_1, η_2.

Enfin, si l'expression de gauche dans (66,4) ne dépend ni de π ni de κ, on obtient en (66,4) une relation entre ξ, η_1, η_2, et à notre ds ne correspond aucune transformation R. Nous allons déterminer les fonctions $f(q, x, y_1, y_2)$ pour lesquelles se présente ce cas d'exception.

Tout d'abord, toutes les fonctions f indépendantes de x, y_1, y_2, appartiennent à cette classe.

Supposons maintenant que f ne soit pas indépendant de toutes les trois variables x, y_1, y_2. Alors, en dérivant $f(q, x, y_1, y_2)$ par rapport à π et κ on obtient en utilisant les formules (66,3):

$$
\frac{1}{y_1} \frac{\partial f}{\partial \pi} = \xi(y_1 f'_{y_1} + y_2 f'_{y_2} + x f'_x) - f'_x \; , \atop
\frac{1}{y_1} \frac{\partial f}{\partial \kappa} = \eta_2(y_1 f'_{y_1} + y_2 f'_{y_2} + x f'_x) - f'_{y_2} \; . \tag{66,5}
$$

Donc, si ni π ni κ n'entrent effectivement dans (66,4), on a

$$
y_1 f'_{y_1} + y_2 f'_{y_2} + x f'_x = \frac{f'_x}{\xi} = \frac{f'_{y_2}}{\eta_2} \; .
$$

Introduisons ici les expressions de ξ et η_2 tirées de (66,2). On obtient pour $p = f(q, x, y_1, y_2)$:

59

$$\frac{y_1 f'_{y_1} + y_2 f'_{y_2} + x f'_x}{y_1 - xf - y_2 q} = - \frac{f'_x}{f} = - \frac{f'_{y_2}}{q} ,$$

ce qui est équivalent au système

$$f'_x + f f'_{y_1} = 0 \ , \quad f'_{y_2} + q f'_{y_1} = 0 \ . \tag{66,6}$$

Il résulte de la seconde des équations (66,6), que f est une fonction $\varphi(q, x, u)$ des trois expressions $q, x, u = y_1 - q y_2$. Mais alors, la première équation (66,6) se réduit à

$$\varphi'_x + \varphi \varphi'_u = 0 \ .$$

Or, cette équation, aux notations près, a été déjà résolue au n° 63. On obtient sa solution de celle de l'équation (63,6) en y remplaçant y_2 par u, y_1 par q et f par φ. Donc, en introduisant l'expression de u, les fonctions $f(q, x, y_1, y_2)$ cherchées s'obtiennent en résolvant par rapport à f l'équation

$$y_1 - q y_2 - xf = F(f, q) , \tag{66,7}$$

où F est à considérer comme une fonction arbitraire des deux arguments indiqués.

En particulier, les équations (66,6) ne sont évidemment jamais satisfaites, si f est indépendant de q, sauf dans le cas déjà exclu, où f est aussi indépendant de x, y_1, y_2.

Donc, notre cas d'exception ne se présente pas, si f est indépendant de q sans être constant. On voit donc, en permutant les variables que, si ds appartient au type II, la condition nécessaire et suffisante pour qu'à ce ds corresponde une transformation R engendrée par (66,1), est que c ne soit pas une constante. Enfin, puisque pour $f \equiv 0$ la transformation R est impossible, on voit, en permutant les variables, qu'à la forme ds du type III ne correspond aucune transformation R.

Notre discussion permet évidemment de former toutes les équations différentielles aux dérivées partielles en deux variables indépendantes, auxquelles la transformation par polaires réciproques n'est pas applicable.

(Reçu le 3 octobre 1940.)

ON THE DEFINITION OF CONTACT TRANSFORMATIONS

ALEXANDER OSTROWSKI

If z is a function of $x_1, \cdots, x_n$ and $p_\nu = \partial z / \partial x_\nu$, $\nu = 1, \cdots, n$, a *contact transformation* in the space of $z, x_1, \cdots, x_n$, is defined by a set of $n+1$ equations

(a) $\qquad Z = Z(z, x_\mu, p_\mu), \qquad X_\nu = X_\nu(z, x_\mu, p_\mu), \qquad \nu = 1, \cdots, n,$

such that *firstly* in calculating the n derivatives

$$P_\nu = \frac{\partial Z}{\partial X_\nu}, \qquad \nu = 1, \cdots, n,$$

the expressions for the P_ν are given by a set of n equations

(b) $\qquad P_\nu = P_\nu(z, x_\mu, p_\mu), \qquad \nu = 1, \cdots, n,$

in which the derivatives of the p_μ *fall out*; and *secondly* the equations (a) and (b) can be resolved with respect to z, x_μ, p_μ:

(A) $\qquad z = z(Z, X_\mu, P_\mu), \qquad x_\nu = x_\nu(Z, X_\mu, P_\mu), \qquad \nu = 1, \cdots, n,$

(B) $\qquad p_\nu = p_\nu(Z, X_\mu, P_\mu), \qquad \nu = 1, \cdots, n.$

These two postulates are equivalent with the hypothesis that the $2n+1$ equations (a), (b) form a transformation between the two spaces of the sets of $2n+1$ independent variables (z, x_ν, p_ν), (Z, X_ν, P_ν) satisfying the Pfaffian condition

$$dZ - \sum_{\nu=1}^{n} P_\nu dX_\nu = \rho \left(dz - \sum_{\nu=1}^{n} p_\nu dx_\nu \right), \qquad \rho \neq 0.$$

In the following lines we prove: *the hypothesis that the system (A) is a corollary of the system (a) and conversely is already sufficient in order that (a) define a contact transformation*, that is to say: under this hypothesis the expressions (b) of P_ν, derived from (a), are independent of the second derivatives of z.

As to the functions $Z(z, x_\mu, p_\mu)$, $X_\nu(z, x_\mu, p_\mu)$, $z(Z, X_\mu, P_\mu)$, $x_\nu(Z, X_\mu, P_\mu)$, we shall assume:

(1) that the functions $Z(z, x_\mu, p_\mu)$, $X_\nu(z, x_\mu, p_\mu)$ possess continuous partial derivatives of the first order with respect to their $2n+1$ arguments;

(2) that the "total Jacobian"

$$
(1) \qquad\qquad \left| \frac{dX_\nu}{dx_\mu} \right|, \qquad\qquad \nu, \mu = 1, \cdots, n,
$$

does not vanish identically in the $(2n+1)+n(n+1)/2$ variables z, x_ν, p_ν, $p'_{\nu x_\mu}$. Here the *"total derivative"* with respect to x_ν is defined by

$$
(2) \qquad \frac{d}{dx_\nu} = p_\nu \frac{\partial}{\partial z} + \frac{\partial}{\partial x_\nu} + \sum_{\mu=1}^{n} p'_{\mu x_\nu} \frac{\partial}{\partial p_\mu}, \qquad \nu = 1, \cdots, n;
$$

(3) that the functions $z(Z, X_\mu, P_\mu)$, $x(Z, X_\mu, P_\mu)$ possess continuous partial derivatives of the first order with respect to their $2n+1$ arguments. (This hypothesis is certainly satisfied if the functions $Z(z, x_\mu, p_\mu)$, $X_\nu(z, x_\mu, p_\mu)$ possess continuous partial derivatives of the *second* order with respect to their arguments and if the determinant (1) does not vanish.)

From these three hypotheses it follows at once that the determinant $\left| dx_\nu/dX_\mu \right|$, $\nu, \mu = 1, \cdots, n$, does not vanish identically, since $x_1, \cdots, x_n$ can be assumed as being independent variables.

Then, if $Z(z, x_\mu, p_\mu)$, $X_\nu(z, x_\mu, p_\mu)$ were all free of the p_μ, we have obviously a reversible point-to-point transformation between the space of $n+1$ variables (z, x_ν) and that of $n+1$ variables (Z, X_ν). And the same result holds if $z(Z, X_\mu, P_\mu)$, $x_\nu(Z, X_\mu, P_\mu)$ were all free of the P_μ. We may therefore assume without loss of generality that p_μ do actually appear in the equations (a) and P_μ in the equations (A).

By means of total derivatives (2), P_μ can be calculated from the n equations

$$
(3) \qquad \frac{dZ}{dx_\nu} = \sum_{\mu=1}^{n} P_\mu \frac{dX_\mu}{dx_\nu}, \qquad\qquad \nu = 1, \cdots, n.
$$

Consider the n expressions

$$(4) \qquad B_\nu = \frac{\partial Z}{\partial p_\nu} - \sum_{\mu=1}^{n} P_\mu \frac{\partial X_\mu}{\partial p_\nu}, \qquad \nu = 1, \cdots, n,$$

and suppose first that not all B_ν vanish.

Then, if for instance $B_1 \neq 0$, let

$$q_\lambda = \frac{\partial p_\lambda}{\partial x_1} = \frac{\partial p_1}{\partial x_\lambda}, \qquad \lambda = 1, \cdots, n.$$

In differentiating (3) with respect to q_λ we have easily

$$\sum_{\mu=1}^{n} P'_{\mu q_\lambda} \frac{dX_\mu}{dx_\nu} = \delta_\nu^\lambda B_1 + \delta_\nu^1 (1 - \delta_\lambda^1) B_\lambda, \qquad \nu, \lambda = 1, \cdots, n,$$

where as usual

$$\delta_\nu^\mu = \begin{cases} 0, & \mu \neq \nu, \\ 1, & \mu = \nu. \end{cases}$$

But now it follows that

$$\frac{\partial(P_1, \cdots, P_n)}{\partial(p'_{1x_1}, \cdots, p'_{nx_1})} \left| \frac{dX_\mu}{dx_\nu} \right| = \left| \delta_\nu^\lambda B_1 + \delta_\nu^1 (1 - \delta_\lambda^1) B_\lambda \right| = B_1^n \neq 0,$$

the P_ν are independent with respect to $p'_{1x_1}, \cdots, p'_{nx_1}$, and the equations (A) are only possible, if they do not contain the P_ν at all, the case which has been already discarded.

We have therefore $B_\nu = 0$, $\nu = 1, \cdots, n$. Then the equations (3) and (4) reduce to the $2n$ equations

$$(5) \qquad \begin{aligned} \frac{\partial Z}{\partial x_\nu} + p_\nu \frac{\partial Z}{\partial z} &= \sum_{\mu=1}^{n} P_\mu \left(\frac{\partial X_\mu}{\partial x_\nu} + p_\nu \frac{\partial X_\mu}{\partial z} \right), \qquad \nu = 1, \cdots, n, \\ \frac{\partial Z}{\partial p_\nu} &= \sum_{\mu=1}^{n} P_\mu \frac{\partial X_\mu}{\partial p_\nu}, \qquad \nu = 1, \cdots, n. \end{aligned}$$

On the other hand, the rank of the matrix with n columns and $2n$ rows

$$\begin{pmatrix} \dfrac{\partial X_\mu}{\partial x_\nu} + p_\nu \dfrac{\partial X_\mu}{\partial z} \\[2ex] \dfrac{\partial X_\mu}{\partial p_\nu} \end{pmatrix}, \qquad \mu, \nu = 1, \cdots, n,$$

is n, since otherwise (1) would vanish. We see that in this case P_ν *can be expressed from* (5) *by* z, x_μ, p_μ.

Since the same argument applies to the equations (A), p_ν can be expressed by means of Z, X_μ, P_μ.

We have now the 4 sets of relations (a), (b), (A), (B). It is easily seen that the $2n+1$ relations (A), (B) are inverse of the $2n+1$ relations (a), (b), if p_μ resp. P_μ are considered as independent variables. Indeed, in putting the values (a) and (b) in the relations (A), (B), we must obtain identities $z=z$, $x_\nu=x_\nu$, $p_\nu=p_\nu$, for otherwise a non-identical relation between z, x_μ, p_μ would follow, that is, a differential equation, satisfied by an "arbitrary" function $z(x_1, \cdots, x_n)$.

We see that in the case of *one* function of n variables a reversible transformation of the first order is necessarily a contact transformation.

Our implicit definition of the "reversible transformations of the first order" leads to non-trivial results in the cases in which the contact transformations in the usual sense do not exist at all. For instance, in the case of $n>1$ functions $z_1(x)$, $\cdots$, $z_n(x)$ of one independent variable, all contact transformations reduce simply to the point-to-point transformations in the space of $n+1$ variables $z_1, \cdots, z_n, x$. On the other hand, there exist in this case non-trivial reversible transformations. If for instance

$$X = z_n - x\sum_{\nu=1}^{n} p_\nu, \qquad Z_\lambda = z_\lambda, \quad (\lambda = 1, \cdots, n-1), \qquad Z_n = -\sum_{\nu=1}^{n} p_\nu,$$

$$p_\nu = \frac{dz_\nu}{dx}, \qquad P_\nu = \frac{dZ_\nu}{dX}, \qquad \nu = 1, \cdots, n,$$

we have easily for $\lambda = 1, \cdots, n-1$

$$\frac{P_\lambda}{xP_n - 1} = \frac{p_\lambda}{\sum_{\kappa=1}^{n-1} p_\kappa}, \qquad x = \frac{1 + \sum_{\lambda=1}^{n-1} P_\lambda}{P_n},$$

and therefore

$$z_n = X - \frac{Z_n}{P_n}\left(1 + \sum_{\lambda=1}^{n-1} P_\lambda\right), \qquad z_\lambda = Z_\lambda, \qquad \lambda = 1, \cdots, n-1.$$

We have determined in the case of n functions of one variable all reversible transformations of the first order by means of certain Pfaffian and Mongeian relations. These results will be exposed in another paper.

UNIVERSITY OF BASEL

SUR LES TRANSFORMATIONS RÉVERSIBLES D'ÉLÉMENTS DE LIGNE.

Table des matières.

Introduction. Notations et énoncés des théorèmes.

1. Soient, pour $n > 1$, $x_1, \ldots, x_n$ les n coordonnées d'un point général de l'espace S, $p_1, \ldots, p_n$ leurs dérivées par rapport à un paramètre τ. Alors, les $2n$ grandeurs x_ν, p_ν sont les coordonnées d'un élément de ligne dans S, les p_ν sont en particulier les *coordonnées* (homogènes) *de direction*.

Dans le présent mémoire nous considérons les transformations

$$(1) \qquad y_\nu = y_\nu(x_1, \ldots, x_n, p_1, \ldots, p_n), \qquad \nu = 1, \ldots, n,$$

où les y_ν sont homogènes de dimension 0 en $p_1, \ldots, p_n$, jouissant de la propriété suivante:

En dérivant (1) *par rapport à* τ *et en posant*

$$q_\nu = \frac{d\,y_\nu}{d\,\tau}, \qquad\qquad \nu = 1, \ldots, n,$$

on peut, en éliminant les p_ν et leurs dérivées, exprimer les x_ν en fonctions des y_μ et q_μ:

$$(2) \qquad\qquad x_\nu = x_\nu(y_1, \ldots, y_n, q_1, \ldots, q_n), \qquad\qquad \nu = 1, \ldots, n,$$

les x_ν étant homogènes de dimension 0 en $q_1, \ldots, q_n$; et vice versa, on peut déduire les relations (1), en dérivant les relations (2) et en éliminant les q_ν et leurs dérivées.

Les fonctions y_ν et x_ν sont supposées douées de dérivées premières continues.

On peut évidemment envisager nos transformations comme transformations entre les éléments de ligne (x_ν, p_ν) dans S et (y_ν, q_ν) dans l'espace T des $y_1, \ldots, y_n$. Mais ici les expressions des q_μ dépendent non seulement des x_ν et des p_ν, mais aussi des dérivées secondes $\dfrac{d\,p_\nu}{d\,\tau}$. De même, les expressions des p_μ, tirées de (2), dépendent des y_ν, des q_ν et des $\dfrac{d\,q_\nu}{d\,\tau}$. Il ne s'agit donc pas ici nécessairement des *transformations de contact* dans le sens de S. Lie. Nous appelons nos transformations les *transformations réversibles de premier ordre* ou bien les *transformations R* tout court.

Toutefois, on peut démontrer que pour $n = 2$ les transformations R coïncident avec les transformations de contact.[1] Pour $n > 2$ il en est autrement:

Théorème I. *Pour $n > 2$ une transformation R qui est une transformation de contact, est une transformation ponctuelle.* (§ 1.)

Cela veut dire évidemment que, si les expressions des q_μ, tirées de (1), ne contiennent que les x_ν et les p_ν, et si celles des p_μ, tirées de (2) ne contiennent que les y_ν et les q_ν, les fonctions y_μ sont indépendantes des p_ν et les x_μ ne dépendent pas des q_ν.

Pour $n = 3$ le théorème I est équivalent à un résultat donné dans le traité de Lie-Scheffers sous une forme différente[2].

---

[1] A. Ostrowski: On the definition of contact transformations. Bul. Am. M. Soc. 47 (1941), pp. 760—763.

[2] Cf. Lie-Scheffers: Geometrie der Berührungstransformationen, T. I. (1896), pp. 478—480.

2. Pour arriver à une première classification des transformations R, considérons les deux Jacobiens

$$(3) \qquad \frac{\partial\,(y_1,\,\ldots,\,y_n)}{\partial\,(p_1,\,\ldots,\,p_n)}, \quad \frac{\partial\,(x_1,\,\ldots,\,x_n)}{\partial\,(q_1,\,\ldots,\,q_n)}.$$

On démontre facilement le

Théorème II. *Les rangs des deux jacobiens* (3) *sont égaux entre eux et*
$\leqq \dfrac{n}{2}$. (§ 1.)

La valeur commune k des rangs des jacobiens (3) sera appelée le *rang* de la transformation R considérée. $k = 0$ caractérise évidemment les transformations ponctuelles. Dans ce qui suit, nous supposerons toujours, sans le dire explicitement, que $k > 0$.

Du théorème II il résulte évidemment qu'il existe $2\,k$ fonctions

$$(4) \qquad r_\varkappa = r_\varkappa\,(x_1,\,\ldots,\,x_n,\,p_1,\,\ldots,\,p_n); \quad s_\varkappa = s_\varkappa\,(y_1,\,\ldots,\,y_n,\,q_1,\,\ldots,\,q_n), \quad \varkappa = 1,\,\ldots,\,k,$$

homogènes de dimension 0, les $r_\varkappa$ par rapport aux $p_1,\,\ldots,\,p_n$ et les $s_\varkappa$ par rapport aux $q_1,\,\ldots,\,q_n$, telles que les x_ν et les y_ν s'expriment respectivement par $y_1,\,\ldots,\,y_n,\,s_1,\,\ldots,\,s_k$ et par $x_1,\,\ldots,\,x_n,\,r_1,\,\ldots,\,r_k$:

$$(5) \qquad y_\nu = Y_\nu\,(x_1,\,\ldots,\,x_n,\,r_1,\,\ldots,\,r_k), \qquad \nu = 1,\,\ldots,\,n,$$

$$(6) \qquad x_\nu = X_\nu\,(y_1,\,\ldots,\,y_n,\,s_1,\,\ldots,\,s_k), \qquad \nu = 1,\,\ldots,\,n,$$

et que $r_\varkappa$ et $s_\varkappa$ s'expriment par les x_ν et les y_ν:

$$(7) \qquad r_\varkappa = R_\varkappa^*\,(x_1,\,\ldots,\,x_n,\,y_1,\,\ldots,\,y_n), \quad s_\varkappa = S_\varkappa^*\,(x_1,\,\ldots,\,x_n,\,y_1,\,\ldots,\,y_n), \quad \varkappa = 1,\,\ldots,\,k.$$

En introduisant les expressions (5) dans les $S_\varkappa^*$ et les expressions (6) dans les $R_\varkappa^*$, on obtient:

$$(8) \qquad s_\varkappa = S_\varkappa\,(x_1,\,\ldots,\,x_n,\,r_1,\,\ldots,\,r_k), \qquad \varkappa = 1,\,\ldots,\,k,$$

$$(9) \qquad r_\varkappa = R_\varkappa\,(y_1,\,\ldots,\,y_n,\,s_1,\,\ldots,\,s_k), \qquad \varkappa = 1,\,\ldots,\,k.$$

On peut naturellement choisir les fonctions (4) de manières très différentes. Mais, les fonctions (4) une fois choisies, on obtient dans les formules (5), (8) de l'un côté, et (6), (9) de l'autre, une transformation ponctuelle R^* entre les deux espaces à $n + k$ dimensions

$$(10) \qquad (x_1,\,\ldots,\,x_n,\,r_1,\,\ldots,\,r_k); \quad (y_1,\,\ldots,\,y_n,\,s_1,\,\ldots,\,s_k).$$

Nous appelons R^* la *transformation caractéristique* de la transformation R donnée.

Les résultats que nous allons exposer se groupent autour du problème suivant: *Une transformation arbitraire (non-singulière)* $R^*\{(5),\ (6),\ (8),\ (9)\}$ *entre les deux espaces* (10) *étant donnée, on demande de trouver les* $2\,k$ *expressions* (4) *les plus générales satisfaisant à* (8) *et* (9), *et telles que les transformations* (5), (6) *formées avec ces expressions, représentent une transformation* R, *dont* R^* *est la transformation caractéristique.*

3. Voici deux exemples de transformations réversibles:

Exemple I: Soit pour $n = 2$, $k = 1$,

$$(\mathrm{A}) \qquad\qquad y_1 = x_2 + r\,x_1, \quad y_2 = r,$$

où

$$(\mathrm{A}_1) \qquad\qquad r = -\frac{p_2}{p_1}.$$

En différentiant (A) par rapport à une variable paramétrique on a

$$q_1 = p_2 + r\,p_1 + x_1 r', \quad q_2 = r',$$

donc, en éliminant r',

$$(\mathrm{A}_2) \qquad\qquad q_1 - x_1 q_2 = p_2 + r\,p_1.$$

Or, pour notre choix de r, l'expression de droite disparaît. Donc on a $x_1 = \dfrac{q_1}{q_2}$, et l'on obtient maintenant de (A)

$$(\mathrm{A}_3) \qquad\qquad x_1 = s, \quad x_2 = y_1 - s\,y_2,$$

où

$$(\mathrm{A}_4) \qquad\qquad s = \frac{q_1}{q_2}.$$

La transformation est donc réversible sous l'hypothèse (A_1).

La transformation caractéristique de cette transformation réversible est

$$(\mathrm{A}_5) \qquad\qquad \begin{cases} y_1 = x_2 + r\,x_1, \quad y_2 = r, \quad s = x_1; \\[4pt] x_1 = s, \quad x_2 = y_1 - s\,y_2, \quad r = y_2. \end{cases}$$

En partant de (A_5) on obtient par le même calcul qui nous a conduits à (A_2),

$$(\mathrm{A}_6) \qquad\qquad q_1 - s\,q_2 = p_2 + r\,p_1.$$

Il est évident que chaque fois qu'on parvient à définir une fonction $r\,(x_1,\, x_2,\, p_1,\, p_2)$ et une fonction $s\,(y_1,\, y_2,\, q_1,\, q_2)$, telles que (A_6) soit satisfaite en vertu des relations (A_5), on aurait défini une transformation réversible correspondant à la transformation caractéristique (A_5). *Or, ceci n'est possible que pour les expressions* (A_1) *et* (A_4) *des* r *et* s. Ce fait résulte de notre théorème IV du texte.

En général, on verra que pour $k = \dfrac{n}{2}$ la transformation réversible est complètement définie par sa transformation caractéristique sans qu'on puisse introduire dans son expression des constantes ou des fonctions arbitraires.

4. *Exemple II:* Soit pour $n = 3$, $k = 1$,

(B)
$$y_1 = x_2 + r x_1, \quad y_2 = r, \quad y_3 = x_3,$$

où

(B_1)
$$r = - \frac{p_2 + p_3}{p_1}.$$

En différentiant (B) par rapport à une variable paramétrique et en éliminant r', on a

(B_2)
$$q_1 = p_2 + r p_1 + x_1 r', \quad q_2 = r', \quad q_3 = p_3;$$
$$q_1 - x_1 q_2 = p_2 + r p_1, \quad q_2 = r', \quad q_3 = p_3.$$

Des relations (B_2) il résulte en introduisant la valeur (B_1) de r,

$$q_1 - x_1 q_2 = - p_3 = - q_3, \quad x_1 = \frac{q_1 + q_3}{q_2};$$

donc, en résolvant avec cette valeur de x_1 les équations (B) par rapport aux x_ν,

(B_3)
$$x_1 = s, \quad x_2 = y_1 - s y_2, \quad x_3 = y_3,$$

où

(B_4)
$$s = \frac{q_1 + q_3}{q_2},$$

et notre transformation est réversible. Elle correspond à la transformation caractéristique

(B_5)
$$\begin{cases} y_1 = x_2 + r x_1, \quad y_2 = r, \quad y_3 = x_3, \quad s = x_1; \\ x_1 = s, \quad x_2 = y_1 - s y_2, \quad x_3 = y_3, \quad r = y_2. \end{cases}$$

Or, dans ce cas on trouve facilement encore d'autres transformations réversibles correspondant à la transformation caractéristique (B_5). Par exemple, en posant au lieu de (B_1),

$$r = -\frac{p_2 + \alpha\,p_3}{p_1},$$

on obtient, par un calcul analogue à celui qui nous a conduits à la relation (B_4), pour s la valeur

$$s = \frac{q_1 + \alpha\,q_3}{q_2}.$$

Plus généralement il suffit, par exemple, que r satisfasse comme fonction des x_ν et p_ν à une relation de la forme:

$$p_2 + r\,p_1 = \varphi\,(p_3, x_2 + r\,x_1, r, x_3),$$

où φ est une fonction »arbitraire« de ses quatre variables. En effet, il en résulte par le même calcul que plus haut:

$$q_1 - s\,q_2 = \varphi\,(p_3, x_2 + r\,x_1, r, x_3) = \varphi\,(q_3, y_1, y_2, y_3),$$

$$s = \frac{q_1 - \varphi\,(q_3, y_1, y_2, y_3)}{q_2}.$$

Toutefois ces formules n'embrassent pas encore le cas général. Nous indiquons au No. 19 un procédé permettant d'obtenir les transformations réversibles les plus générales correspondant à la transformation caractéristique (B_5).

5. Avant d'aborder la résolution de notre problème, nous considérons dans le § 2 les formes linéaires homogènes en $p_1, \ldots, p_n$:

$$(11) \qquad t = \sum_{\nu=1}^{n} f_\nu\,p_\nu,$$

où f_ν sont des fonctions de toutes les $2\,n + 2\,k$ grandeurs x_μ, y_μ, $r_\varkappa$, $s_\varkappa$ liées par la transformation caractéristique R^*. Nous dirons que t jouit de la *propriété C*, si t peut être mise, en vertu des relations (6) et (9) et de celles obtenues en les dérivant, sous la forme

$$(12) \qquad u = \sum_{\nu=1}^{n} g_\nu\,q_\nu,$$

où les coefficients g_v sont aussi des fonctions des $2n + 2k$ grandeurs x_μ, y_μ, $r_\varkappa$, $s_\varkappa$.

De même, la forme (12) de $q_1, \ldots, q_n$ jouit de la *propriété D*, si elle peut être mise, en vertu des relations (5) et (8) et de celles obtenues par dérivation, sous la forme (11).[1]

Dans l'exemple I du No. 3 les formes $p_2 + r\,p_1$, $q_1 - s\,q_2$ jouissent en vertu de (A_6) des propriétés C, D.

Dans l'exemple II du No. 4 les formes $p_2 + r\,p_1, p_3$ jouissent de la propriété C, et les formes $q_1 - s\,q_2, q_3$ de la propriété D.

6. Pour trouver toutes les formes (11) jouissant de la propriété C, il suffit évidemment de trouver une *base* de l'ensemble de ces formes, c'est-à-dire un nombre minimum de ces formes, par lequel toutes les formes t jouissant de la propriété C s'expriment linéairement, en admettant comme coefficients des fonctions des x_μ, y_μ, $r_\varkappa$, $s_\varkappa$.

7. Or, nous montrons (§ 2) qu'une base pour ces formes consiste en $n - k$ éléments et nous donnons une expression explicite des formes d'une telle base. Supposons que le jacobien

$$(13) \qquad J = \frac{\partial\,(X_1, \ldots, X_k)}{\partial\,(s_1, \ldots, s_k)}$$

est $\neq 0$. Ceci est évidemment permis après un changement de numérotage des X_v, puisque, R^* étant non-singulière, le rang de la matrice fonctionnelle des X_v par rapport aux $s_\varkappa$ est $= k$. Alors, une base pour les formes t jouissant de la propriété C est donnée par les $n - k$ formes

$$(14) \qquad t_\lambda = \begin{vmatrix} p_\lambda & p_1 & \cdots\cdots & p_k \\ X'_{\lambda s_1} & X'_{1 s_1} & \cdots\cdots & X'_{k s_1} \\ \vdots & \vdots & & \vdots \\ \vdots & \vdots & & \vdots \\ X'_{\lambda s_k} & X'_{1 s_k} & \cdots\cdots & X'_{k s_k} \end{vmatrix}, \qquad \lambda = k + 1, \ldots, n.$$

---

[1] Donc, dans la définition des propriétés C et D les quantités $r_\varkappa$, $s_\varkappa$ sont à considérer comme coordonnées des espaces (10), liées seulement par la transformation R^*, et non comme les expressions (4).

8. De même, une base pour les formes u, jouissant de la propriété D, consiste en les $n - k$ formes suivantes

$$(15) \qquad u_\lambda = \begin{vmatrix} q_\lambda & q_1 & \cdots\cdots & q_k \\ Y'_{\lambda r_1} & Y'_{1 r_1} & \cdots\cdots & Y'_{k r_1} \\ \vdots & \vdots & & \vdots \\ \vdots & \vdots & & \vdots \\ Y'_{\lambda r_k} & Y'_{1 r_k} & \cdots\cdots & Y'_{k r_k} \end{vmatrix}, \qquad \lambda = k + 1, \ldots, n,$$

si l'on suppose que le jacobien

$$(16) \qquad K = \frac{\partial (Y_1, \ldots, Y_k)}{\partial (r_1, \ldots, r_k)}$$

est $\neq 0$, ce qui est permis après un changement de numérotage des Y_ν.

9. Les t_λ s'expriment linéairement par les u_λ et réciproquement. On obtient (§ 2):

$$(17) \qquad t_\lambda = \sum_{\mu=k+1}^{n} \frac{A_{\lambda\mu}}{K} u_\mu,$$

$$(18) \qquad u_\lambda = \sum_{\mu=k+1}^{n} \frac{B_{\lambda\mu}}{J} t_\mu,$$

si l'on pose

$$(19) \qquad A_{\lambda\mu} = \frac{\partial (X_\lambda, X_1, \ldots, X_k)}{\partial (y_\mu, s_1, \ldots, s_k)}, \qquad \lambda = k + 1, \ldots, n, \quad \mu = 1, \ldots, n,$$

$$(20) \qquad B_{\lambda\mu} = \frac{\partial (Y_\lambda, Y_1, \ldots, Y_k)}{\partial (x_\mu, r_1, \ldots, r_k)}, \qquad \lambda = k + 1, \ldots, n, \quad \mu = 1, \ldots, n.$$

En appliquant les formules (14), (15) à nos exemples I, II on obtient comme bases pour les formes t_λ et u_λ jouissant des propriétés C, D les formes $p_2 + r p_1$ et $s q_2 - q_1$ pour I, les formes $p_2 + r p_1$, p_3 et $s q_2 - q_1$, q_3 pour II.

10. A côté des formes linéaires en p_ν resp. en q_ν jouissant des propriétés C, D, *dont la définition dépend seulement de la transformation R^* et pas des expressions* (4) *de $r_\varkappa$ et $s_\varkappa$*, nous considérons des fonctions

$$U(x_1, \ldots, x_n, p_1, \ldots, p_n), \qquad V(y_1, \ldots, y_n, q_1, \ldots, q_n),$$

homogènes de dimension o par rapport aux p_ν, q_ν et jouissant de la propriété qu'en vertu de notre transformation R, c'est-à-dire en vertu des formules (1), (2) et des relations qu'on en dérive par différentiation, on ait

$$(21) \qquad U(x_1, \ldots, x_n, p_1, \ldots, p_n) = V(y_1, \ldots, y_n, q_1, \ldots, q_n).$$

11. On peut facilement caractériser les fonctions U, V par les équations différentielles suivantes qui sont fondamentales pour les démonstrations de nos résultats. Il résulte de (6), en dérivant:

$$(22) \qquad p_\nu = \sum_{\mu=1}^{n} X'_{\nu y_\mu} q_\mu + \sum_{\varkappa=1}^{k} X'_{\nu s_\varkappa} s'_\varkappa,$$

où les k dérivées $s'_\varkappa$ des $s_\varkappa$ par rapport à τ représentent k formes linéaires homogènes en $q'_1 \ldots, q'_n$, *linéairement indépendantes*. Il suffit donc, pour caractériser les fonctions U, d'écrire les conditions pour que $\dfrac{\partial U}{\partial s'_\varkappa} = 0$. On obtient les k équations

$$(23) \qquad \sum_{\nu=1}^{n} X'_{\nu s_\varkappa} \frac{\partial U}{\partial p_\nu} = 0, \qquad\qquad \varkappa = 1, \ldots, k,$$

auxquelles doit être adjointe l'équation

$$(24) \qquad \sum_{\nu=1}^{n} p_\nu \frac{\partial U}{\partial p_\nu} = 0,$$

exprimant l'homogénéité de dimension 0.

12. Les équations (23) sont linéairement indépendantes d'après nos hypothèses sur les $s_\varkappa$, tandis que l'équation (24) peut très bien être une conséquence des équations (23). Désignons par k^* le nombre maximum des intégrales du système (23), (24), indépendantes par rapport à $p_1, \ldots, p_n$. On a évidemment

$$(25) \qquad k^* \geqq k,$$

les k fonctions r_z jouissant de la propriété caractéristique des fonctions U, d'après (4) et (9).

Pour l'exemple I du No. 3 l'équation (23):

$$\frac{\partial U}{\partial p_1} - r \frac{\partial U}{\partial p_2} = 0$$

devient pour (A_1):

$$p_1 \frac{\partial U}{\partial p_1} + p_2 \frac{\partial U}{\partial p_2} = 0,$$

c'est-à-dire, identique à (24).

Dans l'exemple II du No. 4 l'équation (23) devient en vertu de (B_1):

$$p_1 \frac{\partial U}{\partial p_1} + (p_2 + p_3) \frac{\partial U}{\partial p_2} = 0.$$

Elle est donc indépendante de l'équation (24), et l'on vérifie immédiatement qu'elle est même en involution avec (24).

13. La valeur exacte de k^* est donnée par le

Théorème III. *Pour* $k = \dfrac{n}{2}$, n *pair, on a* $k^* = k = \dfrac{n}{2}$, *et l'équation* (24) *est une conséquence des équations* (23) *qui forment un système complet.* (§ 3.)

Pour $k < \dfrac{n}{2}$ *on a* $k^* = n - k - 1$, *et les équations* (23), (24) *sont linéairement indépendantes et forment un système complet.* (§ 4.)

Il résulte en particulier du théorème III que pour $k < \dfrac{n-1}{2}$ il existe des fonctions U qui ne s'expriment pas par les x_ν et $r_\varkappa$ seuls.

14. Pour pouvoir énoncer les théorèmes contenant une solution du problème du No. 2, représentons les expressions (14), (15) des t_λ, u_λ sous la forme

$$(26) \qquad t_\lambda = T_\lambda \equiv J(x_1, \ldots, x_n, r_1, \ldots, r_k)\, p_\lambda +$$

$$+ \sum_{\varkappa=1}^{k} f_{\lambda\varkappa}(x_1, \ldots, x_n, r_1, \ldots, r_k)\, p_\varkappa, \qquad \lambda = k+1, \ldots, n,$$

$$(27) \qquad u_\lambda = U_\lambda \equiv K(y_1, \ldots, y_n, s_1, \ldots, s_k)\, q_\lambda +$$

$$+ \sum_{\varkappa=1}^{k} g_{\lambda\varkappa}(y_1, \ldots, y_n, s_1, \ldots, s_k)\, q_\varkappa, \qquad \lambda = k+1, \ldots, n,$$

où les coefficients sont exprimés, moyennant les formules (5), (6), (8), (9) par les x_ν, $r_\varkappa$, respectivement par les y_ν, $s_\varkappa$.

Dans ce qui suit, T_λ resp. U_λ désigneront les fonctions, univoquement déterminées, des $2n + k$ variables x_ν, p_ν, $r_\varkappa$ resp. y_ν, q_ν, $s_\varkappa$, données par les expressions de droite en (26), (27).

15. Au moyen des expressions (26), (27) la solution complète de notre problème s'énonce très simplement pour $k = \dfrac{n}{2}$:

Théorème IV. *Pour* $k = \dfrac{n}{2}$, $n = 2\,k$, *la condition nécessaire et suffisante pour que la transformation* R^* {(5), (6), (8), (9)} *soit la transformation caractéristique d'une transformation* R, *est que les* $2\,k$ *expressions*

$$(28) \qquad \sum_{\varkappa=1}^{k} \frac{f_{\lambda\varkappa}(x_1, \ldots, x_n, r_1, \ldots, r_k)}{J(x_1, \ldots, x_n, r_1, \ldots, r_k)}\, p_\varkappa, \qquad \lambda = k + 1, \ldots, n,$$

$$(29) \qquad \sum_{\varkappa=1}^{k} \frac{g_{\lambda\varkappa}(y_1, \ldots, y_n, s_1, \ldots, s_k)}{K(y_1, \ldots, y_n, s_1, \ldots, s_k)}\, q_\varkappa, \qquad \lambda = k + 1, \ldots, n,$$

soient indépendantes, les k *premières par rapport aux* $r_1, \ldots, r_k$, *les* k *dernières par rapport aux* $s_1, \ldots, s_k$. *Si cette condition est remplie, les expressions* (4) *des* $r_\varkappa(x_1, \ldots, x_n, p_1, \ldots, p_n)$, $s_\varkappa(y_1, \ldots, y_n, q_1, \ldots, q_n)$ *s'obtiennent des* $2\,k$ *équations obtenues de* (26), (27), *en posant*

$$(30) \qquad\qquad T_\lambda = 0, \quad \dot{U}_\lambda = 0, \qquad\qquad \lambda = k + 1, \ldots, n.$$

Dans l'exemple I on obtient par ce procédé immédiatement

$$p_2 + r\,p_1 = 0, \qquad q_1 - s\,q_2 = 0;$$

$$r = -\frac{p_2}{p_1}, \qquad\qquad s = \frac{q_1}{q_2}.$$

Le théorème IV est démontré au § 3.

16. Si, pour $k < \dfrac{n}{2}$ et une transformation R donnée, les fonctions (4) ont été choisies, la transformation caractéristique R^* est univoquement déterminée, donc les expressions (14) et (15) des t_λ et des u_λ le sont aussi, dès que, après un changement de numérotage, J et K ne s'annulent pas. En substituant dans ces expressions des t_λ, pour les y_ν et les $s_\varkappa$ les expressions (5) et (8) et en remplaçant les $r_\varkappa$ par leurs expressions (4) on obtient pour chaque t_λ une expression, univoquement déterminée, en x_ν et p_ν que nous désignons par t_λ^* :

$$(31) \qquad\qquad t_\lambda = t_\lambda^*(x_1, \ldots, x_n, p_1, \ldots, p_n), \qquad \lambda = k + 1, \ldots, n.$$

De même, on obtient pour les u_λ les expressions

$$(32) \qquad\qquad u_\lambda = u_\lambda^*(y_1, \ldots, y_n, q_1, \ldots, q_n), \qquad \lambda = k + 1, \ldots, n.$$

17. Dans l'énoncé du résultat analogue au théorème IV pour $k < \dfrac{n}{2}$, nous faisons usage de quelques notions que nous allons introduire d'abord: Soit

$$F(r_1, \ldots, r_k, t_{k+1}, \ldots, t_n, x_1, \ldots, x_n)$$

une fonction des $2\,n$ variables indiquées, homogène par rapport aux $t_{k+1}, \ldots, t_n$. Remplaçons y les $r_\varkappa$ et les x_ν par les expressions (9) et (6), et les t_λ par les expressions (17), en y exprimant les coefficients $\dfrac{A_{\lambda\mu}}{K}$ par les y_ν et les $s_\varkappa$. Alors, on obtient de F une fonction univoquement déterminée

$$G(s_1, \ldots, s_k, u_{k+1}, \ldots, u_n, y_1, \ldots, y_n)$$

de ses $2\,n$ arguments que nous appelons *la transformée de F par la transformation R^**.

En remplaçant dans F et G les t_λ, u_λ par T_λ, U_λ, on obtient les fonctions

$$F^*(r_1, \ldots, r_k, p_1, \ldots, p_n, x_1, \ldots, x_n) \quad \text{resp.} \quad G^*(s_1, \ldots, s_k, q_1, \ldots, q_n, y_1, \ldots, y_n)$$

que nous appellerons les *expressions développées* de F resp. G. Un système de k équations de la forme

$$F_\varkappa^*(r_1, \ldots, r_k, \; p_1, \ldots, p_n, \; x_1, \ldots, x_n) = 0, \qquad \varkappa = 1, \ldots, k,$$

sera dit »*de rang k en $r_1, \ldots, r_k$ par rapport aux $p_1, \ldots, p_n$*«, si ces équations, considérées comme équations en $r_1, \ldots, r_k$, ne possèdent pas de solutions dans lesquelles une de ces variables $r_1, \ldots, r_k$ reste indéterminée; mais possèdent au contraire une solution composée de k fonctions $r_1, \ldots, r_k$ en $p_1, \ldots, p_n, x_1, \ldots, x_n$ qui sont indépendantes par rapport aux $p_1, \ldots, p_n$. Une notation analogue sera utilisée pour les équations en $s_1, \ldots, s_k, q_1, \ldots, q_n, y_1, \ldots, y_n$.

18. Pour l'exemple II du No. 4 l'expression développée de la fonction

$$F(r, t_2, t_3, x_1, x_2, x_3)$$

est donnée par

$$F^*(r, p_1, p_2, p_3, x_1, x_2, x_3) \equiv F(r, p_2 + r p_1, p_3, x_1, x_2, x_3).$$

L'équation $F^* = 0$ est alors de rang 1 en r par rapport aux p_1, p_2, p_3, si elle possède une solution en r, qui dépend effectivement de l'une au moins des trois variables p_1, p_2, p_3.

Il est facile d'établir les conditions nécessaires et suffisantes pour que ce fait se présente, si l'on fait l'hypothèse que F *soit un polynôme en* r, t_2, t_3, x_1, x_2, x_3. Si alors F contient effectivement t_2, on peut supposer que les coefficients des différentes puissances de t_2 en F soient des polynômes en r avec le plus grand commun diviseur 1. Mais alors, si l'équation $F = 0$ était satisfaite pour une fonction $r(x_1, x_2, x_3)$ indépendante des p_ν, on aurait évidemment une relation entre p_1, p_2, p_3, x_1, x_2, x_3.

De l'autre côté, si F ne dépend pas de t_2, il est, évidemment, nécessaire et suffisant que le polynôme F ne se décompose pas en un produit d'un polynôme en r indépendant de t_3, et d'un polynôme en t_3 indépendant de r. Nous avons donc le résultat:

$F(r, t_2, t_3, x_1, x_2, x_3)$ *étant supposé un polynôme en ses six variables, la condition nécessaire et suffisante pour que l'équation* $F^* = 0$ *soit de rang* 1 *en* r *par rapport aux* p_1, p_2, p_3 *est que, ou bien* $F'_{t_2} \not\equiv 0$, *ou bien* $\dfrac{\partial^2 \lg F}{\partial r \, \partial p_3} \not\equiv 0$.

19. Théorème V. *Soit une transformation* R *donnée par les relations* (4), (5), (6), (8), (9), *et soit* R^* *sa transformation caractéristique. Alors, l'une au moins des expressions* t_λ^* *ne s'annule pas identiquement en* $p_1, \ldots, p_n$, $x_1, \ldots, x_n$. *En plus, il existe un système de* k *équations*

$$(33) \qquad F_\varkappa(r_1, \ldots, r_k, t_{k+1}, \ldots, t_n, x_1, \ldots, x_n) = 0, \qquad \varkappa = 1, \ldots, k,$$

où 1) *les* $F_\varkappa$ *sont homogènes par rapport aux* $t_{k+1}, \ldots, t_n$; 2) *les* k *équations*

$$(34) \qquad F_\varkappa^*(r_1, \ldots, r_k, p_1, \ldots, p_n, x_1, \ldots, x_n) = 0, \qquad \varkappa = 1, \ldots, k,$$

où les $F_\varkappa^*$ *sont les expressions développées des* $F_\varkappa$, *sont de rang* k *en* $r_1, \ldots, r_k$ *par rapport aux* $p_1, \ldots p_n$ *et* 3) *les* k *équations*

$$(35) \qquad G_\varkappa^*(s_1, \ldots, s_k, q_1, \ldots, q_n, y_1, \ldots, y_n) = 0, \qquad \varkappa = 1, \ldots, k,$$

où les $G_\varkappa^*$ *sont les expressions développées des transformées*

$$G_\varkappa(s_1, \ldots, s_k, u_{k+1}, \ldots, u_n, y_1, \ldots, y_n)$$

des $F_\varkappa$ *par* R^*, *sont de rang* k *en* $s_1, \ldots, s_k$ *par rapport aux* $q_1, \ldots, q_n$.

Réciproquement si pour une transformation R^* *donnée on part d'un système de* k *équations* (33) *jouissant des trois propriétés indiquées, on obtient, en résolvant le système* (34), (35), *les* $2\,k$ *fonctions* (4), *telles qu'en les substituant dans les relations de la transformation* R^*, *on obtient une transformation* R *dont* R^* *est la transformation caractéristique.*

En appliquant le théorème V à la transformation caractéristique (B_5) de l'exemple II du No. 4, on est amené à considérer une fonction $F(r, t_2, t_3, x_1, x_2, x_3)$ homogène par rapport aux t_2, t_3, et telle que l'équation

$$F(r, p_2 + r\,p_1, p_3, x_1, x_2, x_3) = 0$$

soit de rang 1 en r par rapport aux p_1, p_2, p_3 et l'équation

$$F(y_2, q_1 - s\,q_2, q_3, s, y_1 - s\,y_2, y_3) = 0$$

soit de rang 1 en s par rapport aux q_1, q_2, q_3.

En résolvant ces deux équations par rapport aux r, s on obtient les expressions de r et s donnant la transformation réversible la plus générale correspondant à la transformation caractéristique (B_5).

De l'autre côté, si, par exemple, F se réduit à une fonction $f(r, t_3, x_3)$ ne dépendant que de r, t_3, x_3, les deux dernières équations se réduisent à

$$f(r, p_3, x_3) = 0, \qquad f(y_2, q_3, y_3) = 0,$$

dont la seconde n'est assurément pas de rang 1 en s par rapport aux q_1, q_2, q_3, tandisque la première est en général de rang 1 en r par rapport aux p_1, p_2, p_3. On voit donc que des deux conditions 2), 3) du théorème V chacune peut être satisfaite sans que l'autre reste valable.

Dans la démonstration du théorème V il s'agit surtout de montrer que certains systèmes d'équations sont d'un rang déterminé. Or, on ne connaît qu'*un* cas suffisamment général dans lequel on peut affirmer qu'un système d'équations soit résoluble pour les valeurs *générales* des paramètres — c'est le cas d'un système d'équations de la forme $F_\nu(x_1, \ldots, x_n) = y_\nu$, $(\nu = 1, \ldots, n)$, si le jacobien des F_ν est $\neq 0$ *(système d'inversion)*. Et la principale difficulté qu'on a à surmonter dans les démonstrations de ce genre consiste dans la réduction aux systèmes d'inversion. C'est pourquoi les raisonnements des Nos. 38—47 sont nécessairement plus détournées qu'il ne convienne à leur idée générale.

20. Dans le cas $k = \dfrac{n}{2}$ ou $k = \dfrac{n-1}{2}$ il résulte évidemment du théorème III, qu'on puisse exprimer toutes les intégrales du système (23), (24) par les x_ν et $r_\varkappa$.

Pour $k < \dfrac{n-1}{2}$ ce n'est plus possible, mais il est très facile de montrer que dans ce cas toutes les intégrales du système (23), (24) s'expriment au moyen des expressions t_λ^*, $r_\varkappa$ et x_ν. C'est le

Théorème VI. *Pour* $k < \dfrac{n-1}{2}$ *les expressions* (4) *des* r_x *par les* x_v *et* p_v *et les quotients des* t_λ^* *satisfont aux équations* (23), (24), *et chaque intégrale du système* (23), (24) *peut être exprimée par les* r_x, *les quotients des* t_λ^* *et les* $x_1, \ldots, x_n$.

Nous démontrons les théorèmes V et VI au § 4.

21. Au § 5 nous montrons sur quelques exemples, que les conditions du théorème IV sont généralement satisfaites, et, en plus, que les conditions 2) et 3) de ce théorème sont indépendantes l'une de l'autre.

Quant au théorème V, nous montrons qu'il est applicable pour chaque transformation R^*, si l'on suppose que les dérivées secondes des fonctions (5), (6), (8), (9) sont continues. On est forcé, naturellement, à se borner aux voisinages de certaines valeurs convenablement choisies. Au No. 55 nous appliquons le théorème V à un cas particulièrement simple, mais assez général.

Enfin, aux Nos. 56—58, nous considérons les différentes transformations caractéristiques correspondant à la même transformation R — donc, dans un certain sens, *équivalentes* entre elles — et nous montrons que »*l'invariant caractéristique*« de cette équivalence est donné par la correspondance de rang $n-k$ entre les espaces S et T, obtenue en éliminant les r_x et les s_x des équations (5), (6), (8) et (9).

22. Nous avons déjà consacré au cas spécial $n=3$, donc $k=1$, c'est-à-dire aux transformations d'éléments de ligne dans l'espace à trois dimensions une étude étendue[1], dans laquelle nous développons la théorie de ces transformations, en partant d'un point de vue différent de celui auquel nous nous sommes placés ici.

La différence consiste surtout en ce que nous avons alors choisi, pour $n=3$, les expressions r_x, s_x de manière univoque. Dans ces circonstances, la transformation caractéristique R^* ne pouvait plus être choisie arbitrairement, mais était assujettie à la condition de transformer une certaine forme de Pfaff dans une autre.

Quant à la fonction correspondant à l'expression de gauche en (33), elle se simplifie considérablement pour $n=3$, puisque F_x est alors une forme *binaire* en t_2, t_3 et peut donc être remplacée par une forme *linéaire* en t_2, t_3, donc aussi en p_1, p_2, p_3.

---

[1] A. OSTROWSKI *Sur une classe de transformations différentielles dans l'espace à trois dimensions*. Comm. Math. Helv. 13 (1940/41), pp. 156—194; 14 (1941/42), pp. 23—60.

C'est grace à ce fait que nous sommes parvenus à établir, pour $n = 3$, un lien entre la théorie des transformations R et celle des transformations de contact, auquel est consacrée la deuxième partie du mémoire cité.[1] — Enfin, dans le mémoire cité, la variable indépendante τ a été identifiée avec x_1. Les formules perdaient par cette raison en symétrie, mais devenaient plus concrètes et plus conformes aux notations habituelles dans la théorie des équations différentielles aux dérivées partielles du premier ordre.

Toutefois, dans l'espace à n dimensions, la symétrie des formules joue un rôle beaucoup plus considérable. C'est pourquoi nous avons préféré d'employer dans le présent mémoire les coordonnées *homogènes* de direction.

§ 1. **Les théorèmes I et II.**

23. Pour démontrer le théorème I, supposons qu'il soit possible d'exprimer les quotients des p_ν par les y_μ et les q_μ seuls. En désignant les dérivées $\dfrac{dq_\mu}{d\tau}$ par q'_μ, on obtient de (2):

$$p_\nu = \sum_{\mu=1}^{n} x'_\nu{}_{y_\mu} q_\mu + \sum_{\mu=1}^{n} x'_\nu{}_{q_\mu} q'_\mu .$$

Donc, si les quotients $\dfrac{p_\nu}{p_\lambda}$, $\nu \neq \lambda$, étaient indépendants des q'_μ, on obtiendrait pour chaque couple ν, λ, $\nu \neq \lambda$, les relations

$$\frac{x'_\nu{}_{q_\mu}}{x'_\lambda{}_{q_\mu}} = \frac{\displaystyle\sum_{\varkappa=1}^{n} x'_\nu{}_{y_\varkappa} q_\varkappa}{\displaystyle\sum_{\varkappa=1}^{n} x'_\lambda{}_{y_\varkappa} q_\varkappa} = T_{\nu\lambda}, \quad \lambda = 1, \ldots, n, \quad \nu = 1, \ldots, n.$$

Mais alors le rang de la matrice fonctionnelle des x_ν par rapport aux n variables q_μ serait $\leqq 1$, et $x_1, \ldots, x_n$ seraient exprimables, comme fonctions de $q_1, \ldots, q_n$, par une seule fonction $Q(y_1, \ldots, y_n, q_1, \ldots, q_n)$, homogène de dimension o par rapport aux $q_1, \ldots, q_n$:

$$x_\nu = \bar{x}_\nu(y_1, \ldots, y_n, Q).$$

---

[1] Il existent aussi dans le cas général considéré dans ce mémoire des relations entre les transformations réversibles et les transformations de contact, mais ces relations sont beaucoup moins simple que pour $n = 3$.

On aurait donc en dérivant

$$p_\nu = \sum_{\varkappa=1}^{n} \bar{x}'_{\nu\, y_\varkappa}\, q_\varkappa + \bar{x}'_{\nu\, Q}\, \frac{dQ}{d\tau} ,$$

donc, puisque les dérivées secondes des y_μ ne sont contenues qu'en $\dfrac{dQ}{d\tau}$:

$$\frac{p_\nu}{p_1} = \frac{x'_{\nu\, Q}}{x'_{1\, Q}} = P_\nu (y_1, \ldots, y_n,\, Q),$$

et les $2\, n - 1$ quantités indépendantes $x_1, \ldots, x_n, \dfrac{p_2}{p_1}, \ldots, \dfrac{p_n}{p_1}$ seraient représentées en fonctions des $n + 1$ grandeurs $y_1, \ldots, y_n,\, Q$. Il en résulte

$$2\, n - 1 \leqq n + 1, \qquad n \leqq 2,$$

et le théorème I est démontré.

24. Pour démontrer la première partie du théorème II, désignons les rangs des Jacobiens (3) resp. par k, l, et supposons qu'on ait, contrairement à l'assertion du théorème, $k > l$. Alors, il existerait k fonctions $r_\varkappa(x_1, \ldots, x_n, p_1, \ldots, p_n)$ et l fonctions $s_\lambda (y_1, \ldots, y_n, q_1, \ldots, q_n)$, indépendantes, les $r_\varkappa$ par rapport aux p_μ, et s_λ par rapport aux q_μ, telles qu'on aurait

$$(36) \qquad x_\nu = \bar{X}_\nu (y_1, \ldots, y_n, s_1, \ldots, s_l), \qquad \nu = 1, \ldots, n,$$

$$(37) \qquad s_\lambda = S_\lambda (x_1, \ldots, x_n, y_1, \ldots, y_n), \qquad \lambda = 1, \ldots, l,$$

$$(38) \qquad y_\nu = \bar{Y}_\nu (x_1, \ldots, x_n, r_1, \ldots, r_k), \qquad \nu = 1, \ldots, n,$$

$$(39) \qquad r_\varkappa = R_\varkappa (x_1, \ldots, x_n, y_1, \ldots, y_n), \qquad \varkappa = 1, \ldots, k.$$

25. Mais, en substituant les expressions (36) dans les relations (39), on obtient des expressions des $r_\varkappa$ par les y_μ et les s_λ :

$$(40) \qquad r_\varkappa = \bar{R}_\varkappa (y_1, \ldots, y_n, s_1, \ldots, s_l), \qquad \varkappa = 1, \ldots, k.$$

Maintenant les $n + k$ expressions (36) et (40) sont exprimées en fonctions des $n + l < n + k$ variables $y_1, \ldots, y_n, s_1, \ldots, s_l$. Il en résulte une relation non-identique entre les $r_1, \ldots, r_k, x_1, \ldots, x_n$, tandis que les $r_\varkappa$ sont indépendants par rapport aux $p_1, \ldots, p_n$. Donc on a $k \leqq l$, et puisqu'on obtient par un raisonnement symétrique au précédent $k \geqq l$, il résulte $k = l$, et les rangs des deux Jacobiens (3) sont égaux.

26. Pour démontrer l'inégalité $k \leqq \dfrac{n}{2}$, remarquons que le système (23), (24) contient en tous cas au moins k équations linéairement indépendantes. On a donc pour k^*, nombre de ses intégrales indépendantes par rapport aux $p_1, \ldots, p_n$: $k^* \leqq n - k$, donc par (25)

$$k \leqq n - k, \qquad k \leqq \frac{n}{2},$$

et le théorème II est démontré.

§ 2. Les t_λ et u_λ.

27. Dérivons les relations (6) de la transformation R^*, considérée comme transformation ponctuelle entre les espaces (10), par rapport à un paramètre τ. Désignons les dérivées des x_μ, y_μ, $r_\varkappa$, $s_\varkappa$ par rapport à τ resp. par p_μ, q_μ, $r'_\varkappa$, $s'_\varkappa$. On a

$$(41) \qquad p_\nu = \sum_{\mu=1}^{n} X'_{\nu y_\mu}\, q_\mu + \sum_{\varkappa=1}^{k} X'_{\nu s_\varkappa}\, s'_\varkappa.$$

28. Alors, en substituant pour un $\lambda > k$ les expressions (41) dans le déterminant de (14), on obtient pour t_λ la somme des deux déterminants suivants:

$$\begin{vmatrix}
\displaystyle\sum_{\mu=1}^{n} X'_{\lambda y_\mu}\, q_\mu, & \displaystyle\sum_{\mu=1}^{n} X'_{1 y_\mu}\, q_\mu, & \ldots\ldots, & \displaystyle\sum_{\mu=1}^{n} X'_{k y_\mu}\, q_\mu \\[2ex]
X'_{\lambda s_1}, & X'_{1 s_1}, & \ldots\ldots, & X'_{k s_1} \\
\vdots & \vdots & & \vdots \\
X'_{\lambda s_k}, & X'_{1 s_k}, & \ldots\ldots, & X'_{k s_k}
\end{vmatrix},$$

$$\begin{vmatrix}
\displaystyle\sum_{\varkappa=1}^{k} X'_{\lambda s_\varkappa}\, s'_\varkappa, & \displaystyle\sum_{\varkappa=1}^{k} X'_{1 s_\varkappa}\, s'_\varkappa, & \ldots\ldots, & \displaystyle\sum_{\varkappa=1}^{k} X'_{k s_\varkappa}\, s'_\varkappa \\[2ex]
X'_{\lambda s_1}, & X'_{1 s_1}, & \ldots\ldots, & X'_{k s_1} \\
\vdots & \vdots & & \vdots \\
X'_{\lambda s_k}, & X'_{1 s_k}, & \ldots\ldots, & X'_{k s_k}
\end{vmatrix}.$$

Or, ici le second déterminant s'annule, et l'on obtient, en développant le premier déterminant suivant les q_μ et en utilisant les expressions (19) des $A_{\lambda\mu}$:

$$(42) \qquad t_\lambda = \sum_{\mu=1}^{n} A_{\lambda\mu}\, q_\mu, \qquad\qquad \lambda = k+1,\ldots, n.$$

Donc, les t_λ jouissent de la propriété C. En plus, elles sont linéairement indépendantes, puisque chaque t_λ contient effectivement un p_λ manquant dans les autres t_μ.

29. Supposons maintenant que la forme (11) jouisse de la propriété C, et substituons dans le produit Jt pour Jp_λ, $\lambda = k+1,\ldots, n$, les expressions

$$t_\lambda - \sum_{\varkappa=1}^{k} f_{\lambda\varkappa}\, p_\varkappa$$

obtenues de (26). On obtient alors

$$(43) \qquad Jt = \sum_{\lambda=k+1}^{n} f_\lambda\, t_\lambda + \sum_{\nu=1}^{k} A_\nu\, p_\nu,$$

les A_ν étant des fonctions des x_μ, y_μ, $r_\varkappa$, $s_\varkappa$. L'expression

$$\sum_{\nu=1}^{k} A_\nu\, p_\nu$$

jouit donc de la propriété C. Mais alors on obtient, en substituant pour les p_ν les expressions (41) et en écrivant que les coefficients des $s'_\varkappa$ s'annulent:

$$\sum_{\nu=1}^{k} A_\nu\, X'_{\nu s_\varkappa} = 0, \qquad\qquad \varkappa = 1,\ldots, k.$$

Donc, puisque $J \neq 0$, tous les A_ν s'annulent, et l'on obtient de (43) la représentation

$$(44) \qquad t = \sum_{\lambda=k+1}^{n} \frac{f_\lambda}{J}\, t_\lambda.$$

On voit que les t_λ forment en effet une base pour toutes les formes t jouissant de la propriété C, et *l'on obtient la représentation* (44) *de t par les t_λ en remplaçant dans* (11) *les p_ν avec $\nu \leqq k$ par* o *et les p_ν avec $\nu > k$ par* $\dfrac{t_\lambda}{J}$.

30. Les résultats analogues sont valables par symétrie pour les u_λ et la propriété D. Or, la forme $\sum\limits_{\mu=1}^{n} A_{\lambda\mu} q_\mu$ dans la relation (42) est une forme u jouissant de la propriété D. Donc, en la représentant d'après la règle analogue à celle du No. 29 par la base $u_{k+1}, \ldots, u_n$, on remplace dans (42) les q_μ avec $\mu \leqq k$ par o et chaque q_μ avec $\mu > k$ par $\dfrac{u_\lambda}{K}$, et la relation (17) est démontrée.

La relation (18) s'obtient par symétrie.

$$\S \ 3. \quad \textbf{Le cas } \boldsymbol{k = \frac{n}{2}}.$$

31. Pour $n = 2k$ les expressions $r_1, \ldots, r_k$ forment k intégrales indépendantes des équations (23), (24). Or, si l'équation (24) était linéairement indépendante des équations (23), ce système ne pourrait posséder plus de $n - k - 1 = k - 1$ intégrales indépendantes, donc, dans notre cas, l'équation (24) est une combinaison linéaire des équations (23), et le système (23), possédant $k = n - k$ intégrales indépendantes, est *complet*. La partie du théorème III se rapportant au cas $k = \dfrac{n}{2}$ est démontrée.

32. D'après ce que nous venons de montrer sur l'équation (24), le système d'équations linéaires

$$(45) \qquad \sum_{\varkappa=1}^{k} \mu_\varkappa X'_{\nu s_\varkappa} + \mu_0 p_\nu = 0, \qquad\qquad \nu = 1, \ldots, n$$

possède une solution en $\mu_0, \mu_1, \ldots, \mu_k$ avec $\mu_0 \neq 0$.

Or, en prenant les équations (45) avec $\nu = 1, \ldots, k, \lambda > k$, et en éliminant $\mu_0, \mu_1, \ldots, \mu_k$, on voit que le déterminant de droite en (14) s'annule. Donc, dans notre cas, les expressions (26) s'annulent quand on y remplace $r_1, \ldots, r_k$ par leurs valeurs (4).

33. De l'autre côté, on obtient de (26) pour $t_\lambda = 0$:

$$(46) \qquad -p_\lambda = \sum_{\varkappa=1}^{k} \frac{f_{\lambda\varkappa}(x_1, \ldots, x_n, r_1, \ldots, r_k)}{J(x_1, \ldots, x_n, r_1, \ldots, r_k)} \, p_\varkappa, \qquad \lambda = k+1, \ldots, n.$$

Si les expressions de droite n'étaient pas indépendantes par rapport aux $r_1, \ldots, r_k$, il en résulterait une relation non-identique entre $x_1, \ldots, x_n, p_1, \ldots, p_n$, c'est-à-dire une équation différentielle de premier ordre entre les n fonctions arbitraires $x_1, \ldots, x_n$ de τ. Donc, les expressions (28) sont indépendantes par rapport aux $r_1, \ldots, r_k$, et, le raisonnement analogue étant valable pour les expressions (29), la *nécessité* de la condition du théorème IV est démontrée.

34. Supposons de l'autre côté, que la condition du théorème IV soit remplie. Alors, en résolvant les équations (46) par rapport aux $r_1, \ldots, r_k$, on obtient k expressions (4) pour $r_1, \ldots, r_k$. Ces k expressions seront évidemment indépendantes par rapport aux $p_{k+1}, \ldots, p_n$, donc aussi par rapport aux $p_1, \ldots, p_n$. En effet, désignons par $\varDelta$ le jacobien des expressions de droite en (46) par rapport aux $r_1, \ldots, r_k$, et par $\varDelta_1$ le jacobien des $r_1, \ldots, r_k$ par rapport aux $p_{k+1}, \ldots, p_n$. Alors il résulte de (46): $\varDelta\varDelta_1 = (-1)^k$, $\varDelta_1 \neq 0$.

Formons à partir des expressions des $r_1, \ldots, r_k$ tirées des équations (46) les fonctions $s_{\varkappa}$ moyennant les relations (8). Il résulte des formules (18) qu'avec toutes les formes t_λ les formes u_λ s'annulent elles aussi. En écrivant les u_λ sous la forme

$$(47) \qquad u_\lambda = K q_\lambda + \sum_{\varkappa=1}^{k} g_{\lambda\varkappa}(y_1, \ldots, y_n, s_1, \ldots, s_k)\, q_\varkappa, \quad \lambda = k+1, \ldots, n,$$

on voit que les expressions des $s_1, \ldots, s_k$, tirées de (8), satisfont aux relations

$$(48) \qquad -q_\lambda = \sum_{\varkappa=1}^{k} \frac{g_{\lambda\varkappa}(y_1, \ldots, y_n, s_1, \ldots, s_k)}{K(y_1, \ldots, y_n, s_1, \ldots, s_k)}\, q_\varkappa, \quad \lambda = k+1, \ldots, n.$$

35. Or, d'après l'hypothèse du théorème IV, les expressions de droite en (48) sont indépendantes par rapport aux $s_1, \ldots, s_k$, les k fonctions $s_1, \ldots, s_k$ peuvent donc être représentées, moyennant les équations (48), en fonctions des $y_1, \ldots, y_n, q_1, \ldots, q_n$. Alors on a obtenu les $2k$ fonctions (4) satisfaisant aux équations (5), (6), (8), (9), donc une transformation R, dont R^* est la transformation caractéristique. Et la transformation R de rang k, obtenue de cette façon, est évidemment la plus générale possédant R^* comme transformation caractéristique. La démonstration du théorème IV est terminée.

$$\S\ 4.\quad \textbf{Le cas } k < \frac{n}{2}\,.$$

36. Si $k < \dfrac{n}{2}$, il est impossible que pour une transformation R les $n-k$ relations

$$(49) \qquad\qquad t_\lambda^* = 0, \qquad\qquad \lambda = k+1,\ldots, n,$$

soient valables toutes ensemble. En effet, de (49) on aurait les représentations (46) pour $n-k$ grandeurs $p_{k+1}, \ldots, p_n$ par les $k < n-k$ grandeurs $r_1, \ldots, r_k$ et par les $p_1, \ldots, p_k$. En éliminant $r_1, \ldots, r_k$, on obtiendrait donc une équation différentielle pour les $x_1, \ldots, x_n$ comme fonctions de τ.

37. Il en résulte que, pour $k < \dfrac{n}{2}$, l'équation (24) est linéairement indépendante des équations (23). En effet, dans le cas contraire, les n équations (45) posséderaient une solution en $\mu_0, \mu_1, \ldots, \mu_n$ avec $\mu_0 \neq 0$, et il en résulterait comme au No. 32 que tous les t_λ s'annulent. On a donc pour k^*, le nombre des intégrales indépendantes du système (23), (24):

$$(50) \qquad\qquad k^* \leqq n - k - 1.$$

38. En changeant, s'il est nécessaire, le numérotage des $x_{k+1}, \ldots, x_n$, on peut donc admettre que $t_n^* \neq 0$ pour notre transformation R. Mais alors, les expressions

$$(51) \qquad\qquad \frac{t_{k+1}^*}{t_n^*}, \ldots, \frac{t_{n-1}^*}{t_n^*}$$

sont homogènes de dimension 0 en $p_1, \ldots, p_n$, et puisque ces expressions, d'après la définition des t_λ, sont exprimables par les x_ν, p_ν aussi bien que par les y_ν, q_ν, elles représentent $n - k - 1 > 0$ intégrales du système (23), (24).

Or, les k fonctions

$$(52) \qquad r_1(x_1, \ldots, x_n, p_1, \ldots, p_n), \ldots, r_k(x_1, \ldots, x_n, p_1, \ldots, p_n)$$

représentent, elles aussi, k intégrales des équations (23), (24).

39. Soit l le nombre maximum des expressions (51), (52) qui sont indépendantes par rapport aux $p_1, \ldots, p_n$. On a évidemment, les k expressions (52) étant indépendantes,

$$(53) \qquad\qquad k \leqq l \leqq k^*.$$

En changeant le numérotage des $x_{k+1}, \ldots, x_{n-1}$, on peut supposer qu'en particulier les l expressions

$$(54) \qquad\qquad r_1, \ldots, r_k, \frac{t_{k+1}^*}{t_n^*}, \ldots, \frac{t_l^*}{t_n^*}$$

soient indépendantes par rapport aux $p_1, \ldots, p_n$. On a alors, en exprimant les $m = n - 1 - l$ autres expressions (51) par les (54), les relations

$$(55) \quad \begin{cases} t_{l+1}^* - t_n^* f_1 \left(r_1, \ldots, r_k, \dfrac{t_{k+1}^*}{t_n^*}, \ldots, \dfrac{t_l^*}{t_n^*}, x_1, \ldots, x_n \right) = 0, \\[2mm] \cdots \qquad \cdots \qquad \cdots \qquad \cdots \\[2mm] t_{n-1}^* - t_n^* f_m \left(r_1, \ldots, r_k, \dfrac{t_{k+1}^*}{t_n^*}, \ldots, \dfrac{t_l^*}{t_n^*}, x_1, \ldots, x_n \right) = 0. \end{cases}$$

Donc, le système de m équations

$$(56) \quad \begin{aligned} & t_{l+1} - t_n f_1 \left(r_1, \ldots, r_k, \frac{t_{k+1}}{t_n}, \ldots, \frac{t_l}{t_n}, x_1, \ldots, x_n \right) = 0, \\[2mm] & \cdots \qquad \cdots \qquad \cdots \qquad \cdots \\[2mm] & t_{n-1} - t_n f_m \left(r_1, \ldots, r_k, \frac{t_{k+1}}{t_n}, \ldots, \frac{t_l}{t_n}, x_1, \ldots, x_n \right) = 0 \end{aligned}$$

est satisfait si l'on y remplace les t_ν par les t_ν^* et les $r_\varkappa$ par leurs expressions (4).

40. Or, l'expression J reste $\neq 0$ si l'on y remplace les $r_\varkappa$ par leurs expressions (4), les $r_\varkappa$ étant indépendants. Donc, on obtient des relations (56), en y substituant les expressions T_ν pour les t_ν et en résolvant par rapport aux $p_{l+1}, \ldots, p_{n-1}$, les m équations

$$(57) \quad \begin{aligned} & p_{l+1} - \varphi_1 \left(r_1, \ldots, r_k, p_1, \ldots, p_l, p_n, x_1, \ldots, x_n \right) = 0, \\[2mm] & \cdots \qquad \cdots \qquad \cdots \qquad \cdots \\[2mm] & p_{n-1} - \varphi_m \left(r_1, \ldots, r_k, p_1, \ldots, p_l, p_n, x_1, \ldots, x_n \right) = 0, \end{aligned}$$

homogènes de dimension 1 par rapport aux p_ν, qui sont satisfaites si l'on y remplace les $r_\varkappa$ par leurs expressions (4).

41. Ici les fonctions $\varphi_1, \ldots, \varphi_m$ sont indépendantes par rapport aux $r_1, \ldots, r_k$, puisque dans le cas contraire, en éliminant de (57) $r_1, \ldots, r_k$, on obtiendrait une relation entre les p_ν et x_ν. Donc, on a $m = n - l - 1 \leqq k$, $n - k - 1 \leqq l$, donc par (53) et (50):

$$n - k - 1 \leqq l \leqq k^* \leqq n - k - 1.$$

Il en résulte premièrement

$$(58) \qquad l = k^* = n - k - 1,$$

ce qui démontre les théorèmes III et VI.

42. De l'autre côté, pour $l = n - k - 1$ on a $m = k$. Nous avons donc en (57) k équations résolubles par rapport aux $r_1, \ldots, r_k$.

Donc, pour les relations (56) la condition nécessaire 2) du théorème V est satisfaite.

43. Nous avons maintenant à démontrer que le fait analogue a lieu pour les transformées des expressions de gauche en (56) par R^*.

Or, tout d'abord, il est clair par symétrie qu'après un changement du numérotage des $y_{k+1}, \ldots, y_n$, il existe un système de k équations

$$(59) \quad \begin{cases} u_{n-k}^* - u_n^* g_1\left(s_1, \ldots, s_k, \dfrac{u_{k+1}^*}{u_n^*}, \ldots, \dfrac{u_{n-k-1}^*}{u_n^*}, y_1, \ldots, y_n\right) = 0, \\ \qquad \ldots \ldots \ldots \ldots \ldots \ldots \ldots \ldots \ldots \ldots \\ u_{n-1}^* - u_n^* g_k\left(s_1, \ldots, s_k, \dfrac{u_{k+1}^*}{u_n^*}, \ldots, \dfrac{u_{n-k-1}^*}{u_n^*}, y_1, \ldots, y_n\right) = 0. \end{cases}$$

44. Désignons les k transformées des expressions de gauche en (56) par la transformation R^*, par $G_1, \ldots, G_k$, et leurs expressions développées par $G_1^*, \ldots, G_k^*$. Le système

$$(60) \qquad G_1^* = 0, \ldots, G_k^* = 0$$

est évidemment *équivalent* au système consistant en équations (56) et en équations des transformations employées pour le passage de (56) à (60), c'est-à-dire en équations (5), (6), (8), (9), (17), (18). Donc, il suffit de montrer que l'ensemble des équations

$$(61) \qquad \{(56), (5), (6), (8), (9), (17), (18)\}$$

peut être résolu par rapport aux $s_1, \ldots, s_k$ comme fonctions des y_ν, q_ν, sans qu'il soit possible de laisser indéterminée une des s.

45. Or, en exprimant en (18) les coefficients $\dfrac{B_{\lambda\mu}}{J}$ par les x_ν et $r_\varkappa$, on peut représenter les quotients

$$(62) \qquad \frac{u^*_{k+1}}{u^*_n}, \;\ldots, \; \frac{u^*_{n-1}}{u^*_n}$$

en fonctions des

$$r_1, \,\ldots, \, r_k, \, \frac{t^*_{k+1}}{t^*_n}, \;\ldots, \; \frac{t^*_{n-1}}{t^*_n}, \, x_1, \,\ldots, \, x_n,$$

donc, en utilisant les équations (56), c'est-à-dire (55), en fonctions des $2\,n-k-1$ grandeurs

$$(63) \qquad r_1, \,\ldots, \, r_k, \, \frac{t^*_{k+1}}{t^*_n}, \;\ldots, \; \frac{t^*_{n-k-1}}{t^*_n}, \, x_1, \,\ldots, \, x_n.$$

Et les équations (8) et (5) donnent les représentations des

$$s_1, \;\ldots, \; s_k, \, y_1, \,\ldots, \, y_n$$

par les mêmes $2\,n-k-1$ grandeurs (63).

46. De l'autre côté, d'après le théorème VI et les formules (59), les $2\,n-k-1$ quantités

$$(64) \qquad s_1, \,\ldots, \, s_k, \, y_1, \,\ldots, \, y_n, \, \frac{u^*_{k+1}}{u^*_n}, \;\ldots, \; \frac{u^*_{n-k-1}}{u^*_n}$$

sont indépendantes comme fonctions des $y_1, \,\ldots, \, y_n, \, q_1, \,\ldots, \, q_n$. Donc, leurs expressions en fonctions des $2\,n-k-1$ paramètres (63) sont aussi indépendantes, puisque dans le cas contraire on aurait une relation identique entre les $2\,n-k-1$ grandeurs (64).

47. Donc, les $2\,n-k-1$ paramètres (63) peuvent être représentés en fonctions des $2\,n-k-1$ grandeurs (64). En introduisant ces expressions dans les expressions des

$$(65) \qquad \frac{u^*_{n-k}}{u^*_n}, \;\ldots, \; \frac{u^*_{n-1}}{u^*_n}$$

par les (63), on obtient les expressions des (65) par les (64), c'est-à-dire k relations (59) qu'on a tirées des équations (60). Les «transformées» des équations (56) par R^* sont donc équivalentes aux équations (59). Mais maintenant on arrive, à partir des équations (59), aux expressions des $s_1, \ldots, s_k$ par les y_ν, q_ν par le raisonnement symétrique à celui appliqué aux équations (55) dans les Nos. 39—42.

La nécessité des conditions du théorème V est donc démontrée.

48. Supposons de l'autre côté que les conditions 1), 2), 3) du théorème V soient satisfaites. Alors on tire des équations (34) les expressions des $r_1, \ldots, r_k$ en fonctions des x_ν et des p_ν. En introduisant ces valeurs dans les équations (8), on obtient k fonctions $s_1, \ldots, s_k$ qui peuvent être représentées, en résolvant les équations (35), en fonctions des y_ν, q_ν. On a donc obtenu les $2k$ fonctions (4), indépendantes respectivement par rapport aux $p_1, \ldots, p_n$ et aux $q_1, \ldots, q_n$ et satisfaisant aux relations (5), (6), (8), (9), cest-à-dire une transformation R possédant R^* comme sa transformation caractéristique, et la démonstration du théorème V est terminée.

§ 5. Exemples et remarques additionnelles.

49. Nous allons d'abord analyser les conditions du théorème IV relatives aux expressions (28), (29). Notre but est de montrer que 1) ces conditions sont «en général» satisfaites et que 2) les conditions portant sur les expressions (28) peuvent être satisfaites sans que les conditions portant sur les expressions (29) restent valables, et vice versa.

Nous pouvons, dans cette analyse, supposer que l'on a:

$$x_\varkappa = s_\varkappa, \quad y_\varkappa = r_\varkappa, \qquad \varkappa = 1, \ldots, k,$$

ce qui se réduit à une transformation, évidemment permise, de R^*. Alors on a évidemment $K = J = 1$, et l'on tire immédiatement des formules (14), (15) les expressions suivantes de t_λ, u_λ:

$$t_\lambda = p_\lambda - \sum_{\varkappa=1}^{k} X'_{\lambda s_\varkappa}\, p_\varkappa, \qquad \lambda = k + 1, \ldots, n,$$

$$u_\lambda = q_\lambda - \sum_{\varkappa=1}^{k} Y'_{\lambda r_\varkappa}\, q_\varkappa, \qquad \lambda = k + 1, \ldots, n.$$

Les conditions du théorème IV se réduisent alors à ce que les k expressions

$$(66) \qquad \sum_{\varkappa=1}^{k} X'_{\lambda s_\varkappa}\, p_\varkappa,$$

exprimées en fonctions des x_ν, $r_\varkappa$, $p_\varkappa$ sont indépendantes par rapport aux $r_1, \ldots, r_k$, et que les k expressions

$$(67) \qquad \sum_{\varkappa=1}^{k} Y'_{\lambda r_\varkappa}\, q_\varkappa,$$

exprimées en fonctions des y_ν, $s_\varkappa$, $q_\varkappa$ sont indépendantes par rapport aux $s_1, \ldots, s_k$.

50. Pour montrer que ces conditions sont généralement satisfaites, spécialisons la transformation R^* comme suit:

$$x_{k+\varkappa} = y_\varkappa + s_\varkappa\, y_{k+\varkappa}, \qquad x_\varkappa = s_\varkappa, \qquad r_\varkappa = y_\varkappa, \qquad \varkappa = 1, \ldots, k.$$

On a évidemment, en résolvant ces formules par rapport aux y_ν et $s_\varkappa$:

$$y_{k+\varkappa} = \frac{x_{k+\varkappa} - r_\varkappa}{x_\varkappa}, \qquad y_\varkappa = r_\varkappa, \quad s_\varkappa = x_\varkappa, \qquad \varkappa = 1, \ldots, k.$$

Les k expressions (66) deviennent maintenant pour $\lambda = k + \varkappa$:

$$y_{k+\varkappa}\, p_\varkappa = \frac{x_{k+\varkappa} - r_\varkappa}{x_\varkappa}\, p_\varkappa, \qquad \varkappa = 1, \ldots, k,$$

et sont évidemment indépendantes par rapport aux $r_1, \ldots, r_k$.

Quant aux expressions (67), elles deviennent pour $\lambda = k + \varkappa$:

$$-\frac{q_\varkappa}{x_\varkappa} = -\frac{q_\varkappa}{s_\varkappa}, \qquad \varkappa = 1, \ldots, k,$$

et sont en effet indépendantes par rapport aux $s_1, \ldots, s_k$.

Les conditions du théorème IV ne font donc défaut que dans certains cas exceptionnels.

51. Considérons de l'autre côté la transformation R^* suivante:

$$x_1 = s_1, \qquad x_2 = s_2, \qquad x_3 = y_1 + y_2 + s_1 y_3,$$
$$x_4 = y_1 + y_2 + s_2 y_4, \qquad r_1 = y_1, \qquad r_2 = y_2$$

et son inverse

$$y_1 = r_1, \quad y_2 = r_2, \quad y_3 = \frac{x_3 - r_1 - r_2}{x_1},$$

$$y_4 = \frac{x_4 - r_1 - r_2}{x_2}, \quad s_1 = x_1, \quad s_2 = x_2.$$

Ici les expressions (66) deviennent pour $\lambda = 3,\ 4$:

$$y_3\,p_1 = \frac{x_3 - r_1 - r_2}{x_1}\,p_1, \qquad y_4\,p_2 = \frac{x_4 - r_1 - r_2}{x_2}\,p_2$$

et ne sont évidemment pas indépendantes par rapport aux r_1, r_2, tandis que les expressions (67) deviennent pour $\lambda = 3,\ 4$:

$$-\frac{p_1 + p_2}{x_1} = -\frac{p_1 + p_2}{s_1}, \qquad -\frac{p_1 + p_2}{x_2} = -\frac{p_1 + p_2}{s_2}$$

et sont donc en effet indépendantes par rapport aux s_1, s_2.

Donc, dans notre cas, les conditions du théorème IV sont satisfaites pour les expressions (29) et ne le sont pas pour les expressions (28).

52. Comme nous venons de le montrer, le théorème IV n'est pas applicable pour certaines transformations R^* exceptionnelles. Il en est autrement pour $k < \dfrac{n}{2}$. Dans ce cas, dès que les dérivées secondes des fonctions (5), (6), (8), (9) restent continues, il est toujours possible de trouver un système d'équations (33) jouissant des trois propriétés indiquées dans le théorème V, aux voisinages de certaines valeurs convenablement choisies des x_ν, y_ν, $r_\varkappa$, $s_\varkappa$.

Tout d'abord, on peut évidemment trouver $2\,k$ constantes $a_1, \ldots, a_k,\ b_1, \ldots, b_k$ telles que les k expressions

$$(68) \qquad\qquad\qquad a_\varkappa\, r_\varkappa + b_\varkappa\, s_\varkappa, \qquad\qquad \varkappa = 1, \ldots, k,$$

soient d'un côté indépendantes par rapport aux $r_1, \ldots, r_k$ si l'on y exprime les $s_\varkappa$ au moyen des équations (8), et de l'autre côté indépendantes par rapport aux $s_1, \ldots, s_k$ si l'on y exprime les $r_\varkappa$ au moyen des équations (9).

53. Soient maintenant

$$(69) \qquad\qquad\qquad x_\nu^0,\ y_\nu^0,\ r_\varkappa^0,\ s_\varkappa^0$$

les «valeurs initiales» des x_ν, y_ν, $r_\varkappa$, $s_\varkappa$, satisfaisant aux équations de R^* et telles que pour ces valeurs 1) le jacobien «total» des k fonctions (68) par rapport aux $r_1, \ldots, r_k$ soit $\neq 0$ en (69); 2) le jacobien «total» des k fonctions (68) par rapport aux $s_1, \ldots, s_k$ soit $\neq 0$ en (69); 3) les k formes $t_{n-1}, \ldots, t_{n-k}$ restent linéairement indépendantes.

Soient $\varrho_{\varkappa}$, $\varkappa = 1, \ldots, k$, resp. les valeurs des expressions (68) en (69). Considérons les k équations

$$(70) \qquad a_{\varkappa} r_{\varkappa} + b_{\varkappa} s_{\varkappa} - \varrho_{\varkappa} - \frac{T_{n-\varkappa}}{T_n} = 0, \qquad \varkappa = 1, \ldots, k,$$

c'est-à-dire, d'après (26):

$$a_{\varkappa} r_{\varkappa} + b_{\varkappa} s_{\varkappa} - \varrho_{\varkappa} - \frac{J p_{n-\varkappa} + \displaystyle\sum_{\lambda=1}^{k} f_{n-\varkappa, \lambda} \, p_{\lambda}}{J p_n + \displaystyle\sum_{\lambda=1}^{k} f_{n, \lambda} \, p_{\lambda}} = 0, \qquad \varkappa = 1, \ldots, k.$$

D'après nos hypothèses, ces équations sont résolubles par rapport aux $r_1, \ldots, r_k$ pour $p_n = 1$, $p_\nu = 0$, $\nu \neq n$, au voisinage de (69), et le Jacobien des expressions de gauche en (70) reste $\neq 0$ pour nos valeurs des p_ν. Donc les équations (70) sont résolubles par rapport aux $r_1, \ldots, r_k$ pour les valeurs des x_ν au voisinage des x_ν^0 et celles des p_ν au voisinage des valeurs spéciales indiquées.

54. Pour montrer que les fonctions obtenues en résolvant (70) par rapport aux $r_{\varkappa}$ sont indépendantes par rapport aux p_ν, choisissons un ensemble de k variables $p_\nu : (p_{\nu_1}, \ldots, p_{\nu_k})$, $p_\nu \neq p_n$, tel que le déterminant des formes $t_{n-k}, \ldots, t_{n-1}$ par rapport aux $p_{\nu_1}, \ldots, p_{\nu_k}$ reste $\neq 0$ en (69), et désignons les expressions de gauche en (70) par $F_{\varkappa}$. On a alors la relation entre les jacobiens

$$(-1)^k \, \frac{\partial (F_1, \ldots, F_k)}{\partial \left(\dfrac{p_{\nu_1}}{p_n}, \ldots, \dfrac{p_{\nu_k}}{p_n} \right)} = \frac{\partial (F_1, \ldots, F_k)}{\partial (r_1, \ldots, r_k)} \cdot \frac{\partial (r_1, \ldots, r_k)}{\partial \left(\dfrac{p_{\nu_1}}{p_n}, \ldots, \dfrac{p_{\nu_k}}{p_n} \right)}$$

dont il résulte que le jacobien des $r_{\varkappa}$ par rapport aux $\dfrac{p_{\nu_1}}{p_n}, \ldots, \dfrac{p_{\nu_k}}{p_n}$ reste $\neq 0$.

De l'autre côté, si l'on forme les équations transformées des équations (70) par R^*, on voit de la même façon que ces équations sont résolubles par rapport aux $s_1, \ldots, s_k$ au voisinage de (69) et des valeurs des q_ν correspondant aux $p_1 = \cdots = p_{n-1} = 0$, $p_n = 1$, et que les expressions des $s_1, \ldots, s_k$ ainsi obtenues en fonctions des $q_1, \ldots, q_n$ sont indépendantes par rapport aux $q_1, \ldots, q_{n-1}$, puisque les formes $t_{n-1}, \ldots, t_{n-k}$ restent linéairement indépendantes, si l'on les exprime par $q_1, \ldots, q_n$.

55. Nous donnons enfin un dernier exemple, particulièrement simple, pour l'application du théorème V. Soit, pour $n = 4$, $k = 1$, la transformation R^*

$$s_1 = x_1, \quad y_1 = r_1, \quad y_\nu = x_\nu \qquad (\nu = 2, 3, 4),$$

$$r_1 = y_1, \quad x_1 = s_1, \quad x_\nu = y_\nu \qquad (\nu = 2, 3, 4).$$

Alors on obtient

$$t_\lambda = p_\lambda, \quad u_\lambda = q_\lambda, \quad p_\lambda = q_\lambda, \qquad \lambda = 2, 3, 4,$$

et le système (33) se réduit à une équation

$$F(r_1, p_2, p_3, p_4, x_1, \ldots, x_4) = 0,$$

résoluble par rapport à r_1 et telle que sa transformée

$$F(y_1, q_2, q_3, q_4, s_1, x_2, x_3, x_4) = 0$$

soit résoluble par rapport à s_1. On choisira donc F tel que les deux dérivées F'_{r_1}, F'_{x_1} ne s'annulent pas. En spécialisant F on obtient p. ex. l'équation

$$r_1 + x_1 = \varphi(p_2, p_3, p_4, x_2, x_3, x_4)$$

à laquelle correspondent les valeurs de r_1, s_1:

$$r_1 = \varphi(p_2, p_3, p_4, x_2, x_3, x_4) - x_1,$$

$$s_1 = \varphi(q_2, q_3, q_4, y_2, y_3, y_4) - y_1.$$

La transformation R correspondante est

$$(71) \quad \begin{cases} y_1 = \varphi(p_2, p_3, p_4, x_2, x_3, x_4) - x_1, \; y_2 = x_2, \; y_3 = x_3, \; y_4 = x_4, \\ x_1 = \varphi(q_2, q_3, q_4, y_2, y_3, y_4) - y_1, \; x_2 = y_2, \; x_3 = y_3, \; x_4 = y_4, \end{cases}$$

transformation qui est évidemment *involutive*.

φ est ici une fonction arbitraire de ses 6 variables, homogène par rapport aux trois premières et douée de dérivées premières continues.

56. Les transformations caractéristiques correspondant aux transformations R, ne sont pas univoquement déterminées par ces dernières. En effet, on peut remplacer les $2k$ fonctions (4) par $2k$ autres expressions $\bar{r}_\varkappa$ en x_ν, p_ν et $\bar{s}_\varkappa$ en y_ν, q_ν exprimables resp. par x_ν, $r_\varkappa$ et par y_ν, $s_\varkappa$:

$$(72) \quad \bar{r}_\varkappa = \overline{R}_\varkappa(x_1, \ldots, x_n, r_1, \ldots, r_k), \quad \bar{s}_\varkappa = \overline{S}_\varkappa(y_1, \ldots, y_n, s_1, \ldots, s_k), \quad \varkappa = 1, \ldots, k,$$

si les équations (72) sont résolubles par rapport aux $r_\varkappa$, $s_\varkappa$. En éliminant $r_\varkappa$, $s_\varkappa$ des relations (5), (6), (8), (9) et (72), on obtient une nouvelle transformation caractéristique appartenant à la même transformation R. C'est une «déformation permise» de R^*.

57. Quels sont les éléments invariants, communs à toutes les transformations caractéristiques d'une transformation R donnée? Il est facile de voir qu'en éliminant les $r_\varkappa$ et $s_\varkappa$ des relations (5), (6), (8), (9), on obtient $n-k$ équations entre les x_ν et les y_ν, qui sont indépendantes et déterminent une correspondance C entre les espaces S et T. Par cette correspondance, aux *points* de l'espace S correspondent des *variétés de dimension* $n-k$ de l'espace T et vice versa. Une telle correspondance sera appelée une correspondance de *rang* $n-k$.

Or, il est clair que C ne dépend pas de la transformation caractéristique R^* individuelle, mais seulement de la transformation R elle même, puisqu'on obtient évidemment la même correspondance, en éliminant les p_ν des équations (1), ou bien les q_ν des équations (2). Donc, on ne change pas la correspondance C, en exerçant une déformation permise sur la transformation R^*. Or, l'inverse est aussi exact: *Deux transformations caractéristiques R^*, R^* conduisant à la même correspondance C, s'obtiennent l'une de l'autre par une déformation permise.*

58. On démontre ce fait en observant que, par une déformation permise, la transformation caractéristique peut être toujours réduite à la forme où chaque $r_\varkappa$ est égal à un des y_ν et chaque $s_\varkappa$ est égal à un des x_ν. On peut donc réduire, par des déformations permises, nos deux transformations caractéristiques R^*, $\overline{R}^*$ aux formes suivantes:

$$(73) \quad \begin{cases} \{C\}, & r_\varkappa = y_{\nu_\varkappa}, & s_\varkappa = x_{\mu_\varkappa}, & \varkappa = 1, \ldots, k, \ (R^*), \\ \{C\}, & \bar{r}_\varkappa = y_{\bar{\nu}_\varkappa}, & \bar{s}_\varkappa = x_{\bar{\mu}_\varkappa}, & \varkappa = 1, \ldots, k, \ (\overline{R}^*). \end{cases}$$

Ici $\{C\}$ désigne l'ensemble des $n-k$ équations déterminantes de la correspondance C, et ces $n-k$ équations sont résolubles par rapport à chacun des 4 systèmes suivants de $n-k$ variables: 1) tous les y_ν autres que $y_{\nu_\varkappa}$; 2) tous les y_ν autres que les $y_{\bar{\nu}_\varkappa}$; 3) tous les x_ν autres que les $x_{\mu_\varkappa}$ et 4) tous les x_ν autres que les $x_{\bar{\mu}_\varkappa}$.

Mais alors, en éliminant des équations (73) les k variables $y_{\nu_\varkappa}$ et en résolvant les équations $\{C\}$ par rapport aux y_ν restants, on obtient évidemment les expressions des $\bar{r}_\varkappa$ par les $r_\varkappa$ et les $x_1, \ldots, x_n$; et de la même façon on exprime les $\bar{s}_\varkappa$ par les $s_\varkappa$ et les $y_1, \ldots, y_n$. $\overline{R}^*$ s'obtient donc en effet de R^* par une déformation permise.

                    Alexandre Ostrowski.

59. On pourrait d'ailleurs développer la théorie des transformations R, en partant de la correspondance C obtenue directement de la transformation (1), sans utiliser les transformations caractéristiques. Les formules qu'on obtient ainsi sont moins explicites que dans la théorie donnée dans le présent mémoire, mais de l'autre côté ce point de départ permet de former toutes les transformations réversibles non seulement dans le cas d'éléments de ligne, mais aussi dans le cas où l'on considère des éléments différentiels de dimension supérieure à 1. Nous exposerons ces résultats dans un autre mémoire.

A list of collected mathematical papers ordered chronologically according to the date of original publication

V	1	Zur Algebra der endlichen Felder (russisch), S.-B. Phys. Math. Ges. Kiew, 1–37 (1913)
V	2	Über einige Fragen der allgemeinen Körpertheorie, J. f. d. r. u. angew. Math. 143, 255–284 (1913)
IV	3	Über die Existenz einer endlichen Basis bei gewissen Funktionensystemen, Math. Ann. 78, 94–119 (1918)
V	4	Über einige Lösungen der Funktionalgleichung $\varphi(x) \cdot \varphi(y) = \varphi(xy)$ Acta. Math. 41, 271–284 (1918)
V	5	Über sogenannte perfekte Körper, J. f. d. r. u. angew. Math. 147, 191–204 (1917)
*	6	Neuer Beweis des Hölderschen Satzes, dass die Gammafunktion keiner algebraischen Differentialgleichung genügt, Math. Ann. 79, 286–288 (1918)
IV	7	Über eine neue Eigenschaft der Diskriminanten und Resultanten binärer Formen (Felix Klein zum fünfzigjährigen Doktorjubiläum gewidmet), Math. Ann. 79, 360–387 (1919)
X	8	Über ein Analogon der Wronskischen Determinante bei Funktionen mehrerer Veränderlicher, Math. Z. 4, 223–230 (1919)
IV	9	Beweis der Irreduzibilität der Diskriminante einer algebraischen Form von mehreren Variablen, Math. Z. 4, 314–319 (1919)
VI	10	Über ganzwertige Polynome in algebraischen Zahlkörpern, J. f. d. r. u. angew. Math. 149, 117–124 (1919)
VI	10a	(Mit G. Pólya) Über ganzwertige Polynome in algebraischen Zahlkörpern, Verh. Schweiz. Naturforschenden Gesellschaft, Zürich 1917
VI	11	Zur arithmetischen Theorie der algebraischen·Grössen, Nachr. Akad. Wiss. Göttingen, 279–298 (1919)
IV	12	Über die Existenz einer endlichen Basis bei Systemen von Potenzprodukten, Math. Ann. 81, 21–24 (1920)
*	13	Zum ersten und vierten Gaussschen Beweis des Fundamentalsatzes der Algebra, Nachr. Akad. Wiss. Göttingen, Beiheft 50–58 (1920)
X	14	Über die Reihe $\sum_{\eta=0}^{\infty} q^{n^2} x^n$ (Aus einem Brief an G. Pólya), Math Ann. 82, 64–67 (1920)
XI	15	Über Dirichletsche Reihen und algebraische Differentialgleichungen (Inauguraldissertation), Math. Z. 8, 241–298 (1919)
VI	16	Bemerkungen zur Hardy-Littlewoodschen Lösung des Waringschen Problems, Math. Z. 9, 28–34 (1921)
VI	17	(Mit Edmund Landau) On the Diophantine Equation $ay^2 + by + c = dx^n$, Proc. London Math. Soc. (2) 19, 276–280 (1921)

* Papers marked with an asterisk are not included in the present collection.

The Roman numerals preceeding the titles indicate in which chapter a particular paper is to be found.

XIII 18 Über eine Eigenschaft gewisser Potenzreihen mit unendlich vielen verschwindenden Koeffizienten, S.-B. Berlin Akad., 557–565 (1921)

VI 19 Bemerkungen zur Theorie der Diophantischen Approximationen (I–III) (Mitteilungen an E. Hecke), Hamburger Abh. 1, 77–98 (1921)

VI 19a Zu meiner Note: «Bemerkungen zur Theorie der Diophantischen Approximationen» im 1. Heft dieses Bandes, Hamburger Abh. 1, 250–251 (1921)

IV 20 Auszug aus einem Briefe von A. Ostrowski an L. Bieberbach, Jber. Deutsch. Math.-Verein. 31. 82–85 (1922)

III 21 Notiz über einen Satz der Galoisschen Theorie, Math. Z. 12, 317–322 (1922)

XIII 22 Über vollständige Gebiete gleichmässiger Konvergenz von Folgen analytischer Funktionen, Hamburger Abh. 1, 327–350 (1922)

IV 23 Über ein algebraisches Übertragungsprinzip (Habilitationsschrift), Hamburger Abh. 1, 281–326 (1922)

IV 24 (Mit I. Schur) Über eine fundamentale Eigenschaft der Invarianten einer allgemeinen binären Form, Math. Z. 15, 81–105 (1922)

XIII 25 Einige Bemerkungen über Singularitäten Taylorscher und Dirichletscher Reihen, S.-B. Berlin Akad., 39–44 (1923)

XIII 26 Über die Bedeutung der Jensenschen Formel für einige Fragen der komplexen Funktionentheorie (Aus einem Briefe an F. Riesz), Acta Sc. Math. Szeged. 1, 80–87 (1923)

VII 27 Besprechung von: H. Beck, Koordinatengeometrie, Gött. Gel. Anz., 306–311 (1922)

XIII 28 Über allgemeine Konvergenzsätze der komplexen Funktionentheorie, Jber. Deutsch. Math.-Verein. 32, 185–194 (1923)

XIII 29 Über Potenzreihen, die überkonvergente Abschnittfolgen besitzen, S.-B. Berlin Akad., 185–192 (1923)

XIII 30 Über die Darstellung analytischer Funktionen durch Potenzreihen, Jber. Deutsch. Math.-Verein. 32, 286–295 (1923)

XIII 30a Bemerkung zu dem Aufsatze: «Über die Darstellung analytischer Funktionen durch Potenzreihen», Jber. Deutsch. Math.-Verein. 34, (1925)

IV 31 Über eine neue Fragestellung in der algebraischen Invariantentheorie (Habilitationsvortrag), Jber. Deutsch. Math.-Verein. 33, 174–184 (1924)

IV 32 Mathematische Miszellen. I. Die Maxwellsche Erzeugung der Kugelfunktion, Jber. Deutsch. Math.-Verein. 33, 245–251 (1925)

X 33 Mathematische Miszellen. II. Über eine Reduktion der Integrabilitätsbedingungen für vollständige Differentiale, Iber. Deutsch. Math.-Verein. 34, 79–80 (1925)

X 34 Zum Hölderschen Satz über $\Gamma(x)$, Math. Ann. 94, 248–251 (1925)

XIII 35 Über Folgen analytischer Funktionen und einige Verschärfungen des Picardschen Satzes, Math. Z. 24, 215–258 (1925)

XIII 35a Bemerkung zu meiner Abhandlung: Über Folgen analytischer Funktionen und einige Verschärfungen des Picardschen Satzes, Math. Z. 38, 642 (1934)

XIII 36 Mathematische Miszellen. III. Über Nullstellen gewisser im Einheitskreis regulärer Funktionen und einige Sätze zur Konvergenz unendlicher Reihen, Jber. Deutsch. Math.-Verein. 34, 161–171 (1925)

XIII 37 Über den Schottkyschen Satz und die Borelschen Ungleichungen, S.-B. Berlin Akad., 471–484 (1925)

X 38 Mathematische Miszellen. IV. Bemerkungen über Differenzierbarkeit unendlicher Funktionenfolgen, Jber. Deutsch. Math.-Verein. 34, 237–239 (1925)

IV 39 Mathematische Miszellen. V. Über eine Erweiterung des Irreduzibilitätsbegriffs und ihre Anwendung auf ein funktionentheoretisches Problem, Jber. Deutsch. Math.-Verein. 35, 91–96 (1926)

*	62	Studien über den Schottkyschen Satz, Rektoratsprogramm der Universität Basel für das Jahr 1931
XVI	63	Ganzzahligkeit in der Mathematik, Tätigkeitsbericht der Math. Fachschaft an der Universität Heidelberg, 3–10 (1932)
XIII	64	Asymptotische Abschätzungen der Argumentvariation einer Funktion die die Werte 0 und 1 nicht annimmt, Math. Z. 36, 302–320 (1932)
XIII	65	Asymptotische Abschätzung des absoluten Betrages einer Funktion, die die Werte 0 und 1 nicht annimmt, Comment. Math. Helv. 5, 55–87 (1933)
III	66	Über den ersten und vierten Gausschen Beweis des Fundamentalsatzes der Algebra, in C.F. Gauss Werke, X (Springer Verlag, Berlin), 2–18 (1933)
XIII	67	Mathematische Miszellen. XVII. Notiz zu einem Satz von H. Bohr, Jber. Deutsch. Math.-Verein. 42, 160–165 (1932)
III	68	(Mit Th. Motzkin) Über den Fundamentalsatz der Algebra, S.-B. Berlin Akad., 255–258 (1933)
XIII	69	Über algebraische Funktionen von Dirichletschen Reihen, Math. Z. 37, 98–133 (1933)
XIII	70	Über einen Satz von Leau und die analytische Fortsetzung einiger Klassen Taylorscher und Dirichletscher Reihen, Math. Ann. 108, 718–756 (1933)
XIII	71	Mathematische Miszellen. XVIII. Notiz über den Wertevorrat der Riemannschen ζ-Funktion am Rande des kritischen Streifens, Jber. Deutsch. Math.-Verein. 43, 58–64 (1933)
VIII	72	Über Nullstellen stetiger Funktionen zweier Variablen, J. f. d. r. u. angew. Math. 170, 83–94 (1933)
X	73	Sur les multiplicités des zéros des fonctions indéfiniment dérivables de deux variables, Bull. Sc. Math. France (2) 58, 64–72 (1934)
X	73a	Addition à la note «Sur les multiplicités des zéros des fonctions indéfiniment dérivables de deux variables, Bull. Sc. Math. France (2) 59, 259–260 (1935)
XIV	74	Bemerkung zur vorstehenden Note von Herrn S. Warschawski, Math. Z. 38, 684–586 (1934)
VI	75	Berührungsmasse, nullwinklige Kreisbogendreiecke und die Modulfigur, Jber. Deutsch. Math.-Verein. 44, 56–75 (1934)
VIII	76	Untersuchungen zur arithmetischen Theorie der Körper (Die Theorie der Teilbarkeit in allgemeinen Körpern), Math. Z. 39, 269–404 (1934)
XIV	77	Über den Habitus der konformen Abbildung am Rande des Abbildungsbereiches, Acta Math. 64, 81–184 (1935)
V	78	Bemerkungen über die Struktur von Ringen, die aus Polynomen in einer Variabel bestehen, Acta Arith. 1, 19–42 (1936)
VIII	79	Beiträge zur Topologie der orientierten Linienelemente. I. Über eine topologische Verschärfung des Rolleschen Satzes, Comp. Math. 2, 1–24 (1935)
VIII	80	Beiträge zur Topologie der orientierten Linienelemente. II. Ein Zusammenhang zwischen der Tangentendrehung längs eines Bogens und seinen Ordnungen in Bezug auf die beiden Endpunkte. III. Eine Formel für die Differenz der Richtungszuwächse zwischen zwei Linienelementen längs verschiedener Verbindungswege. Comp. Math. 2, 177–200 (1935)
XIV	81	Sur la conservation des angles dans la transformation conforme d'un domaine au voisinage d'un point frontière, C. R. Acad. Sc. Paris 202, 727–728 (1936)
XIV	82	Sur la transformation des plis dans la transformation conforme au voisinage d'un point frontière, C. R. Acad. Sc. Paris 202, 1135–1137 (1936)

XII	107	Sur les transformations réversibles d'éléments de ligne, Acta Math. 75, 151–182 (1942)
X	108	Note sur l'interversion des dérivations et les différentielles totales, Comment. Math. Helv. 15, 222–225 (1943)
X	109	Sur les conditions de validité d'une classe de relations entre les expressions différentielles linéaires, Comment. Math. Helv. 15, 265–286 (1943)
X	110a	Über algebraische Relationen zwischen unbestimmten Integralen, Experientia 1, 117–118 (1945)
X	110b	Ein Unabhängigkeitssatz für irreduzible Integrale, Experientia 1, 195–197 (1945)
XVI	111	Besprechung von Bavink, Ergebnisse und Probleme der Naturwissenschaften, Experientia 1, 163–165 (1945)
XVI	111a	Besprechung von: Studies and Essays (To R. Courant on his 60th birthday), Experientia 6, 28–29 (1950)
X	112	Sur les relations algébriques entre les intégrales indéfinies, Acta Math. 78, 315–318 (1946)
X	113	Sur l'integrabilité élémentaire de quelques classes d'expressions, Comment. Math. Helv. 18, 283–308 (1946)
VIII	114	Sur l'inverse d'une transformation continue et biunivoque, C. R. Acad. Sc. Paris 223, 229–230 (1946)
VIII	115	Nouvelle démonstration du théorème de Schoenflies pour les espaces à n dimensions, C. R. Acad. Sc. Paris 223, 530–531 (1946)
XVI	116	Sur la formule de Moivre-Laplace, C. R. Acad. Sc. Paris 223, 1090–1092 (1946)
XIII	117	Sur le rayon de convergence de la série de Blasius, C. R. Acad. Sc. Paris 227, 580–582 (1948)
XVI	117a	G. H. Hardy, Nachruf, Experientia 5, 131–135 (1949)
X	118	On Some Generalizations of the Cauchy-Frullani Integral, Proc. Nat. Acad. Sc. U.S.A. 35, 612–616 (1949)
II	119	Sur la variation de la matrice inverse d'une matrice donnée, C. R. Acad. Sc. Paris 231, 1019–1021 (1950)
X	120	Un théorème d'existence pour les systèmes d'équations, C. R. Acad. Sc. Paris 231, 1014–1016 (1950)
III	121	Note on Vincent's Theorem, Ann. of Math. 52, 702–707 (1950)
X	122	Generalization of a Theorem of Osgood to the Case of Continous Approximation, Proc. Amer. Math. Soc. 1, 648–649 (1950)
X	123	Un nouveau théorème d'existence pour les systèmes d'équations, C. R. Acad. Sc. Paris 232, 786–788 (1951)
III	124	Sur une règle de Laguerre, Ann. Mat. pura appl. (4) 31, 65–68 (1950)
X	125	Note on an Infinite Integral, Duke Math. J. 18, 355–359 (1951)
XV	126	La recherche des périodicités cachées. Analyse Harmonique (Centre Nat. Recherche Sc., Paris [Colloq. Internat. C.N.R.S. 15]), 93–95 (1949)
II	127	Über das Nichtverschwinden einer Klasse von Determinanten und die Lokalisierung der charakteristischen Wurzeln von Matrizen, Comp. Math. 9, 209–226 (1951)
II	128	Sur les conditions générales pour la régularité des matrices, R. C. Mat. e appl. (5) 10, 156–168 (1951)
I	129	(With Olga Taussky) On the Variation of the Determinant of a Positive Definite Matrix, Nederl. Indag. Math. 13, 383–385 (1951)
XV	130	Sur les matrices peu différentes d'une matrice triangulaire, C. R. Acad. Sc. Paris 233, 1559–1560 (1951)
I	131	Note on Bounds for Determinants with Dominant Principal Diagonal, Proc. Amer. Math. Soc. 3, 26–30 (1952)
II	132	Bounds for the Greatest Latent Root of a Positive Matrix, J. L. M. S. 27, 253–256 (1952)
X	133	Sur quelques applications des fonctions convexes et concaves au sens de I. Schur, J. Math. pures appl. (9) 31, 253–292 (1952)

IX   158   Sur les critères de convergence e divergence dus à V. Ermakof (A Trygve Nagell à l'occasion de son 60e anniversaire), Enseignement Math. (2) 1, 224–257 (1955)

III   159   Mathematische Miszellen. XXIV. Zur relativen Stetigkeit von Wurzeln algebraischer Gleichungen, Jber. Deutsch. Math.-Verein. 58, 98–102 (1956)

XV   160   Über Verfahren von Steffensen und Householder zur Konvergenzverbesserung von Iterationen (Mauro Picone zum 70. Geburtstag), Z. angew. Math. und Phys. 7, 218–229 (1956)

X   161   Über die Differenzierbarkeit von impliziten Funktionen, Verh. Naturforsch. Ges. Basel 67, 141–148 (1956)

XI   162   Zur Theorie der partiellen Differentialgleichungen erster Ordnung, Math. Z. 66, 70–87 (1956)

IX   163   Mathematische Miszellen. XXV. Über das Verhalten von Iterationsfolgen im Divergenzfall, Jber. Deutsch. Math.-Verein. 59, 69–79 (1956)

III   164   Über die Darstellung von symmetrischen Funktionen durch Potenzsummen, Math. Ann. 132, 362–372 (1956)

VII   165   Über die Verbindbarkeit von Linien- und Krümmungselementen durch monoton gekrümmte Kurvenbogen, Enseignement Math. (2) 2, 277–292 (1956)

XIII   166   Le développement de Taylor de la fonction inverse, C. R. Acad. Sc. Paris 244, 429–430 (1957)

X   167   Les points d'attraction et de répulsion pour l'itération dans l'espace à n dimensions, C. R. Acad. Sc. Paris 244, 288–289 (1957)

VI   168   Eine Verschärfung des Schubfächerprinzips in einem linearen Intervall. Arch. d. M. 8. 1–10 (1957)

VI   168a   Bemerkungen zu meiner Mitteilung: Eine Verschärfung des Schubfächerprinzips in einem linearen Intervall, Arch. d. M. 8, 330 (1957?

XV   169   Über näherungsweise Auflösung von Systemen homogener linearer Gleichungen, Z. angew. Math. und Phys. 8, 280–285 (1957)

VI   170   Mathematische Miszellen. XXVI. Zum Schubfächerprinzip in einem linearen Intervall, Jber. Deutsch. Math.-Verein. 60, 33–39 (1957)

II   171   Mathematische Miszellen. XXVII. Über die Stetigkeit von charakteristischen Wurzeln in Abhängigkeit von den Matrizenelementen, Jber. Deutsch. Math.-Verein. 60, 40–42 (1957)

VIII   172   Über die Evoluten von endlichen Ovalen, J. f. d. r. u. angew. Math. 198, 14–27 (1957)

XV   173   A Method of Speeding Up Iterations with Super-Linear Convergence, J. Math. Mech. 7, 117–120 (1958)

II   174   On the Convergence of the Rayleigh Quotient Iteration for the Computation of the Characteristic Roots and Vectors. I, Arch. Rational Mech. An. 1, 233–241 (1958)

X   175   Un critère d'univalence des transformations dans R^n, C. R. Acad. Sc. Paris 247, 3536–3539 (1958)

II   176   On the Bounds of a One-Parametric Family of Matrices, J. f. d. r. u. angew. Math. 200, 190–199 (1958)

XVI   177   Wilhelm Süss, Freiburger Univ.-Reden (N.F.) 28, 1–16 (1958)

II   178   On the Convergence of the Rayleigh Quotient Iteration for the Computation of the Characteristic Roots and Vectors. II, Arch. Rational Mech. An. 2, 423–428 (1959)

XV   179   On Trends and Problems in Numerical Approximation, in On Num. Approx., Univ. Wisconsin Press, Madison, 3–10 (1959)

XV   180   On Gauss' Speeding Up Device in the Theory of Single Step Iteration, Math. Tables and Other Aids to Comp. 12, 116–132 (1958)

X   181   Un nouveau critère d'univalence des transformations dans un R^n, C. R. Acad. Sc. Paris 248, 348–350 (1959)

III 182 Über einige Sätze von Herrn M. Parodi (Dem Andenken an H.L. Schmid), Math. Nachr. 19, 331–338 (1958)

II 183 Über Eigenwerte von Produktion Hermitescher Matrizen (Helmut Hasse zum 60. Geburtstag), Hamburger Abh. 23, 60–68 (1959)

XIII 184 Three Theorems on Products of Power Series, Comp. Math. 14, 41–49 (1959)

II 185 A Quantitative Formulation of Sylvester's Law of Inertia, Proc. Nat. Acad. Sc. U.S.A. 45, 740–744 (1959)

II 186 On the Convergence of the Rayleigh Quotient Iteration for the Computation of the Characteristic Roots and Vectors. III (Generalized Rayleigh Quotient and Characteristic Roots with Linear Elementary Divisors), Arch. Rational Mech. An. 3, 325–340 (1959)

II 187 On the Convergence of the Rayleigh Quotient Iteration for the Computation of the Characteristic Roots and Vectors. IV (Generalized Rayleigh Quotient for Nonlinear Elementary Divisors), Arch. Rational Mech. An. 3, 341–347 (1959)

II 188 On the Convergence of the Rayleigh Quotient Iteration for the Computation of the Characteristic Roots and Vectors. V (Usual Rayleigh Quotient for Non-Hermitian Matrices and Linear Elementary Divisors), Arch. Rational Mech. An. 3, 472–481 (1959)

II 189 On the Convergence of the Rayleigh Quotient Iteration for the Computation of Characteristic Roots and Vectors. VI (Usual Rayleigh Quotient for Nonlinear Elementary Divisors), Arch. Rational Mech. An. 4, 153–165 (1959)

II 190 Über Produkte Hermitescher Matrizen und Büschel Hermitescher Formen (Dem Andenken an Leon Lichtenstein gewidmet), Math. Z. 72, 1–15 (1959)

I 191 On some Conditions for Nonvanishing of Determinants, Proc. Amer. Math. Soc. 12, 268–273 (1961)

II 192 A Regularity Condition for a Class of Partitioned Matrices, Comp. Math. 15, 23–27 (1962)

II 193 On the Convergence of Gauss' Alternating Procedure in the Method of the Least Squares (A Giovanni Sansone nel suo 70. compleanno), Ann. Mat. pura appl. (4) 48, 229–236 (1959)

I 194 Über geränderte Determinanten und bedingte Trägheitsindizes quadratischer Formen, Monatsh. Math. 64, 51–63 (1960)

V 195 On Some Metrical Properties of Operator Matrices and Matrices Partitioned into Blocks, J. Math. An. Appl. 2, 161–209 (1961)

II 196 On the Eigenvector Belonging to the Maximal Root of a Non-negative Matrix, Proc. Edinburgh Math. Soc. (2) 12, 107–112 (1960–1961)

V 197 Iterative Solution of Linear Systems of Functional Equations, J. Math. An. Appl. 2. 351–369 (1961)

II 198 A Quantitative Formulation of Sylvester's Law of Inertia, II, Proc. Nat. Acad. Sc. U.S.A. 46, 859–862 (1960)

III 199 On the Zeros of Bernoulli Polynominals of Even Order, Enseignement Math. 6, 27–47 (1960)

III 200 On an Inequality of J. Vicente Gonçalves, Univ. Lisboa Rivista Fac. Ci. A (2) 8, 115–119 (1961)

II 201 (With Hans Schneider) Bounds for the Maximal Characteristic Root of a Non-Negative Irreducible Matrix, Duke Math. J. 27, 547–553 (1960)

II 202 Note on a Theorem by Hans Schneider, J. L. M. S. 37, 225–234 (1962)

II 203 On Some Inequalities in the Theory of Matrices (Dedicated to the Memory of Jekuthiel Ginsburg), Scripta Math. 26, 201–222 (1963)

XI 204 On Lancaster's Decomposition of a Matrix Differential Operator. Arch. Rational Mech. An. 8, 238–241 (1961)

II 205 (With Hans Schneider) Some Theorems on the Inertia of General Matrices, J. Math. An. Appl. 4, 72–84 (1962)

II 206 On Positive Matrices (To B.L. van der Waerden for his 60th anniversary), Math. Ann. 150, 276–284 (1963)

III 207 Eine Vorzeichenregel in der Theorie der algebraischen Gleichungen, von Carl Runge, herausgegeben von A. Ostrowski, Jber. Deutsch. Math.-Verein 66, 52–66 (1963)

II 208 Il metodo del quoziente di Rayleigh, (C. I. M. E., Roma), 1–60 (1963)

III 209 Sur l'analogue du théorème de Budan-Fourier pour les suites générales des polynomes, J. Math. pures appl. (9) 43, 49–58 (1964)

III 210 On Runge's General Rule of Signs, Ann. Ac. Sc. Fenn. (A) I 342, 1–20 (1964)

I 211 On some Determinants with Combinatorial Numbers (Dedicated to Helmut Hasse for his 65th birthday), J. f. d. r. u. angew. Math. 216, 25–30 (1964)

XV 212 On Approximation of Equations by Algebraic Equations, SIAM J. Num. An. (B) 1, 104–130 (1964)

VI 213 On n-Dimensional Additive Moduli and Diophantine Approximations, Acta Arith. 9, 391–416 (1964)

III 214 On Descartes Rule of Signs for Certain Polynominal Developments (To G. Pólya for his 70th anniversary), J. Math. Mech. 14, 195–209 (1965)

II 215 Positive Matrices and Functional Analysis in Recent Advances in Matrix Theory (Univ. Wisconsin Press Madison, Wisconsin), 81–101 (1964)

IX 216 On Ermakof's Convergence Criteria and Abel's Functional Equation, Enseignement Math. (2) 11, 103–122 (1965)

III 217 Note sur les parties réelles et imaginaires des racines des polynomes, J. Math. pures appl. (9) 44, 327–329 (1965)

XV 218 Zur Entwicklung der numerischen Analysis, Jber. Deutsch. Math.-Verein. 68, 97–111 (1966)

X 219 A Contribution to the Theory of the Fourier Integral Formula (Ernst Hölder for his 65th anniversary), Math. Ann. 165, 261–280 (1966)

III 220 Sur une propriété des sommes des racines d'un polynome, C. R. Acad. Sc. Paris 263, 46–48 (1966)

XV 221 The Round-off Stability of Iterations, Z. angew. Math. und Mech. 47, 77–81 (1967)

X 222 General Existence Criteria for the Inverse of an Operator, Am. Math. Monthly 74, 826–827 (1967)

XV 223 Contributions to the Theory of the Method of Steepest Descent Arch. Rational Mech. An. 26, 257–280 (1967)

III 224 On the Moduli of Zeros of Derivatives of Polynomials, J. f. d. r. u. angew. Math. 230, 40–50 (1968)

XV 225 Une méthode générale de résolution automatique d'une équation polynomiale, in Programmation en Mathématique Numérique, Actes Colloq. Internat. C. N. R. S. 165, Besançon 1966 (Edition Centre Nat. Recherche Sc., Paris), 179–182 (1968)

XIII 226 On the Morse-Kuiper Theorem, Aequa. Math. 1, 66–76 (1968)

II 227 (With E.V. Haynsworth) On the Inertia of Some Classes of Partitioned Matrices, Lin. Alg. a. Appl. 1, 299–316 (1968)

X 228 Über eine Funktionalgleichung (Bemerkung zur vorstehenden Mitteilung von J. Aczél), Jber. Deutsch. Math.-Verein. 71, 58–59 (1969)

X 229 Note on Poisson's Treatment of the Euler-Maclaurin Formula (To Hugo Hadwiger for his 60th birthday), Comment. Math. Helv. 44, 202–206 (1969)

XV 230 A Method for Automatique Solution of Algebraic Equations, in: Constructive Aspects of the Fundamental Theorem of Algebra, IBM Symposium, Zürich 1967 (John Wiley & Sons, New York), 209–224 (1969)

X   231   Über das Restglied der Euler-Maclaurinschen Formel, in: Abstract Spaces and Approximation, Proc. Conference Oberwolfach 1968, Birkhäuser Verlag, Basel, 358–364 (1969)

X   232   On the Remainder Term of the Euler-Maclaurin Formula (To Wolfgang Krull on his 70th birthday), J. f. d. r. u. angew. Math. 239/240, 268–286 (1970)

X   233   On an Integral Inequality, Aequa. Math. 4, 358–373 (1970)

XI   234   A Theorem on Clusters of Roots of Polynomial Equations (To A.S. Householder for his 65th birthday), SIAM J. Num. An. 7, 567–570 (1970)

XV   235   La méthode de Newton dans les espaces de Banach, C. R. Acad. Sc. Paris 272, 1251–1253 (1971)

X   236   Integral Inequalities, (C. I. M. E., Roma), 389–419 (1971)

II   237   A New Proof of Haynsworth's Quotient Formula for Schur Complements (Dedicated to the memory of Theodore S. Motzkin), J. Comb. Theory 14, 319–323 (1973)

III   238   Some Properties of Reduced Polynomial Equations, SIAM J. Num. An. 8, 623–638 (1971)

IX   239   On the Numerical Computation of Slowly Convergent Series, J. f. d. r. u. angew. Math. 252, 146–168 (1972)

XV   240   Die Newton-Raphsonsche Methode in Banachräumen, in Methode und Verfahren d. math. Physik 5, 23–28 (1971)

XV   241   Les estimations des erreurs a posteriori dans les procédés itératifs, C. R. Acad. Sc. Paris 275, 275–278 (1972)

XV   241a   On Error Estimates A Posteriori in Iterative Procedures, Edmonton Symposium, ISNM 21, 267–275 (1972)

XV   242   A Posteriori Error Estimates in Iterative Procedures (To the memory of George E. Forsythe), SIAM J. Num. An. 10, 290–298 (1973)

II   243   On Schur's Complement (Dedicated to the memory of Theodore S. Motzkin), J. Comb. Theory 14, 319–323 (1973)

XVI   244   (With J. Aczél) On the Characterization of Shannon's Entropy by Shannon's Inequality, J. Australian Math. Soc. 16, 368–374 (1973)

II   245   On Subdominant Roots of Nonnegative Matrices, Lin. Alg. a. Appl. 8, 179–184 (1974)

X   246   On Asymptotic Development of Functions of Large Numbers (To Mauro Picone for his 90th birthday), R. C. di Mat. (6) 8, 429–445 (1975)

XV   247   Über Fehlerabschätzungen a priori und a posteriori, Acta Univ. Carol. Prag 1-2, 111–115 (1974)

X   248   On Cauchy-Frullani Integrals, Comment. Math. Helv. 51, 57–91 (1976)

X   249   On Validity Conditions for J. Bertrand's Theorem on Jacobians, Boll. U. M. I. (4) 11, Suppl., 45–55 (1975)

III   250   On Subdominant Roots of Certain Algebraic Equations (Papers dedicated to L. Iliev's 60th anniversary), Mathematical Structures, 383–386 (Sofia, 1975)

IV   251   On Multiplication and Factorization of Polynomials, I. Lexicographic Orderings and Extreme Aggregates of Terms, Aequa. Math. 13, 201–228 (1975)

XV   252   An Estimate of the Approximation to a Fixed Point of an Operator, Comp. & Maths. with Appls. 1, 427 (1975)

X   253   Note on the Bernoulli-L'Hospital Rule, Am. Math. Monthly 83, 239–242 (1976)

IV   254   On a Theorem by Kronecker (Dedicated to Olga Taussky-Todd) Aequa. Math. 14, 159–166 (1976)

IV   255   On Multiplication and Factorization of Polynomials, II. Irreducibility Discussion, Aequa Math. 14, 1–32 (1976)

XVI   256   Festvortrag Oberwolfach, Jber. Deutsch. Math.-Verein. 77, 167–172 (1975)